Peter Hackl

Einführung in die Ökonometrie

Bei Pearson Studium werden nur Bücher veröffentlicht, die wissenschaftliche Lehrinhalte durch eine Vielzahl von Fallstudien, Beispielen und Übungen veranschaulichen. Wir bringen moderne Gestaltung, wohlüberlegte Didaktik und besonders qualifizierte Autoren zusammen, um Studenten zeitgemäße Lehrbücher zu bieten. Sie finden in unseren Büchern den Prüfungsstoff in direktem Bezug zur Praxis und späterem Berufsleben.

Bisher sind im wirtschaftswissenschaftlichen Lehrbuchprogramm folgende Titel erschienen:

VWL

Blanchard/Illing (2003): *Makroökonomie, 3. Auflage*

Bofinger (2003): *Grundzüge der Volkswirtschaft*

Forster/Klüh/Sauer (2004): *Übungen zur Makroökonomie*

Krugman/Obstfeld (2003): *Internationale Wirtschaft, 6. Auflage*

Pindyck/Rubinfeld (2003): *Mikroökonomie, 5. Auflage*

BWL

Albaum et al. (2001): *Internationales Marketing und Exportmanagement*

Chaffey et al. (2001): *Internet-Marketing*

Fill (2001): *Marketingkommunikation*

Kotler et al. (2002): *Grundlagen des Marketing, 3. Auflage*

Möller/Hüfner (2004): *Betriebswirtschaftliches Rechnungswesen*

Solomon et al. (2001): *Konsumentenverhalten*

Spoun/Domnik (2004): *Erfolgreich studieren*

Zantow (2004): *Finanzierung*

Quantitative Verfahren

Hackl (2004): *Einführung in die Ökonometrie*

Moosmüller (2004): *Methoden der empirischen Wirtschaftsforschung*

Schira (2003): *Statistische Methoden der VWL und BWL*

Sydsæter/Hammond (2003): *Mathematik für Wirtschaftswissenschaftler*

Zöfel (2003): *Statistik für Wirtschaftswissenschaftler*

Weitere Informationen zu diesen Titeln und unseren Neuerscheinungen finden Sie unter
www.pearson-studium.de

Einführung in die Ökonometrie

Peter Hackl

PEARSON
Studium

ein Imprint von Pearson Education
München • Boston • San Francisco • Harlow, England
Don Mills, Ontario • Sydney • Mexico City
Madrid • Amsterdam

Bibliografische Information Der Deutschen Bibliothek

Die Deutsche Bibliothek verzeichnet diese Publikation in der
Deutschen Nationalbibliografie; detaillierte bibliografische Daten
sind im Internet über *http://dnb.ddb.de* abrufbar.

Umwelthinweis:
Dieses Buch wurde auf chlorfrei gebleichtem Papier gedruckt.
Die Einschrumpffolie – zum Schutz vor Verschmutzung – ist aus umweltverträglichem und recyclingfähigem Material.

10 9 8 7 6 5 4 3 2 1

07 06 05

ISBN 3-8272-7118-X

ein Imprint der Pearson Education Deutschland GmbH,
Martin-Kollar-Straße 10–12, D-81829 München/Germany

www.pearson-studium.de
Lektorat: Dennis Brunotte, dbrunotte@pearson.de,
Christian Schneider, cschneider@pearson.de
Korrektorat: Dunja Reulein, München
Einbandgestaltung: adesso 21, Thomas Arlt, München
Herstellung: Elisabeth Prümm, epruemm@pearson.de
Satz: reemers publishing services gmbh, Krefeld (www.reemers.de)
Druck und Verarbeitung: Bosch Druck, Ergolding

Printed in Germany

Inhaltsübersicht

Inhaltsverzeichnis

Vorwort

Das vorliegende Buch ist aus einem Arbeitstext entstanden, der an der Wirtschaftsuniversität Wien während der letzten Jahre als Ergänzung des Vorlesungszyklus „Ökonometrie“ verwendet und mehrfach weiterentwickelt wurde. Das Buch bietet eine Einführung in die ökonometrische Analyse, wobei die statistischen Grundlagen im Vordergrund stehen. In drei Teilen zu je sieben Kapiteln werden die folgenden Themen behandelt:

- Das lineare Regressionsmodell als Basis der ökonometrischen Modellbildung
- Spezifika der Regressionsanalyse, die sich aus der Anwendung in der ökonometrischen Modellierung ergeben
- ökonometrische Modelle einschließlich
  - dynamische Modelle,
  - Mehrgleichungs-Modelle und
  - VAR- und VEC-Modelle.

Adressaten des Buches sind die Studierenden der Wirtschaftswissenschaften und andere Studierende mit Interesse an der Modell-basierten Analyse von ökonomischen Daten. Von Absolventinnen und Absolventen eines volkswirtschaftlichen Studiums wird in heutiger Zeit erwartet, dass sie über das moderne ökonometrische Grundwisssen verfügen und in der Lage sind, die gängigen, ökonometrischen Verfahren anzuwenden. Das Absolvieren eines Kurses, der den Inhalt des Buches abdeckt, sollte das Erfüllen dieser Anforderung garantieren. Die formalen Eingangsvoraussetzungen sind beschränkt auf das statistische Basiswissen, wie es im wirtschaftswissenschaftlichen Grundstudium vermittelt wird. Das Buch unterstützt die Vermittlung eines soliden, ökonometrischen Grundwisssens mit folgender Zielsetzung: Die Studierenden sollen

- die gängigen, ökonometrischen Verfahren in ihrer Konzeption, ihre analytischen Möglichkeiten und ihre Beschränkungen verstehen und
- in der Lage sein, dies Verfahren in praktischen Analysen anzuwenden und die entsprechende Software dabei einzusetzen.

Weniger Gewicht wird auf algebraische Details und Ableitungen von Formeln gelegt; zwei Anhänge mit Zusammenfassungen zur Statistik und zur Linearen Algebra sind als Hilfe für jene gedacht, deren Befassung mit diesen Themen weiter zurück liegt. Das Anwenden der Verfahren mit Hilfe des ökonometrischen Software-Paketes EViews wird dadurch unterstützt, dass in Anhängen der entsprechenden Kapitel das Aufrufen der jeweiligen Prozeduren erklärt wird; dazu gibt es Aufgaben mit empirischen Anwendungen. Natürlich kann an Stelle von EViews ein anderes ökonometrisches Software-Paket wie RATS oder Shazam oder die entsprechenden Routinen umfassender Programme wie

SAS oder Gauss gesetzt werden. Als Basis der empirischen Analysen werden die Area-Wide Model (AWM) Datenbasis der Europäischen Zentralbank sowie einige ausgewählte Datensätze verwendet.

Zu den Beschränkungen, denen ein Buch wie dieses unterworfen ist, gehört es, dass manche Themen nicht behandelt werden. Am deutlichsten fällt wohl das Aussparen von ARCH-Modellen auf, die in dem wichtigen Gebiet der Analyse der Finanzmärkte eine wesentliche Rolle spielen. Auch Verfahren zur Analyse von Paneldaten und Verfahren der räumlichen Ökonometrie werden nicht, Methoden der nichtlineare Regression nur sehr marginal behandelt. Diese Beschränkungen entsprechen der Knappheit der Ressourcen, beim Buch des Umfanges, bei einem Kurs der zur Verfügung stehenden Zeit.

Der Europäischen Zentralbank und den Autoren des Area-Wide Models, Gabriel Fagan, Jerome Henry und Ricardo Mestre, sei für die großzügige Bereitschaft gedankt, das Verwenden des Area-Wide Models und der AWM-Datenbasis in Illustrationen und Beispielen zu gestatten und den Adressaten des Buches für Aufgaben mit empirischen Analysen anzubieten. Mein Dank geht an Kollegen und Freunde, die zur Entstehung des Buches beigetragen haben. Werner Müller von meiner Abteilung am Institut für Statistik der Wirtschaftsuniversität war an der inhaltlichen Konzeption der Ökonometrie-Kurse und des Buches maßgeblich beteiligt; das Thema hat uns in den letzten Jahren in vielen Gesprächen beschäftigt. Josef Richter danke ich für sein Interesse und seinen Rat in Fragen der empirischen Anwendung. Johannes Ledolter, jetzt wieder an der University of Iowa in Iowa City, danke ich für das kritische Lesen des Kapitels über Zeitreihen und für eine große Zahl von Hinweisen und Anregungen. Sonja Steffek schulde ich Dank für ihre geduldige Hilfe in vielen praktischen Punkten. Dennis Brunotte vom Verlag Pearson Studium hat durch sein professionelles Management Wesentliches zum rechtzeitigen Entstehen des Buches beigetragen. Die Leser ersuche ich um Nachsicht für Fehler und Unzulänglichkeiten; entsprechende Hinweise werde ich dankbar aufnehmen.

Peter Hackl

September 2004

Einführung

1

ÜBERBLICK

Wir beginnen mit einer Charakteristik des Begriffs „Ökonometrie“. Ausgehend von der statistischen Regressionsanalyse, ein Verfahren, das den Studierenden der Ökonomie bekannt sein dürfte, wird die Arbeitsweise der Ökonometrie erklärt, und es werden die besonderen Herausforderungen angesprochen, die das Modellieren von ökonomischen Sachverhalten und das Analysieren von ökonomischen Daten mit sich bringen.

1.1 Der Begriff „Ökonometrie“

Ökonomisches Wissen, etwa der Zusammenhang zwischen Nachfrage und Einkommen, ist eine Abstraktion des ökonomischen Geschehens. Mittel, dieses Wissen zu gewinnen, ist das statistische Instrumentarium, das für diesen Zweck im Laufe der letzten sechs oder sieben Jahrzehnte entwickelt wurde und als ökonometrische Methode bezeichnet wird.

Unter Ökonometrie versteht man jenen empirischen Bereich der ökonomischen Wissenschaften, der sich der Anwendung eines speziellen, statistischen Instrumentariums auf empirisches Beobachtungsmaterial bedient, um Fragestellungen der ökonomischen Theorie oder Praxis zu beantworten.

Die Elemente einer ökonometrischen Analyse sind dementsprechend:

1. Eine ökonomische Theorie und ein entsprechendes Modell; sie sind Basis einer bestimmten Fragestellung.
2. Ein statistisches oder ökonometrisches Modell, das den empirischen Sachverhalt zur theoretischen Fragestellung formal darstellt.
3. Ein Datensatz, der inhaltlich und vom zeitlichen Horizont her für die geplante Analyse geeignet ist.
4. Ein statistisches Verfahren und die entsprechende ökonometrische Software, mit der dieses Verfahren durchgeführt werden kann.

Aus dieser Auflistung sieht man, dass eine ökonometrische Analyse umfangreiche und sehr unterschiedliche Anforderungen mit sich bringt. Große Anforderungen werden an die ökonomische Theorie gestellt, wobei die ökonometrische Arbeit in manchen Punkten detailliertere Festlegungen verlangt als es der Ökonom gewöhnt ist; so wird verschiedentlich argumentiert, dass beispielsweise für die funktionale Ausgestaltung mancher ökonometrischer Modelle nur ungenügende Hinweise aus der ökonomischen Theorie kommen. Das Beschaffen und Bereitstellen der notwendigen Datenbasis erfordert einen gewaltigen Aufwand, der hauptsächlich von Institutionen wie den nationalen statistischen Ämtern und Zentralbanken, von den Instituten der Wirtschaftsforschung und in koordinierender Funktion von Europäischen und internationalen Institutionen geleistet wird.

Die Ökonometrie befasst sich nur mit dem letzten der oben angeführten Punkte. Ihr Bereich sind die statistischen Techniken, die es erlauben, Daten auf Basis eines ökonometrischen Modells zu analysieren und damit eine bestimmte Fragestellung zu beantworten. Die Themen der Ökonometrie sind:

- Das Schätzen der Parameter des Modells, auf dessen Basis die ökonometrische Analyse ausgeführt wird.

- Das diagnostische Überprüfen des geschätzten Modells; dazu gehört insbesondere das Prüfen, ob die bei der Modellierung getroffenen Annahmen zutreffen.
- Mitwirkung bei der Modellierung; das ökonometrische Modell muss nicht nur die Anforderungen des Ökonomen erfüllen, sondern auch die Anwendung des ökonometrischen Instrumentariums erlauben, was Konsequenzen etwa für die funktionale Form und die stochastische Spezifikation hat.
- Das Verwenden des ökonometrischen Modells für Simulationen oder Prognosen beschäftigen eher den Ökonomen als den Ökonometer, erfordert aber oft gute Kenntnisse des ökonometrischen Instrumentariums.

Die modernen Möglichkeiten der elektronischen Datenverarbeitung haben die Themen der Ökonometrie und die Arbeit des Ökonometers stark verändert. Das ökonometrische Instrumentarium wird in immer komfortableren Software-Paketen angeboten. Systematische Untersuchungen der ökonometrischen Verfahren erlauben verbesserte Einsichten in die Verfahren und die damit erhaltenen Ergebnisse. Es stehen immer mehr Daten zur Verfügung, und es gibt Bemühungen, auch die Datenqualität immer mehr zu verbessern. Mit allen diesen Änderungen hat sich das Interesse auch neuen methodischen Bereichen zugewendet; als Beispiel sei die Paneldaten-Analyse genannt, die durch das verstärkte politische Interesse an Regionen mit immer neuen Fragen konfrontiert wird und in den letzten Jahren hohe praktische Relevanz bekommen hat.

1.2 Ökonometrische Modellierung

Das einfache lineare Regressionsmodell, spezifiziert als

$$Y = \alpha + \beta X + u \tag{1.2.1}$$

und ergänzt um entsprechende Annahmen, die wir in den nächsten Kapiteln behandeln werden, beschreibt die Wirkung einer erklärenden Variablen X auf die Variable Y; die Wirkung von X wird durch die Regressionskoeffizienten α, das Interzept, und β bestimmt. Die Störgröße u steht für die unsystematischen Abweichungen zwischen dem vom Modell gelieferten Wert $\alpha + \beta X$ und dem für das jeweilige X tatsächlich beobachteten Wert von Y. Die erwähnten Annahmen stellen die Anwendbarkeit des statistischen Instrumentariums sicher.

Dieses lineare Regressionsmodell, Basis eines klassischen Verfahrens der Statistik, ist der methodische Ausgangspunkt der ökonometrischen Analyse. Die Diskussion des Modells, seiner Eigenschaften und seiner Beschränkungen bei der Anwendung in ökonometrischen Analysen sind eine gute und bewährte Basis einer Einführung in die Ökonometrie. Allerdings wird eine ökonometrische Analyse in den seltensten Fällen mit dem einfachen linearen Regressionsmodell auskommen; Erweiterungen in der Spezifikation des Modells und in den oft zu restriktiven Annahmen, die für die Anwendbarkeit des statistischen Instrumentariums erforderlich sind, machen die ökonometrische Methodenlehre zu einem eigenständigen Bereich in der Statistik.

Dem Modell (1.2.1) liegt die Vorstellung zugrunde, dass es einen Vorgang beschreibt, bei dem die Variable Y von der Variablen X bestimmt wird; man nennt Y die von der Gleichung oder dem System bestimmte Variable, auch endogene Variable, während X als eine von außerhalb des Systems bestimmte Größe, als exogene Größe, gesehen wird. Die Variablen X und Y repräsentieren meist Prozesse, die in der Zeit ablaufen. Das Modell wird daher gewöhnlich in indizierten Größen X_t und Y_t geschrieben, wobei t für eine

Periode aus dem Bereich steht, für den das Modell als gültig angesehen wird, also etwa die Menge der Beobachtungen in den Perioden $t = 1, \ldots, n$.

Das Modell (1.2.1) weist eine Reihe von Beschränkungen auf:

- Die Zahl der erklärenden Variablen kann in einer realistischen Modellierung sehr groß werden und beschränkt sich selten auf eine einzelne erklärende Variable. Auch wird das durch das Modell beschriebene Geschehen in der Realität meist nur durch ein ganzes System von Größen darstellbar sein, die in oft komplizierter Struktur miteinander verknüpft sind, so dass eine entsprechend große Zahl von Gleichungen benötigt wird, um einen ökonomischen Sachverhalt adäquat zu beschreiben.
- Das Modell (1.2.1) ist statisch in dem Sinn, dass die Reaktion, die Y auf die Realisation X zeigt, auf die aktuelle Periode t beschränkt ist. In realen Situationen ist das nicht immer so. Dynamische Modelle sind der Wirklichkeit oft adäquater als statische.
- Auch die Verknüpfung der Variablen in der (in den Parametern) linearen Form ist nicht immer realistisch, so dass sich auch in diesem Punkt eine Erweiterung des Modells (1.2.1) als notwendig erweisen wird.
- Schließlich zeigt sich, dass das Anwenden des Modells (1.2.1) zum Modellieren von ökonomischen Zeitreihen nur beschränkt geeignet ist. Viele ökonomische Zeitreihen wie Konsum, Einkommen etc. haben den Charakter von nicht-stationären Prozessen, für die stochastische Trends typisch sind. Wird dieser Umstand in der Modellierung nicht berücksichtigt, so kann das Anwenden des statistischen Instrumentariums zu scheinbar recht brauchbaren Modellen führen, obwohl eine genauere Analyse ergibt, dass es sich um ein Artefakt handelt. Für das Analysieren von ökonomischen Sachverhalten auf der Basis von Zeitreihen wurden in den letzten Jahren eigene Verfahren entwickelt.

In den Kapiteln 2 bis 8 wird das klassische Regressionsmodell der Gegenstand des Interesses sein; es ist Grundlage der ökonometrischen Analyse. Die Kapiteln 9 bis 15 behandeln verschiedene methodische Erweiterungen. Schließlich werden wir in den Kapiteln 16 bis 22 Modelle behandeln, die den Anforderungen in der ökonometrischen Praxis näher kommen und in ähnlicher Form auch tatsächlich verwendet werden.

1.A Aufgaben

1.A.1 Empirische Anwendungen

1. Erste Schritte in `EViews`.
   (a) Lesen Sie den Anhang F „Einführung in `EViews`“. Ergänzende Informationen bietet der Abschnitt `EViews Basics` in der „Introduction to `EViews`“ des `EViews Help System`.
   (b) Starten Sie `EViews` und führen Sie die folgenden Aufgaben durch.
   (c) Eröffnen Sie einen `workfile` und lesen Sie die folgenden Zeitreihen aus der AWM-Datenbasis ein: PCR (realer Privater Konsum), PYR (reales Verfügbares Einkommen der Haushalte), WLN (Vermögen) und PCD (Deflator des Privaten Konsums).

(d) Stellen Sie die Zeitreihen PCR, PYR, WLN und PCD als Liniendiagramme (`line graph`) dar.

(e) Stellen Sie die Paare von Zeitreihen PCR, PYR, WLN und PCD in Streudiagrammen (`scatter graph`) dar; stellen Sie fest, zwischen welchen Paaren dieser Datenreihen das Streudiagramm hohe bzw. niedrige Korrelation anzeigt; überprüfen Sie diesen Eindruck anhand der Matrix der Korrelationskoeffizienten.

(f) Die Zeitreihe PCD ist ein Index der Verbraucherpreise. Erzeugen Sie Zeitreihen PI_1 und PI_2 der Inflationsrate (in Prozent) nach

$$PI_{1t} = \frac{PCD_t - PCD_{t-1}}{PCD_{t-1}} * 100$$

und nach

$$PI_{2t} \doteq \log \frac{PCD_t}{PCD_{t-1}} * 100 = [\log(PCD_t) - \log(PCD_{t-1})] * 100\,;$$

„$\doteq$" bedeutet „ist näherungsweise gleich". Stellen Sie die beiden Reihen (i) in einem Liniendiagramm und (ii) in einem gemeinsamen Streudiagramm dar; siehe dazu die Aufgabe 1 der „Allgemeinen Aufgaben und Probleme".

1.A.2 Allgemeine Aufgaben und Probleme

1. Zeigen Sie, dass für die beiden Inflationsraten (PCD ist der Index der Verbraucherpreise)

$$PI_{1t} = \frac{PCD_t - PCD_{t-1}}{PCD_{t-1}} * 100$$

und

$$PI_{2t} \doteq [\log(PCD_t) - \log(PCD_{t-1})] * 100\,;$$

gilt: $PI_{1t} \doteq PI_{2t}$. Das Symbol „$\doteq$" bedeutet „ist näherungsweise gleich". *Hinweis:* Die Funktion $\log(1+x)$ kann in eine Reihe entwickelt werden nach $\log(1+x) = x - x^2/2 + - \ldots$ für $|x| < 1$.

Teil I: Lineare Regressionsmodelle

I

ÜBERBLICK

Das klassische Regressionsmodell

2

ÜBERBLICK

Das lineare Regressionsmodell ist die Basis des vielleicht am häufigsten verwendeten statistischen Analyseverfahrens. Wir behandeln in diesem Kapitel die Anwendung der Regressionsanalyse im Rahmen der Ökonometrie. In Abschnitt 2.1 führen wir – illustriert am Beispiel einer Konsumfunktion – die Elemente der **Spezifikation eines Regressionsmodells** und die in der ökonometrischen Literatur übliche Notation ein; als Schreibweise des Regressionsmodells verwenden wir die Langform, die Summennotation und die Matrixnotation. Im Weiteren wird hauptsächlich von letzterer Gebrauch gemacht werden. Als Methode zum Schätzen der Regressionskoeffizienten werden wir in Abschnitt 2.2 das **Prinzip der Kleinsten Quadrate** verwenden; auf der Basis dieses Prinzips werden die so genannten Normalgleichungen und die **OLS-Schätzer** für die Regressionskoeffizienten abgeleitet. Die Darstellung der Ergebnisse einer Regressionsanalyse, wie sie typischerweise als Output eines ökonometrischen Programmpakets zur Verfügung stehen, wird in Abschnitt 2.3 am Beispiel des Standard-Outputs von `EViews` präsentiert. Die Bedeutung der **diagnostischen Prüfung** des Modells für die Beurteilung der empirischen Regressionsbeziehung wird anhand von drei statistischen Kriterien illustriert. Schließlich wird in Abschnitt 2.4 die Verwendung des Regressionsmodells als Basis für ökonometrische Analysen diskutiert.

2.1 Lineares Regressionsmodell

Das lineare Regressionsmodell gibt die Beziehung zwischen einer zu erklärenden oder abhängigen Variablen und der oder den erklärenden oder unabhängigen Variablen oder Regressoren an; dabei gehen die Regressoren in Form einer Linearkombination mit unbekannten Parametern in das Modell ein. In der Ökonometrie wird die abhängige Variable auch als endogen, also innerhalb des Modells oder durch das Modell bestimmt, bezeichnet, die unabhängigen Variablen als exogene, also als Variable, die außerhalb des Modells bestimmt werden.

Das Modell einer **einfachen linearen Regression** für die Variable Y lautet, angeschrieben für den Zeitpunkt oder die Periode t,

$$Y_t = \alpha + \beta X_t + u_t\,; \tag{2.1.1}$$

dabei steht X für die erklärende Variable, die Größen α und β nennen wir die Regressionskoeffizienten; α heißt auch das Interzept, der Koeffizient zum Regressor X, β, wird auch in Analogie zur geometrischen Interpretation der Anstieg genannt; und u ist die so genannte Störgröße. Steht uns ein Datensatz $\{(Y_t, X_t), t = 1, \ldots, n\}$ zur Verfügung, so soll die Beziehung (2.1.1) für alle Beobachtungszeitpunkte oder Beobachtungsperioden t ($t = 1, \ldots, n$) dieses Datensatzes gelten.

Die **Störgröße** u ist eine nicht beobachtbare, stochastische Komponente, die auch als Störterm, Zufallsfehler oder „Noise“, im Englischen mit *noise* oder *error term*, bezeichnet wird. Wir ergänzen das Modell um die Störgröße u, um dem Umstand Rechnung zu tragen, dass der systematische Teil des Modells, $\alpha + \beta X$, für einen gegebenen Datensatz nur in beschränkter Genauigkeit mit den Beobachtungen von Y übereinstimmen wird. Die Störgröße repräsentiert typischerweise

- im Modell nicht berücksichtigte, aber für die Beschreibung des datengenerierenden Prozesses von Y relevante Variable,
- Abweichungen zwischen den Konstrukten der ökonomischen Theorie und jenen Größen, für die zahlenmäßige Daten zur Verfügung stehen und als die Repräsentanten der theoretischen Konstrukte in der ökonometrischen Analyse verwendet werden, und
- Messfehler.

Beispiel 2.1

Einkommen und Konsum

Die Abbildung 2.1 zeigt ein Streudiagramm, in dem der reale Private Konsum (PCR) über dem realen Verfügbaren Einkommen der Haushalte (PYR) aufgetragen ist, und die Regressionsgerade PCR $= a + b$PYR für geeignet gewählte Werte der Parameter a und b.

Abbildung 2.1

Streudiagramm des realen Privaten Konsums (PCR) über dem realen Verfügbaren Einkommen der Haushalte (PYR), in Mrd EUR, Basis 1995; 1970:1-2002:4, AWM-Datenbasis.

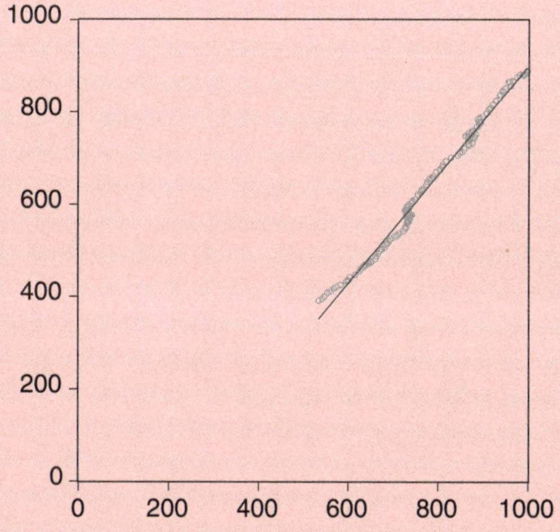

Für einen bestimmten Wert des Einkommens PYR kann der beobachtete Wert PCR des Konsums ober- oder unterhalb der Regressionsgeraden liegen; dementsprechend ist der Wert von u_t positiv oder negativ. Ursachen für diese Abweichungen liegen in der Unvollständigkeit der Beschreibung der Ausgaben für Konsum; nicht nur die Höhe des persönlich verfügbaren Einkommens wird die Konsumbereitschaft beeinflussen, sondern beispielsweise auch die Preise, das Sparverhalten, Erwartungen über das künftige Einkommen und mögliche Belastungen u.a. Dazu kommt, dass die für Einkommen und Konsum verfügbaren Daten in komplexen Erhebungs- und Berechnungsverfahren ermittelt werden und daher nur von beschränkter Genauigkeit sind.

Bei der einfachen linearen Regression spricht das Wort „einfach" den Umstand an, dass das Modell mit nur einer einzigen erklärenden Variablen auskommt. Das **multiple lineare Regressionsmodell** erklärt die abhängige Variable Y durch eine Linearkombination von mehreren Regressoren $X_2, \ldots, X_k$. Stehen für die Perioden $t = 1, \ldots, n$ die Beobachtungen $(Y_t, X_{t2}, \ldots, X_{tk})$ zur Verfügung, schreiben wir das Modell als

$$\begin{aligned} Y_t &= \beta_1 + \beta_2 X_{t2} + \ldots + \beta_k X_{tk} + u_t \\ &= \sum_{i=1}^{k} \beta_i X_{ti} + u_t \,; \end{aligned} \tag{2.1.2}$$

in der Gleichung mit Summennotation verwenden wir zur Vereinfachung der Schreibweise die Interzept-Variable X_1, die für alle t den Wert $X_{t1} = 1$ hat. Die Größen β_i, $i = 1, \ldots, k$ sind wiederum die Regressionskoeffizienten, β_1 das Interzept. Die Störgröße u_t steht wie im Modell (2.1.1) für die Abweichung zwischen dem systematischen Teil $\sum_{i=1}^{k} \beta_i X_{ti}$ des Modells und dem für Y_t beobachteten Wert.

Die Störgröße u fassen wir als stochastische Größe auf. Damit können wir – etwa bei der Untersuchung der Eigenschaften der an einen Datensatz angepassten Regressionsbeziehung oder von daraus erhaltenen Prognosen – das Instrumentarium von Wahrscheinlichkeitstheorie und Statistik verwenden. Die Spezifikation der stochastischen Eigenschaften von u muss berücksichtigen, dass u als nichtsystematische Komponente definiert wurde. Wir werden also verlangen, dass für alle t gilt:

$$\mathrm{E}\{u_t\} = 0\,. \tag{2.1.3}$$

In Kapitel 4 werden wir uns mit der Wahrscheinlichkeitsverteilung der Störgrößen eingehender befassen und bestimmte Annahmen treffen. Solche Festlegungen werden nicht unbedingt inhaltlich begründet werden, aber die Anwendung bestimmter statistischer Analysen ermöglichen und wünschenswerte Eigenschaften unserer statistischen Verfahren und Ergebnisse sicherstellen. Solche Festlegungen werden beispielsweise die Varianz und die (serielle) Korrelation der Störgrößen betreffen; gegebenenfalls werden wir die Verteilung der Störgrößen insgesamt spezifizieren und insbesondere die Annahme der Normalverteilung für sie treffen.

Die in den Regressionskoeffizienten lineare Form des Regressionsmodells legt die Matrixnotation nahe, von der in der ökonometrischen Literatur reichlich Gebrauch gemacht wird. In Matrixnotation schreiben wir das Modell (2.1.2), das für die Beobachtungen $(Y_t, X_{t2}, \ldots, X_{tk})$, $t = 1, \ldots, n$, definiert ist, als

$$\mathbf{y} = \mathbf{X}\boldsymbol{\beta} + \mathbf{u}\,. \tag{2.1.4}$$

Dabei stehen $\mathbf{y}$, $\mathbf{X}$, $\boldsymbol{\beta}$ und $\mathbf{u}$ für die Vektoren bzw. die Matrizen

$$\mathbf{y} = \begin{pmatrix} Y_1 \\ \vdots \\ Y_n \end{pmatrix}, \quad \mathbf{X} = \begin{pmatrix} X_{11} & \ldots & X_{1k} \\ \vdots & & \vdots \\ X_{n1} & \ldots & X_{nk} \end{pmatrix}, \quad \boldsymbol{\beta} = \begin{pmatrix} \beta_1 \\ \vdots \\ \beta_k \end{pmatrix} \text{ und } \mathbf{u} = \begin{pmatrix} u_1 \\ \vdots \\ u_n \end{pmatrix}.$$

Die Beobachtungen der erklärenden Variablen fassen wir in der $(n \times k)$-Matrix $\mathbf{X} = (X_{ti})$ zusammen: Die t-te Zeile von $\mathbf{X}$ enthält den k-Vektor $\mathbf{x}_t' = (X_{t1}, \ldots, X_{tk})$ der Beobachtungen der Regressoren in der Periode t (mit $X_{t1} = 1$, wenn das Modell ein Interzept enthält). Die n-komponentigen Spaltenvektoren $\mathbf{y}$, $\mathbf{x}_i$, $i = 1, \ldots, k$ und $\mathbf{u}$ umfassen die Beobachtungen Y_t, X_{ti}, $i = 1, \ldots, k$ und u_t, jeweils für $t = 1, \ldots, n$. Das t-te Element ($t = 1, 2, \ldots, n$) der Matrixgleichung (2.1.4) ist die Modellgleichung (2.1.2) für t, die wir mit $\mathbf{x}_t$ auch schreiben können als

$$Y_t = \mathbf{x}_t' \boldsymbol{\beta} + u_t \,.$$

Die Matrixnotation erlaubt uns eine wesentlich kompaktere Darstellung als die Langschreibweise und die Verwendung der Summennotation der Gleichung (2.1.2).

Zur Notation: Variable werden mit großen lateinischen Buchstaben (Y, X_i, C, Y, etc.), ihre Beobachtungen zum Zeitpunkt t oder aus der Periode t durch entsprechend indizierte Buchstaben (Y_t, X_{ti}, C_t, Y_t, etc.) bezeichnet. Vektoren sind Spaltenvektoren und werden mit kleinen, Matrizen mit großen, fett gedruckten Buchstaben notiert; vergleiche die Größen $\mathbf{y}$, $\mathbf{x}_i$, $\mathbf{x}_t$ und $\mathbf{u}$ sowie $\mathbf{X}$ in Zusammenhang mit (2.1.4). Ob es sich bei einer Größe um eine (Zufalls-)Variable oder ihre Realisation handelt, ergibt sich jeweils aus dem Zusammenhang. Gleiches gilt für Schätzer wie b oder $\hat{\beta}$.

2.2 Schätzen der Regressionskoeffizienten

Wenn uns Beobachtungen (X_t, Y_t) für die Perioden $t = 1, \ldots, n$ zur Verfügung stehen, können wir die Regressionskoeffizienten α und β des Modells

$$Y = \alpha + \beta X + u$$

schätzen, also solche Zahlen für α und β finden, die das Modell nach einem bestimmten Kriterium am besten an die Daten anpassen. Die geschätzten Werte oder Schätzer der Parameter werden wir mit a und b bezeichnen. Einsetzen der Schätzer in die Modellgleichung liefert die **Residuen**

$$e_t = Y_t - (a + bX_t) \,, \quad t = 1, \ldots, n,$$

zwischen den Beobachtungen von Y_t und den aus der angepassten Regressionsbeziehung geschätzten Werten $\hat{Y}_t = a + bX_t$.

Ein häufig verwendetes Schätzverfahren ist die Kleinste-Quadrate-Anpassung; wir sprechen von Schätzung nach dem **Prinzip der Kleinsten Quadrate**. Die Summe der Fehlerquadrate definieren wir als

$$S(\alpha, \beta) = \sum_{t=1}^{n} u_t^2 = \sum_{t=1}^{n} [Y_t - (\alpha + \beta X_t)]^2 \,. \tag{2.2.1}$$

Das Prinzip der Kleinsten Quadrate liefert uns jene Schätzer a und b der Regressionskoeffizienten α und β, welche die Summe der Fehlerquadrate minimieren; wir nennen sie **Kleinste-Quadrate-Schätzer** oder (nach dem englischen Ausdruck *ordinary least squares*) **OLS-Schätzer**. Das „O" unterscheidet den OLS-Schätzer vom verallgemeinerten (*generalized*) Kleinste-Quadrate-Schätzer oder GLS-Schätzer. Wir werden in Kapitel 3 sehen, dass die OLS-Schätzer unter recht allgemeinen Bedingungen sehr gute Eigenschaften haben.

Wie gesagt erhalten wir die OLS-Schätzer durch Minimieren der Summe der Fehlerquadrate $S(\alpha, \beta)$. Wir können für die OLS-Schätzer einen geschlossenen Ausdruck ableiten, in den wir die beobachteten Werte unserer Variablen einsetzen können, um die Schätzer zahlenmäßig zu bestimmen. Um diese Formeln herzuleiten, differenzieren wir $S(\alpha, \beta)$ partiell nach α und β und setzen die ersten Ableitungen gleich Null. Das

Lösen dieser so genannten **Normalgleichungen** gibt die OLS-Schätzer. Das Differenzieren von $S(\alpha, \beta)$ liefert (wenn nichts anderes angegeben ist, geht der Laufindex der Summationen von $t = 1$ bis $t = n$)

$$\frac{\partial S}{\partial \alpha} = -2 \sum_t [Y_t - (\alpha + \beta X_t)] ,$$
$$\frac{\partial S}{\partial \beta} = -2 \sum_t [Y_t - (\alpha + \beta X_t)] X_t .$$

Durch Nullsetzen erhalten wir die Normalgleichungen

$$a\,n + b \sum_t X_t = \sum_t Y_t , \tag{2.2.2}$$
$$a \sum_t X_t + b \sum_t X_t^2 = \sum_t X_t Y_t . \tag{2.2.3}$$

Umformen gibt die OLS-Schätzer

$$b = \frac{s_{xy}}{s_x^2} , \tag{2.2.4}$$
$$a = \bar{Y} - b\bar{X} \tag{2.2.5}$$

mit den Stichproben-Mittelwerten $\bar{X}$, $\bar{Y}$, der Stichproben-Varianz

$$s_x^2 = \frac{1}{n} \sum_t (X_t - \bar{X})^2$$

und der Stichproben-Kovarianz

$$s_{xy} = \frac{1}{n} \sum_t (X_t - \bar{X})(Y_t - \bar{Y}) .$$

Am Rande sei angemerkt, dass die Stichproben-Varianz s_x^2 offensichtlich nicht Null sein darf, wenn b nach (2.2.4) definiert sein soll. Es bleibt auch die Frage offen, ob die Summe der Fehlerquadrate $S(\alpha, \beta)$ an der Stelle $\alpha = a$ und $\beta = b$ auch wirklich ein Minimum hat; das Erfüllen der Normalgleichungen ist nur eine notwendige, aber keine hinreichende Bedingung für ein Minimum von $S(\alpha, \beta)$ an der Stelle a und b. Wir werden diese Frage noch in diesem Abschnitt im Zusammenhang mit dem multiplen Regressionsmodell behandeln.

Beispiel 2.2 Einkommen und Konsum, Fortsetzung

Im Folgenden steht C für die jährliche Zuwachsrate des realen Privaten Konsums PCR und Y für die jährliche Zuwachsrate des realen Verfügbaren Einkommens der Haushalte PYR. Für die Daten, die dem Beispiel 2.1 zugrunde liegen, erhalten wir als Stichproben-Mittelwerte $\bar{C} = 0.0249$ und $\bar{Y} = 0.0188$, als Stichproben-Standardabweichung von PYR den Wert $s_y = 0.0168$ sowie $s_{xy} = 0.000209$. Einsetzen dieser Werte in (2.2.4) und (2.2.5) liefert den Schätzer $b = 0.747$ des Regressionskoeffizienten β und das Interzept $a = 0.011$; die angepasste Regressionsbeziehung lautet also

$$\hat{C} = 0.011 + 0.747\, Y\,.$$

Der Regressionskoeffizient β hat als marginale Konsumneigung eine jedem Ökonomen geläufige Interpretation; sie gibt den Anteil einer Erhöhung des Einkommens an, der für Konsum aufgewendet wird. Eine Konsumfunktion mit einer marginalen Konsumneigung von 0.75 wird von den meisten Ökonomen als realistisch akzeptiert werden.

In Matrixnotation schreiben wir die Summe der Fehlerquadrate des multiplen Regressionsmodells $\mathbf{y} = \mathbf{X}\boldsymbol{\beta} + \mathbf{u}$ mit k Regressoren als

$$\begin{aligned} S(\boldsymbol{\beta}) &= \mathbf{u}'\mathbf{u} = (\mathbf{y} - \mathbf{X}\boldsymbol{\beta})'(\mathbf{y} - \mathbf{X}\boldsymbol{\beta}) \\ &= \mathbf{y}'\mathbf{y} - 2\mathbf{y}'\mathbf{X}\boldsymbol{\beta} + \boldsymbol{\beta}'\mathbf{X}'\mathbf{X}\boldsymbol{\beta}\,; \end{aligned} \tag{2.2.6}$$

dabei machen wir Gebrauch von $\mathbf{y}'\mathbf{X}\boldsymbol{\beta} = (\mathbf{y}'\mathbf{X}\boldsymbol{\beta})' = (\mathbf{X}\boldsymbol{\beta})'\mathbf{y}$. Die partiellen Ableitungen ergeben sich zu

$$\frac{\partial S}{\partial \boldsymbol{\beta}} = -2\mathbf{X}'\mathbf{y} + 2\mathbf{X}'\mathbf{X}\boldsymbol{\beta}\,,$$

wobei Regeln zum Differenzieren von Vektoren und Matrizen benützt wurden, die im Anhang E.9 angegeben sind. Die Normalgleichungen lauten

$$\mathbf{X}'\mathbf{X}\mathbf{b} = \mathbf{X}'\mathbf{y}\,; \tag{2.2.7}$$

daraus folgen die OLS-Schätzer

$$\mathbf{b} = (\mathbf{X}'\mathbf{X})^{-1}\mathbf{X}'\mathbf{y}\,. \tag{2.2.8}$$

Achtung! Die OLS-Schätzer sind nicht definiert, wenn es nicht möglich ist, $\mathbf{X}'\mathbf{X}$ zu invertieren. Die Invertierbarkeit von $\mathbf{X}'\mathbf{X}$ setzt voraus, dass $\mathbf{X}'\mathbf{X}$ und damit $\mathbf{X}$ den vollen Rang haben, der Rang von $\mathbf{X}'\mathbf{X}$ und $\mathbf{X}$ also den Wert k hat, bzw. dass die n-Vektoren $\mathbf{x}_i$, $i = 1, \ldots, k$ linear unabhängig sind. Das Nichtzutreffen dieser Voraussetzung ist meist einfach zu erkennen: Die ökonometrischen Programmpakete bringen eine entsprechende Fehlermeldung; beispielsweise würde `EViews` melden: „`Near singular matrix`", wenn die Invertierbarkeit von $\mathbf{X}'\mathbf{X}$ nicht gegeben ist.

Zwei Situationen, in denen die Voraussetzung, dass $\mathbf{X}$ den vollen Rang hat, nicht erfüllt ist, sind die folgenden:

- Die Anzahl n der Beobachtungen ist geringer als die Anzahl k der Regressoren.
- Unter den Regressoren gibt es welche, zwischen deren Vektoren von Beobachtungen eine lineare Beziehung besteht, etwa $\mathbf{x}_i = c\mathbf{x}_j$; die Spalte $\mathbf{x}_i$ aus $\mathbf{X}$ ist also das c-fache der Spalte $\mathbf{x}_j$. Man sagt, die Variablen sind (exakt) kollinear; der Stichproben-Korrelationskoeffizient dieser beiden Variablen hat den Wert 1.

Heikler ist der Fall, dass der Korrelationskoeffizient zwischen Regressoren nicht exakt den Wert 1 hat, aber nahe bei 1 liegt. Wir werden uns im Kapitel 10 ausführlich mit diesem Fall der so genannten „Multikollinearität" befassen.

Dass die OLS-Schätzer die Normalgleichungen erfüllen, ist eine notwendige Bedingung dafür, dass die Summe der Fehlerquadrate $S(\boldsymbol{\beta})$ an der Stelle $\mathbf{b}$ ein Minimum hat. Eine hinreichende Bedingung dafür ist, dass die Matrix der zweiten Ableitungen

$$\frac{\partial^2 S}{\partial \boldsymbol{\beta} \partial \boldsymbol{\beta}'} = 2\mathbf{X}'\mathbf{X}$$

eine positiv definite Matrix ist. Das trifft im Allgemeinen und für beliebige $\mathbf{b}$ auch tatsächlich zu: Für einen beliebigen k-Vektor $\mathbf{c} \neq 0$ gilt

$$\mathbf{c}'\mathbf{X}'\mathbf{X}\mathbf{c} = \mathbf{t}'\mathbf{t} > 0$$

mit $\mathbf{t} = \mathbf{X}\mathbf{c}$. Voraussetzung ist, dass $\mathbf{X}$ den vollen Rang (k) hat, also die n-Vektoren $\mathbf{x}_i$, $i = 1, \ldots, k$ linear unabhängig sind.

2.3 Beurteilung der Regression

Haben wir ein Regressionsmodell spezifiziert und seine Parameter geschätzt, so stellt sich die Frage nach der Qualität der so erhaltenen empirischen Beziehung. Die Beurteilung einer Regressionsbeziehung kann nach unterschiedlichen Kriterien erfolgen. Für den an den Methoden Interessierten stehen vor allem die statistischen Aspekte im Vordergrund. Für den Anwender der ökonometrischen Methoden ist natürlich die ökonomische Bewertung der Ergebnisse von noch größerer Bedeutung; ein statistisch gut abgesichertes empirisches Ergebnis sollte auch mit der ökonomischen Theorie in Einklang stehen.

Der Ökonom wird sich beispielsweise für die Werte der erhaltenen Regressionskoeffizienten interessieren. Er möchte vielleicht die Preiselastizität der Nachfrage untersuchen. Oder er möchte die Spezifikation des Modells überprüfen und wissen, ob eine bestimmte Variable einen Erklärungsbeitrag für den datengenerierenden Prozess der abhängigen Variablen leistet; dazu kann er mit einem t-Test die Nullhypothese prüfen, dass der entsprechende Regressionskoeffizient den Wert Null hat, also keinen Erklärungsbeitrag leistet.

Das Anwenden der Regressionsanalyse ist an bestimmte Voraussetzungen und Annahmen gebunden, und die Schlussweisen des Ökonomen machen von Eigenschaften der statistischen Ergebnisse Gebrauch, die ebenfalls an Voraussetzungen gebunden sind. Daher ist das **diagnostische Überprüfen**, das Fragen, ob die den Methoden zugrunde liegenden Voraussetzungen und Annahmen zutreffen oder nicht, eine zentrale Aufgabe der Anwendung des statistischen Instrumentariums. Durch das diagnostische Überprüfen

- können wir einerseits feststellen, ob Voraussetzungen und Annahmen und die daraus folgenden Eigenschaften der Ergebnisse als zutreffend angesehen werden können oder nicht, und
- erhalten wir andererseits Hinweise darauf,
  - mit welchen Konsequenzen wir infolge verletzter Voraussetzungen und Annahmen rechnen müssen, und
  - welche Maßnahmen getroffen werden sollten, um in einer gegebenen Situation gegebenenfalls eine adäquatere Analyse durchzuführen.

Beispiel 2.3 Einkommen und Konsum, Fortsetzung

Die Abbildung 2.2 zeigt den typischen Output eines ökonometrischen Programms zum Anpassen der Konsumfunktion $C = \alpha + \beta Y + u$ an den in Beispiel 2.1 verwendeten Datensatz, wie er als Ergebnis der OLS-Anpassung von `EViews` zur Verfügung gestellt wird. Dabei steht C für die jährliche Zuwachsrate des realen Privaten Konsums PCR und Y für die jährliche Zuwachsrate des realen Verfügbaren Einkommens der Haushalte PYR.

Abbildung 2.2

Output von `EViews` als Ergebnis der OLS-Anpassung der Konsumfunktion $C = \alpha + \beta Y + u$; siehe Beispiel 2.1.

Dependent Variable: PCR
Method: Least Squares
Date: 08/20/04 Time: 11:06
Sample(adjusted): 1971:1 2002:4
Included observations: 128 after adjusting endpoints

Variable	Coefficient	Std. Error	t-Statistic	Prob.
C	0.010855	0.001053	10.31071	0.0000
PYR	0.747032	0.041840	17.85451	0.0000

R-squared	0.716716	Mean dependent var	0.024898
Adjusted R-squared	0.714468	S.D. dependent var	0.014817
S.E. of regression	0.007918	Akaike info criterion	-6.823949
Sum squared resid	0.007899	Schwarz criterion	-6.779386
Log likelihood	438.7327	F-statistic	318.7837
Durbin-Watson stat	0.632776	Prob(F-statistic)	0.000000

Die empirische Konsumfunktion können wir ablesen zu $\hat{C} = 0.011 + 0.747\,Y$. Die Bedeutung einzelner Größen eines solchen Output werden wir im Folgenden behandeln.

Der Standard-Output des Regressions-Programms der meisten ökonometrischen (und statistischen) Programmpakete enthält (i) die detaillierte Darstellung der geschätzten Regressionsbeziehung und (ii) eine Reihe von Charakteristika und Teststatistiken, die die Qualität der erhaltenen Regressionsbeziehung beurteilen lassen. So gibt der Output von `EViews`, wie er in Abbildung 2.2 gezeigt wird, zu jedem Regressor X_i an:

- den geschätzten Regressionskoeffizienten b_i (`Coefficient`),
- den Standardfehler von b_i (`Std. Error`), d.h. die Standardabweichung von b_i,
- die t-Statistik zu b_i (`t-Statistic`),
- den p-Wert (`Prob.`) zum Test von H_0: $\beta_i = 0$ gegen die Alternative H_1: $\beta_i \neq 0$, also die Wahrscheinlichkeit, beim Verwerfen von H_0 den Fehler 1. Art zu begehen.

Unter den Charakteristika und Teststatistiken, die uns Hinweise auf die Qualität der erhaltenen Regressionsbeziehung geben, finden sich vor allem allgemeine Beurteilungskriterien wie

- die F-Teststatistik (`F-statistic`), in statistischen Programmpaketen oft in Form der ANOVA-Tafel, und der entsprechende p-Wert (`Prob(F-statistic)`),
- das Bestimmtheitsmaß R^2 (`R-squared`) und das adjustierte Bestimmtheitsmaß $\bar{R}^2$ (`Adjusted R-squared`),
- der Standardfehler s der Regression (`S.E. of regression`),
- die Summe $\mathbf{e}'\mathbf{e}$ der quadrierten Residuen $\mathbf{e} = \mathbf{y} - \mathbf{Xb}$ (`Sum squared resid`),
- die logarithmierte Likelihood-Funktion (`Log likelihood`)

$$\ell = -\frac{n}{2}\left(1 + \log(2\pi) + \log\frac{\mathbf{e}'\mathbf{e}}{n}\right),$$

- die Durbin-Watson-Statistik (`Durbin-Watson stat`) zum Test auf serielle Korrelation der Störgrößen,
- den Mittelwert der abhängigen Variablen Y (`Mean dependent var`),
- den Standardfehler von Y (`S.D. dependent var`), d.h. die Standardabweichung von $\bar{Y}$,
- das Informationkriterium von Akaike (`Akaike info criterion`)

$$\text{AIC} = -\frac{2\ell}{n} + \frac{2k}{n},$$

- das Schwarz Informationkriterium (`Schwarz criterion`)

$$\text{SIC} = -\frac{2\ell}{n} + \frac{k \log n}{n}.$$

Daneben können andere Beurteilungskriterien abgerufen werden, die es erlauben zu erkennen, ob bestimmte Voraussetzungen erfüllt sind oder nicht. Die meisten Charakteristika und Teststatistiken werden uns in späteren Kapiteln beschäftigen. Wir gehen hier kurz auf drei Kriterien ein, die für die Beurteilung der erhaltenen Regression eine wesentliche Rolle spielen. Die im Folgenden aus Abbildung 2.2 zitierten Zahlen sind jeweils auf zwei oder drei Nachkommastellen gerundet.

1. In der Spalte `t-Statistic` wird für die Variable Y, das verfügbare Einkommen, der Wert 17.85 angegeben. Es handelt sich um den Wert der Teststatistik des t-Tests, mit dem die Nullhypothese H_0: $\beta = 0$ überprüft wird. Der zugehörige p-Wert wird in der Spalte `Prob.` mit 0.0000 angegeben; er gibt die Wahrscheinlichkeit an, einen Wert mit einem Absolutbetrag von mindestens 17.85 zu erhalten, wenn die Nullhypothese zutrifft. Das Zutreffen der Nullhypothese ist hier also extrem unwahrscheinlich; wir werden sie verwerfen und es als zutreffend ansehen, dass (a) das Einkommen Y ein Erklärungspotential für unsere Beobachtungen des Privaten Konsums hat; inhaltlich können wir aus diesem Ergebnis schließen, dass (b) die marginale Konsumneigung positiv (und in der Größenordnung von 0.75) ist. Das 95 %ige Konfidenzintervall für β hat die Grenzen 0.664 und 0.830.

2. Für die Größe `R-squared` ist der Wert 0.717 angegeben. Es handelt sich dabei um das so genannte Bestimmtheitsmaß, das wir als das Quadrat des Korrelationskoeffizienten zwischen den beobachteten Werten von C und den Schätzwerten $\hat{C}$, die uns dafür die angepasste Regressionsbeziehung gibt, bzw. als Quadrat des Korrelationskoeffizienten zwischen C und Y interpretieren können. Der daraus ermittelte Korrelationskoeffizient 0.847 ist nahe bei Eins und das Erklärungspotential des Einkommens Y für den Privaten Konsum entsprechend hoch einzuschätzen.
3. Für die Größe `Durbin-Watson stat` wird ein Wert von 0.633 angezeigt. Der Durbin-Watson-Test überprüft, ob eine wichtige Voraussetzung erfüllt ist, nämlich dass die Störgrößen u, die zu aufeinander folgenden Zeitpunkten gehören, unkorreliert sind. Entsprechende kritische Schranken für diese Teststatistik sind tabelliert; wir würden finden, dass die Nullhypothese unkorrelierter Störgrößen nicht haltbar ist. Damit wird uns ein Hinweis darauf gegeben, dass (a) eine wichtige Voraussetzung der Anwendung der Methoden der Regressionsanalyse nicht erfüllt ist; wie wir später sehen werden, liegt (b) die Ursache dafür möglicherweise darin, dass die Spezifikation des Modells in wesentlichen Punkten nicht korrekt ist, etwa weil ein relevanter Regressor unberücksichtigt geblieben ist. Die angezeigte Korreliertheit der Störgrößen ist ein Symptom für eine aufzuklärende Missspezifikation des Modells.

Diese und andere Möglichkeiten zur Beurteilung einer Regression werden wir in den folgenden Kapiteln ausführlich behandeln.

2.4 Das Regressionsmodell in der Ökonometrie

Im ersten Kapitel haben wir die Bedeutung der Ökonometrie als einen Bereich der ökonomischen Forschung kennen gelernt, der uns Methoden dafür in die Hand gibt, die Ergebnisse der ökonomischen Theorie empirisch zu überprüfen, Modelle zur Prognose künftiger Entwicklungen aufzubauen und in Simulationen Alternativen von ökonomischen Szenarien zu analysieren. Es stellt sich die Frage, inwieweit das statistische Instrumentarium der Regressionsanalyse für die Aufgaben der Ökonometrie als brauchbarer Methodenvorrat anzusehen ist. Die Antwort auf diese Frage könnte man so geben: Die Regressionsanalyse spielt eine wichtige Rolle als Basis der ökonometrischen Methoden, und sie erfüllt in vielen empirischen Situationen die Anforderungen, die sich aus theoretischer Fundierung der Fragestellung und der Natur der verfügbaren Daten ergeben. Es hat sich aber gezeigt, dass die Anwendung des statistischen Instrumentariums auf Probleme der Ökonomie in einem Ausmaß Anpassungen und Erweiterungen der Methoden erfordert, dass die Ökonometrie heute als eine eigenständige Disziplin innerhalb der Statistik angesehen wird.

Bereiche solcher Anpassungen und Erweiterungen sind:

- die Annahmen, die in die Definition der Modelle eingehen und die Eigenschaften der Schätzverfahren bestimmen,
- der Zeitreihencharakter der Daten von ökonomischen Variablen und das Modellieren dynamischer Prozesse,
- die gemeinsame Modellierung simultaner Prozesse.

2.4.1 Die Annahmen der Regressionsanalyse

Die Anwendung der Regressionsanalyse erfordert, dass bestimmte technische Voraussetzungen erfüllt sind. Beispielsweise haben wir in Abschnitt 2.2 darauf hingewiesen, dass der OLS-Schätzer (2.2.8) nur dann ermittelt werden kann, wenn die Matrix $\mathbf{X}'\mathbf{X}$ invertierbar ist, was seinerseits voraussetzt, dass die n-Vektoren $\mathbf{x}_i$, $i = 1, \ldots, k$ linear unabhängig sind, $\mathbf{X}$ also den vollen Rang k hat. Bei der Analyse von Daten mit Zeitreihencharakter, der für ökonometrische Analysen häufigsten Situation, müssen gemeinsame Trends der untersuchten Variablen zwar nicht eine singuläre Matrix $\mathbf{X}'\mathbf{X}$ zur Folge haben. Aber eine „nahezu singuläre" Matrix $\mathbf{X}'\mathbf{X}$ induziert das, was man als Multikollinearität bezeichnet, und was uns in Kapitel 10 beschäftigen wird: Die Folgen sind große Standardfehler der OLS-Schätzer, breite, wenig informative Konfidenzintervalle und geringe Macht des t- und anderer Tests.

Damit wir also das Instrumentarium der Regressionsanalyse auf ökonometrische Fragestellungen anwenden können, müssen wir

- entsprechende Annahmen treffen, beispielsweise über die Regressoren und das „Design" der Beobachtungen, die die Matrix $\mathbf{X}$ bilden, oder die Störgrößen und ihre stochastischen Eigenschaften; darüber hinaus müssen wir
- Bescheid darüber wissen, welche Konsequenzen es hat, wenn solche Annahmen verletzt sind; dazu benötigen wir
- diagnostische Verfahren, mit deren Hilfe wir entscheiden können, ob eine Annahme als erfüllt abgesehen werden kann oder nicht; schließlich müssen wir
- alternative statistische Verfahren für den Fall zur Verfügung haben, dass eine Annahme nicht als erfüllt angesehen werden kann.

Den Annahmen der Regressionsanalyse ist ein eigener Abschnitt, das Kapitel 4, gewidmet, in dem wir die Annahmen darstellen und ihre Relevanz für ökonometrische Analysen und die Konsequenzen von nicht erfüllten Annahmen diskutieren werden. Die meisten dieser Annahmen werden uns in späteren Kapiteln oder Abschnitten im Sinn der angeführten Punkte beschäftigen.

2.4.2 Das Modellieren dynamischer Prozesse

Das Modellieren von Prozessen des Wirtschaftslebens hat in den meisten Situationen eine zeitliche Abhängigkeitsstruktur der Variablen zu berücksichtigen, die in anderen typischen Anwendungen der Regressionsanalyse wie in Bereichen der Sozialwissenschaften oder der Biometrie kaum eine Rolle spielt. Ökonomische Aktivitäten sind oft durch die Vergangenheit bestimmt: Der Konsum von Energie hängt wesentlich von Investitionen in energieverbrauchende Anlagen und Geräte in der Vergangenheit ab. Die Akteure von ökonomischen Prozessen reagieren verzögert, etwa weil Beschaffungsprozesse durchzuführen oder Zahlungsfristen abzuwarten sind; generell führt die Dauer des Informationsflusses und der Entscheidungsprozesse zu Verzögerungen. Auch das Berücksichtigen von Erwartungen der Akteure von ökonomischen Prozessen hat Modelle zur Folge, in welche die vergangene Entwicklung eingeht.

Die Anwendung des Instrumentariums der Regressionsanalyse auf ökonometrische Fragestellungen hat daher eigenständige Entwicklungen ausgelöst. Dabei spielen Zeitreihenmodelle wie Autoregressive Modelle und die allgemeineren ARMA-Modelle eine wichtige Rolle, genauso wie Linearkombinationen von verzögerten Regressoren, so genannte Lagstrukturen. In neuerer Zeit hat die Analyse von Modellen für nicht-stationäre Variablen besonderes Interesse gefunden. Ein zentraler Begriff ist das Konzept der Kointegration, das Bestehen einer Gleichgewichts-Beziehung zwischen nicht-stationären Variablen. Für kointegrierte Variable kann ein dynamisches Modell in der Form eines so genannten Fehlerkorrektur-Modells spezifiziert werden, durch das die Änderungen der abhängigen Variablen als Effekte (i) der Änderungen der Regressoren und (ii) von teilweisen Anpassungen an Gleichgewichts-Fehler beschrieben werden.

2.4.3 Das gemeinsame Modellieren simultaner Prozesse

Bei der Modellierung ökonomischer Sachverhalte genügt es meist nicht, eine abhängige Variable als Funktion von einem oder mehreren Regressoren darzustellen. Beispielsweise wird durch die Marktmechanismen sowohl die nachgefragte Menge als auch der Preis eines Produktes bestimmt. Menge und Preis sind durch den Markt verbunden. Eine einzelne Konsumfunktion bildet die nachgefragte Menge als Funktion des Preises ab; dass der Preis aber nicht autonom gegeben ist, sondern von der Reaktion der potentiellen Käufer auf die angebotene Menge und vielleicht auch von anderen Faktoren abhängig ist, muss in einem realistischen Modell explizit berücksichtigt werden. Zur Darstellung solcher komplexer Zusammenhänge benötigen wir ein so genanntes simultanes oder interdependentes Mehrgleichungs-Modell.

Ein simultanes Mehrgleichungs-Modell besteht aus mehreren Regressions-Beziehungen, von denen jede eine abhängige Variable als Funktion von erklärenden Variablen darstellt. Als erklärende Variable können auch Variable verwendet werden, die in einer anderen Regressions-Beziehung die abhängigen Variablen sind. Damit wird, wie wir sehen werden, die Annahme aufgegeben, dass die erklärenden Variablen unabhängig von der Störgröße sind. Es lässt sich denken, dass das Aufgeben dieser Annahme Konsequenzen für die Schätzverfahren hat. Tatsächlich werden wir Bedingungen diskutieren, unter denen die Parameter eines simultanen Mehrgleichungs-Modells überhaupt geschätzt werden können; man spricht von der Identifizierbarkeit der Modell-Parameter. Dazu kommen neue Anforderungen an die Schätzverfahren, und es existiert eine ganze Klasse von Schätzverfahren, die speziell für simultane Mehrgleichungs-Modelle oder für Varianten dieses Modells vorgeschlagen wurden.

2.A Aufgaben

2.A.1 Empirische Anwendungen

1. Eine einfache Konsumfunktion erklärt den Konsum als Funktion des Einkommens: $C = \alpha + \beta Y + u$. In der AWM-Datenbasis stehen Daten zu den beiden Variablen PCR (realer Privater Konsum) und PYR (reales Verfügbares Einkommen der Haushalte) für den Zeitraum 1970:1 bis 2002:4 zur Verfügung.

   (a) Erzeugen Sie die Zeitreihe C des logarithmierten Konsums PCR und analog die Zeitreihe Y des logarithmierten Einkommens PYR. Zeichnen Sie in `EViews` ein Streudiagramm des logarithmierten Konsums über dem logarithmierten Einkommen.

(b) Schätzen Sie die Parameter α und β der Konsumfunktion

$$\log(\text{PCR}) = \alpha + \beta \log(\text{PYR}) + u$$

unter Verwendung der Gleichungen (2.2.4) und (2.2.5). *Hinweis:* Ermitteln Sie die Summen $\sum C_t$, $\sum Y_t$, $\sum Y_t^2$ und $\sum C_t \cdot Y_t$, berechnen Sie s_{cy}, s_y^2, $\bar{C}$ und $\bar{Y}$, und setzen Sie diese in die Gleichungen (2.2.4) und (2.2.5) ein.

(c) Verwenden Sie `EViews` zum Schätzen der Parameter α und β. Interpretieren Sie die t-Statistiken, das Bestimmtheitsmaß R^2 und die Durbin-Wastson-Statistik entsprechend dem in Abschnitt 2.3 Gesagten.

2. Der Datensatz `DatS02` enthält Zeitreihen für das Brutto-Inlandsprodukt BIP und die Arbeitslosenrate UR.

(a) Erzeugen Sie die Zeitreihe dBIP der prozentualen jährlichen Änderung des BIP, d.h. die Wachstumsrate der Produktion. Zeichnen Sie in `EViews` ein Streudiagramm der Änderung $\text{UR}_t - \text{UR}_{t-1}$ der Arbeitslosenrate über der Wachstumsrate der Produktion.

(b) Schätzen Sie die Parameter γ und dBIP_0 des Okun'schen Gesetzes [siehe Blanchard & Illing (2004), S. 266 ff.]

$$\text{UR}_t - \text{UR}_{t-1} = \gamma(\text{dBIP}_t - \text{dBIP}_0) + u_t$$

unter Verwendung der Gleichungen (2.2.4) und (2.2.5). *Hinweis:* Setzen Sie $\beta_1 = \gamma \cdot \text{dGDP}_0$ und $\beta_2 = \gamma$ und verwenden Sie die Ausdrücke (2.2.4) und (2.2.5) zum Schätzen von β_1 und β_2 [$\sum \text{dBIP}_t = 95.308$, $\sum \text{dUR}_t = \sum(\text{UR}_t - \text{UR}_{t-1}) = 3.9$, $\sum \text{dBIP}^2 = 399.868$, $\sum \text{dUR}_t^2 = 5.41$, $\sum \text{dBIP}_t \cdot \text{dUR}_t = -4.685$].

(c) Verwenden Sie `EViews` zum Schätzen der Parameter β_1 und β_2 des Okun'schen Gesetzes. Interpretieren Sie die t-Statistiken, die Größe R^2 und die Durbin-Wastson-Statistik entsprechend dem in Abschnitt 2.3 Gesagten.

2.A.2 Allgemeine Aufgaben und Probleme

1. Leiten Sie die Normalgleichungen (2.2.2) und (2.2.3) für die einfache Regression

$$Y_t = \beta_1 + \beta_2 X_t + u_t$$

durch Minimieren der Summe der Fehlerquadrate ab und geben Sie Ausdrücke für die OLS-Schätzer b_1 und b_2 an.

2. Zeigen Sie, dass das Ausschreiben der in Matrixnotation gegebenen Normalgleichungen (2.2.7) und der OLS-Schätzer (2.2.8) für $k = 2$ in Langform die Ausdrücke (2.2.2) bis (2.2.5) liefert.

Lineare Regression: Schätzverfahren

3

ÜBERBLICK

In Abschnitt 2.2 wurde die OLS-Schätzung als Verfahren vorgestellt, zu den Regressionskoeffizienten eines linearen Regressionsmodells durch Anpassen der Regressionsgeraden an einen Datensatz entsprechende Zahlenwerte zu finden. Die OLS-Schätzung ist nicht die einzige Möglichkeit, zu Schätzern für die Parameter eines Regressionsmodells zu kommen. Die verschiedenen Schätzverfahren unterscheiden sich (i) in den Voraussetzungen ihrer Anwendbarkeit, (ii) in den Eigenschaften der Schätzer und (iii) in weiteren Punkten wie etwa dem zu leistenden Aufwand.

Die OLS-Schätzung hat zwei Vorteile: (i) Sie kommt mit minimalen Annahmen aus, wobei sich diese auf die Regressoren und auf die Störgrößen beziehen, und (ii) die mit dieser Methode erhaltenen Schätzer haben, wie wir sehen werden, eine hervorragende Qualität: Die OLS-Schätzer sind **beste lineare erwartungstreue und konsistente Schätzer**. Auf diese Eigenschaften und ihre Bedeutung gehen die Abschnitte 3.1 und 3.2 ein; die Details zum Gauss-Markov-Theorem bringt der Anhang B des Kapitels. Leider ist die (exakte) Wahrscheinlichkeitsverteilung der OLS-Schätzer nicht bekannt; ihre Kenntnis ist aber Voraussetzung für das Anwenden von Verfahren des statistischen Schließens wie das Testen von Nullhypothesen über den wahren Wert eines Regressionskoeffizienten oder das Berechnen eines Konfidenzintervalls.

Alternative Konzepte für das Schätzen der Parameter eines Regressionsmodells sind

- die **Maximum Likelihood (ML)-Schätzung**, deren Anwendung auf das Schätzen der Regressionsparameter die Abschnitte 3.3 und 3.4 bringen,
- und die Hilfsvariablen-Schätzung, die in Kapitel 15 behandelt wird.

Die Idee der ML-Schätzung ist es, für die Parameter solche Werte als Schätzer zu nehmen, dass die Wahrscheinlichkeit maximal wird, genau die erhaltene Stichprobe zu realisieren, auf deren Basis die Schätzung erfolgt. Üblicherweise geht man bei der Herleitung der ML-Schätzer für die Parameter des Regressionsmodells davon aus, dass die Störgrößen normalverteilt sind, wie das auch im Abschnitt 3.3 geschieht. Die Eigenschaften der ML-Schätzer sind Gegenstand des Abschnitts 3.4. Schließlich werden wir in Abschnitt 3.5 die Verteilung der OLS- und ML-Schätzer der Regressionskoeffizienten behandeln, wobei wir auf zwei Situationen eingehen: (i) Den Fall, dass uns eine für das Verwenden der **asymptotischen Verteilung** ausreichend große Datenmenge zur Verfügung steht, und (ii) den Fall, dass wir die Normalverteilung der Störgrößen unterstellen.

3.1 Eigenschaften der OLS-Schätzer

Die OLS-Schätzer $\mathbf{b}$ des k-Vektors $\boldsymbol{\beta}$ der Regressionskoeffizienten des Regressionsmodells

$$\mathbf{y} = \mathbf{X}\boldsymbol{\beta} + \mathbf{u}$$

haben wir in Abschnitt 2.2 abgeleitet. Entsprechend Gleichung (2.2.8) ergeben sich die OLS-Schätzer zu

$$\begin{aligned} \mathbf{b} &= (\mathbf{X}'\mathbf{X})^{-1}\mathbf{X}'\mathbf{y} \\ &= \boldsymbol{\beta} + (\mathbf{X}'\mathbf{X})^{-1}\mathbf{X}'\mathbf{u} . \end{aligned} \qquad (3.1.1)$$

Die Komponenten von **b** können wir also als Linearkombinationen der Werte Y_t der abhängigen Variablen oder auch der Störgrößen u_t, $t = 1, \ldots, n$ schreiben.

Schätzer sind generell Zufallsvariable. Die Güte eines Schätzers ist durch seine Wahrscheinlichkeitsverteilung oder deren Kenngrößen bestimmt. Wünschenswerte Eigenschaften eines Schätzers $\hat{\theta}$ für den Parameter θ sind (siehe dazu auch den Anhang D.2):

1. **Erwartungstreue**: Der Erwartungswert $\mathrm{E}\{\hat{\theta}\}$ von $\hat{\theta}$ ist gleich dem wahren Wert von θ:

$$\mathrm{E}\{\hat{\theta}\} = \theta .$$

   Würden wir wiederholt und unabhängig voneinander Datensätze (gleichen Umfangs) zum Schätzen von θ besorgen und $\hat{\theta}$ berechnen, so bedeutet Erwartungstreue, dass der Durchschnitt dieser Schätzer gleich dem wahren Wert θ ist. Die Differenz $\mathrm{E}\{\hat{\theta}\} - \theta$, der systematische Fehler oder so genannte Bias (im Englischen *bias*) von $\hat{\theta}$, hat für einen erwartungstreuen Schätzer den Wert Null.

2. **Effizienz**: Wenn wir den Schätzer $\hat{\theta}$ mit einem beliebigen anderen Schätzer $\hat{\theta}^*$ für θ vergleichen, so sagen wir, $\hat{\theta}$ ist effizienter als $\hat{\theta}^*$, wenn für die Varianzen gilt:

$$\mathrm{Var}\{\hat{\theta}\} < \mathrm{Var}\{\hat{\theta}^*\} ;$$

   der Schätzer $\hat{\theta}$ heißt effizient, wenn seine Varianz geringer ist als die aller anderen (aus der Klasse der in den Vergleich einbezogenen) Schätzer. Genau genommen gilt die so definierte Eigenschaft für erwartungstreue Schätzer. Die allgemeinere Idee ist, dass der effiziente Schätzer die in den Daten zur Verfügung stehende Information besser nützt als die anderen Schätzer. Wir sagen auch, $\hat{\theta}$ ist (in der Klasse der untersuchten Schätzer) der beste Schätzer.

3. **Konsistenz**: Diese Eigenschaft bezieht sich auf das Verhalten des Schätzers $\hat{\theta}$ bei wachsendem Stichprobenumfang. Um den Stichprobenumfang in der Darstellung zu berücksichtigen, indizieren wir den Schätzer entsprechend: Wir schreiben $\hat{\theta}_n$, wobei der Index n des Schätzers für den Stichprobenumfang steht. $\hat{\theta}_n$ ist ein konsistenter Schätzer von θ, wenn die Wahrscheinlichkeitsverteilung von $\hat{\theta}_n$ bei $n \to \infty$ in θ kollabiert, also $\lim_{n\to\infty} P(|\hat{\theta}_n - \theta| \geq \varepsilon) = 0$; wir schreiben dafür

$$\operatorname*{plim}_{n\to\infty} \hat{\theta}_n = \theta .$$

   Das ist beispielsweise der Fall, wenn die Varianz $\mathrm{Var}\{\hat{\theta}_n\}$ eines erwartungstreuen Schätzers $\hat{\theta}_n$ mit wachsendem n gegen Null geht; wir sprechen dann von Konvergenz im quadratischen Mittel.

Wir können nun überlegen, ob und unter welchen Bedingungen die OLS-Schätzer b aus (3.1.1) diese Eigenschaften besitzen. Für die Verteilung der Störgrößen u soll $\mathrm{E}\{u_t\} = 0$ für alle t gelten, eine Eigenschaft, die wir als Gleichung (2.1.3) bereits in Abschnitt 2.1 eingeführt haben.

3.1.1 Erwartungstreue von b

Wenn wir davon ausgehen, dass die Elemente der Matrix **X** der Regressoren nichtstochastische Größen sind, so erhalten wir für $\mathrm{E}\{(\mathbf{X}'\mathbf{X})^{-1}\mathbf{X}'\mathbf{u}\} = (\mathbf{X}'\mathbf{X})^{-1}\mathbf{X}'\mathrm{E}\{\mathbf{u}\}$. Dann sind die OLS-Schätzer **b** erwartungstreue Schätzer der Regressionskoeffizienten $\boldsymbol{\beta}$,

$$\mathrm{E}\{\mathbf{b}\} = \boldsymbol{\beta} + \mathrm{E}\{(\mathbf{X}'\mathbf{X})^{-1}\mathbf{X}'\mathbf{u}\} = \boldsymbol{\beta},$$

wenn $\mathrm{E}\{u_t\} = 0$ für alle t.

Die meisten ökonomischen Variablen sind allerdings als stochastische Größen anzusehen, so dass diese Argumentation nicht gerechtfertigt werden kann. Die Aussage gilt aber weiterhin, wenn wir sie unter der Bedingung der analysierten Daten machen. Dabei gehen wir davon aus, dass für alle $t = 1, \ldots, n$ die Annahme $\mathrm{E}\{u_t|\mathbf{X}\} = 0$ gilt. Die Ableitung der Beziehung $\mathrm{E}\{\mathbf{b}\} = \boldsymbol{\beta}$ wird im Anhang A dieses Kapitels gezeigt. Die Notwendigkeit, den Erwartungswert der u_t zu bedingen, werden wir in Abschnitt 4.4 diskutieren.

3.1.2 Effizienz von b

Für $\mathbf{a} + \mathbf{A}\mathbf{u}$ mit einem beliebigen reellen Vektor **a** und einer beliebigen reellen Matrix **A** gilt $\mathrm{Var}\{\mathbf{a} + \mathbf{A}\mathbf{u}\} = \mathbf{A}\mathrm{Var}\{\mathbf{u}\}\mathbf{A}'$. Damit erhalten wir für die Kovarianzmatrix der OLS-Schätzer

$$\begin{aligned}\mathrm{Var}\{\mathbf{b}\} &= \mathrm{Var}\{\boldsymbol{\beta} + (\mathbf{X}'\mathbf{X})^{-1}\mathbf{X}'\mathbf{u}\} \\ &= (\mathbf{X}'\mathbf{X})^{-1}\mathbf{X}'\mathrm{Var}\{\mathbf{u}\}\mathbf{X}(\mathbf{X}'\mathbf{X})^{-1}\,.\end{aligned}$$

Wenn wir die Annahme

$$\mathrm{Var}\{\mathbf{u}\} = \sigma^2\mathbf{I} \tag{3.1.2}$$

treffen, so ergibt sich ein sehr einfacher Ausdruck für die Kovarianzmatrix von **b**:

$$\mathrm{Var}\{\mathbf{b}\} = \sigma^2(\mathbf{X}'\mathbf{X})^{-1}. \tag{3.1.3}$$

Zum besseren Verständnis werden wir in Abschnitt 3.2 die Varianz des Schätzers für den Anstieg einer einfachen Regression anschreiben und diskutieren.

Die Annahme (3.1.2) bedeutet zweierlei:

1. Da für die Diagonalelemente der Kovarianzmatrix $\mathrm{Var}\{\mathbf{u}\}$ gilt:

   $$\mathrm{Var}\{u_t\} = \sigma^2, \quad t = 1, \ldots, n,$$

   haben alle Störgrößen die gleiche Varianz; wir sprechen von der **Homoskedastizität** der Störgrößen. Das Nichtzutreffen dieser Eigenschaft nennen wir Heteroskedastizität.

2. Die Eigenschaft, die sich aus den Nicht-Diagonalelementen ergibt:

   $$\mathrm{Cov}\{u_t, u_s\} = 0, \quad t, s = 1, \ldots, n,\ t \neq s,$$

   bedeutet die **Unkorreliertheit** der Störgrößen. Bei Nichtzutreffen dieser Eigenschaft sprechen wir von autokorrelierten oder seriell korrelierten Störgrößen.

Im Zusammenhang mit Aufgaben der Regressionsanalyse wird standardmäßig die Annahme (3.1.2) getroffen: Die Störgrößen werden als homoskedast und unkorreliert unterstellt. Bei ökonometrischen Analysen muss – u.a. wegen des Zeitreihencharakters der analysierten Daten – mit korrelierten Störgrößen gerechnet werden. Im Rahmen des diagnostischen Überprüfens der erhaltenen Regressionsbeziehung wird jedenfalls das Zutreffen dieser Annahme zu überprüfen sein; bei Benutzern von ökonometrischen Programm-Paketen wird der Durbin-Watson-Test entsprechend großes Interesse finden. Wenn diagnostische Tests die Korreliertheit oder die Heteroskedastizität der Störgrößen anzeigen, müssen alternative Verfahren in Erwägung gezogen werden. Auch mit der Annahme (3.1.2) werden wir uns in Abschnitt 4.4 befassen.

Wenn wir die Annahme (3.1.2) der Homoskedastizität und Unkorreliertheit der Störgrößen treffen, so besagt das **Gauß-Markov-Theorem**, dass die OLS-Schätzer unter allen linearen, erwartungstreuen Schätzern jene mit der minimalen Varianz sind; sie sind also **beste lineare erwartungstreue Schätzer** oder BLU-Schätzer (*best linear unbiased*). Das Gauß-Markov-Theorem wird im Anhang B dieses Kapitels behandelt.

3.1.3 Konsistenz von b

Da uns das Verhalten der OLS-Schätzer $\mathbf{b}$ für $n \to \infty$ interessiert, indizieren wir mit dem Umfang n der verfügbaren Beobachtungen und schreiben für den Schätzer

$$\mathbf{b}_n = \boldsymbol{\beta} + \left(\frac{\mathbf{X}_n'\mathbf{X}_n}{n}\right)^{-1}\left(\frac{\mathbf{X}_n'\mathbf{u}_n}{n}\right)$$

und

$$\mathrm{Var}\{\mathbf{b}_n\} = \frac{\sigma^2}{n}\left(\frac{1}{n}\mathbf{X}_n'\mathbf{X}_n\right)^{-1};$$

die Indizes von $\mathbf{b}_n$ und $\mathbf{X}_n$ bedeuten, dass wir diese Größen auf Basis eines Datensatzes vom Umfang n ermittelt haben. Eine in diesem Fall einfache Möglichkeit, die Konsistenz von $\mathbf{b}_n$ nachzuweisen, besteht darin, die Konvergenz im quadratischen Mittel zu zeigen: Sie impliziert das Kollabieren der Wahrscheinlichkeitsverteilung von $\mathbf{b}_n$ an der Stelle $\boldsymbol{\beta}$, also Konsistenz. Wir setzen voraus, dass es zu $\mathbf{X}_n$ eine positiv definite oder reguläre Matrix $\mathbf{Q}$ gibt, so dass

$$\lim_{n\to\infty}\frac{1}{n}\mathbf{X}_n'\mathbf{X}_n = \mathbf{Q}\,. \tag{3.1.4}$$

Dann erhalten wir

$$\lim_{n\to\infty}\mathrm{Var}\{\mathbf{b}_n\} = \lim_{n\to\infty}\frac{\sigma^2}{n}\lim_{n\to\infty}\left(\frac{1}{n}\mathbf{X}_n'\mathbf{X}_n\right)^{-1} = \lim_{n\to\infty}\frac{\sigma^2}{n}\mathbf{Q}^{-1} = 0\,.$$

Der Erwartungswert von $\mathbf{b}_n$ ist unabhängig von n gleich $\boldsymbol{\beta}$, die Kovarianzmatrix von $\mathbf{b}_n$ geht asymptotisch in eine Nullmatrix über. Bei Zutreffen der Annahme (3.1.4) gilt somit, dass

$$\operatorname*{plim}_{n\to\infty}\mathbf{b}_n = \boldsymbol{\beta}\,; \tag{3.1.5}$$

die OLS-Schätzer sind also **konsistente Schätzer**, wenn die zweiten Momente der erklärenden Variablen die durch (3.1.4) definierte Eigenschaft haben.

Wir werden die Bedeutung der Annahme (3.1.4) und ihre Relevanz für ökonometrische Modellierung in Abschnitt 4.3 behandeln.

3.2 Beispiel: Einfache Regression

Die OLS-Schätzer für die Regressionskoeffizienten von

$$Y_t = \alpha + \beta X_t + u_t$$

haben sich ergeben [siehe (2.2.4) und (2.2.5)] zu

$$b = \frac{s_{xy}}{s_x^2} = \frac{\sum_t (X_t - \bar{X})(Y_t - \bar{Y})}{\sum_t (X_t - \bar{X})^2},$$
$$a = \bar{Y} - b\bar{X}.$$

Aus dem in Abschnitt 3.1 Gesagten wissen wir, dass a und b erwartungstreue Schätzer von α und β sind, wenn wir annehmen können, dass $\mathrm{E}\{u_t\} = 0$ für alle t.

Die Güte der Schätzer wird durch ihre **Standardfehler** charakterisiert, die Standardabweichungen s_b und s_a der OLS-Schätzer b und a. Wir erhalten sie als Wurzeln aus den Diagonalelementen der Matrix $\sigma^2(\mathbf{X}'\mathbf{X})^{-1}$ [vergleiche (3.1.3)], wenn wir voraussetzen, dass die Störgrößen homoskedast und unkorreliert sind. Für die Matrix $\mathbf{X}$ der Regressoren erhalten wir

$$\mathbf{X} = \begin{pmatrix} 1 & X_1 \\ \vdots & \vdots \\ 1 & X_n \end{pmatrix}.$$

Damit ergibt sich

$$\mathbf{X}'\mathbf{X} = \begin{pmatrix} n & n\bar{X} \\ n\bar{X} & \sum_t X_t^2 \end{pmatrix}.$$

Invertieren von $\mathbf{X}'\mathbf{X}$ liefert die Matrix

$$(\mathbf{X}'\mathbf{X})^{-1} = \frac{1}{n^2 s_x^2} \begin{pmatrix} \sum_t X_t^2 & -n\bar{X} \\ -n\bar{X} & n \end{pmatrix},$$

wobei s_x^2 die Varianz der X_t ist. Die Varianzen der OLS-Schätzer erhalten wir als die Diagonalelemente

$$\mathrm{Var}\{b\} = \sigma^2[(\mathbf{X}'\mathbf{X})^{-1}]_{22} = \frac{\sigma^2}{n s_x^2}, \tag{3.2.1}$$

$$\mathrm{Var}\{a\} = \sigma^2[(\mathbf{X}'\mathbf{X})^{-1}]_{11} = \frac{\sigma^2 \sum_t X_t^2}{n^2 s_x^2}. \tag{3.2.2}$$

Die Standardfehler s_b und s_a sind die Wurzeln aus diesen Ausdrücken. Die Schätzer a und b sind umso genauer, d.h. sie haben umso kleinere Standardfehler,

- je größer n
- je größer s_x

sind. Wesentlich ist, dass die Standardfehler s_b und s_a von der Standardabweichung s_x der Beobachtungen X der Regressoren und damit vom „Design“ der Beobachtungen X_t abhängen! Je größer der Bereich der X-Werte ist, den die Beobachtungen X_t abdecken, umso größer ist die Varianz s_x^2 und umso genauer sind die OLS-Schätzer a und b. Wie in Abschnitt 3.1 ausgeführt, sind die OLS-Schätzer a und b unter allen linearen, erwartungstreuen Schätzern jene mit den minimalen Varianzen und damit die besten Schätzer.

Die Erwartungswerte von a und b sind – unabhängig von n – gleich α und β. Wie wir gesehen haben, werden die Standardfehler s_b und s_a bei wachsendem Umfang der verfügbaren Daten beliebig klein und gehen gegen Null für $n \to \infty$. Die Verteilung der Schätzer a und b kollabiert in α und β, die Schätzer a und b sind konsistent.

Wie in Abschnitt 3.1 ausgeführt, ist Voraussetzung der Konsistenz, dass die Matrix

$$Q = \lim_{n\to\infty} \frac{1}{n} X_n' X_n = \lim_{n\to\infty} \begin{pmatrix} 1 & \bar{X} \\ \bar{X} & \frac{1}{n}\sum_t X_t^2 \end{pmatrix}$$

regulär ist; die Matrix X_n der Regressoren ist hier wie in Abschnitt 3.1 mit dem Umfang der verfügbaren Daten indiziert. Das läuft (in der hier behandelten Situation) darauf hinaus, dass das durchschnittliche Quadrat $(\sum_t X_t^2)/n$ der für X_t beobachteten Werte auch bei ins Unendliche gehendem Datenumfang endlich bleibt.

Beispiel 3.1

Einkommen und Konsum

Für die Daten aus der AWM-Datenbasis, 1970:1 bis 2002:4, die dem Beispiel 2.1 zugrunde liegen, haben wir in Beispiel 2.2 die Regressionsbeziehung

$$\hat{C} = 0.011 + 0.747\,Y$$

erhalten; dabei steht C für die jährliche Zuwachsrate des realen Privaten Konsums PCR und Y für die jährliche Zuwachsrate des realen Verfügbaren Einkommens der Haushalte PYR. Den Standardfehler s_b der marginalen Konsumneigung erhalten wir nach (3.2.1) durch Einsetzen in $s_b = \sigma/(\sqrt{n}s_x)$. Für die Standardabweichung σ der Störgrößen verwenden wir den Schätzer $s = 0.0079$ (siehe Abbildung 2.2); die Standardabweichung der Einkommen Y beträgt 0.0168. Damit ergibt sich

$$s_b = \frac{0.0079}{(\sqrt{128})\,(0.0168)} = 0.0418\,.$$

Mit weiter wachsender Anzahl n von Beobachtungen würde sich der Standardfehler s_b weiter verringern. Da der Regressor, das Einkommen Y, einen Trend zu immer größeren Werten hat, was dem stetigen Wirtschaftswachstum während des Beobachtungszeitraumes entspricht, wird auch die Standardabweichung s_y der Einkommen Y immer größer werden. Die Standardabweichung σ der Störgrößen sollte sich nicht wesentlich ändern. Daher können wir erwarten, dass sich der Standardfehler s_b mit wachsendem n weiter verringert.

Enthält der Regressor einer einfachen Regression einen Trend, so wird das entsprechende Element der Matrix $X_n'X_n$ beliebig groß. Die Folge ist, dass $X_n'X_n$ nicht gegen eine reguläre Matrix konvergiert, und dass der Standardfehler s_b noch rascher gegen Null geht, als es bei einer regulären Matrix Q der Fall wäre. Die Forderung nach einer regulären Matrix Q ist offensichtlich zu restriktiv, wenn wir es mit einem trendbehafteten Regressor zu tun haben, wie es das Beispiel 3.1 illustriert. Weniger restriktive Annahmen sind die so genannten Grenander-Bedingungen.

3.3 ML-Schätzer der Regressionskoeffizienten

Die Vorzüge der OLS-Schätzung sind,

- dass wir nur minimale Annahmen über die Störgrößen treffen müssen, und
- dass die mit dieser Methode erhaltenen Schätzer beste lineare erwartungstreue und konsistente Schätzer sind, also hervorragende Eigenschaften haben.

Die Wahrscheinlichkeitsverteilung der OLS-Schätzer kennen wir allerdings nicht. Damit ist die Anwendung von Verfahren des statistischen Schließens wie das Testen von Nullhypothesen über den wahren Wert eines Regressionskoeffizienten oder das Berechnen eines Konfidenzintervalls nicht ohne weiteres möglich. Wir werden auf die Wahrscheinlichkeitsverteilung der OLS-Schätzer in Abschnitt 3.5 zurückkommen.

Ein alternatives Konzept für das Schätzen der Parameter eines Regressionsmodells ist die Maximum Likelihood (ML)-Schätzung. Die Idee dieses Verfahrens ist es, für die Parameter solche Werte als Schätzer zu nehmen, für die die Wahrscheinlichkeit maximal wird, genau die erhaltene Stichprobe zu realisieren, auf deren Basis die Schätzung erfolgt. Voraussetzung der ML-Schätzung ist, dass wir die Verteilung der Störgrößen kennen oder über sie eine realistische Annahme treffen, damit wir die Wahrscheinlichkeit für die erhaltene Stichprobe anschreiben können. Zur ML-Schätzung siehe auch den Anhang D.3.

Wir gehen davon aus, dass die Störgrößen des Modells $\mathbf{y} = \mathbf{X}\boldsymbol{\beta} + \mathbf{u}$ der Normalverteilung

$$\mathbf{u} \sim N(\mathbf{0}, \sigma^2\mathbf{I})$$

folgen. Damit legen wir nicht nur die Form der Verteilung der Störgrößen fest, sondern treffen darüber hinaus wiederum die Annahmen (2.1.3) und (3.1.2), d.h. wir setzen $\mathrm{E}\{u_t\} = 0$ und insbesondere homoskedaste und unkorrelierte Störgrößen voraus. Für die gemeinsame Dichtefunktion der Störgrößen schreiben wir

$$p(\mathbf{u}) = (2\pi\sigma^2)^{-n/2} \exp\left[-\frac{1}{2\sigma^2}\,\mathbf{u}'\mathbf{u}\right].$$

Durch Einsetzen von $\mathbf{u} = \mathbf{y} - \mathbf{X}\boldsymbol{\beta}$ erhalten wir die gemeinsame Dichtefunktion der Beobachtungen $\{(\mathbf{x}_t', Y_t), t = 1, \ldots, n\}$

$$p(\mathbf{y}; \mathbf{X}, \boldsymbol{\beta}, \sigma^2) = (2\pi\sigma^2)^{-n/2} \exp\left[-\frac{1}{2\sigma^2}(\mathbf{y} - \mathbf{X}\boldsymbol{\beta})'(\mathbf{y} - \mathbf{X}\boldsymbol{\beta})\right].$$

Die Likelihood-Funktion interpretiert diese Wahrscheinlichkeitsdichte als Funktion der unbekannten Parameter $\boldsymbol{\beta}$ und σ^2 für die gegebenen Beobachtungen:

$$L(\boldsymbol{\beta}, \sigma^2; \mathbf{y}, \mathbf{X}) = (2\pi\sigma^2)^{-n/2} \exp\left[-\frac{1}{2\sigma^2}(\mathbf{y} - \mathbf{X}\boldsymbol{\beta})'(\mathbf{y} - \mathbf{X}\boldsymbol{\beta})\right].$$

Nach dem ML-Prinzip suchen wir jene Werte $\tilde{\boldsymbol{\beta}}$ und $\tilde{\sigma}^2$ als ML-Schätzer unserer Parameter, für welche die Likelihood-Funktion maximiert wird. Wegen der Monotonität der logarithmischen Funktion haben L und die logarithmierte Likelihood-Funktion

$$\log L = \ell(\boldsymbol{\beta}, \sigma^2) = -\frac{n}{2}\log(2\pi) - \frac{n}{2}\log\sigma^2 - \frac{1}{2\sigma^2}(\mathbf{y} - \mathbf{X}\boldsymbol{\beta})'(\mathbf{y} - \mathbf{X}\boldsymbol{\beta})$$

die gleichen Extremstellen; die logarithmierte Likelihood-Funktion ℓ ist aber einfacher zu behandeln. Zum Ableiten der ML-Schätzer setzen wir die ersten Ableitungen der logarithmierten Likelihood-Funktion gleich Null. Mit

$$S(\boldsymbol{\beta}) = (\mathbf{y} - \mathbf{X}\boldsymbol{\beta})'(\mathbf{y} - \mathbf{X}\boldsymbol{\beta}) \tag{3.3.1}$$

ergeben sich die Ableitungen zu

$$\begin{aligned} \frac{\partial \ell}{\partial \boldsymbol{\beta}} &= -\frac{\partial S(\boldsymbol{\beta})}{\partial \boldsymbol{\beta}} \frac{1}{2\sigma^2}, \\ \frac{\partial \ell}{\partial \sigma^2} &= -\frac{n}{2\sigma^2} + \frac{S(\boldsymbol{\beta})}{2\sigma^4}. \end{aligned}$$

Die Likelihood-Gleichungen lauten

$$\begin{aligned} (i) \quad & \frac{\partial S(\tilde{\boldsymbol{\beta}})}{\partial \boldsymbol{\beta}} = 2\mathbf{X}'\mathbf{y} - 2\mathbf{X}'\mathbf{X}\tilde{\boldsymbol{\beta}} = 0, \\ (ii) \quad & \tilde{\sigma}^2 = \frac{S(\tilde{\boldsymbol{\beta}})}{n} = \frac{1}{n}(\mathbf{y} - \mathbf{X}\tilde{\boldsymbol{\beta}})'(\mathbf{y} - \mathbf{X}\tilde{\boldsymbol{\beta}}). \end{aligned}$$

Als **ML-Schätzer** erhalten wir

$$\tilde{\boldsymbol{\beta}} = (\mathbf{X}'\mathbf{X})^{-1}\mathbf{X}'\mathbf{y}, \tag{3.3.2}$$

$$\tilde{\sigma}^2 = \frac{1}{n}(\mathbf{y} - \mathbf{X}\tilde{\boldsymbol{\beta}})'(\mathbf{y} - \mathbf{X}\tilde{\boldsymbol{\beta}}) = \frac{1}{n}\mathbf{e}'\mathbf{e}, \tag{3.3.3}$$

mit den Residuen $\mathbf{e} = \mathbf{y} - \mathbf{X}\tilde{\boldsymbol{\beta}} = \mathbf{y} - \hat{\mathbf{y}}$. Das Residuum e_t ist die Abweichung zwischen der Beobachtung Y_t und dem Schätz- oder (*ex post*)-Prognosewert $\hat{Y}_t = \mathbf{x}_t'\tilde{\boldsymbol{\beta}}$.

Es ist zu beachten, dass uns das ML-Schätzverfahren nicht nur einen Schätzer für $\boldsymbol{\beta}$ liefert, sondern auch einen für die Varianz σ^2 der Störgrößen. Einen Schätzer für σ^2 haben wir im Zusammenhang mit der OLS-Schätzung noch nicht kennen gelernt.

3.4 Eigenschaften der ML-Schätzer

Wir behandeln zuerst die Eigenschaften der ML-Schätzer $\tilde{\boldsymbol{\beta}}$ für die Regressionskoeffizienten, dann die von $\tilde{\sigma}^2$.

3.4.1 Eigenschaften von $\tilde{\beta}$

Wir gehen wieder davon aus, dass für die Störgrößen die Annahme der Normalverteilung zutrifft. Die ML-Schätzer $\tilde{\beta}$ nach (3.3.2) stimmen – für normalverteilte Störgrößen u – mit den OLS-Schätzern **b** überein; siehe (3.1.1). Das ist nicht überraschend, da sich beide aus dem Maximieren der gleichen Funktion ergeben, nämlich der Summe der Fehlerquadrate $S(\boldsymbol{\beta})$; siehe Gleichung (2.2.6) aus Abschnitt 2.2.

Aus der Tatsache, dass die ML-Schätzer $\tilde{\beta}$ mit den OLS-Schätzern **b** übereinstimmen, können wir schließen, dass die Eigenschaften der OLS-Schätzer, wie wir sie in Abschnitt 3.1 kennen gelernt haben, auch für die ML-Schätzer $\tilde{\beta}$ gelten müssen: Die $\tilde{\beta}$ sind

- erwartungstreu,
- effizient und
- konsistent.

Aus der Theorie der ML-Schätzung kennen wir Eigenschaften, die sich auf das asymptotische Verhalten beziehen und allgemeine Gültigkeit haben; siehe dazu den Anhang D.3.2. So ist die Konsistenz von $\tilde{\beta}$ eine Eigenschaft, die jeder ML-Schätzer hat. Dagegen ist die Erwartungstreue keine Eigenschaft, die ein ML-Schätzer notwendigerweise besitzt. Eine wichtige Eigenschaft von ML-Schätzern ist, dass sie asymptotisch normalverteilt sind. Darauf kommen wir im folgenden Abschnitt zu sprechen.

3.4.2 Eigenschaften von $\tilde{\sigma}^2$

Der Schätzer $\tilde{\sigma}^2 = \mathbf{e}'\mathbf{e}/n$ nach (3.3.3) für die Störgrößen-Varianz σ^2 ist ein konsistenter Schätzer, eine Eigenschaft, die – wie oben erwähnt – für alle ML-Schätzer gilt. Wir werden in Abschnitt 5.2 sehen, dass $\tilde{\sigma}^2$ kein erwartungstreuer Schätzer ist. Tatsächlich erhalten wir für $\tilde{\sigma}^2$ systematisch zu große Werte; σ^2 wird durch $\tilde{\sigma}^2$ überschätzt. Der systematische Fehler wird allerdings mit wachsendem n rasch vernachlässigbar.

3.5 Wahrscheinlichkeitsverteilung von b

Da OLS- und ML-Schätzer übereinstimmen, folgen sie auch der gleichen Wahrscheinlichkeitsverteilung. ML-Schätzer folgen unter weitgehend allgemein gültigen Voraussetzungen asymptotisch der Normalverteilung. Dementsprechend gilt für OLS-Schätzer **b** und die ML-Schätzer $\tilde{\beta}$, dass sie **asymptotisch normalverteilt** sind. Dabei setzen wir wiederum voraus, dass (i) die Störgrößen homoskedast und unkorreliert sind, und dass (ii) eine reguläre Matrix $\mathbf{Q}$ zu $\mathbf{X}_n$ existiert, so dass $\lim_{n\to\infty}(1/n)\mathbf{X}'_n\mathbf{X}_n = \mathbf{Q}$. In der praktischen Anwendung verwenden wir

$$\left(\mathbf{b} = \tilde{\boldsymbol{\beta}} \overset{.}{\sim} N\left[\boldsymbol{\beta}, \hat{\sigma}^2(\mathbf{X}'\mathbf{X})^{-1}\right] \right) \tag{3.5.1}$$

s. Gesetz d. großen Zahlen Stat II

als näherungsweise Verteilung der OLS-Schätzer, ersetzen also $\mathbf{Q}^{-1}/n$ durch $(\mathbf{X}'\mathbf{X})^{-1}$ und σ^2 durch $\hat{\sigma}^2$ oder einen anderen Schätzer für σ^2.

Treffen wir – wie bei der Ableitung der ML-Schätzer – die Annahme

$$\mathbf{u} \sim N(\mathbf{0}, \sigma^2\mathbf{I}),$$

nehmen wir also an, dass die Störgrößen normalverteilt sind, so sind die OLS-Schätzer – und die ML-Schätzer – **für beliebigen Umfang** n der verfügbaren Daten und damit auch für endlichen Datenumfang normalverteilt:

$$\mathbf{b} = \tilde{\boldsymbol{\beta}} \sim N[\boldsymbol{\beta}, \sigma^2(\mathbf{X}'\mathbf{X})^{-1}]\,. \tag{3.5.2}$$

Die Verteilung der **b** spielt bei der Bewertung der erhaltenen Regressionsbeziehung eine große Rolle. So ermöglicht uns die Kenntnis der Verteilung der **b** beispielsweise, Nullhypothesen über den wahren Wert eines Regressionskoeffizienten zu testen oder Konfidenzintervalle für Regressionskoeffizienten zu berechnen.

3.A Aufgaben

3.A.1 Empirische Anwendungen

1. Die Konsumfunktion $C = \beta_1 + \beta_2 Y + u$ kann auf Basis der AWM-Datenbasis geschätzt werden, wobei für C die logarithmisch transformierte Zeitreihe PCR (realer Privater Konsum) und für Y die logarithmisch transformierte Zeitreihe PYR (reales Verfügbares Einkommen der Haushalte) verwendet wird.
   (a) Zeichnen Sie mittels `EViews` das Streudiagramm der Variablen C über der Variablen Y.
   (b) Schätzen Sie mittels `EViews` die Konsumfunktion und interpretieren Sie die Schätzer der Regressionskoeffizienten.
   (c) Analysieren Sie die Residuen: (i) Berechnen Sie die üblichen deskriptiven Statistiken (Mittelwert, Standardabweichung, Schiefe) zur Beschreibung ihrer Verteilung; (ii) zeichnen Sie ein Histogramm und ein Q-Q-Plot zur Beurteilung, ob die Residuen normalverteilt sind; (iii) zeichnen Sie ein Streudiagramm der Residuen über der Variablen C.
   (d) Zeichnen Sie ein Streudiagramm der geschätzten Werte von C über C; interpretieren Sie den Wert des Bestimmtheitsmaßes R^2 der angepassten Konsumfunktion.
2. Die AWM-Datenbasis enthält die Zeitreihen MTR (reale Ausgaben für Importe von Gütern und Dienstleistungen) und FDD (Gesamte Nachfrage); in Mio EUR, Basis 1995. Führen Sie die Übungen (a) bis (d) der Aufgabe 1 für die Importgleichung $\text{MTR} = \alpha + \beta\text{FDD} + u$ aus.
3. Der Datensatz `DatS01` enthält die Zeitreihen, die zum Schätzen der Konsumfunktion

$$\text{CR}_t = \beta_1 + \beta_2\text{YDR}_t + \beta_3\text{Mp}_t + \beta_4\text{PI}_t + u_t$$

   benötigt werden. Die Variablen CR (Privater Konsum), YDR (Verfügbares Einkommen der privaten Haushalte) und Mp (Privates Geldvermögen) sind in Preisen von 1995 und in Mrd Euro angegeben; die Inflationsrate PI ist aus dem Konsumdeflator PC zu berechnen.

(a) Zeichnen Sie mittels `EViews` Streudiagramme der Variablen CR über den Variablen YDR, Mp und PI (horizontale Achse).

(b) Schätzen Sie mittels `EViews` die Konsumfunktion und interpretieren Sie die Schätzer der Regressionskoeffizienten.

(c) Analysieren Sie die Residuen: (i) Berechnen Sie die üblichen deskriptiven Statistiken (Mittelwert, Standardabweichung, Schiefe) zur Beschreibung ihrer Verteilung; (ii) zeichnen Sie ein Histogramm und ein Q-Q-Plot zur Beurteilung, ob die Residuen normalverteilt sind; (iii) zeichnen Sie ein Streudiagramm der Residuen über der Variablen CR.

(d) Zeichnen Sie ein Streudiagramm der geschätzten Werte von CR über CR; interpretieren Sie den Wert des Bestimmtheitsmaßes R^2 der angepassten Konsumfunktion.

3.A.2 Allgemeine Aufgaben und Probleme

1. Zeigen Sie, dass der OLS-Schätzer $b = s_{xy}/s_x^2$ [siehe Gleichung (2.2.4)] für β aus der einfachen linearen Regression $Y_t = \alpha + \beta X_t + u_t$ erwartungstreu ist.
2. Ermitteln Sie die Matrix $\mathbf{Q}_n = n^{-1}\mathbf{X}_n'\mathbf{X}_n$ für (a) das Modell $y_t = \beta_0 + \beta_1 t + u_t$ und für (b) das Modell $y_t = \beta_0 + \beta_1 a^t + u_t$ mit (i) $|a| < 1$ und (ii) $|a| > 1$, wobei t jeweils für $t = 1, \ldots, n$ definiert ist. Untersuchen Sie $\mathbf{Q}_n$ bzw. $\mathbf{Q} = \lim_{n\to\infty} \mathbf{Q}_n$.

Anhang 3.A Erwartungstreue des OLS-Schätzers

In Abschnitt 3.1 wird die Erwartungstreue der OLS-Schätzer $\mathbf{b}$ behandelt. Die zentrale Aussage lautet:

Die OLS-Schätzer $\mathbf{b} = (\mathbf{X}'\mathbf{X})^{-1}\mathbf{X}'\mathbf{y}$ *sind erwartungstreue Schätzer der Regressionskoeffizienten* $\boldsymbol{\beta}$*,*

$$\mathrm{E}\{\mathbf{b}\} = \boldsymbol{\beta} + \mathrm{E}\{(\mathbf{X}'\mathbf{X})^{-1}\mathbf{X}'\mathbf{u}\} = \boldsymbol{\beta},$$

wenn $\mathrm{E}\{u_t|\mathbf{X}\} = 0$ *für alle* t*.*

Der Beweis für die Richtigkeit dieser Aussage kann wie folgt geführt werden:

Für den bedingten Erwartungswert von b schreiben wir

$$\begin{aligned}\mathrm{E}\{\mathbf{b}|\mathbf{X}\} &= \boldsymbol{\beta} + \mathrm{E}\{(\mathbf{X}'\mathbf{X})^{-1}\mathbf{X}'\mathbf{u}|\mathbf{X}\}\\ &= \boldsymbol{\beta} + (\mathbf{X}'\mathbf{X})^{-1}\mathbf{X}'\mathrm{E}\{\mathbf{u}|\mathbf{X}\} = \boldsymbol{\beta}.\end{aligned}$$

Da also $\mathrm{E}\{\mathbf{b}|\mathbf{X}\} = \boldsymbol{\beta}$ *für beliebige* $\mathbf{X}$ *gilt, erhalten wir*

$$\mathrm{E}\{\mathbf{b}\} = \mathrm{E}_x\{\mathrm{E}\{\mathbf{b}|\mathbf{X}\}\} = \mathrm{E}_x\{\boldsymbol{\beta}\} = \boldsymbol{\beta};$$

dabei steht E_x *für den Erwartungswert hinsichtlich der Verteilung der Regressoren.*

Wenn die Elemente der Matrix $\mathbf{X}$ der Regressoren fixe, also nicht-stochastische Größen sind, ist der Beweis der Richtigkeit besonders einfach, da dann die bedingte Verteilung $f(\mathbf{u}|\mathbf{X})$ nicht von $\mathbf{X}$ abhängig ist: $f(\mathbf{u}|\mathbf{X}) = f(\mathbf{u})$. Es genügt dann, die Erwartungswerte hinsichtlich der Verteilung von $\mathbf{u}$ zu bilden.

Anhang 3.B Das Gauß-Markov-Theorem

Das Gauß-Markov-Theorem besagt:

Für

$$\mathbf{y} = \mathbf{X}\boldsymbol{\beta} + \mathbf{u}$$

gelten (i) $\mathrm{E}\{\mathbf{u}\} = \mathbf{0}$ *und (ii)* $\mathrm{Var}\{\mathbf{u}\} = \sigma^2\mathbf{I}$*. Der OLS-Schätzer* $\mathbf{b}$ *nach (3.1.1) ist der beste lineare, erwartungstreue Schätzer für* $\boldsymbol{\beta}$*, d.h. für jeden beliebigen linearen, erwartungstreuen Schätzer* $\mathbf{b}^*$ *gilt*

$$\mathrm{Var}\{\mathbf{b}^*\} - \mathrm{Var}\{\mathbf{b}\} \geq \mathbf{0}\,.$$

Für zwei Matrizen $\mathbf{A}$ und $\mathbf{B}$ bedeutet $\mathbf{A} - \mathbf{B} \geq \mathbf{0}$, dass die Differenzmatrix $\mathbf{A} - \mathbf{B}$ positiv semidefinit ist.

Das Gauß-Markov-Theorem besagt also, dass es keinen linearen, erwartungstreuen Schätzer $\mathbf{b}^*$ gibt, der eine kleinere Varianz als der OLS-Schätzer $\mathbf{b}$ hat. Die Varianz jeder Komponente von $\mathbf{b}$ kann von der Varianz eines beliebigen anderen linearen, erwartungstreuen Schätzers $\mathbf{b}^*$ nicht unterschritten werden. Auch unter den Schätzern einer beliebigen Linearkombination $\mathbf{w}'\boldsymbol{\beta}$ hat $\mathbf{w}'\mathbf{b}$ minimale Varianz.

***Zum Beweis** des Gauß-Markov-Theorems nehmen wir an, dass*

$$\mathbf{b}^* = \mathbf{C}\mathbf{y} + \mathbf{c}$$

ein linearer, erwartungstreuer, aber sonst beliebiger Schätzer ist:

$$\mathrm{E}\{\mathbf{b}^*\} = \mathrm{E}\{\mathbf{C}\mathbf{X}\boldsymbol{\beta} + \mathbf{C}\mathbf{u} + \mathbf{c}\} = \mathbf{C}\mathbf{X}\boldsymbol{\beta} + \mathbf{c}\,.$$

Da wir für $\mathbf{b}^*$ *Erwartungstreue voraussetzen, gilt* $\mathbf{C}\mathbf{X}\boldsymbol{\beta} + \mathbf{c} = \boldsymbol{\beta}$*; daraus folgen* $\mathbf{C}\mathbf{X} = \mathbf{I}$ *und* $\mathbf{c} = \mathbf{0}$*. Wir erhalten*

$$\mathrm{Var}\{\mathbf{b}^*\} = \mathrm{Var}\{\mathbf{C}\mathbf{X}\boldsymbol{\beta} + \mathbf{C}\mathbf{u}\} = \mathbf{C}\sigma^2\mathbf{I}\mathbf{C}' = \mathbf{C}\mathbf{C}'\sigma^2\,.$$

Nun führen wir die Differenzmatrix $\mathbf{D}$ ein, um die sich $\mathbf{C}$ von $(\mathbf{X}'\mathbf{X})^{-1}\mathbf{X}'$ unterscheidet:

$$\mathbf{C} = (\mathbf{X}'\mathbf{X})^{-1}\mathbf{X}' + \mathbf{D}\,.$$

Für $\mathbf{D}$ *können wir zwei Eigenschaften zeigen:*

(i) *Aus* $\mathbf{C}\mathbf{X} = \mathbf{I}$ *folgt wegen* $(\mathbf{X}'\mathbf{X})^{-1}\mathbf{X}'\mathbf{X} + \mathbf{D}\mathbf{X} = \mathbf{I} + \mathbf{D}\mathbf{X} = \mathbf{I}$

$$\mathbf{D}\mathbf{X} = \mathbf{0}\,.$$

(ii) *Da für einen beliebigen Vektor* $\mathbf{z} \neq \mathbf{0}$ *gilt:* $\mathbf{z}'\mathbf{D}\mathbf{D}'\mathbf{z} = \mathbf{t}'\mathbf{t} \geq 0$*, ist* $\mathbf{D}\mathbf{D}'$ *positiv semidefinit.*

Damit ergibt sich

$$\begin{aligned}\mathbf{C}\mathbf{C}' &= [(\mathbf{X}'\mathbf{X})^{-1}\mathbf{X}' + \mathbf{D}][(\mathbf{X}'\mathbf{X})^{-1}\mathbf{X}' + \mathbf{D}]' \\ &= (\mathbf{X}'\mathbf{X})^{-1}\mathbf{X}'\mathbf{X}(\mathbf{X}'\mathbf{X})^{-1} + \mathbf{D}\mathbf{D}' \\ &= (\mathbf{X}'\mathbf{X})^{-1} + \mathbf{D}\mathbf{D}'\end{aligned}$$

und

$$\mathbf{CC}' - (\mathbf{X}'\mathbf{X})^{-1} = \mathbf{DD}' \geq \mathbf{0}\,;$$

$\mathbf{CC}'$ *ist positiv semidefinit. Damit haben wir gezeigt, dass*

$$\mathrm{Var}\{\mathbf{b}^*\} - \mathrm{Var}\{\mathbf{b}\} \geq \mathbf{0}\,.$$

In Abschnitt 3.1 haben wir als Kriterien für die Güte eines Schätzers den Bias und die Varianz kennen gelernt. Der OLS-Schätzer ist der beste Schätzer in der Klasse der linearen, erwartungstreuen Schätzer: In dieser Klasse hat der OLS-Schätzer die minimale Varianz. Ein Kriterium für die Güte eines Schätzers, das Bias und Varianz einbezieht, ist der mittlere quadratische Fehler des Schätzers. Er ist für den OLS-Schätzer definiert zu

$$\mathrm{E}\{(\mathbf{b} - \boldsymbol{\beta})^2\} = \mathrm{Var}\{\mathbf{b}\} + (\mathrm{E}\{\mathbf{b}\} - \boldsymbol{\beta})^2\,.$$

Achtung! Der OLS-Schätzer hat nicht notwendigerweise den kleinsten mittleren, quadratischen Fehler. Ein Beispiel für einen Schätzer, der einen Bias in Kauf nimmt, ist der so genannte *ridge* Schätzer für die Koeffizienten eines linearen Regressionsmodells: Er wird so bestimmt, dass der mittlere, quadratische Fehler minimiert wird. Bei entsprechender Struktur der Matrix **X** der Regressoren kann der *ridge* Schätzer einen kleineren mittleren, quadratischen Fehler haben als der analoge OLS-Schätzer.

Annahmen des linearen Regressionsmodells

4

ÜBERBLICK

Die Analyse eines Regressionsmodells ist an bestimmte Voraussetzungen gebunden. So setzt die Verwendung der OLS-Schätzer voraus, dass die Matrix der Regressoren vollen Rang hat; wesentliche Voraussetzungen betreffen die Störgrößen des Regressionsmodells. Das Zutreffen dieser Voraussetzungen ist entscheidend für das anzuwendende statistische Instrumentarium und bestimmt die Eigenschaften der erhaltenen Schätzer und sonstiger Ergebnisse. Teil der Spezifikation eines Regressionsmodells ist es daher, Annahmen hinsichtlich des Zutreffens der verschiedenen Voraussetzungen zu machen. Teil der Analyse auf Basis eines Regressionsmodells ist es, das Zutreffen der getroffenen Annahmen zu überprüfen.

In Abschnitt 4.1 werden wir die schon in den früheren Kapiteln angesprochenen, aber auch neue Annahmen auflisten. Der Abschnitt 4.2 befasst sich mit der Linearität des Regressionsmodells. In Abschnitt 4.3 werden wir jene Annahmen einzeln besprechen und die Konsequenzen ihres Zutreffens oder Nichtzutreffens diskutieren, die die Regressoren des Regressionsmodells betreffen. Der Abschnitt 4.4 ist den Annahmen zu den Störgrößen gewidmet.

4.1 Die Liste der Annahmen

In den früheren Kapiteln sind wir an mehreren Stellen davon ausgegangen, dass bestimmte Annahmen erfüllt sind. So haben wir in Abschnitt 2.1 argumentiert, dass die Störgrößen u keinen systematischen Beitrag zur Erklärung der abhängigen Variablen liefern, und haben daher als Teil der Modellspezifikation postuliert, dass $E\{u_t\} = 0$. In Abschnitt 2.2 hat sich die Notwendigkeit ergeben, dass die Matrix $\mathbf{X}$ der Regressoren vollen Rang hat, damit die OLS-Schätzer in eindeutiger Weise aus den Normalgleichungen abgeleitet werden können. In Abschnitt 3.1 haben wir Homoskedastizität und Unkorreliertheit der Störgrößen vorausgesetzt und damit einfache Ausdrücke für die Varianzen der OLS-Schätzer bekommen. In Abschnitt 3.5 haben wir die Verteilung der OLS-Schätzer für zwei Situationen behandelt: (i) für den Fall, dass der Umfang der verfügbaren Daten so groß ist, dass die Verwendung der asymptotischen Verteilung rechtfertigbar ist, und (ii) für den Fall, dass die Störgrößen normalverteilt sind.

Die Tabelle 4.1 listet die in der Regressionsanalyse verwendeten Annahmen auf. Wir gehen von der lineare Regression

$$\mathbf{y} = \mathbf{X}\boldsymbol{\beta} + \mathbf{u} \qquad (4.1.1)$$

aus, bei der die Beobachtungen Y_t, $t = 1, \ldots, n$ durch k Regressoren X_i, $i = 1, \ldots, k$ und die Störgröße u_t dargestellt werden. Die Variable X_1 kann die Interzept-Variable sein; dann gilt $X_{t1} = 1$ für alle t, und β_1 ist das Interzept des Regressionsmodells. In den weiteren Abschnitten dieses Kapitels werden die einzelnen Annahmen, die der linearen Regression zugrunde gelegt werden, und ihre Konsequenzen für die einzusetzenden statistischen Verfahren und ihre Ergebnisse diskutiert.

Tabelle 4.1

Die Annahmen des linearen Regressionsmodells

	Annahme
A1	lineare funktionale Form des Modells
A2	$r(\mathbf{X}) = k$
A3	$\lim_{n\to\infty}(\mathbf{X}_n'\mathbf{X}_n)/n = \mathbf{Q}$ hat vollen Rang
A4	X_i unabhängig von u für alle i
A5	$\mathrm{E}\{\mathbf{u}\} = \mathbf{0}$
A6	$\mathrm{Var}\{\mathbf{u}\} = \sigma^2\mathbf{I}$
A6$_1$	$\mathrm{Var}\{u_t\} = \sigma^2$ für alle t
A6$_2$	$\mathrm{Cov}\{u_t, u_s\} = 0$ für alle t und s mit $t \neq s$
A7	u_t normalverteilt für alle t

Die Annahme **A1** postuliert, dass der systematische Teil des Modells eine Linearkombination der erklärenden Variablen ist, und dass dieser systematische Teil von der Störgröße additiv überlagert ist. Die Annahmen **A2** bis **A4** beziehen sich auf die Regressoren bzw. auf die für die Analyse verfügbaren Beobachtungen der Regressoren. **A5** bis **A7** betreffen die Wahrscheinlichkeitsverteilung der Störgrößen. Die Annahmen **A6**$_1$ und **A6**$_2$ können wir zur Annahme **A6** zusammenfassen. Die Annahme **A7** schränkt die unspezifizierte Verteilung auf die Normalverteilung ein. In Matrixnotation können wir für **A6** gemeinsam mit den Annahmen **A5** und **A7** schreiben:

$$\mathbf{u} \sim N(\mathbf{0}, \sigma^2\mathbf{I})\,. \tag{4.1.2}$$

Im Folgenden werden wir diese Annahmen und ihre Konsequenzen für das Anwenden der Regressionsanalyse auf ökonometrische Fragestellungen diskutieren. Die einzelnen Annahmen werden wir hier und auch in späteren Kapiteln mit den Kürzeln **A1** bis **A7** ansprechen.

4.2 Linearität des Regressionsmodells

Die Annahme **A1** spezifiziert die Art des Zusammenhangs zwischen der abhängigen Variablen und den erklärenden Variablen sowie der Störgröße.

Annahme A1

Die Beobachtung Y_t ist eine lineare Funktion

$$Y_t = \mathbf{x}_t'\boldsymbol{\beta} + u_t \tag{4.2.1}$$

der Beobachtungen der erklärenden Variablen X_{ti}, $i = 1, \ldots, k$ und der Störgröße u_t.

Unter Linearität des linearen Regressionsmodells verstehen wir also die Tatsache, dass der systematische Teil des Modells eine lineare Beziehung in den erklärenden Variablen ist, und dass dieser systematische Teil von der Störgröße additiv überlagert ist. Die

Annahme der Linearität bedeutet natürlich eine Einschränkung für die Anwendbarkeit des Regressionsmodells, da Zusammenhänge vorstellbar sind, die innerhalb dieses Rahmens nicht dargestellt werden können; wir werden in diesem Abschnitt solche Fälle kennen lernen. Die Linearität ist allerdings eine Einschränkung, die aus zwei Gründen in vielen Situationen akzeptiert wird.

1. Die Linearität des linearen Regressionsmodells bringt Vorteile für die statistische Analyse.
2. Die Möglichkeiten eines linearen Modells reichen in vielen Situationen dafür aus, adäquate oder zumindest näherungsweise adäquate Modelle zu spezifizieren.

Zu den Vorteilen der Linearität ist die einfache Form der Normalgleichungen zu zählen; siehe die Gleichung (2.2.7) in Abschnitt 2.2. Die Normalgleichungen sind Linearkombinationen der OLS-Schätzer b, so dass die Schätzfunktionen in geschlossener Form angeschrieben werden können und die Berechnung der Schätzwerte eine numerisch einfache Aufgabe ist. Voraussetzung für die einfache Struktur der Normalgleichungen (2.2.7) ist, dass der systematische Teil des Modells eine Linearkombination der Komponenten der Modellparameter β ist. Die Gewichte in dieser Linearkombination sind die beobachteten Werte der Regressoren, die Variable mit bestimmter ökonomischer Bedeutung oder auch Verknüpfungen oder Transformationen solcher Größen sein können. Regressor kann beispielsweise der Quotient aus Einkommen und Deflator, also das reale Einkommen, sein oder etwa der Logarithmus des Einkommens.

Das zuletzt Gesagte deutet bereits die vielfältigen Möglichkeiten der linearen Modellierung an. Beispiele linearer Modelle sind etwa $Y = \alpha + \beta X + u$, $Y = \alpha + \beta X^2 + u$, $Y = \alpha + \beta \ln X + u$, $Y = \alpha + \beta / X + u$ oder $\ln Y = \alpha + \beta X + u$. Das lineare Modell muss nicht notwendigerweise den strukturellen Zusammenhang darstellen, den der Ökonom formuliert. Linearität kann durch Umformung einer der ökonomischen Theorie entsprechenden Beziehung erreicht werden. So erklärt die Cobb-Douglas-Produktionsfunktion

$$Y = \gamma K^{\alpha} L^{\beta} e^{u}$$

den Output (Y) als multiplikative Funktion des eingesetzten Kapitals (K) und des Arbeitseinsatzes (L); durch Logarithmieren können wir diese multiplikative Beziehung in das lineare Regressionsmodell

$$\log Y = \gamma^* + \alpha \log K + \beta \log L + u$$

(mit $\gamma^* = \log \gamma$) überführen. Es ist zu beachten, dass das Einbeziehen der Störgröße als Faktor e^u die Transformation in das lineare Regressionsmodell ermöglicht hat. Hingegen kann die Spezifikation

$$Y = \gamma K^{\alpha} L^{\beta} + u \tag{4.2.2}$$

nicht in eine lineare Regression übergeführt werden.

Schließlich kann als Argument für das Verwenden linearer Modelle angeführt werden, dass durch Linearisieren komplizierterer funktionaler Zusammenhänge oft eine gut brauchbare Näherung der eigentlich interessierenden Beziehung möglich ist. So bietet das log-lineare Modell

$$\log Y = \beta_1 + \beta_2 \log X_2 + \ldots + \beta_k \log X_k + u$$

den Vorzug, dass der Koeffizient β_i die Elastizität von Y in Bezug auf die Änderung in X_i ist:

$$\frac{\partial \log Y}{\partial \log X_i} = \beta_i \,,$$

während sich für diese Elastizität ein komplizierterer und von X_i abhängiger Ausdruck ergibt, wenn das lineare Modell $Y = X\beta + u$ spezifiziert wird.

Natürlich gibt es Situationen, in denen (i) die strukturelle Beziehung zwischen der abhängigen Variablen und den Regressoren nicht durch ein lineares Modell repräsentiert werden kann, (ii) das Überführen dieser Beziehung in ein lineares Modell nicht möglich ist und (iii) ein lineares Modell keine akzeptable Näherung liefert; wir sprechen dann von einem intrinsisch nichtlinearen Modell. Seine Normalgleichungen sind nichtlineare Funktionen der zu schätzenden Parameter.

Ein Beispiel wäre die Produktionsfunktion (4.2.2), die nicht wie die Cobb-Douglas-Produktionsfunktion durch Logarithmieren in ein lineares Modell übergeführt werden kann. Die ökonometrische Literatur bietet Algorithmen zum Schätzen der Parameter von nichtlinearen Modellen, etwa den nichtlinearen Kleinste-Quadrate-Schätzer. Algorithmen zum Schätzen der Parameter von nichtlinearen Modellen arbeiten im Allgemeinen iterativ, geben nur numerische Näherungen der Schätzer und erfordern einen wesentlich größeren Rechenaufwand als Algorithmen zum Schätzen der Parameter von linearen Modellen.

Eine andere Situation, in der die Annahme der Linearität verletzt ist, ist der Fall von nicht-konstanten Modellparametern, also Parametern, die innerhalb der Beobachtungsperiode ihre Werte ändern.

Verfahren zum Prüfen, ob die Annahme **A1** erfüllt ist, gehören zum wichtigen Bereich der Modelldiagnostik und decken die angesprochenen Situationen des Nichtzutreffens dieser Annahme ab. Die ökonometrischen Programmpakete bieten entsprechende Tests an, die wir in den späteren Kapiteln behandeln werden. Mit solchen Verfahren kann auch die Frage geklärt werden, ob ein Fall der Missspezifikation vorliegt, etwa dass ein Regressor in einer nicht korrekten funktionalen Form in das Modell einbezogen worden ist, oder ob relevante Regressoren unberücksichtigt geblieben oder nicht relevante Regressoren im Modell berücksichtigt worden sind.

4.3 Annahmen zu den Regressoren

In der statistischen Literatur zur Regressionsanalyse wird für gewöhnlich unterstellt, dass die Regressoren fixe, also nicht-stochastische Größen sind. Wie es der Anhang A des Kapitels 3 demonstriert, vereinfacht sich die Herleitung des Erwartungswertes des OLS-Schätzers, wenn die Elemente der Matrix $\mathbf{X}$ wie fixe Zahlen behandelt werden können. Diese Vorgangsweise ist zulässig bei der Analyse von experimentellen Daten: Der Wert der abhängigen Variablen wird für vom Experimentator vorgegebene Werte der unabhängigen Variablen erhoben. In der Ökonomie ist die Möglichkeit des Experimentierens die Ausnahme. Die meisten Daten ergeben sich aus der Beobachtung von unabhängig ablaufenden Prozessen, und die Komplexität dieser Prozesse hat zur Folge, dass wir die interessierenden Variablen nicht als fixe Größen auffassen können. Nicht-stochastische Regressoren wie Indikator- oder Dummyvariable oder ein zeitlicher Trend sind eher die Ausnahme. So müssen beide Variablen, die der Konsumfunktion aus Beispiel 2.2 in Kapitel 2 zugrunde liegen, also nicht nur die abhängige Variable, die

Ausgaben für Privaten Konsum, sondern auch der Regressor, das Verfügbare Einkommen der Haushalte, als zufällig angesehen werden.

Bei der Herleitung des Erwartungswertes des OLS-Schätzers im Anhang A des Kapitels 3 haben wir keinen Bezug darauf genommen, ob die Elemente der Matrix **X** stochastische oder fixen Größen sind. Stattdessen haben wir den bedingten Erwartungswert $E\{\mathbf{b}|\mathbf{X}\}$ gebildet, also den Erwartungswert von **b** unter der Bedingung der verfügbaren Beobachtungen **X** ermittelt. Glücklicherweise ist dieser bedingte Erwartungswert unabhängig von **X** und daher gleich dem unbedingten Erwartungswert $E\{\mathbf{b}\}$. In ähnlicher Weise gelten viele Überlegungen aus den Kapiteln 2 und 3 weiterhin, wenn wir die Gültigkeit unserer Aussagen auf die Situation genau unserer Beobachtungen $\mathbf{x}_t$ für die Regressoren, $t = 1, \ldots, n$, beschränken und die Analyse unter der Bedingung der Beobachtungen **X** ausführen. Allerdings wird die Übereinstimmung zwischen bedingten und unbedingten Aussagen im Allgemeinen nicht zutreffen. Beispielsweise finden wir für die bedingte Varianz $\text{Var}\{\mathbf{b}|\mathbf{X}\} = \sigma^2(\mathbf{X}'\mathbf{X})^{-1}$; der Ausdruck für die unbedingte Varianz $\text{Var}\{\mathbf{b}\} = \sigma^2 E\{(\mathbf{X}'\mathbf{X})^{-1}\}$ ist davon verschieden und lässt erkennen, dass wir dafür nicht so leicht numerische Werte ermitteln können. Dass eine bedingte Analyse möglich ist, setzt voraus, dass die gemeinsame Wahrscheinlichkeitsverteilung der Regressoren und der Störgröße in entsprechender Weise zerlegbar sind.

In diesem Abschnitt werden wir Annahmen diskutieren, die einerseits die stochastische Natur der Regressoren im Sinn des soeben Gesagten betreffen, andererseits das „Design" der zur Verfügung stehenden Daten, also die Anordnung der „Koordinaten" $\mathbf{x}_t$, für die die Werte von Y_t, $t = 1, \ldots, n$ beobachtet wurden.

4.3.1 Voller Rang von X

Die Annahme **A2** sagt, dass die Matrix **X** der Beobachtungen der Regressoren vollen Rang hat, oder mit anderen Worten, dass keine exakte Kollinearität vorliegt.

Annahme A2

Die $(n \times k)$-Matrix **X** hat vollen Rang: $r(\mathbf{X}) = k$.

Dass die Matrix **X** vollen Rang hat, bedeutet, dass (a) die Anzahl n der Beobachtungen mindestens so groß wie die Anzahl k der Regressoren ist ($n \geq k$), und dass (b) zwischen den n-Vektoren $\mathbf{x}_i$ der Beobachtungen von X_i, $i = 1, \ldots, k$ keine lineare Beziehung besteht.

In Abschnitt 2.2 haben wir diese Annahme getroffen, um sicherzustellen, dass die OLS-Schätzer überhaupt definiert sind: Die Schätzfunktion (2.2.8) setzt voraus, dass es möglich ist, $\mathbf{X}'\mathbf{X}$ zu invertieren, dass also $\mathbf{X}'\mathbf{X}$ und damit **X** vollen Rang haben. Das bedeutet, dass die Vektoren $\mathbf{x}_i$, $i = 1, \ldots, k$ linear unabhängig sind, dass wir also keine Linearkombination der Spalten aus **X** finden können, die ein Nullvektor ist, wenn nicht alle Gewichte in dieser Linearkombination gleich Null sind. Lineare Abhängigkeit der Regressoren tritt beispielsweise auf, wenn die Spalte $\mathbf{x}_i$ aus **X** das c-fache der Spalte $\mathbf{x}_j$ ist, also $\mathbf{x}_i = c\mathbf{x}_j$ gilt. Die Variablen X_i und X_j nennen wir dann (exakt) kollinear; der Korrelationskoeffizient dieser beiden Variablen hat den Wert Eins.

Eine exakte Kollinearität werden wir viel weniger oft antreffen als den Fall, dass der Korrelationskoeffizient zwischen Regressoren oder Linearkombinationen von Regressoren nahe bei Eins liegt, aber nicht exakt den Wert Eins hat. Wir werden uns in Kapitel 10, das das Thema Multikollinearität behandelt, ausführlich mit diesem Fall befassen.

Den Fall, dass die Anzahl n der Beobachtungen geringer als die Anzahl k der Regressoren ist, werden wir in realen Situationen kaum antreffen.

4.3.2 Reguläre Matrix Q

Die Annahme **A3** haben wir in Abschnitt 3.1 eingeführt, um die Konsistenz des OLS-Schätzers sicherzustellen. Die Annahme lautet:

Annahme A3

Die Matrix

$$\mathbf{Q} = \lim_{n\to\infty} \frac{1}{n}\mathbf{X}_n'\mathbf{X}_n \tag{4.3.1}$$

ist regulär.

Wie die Annahme **A2** gibt uns auch diese Annahme Bedingungen für die „Koordinaten" $\mathbf{x}_t$ vor, für welche die Beobachtungen Y_t zur Verfügung stehen. Für den Fall einer einfachen Regression haben wir in Abschnitt 3.2 gesehen, dass die Annahme **A3** darauf hinausläuft, dass das durchschnittliche Quadrat der beobachteten Werte des Regressors auch bei ins Unendliche gehendem Umfang der verfügbaren Daten endlich bleibt.

Die Annahme **A3** ist in den meisten Anwendungen problemlos. Haben wir es mit trendbehafteten Regressoren zu tun, so ist die Ausnahme sogar restriktiver als notwendig, wie die folgende Überlegung zeigt. Enthält der Regressor einer einfachen Regression einen Trend, so wird das entsprechende Element der Matrix $\mathbf{X}_n'\mathbf{X}_n$ beliebig groß. Die Folge ist, dass $\mathbf{X}_n'\mathbf{X}_n$ zwar nicht gegen eine reguläre Matrix konvergiert, dass aber der Standardfehler des entsprechenden Elements von $\mathbf{b}$ mit wachsendem n noch rascher gegen Null geht, als es bei einer regulären Matrix $\mathbf{Q}$ der Fall wäre. Die Forderung nach einer regulären Matrix $\mathbf{Q}$ ist offensichtlich zu restriktiv, wenn wir es mit einem trendbehafteten Regressor zu tun haben. Weniger restriktive Annahmen sind die so genannten Grenander-Bedingungen, die sicherstellen, dass die Summen der quadrierten Beobachtungen mit n stetig wachsen und nicht von einzelnen Beobachtungen dominiert werden.

Für stochastische Regressoren modifizieren wir die Annahme **A3**, indem wir den Grenzwert durch den Grenzwert in Wahrscheinlichkeit ersetzen und die Matrix $\mathbf{Q}$ definieren als

in Skript nicht so formuliert

$$\mathbf{Q} = \operatorname*{plim}_{n\to\infty} \frac{1}{n}\mathbf{X}_n'\mathbf{X}_n \,.$$

4.3.3 Exogenität der Regressoren

Die Annahme der Exogenität der Regressoren lautet:

Annahme A4

Die Variablen X_i, $i = 1, \ldots, k$ sind (streng) exogen, d.h., dass jede ihrer Beobachtungen X_{ti}, $t = 1, \ldots, n$ statistisch unabhängig von den aktuellen, historischen und künftigen Störgrößen ist.

Die Annahme impliziert einen Begriff von Exogenität, der von stochastischen Regressoren ausgeht. In den bisherigen Kapiteln haben wir unter einer exogenen Variablen eine solche Variable verstanden, die, im Gegensatz zu einer endogenen Variablen, nicht durch das Modell bestimmt wird. Endogene Variable werden durch die Modellspezifikation, die Modellparameter und durch die Werte der exogenen Variablen bestimmt. Ihre Wahrscheinlichkeitsverteilung ist durch die Verteilung der Störgrößen, bei stochastischen Regressoren auch durch die Verteilung der Regressoren, und durch die Parameter des Regressionsmodells bestimmt. Gilt die Annahme der Exogenität, so kann die Modellanalyse unter der Bedingung der Beobachtungen X erfolgen. Für gegebene Werte der Regressoren sind die Ergebnisse durch die Verteilung der Störgrößen und durch die Parameter des Regressionsmodells bestimmt. Die Exogenität der Regressoren ist eine hinreichende Bedingung dafür, dass wir die Schätzer aus der bedingten Verteilung ableiten können.

Sind die Regressoren nicht-stochastische Größen, so gelten alle Aussagen, die wir bedingt unter den verfügbaren Beobachtungen $\mathbf{X}$ der Regressoren machen, auch ohne diese Bedingung. Anstelle der bedingten Verteilung $f(Y_t|\mathbf{X})$ können wir die Randverteilung $f(Y_t)$ verwenden, da $f(Y_t|\mathbf{X}) = f(Y_t)$ für fixe $\mathbf{X}$.

Ein der Exogenität verwandter Begriff ist die Prädeterminiertheit der Regressoren. Ein Regressor X_i ist prädeterminiert oder vorherbestimmt, wenn jedes X_{ti} statistisch unabhängig von allen aktuellen und künftigen Störgrößen ist. Wir werden mit diesem Begriff im Zusammenhang mit Mehrgleichungs-Modellen zu tun haben. Die verzögerte abhängige Variable Y_{t-1} als Regressor in einem Modell für Y_t ist ein Beispiel für eine prädeterminierte Variable.

4.4 Annahmen zu den Störgrößen

Die lineare Regression

$$\mathbf{y} = \mathbf{X}\boldsymbol{\beta} + \mathbf{u}$$

verknüpft Beobachtungen der unabhängigen Variablen $X_1, \ldots, X_k$ mit Beobachtungen der abhängigen Variablen Y so, dass der datengenerierende Prozess für Y durch diese Modellgleichung bis auf die Störgrößen u beschrieben wird. Die Beobachtung Y_t setzt sich entsprechend dieser Modellierung aus (i) der systematischen Komponente $\mathbf{x}_t'\boldsymbol{\beta}$ und (ii) der zufälligen Komponente u_t zusammen. Der Erwartungswert von Y_t, also die systematische Komponente des Modells, hängt davon ab, welche Werte $\mathbf{x}_t$ die Regressoren haben, ist also der Erwartungswert $\mathrm{E}\{Y_t|\mathbf{x}_t\}$ der bedingten Verteilung von Y_t, gegeben die Beobachtungen $\mathbf{x}_t$. Dementsprechend hängen auch die Charakteristika der Störgrößen $u_t = Y_t - \mathbf{x}_t'\boldsymbol{\beta}$ von der Bedingung $\mathbf{x}_t$ ab; die Annahme **A5** ist daher genau genommen zu formulieren als $\mathrm{E}\{u_t|\mathbf{x}_t\} = 0$. Eine Illustration dieses Sachverhalts gibt die Abbildung 4.1. Tatsächlich wird die Annahme **A5** noch weiter gehend formuliert, indem nicht nur die aktuellen Beobachtungen, sondern alle Elemente der Matrix $\mathbf{X}$ der Regressoren in die Bedingung einbezogen werden:

Annahme A5

$\mathrm{E}\{u_t|\mathbf{X}\} = 0$, $t = 1, \ldots, n$ oder $\mathrm{E}\{\mathbf{u}|\mathbf{X}\} = \mathbf{0}$, wobei die t-te Komponente des n-Vektors $\mathrm{E}\{\mathbf{u}|\mathbf{X}\}$ der Erwartungswert $\mathrm{E}\{u_t|\mathbf{X}\}$ ist.

Wir gehen also davon aus, dass auch Beobachtungen der Regressoren aus Vergangenheit und Zukunft keine Information zum Erwartungswert der Störgröße u_t enthalten. Von dieser so allgemein gefassten Annahme haben wir in Abschnitt 3.1 bzw. im Anhang A von Kapitel 3 Gebrauch gemacht, wenn wir den Erwartungswert der Linearkombination $(\mathbf{X}'\mathbf{X})^{-1}\mathbf{X}'\mathbf{u}$ der Störgrößen u bilden. Die Koeffizienten der u_t sind sehr allgemeine Funktionen der Elemente von $\mathbf{X}$. Für fixe Regressoren erübrigt es sich, die Bedingung $\mathbf{X}$ anzugeben.

Abbildung 4.1

Regression $E\{Y|X\} = \alpha + \beta X$ und Verteilung der Störgrößen $u|X \sim N(0, \sigma^2)$.

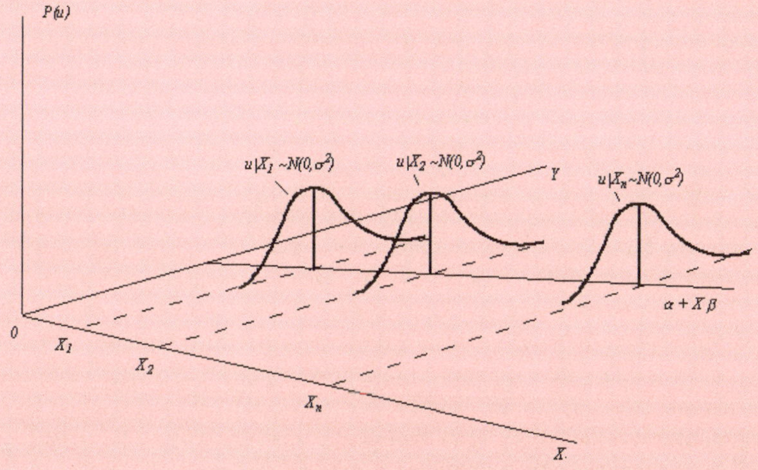

Die Annahme **A5**, also $E\{u_t|\mathbf{X}\} = 0$, impliziert auch

$$E\{\mathbf{y}|\mathbf{X}\} = \mathbf{X}\boldsymbol{\beta}.$$

Die Annahme $E\{u_t|\mathbf{X}\} = 0$ stellt also sicher, dass der Wirkungszusammenhang zwischen den Regressoren und Y durch das lineare Regressionsmodell adäquat beschrieben wird.

Analog zur Formulierung der Annahme **A5** wird die Annahme **A6** geschrieben als $\text{Var}\{u_t|\mathbf{X}\} = \sigma^2$ und $\text{Cov}\{u_t, u_s|\mathbf{X}\} = 0$ für entsprechende Indizes t und s, oder einfacher

Annahme A6

$\text{Var}\{\mathbf{u}|\mathbf{X}\} = \sigma^2\mathbf{I}.$

Das Zutreffen von $\text{Var}\{u_t|\mathbf{X}\} = \sigma^2$, $t = 1, \ldots, n$ nennen wir Homoskedastizität der Störgrößen, bei Zutreffen von $\text{Cov}\{u_t, u_s|\mathbf{X}\} = 0$ für alle t und s mit $t \neq s$ sprechen wir von Unkorreliertheit der Störgrößen.

Beim Modellieren ökonomischer Phänomene werden wir oft sehen, dass die Annahme der Homoskedastizität nicht realistisch ist. Größen wie etwa das verfügbare Einkommen zeigen eine umso größere Variation, je größer der Mittelwert ist. Ähnliches ist für den Konsum oder für die Investitionen zu beobachten. Auch die Annahme, dass die Störgrößen statistisch unabhängig sind, trifft oft nicht zu. Die Ursache dafür kann ein Mangel in der Modellspezifikation sein: Bleibt ein für die Erklärung relevanter, trendbehafteter Regressor im Modell unberücksichtigt, so wird das zur Folge haben, dass in manchen Perioden negative Abweichungen gehäuft auftreten, in anderen Perioden positive Abweichungen überwiegen. Wie schon in Abschnitt 3.4 ausgeführt, haben Situationen, in denen die Annahme **A6** nicht zutrifft, das besondere Interesse der Ökonometer gefunden. Sie werden in späteren Kapiteln auch uns beschäftigen.

Die Annahme der Normalverteilung der Störgrößen lautet:

Annahme A7

Die Störgrößen $u_t|\mathbf{X}$, $t = 1, \ldots, n$ sind normalverteilt.

Diese Annahme schreiben wir gemeinsam mit den Annahmen **A5** und **A6** als

$$\mathbf{u}|\mathbf{X} \sim N(\mathbf{0}, \sigma^2\mathbf{I})\,.$$

Von der Annahme **A7** machen wir beispielsweise Gebrauch beim Ableiten von t- und F-Test bei endlichem Umfang der verfügbaren Daten. Als Rechtfertigung wird gerne der Zentrale Grenzwertsatz herangezogen und die Tatsache, dass die Störgrößen eine Vielzahl von im Modell nicht berücksichtigten Faktoren repräsentieren. In der ökonometrischen Literatur wird dementsprechend gerne argumentiert, dass diese Annahme in vielen Situationen realistisch ist. Andererseits wird die Annahme auch oft als unbedeutend eingeschätzt: Außer zur Konstruktion von Tests und Konfidenz- und Prognoseintervallen wird nicht allzu oft von ihr Gebrauch gemacht. Vor allem aber sind unter sehr allgemeinen Bedingungen die meisten Ergebnisse, die wir für endlichen Umfang der verfügbaren Daten auf Basis der Normalverteilung erhalten, bei großem Datenumfang als asymptotische Ergebnisse näherungsweise gültig.

Statistische Bewertung von Regressionsbeziehungen

5

ÜBERBLICK

Nach dem Anpassen eines Regressionsmodells an die verfügbaren Daten stellt sich die Frage nach der Qualität des erhaltenen empirischen Modells. Ein zentrales Element für das Bewerten von Regressionsbeziehungen sind die Residuen, d.h. die Abweichungen zwischen den Beobachtungen Y_t der abhängigen Variablen und den geschätzten Werten oder Prognosen $\hat{Y}_t$, die wir auf Basis der an die Daten angepassten Regressionsbeziehung errechnen. Die Residuen sind auch Basis eines erwartungstreuen Schätzers der Varianz der Störgrößen. Ausgehend von den Residuen behandeln wir die **Streuungszerlegung**, eine sehr einfache Beziehung zwischen den Varianzen der abhängigen Variablen, ihrer Prognosen und der Störgrößen; von der Streuungszerlegung werden wir bei der Bewertung von Regressionsbeziehungen mehrfach Gebrauch machen. Als Kriterien für die globale Bewertung der Regressionsbeziehung führen wir das **Bestimmtheitsmaß**, die Likelihood-Funktion und die **Informationskriterien** AIC und SIC ein. Der t-**Test** erlaubt das Beantworten der Frage nach der Relevanz der einzelnen Regressoren zur Erklärung der abhängigen Variablen. Er setzt voraus, dass die Störgrößen einer Normalverteilung folgen oder – was häufiger der Fall sein wird – dass der Umfang der verfügbaren Daten so groß ist, dass von der asymptotischen Normalverteilung der Teststatistik des t-Tests Gebrauch gemacht werden kann. Mit dem F-**Test** und analogen asymptotischen Tests wie dem **Wald-Test** können wir das Erklärungsvermögen des Regressionsmodells als Ganzes überprüfen. Eine gerne verwendete und informative Darstellung der Berechnung der Statistik des F-Tests ist die ANOVA-Tafel.

In Abschnitt 5.1 werden die Residuen definiert und ihre Eigenschaften behandelt; der Abschnitt 5.2 bringt das Schätzen der Varianz der Störgrößen. Die weiteren Abschnitte befassen sich mit dem Bewerten von angepassten Regressionsbeziehungen: Die globale Bewertung ist Gegenstand des Abschnitts 5.3 und das Testen und andere Verfahren zu den Koeffizienten der einzelnen Regressoren diskutiert der Abschnitt 5.4.

5.1 Residuen und ihre Eigenschaften

Ersetzen wir im Regressionsmodell

$$\mathbf{y} = \mathbf{X}\boldsymbol{\beta} + \mathbf{u}$$

die Regressionskoeffizienten $\boldsymbol{\beta}$ durch ihre OLS-Schätzer $\mathbf{b}$, so erhalten wir

$$\mathbf{y} = \mathbf{Xb} + \mathbf{e} = \hat{\mathbf{y}} + \mathbf{e}.$$

Dabei ist

$$\hat{\mathbf{y}} = \mathbf{X}(\mathbf{X}'\mathbf{X})^{-1}\mathbf{X}'\mathbf{y} = \mathbf{Py}$$

der n-Vektor der **geschätzten Werte** oder **Prognosen** von Y und $\mathbf{e}$ der n-Vektor der **Residuen**, der somit definiert ist als

$$\mathbf{e} = \mathbf{y} - \hat{\mathbf{y}} = \mathbf{y} - \mathbf{Xb}\,; \tag{5.1.1}$$

wir haben die Residuen bereits in Abschnitt 2.2 kennen gelernt. Da die Residuen unter Benutzung der OLS-Schätzer **b** definiert sind, sprechen wir auch von **OLS-Residuen**. Die Matrix **P** nennt man die **Projektionsmatrix**, nach ihrer Bezeichnung im Englischen auch die *hat*-Matrix; sie erzeugt aus $\mathbf{y}$ die Prognosen $\hat{\mathbf{y}} = \mathbf{Py}$ mittels der linearen Regression von Y auf die Variablen X_i, $i = 1, \ldots, k$.

Die Residuen können wir schreiben als

$$\mathbf{e} = \mathbf{y} - \mathbf{Xb} = [\mathbf{I} - \mathbf{X}(\mathbf{X}'\mathbf{X})^{-1}\mathbf{X}']\mathbf{y} = \mathbf{My}\,;$$

die Matrix $\mathbf{M}$,

$$\mathbf{M} = \mathbf{I} - \mathbf{X}(\mathbf{X}'\mathbf{X})^{-1}\mathbf{X}'\,, \tag{5.1.2}$$

nennt man die **residuenerzeugende Matrix**; als Transformation auf $\mathbf{y}$ angewendet, erzeugt sie die Residuen $\mathbf{My} = \mathbf{e}$.

Die gleichen Residuen erhalten wir, wenn wir anstelle der OLS-Schätzer $\mathbf{b} = (\mathbf{X}'\mathbf{X})^{-1}\mathbf{X}'\mathbf{y}$ die ML-Schätzer $\tilde{\boldsymbol{\beta}}$ nach Gleichung (3.3.2) für $\boldsymbol{\beta}$ verwenden: Wegen $\mathbf{b} = \tilde{\boldsymbol{\beta}}$ ergibt sich $\mathbf{y} - \mathbf{X}\tilde{\boldsymbol{\beta}} = \mathbf{y} - \mathbf{Xb} = \mathbf{e}$.

Beispiel 5.1

Konsumfunktion

Für die Daten aus der AWM-Datenbasis, 1970:1 bis 2002:4, die dem Beispiel 2.1 zugrunde liegen, haben wir in Beispiel 2.2 die Regressionsbeziehung $\hat{C} = 0.011 + 0.747\,Y$ erhalten; dabei steht C für die jährliche Zuwachsrate des realen Privaten Konsums PCR und Y für die jährliche Zuwachsrate des realen Verfügbaren Einkommens der Haushalte PYR. Die Abbildung 5.1 zeigt das Zeitreihendiagramm der Residuen e_t zwischen den beobachteten Werten C_t und den geschätzten Werten $\hat{C}_t$ der Ausgaben für Konsum sowie – im oberen Teil der Abbildung – die beiden Polygonzüge für C und $\hat{C}$.

Abbildung 5.1

Zeitreihendiagramm der Residuen (o) zur Konsumfunktion aus Beispiel 2.2 (linke Skala) sowie der beobachteten Werte C (△) und der geschätzten Werte $\hat{C}$ der jährlichen Zuwachsraten der Ausgaben für Konsum (rechte Skala).

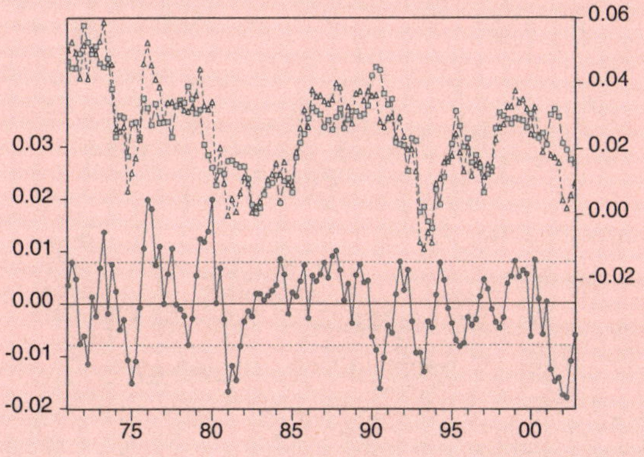

Wir werden in späteren Abschnitten sehen, dass die Residuen ein sehr hohes Potential dafür haben, uns Hinweise auf die Güte der erhaltenen Regressionsbeziehung zu geben. In diesem Abschnitt wollen wir zwei Eigenschaften der Residuen behandeln, die für das Verständnis der Residuen und ihrer Verwendung nützlich sind.

Eigenschaften der Residuen:

(a) Der Mittelwert $\bar{e}$ (und auch die Summe) der Residuen hat in einem Regressionsmodell mit Interzept den Wert Null:

$$\bar{e} = \frac{1}{n}\sum_t e_t = 0\,. \tag{5.1.3}$$

Um das zu zeigen, machen wir von der Orthogonalität der Residuen $\mathbf{e}$ mit den Spalten $\mathbf{x}_i$, $i = 1, \ldots, k$ von $\mathbf{X}$ Gebrauch. Diese Eigenschaft bedeutet, dass das innere Produkt $\mathbf{x}_i'\mathbf{e}$ für jedes i den Wert Null hat (und die Vektoren $\mathbf{x}_i$ und $\mathbf{e}$ einen rechten Winkel einschließen; daher der Name Orthogonalität). Mit $\mathbf{X}'\mathbf{M} = \mathbf{X}'[\mathbf{I} - \mathbf{X}(\mathbf{X}'\mathbf{X})^{-1}\mathbf{X}'] = \mathbf{X} - \mathbf{X} = \mathbf{0}$ erhalten wir $\mathbf{X}'\mathbf{e} = \mathbf{X}'\mathbf{M}\mathbf{y} = \mathbf{0}$; die i-te Komponente dieser Beziehung ist $\mathbf{x}_i'\mathbf{e} = 0$ und erfüllt somit tatsächlich die behauptete Eigenschaft. Aus $\mathbf{x}_i'\mathbf{e} = |\mathbf{x}_i||\mathbf{e}|\cos(\mathbf{x}_i, \mathbf{e}) = 0$ folgt $\cos(\mathbf{x}_i, \mathbf{e}) = 0$; $\mathbf{x}_i$ und $\mathbf{e}$ schließen einen rechten Winkel ein. In der in Kapitel 2.1 eingeführten Matrixnotation definieren wir $X_{t1} = 1$, $t = 1, \ldots, n$: Die erste Spalte $\mathbf{x}_1$ in $\mathbf{X}$ ist ein Vektor von Einsen, β_1 ist das Interzept. Daher gilt für ein Regressionsmodell mit Interzept die behauptete Eigenschaft.

Achtung! Es sei darauf hingewiesen, dass diese Eigenschaft für ein Regressionsmodell ohne Interzept, auch homogene Regression genannt, im Allgemeinen nicht gilt! Die überwiegende Zahl der in praktischen Analysen verwendeten Regressionsmodelle ist allerdings mit Interzept spezifiziert, sind also so genannte inhomogene Regressionsmodelle; homogene Regressionsmodelle sind die Ausnahme.

(b) In einem Regressionsmodell mit Interzept gelten die folgenden beiden Eigenschaften:

– Der Mittelwert $\overline{Y}$ ist gleich dem Mittelwert der Prognosen $\overline{\hat{Y}}$: Aus $\sum_t Y_t = \sum_t(\hat{Y}_t + e_t) = \sum_t \hat{Y}_t$ folgt

$$\overline{Y} = \overline{\hat{Y}}\,.$$

– Die Regressionsbeziehung ist auch für die Mittelwerte erfüllt:

$$\overline{Y} = \frac{1}{n}\sum_t\left(\sum_i b_i X_{ti}\right) = \sum_i b_i\left(\frac{1}{n}\sum_t X_{ti}\right) = \sum_i b_i\overline{X}_i = b_1 + b_2\overline{X}_2 + \ldots + b_k\overline{X}_k\,,$$

wobei

$$\overline{X}_i = \frac{1}{n}\sum_t X_{ti},\ i = 1, \ldots, k\,.$$

Achtung! Auch diese beiden Aussagen gelten im Allgemeinen nicht für Regressionsmodelle ohne Interzept!

(c) **Streuungszerlegung:** In einem Regressionsmodell mit Interzept ist die Stichproben-Varianz s_y^2 der abhängigen Variablen gleich der Summe der Varianzen der Prognosen und der Residuen:

$$s_y^2 = s_{\hat{y}}^2 + s_e^2 \; ; \tag{5.1.4}$$

dabei definieren wir s_y^2 zu

$$s_y^2 = \frac{1}{n} \sum_t (Y_t - \overline{Y})^2$$

und analog $s_{\hat{y}}^2$; s_e^2 ist das durchschnittliche Quadrat der Residuen, also gleich dem $\frac{1}{n} e'e = \tilde{\sigma}^2$ ML-Schätzer $\tilde{\sigma}^2$ für σ^2. Die Gleichung (5.1.4) nennt man Streuungszerlegung. Sie bedeutet, dass die Varianz der abhängigen Variablen in den durch das Modell erklärten Teil $s_{\hat{y}}^2$ und in einen nicht-erklärten Teil aufgespalten werden kann. Wir werden sehen, dass sich auf Basis dieser Zerlegung ein sehr anschauliches Gütekriterium für die Regressionsbeziehung, das Bestimmtheitsmaß (siehe Abschnitt 5.3), definieren lässt.

Die Streuungszerlegung ergibt sich wie folgt: Wegen $\hat{y}'e = b'X'e = 0$ [siehe die Eigenschaft (a) zur Orthogonalität von e und x_i] gilt (unabhängig davon, ob das Modell ein Interzept enthält oder nicht)

$$\mathbf{y'y} = \sum_t Y_t^2 = \sum_t \hat{Y}_t^2 + \sum_t e_t^2 = \hat{y}'\hat{y} + e'e \, .$$

Dividieren dieser Beziehung durch n und Subtrahieren von $\overline{Y}^2$ auf beiden Seiten ergibt

$$\frac{1}{n}\mathbf{y'y} - \overline{Y}^2 = s_y^2 = \frac{1}{n}\hat{y}'\hat{y} - \overline{Y}^2 + s_e^2 = \frac{1}{n}\hat{y}'\hat{y} - \overline{\hat{Y}}^2 + s_e^2 = s_{\hat{y}}^2 + s_e^2 \, .$$

Achtung! Es gilt zwar die Zerlegung

$y = \hat{y} + e = \hat{y} + \hat{u} = X'\hat{\beta} + \hat{u}$

$$\mathbf{y'y} = \hat{y}'\hat{y} + e'e \tag{5.1.5}$$

unabhängig davon, ob das Modell ein Interzept enthält oder nicht, nicht aber die Streuungszerlegung (5.1.4).

5.2 Schätzen der Varianz σ^2

In Kapitel 3.3 haben wir den ML-Schätzer

$$\tilde{\sigma}^2 = \frac{1}{n}(\mathbf{y} - \mathbf{X}\tilde{\beta})'(\mathbf{y} - \mathbf{X}\tilde{\beta}) = \frac{1}{n}\mathbf{e'e} = \frac{1}{n}\sum_t e_t^2 \tag{5.2.1}$$

für die Varianz σ^2 der Störgrößen kennen gelernt. Dieser ML-Schätzer ist auch plausibel: Da $\mathrm{Var}\{u_t\} = \mathrm{E}\{u_t^2\} = \sigma^2$, und da wir die Residuen e als Schätzer der Störgrößen u auffassen können, ist das durchschnittliche Quadrat der Residuen, $\tilde{\sigma}^2$, ein nahe liegender Schätzer für σ^2.

Nun kann aber gezeigt werden (siehe dazu den Anhang A zu diesem Kapitel), dass

$$\mathrm{E}\{\mathbf{e'e}\} = (n - k)\sigma^2 \, .$$

Das bedeutet, dass

$$s^2 = \frac{1}{n-k}\mathbf{e}'\mathbf{e} = \frac{1}{n-k}\sum_t e_t^2 , \tag{5.2.2}$$

nicht aber der ML-Schätzer $\tilde{\sigma}^2$ ein erwartungstreuer Schätzer ist. Tatsächlich ist s^2 der üblicherweise verwendete, erwartungstreue Schätzer der Störgrößen-Varianz σ^2.

Achtung! Der nicht erwartungstreue ML-Schätzer $\tilde{\sigma}^2$ nach (5.2.1) und der erwartungstreue Schätzer s^2 nach (5.2.2) unterscheiden sich nur durch den Nenner. Es gilt

$$\tilde{\sigma}^2 = \frac{1}{n}\sum_t e_t^2 < \frac{1}{n-k}\sum_t e_t^2 = s^2 .$$

Der ML-Schätzer unterschätzt σ^2! Für große Werte von n ist der Bias

$$-\frac{k}{n}\sigma^2$$

vernachlässigbar.

Die Standardabweichung $s = \sqrt{s^2}$ der Störgrößen, also die Wurzel aus dem erwartungstreuen Schätzer s^2 nach (5.2.2), wird auch als **Standardfehler der Regression**, im Englischen als *standard error of regression*, bezeichnet.

5.3 Globale Bewertung der linearen Regression

Die Residuen e sind zentrale Größen in der Bewertung der erhaltenen Regressionsbeziehung. Die Inspektion der Residuen und das Analysieren von Statistiken, die auf der Basis der Residuen definiert sind, spielen bei der Bewertung der Regressionsbeziehung eine wichtige Rolle. Mittels der globalen Bewertung soll die Qualität der Regressionsbeziehung als Ganzes eingeschätzt werden. Daneben werden wir im nächsten Abschnitt Verfahren behandeln, mit deren Hilfe die Beiträge der einzelnen Regressoren zur Erklärung des datengenerierenden Prozesses beurteilt werden können.

Dieser globalen Bewertung liegt die Frage zugrunde, ob die gewählten Regressoren tatsächlich geeignet sind, den datengenerierenden Prozess der zu erklärenden Variablen zu beschreiben oder – nicht notwendigerweise in einem kausalen Sinn – zu erklären. Das wichtigste globale Kriterium für das Erklärungsvermögen einer Regressionsbeziehung ist

- das Bestimmtheitsmaß bzw.
- das adjustierte Bestimmtheitsmaß.

Andere Kriterien sind

- die logarithmierte Likelihood-Funktion und
- die davon abgeleiteten, so genannten Informationskriterien.

Ein formaler statistischer Test zur globalen Bewertung des Erklärungsvermögens einer Regressionsbeziehung ist der F-Test, den wir in Abschnitt 5.4 behandeln werden.

5.3.1 Das Bestimmtheitsmaß

Die Definition des Bestimmtheitsmaßes R^2 (im Englischen *R-squared statistic* oder *coefficient of determination* genannt) lautet

$$R^2 = \frac{s_{\hat{y}}^2}{s_y^2}; \tag{5.3.1}$$

dabei sind die geschätzten Varianzen $s_{\hat{y}}^2$ und s_y^2 wie im Zusammenhang mit der Streuungszerlegung (5.1.4) als durchschnittliche quadrierte Abweichungen vom Mittelwert definiert: Die Varianz s_y^2 der Beobachtungen Y_t ist definiert als

$$s_y^2 = \frac{1}{n}\sum_t (Y_t - \overline{Y})^2 ,$$

und analog ist die Varianz $s_{\hat{y}}^2$ der geschätzten Werte oder Prognosen $\hat{Y}_t$ definiert. Das Bestimmtheitsmaß R^2 ist der Anteil der durch das Regressionsmodell erklärten Varianz (der Varianz der geschätzten $\hat{Y}_t$) an der Gesamtvarianz der Beobachtungen Y_t, $t = 1, \ldots, n$. Das Bestimmtheitsmaß wird oft in Prozenten angegeben.

Wir haben in Abschnitt 5.1 die Streuungszerlegung (5.1.4) behandelt: Bei einer inhomogenen Regression, bei der das Modell über ein Interzept verfügt, kann die Varianz der abhängigen Variablen Y in den durch das Modell erklärten Teil $s_{\hat{y}}^2$ und in einen nicht-erklärten Teil zerlegt werden: $s_y^2 = s_{\hat{y}}^2 + s_e^2$; dabei ist s_e^2 das durchschnittliche Quadrat der Residuen, also gleich dem ML-Schätzer $\tilde{\sigma}^2$ für die Varianz der Störgrößen σ^2. Unter Benutzung der Streuungszerlegung können wir das Bestimmtheitsmaß auch schreiben als

$$R^2 = \frac{s_y^2 - s_e^2}{s_y^2} = 1 - \frac{s_e^2}{s_y^2} . \tag{5.3.2}$$

Eigenschaften des Bestimmtheitsmaßes: Wir gehen davon aus, dass das Regressionsmodell ein inhomogenes ist, also ein Interzept enthält.

(a) Aus der Streuungszerlegung (5.1.4) ergibt sich, dass die erklärte Varianz $s_{\hat{y}}^2$ die Ungleichung $0 \leq s_{\hat{y}}^2 \leq s_y^2$ erfüllt; für R^2, den Anteil von $s_{\hat{y}}^2$ an der Gesamtvarianz s_y^2, gilt daher

$$0 \leq R^2 \leq 1 .$$

- $R^2 = 0$ bedeutet, dass $s_{\hat{y}}^2 = 0$ oder $s_y^2 = s_e^2$, dass das Regressionsmodell also überhaupt keinen Erklärungsbeitrag für Y leistet. Die Schätzer aller Regressionskoeffizienten (mit Ausnahme des Interzepts) haben den Wert Null; das Interzept ist gleich dem Mittelwert $\overline{Y}$.
- $R^2 = 1$ bedeutet $s_{\hat{y}}^2 = s_y^2$ oder $\mathbf{e} = \mathbf{0}$ (beachte, dass $\overline{e} = 0$); alle Residuen haben den Wert Null. Für alle t gilt: $Y_t = \hat{Y}_t$; das Regressionsmodell ist den Beobachtungen von Y vollständig angepasst. Eine solche Situation wird man in der Praxis kaum erwarten können. Ein Fall, in dem dieses Ergebnis eintritt, liegt vor, wenn die Anzahl der Beobachtungen gleich der Anzahl der Regressoren ist $(n = k)$.

(b) Ein hoher Wert von R^2 ist ein wichtiger Hinweis darauf, dass das Regressionsmodell geeignet spezifiziert ist, den datengenerierenden Prozess zu erklären. Er bedeutet aber nicht notwendigerweise,

- dass jeder der Regressoren einen statistisch signifikanten Erklärungsbeitrag leistet und nicht einzelne Regressoren redundant sind, und
- dass alle für die Erklärung des datengenerierenden Prozesses relevanten Regressoren im Modell enthalten sind.

(c) Das Bestimmtheitsmaß R^2 der einfachen Regression $Y_t = \alpha + \beta X_t + u_t$ $(k = 2)$ ist gleich dem Quadrat des Korrelationskoeffizienten r_{xy} zwischen dem Regressor X und der abhängigen Variablen Y:

$$R^2 = \frac{s_{\hat{y}}^2}{s_y^2} = \frac{b^2 s_x^2}{s_y^2} = \frac{s_{xy}^2}{s_x^2 s_y^2} = r_{xy}^2 .$$

Das Bestimmtheitsmaß R^2 der multiplen Regression $Y_t = \mathbf{x}_t'\boldsymbol{\beta} + u_t$ (mit $k > 2$) ist gleich dem Quadrat des Korrelationskoeffizienten $r_{y\hat{y}}$ zwischen den Prognosen $\hat{Y}$ und der abhängigen Variablen Y (siehe dazu den Anhang B zu diesem Kapitel):

$$R^2 = r_{y\hat{y}}^2 .$$

(d) R^2 bleibt bei einer linearen Transformation von Y oder X, also beispielsweise dem Ersetzen von Y durch $Y^* = c_1 + c_2 Y$ mit beliebigen reellen Zahlen c_1 und c_2, unverändert. Ändern wir also die Skalierung einer Variablen, etwa durch Übergang von einer nationalen Währung auf Euro, so bleibt das Bestimmtheitsmaß einer Regressionsbeziehung mit diesen Variablen unverändert.

(e) R^2 kann durch das Hinzufügen eines weiteren Regressors zum untersuchten Regressionsmodell nicht geringer werden. Im ungünstigsten Fall hat der geschätzte Regressionskoeffizient dieses weiteren Regressors nämlich den Wert Null und die Varianz der Prognosen bleibt unverändert; der häufigere Fall ist, dass der geschätzte Regressionskoeffizient, wenn auch – beim Hinzufügen eines redundanten Regressors – nur geringfügig, von Null verschieden ist und somit die Varianz der Prognosen und damit R^2 größer werden. Diese Eigenschaft von R^2 ist Anlass für die Modifikation des Bestimmtheitsmaßes und der Definition des adjustierten Bestimmtheitsmaßes in nächsten Abschnitt.

Achtung! Im Fall eines homogenen Regressionsmodells gilt nicht notwendigerweise $R^2 \geq 0$; R^2 kann negativ sein!

Beispiel 5.2 Konsumfunktion, Fortsetzung

Für die jährliche Zuwachsrate des realen Privaten Konsums PCR beträgt die Standardabweichung s_c der 128 beobachteten Werte 0.0148; die Varianz s_y^2, definiert als durchschnittliche quadrierte Abweichung vom Mittelwert, ergibt sich zu $s_y^2 = 127 \cdot 0.0148^2 = 0.01476^2$. Für die Summe der quadrierten Residuen erhalten wir 0.0079, für s_e^2 den Wert 0.007856². Das Bestimmtheitsmaß R^2 ergibt sich damit zu

$$R^2 = 1 - \frac{0.007856^2}{0.01476^2} = 0.7167$$

oder zu 71.67 %. Der Korrelationskoeffizient r_{cy} zwischen Ausgaben für Konsum und Einkommen ergibt sich zu 0.8466, das gleiche Ergebnis wie die Wurzel aus dem Bestimmtheitsmaß 0.7167.

Eine modifizierte Darstellung der Streuungszerlegung erhalten wir durch Multiplizieren von (5.1.4) mit n:

$$\begin{aligned} \text{TSS} &= \sum_t (Y_t - \overline{Y})^2 \\ &= \sum_t (\hat{Y}_t - \overline{Y})^2 + \sum_t e_t^2 = \text{ESS} + \text{RSS}. \end{aligned} \tag{5.3.3}$$

Die hier eingeführten Größen werden üblicherweise bezeichnet mit

- TSS: Gesamtvariation (im Englischen *total sum of squares*),
- ESS: (durch die Regression) erklärte Variation (*explained sum of squares*),
- RSS: residuale oder nicht erklärte Variation (*residual sum of squares*).

Eine kompaktere Schreibweise der Streuungszerlegung macht Gebrauch von der Matrix

$$\mathbf{M}^0 = \mathbf{I} - \frac{1}{n}\boldsymbol{\iota}\boldsymbol{\iota}',$$

einem Spezialfall der residuenerzeugenden Matrix $\mathbf{M}$ (siehe Abschnitt 5.1), bei der die Matrix $\mathbf{X}$ durch den n-Vektor $\boldsymbol{\iota} = (1, \ldots, 1)'$ ersetzt ist, der aus Einsen besteht. Die Matrix $\mathbf{M}^0$ führt den Vektor $\mathbf{y}$ der Y_t in den Vektor $\mathbf{M}^0\mathbf{y}$ der Abweichungen $Y_t - \overline{Y}$ vom Mittelwert über. Mit $\mathbf{M}^0$ können wir die Summe TSS schreiben als $\text{TSS} = \sum_t (Y_t - \overline{Y})^2 = \mathbf{y}'\mathbf{M}^0\mathbf{y}$; analoge Ausdrücke ergeben sich für die anderen Summen der Streuungszerlegung (5.1.4), so dass wir diese schreiben können als

$$\mathbf{y}'\mathbf{M}^0\mathbf{y} = \hat{\mathbf{y}}'\mathbf{M}^0\hat{\mathbf{y}} + \mathbf{e}'\mathbf{e}.$$

Wegen

$$ns_y^2 = \sum_t (Y_t - \overline{Y})^2 = \text{TSS}$$

und analog definierten Größen $s_{\hat{y}}^2$ und s_e^2 können wir das Bestimmtheitsmaß auch schreiben als

$$R^2 = \frac{s_{\hat{y}}^2}{s_y^2} = \frac{\text{ESS}}{\text{TSS}} = 1 - \frac{\text{RSS}}{\text{TSS}}. \tag{5.3.4}$$

Diese Schreibweise für das Bestimmtheitsmaß wird besonders in der englischsprachigen Literatur gerne verwendet.

5.3.2 Das adjustierte Bestimmtheitsmaß

Ein Problem bei der Verwendung des Bestimmtheitsmaßes ergibt sich daraus, dass R^2 beim Hinzufügen eines Regressors nicht geringer werden kann [vergleiche die Eigenschaft (e) von R^2]. Dabei ist nicht entscheidend, ob der neu hinzugekommene Regressor tatsächlich einen Erklärungsbeitrag leistet oder nicht. Die Zunahme von R^2 bedeutet nicht notwendigerweise, dass das erweiterte Modell ein höheres Erklärungsvermögen hat. Wird das Bestimmtheitsmaß nun dazu verwendet, um zwischen mehreren konkurrierenden Regressionsbeziehungen zu entscheiden, die durch das Hinzufügen von Regressoren spezifiziert sind, kann diese Eigenschaft von R^2 zu Fehlentscheidungen führen: Das Modell mit dem größten Wert von R^2 ist nicht notwendigerweise jenes, das den datengenerierenden Prozess am besten erklärt.

Das **adjustierte Bestimmtheitsmaß**

$$\overline{R}^2 = 1 - \frac{n-1}{n-k}\frac{\text{RSS}}{\text{TSS}} \tag{5.3.5}$$

modifiziert die Definition des Bestimmtheitsmaßes R^2, indem es den Quotienten RSS/TSS – vergleiche die Darstellung (5.3.4) – mit dem Faktor

$$\frac{n-1}{n-k}$$

multipliziert. Das Hinzufügen eines Regressors verkleinert zwar den Quotienten RSS/TSS, vergrößert aber den Faktor $(n-1)/(n-k)$. Mit wachsendem k wird der Faktor $(n-1)/(n-k)$ größer und kompensiert dafür, dass RSS tendenziell kleiner wird. Tatsächlich ist das adjustierte Bestimmtheitsmaß $\overline{R}^2$ von der Zahl der einbezogenen erklärenden Variablen weitgehend unabhängig und deshalb für den Vergleich des Erklärungsvermögens von Regressionsbeziehungen dem Bestimmtheitsmaß R^2 vorzuziehen.

Wie man sich leicht überzeugt, ist der Faktor $(n-1)/(n-k)$ (für $k > 1$) größer als Eins, so dass

$$\overline{R}^2 < R^2 .$$

Mit wachsendem n nähert sich der Quotient $(n-1)/(n-k)$ mehr und mehr dem Wert Eins, so dass sich $\overline{R}^2$ immer weniger von R^2 unterscheidet.

5.3.3 Andere Kriterien

Hohe Werte von $\overline{R}^2$ und R^2 implizieren kleine Werte des Schätzers s_e der Standardabweichung der Störgrößen. Auch andere Kriterien wie die an der Stelle der Schätzer $\mathbf{b}$ ermittelte logarithmierte Likelihood-Funktion,

$$\ell(\mathbf{b}) = -\frac{n}{2}\left(1 + \log(2\pi) + \log s_e^2\right),$$

und die davon abgeleiteten Informationskriterien – siehe dazu die Abschnitte 2.3 und 3.3 – sind Funktionen von s_e^2. Die Likelihood-Funktion ℓ wurde hier unter Annahme normalverteilter Störgrößen für die angepasste Regressionsbeziehung angeschrieben. Das Informationskriterium von Akaike ist definiert als

$$\mathrm{AIC} = -\frac{2\ell(\mathbf{b})}{n} + \frac{2k}{n},$$

das Schwarz Informationskriterium als

$$\mathrm{SIC} = -\frac{2\ell(\mathbf{b})}{n} + \frac{k \log n}{n};$$

das Schwarz Informationskriterium SIC wird auch als Bayes Informationskriterium (BIC) bezeichnet. Je größer das Erklärungsvermögen eines Regressionsmodells ist, umso näher liegt $\ell(\mathbf{b})$ bei Null, und umso kleiner sind die Werte von AIC und SIC. Die Informationskriterien werden vor allem zur Entscheidung zwischen konkurrierenden Regressionsbeziehungen verwendet, die sich durch das Hinzufügen von Regressoren unterscheiden. Bei den beiden Informationskriterien ist der jeweils zweite Summand ein „Strafterm" oder „Pönalisierungsterm "(*penalty term*), der wie beim adjustierten Bestimmtheitsmaß mit wachsendem k größer wird und dafür kompensiert, dass s_e^2 gleichzeitig tendenziell kleiner wird.

5.4 Inferenz zu den Regressionsparametern

In Abschnitt 5.3 haben wir davon gesprochen, dass ein hoher Wert von R^2 zwar ein Hinweis darauf ist, dass das Regressionsmodell geeignet ist, den datengenerierenden Prozess der abhängigen Variablen Y zu erklären, dass daraus aber nicht notwendigerweise folgt, dass jeder der Regressoren auch zur Erklärung beiträgt. Gerade die Regressionskoeffizienten der einzelnen Regressoren sind es, die den Ökonomen oft mehr interessieren als die Regressionsbeziehung als Ganzes. Der geschätzte Regressionskoeffizient eines nach der ökonomischen Theorie für die abhängige Variable relevanten Regressors sollte einen Wert haben, der von Null verschieden ist. Darüber hinaus hat der Ökonom oft Erwartungen über das Vorzeichen und auch hinsichtlich des Wertes oder zumindest eines engeren Wertebereichs für den Regressionskoeffizienten. So sollte die marginale Konsumneigung, der Koeffizient des verfügbaren Einkommens PYR in Beispiel 2.2, einen positiven Wert haben, der zwischen 0.8 und 0.9 liegt.

Der Statistiker oder Ökonometer kann überprüfen, ob der Schätzer des Regressionskoeffizienten β_i einer erklärenden Variablen X_i nur zufällig von Null verschieden ist oder einen systematischen Beitrag leistet. Dazu testet er die Nullhypothese

$$H_0: \beta_i = 0$$

gegen eine entsprechende Alternative, etwa H_1: $\beta_i > 0$ oder H_1: $\beta_i \neq 0$; dieser Test wird üblicherweise als t-Test bezeichnet. Mit diesem Test kann auch überprüft werden, ob der Schätzer des Regressionskoeffizienten β_i von einem bestimmten (von Null verschiedenen) Wert nur zufällig oder systematisch abweicht. Eine verwandte Aufgabe ist das Ermitteln eines Konfidenzintervalls für β_i.

5.4.1 Der t-Test

In Abschnitt 3.5 haben wir die Wahrscheinlichkeitsverteilung des OLS- (und ML-) Schätzers $\mathbf{b} = (\mathbf{X}'\mathbf{X})^{-1}\mathbf{X}'\mathbf{y}$ behandelt. Wenn die zur Verfügung stehende Datenmenge einen hinreichend großen Umfang n hat, können wir nach (3.5.2) von der asymptotischen Normalverteilung des Schätzers $\mathbf{b}$ Gebrauch machen. Näherungsweise gilt dann

$$\mathbf{b} \stackrel{.}{\sim} N\left[\boldsymbol{\beta}, s^2(\mathbf{X}'\mathbf{X})^{-1}\right];$$

s ist der erwartungstreue Schätzer (5.2.2) der Varianz σ^2 der Störgrößen. Die näherungsweise Verteilung des OLS-Schätzers b_i für β_i lautet

$$b_i \stackrel{.}{\sim} N(\beta_i, s^2 a_{ii});$$

a_{ii} ist das i-te Diagonalelement der Matrix $(\mathbf{X}'\mathbf{X})^{-1}$: $a_{ii} = [(\mathbf{X}'\mathbf{X})^{-1}]_{ii}$; wir nennen $s\sqrt{a_{ii}}$ den „Standardfehler“ von b_i. Auf der Basis der Teststatistik

$$T_i = \frac{b_i - \beta_i}{s\sqrt{a_{ii}}} \stackrel{.}{\sim} N(0,1), \tag{5.4.1}$$

die wir auch t-Statistik nennen, können wir die Nullhypothese

$$H_0 : \beta_i = 0$$

gegen eine entsprechende Alternative, etwa

$$H_1 : \beta_i \neq 0,$$

testen. Die Nullhypothese besagt, dass die Variable X_i keinen Erklärungsbeitrag leistet. In den ökonometrischen Programmpaketen wird üblicherweise zu jedem geschätzten Regressionskoeffizienten der Wert der Teststatistik T_i und eine der Nullhypothese H_0: $\beta_i = 0$ entsprechende Irrtumswahrscheinlichkeit, der p**-Wert**, angegeben; siehe Abbildung 2.2 in Abschnitt 2.3. Der p-Wert ist die Wahrscheinlichkeit, einen so großen oder größeren (Absolut-)Wert der Teststatistik wie den beobachteten Wert bei Zutreffen der Nullhypothese zu realisieren. Die Nullhypothese wird verworfen, wenn der p-Wert sehr klein ist. Was ein „sehr kleiner“ Wert für p ist, kann nicht allgemein beantwortet werden. Oft findet man in der Literatur den Hinweis, dass bei einem p-Wert von weniger als 0.05 die Nullhypothese verworfen werden kann oder soll; im Durchschnitt wird dann unter 20 Entscheidungen gegen die Nullhypothese eine falsche Entscheidung getroffen. Man sollte eine solche Grenze nicht unkritisch zur Regel machen, sondern in jeder Situation die Konsequenzen der Entscheidung und der möglichen Fehler abwägen.

Beispiel 5.3 Konsumfunktion, Fortsetzung

Für die Konsumfunktion in jährlichen Zuwachsraten haben wir die Regressionsbeziehung

$$\hat{C} = 0.011 + 0.747\,Y$$

erhalten. Der Standardfehler der marginalen Konsumneigung β beträgt 0.0418, der Wert der t-Statistik ergibt sich zu 17.85 (siehe Abbildung 2.2). Der p-Wert

$$p\text{-Wert} = P\{T > 17.85 | \beta = 0\}$$

wobei $t_{(1+\gamma)/2}(n-k)$ das $(1+\gamma)/2$-Perzentil der t-Normalverteilung mit $n-k$ Freiheitsgraden ist. Diese Perzentile verwenden wir als Näherung an die Perzentile der asymptotischen Normalverteilung. Alternativ rechtfertigen wir ihre Verwendung als Perzentile der exakten Verteilung der t-Statistik, wenn der Umfang der verfügbaren Daten nicht groß ist, aber die Annahme der normalverteilten Störgrößen als zutreffend angesehen werden kann.

Beispiel 5.4 Konsumfunktion, Fortsetzung

Für die Konsumfunktion in jährlichen Zuwachsraten haben wir – siehe Beispiel 2.2 – die Regressionsbeziehung $\hat{C} = 0.011 + 0.747\,Y$ erhalten; der Standardfehler der marginalen Konsumneigung β beträgt 0.0418. Das 95 %-ige Konfidenzintervall für β ergibt sich zu

$$0.747 - (1.979)(0.0418) \leq \beta \leq 0.747 + (1.979)(0.0418)$$

oder zu $0.664 \leq \beta \leq 0.830$. Das 0.975-Perzentil der t-Verteilung mit 126 Freiheitsgraden, 1.979, ist knapp größer als das 0.975-Perzentil der Normalverteilung mit 1.960.

Ein Konfidenzintervall für eine Linearkombination $\mu_w = \mathbf{w}'\boldsymbol{\beta}$, die mit dem k-Vektor der Gewichte $\mathbf{w}$ gebildet wird, kann in analoger Weise berechnet werden. Die Linearkombination $m_w = \mathbf{w}'\mathbf{b}$ ist (asymptotisch) normalverteilt mit dem Erwartungswert μ_w und der Varianz $\sigma_w^2 = \mathbf{w}'[\sigma^2(\mathbf{X}'\mathbf{X})^{-1}]\mathbf{w}$. Einsetzen von s^2 für σ^2 gibt den Schätzer $s_w^2 = \mathbf{w}'[s^2(\mathbf{X}'\mathbf{X})^{-1}]\mathbf{w}$ und führt wieder zu einer Teststatistik analog zu (5.4.1). Damit erhalten wir das 100γ %-Konfidenzintervall für $\mathbf{w}'\boldsymbol{\beta}$ als

$$m_w - z_{\frac{1+\gamma}{2}} s_w \leq \beta_i \leq m_w + z_{\frac{1+\gamma}{2}} s_w \,.$$

Wie beim Konfidenzintervall für einen einzelnen Regressionskoeffizienten ersetzen wir gegebenenfalls das z-Perzentil durch ein $t(n-k)$-Perzentil.

Beispiel 5.5 Cobb-Douglas-Produktionsfunktion

Die Cobb-Douglas-Produktionsfunktion $\log Q = \gamma + \alpha \log L + \beta \log K$ beschreibt den Output (Q, *value added*) als Funktion der Regressoren Kapitalbestand (K, *capital stock*) und Arbeit (L, *labor input*). Für die Parameter verlangen wir $\alpha, \beta \in (0,1)$; gilt $\alpha + \beta = 1$, so sprechen wir von konstanten Skalenerträgen. Für die Produktions-Daten zu SIC 33 (*Primary Metals* der *Standard Industrial Classification*) nach Hildebrand and Liu (1957) und Aigner et al. (1977) soll die ist von Null nicht zu unterscheiden; er liegt in der Größenordnung von 10^{-36}. Die Nullhypothese H_0: $\beta = 0$ würden wir im Test gegen H_1: $\beta > 0$ ohne Bedenken verwerfen; die Wahrscheinlichkeit, den Fehler erster Art zu begehen, ist praktisch Null.

Wie in Abschnitt 3.5 ausgeführt, können wir von der asymptotischen Normalverteilung der t-Statistik mit umso größerer Berechtigung Gebrauch machen, je größer der Umfang des uns zur Verfügung stehenden Datensatzes ist. Andere Bedingungen, die erfüllt sein müssen, werden in der Theorie der ML-Schätzer ausführlich diskutiert; wir gehen davon aus, dass sie in den uns interessierenden Situationen zutreffen.

Kann der Umfang des uns zur Verfügung stehenden Datensatzes nicht als „groß“ angesehen werden, so kann für die Teststatistik T_i aus (5.4.1) die Student'sche t-Verteilung mit $n-k$ Freiheitsgraden zur Anwendung kommen:

$$T_i = \frac{b_i - \beta_i}{s\sqrt{a_{ii}}} \sim t(n-k)\,; \tag{5.4.2}$$

allerdings ist das nur zulässig, wenn die Annahme **A7** zutrifft, wonach die Störgrößen normalverteilt sind. Die t-Verteilung ist symmetrisch um den Nullpunkt, hat eine Glockenform wie die Normalverteilung, aber eine größere Standardabweichung: Für die Varianz von T_i gilt (siehe dazu den Anhang C zu diesem Kapitel)

$$\text{Var}\{T_i\} = \frac{n-k}{n-k-2} = 1 + \frac{2}{n-k-2} > 1\,.$$

Wir sehen, dass die Varianz und damit die Standardabweichung von T_i mit wachsendem n gegen den Wert Eins strebt. Tatsächlich nähert sich die Verteilung von T_i mit wachsendem n der asymptotischen Normalverteilung an, von der wir in (5.4.1) ausgegangen sind.

Diese unter geeigneten Voraussetzungen zutreffende t-Verteilung von T_i hat dem ***t*-Test** seinen Namen gegeben. Tatsächlich wird in den meisten ökonometrischen Programmpaketen der p-Wert der t-Statistik auch im asymptotischen Fall unter Verwendung der t-Verteilung ermittelt. Damit erhält man einen etwas größeren p-Wert, als es der Normalverteilung entspricht, und kann hoffen, auch in ungünstigen Situationen der Approximation an die asymptotische Normalverteilung eine konservative Entscheidung zu treffen. H0: βi = β0 gegen βi > β0 → H0 abgelehnt wenn temp > tkrit
H0: βi = β0 gegen βi < β0 → H0 abgelehnt wenn temp < tkrit

5.4.2 Konfidenzintervalle für die Regressionsparameter

Unter einem 100γ %-**Konfidenzintervall** für β_i verstehen wir ein Intervall von reellen Zahlen, das so konstruiert ist, dass 100γ % aller so ermittelten Intervalle den wahren (unbekannten) Wert von β_i enthalten. In schlampiger Sprechweise sagt man auch, „das Intervall enthält mit der Wahrscheinlichkeit 100γ % den wahren Wert von β_i“.

Ein solches 100γ %-Konfidenzintervall für β_i kann auf der Basis der Teststatistik T_i nach Gleichung (5.4.1) berechnet werden. Es ergibt sich zu

$$b_i - t_{\frac{1+\gamma}{2}}(n-k)\, s\sqrt{a_{ii}} \le \beta_i \le b_i + t_{\frac{1+\gamma}{2}}(n-k)\, s\sqrt{a_{ii}}\,,$$

Hypothese konstanter Skalenerträge überprüft werden. Die Produktionsfunktion ergibt sich zu

$$\log Q = 1.171 + 0.603 \log L + 0.376 \log K\,.$$

Für die Matrix $\hat{\sigma}^2(\mathbf{X}'\mathbf{X})^{-1}$ ergibt sich

$$\hat{\sigma}^2(\mathbf{X}'\mathbf{X})^{-1} = \begin{pmatrix} 0.1068 & -0.0198 & 0.0012 \\ -0.0198 & 0.0159 & -0.0096 \\ 0.0012 & -0.0096 & 0.0073 \end{pmatrix};$$

das 95 %-Konfidenzintervall für $\alpha + \beta$ lautet ($n = 27$)

$$0.979 - (2.064)(0.626) \leq \alpha + \beta \leq 0.979 + (2.064)(0.626)$$

oder

$$0.850 \leq \alpha + \beta \leq 1.108\,.$$

Das Konfidenzintervall der Summe $\alpha + \beta$ der Parameter umfasst den Wert 1.

5.4.3 Test der Regression

Der Test der Regression soll klären, ob das Regressionsmodell als Ganzes, so wie wir es spezifiziert haben, den datengenerierenden Prozess für die abhängige Variable erklären kann. Damit ist keine inhaltliche Erklärung im Sinn der Berücksichtigung der relevanten Regressoren gemeint. Im statistischen Sinn erklärt das Modell die abhängige Variable, repräsentiert also einen systematischen Zusammenhang zwischen den Regressoren und der abhängigen Variablen, wenn zumindest für einen der Regressoren der wahre Wert des Regressionskoeffizienten von Null verschieden ist. Das wird als zutreffend angesehen, wenn in einem entsprechenden Test die Nullhypothese

$$H_0: \beta_2 = \ldots = \beta_k = 0 \tag{5.4.3}$$

verworfen wird, die also besagt, dass alle β_i – außer dem Interzept – den Wert Null haben. Die Alternative, gegen die die Nullhypothese getestet wird, ist das Nichtzutreffen von H_0: Mindestens eines der β_i ist von Null verschieden. Wir werden in diesem Abschnitt den F-Test behandeln, ein Testverfahren, das uns das Beurteilen dieser globalen Nullhypothese gestattet.

Um das Zutreffen der Nullhypothese nach (5.4.3) zu beurteilen, wäre es alternativ zu einem solchen globalen Test auch denkbar, die individuellen t-Tests der $k-1$ Nullhypothesen $H_0^{(i)}$: $\beta_i = 0$ gegen $H_1^{(i)}$: $\beta_i \neq 0$ für $i = 2, \ldots, k$ auszuführen und die Nullhypothese nach (5.4.3) zu verwerfen, wenn mindestens eine der $H_0^{(i)}$ verworfen wird. Allerdings hat diese Vorgangsweise einen Nachteil: Der p-Wert eines globalen Tests gibt uns die Wahrscheinlichkeit an, den Fehler 1. Art beim Entscheiden über die Nullhypothese nach (5.4.3) zu begehen. Welchen Wert diese Wahrscheinlichkeit bekommt, wenn wir $k-1$ getrennte t-Tests simultan ausführen, kann nicht ohne weiteres angegeben werden.

5.4.3.1 Der F-Test

Setzen wir die Normalverteilung der Störgrößen voraus, so können wir zum Testen der Nullhypothese nach (5.4.3) den so genannten F-Test verwenden. Bei Zutreffen von H_0 ist die Summe $\sum_t(\hat{Y}_t - \overline{Y})^2$ Chi-Quadrat verteilt mit $k-1$ Freiheitsgraden und die Summe $\sum_t e_t^2$ unabhängig davon Chi-Quadrat verteilt mit $n-k$ Freiheitsgraden; die Teststatistik

$$F = \frac{\sum_t(\hat{Y}_t - \overline{Y})^2}{\sum_t e_t^2} \frac{n-k}{k-1} = \frac{\text{ESS}}{\text{RSS}} \frac{n-k}{k-1} \tag{5.4.4}$$

folgt bei Zutreffen der Nullhypothese nach (5.4.3) der F-Verteilung $F(k-1, n-k)$ mit $k-1$ und $n-k$ Freiheitsgraden (siehe dazu den Anhang C zu diesem Kapitel). Der Name des Tests kommt von der Verteilung der Teststatistik. Wie beim t-Test wird die Nullhypothese verworfen, wenn ein großer Wert der Teststatistik oder ein kleiner p-Wert realisiert wird.

Beispiel 5.6 **Konsumfunktion, Fortsetzung**

Wir erweitern die Konsumfunktion in den jährlichen Zuwachsraten von Privatem Konsum (C) und Verfügbarem Einkommen (Y) aus Beispiel 5.4 um den Konsumdeflator D und das reale Vermögen W. Der Deflator wird aus der Zeitreihe PCD der AWM-Datenbasis errechnet; das reale Vermögen ergibt sich als Quotient WLN/PCD der AWM-Zeitreihen WLN für das nominale Vermögen und PCD. Wir erhalten die Regressionsbeziehung $\hat{C} = 0.027 + 0.692\,Y + 0.012\,D - 1.34\,W$. Die t-Statistiken betragen 16.12 für Y, 2.98 für D, 0.69 für D und 1.08 für W. Der p-Wert zum t-Test der Nullhypothese, dass der Regressionskoeffizient von D den Wert Null hat, beträgt 0.49; für W ergibt sich für den p-Wert 0.28. Die beiden Regressoren sollten aus dem Modell eliminiert werden.

Wir testen die Nullhypothese, dass die drei Regressionskoeffizienten den Wert Null haben. Für die Teststatistik des F-Tests erhalten wir einen Wert von 116.38 und einen p-Wert von 0.000000; tatsächlich beträgt die Wahrscheinlichkeit, dass die $F(4, 124)$-verteilte Teststatistik den Wert von 116.38 überschreitet, $2.3\ 10^{-41}$. Die Nullhypothese kann bei weitem nicht gehalten werden.

Natürlich stellt sich die Frage, welches zum F-Test analoge Verfahren wir verwenden können, wenn wir auf die Annahme der Normalverteilung der Störgrößen verzichten. Es lässt sich zeigen, dass unter allgemeinen Bedingungen die asymptotische Verteilung von der Teststatistik F nach (5.4.4) genau die $F(k-1, n-k)$-Verteilung mit $k-1$ und $n-k$ Freiheitsgraden ist; die angesprochenen Bedingungen stellen die Anwendbarkeit des Zentralen Grenzwertsatzes sicher. Ein entsprechend großer Umfang des zur Verfügung stehenden Datensatzes rechtfertigt das Ermitteln der näherungsweise gültigen p-Werte auf Basis der F-Verteilung.

Wir werden auf den F-Test und die Wahrscheinlichkeitsverteilung der zugrunde liegenden Teststatistik in Kapitel 6 zurückkommen. Wir werden dort die Nullhypothese (5.4.3) verallgemeinern und eine entsprechend allgemeinere Teststatistik einführen.

5.4.3.2 Teststatistiken und Bestimmtheitsmaß

Die Teststatistik des F-Tests können wir als Funktion des Bestimmtheitsmaßes schreiben:

$$F = \frac{\text{ESS}}{\text{RSS}} \frac{n-k}{k-1} = \frac{R^2}{1-R^2} \frac{n-k}{k-1} .$$

Wir sehen, dass ein großer Wert von R^2 auch große Werte von F zur Folge hat. Ob die Regressionskoeffizienten – oder zumindest einer von ihnen – als signifikant von Null verschieden anzusehen sind, darauf gibt uns das Bestimmtheitsmaß einen Hinweis; die Teststatistiken erlauben uns eine Entscheidung im Sinne eines statistischen Tests.

5.4.3.3 Die ANOVA-Tafel

Die ANOVA-Tafel ist Teil des Standard-Outputs der Regressions-Programme der meisten Statistik-Softwarepakete und macht Gebrauch von der Streuungszerlegung (5.3.3). Die ANOVA-Tafel ist eine schematische Schreibweise zur Berechnung der Teststatistik (5.4.4) des F-Tests. Wir können mit Hilfe der ANOVA-Tafel also wie mit dem F-Tests die Nullhypothese

$$H_0 : \beta_2 = \ldots = \beta_k = 0$$

gegen eine nicht weiter spezifizierte Alternative testen. Die ANOVA-Tafel hat folgende Form:

	df	Sum of Squares	Mean Square	F-Statistik
Regression	$k-1$	ESS	ESS/$(k-1)$	(5.4.4)
Residuen	$n-k$	RSS	RSS/$(n-k)$	
Total	$n-1$	TSS		

Die Streuungszerlegung ESS + RSS = TSS nach (5.3.3) entspricht der Spalte „Sum of Squares“ mit ESS als durch die Regression erklärte Variation usw.; in analoger Weise sind die Freiheitsgrade in Spalte „df“ (nach dem Englischen *degrees of freedom*) in die den Summen entsprechenden Beiträge zerlegt. Die F-Statistik ergibt sich als Quotient von $\text{ESS}/(k-1)$ durch $\text{RSS}/(n-k)$, den Einträgen der Spalte „Mean Squares“, und ist in der letzten Spalte angegeben.

5.A Aufgaben

5.A.1 Empirische Anwendungen

1. In der AWM-Datenbasis stehen Daten zu den Variablen PCR (realer Privater Konsum), PYR (reales Verfügbares Einkommen der Haushalte), WLN (Vermögen) und PCD (Deflator des Privaten Konsums) für den Zeitraum 1970:1 bis 2002:4 zur Verfügung. Auf Basis dieser Variablen ist die Konsumfunktion

$$\text{PCR}_t = \beta_1 + \beta_2\text{PYR}_t + \beta_3\text{WLR}_t + \beta_4\text{PI}_t + u_t$$

definiert, wobei das reale Vermögen WLR = WLN/PCD die Inflationsrate (PI) aus dem Deflator PCD des Privaten Konsums zu berechnen ist.

(a) Zeichnen Sie Streudiagramme von PCR gegen jeden der Regressoren. Schätzen Sie die Regressionskoeffizienten mittels `EViews` und interpretieren Sie sie.

(b) Führen Sie individuelle Tests der Nullhypothesen $H_0^{(i)}$: $\beta_i = 0$ durch ($i = 2, \ldots, 4$).

(c) Führen Sie einen F-Test der Nullhypothese H_0: $\beta_2 = \beta_3 = \beta_4 = 0$ durch. Vergleichen Sie die Ergebnisse dieses Tests mit den Ergebnissen der individuellen Tests.

(d) Verwenden Sie Ergebnisse aus dem `EViews`-Output zur Konsumfunktion, um die ANOVA-Tafel zu erstellen.

2. Der Datensatz `DatS01` enthält die Variablen CR (Privater Konsum), YDR (Verfügbares Einkommen der privaten Haushalte), Mp (Privates Geldvermögen) und PC (Konsumdeflator). Auf Basis dieser Variablen ist die Konsumfunktion

$$\text{CR}_t = \beta_1 + \beta_2\text{YDR}_t + \beta_3\text{Mp}_t + \beta_4\text{PI}_t + u_t$$

definiert, wobei die Inflationsrate (PI) aus dem Konsumdeflator zu berechnen ist. Führen Sie die Übungen (a) bis (d) der Aufgabe 1 für diese Konsumfunktion aus.

5.A.2 Allgemeine Aufgaben und Probleme

1. Zeigen Sie, dass für den Vektor $\mathbf{e}$ der Residuen der Regression $\mathbf{y} = \mathbf{X}\boldsymbol{\beta} + \mathbf{u}$ gilt: $\mathbf{X}'\mathbf{e} = \mathbf{0}$.

2. Zeigen Sie, dass die Projektionsmatrix $\mathbf{P} = \mathbf{X}(\mathbf{X}'\mathbf{X})^{-1}\mathbf{X}'$ und die residuenerzeugende Matrix $\mathbf{M} = \mathbf{I} - \mathbf{X}(\mathbf{X}'\mathbf{X})^{-1}\mathbf{X}'$ symmetrisch und idempotent sind.

3. Zeigen Sie, dass die residuenerzeugende Matrix $\mathbf{M} = \mathbf{I} - \mathbf{X}(\mathbf{X}'\mathbf{X})^{-1}\mathbf{X}'$ mit $\mathbf{X} = \boldsymbol{\iota}$, also die Matrix

$$\mathbf{M}^0 = \mathbf{I} - \frac{1}{n}\boldsymbol{\iota}\boldsymbol{\iota}',$$

den Vektor $\mathbf{y}$ der Y_t in den Vektor $\mathbf{M}^0\mathbf{y}$ der Abweichungen $Y_t - \overline{Y}$ überführt. Der Vektor $\boldsymbol{\iota} = (1, \ldots, 1)'$ ist ein n-Vektor von Einsen.

4. Zeigen Sie, dass zwischen der F-Teststatistik und dem Bestimmtheitsmaß die Beziehung

$$F = \frac{R^2}{1 - R^2}\frac{n-k}{k-1}$$

besteht.

5. Zeigen Sie, dass das Bestimmtheitsmaß R^2 bei der Regression mit Interzept gleich dem Quadrat der Stichproben-Korrelation zwischen CR und $\widehat{\text{CR}}$ ist.

5.E Hinweise zu `EViews`: Multiple Regressionsanalyse

In `EViews` kann das Schätzen einer linearen multiplen Regression in sehr einfacher Weise vorgenommen werden. Die Variablen müssen im entsprechenden Arbeitsbereich (`Workfile`) als Zeitreihen (`Series`) zur Verfügung stehen. Mit dem Definieren eines Objektes `Equation` erscheint das Dialogfenster `Equation Specification`, in dem die Modellgleichung sowie die Parametrisierung des Schätzverfahrens einzugeben sind. Standardmäßig wird die OLS-Schätzung als Schätzverfahren vorgegeben. Nach Bestätigung der Eingaben erscheint das Output-Fenster, das wir im Abschnitt 2.3 kennen gelernt haben.

Anhang 5.A Erwartungstreue von $\hat{\sigma}^2$

In Abschnitt 5.2 haben wir die Definition

$$s^2 = \frac{1}{n-k}\sum_t e_t^2$$

als Schätzer für die Varianz der Störgrößen damit motiviert, dass

$$\mathrm{E}\{\mathbf{e}'\mathbf{e}\} = (n-k)\sigma^2 \,.$$

Diese Eigenschaft der Residuen garantiert, dass s^2 ein erwartungstreuer Schätzer ist. Es bleibt also zu zeigen, dass der Erwartungswert von $\mathbf{e}'\mathbf{e}$ auch tatsächlich gleich $(n-k)\sigma^2$ ist.

Mit der residuenerzeugenden Matrix $\mathbf{M} = \mathbf{I} - \mathbf{X}(\mathbf{X}'\mathbf{X})^{-1}\mathbf{X}'$ *können wir für die Residuen* $\mathbf{e}$ *schreiben*

$$\mathbf{e} = \mathbf{y} - \mathbf{X}\mathbf{b} = \mathbf{y} - \mathbf{X}(\mathbf{X}'\mathbf{X})^{-1}\mathbf{X}'\mathbf{y} = \mathbf{M}\mathbf{y}\,;$$

die Matrix $\mathbf{M}$ *generiert die Residuen als Linearkombinationen der Beobachtungen* $\mathbf{y}$. *Man überzeugt sich leicht, dass* $\mathbf{MX} = \mathbf{0}$ *[siehe Eigenschaft (a) in Abschnitt 5.1]. Damit können wir für die Residuen auch schreiben*

$$\mathbf{e} = \mathbf{M}\mathbf{y} = \mathbf{M}(\mathbf{X}\boldsymbol{\beta} + \mathbf{u}) = \mathbf{M}\mathbf{u}\,.$$

Die Eigenschaften der Symmetrie ($\mathbf{M}' = \mathbf{M}$) *und der Idempotenz* ($\mathbf{MM} = \mathbf{M}$) *der Matrix* $\mathbf{M}$ *können leicht gezeigt werden; der Nachweis wurde dem Leser als Allgemeine Aufgabe 2 anvertraut. Mit diesen beiden Eigenschaften erhalten wir*

$$\mathbf{e}'\mathbf{e} = \mathbf{u}'\mathbf{M}'\mathbf{M}\mathbf{u} = \mathbf{u}'\mathbf{M}\mathbf{u}\,.$$

Die Summe $\mathbf{e}'\mathbf{e}$ *der quadrierten Residuen ist ein Skalar; wir können sie schreiben als* $\mathbf{e}'\mathbf{e} = \mathrm{Sp}(\mathbf{e}'\mathbf{e})$, *da die Spur eines Skalars gleich dem Skalar selbst ist. Nun machen wir davon Gebrauch, dass die Spur eines Matrixproduktes* $\mathbf{AB}$ *gleich bleibt, wenn wir die Reihenfolge der Faktoren vertauschen:* $\mathrm{Sp}(\mathbf{AB}) = \mathrm{Sp}(\mathbf{BA})$, *vorausgesetzt, dass auch das Produkt* $\mathbf{BA}$ *definiert ist (siehe Anhang E.5). Damit erhalten wir*

$$\begin{aligned}\mathrm{E}\{\mathbf{e}'\mathbf{e}\} &= \mathrm{E}\{\mathrm{Sp}(\mathbf{e}'\mathbf{e})\} = \mathrm{E}\{\mathrm{Sp}(\mathbf{u}'\mathbf{M}\mathbf{u})\} = \mathrm{E}\{\mathrm{Sp}(\mathbf{M}\mathbf{u}\mathbf{u}')\}\\ &= \mathrm{Sp}(\mathbf{M}\mathrm{E}\{\mathbf{u}\mathbf{u}'\}) = \sigma^2\mathrm{Sp}(\mathbf{M})\,,\end{aligned}$$

wobei wir wieder annehmen, dass die Störgrößen homoskedast und unkorreliert sind (siehe die Annahmen **A6***, Kapitel 4). Nun ist die Spur der Differenz zweier Matrizen gleich der Differenz ihrer Spuren (siehe Anhang E.5). Für die Matrix* $\mathbf{M}$ *gilt dann*

$$\begin{aligned} r(\mathbf{M}) &= \mathrm{Sp}(\mathbf{M}) = \mathrm{Sp}[\mathbf{I} - \mathbf{X}(\mathbf{X}'\mathbf{X})^{-1}\mathbf{X}'] \\ &= \mathrm{Sp}\mathbf{I} - \mathrm{Sp}[\mathbf{X}(\mathbf{X}'\mathbf{X})^{-1}\mathbf{X}'] = n - k\,; \end{aligned}$$

dabei machen wir davon Gebrauch, dass für die Spur der $(n \times n)$*-Einheitsmatrix* $\mathbf{I}$ *gilt:* $\mathrm{Sp}[\mathbf{I}] = n$*, und dass* $\mathrm{Sp}[\mathbf{X}(\mathbf{X}'\mathbf{X})^{-1}\mathbf{X}'] = \mathrm{Sp}[(\mathbf{X}'\mathbf{X})^{-1}\mathbf{X}'\mathbf{X}] = \mathrm{Sp}[\mathbf{I}_k] = k$*, wobei* $\mathbf{I}_k$ *die* $(k \times k)$*-Einheitsmatrix ist; der Rang einer Einheitsmatrix ist gleich ihrer Ordnung (siehe Anhang E.5). Damit haben wir gezeigt, dass* $\mathrm{E}\{\mathbf{e}'\mathbf{e}\} = (n-k)\sigma^2$.

Anhang 5.B Bestimmtheitsmaß und Korrelation

Im Abschnitt 5.3 haben wir den Zusammenhang zwischen dem Bestimmtheitsmaß und der Korrelation zwischen der abhängigen Variablen und den Regressoren behandelt. Die Eigenschaft (c) des Bestimmtheitsmaßes besagt:

1. Für die einfache Regression $Y_t = \alpha + \beta X_t + u_t$ gilt

   $$R^2 = r_{xy}^2\,;$$

   das Bestimmtheitsmaß R^2 ist das Quadrat des Korrelationskoeffizienten r_{xy} zwischen der abhängigen Variablen Y und dem Regressor X.

2. Für die multiple Regression $Y_t = \mathbf{x}_t'\boldsymbol{\beta} + u_t$ gilt:

   $$R^2 = r_{y\hat{y}}^2\,;$$

   das Bestimmtheitsmaß R^2 ist das Quadrat des Korrelationskoeffizienten $r_{y\hat{y}}$ zwischen der abhängigen Variablen Y und der Prognose $\hat{Y}$.

Wir werden die behauptete Beziehung für den Fall (b) der multiplen Regression zeigen; der Fall (a) ergibt sich als Spezialfall aus dem Fall (b).

ad 2.: *Das Bestimmtheitsmaß* R^2 *der multiplen Regression* $Y_t = \mathbf{x}_t'\boldsymbol{\beta} + u_t$ *(mit* $k > 2$*) ist nach (5.3.1) definiert zu*

$$R^2 = \frac{s_{\hat{y}}^2}{s_y^2}\,.$$

Für die Varianz s_y^2 *schreiben wir*

$$s_y^2 = \frac{1}{n}\sum_t (Y_t - \overline{Y})^2 = \frac{1}{n}\,\mathbf{y}'\mathbf{M}^0\mathbf{y}\,,$$

wobei $\mathbf{M}^0 = \mathbf{I} - (\boldsymbol{\iota}\boldsymbol{\iota}')/n$ *den Vektor* $\mathbf{y}$ *der* Y_t *in den Vektor* $\mathbf{M}^0\mathbf{y}$ *der Abweichungen* $Y_t - \overline{Y}$ *überführt;* $\boldsymbol{\iota} = (1, \ldots, 1)'$ *ist der* n*-Vektor von Einsen. Analog können wir schreiben* $s_{\hat{y}}^2 = \hat{\mathbf{y}}'\mathbf{M}^0\hat{\mathbf{y}}$*. Im Folgenden machen wir Gebrauch von*

$$\hat{\mathbf{y}}'\mathbf{M}^0\hat{\mathbf{y}} = \hat{\mathbf{y}}'\mathbf{M}^0(\mathbf{y} - \mathbf{e}) = \hat{\mathbf{y}}'\mathbf{M}^0\mathbf{y} - \hat{\mathbf{y}}'\mathbf{M}^0\mathbf{e} = \hat{\mathbf{y}}'\mathbf{M}^0\mathbf{y}\,;$$

der letzte Schritt gilt wegen $\hat{\mathbf{y}}'\mathbf{M}^0\mathbf{e} = \hat{\mathbf{y}}'\mathbf{e} = \mathbf{0}$. *Damit finden wir*

$$R^2 = \frac{\hat{\mathbf{y}}'\mathbf{M}^0\hat{\mathbf{y}}}{\mathbf{y}'\mathbf{M}^0\mathbf{y}} = \frac{(\hat{\mathbf{y}}'\mathbf{M}^0\hat{\mathbf{y}})^2}{(\mathbf{y}'\mathbf{M}^0\mathbf{y})(\hat{\mathbf{y}}'\mathbf{M}^0\hat{\mathbf{y}})} = \frac{(\hat{\mathbf{y}}'\mathbf{M}^0\mathbf{y})^2}{(\mathbf{y}'\mathbf{M}^0\mathbf{y})(\hat{\mathbf{y}}'\mathbf{M}^0\hat{\mathbf{y}})}$$
$$= \frac{\sum_t (Y_t - \overline{Y})(\hat{Y}_t - \overline{Y})}{\sum_t (Y_t - \overline{Y})^2 \sum_t (\hat{Y}_t - \overline{Y})^2} = \frac{s_{y\hat{y}}}{s_y^2 s_{\hat{y}}^2} = r_{y\hat{y}}^2 .$$

ad 1.: *Im Fall der einfachen Regression* $Y_t = \alpha + \beta X_t + u_t$ *erhalten wir für die Prognosen* $\hat{\mathbf{y}} = a + x\mathbf{b}$. *Einsetzen gibt*

$$s_{y\hat{y}} = \frac{1}{n}\sum_t (Y_t - \overline{Y})(\hat{Y}_t - \overline{Y}) = \frac{1}{n}\sum_t (Y_t - \overline{Y})(bX_t - b\overline{X}) = bs_{yx}$$

und analog $s_{\hat{y}}^2 = b^2 s_x^2$. *Damit können wir zeigen, dass*

$$R^2 = \frac{s_{y\hat{y}}}{s_y^2 s_{\hat{y}}^2} = \frac{(bs_{yx})^2}{s_y^2 b^2 s_x^2} = r_{xy}^2 .$$

Anhang 5.C Der *t*-Test

In Abschnitt 5.4 haben wir den *t*- und den *F*-Test behandelt. Im Fall von normalverteilten, homoskedasten und unkorrelierten Störgrößen, also $\mathbf{u} \sim N(\mathbf{0}, \sigma^2\mathbf{I}_n)$, können wir die exakten Wahrscheinlichkeitsverteilungen der Teststatistiken dieser beiden Tests ableiten. Der folgende Abschnitt zeigt das für den

***t*-Test:** *Wir gehen vom linearen Regressionsmodell* $\mathbf{y} = \mathbf{X}\boldsymbol{\beta} + \mathbf{u}$ *mit n-Vektoren* $\mathbf{y}$ *und* $\mathbf{u}$, *einer* $(n \times k)$*-Matrix* $\mathbf{X}$ *und einem k-Vektor* $\boldsymbol{\beta}$ *aus; weiterhin gelte* $\mathbf{u} \sim N(\mathbf{0}, \sigma^2\mathbf{I}_n)$. *Für die OLS-Schätzer* $\mathbf{b}$ *gilt dann* $\mathbf{b} \sim N[\boldsymbol{\beta}^0, \sigma^2(\mathbf{X}'\mathbf{X})^{-1}]$; $\boldsymbol{\beta}^0$ *sei der „wahre" Parametervektor. Die Verteilung des OLS-Schätzers* b_i, *der i-ten Komponente von* $\mathbf{b}$, *lautet dann*

$$b_i \sim N(\beta_i^0, a_{ii}\sigma^2) ,$$

wobei $a_{ii} = [(\mathbf{X}'\mathbf{X})^{-1}]_{ii}$ *das i-te Diagonalelement der Matrix* $\mathbf{X}'\mathbf{X}^{-1}$ *ist. Aus* $\mathbf{u} \sim N(\mathbf{0}, \sigma^2\mathbf{I}_n)$ *folgt für die Summe der quadrierten Residuen*

$$\frac{\mathbf{e}'\mathbf{e}}{\sigma^2} = \frac{\mathbf{u}'}{\sigma}\mathbf{M}\frac{\mathbf{u}}{\sigma} \sim \chi^2(n-k) ;$$

dabei machen wir Gebrauch von Satz (A2) aus Anhang C.2 und der Tatsache, dass $\mathbf{M}$ *den Rang* $n - k$ *hat (siehe Anhang A zu diesem Kapitel).*

Aus der Definition einer t-verteilten Zufallsvariablen (siehe Anhang C.2) und der Unkorreliertheit bzw. der Unabhängigkeit von $\mathbf{e}$ *und* $\mathbf{b}$ *ergibt sich*

$$T_i = \frac{\frac{b_i - \beta_i^0}{\sigma\sqrt{a_{ii}}}}{\sqrt{\frac{\mathbf{e}'\mathbf{e}}{\sigma^2\,(n-k)}}} = \frac{b_i - \beta_i^0}{s\sqrt{a_{ii}}} \sim t(n-k) ;$$

T_i *folgt also der Student'schen t-Verteilung mit* $n - k$ *Freiheitsgraden; s ist der erwartungstreue Schätzer für* σ *nach (5.2.2).*

Variablenauswahl und Missspezifikation

6

ÜBERBLICK

In diesem Kapitel befassen wir uns mit den in einem Regressionsmodell verwendeten erklärenden Variablen und den in der Regressionsanalyse erhaltenen Regressionskoeffizienten. Zuerst werden wir sehen, dass die Interpretation des Regressionskoeffizienten in der einfachen Regression nicht ohne weiteres auf die Regressionskoeffizienten der multiplen Regression übertragen werden kann, die als **partielle Regressionskoeffizienten** bezeichnet werden. Das **Frisch-Waugh-Theorem** erklärt, wie das Vorhandensein von mehr als einem Regressor bei der Interpretation der Regressionskoeffizienten zu berücksichtigen ist. Das zweite Thema des Kapitels ist die Frage, welche Konsequenzen ein Fehler in der Variablenauswahl auf die Qualität der Schätzer für die Regressionskoeffizienten hat. Bei der Spezifikation des Regressionsmodells kann (i) ein relevanter Regressor unberücksichtigt bleiben und (ii) ein nicht-relevanter oder redundanter Regressor in das Modell einbezogen werden. Beide Fälle führen zu einer fehlerhaften Modellspezifikation, einem missspezifizierten Modell.

Wir werden zuerst die Frage behandeln, welche Konsequenzen eine **Missspezifikation** (für die OLS-Schätzer der Regressionskoeffizienten) hat. Dann werden wir Verfahren kennen lernen, mit denen wir die Spezifikation eines Modells überprüfen und insbesondere auch feststellen können, ob bestimmte Regressoren tatsächlich für die Erklärung der abhängigen Variablen relevant sind; solche **Testverfahren** auf Missspezifikation sind der F- und der Lagrange-Multiplier (LM-) Test der Nullhypothese, dass eine Teilmenge der Regressionskoeffizienten den Wert Null hat. Ein weiterer Test, der aber keine bestimmte Missspezifikation als Alternative festlegt, ist der **RESET-Test**.

Nach einer Einleitung werden in Abschnitt 6.2 die Koeffizienten eines multiplen Regressionsmodells diskutiert und in Abschnitt 6.3 der Begriff des partiellen Regressionskoeffizienten eingeführt. Der Abschnitt 6.4 ist den Eigenschaften des OLS-Schätzers bei fehlerhafter Spezifikation gewidmet. Testverfahren, mit denen auf solche Missspezifikation getestet werden kann, bringt der Abschnitt 6.5. Im letzten Abschnitt 6.6 wird ein allgemeiner Test auf Missspezifikation, der RESET-Test, behandelt.

6.1 Einleitung

Die Fragestellungen dieses Kapitels sollen anhand eines Beispiels erklärt werden.

Beispiel 6.1 Konsumfunktion mit Trend

In Beispiel 2.2 haben wir die Konsumfunktion

$$C = \alpha + \beta Y + u$$

spezifiziert und ihre Parameter durch Anpassen an einen Datensatz geschätzt. Die Konsumfunktion unterstellt, dass der reale Private Konsum (C) eine Funktion des Verfügbaren Einkommens der Haushalte (Y) ist. Das Ergebnis der OLS-Anpassung des Modells an Zuwachsraten des Privaten Konsums (PCR) und des Verfügbaren Einkommens der Haushalte (PYR) aus der AWM-Datenbasis

$$\hat{C} = 0.011 + 0.747\,Y\,,$$

zeigt plausible Schätzer der Regressionskoeffizienten und mit 10.3 und 17.9 hohe Werte der t-Statistiken, deren p-Werte praktisch Null sind; ähnlich gering ist der p-Wert des F-Tests. Das adjustierte Bestimmtheitsmaß $\overline{R}^2 = 0.717$ sowie die p-Werte der t- und F-Tests sind Hinweise auf eine gute Qualität der erhaltenen Regressionsbeziehung.

Die Abbildung 2.1 in Abschnitt 2.1 zeigt das Streudiagramm der verwendeten Daten, das die enge Beziehung zwischen diesen Variablen illustriert und die gute Qualität der Regressionsbeziehung erwarten lässt. Die Abbildung 6.1 zeigt die Entwicklung von Ausgaben für Konsum und Einkommen über die Zeit, gibt also eine Zeitreihendarstellung der Variablen. Wir sehen, dass der Private Konsum – und auch das Verfügbare Einkommen der Haushalte – einen deutlichen Trend aufweist. Dementsprechend ist es nahe liegend, die Konsumfunktion durch Einbeziehen der Trendvariablen T zu modifizieren:

$$C = \alpha + \beta Y + \gamma T + u$$

Die Trendvariable T wird definiert als laufender Index der jeweiligen Beobachtung dividiert durch 1000: $T_t = t/1000$.

Abbildung 6.1

Realer Privater Konsum (PCR) und Verfügbares Einkommen der Haushalte (PYR), in Mio EUR, Basis 1995, als Funktionen der Zeit; 1970:1 – 2002:4, AWM-Datenbasis.

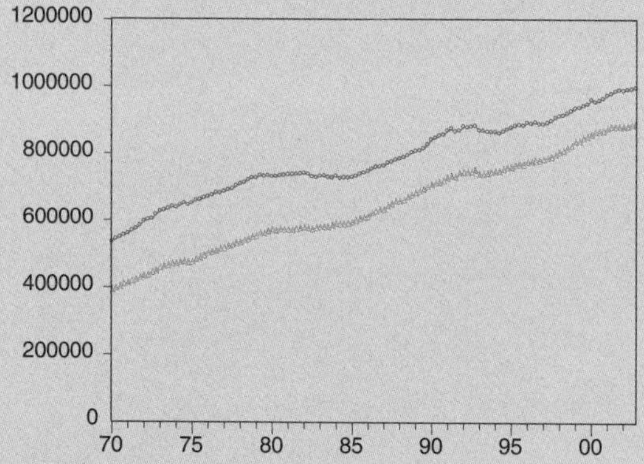

Anpassen des Modells an die um die Trendvariable erweiterte Daten ergibt die Regressionsbeziehung

$$\hat{C} = 0.0157 + 0.7029\,Y - 0.0593\,T$$

mit einem $\overline{R}^2$ von 70.2 %; die Teststatistiken des t-Tests betragen 16.3 für Y und 3.04 (p-Wert: 0.0029) für T; für den F-Test erhalten wir einen Wert der Teststatistik von 174.5 und einen p-Wert von 0.000000. Während sich das adjustierte Bestimmtheitsmaß und die p-Werte durch die Hinzunahme von T nur unwesentlich ändern, reduziert sich der Koeffizient von Y doch recht deutlich. Es stellt sich die Frage, wie eine solche Änderung durch das Hinzufügen eines Regressors zustande kommt, welche der beiden Regressionsbeziehungen akzeptabel ist und welche vorzuziehen ist.

Wir werden uns zuerst mit der Interpretation der Regressionskoeffizienten in der multiplen Regression befassen. Dann werden wir untersuchen, welche Konsequenzen das Hinzufügen eines Regressors haben kann, wobei wir die Fälle unterscheiden werden, dass der neu hinzugekommene Regressor einen Erklärungsbeitrag leistet bzw. dass er keinen Beitrag leistet.

6.2 Koeffizienten der multiplen Regression

Der Regressionskoeffizient β_i $(i = 2, \ldots, k)$ im Regressionsmodell

$$Y = \beta_1 + \beta_2 X_2 + \ldots + \beta_k X_k + u$$

gibt an, welche Änderung von Y wir erwarten müssen, wenn X_i um $\Delta X_i = 1$ erhöht wird und die übrigen X_j, $j \neq i$, unverändert gelassen werden. Das Interzept β_1 ist der erwartete Wert von Y, wenn $X_i = 0$ für alle $i = 2, \ldots, k$. Mit Hilfe der OLS-Schätzer b_i erhalten wir die angepasste Regressionsbeziehung

$$\hat{Y} = b_1 + b_2 X_2 + \ldots + b_k X_k .$$

Der OLS-Schätzer b_i gibt die mittlere Änderung von $\hat{Y}$ an, wenn wir X_i um $\Delta X_i = 1$ erhöhen (und die X_j, $j \neq i$, unverändert bleiben). Der OLS-Schätzer b_i ist von der gesamten Stichprobe abhängig, also auch von den beobachteten Werten der anderen Regressoren im Modell.

Beispiel 6.2 **Konsumfunktion mit Trend, Fortsetzung**

Wir schätzen den Regressionskoeffizienten β_y zweier Konsumfunktionen, die sich durch das Hinzufügen der Trendvariablen T unterscheiden; siehe Beispiel 6.1.

(a) Für β_y aus

$$C = \alpha + \beta_y Y + u$$

erhalten wir den OLS-Schätzer [siehe Gleichung (2.2.4)]

$$b_{cy} = \frac{s_{cy}}{s_y^2} ,$$

wobei s_{cy} die Stichproben-Kovarianz der Variablen C und Y und s_y^2 die Stichproben-Varianz von Y sind. Der Index von b_{cy} deutet an, dass es sich um den Schätzer des Regressionskoeffizienten der Regression von C auf Y handelt.

(b) Nun schätzen wir β_y aus

$$C = \alpha + \beta_y Y + \beta_t T + v\,;$$

die Störgröße bezeichnen wir mit v, da die Störgröße u im kurzen Modell sich von v unterscheidet. Wir erhalten durch Lösen der Normalgleichungen (2.2.7) mit $k = 3$

$$b_{cy.t} = \frac{s_{cy}s_t^2 - s_{ct}s_{ty}}{s_y^2 s_t^2 - s_{yt}^2} = \frac{b_{cy} - b_{ct}b_{ty}}{1 - r_{yt}^2}\,.$$

Der Index von $b_{cy.t}$ soll andeuten, dass es sich um den Schätzer des Regressionskoeffizienten der Regression von C auf Y handelt, wobei das Modell auch die Variable T enthält. Der Schätzer $b_{cy.t}$ ist eine Funktion von b_{cy}, die von der Beziehung zwischen Y und T sowie der zwischen C und T bestimmt wird: b_{ct} ist der geschätzte Regressionskoeffizient der Regression von C auf T, und b_{ty} ist der Schätzer des Regressionskoeffizienten der Regression von T auf Y. Wenn Y und T sowie C und T – wie im Beispiel 6.1 (siehe Abbildung 6.1) – positiv korreliert sind, so sind auch die Regressionskoeffizienten und damit das Produkt $b_{ct}b_{ty}$ positiv und reduzieren den Zähler der rechten Seite des Schätzers $b_{cy.t}$. Der Nenner dieses Schätzers ist jedenfalls kleiner als Eins. Ob dieser um den Effekt von T „korrigierte“ Schätzer $b_{cy.t}$ einen Wert hat, der größer oder kleiner als b_{cy} ist, kann nicht allgemein gesagt werden. Sind die Variablen Y und T unkorreliert, was in der praktischen Anwendung allerdings kaum vorkommen wird, so gilt $r_{yt} = b_{yt} = 0$ und wir finden $b_{cy.t} = b_{cy}$.

In allgemeiner Notation gilt für die analogen Schätzer von β_2 aus $Y = \beta_1 + \beta_2 X_2 + u$ bzw. aus $Y = \beta_1 + \beta_2 X_2 + \beta_3 X_3 + v$:

$$b_{y2.3} = \frac{b_{y2} - b_{y3}b_{32}}{1 - r_{23}^2}\,. \tag{6.2.1}$$

Wir unterscheiden zwei Fälle:

1. Unkorrelierte und orthogonale Regressoren: Wenn die Variablen X_2 und X_3 unkorreliert oder orthogonal sind ($\mathbf{x}_2'\mathbf{x}_3 = 0$), dann gelten $r_{23} = 0$ und $b_{23} = 0$, so dass $b_{y2.3} = b_{y2}$. Die geschätzten Regressionskoeffizienten des multiplen Regressionsmodells sind dieselben wie jene, die wir in individuellen, einfachen Regressionen von Y auf X_2 und X_3 erhalten.
2. Beliebige, nicht-orthogonale Regressoren: Im Fall $r_{23} \neq 0$ kann b_{y2} größer oder kleiner als $b_{y2.3}$ sein.

Beispiel 6.3 **Konsumfunktion mit Trend, Fortsetzung**

Für die Daten der Konsumfunktion aus Kapitel 2 (siehe auch Beispiel 6.1) erhalten wir für den Korrelationskoeffizienten $r_{yt} = -0.3367$ und $1 - r_{yt}^2 = 0.8866$. Für die Regressionskoeffizienten ergeben sich die Schätzer $b_{ct} = -0.1664$ und $b_{ty} = -0.7438$. Einsetzen gibt

$$b_{cy.t} = \frac{0.7470 - (-0.1664)(-0.7438)}{1 - (-0.3367)^2} = 0.7029\,,$$

ein Wert, der exakt mit dem Schätzer übereinstimmt, den wir in Beispiel 6.1 erhalten haben.

6.3 Partielle Regressionskoeffizienten

Im Abschnitt 6.2 haben wir mit Gleichung (6.2.1) eine Darstellung des Regressionskoeffizienten der multiplen Regression kennen gelernt, die den Bezug zum Regressionskoeffizienten des Regressors in einer einfachen Regression zeigt. Wir verallgemeinern diese Darstellung und werden damit zu einer interessanten Möglichkeit der Interpretation der Koeffizienten einer multiplen Regression kommen.

Wir betrachten wiederum zwei Regressionsmodelle

$$\mathbf{y} = \mathbf{X}\boldsymbol{\beta} + \mathbf{u}\,, \tag{6.3.1}$$

$$\mathbf{y} = \mathbf{X}\boldsymbol{\beta} + \mathbf{Z}\boldsymbol{\gamma} + \mathbf{v}\,; \tag{6.3.2}$$

dabei sei $\mathbf{X}$ von der Ordnung $n \times (k-g)$, $\mathbf{Z}$ von der Ordnung $n \times g$; beide Matrizen haben vollen Rang. Das erweiterte Modell (6.3.2) unterscheidet sich vom kürzeren Modell (6.3.1) durch die zusätzlichen Regressoren in $\mathbf{Z}$.

Der OLS-Schätzer $\mathbf{b}$ für $\boldsymbol{\beta}$ aus (6.3.1) ergibt sich zu $\mathbf{b} = (\mathbf{X}'\mathbf{X})^{-1}\mathbf{X}'\mathbf{y}$. Für die OLS-Schätzer von $\boldsymbol{\beta}$ aus (6.3.2) können wir zwei unterschiedliche Darstellungen geben, die natürlich zu den gleichen numerischen Ergebnissen führen, wenn wir unsere Daten einsetzen. Beide Darstellungen sind interessant, weil sie Einblicke in die Eigenschaften der Schätzer geben. Wir schreiben die an die Daten angepasste Regressionsbeziehung (6.3.2) als

$$\mathbf{y} = \mathbf{X}\hat{\boldsymbol{\beta}} + \mathbf{Z}\hat{\boldsymbol{\gamma}} + \hat{\mathbf{v}}\,.$$

Den OLS-Schätzer $\hat{\boldsymbol{\beta}}$ für die Parameter $\boldsymbol{\beta}$ können wir schreiben als

$$\hat{\boldsymbol{\beta}} = (\mathbf{X}'\mathbf{X})^{-1}\mathbf{X}'(\mathbf{y} - \mathbf{Z}\hat{\boldsymbol{\gamma}}) \tag{6.3.3}$$

oder als

$$\hat{\boldsymbol{\beta}} = (\mathbf{X}'\mathbf{M}_z\mathbf{X})^{-1}\mathbf{X}'\mathbf{M}_z\mathbf{y}\,, \tag{6.3.4}$$

wobei $\mathbf{M}_z = \mathbf{I} - \mathbf{Z}(\mathbf{Z}'\mathbf{Z})^{-1}\mathbf{Z}'$. Die Ableitungen der beiden Darstellungen bringt der Anhang A zu diesem Kapitel.

Die beiden Schätzer haben formal eine recht unterschiedliche Struktur.

- Die Darstellung (6.3.3) repräsentiert $\hat{\boldsymbol{\beta}}$ als Schätzer $\mathbf{b} = (\mathbf{X}'\mathbf{X})^{-1}\mathbf{X}'\mathbf{y}$, den Schätzer für $\boldsymbol{\beta}$ aus dem kürzeren Modell (6.3.1), korrigiert um den Effekt der Regressoren $\mathbf{Z}$. Die Beziehung (6.3.3) zwischen $\hat{\boldsymbol{\beta}}$ und $\mathbf{b}$ entspricht der in (6.2.1) zwischen $b_{y2.3}$ und b_{y2}.

  Die Schätzer $\hat{\boldsymbol{\beta}}$ und $\mathbf{b}$ stimmen überein, wenn $\mathbf{X}'\mathbf{Z} = \mathbf{0}$, also jede Spalte von $\mathbf{X}$ mit jeder Spalte von $\mathbf{Z}$ orthogonal ist. Auch diese Eigenschaft haben wir schon in Abschnitt 6.2 kennen gelernt. Wir können von ihr in folgender Weise Gebrauch machen: Erfüllen die Regressoren $\mathbf{X}$ und $\mathbf{Z}$ die Orthogonalitätsbedingung $\mathbf{X}'\mathbf{Z} = \mathbf{0}$, so können wir die Schätzer $\hat{\boldsymbol{\beta}}$ und $\hat{\boldsymbol{\gamma}}$ auch aus getrennten Regressionen von y auf X und y auf Z erhalten. Wir nennen diese Regressionen auch orthogonal partitionierte Regressionen.

- Die Darstellung (6.3.4) für $\hat{\boldsymbol{\beta}}$ zeigt eine Möglichkeit der Interpretation von $\hat{\boldsymbol{\beta}}$, die das Korrigieren von $\mathbf{b}$ im Sinn von (6.3.3) in einem neuen Licht erscheinen lässt. Die Matrix $\mathbf{M}_z = \mathbf{I} - \mathbf{Z}(\mathbf{Z}'\mathbf{Z})^{-1}\mathbf{Z}'$ ist die residuenerzeugende Matrix zu einem linearen Regressionsmodell mit den Spalten von $\mathbf{Z}$ als Regressoren (siehe den Abschnitt 5.1). Wir können die neuen Variablen $\tilde{\mathbf{y}} = \mathbf{M}_z\mathbf{y}$ und $\tilde{\mathbf{X}} = \mathbf{M}_z\mathbf{X}$ einführen: Der n-Vektor $\tilde{\mathbf{y}}$ enthält die Residuen $\mathbf{y} - \mathbf{Z}\hat{\boldsymbol{\delta}}$ der Regression von Y auf die Spalten von $\mathbf{Z}$. Die Matrix $\tilde{\mathbf{X}}$ ist von der Ordnung $n \times (k-g)$; ihre i-te Spalte enthält die Residuen der Regression der i-te Spalte von $\mathbf{X}$ auf die Spalten von $\mathbf{Z}$. Von einer residuenerzeugenden Matrix wissen wir auch, dass sie eine idempotente und symmetrische Matrix ist. Daher können wir schreiben

  $$\hat{\boldsymbol{\beta}} = (\mathbf{X}'\mathbf{M}_z\mathbf{M}_z\mathbf{X})^{-1}\mathbf{X}'\mathbf{M}_z\mathbf{M}_z\mathbf{y} = (\tilde{\mathbf{X}}'\tilde{\mathbf{X}})^{-1}\tilde{\mathbf{X}}'\tilde{\mathbf{y}}\,.$$

  Wir erhalten also $\hat{\boldsymbol{\beta}}$ als Koeffizienten der Regression

  $$\tilde{\mathbf{y}} = \tilde{\mathbf{X}}\boldsymbol{\beta} + \boldsymbol{\varepsilon} \qquad (6.3.5)$$

  der Residuen aus $\tilde{\mathbf{y}}$ auf die Residuen in den Spalten von $\tilde{\mathbf{X}}$ und den Störgrößen ε. Die Regressionskoeffizienten $\hat{\boldsymbol{\beta}}$ geben den Effekt einer Änderung der Regressoren aus $\mathbf{X}$ an, nachdem der Effekt der Spalten von $\mathbf{Z}$ oder die Information, die diese Regressoren zum datengenerierenden Prozess von Y enthalten, bereits berücksichtigt wurde.

Partielle Regressionskoeffizienten: Die Regressionskoeffizienten einer multiplen Regression werden auch partielle Regressionskoeffizienten genannt. Um diese Bezeichnung zu verstehen, wenden wir die Darstellung (6.3.4) in folgender Weise an. Wir fassen alle Regressoren einer multiplen Regression bis auf eine Variable X als Spalten der Matrix $\mathbf{Z}$ zusammen. Die Beobachtungen des Regressors X bilden den n-Vektor $\mathbf{x}$, sein Regressionskoeffizient sei β. Der OLS-Schätzer $\hat{\beta}$ ergibt sich als

$$\hat{\beta} = (\mathbf{x}'\mathbf{M}_z\mathbf{x})^{-1}\mathbf{x}'\mathbf{M}_z\mathbf{y} = (\tilde{\mathbf{x}}'\tilde{\mathbf{x}})^{-1}\tilde{\mathbf{x}}'\tilde{\mathbf{y}}\,.$$

Dabei sind $\tilde{\mathbf{y}} = \mathbf{M}_z\mathbf{y}$ die Residuen der Regression von Y auf die Spalten von $\mathbf{Z}$; analog enthält $\tilde{\mathbf{x}} = \mathbf{M}_z\mathbf{x}$ die Residuen der Regression von X auf die Spalten von $\mathbf{Z}$. Der Schätzer $\hat{\beta}$ repräsentiert den Effekt von X auf Y, nachdem die Information aus X über Y, die in den Z_i enthalten ist, bereits berücksichtigt ist. Da mit $\hat{\beta}$ nur mehr die nicht schon in den Z_i enthaltene Information zum Tragen kommt, nennen wir die Regressionskoeffizienten einer multiplen Regression auch partielle Regressionskoeffizienten.

Beispiel 6.4 **Konsumfunktion mit Trend, Fortsetzung**

Für die Daten der Konsumfunktion aus Kapitel 2 (siehe auch Beispiel 6.1) erhalten wir nach OLS-Schätzung der Regressionskoeffizienten die Residuen zum Regressionsmodell $C = \alpha + \beta T + u$ als

$$\tilde{C}_t = C_t - (0.0361 - 0.1664\, T_t)\,.$$

Analog bestimmen wir die Residuen zum Regressionsmodell $Y = \alpha + \beta T + u$ als

$$\tilde{Y}_t = Y_t - (0.0291 - 0.1524\, T_t)\,.$$

Die Regression der Konsum-Residuen von $\tilde{C}_t$ auf die Einkommens-Residuen $\tilde{Y}_t$ ergibt

$$\tilde{C}_t = 0.7029\, \tilde{Y}_t\,.$$

Die um die Trendvariable erweiterte Konsumfunktion haben wir im Beispiel 6.1 erhalten als $\hat{C} = 0.0157 + 0.7029\, Y - 0.0593\, T$.

Frisch-Waugh-Theorem: Frisch und Waugh wiesen bereits in der 30er Jahren auf diesen im Beispiel 6.4 illustrierten Sachverhalt im Zusammenhang mit der Modellierung von Trends hin: Die Schätzer der Regressionsparameter sind die gleichen, wenn (i) das Modell eine Trendvariable enthält oder wenn (ii) aus der abhängigen Variablen und aus den Regressoren der Trend eliminiert wird. Ähnlich können additive Saisonkomponenten (i) im Modell explizit oder (ii) durch entsprechendes Adjustieren der Regressoren berücksichtigt werden. Die folgende Aussage wird deshalb das Frisch-Waugh-Theorem genannt: Werden alle Regressoren hinsichtlich einer Variablen durch OLS-Anpassung adjustiert und in der Regression die Regressoren durch die so erhaltenen Residuen ersetzt, so ergeben sich die gleichen Schätzer wie im Modell, das die nicht-adjustierten Variablen und zusätzlich die adjustierende Variable enthält.

6.4 OLS-Schätzer bei Missspezifikation

Wir behandeln in diesem Abschnitt die Konsequenzen von zwei Fällen von Missspezifikation, die für die Beurteilung von angepassten Regressionsbeziehungen von großer praktischer Bedeutung sind, nämlich

(a) die Eigenschaften der OLS-Schätzer **b** des kurzen Modells (6.3.1), wenn tatsächlich das weitere Modell (6.3.2) zutrifft; der Fall entspricht der Situation, dass ein relevanter Regressor im Modell unberücksichtigt bleibt;

(b) die Eigenschaften der OLS-Schätzer des weiteren Modells (6.3.2), wenn in Wirklichkeit das kurze Modell (6.3.1) zutrifft; dieser Fall entspricht der Situation, dass ein Regressor in das Modell aufgenommen wurde, der für die Beschreibung des datengenerierenden Prozesses nicht relevant ist. Wir sprechen von einem redundanten Regressor, da er keine neue Information für die Erklärung der abhängigen Variablen bietet.

Die Eigenschaften der OLS-Schätzer der Regressionskoeffizienten haben wir in Abschnitt 3.1 diskutiert. Aus den dort erhaltenen Ergebnissen ergibt sich unmittelbar, dass die Schätzer $\mathbf{b} = (\mathbf{X}'\mathbf{X})^{-1}\mathbf{X}'\mathbf{y}$ beste erwartungstreue Schätzer der Parameter des kurzen Modells (6.3.1) sind. Es gelten $\mathrm{E}\{b\} = \boldsymbol{\beta}$ und $\mathrm{Var}\{b\} = \sigma^2(\mathbf{X}'\mathbf{X})^{-1}$. Zur Beurteilung von Erwartungstreue und Effizienz der OLS-Schätzer $\hat{\boldsymbol{\beta}} = (\mathbf{X}'\mathbf{M}_z\mathbf{X})^{-1}(\mathbf{X}'\mathbf{M}_z\mathbf{y})$ für die Parameter $\boldsymbol{\beta}$ des weiteren Modells (6.3.2) untersuchen wir die Momente von $\hat{\boldsymbol{\beta}}$. Bei Zutreffen von $\mathbf{y} = \mathbf{X}\boldsymbol{\beta} + \mathbf{Z}\boldsymbol{\gamma} + \mathbf{u}$ erhalten wir

$$\mathrm{E}\{\hat{\boldsymbol{\beta}}\} = \boldsymbol{\beta},$$
$$\mathrm{Var}\{\hat{\boldsymbol{\beta}}\} = \sigma^2(\mathbf{X}'\mathbf{M}_z\mathbf{X})^{-1}.$$

Die Schätzer $\hat{\boldsymbol{\beta}}$ sind also erwartungstreue Schätzer für $\boldsymbol{\beta}$ aus dem weiteren Modell. Man kann zeigen, dass

$$\mathrm{Var}\{\hat{\boldsymbol{\beta}}\} - \mathrm{Var}\{\mathbf{b}\} = \sigma^2(\mathbf{X}'\mathbf{M}_z\mathbf{X})^{-1} - \sigma^2(\mathbf{X}'\mathbf{X})^{-1} \geq \mathbf{0};$$

wobei sich die Varianzbildung jeweils auf das angegebene Modell bezieht. Die Differenzmatrix ist positiv semidefinit oder jede beliebige Linearkombination der Schätzer $\hat{\boldsymbol{\beta}}$ hat eine mindestens so große Varianz wie die analoge Linearkombination der Schätzer **b**.

In der Folge werden wir die Eigenschaften der OLS-Schätzer für die eigentlich interessierenden Situationen untersuchen, nämlich dass das spezifizierte Modell nicht dem datengenerierenden Prozess entspricht.

6.4.1 Nicht berücksichtigte relevante Regressoren

Wir nehmen an, dass das weitere Modell (6.3.2) den datengenerierenden Prozess adäquat beschreibt und somit tatsächlich zutrifft, dass aber das kurze Modell (6.3.1) spezifiziert wurde. Für den OLS-Schätzer

$$\mathbf{b} = (\mathbf{X}'\mathbf{X})^{-1}\mathbf{X}'\mathbf{y} = \boldsymbol{\beta} + (\mathbf{X}'\mathbf{X})^{-1}\mathbf{X}'\mathbf{Z}\boldsymbol{\gamma} + (\mathbf{X}'\mathbf{X})^{-1}\mathbf{X}'\mathbf{u}$$

erhalten wir

$$\mathrm{E}\{\mathbf{b}\} = \boldsymbol{\beta} + (\mathbf{X}'\mathbf{X})^{-1}\mathbf{X}'\mathbf{Z}\boldsymbol{\gamma};$$

b ist also nicht erwartungstreu. Eine Ausnahme liegt vor, wenn $\mathbf{X}'\mathbf{Z} = \mathbf{0}$, also alle Spalten von **Z** zu jeder Spalte von **X** orthogonal sind (und auch im trivialen Fall $\boldsymbol{\gamma} = \mathbf{0}$, in dem das Modell ja adäquat spezifiziert ist). Die Orthogonalität der Regressoren ist in der Praxis kaum als realistisch anzusehen.

Der Bias von **b** hängt (a) von $\boldsymbol{\gamma}$ ab, also den Regressionskoeffizienten der unberücksichtigt gebliebenen Regressoren aus **Z**, und (b) von $(\mathbf{X}'\mathbf{X})^{-1}\mathbf{X}'\mathbf{Z}$. Diese Matrix von der Ordnung $(k-g) \times g$ enthält die geschätzten (partiellen) Regressionskoeffizienten der Regressionen von jeder Spalte von **Z** auf die Spalten von **X**.

Beispiel 6.5 Konsumfunktion mit Trend, Fortsetzung

Die in Kapitel 2 spezifizierte Konsumfunktion enthält als erklärende Variable das verfügbare Einkommen. In Beispiel 6.1 haben wir das Modell zu $C = \alpha + \beta Y + \gamma T + u$ erweitert und gefunden, dass die Trendvariable T einen sehr deutlichen Erklärungsbeitrag leistet: Der p-Wert des t-Tests beträgt 0.0029. Der Schätzer des Regressionskoeffizienten des verfügbaren Einkommens in $\hat{C} = 0.011 + 0.747\,Y$, der Wert 0.747, ist nach dem oben Gesagten ein verzerrter Schätzer. Den Bias des Vektors der Schätzer $(a, b)'$ berechnen wir als

$$(\mathbf{X}'\mathbf{X})^{-1}\mathbf{X}'\mathbf{t}\gamma\,,$$

wobei die t-te Zeile von $\mathbf{X}$ der Vektor $\mathbf{x}_t' = (1, Y_t)$ ist. Für b ergibt sich

$$\mathrm{E}\{b\} = \beta + \frac{s_{yt}}{s_y^2}\,\gamma\,;$$

der Quotient s_{yt}/s_y^2 ist der geschätzte Anstieg d_1 der Regressionsgeraden $T = \delta_0 + \delta_1 Y + v$. Eine zahlenmäßige Abschätzung des Bias erfordert die Kenntnis (i) von d_1 und (ii) von γ. Für d_1 erhalten wir mit den in Kapitel 2 verwendeten Daten den Wert -0.744. Den wahren Wert von γ kennen wir nicht und könnten dafür nur einen Schätzer durch Anpassen der um T erweiterten Konsumfunktion bekommen. Den Bias genau anzugeben ist also nicht möglich. Oft ist es aufschlussreich, die Richtung der Verzerrung zu kennen. Wenn wir davon ausgehen, dass die Ausgaben für Konsum und T negativ korrelieren, ergibt sich, dass der Bias positiv und β tatsächlich kleiner ist, als es der Schätzer 0.897 aus dem Modell ohne T ergibt.

Entsprechend der Struktur von $(\mathbf{X}'\mathbf{X})^{-1}\mathbf{X}'\mathbf{Z}$ ist das Abschätzen des Bias oder seiner Richtung natürlich noch wesentlich komplizierter, wenn mehr als ein Regressor unberücksichtigt geblieben sind.

Als Kovarianzmatrix finden wir

$$\mathrm{Var}\{\mathbf{b}\} = \mathrm{Var}\{(\mathbf{X}'\mathbf{X})^{-1}\mathbf{X}'\mathbf{u}\} = \sigma^2(\mathbf{X}'\mathbf{X})^{-1}\,;$$

die Varianzen der geschätzten Regressionskoeffizienten sind trotz des Spezifikationsfehlers die gleichen wie die, welche wir erhalten hätten, wenn die gewählte Spezifikation korrekt wäre. Die Varianz σ^2 der Störgrößen,

$$\hat{\sigma}^2 = \frac{\mathbf{e}'\mathbf{e}}{n - (k - g)}\,,$$

wird hingegen überschätzt: Der systematische Fehler ergibt sich zu

$$\mathrm{E}\{\hat{\sigma}^2\} - \sigma^2 = \frac{\boldsymbol{\gamma}'\mathbf{Z}'\mathbf{M}_x\mathbf{Z}\boldsymbol{\gamma}}{n - (k - g)} \geq 0\,,$$

hat also im Zähler eine quadratische Form und ist daher positiv.

Das Anwenden von Verfahren der Inferenz zu $\boldsymbol{\beta}$ ist in dieser Situation kaum sinnvoll möglich. Wollten wir beispielsweise einen t-Test für β_i ausführen, so würde wegen des positiven Bias von $\hat{\sigma}^2$ der Standardfehler des OLS-Schätzers b_i überschätzt werden; außerdem würde sich die Nullhypothese nicht auf β_i, sondern auf $\mathrm{E}\{b_i\} = \beta_i + \mathrm{Bias}\{b_i\}$ beziehen, wobei wir den Bias gar nicht kennen, so dass der Test als Ganzes kaum einen Sinn ergibt.

6.4.2 Nicht-relevante Regressoren

Wird eine nicht-relevante Variable im Modell als Regressor berücksichtigt, so entspricht das dem Fall, dass wir das weitere Modell (6.3.2) verwenden, obwohl $\boldsymbol{\gamma} = 0$ und die Variablen aus $\mathbf{Z}$ keinen Erklärungsbeitrag leisten, also das kurze Modell (6.3.1) korrekt spezifiziert ist. Diese Art der Missspezifikation nennen wir auch Redundanz des Modells. Für den Erwartungswert des Schätzers $\hat{\boldsymbol{\beta}} = \boldsymbol{\beta} + (\mathbf{X}'\mathbf{M}_z\mathbf{X})^{-1}\mathbf{X}'\mathbf{M}_z\mathbf{u}$ finden wir

$$\mathrm{E}\{\hat{\boldsymbol{\beta}}\} = \boldsymbol{\beta};$$

der OLS-Schätzer $\hat{\boldsymbol{\beta}}$ ist also wie der Schätzer $\mathbf{b}$ des korrekt spezifizierten kurzen Modells unverzerrt. Für die Kovarianzmatrix ergibt sich

$$\mathrm{Var}\{\hat{\boldsymbol{\beta}}\} = \sigma^2(\mathbf{X}'\mathbf{M}_z\mathbf{X})^{-1} \geq \sigma^2(\mathbf{X}'\mathbf{X})^{-1} = \mathrm{Var}\{\mathbf{b}\}.$$

Einbeziehen von nicht-relevanten Regressoren hat also zur Folge, dass die Varianzen der Schätzer für $\boldsymbol{\beta}$ größer sind, als es bei korrekter Spezifikation der Fall wäre. Die Schätzer $\hat{\boldsymbol{\beta}}$ sind keine effizienten Schätzer für $\boldsymbol{\beta}$, da wir lineare, erwartungstreue Schätzer für $\boldsymbol{\beta}$ angeben können, die Schätzer $\mathbf{b}$, die kleinere Varianzen haben.

6.5 Muss Z berücksichtigt werden?

Wenn nicht klar ist, ob die Variablen in $\mathbf{Z}$ für die Erklärung von Y relevante Regressoren sind oder nicht, haben wir das Problem, uns zwischen den Modellen (6.3.1) und (6.3.2) entscheiden zu müssen. Wir benötigen einen Test der Nullhypothese H_0: $\boldsymbol{\gamma} = \mathbf{0}$ gegen die Alternative, dass mindestens eine Komponente von $\boldsymbol{\gamma}$ einen von Null verschiedenen Wert hat.

6.5.1 t-Test

Im einfachsten Fall enthält $\mathbf{Z}$ nur eine Spalte $[r(\mathbf{Z}) = g = 1]$; es geht um die Frage, ob eine weitere erklärende Variable im Regressionsmodell zu berücksichtigen ist oder nicht. Um darüber zu entscheiden, können wir das um Z erweiterte Modell an die Daten anpassen und mit dem t-Test H_0: $\gamma = 0$ überprüfen. Dafür muss die Annahme zutreffen, dass die Störgrößen normalverteilt sind, oder dass die zur Verfügung stehende Datenmenge einen hinreichend großen Umfang hat, so dass wir von der asymptotischen Normalverteilung als Näherung Gebrauch machen können; siehe Abschnitt 3.5.

Im Fall $r(\mathbf{Z}) = g > 1$ haben wir die Möglichkeit, den t-Test mehrfach anzuwenden. Wir können eine Variable aus $\mathbf{Z}$ nach der anderen zum Modell hinzufügen und jeweils mit dem t-Test überprüfen, ob der gerade hinzugefügte Regressor einen signifikanten Erklärungsbeitrag leistet. Natürlich stellt sich die Frage, in welcher Reihenfolge die Variablen einbezogen werden sollen. Bei der schrittweisen Regression wird jeweils jene Variable einbezogen, die von allen noch nicht berücksichtigten Variablen die größte Verbesserung des Modells, etwa im Sinn des adjustierten Bestimmtheitsmaßes oder des AIC (vergleiche Abschnitt 5.3), bringt.

6.5.2 F- und andere Tests für $H_0 : \gamma = 0$) nicht im Skript!

Testverfahren, mit denen die Signifikanz der Verbesserung überprüft werden kann, die durch das Einbeziehen aller $g > 1$ Variablen aus $\mathbf{Z}$ gemeinsam erzielt wird, können auf zwei verschiedenen Konzepten beruhen:

1. Wir können die Nullhypothese H_0: $\boldsymbol{\gamma} = \mathbf{0}$ testen und untersuchen, ob die Schätzer von $\boldsymbol{\gamma}$ systematisch von Null verschieden sind.

2. Wir können einen Vergleich der beiden Modelle (6.3.1) und (6.3.2) vornehmen, indem wir testen, ob die Reduktion der Summe der quadrierten Residuen durch Hinzunehmen der Regressoren aus $\mathbf{Z}$ systematisch ist bzw. ob die Verbesserung des Erklärungsgrades des Modells signifikant ist.

Wie bei der Anwendung des t-Tests müssen wir voraussetzen, dass die Störgrößen normalverteilt sind oder dass die zur Verfügung stehende Datenmenge einen hinreichend großen Umfang hat, so dass wir von der asymptotischen Normalverteilung als Näherung Gebrauch machen können. Ausgehend vom F-Test aus Kapitel 5.4 werden wir im Weiteren geeignete Testverfahren behandeln.

6.5.2.1 F-Test

Im Folgenden machen wir von der asymptotischen Normalverteilung

$$N[\boldsymbol{\gamma}, \sigma^2 (\mathbf{Z}'\mathbf{M}_x\mathbf{Z})^{-1}] \qquad \mathsf{M_x} \; \mathring{\mathsf{8}}$$

der Schätzer $\hat{\boldsymbol{\gamma}}$ Gebrauch. Gilt $\mathbf{u} \sim N(\mathbf{0}, \sigma^2\mathbf{I})$, so folgt $\hat{\boldsymbol{\gamma}}$ exakt dieser Normalverteilung. Die unbekannte Varianz σ^2 ersetzen wir durch

$$\hat{\sigma}^2 = \frac{\hat{\mathbf{v}}'\hat{\mathbf{v}}}{n-k} \, ,$$

wobei $\hat{\mathbf{v}}$ die Residuen der Regression (6.3.2) sind, und können damit die Teststatistik

$$F = \frac{\hat{\boldsymbol{\gamma}}'(\mathbf{Z}'\mathbf{M}_x\mathbf{Z})\hat{\boldsymbol{\gamma}}}{\hat{\mathbf{v}}'\hat{\mathbf{v}}} \; \frac{g}{n-k} \qquad (6.5.1)$$

definieren. Bei Zutreffen der Nullhypothese gilt – näherungsweise oder exakt –

$$F \sim F(g, n-k) \, ,$$

so dass wir zum Test von H_0: $\boldsymbol{\gamma} = \mathbf{0}$ einen F-Test zur Verfügung haben. Der F-Test, den wir in Abschnitt 5.4 behandelt haben, ist ein Spezialfall, bei dem $\boldsymbol{\gamma}$ alle Regressionskoeffizienten mit Ausnahme des Interzepts umfasst.

6.5.2.2 Berechnen der Teststatistik des F-Tests

Für die Teststatistik (6.5.1) gibt es eine äquivalente Schreibweise. Dabei machen wir von der Beziehung

$$\mathbf{e} = \mathbf{M}_x\mathbf{y} = \mathbf{M}_x\mathbf{X}\hat{\boldsymbol{\beta}} + \mathbf{M}_x\mathbf{Z}\hat{\boldsymbol{\gamma}} + \hat{\mathbf{v}} = \hat{\mathbf{v}} + \mathbf{M}_x\mathbf{Z}\hat{\boldsymbol{\gamma}}$$

$$\hat{a} = y - \hat{y} = y - X\hat{\beta} - Z\hat{g}$$

zwischen den Residuen $\mathbf{e}$ der Regression (6.3.1) und $\hat{\mathbf{v}}$ der Regression (6.3.2) Gebrauch; wegen $\mathbf{M}_x\mathbf{X} = \mathbf{0}$ bleiben nur zwei Summanden. Da $\mathbf{Z}'\hat{\mathbf{v}} = \mathbf{0}$, erhalten wir die Beziehung

$$\mathbf{e}'\mathbf{e} = \hat{\mathbf{v}}'\hat{\mathbf{v}} + \hat{\boldsymbol{\gamma}}'\mathbf{Z}'\mathbf{M}_x\mathbf{Z}\hat{\boldsymbol{\gamma}}\,, \tag{6.5.2}$$

die einen Vergleich der Residuen $\mathbf{e}$ des kurzen Modells mit den Residuen $\hat{\mathbf{v}}$ des weiteren Modells erlaubt. Da die quadratische Form $\hat{\boldsymbol{\gamma}}'\mathbf{Z}'\mathbf{M}_x\mathbf{Z}\hat{\boldsymbol{\gamma}}$ nicht-negativ ist, gilt die für das Verständnis wichtige Ungleichung

$$\mathbf{e}'\mathbf{e} \geq \hat{\mathbf{v}}'\hat{\mathbf{v}}\,.$$

Achtung! Die Summe der quadrierten Residuen kann durch Hinzufügen von erklärenden Variablen nicht größer werden. Dieses Ergebnis haben wir bereits in Abschnitt 5.3 angesprochen.

Unter Verwendung der Beziehung (6.5.2) zwischen $\mathbf{e}'\mathbf{e}$ und $\hat{\mathbf{v}}'\hat{\mathbf{v}}$ erhalten wir eine alternative Darstellung der Teststatistik (6.5.1), nämlich

$$F = \frac{\mathbf{e}'\mathbf{e} - \hat{\mathbf{v}}'\hat{\mathbf{v}}}{\hat{\mathbf{v}}'\hat{\mathbf{v}}}\,\frac{n-k}{g} = \frac{S_R - S}{S}\,\frac{n-k}{g}\,. \tag{6.5.3}$$

Die Differenz $\mathbf{e}'\mathbf{e} - \hat{\mathbf{v}}'\hat{\mathbf{v}}$ ergibt sich direkt aus der Umformung von (6.5.2). Die Größen S_R und S stehen für die Summe der Fehlerquadrate

$$S(\boldsymbol{\beta}, \boldsymbol{\gamma}) = (\mathbf{y} - \mathbf{X}\boldsymbol{\beta} - \mathbf{Z}\boldsymbol{\gamma})'(\mathbf{y} - \mathbf{X}\boldsymbol{\beta} - \mathbf{Z}\boldsymbol{\gamma})$$

und ergeben sich als $S_R = S(\mathbf{b}, \mathbf{0}) = \mathbf{e}'\mathbf{e}$, wenn vom Zutreffen von H_0: $\boldsymbol{\gamma} = \mathbf{0}$ ausgegangen wird, bzw. als $S = S(\hat{\boldsymbol{\beta}}, \hat{\boldsymbol{\gamma}}) = \hat{\mathbf{v}}'\hat{\mathbf{v}}$, wenn diese Einschränkung nicht gilt. Der Index R (wie „Restriktion“ oder „restringiert“) steht für die Gültigkeit der Einschränkung H_0.

Zum Testen der Nullhypothese H_0: $\boldsymbol{\gamma} = \mathbf{0}$ mittels der Teststatistik (6.5.1) müssen wir die beiden Regressionsmodelle (6.3.1) und (6.3.2) an die Daten anpassen. Die Summen der quadrierten Residuen $\mathbf{e}'\mathbf{e}$ und $\hat{\mathbf{v}}'\hat{\mathbf{v}}$ setzen wir in (6.5.3) ein. Das Testen erfolgt in drei Schritten:

1. Anpassen des kurzen Modells (6.3.1) an die Variablen aus $\mathbf{X}$ und Ermitteln von $\mathbf{e}'\mathbf{e}$.
2. Anpassen des weiteren Modells (6.3.2) an die Variablen aus $\mathbf{X}$ und $\mathbf{Z}$ und Ermitteln von $\hat{\mathbf{v}}'\hat{\mathbf{v}}$.
3. Berechnen von F durch Einsetzen der Summen $\mathbf{e}'\mathbf{e}$ und $\hat{\mathbf{v}}'\hat{\mathbf{v}}$ in (6.5.3).

Bei einem großen Wert der Teststatistik F oder einem kleinen p-Wert zu F verwerfen wir die Nullhypothese.

Beispiel 6.6 Konsumfunktion mit Trend, Fortsetzung

Für unsere Konsumfunktion haben wir in Beispiel 6.1 gezeigt, dass nicht nur das Verfügbare Einkommen, sondern auch die Trendvariable T einen deutlichen Erklärungsbeitrag leistet. Die Anwendung des t-Tests auf den Regressionskoeffizienten von T hat gezeigt, dass das Erweitern des ursprünglichen Modells eine nicht nur zufällige Verbesserung der Erklärung der Ausgaben für Konsum mit sich bringt: Der p-Wert beträgt lediglich 0.002861. Wir wenden nun als alternatives Verfahren den F-Test nach (6.5.3) an; die Nullhypothese lautet H_0: $\gamma = 0$. Die Summe der quadrierten Residuen des Modells $C = \alpha + \beta Y + \gamma T + u$ ergibt sich zu $\hat{\mathbf{v}}'\hat{\mathbf{v}} = 0.007354$; für das kurze Modell erhalten wir $\mathbf{e}'\mathbf{e} = 0.007899$. Einsetzen liefert

$$F = \frac{0.007899 - 0.007354}{0.007354} \frac{128 - 3}{1} = 9.2564\,;$$

bei Zutreffen der Nullhypothese folgt F der F-Verteilung mit 1 und 125 Freiheitsgraden. Der p-Wert ergibt sich zu 0.002861, stimmt also exakt mit dem des t-Tests überein.

6.5.2.3 Ein asymptotischer Test

Ein alternatives Testverfahren, das auf der asymptotischen Verteilung der Likelihood-Schätzer basiert, ist ein Chi-Quadrat-Test, dessen Teststatistik gF das g-fache von F nach (6.5.3) ist. Dabei gehen wir von den Residuen $\mathbf{e}$ des kurzen Modells, also des durch H_0: $\boldsymbol{\gamma} = \mathbf{0}$ restringierten Modells $\mathbf{y} = \mathbf{X}\boldsymbol{\beta} + \mathbf{u}$, aus. Die Teststatistik ergibt sich zu

$$gF = \frac{\mathbf{e}'\mathbf{e} - \hat{\mathbf{v}}'\hat{\mathbf{v}}}{\hat{\mathbf{v}}'\hat{\mathbf{v}}}(n-k) \doteq \frac{\mathbf{e}'\mathbf{e} - \hat{\mathbf{v}}'\hat{\mathbf{v}}}{\mathbf{e}'\mathbf{e}}\, n = nR_e^2\,;$$

dabei ist R_e^2 das Bestimmtheitsmaß der Regression

$$\mathbf{e} = \mathbf{X}\boldsymbol{\beta} + \mathbf{Z}\boldsymbol{\gamma} + \boldsymbol{\varepsilon} \tag{6.5.4}$$

der Residuen $\mathbf{e}$ auf die Regressoren in $\mathbf{X}$ und $\mathbf{Z}$: Für diese Regression kann gezeigt werden, dass ihre Residuen $\tilde{\boldsymbol{\varepsilon}}$ identisch mit den Residuen $\hat{\mathbf{v}}$ des weiteren Modells sind:

$$\tilde{\boldsymbol{\varepsilon}} = \hat{\mathbf{v}}\,.$$

Die Teststatistik gF folgt bei Zutreffen der Nullhypothese und großem Umfang der verfügbaren Daten näherungsweise der Chi-Quadrat-Verteilung mit g Freiheitsgraden:

$$gF = nR_e^2 \overset{a}{\sim} \chi^2(g)\,. \tag{6.5.5}$$

Zum Testen der Nullhypothese H_0: $\boldsymbol{\gamma} = \mathbf{0}$ entsprechend (6.5.1) mittels der Teststatistik gF nach (6.5.5) müssen wir im ersten Schritt das kurze Regressionsmodell (6.3.1) an die Variablen aus $\mathbf{X}$ anpassen. Im zweiten Schritt passen wir die Residuen $\mathbf{e}$ an die Variablen aus $\mathbf{X}$ und $\mathbf{Z}$ an; das Bestimmtheitsmaß R_e^2 dieser zweiten Regression setzen wir in (6.5.4) ein, erhalten die Teststatistik gF. Bei einem großen Wert der Teststatistik gF oder einem kleinen p-Wert verwerfen wir die Nullhypothese.

Beispiel 6.7 **Konsumfunktion mit Trend, Fortsetzung**

Ergänzend zu Beispiel 6.6 ermitteln wir die Teststatistik gF. Die angepasste Regressionsbeziehung für die Residuen e ergibt sich zu $e = 0.00483 - 0.044096\ Y - 0.05929\,T$ mit einem $R_e^2 = 0.0689$. Für die Teststatistik erhalten wir $gF = nR_e^2 = 128(0.068945) = 8.8250$; sie ist die Chi-Quadrat-Verteilung mit einem Freiheitsgrad. Der p-Wert von 0.00297 ist etwas größer als der p-Wert 0.00286 zur Teststatistik des F-Tests aus Beispiel 6.6.

6.5.2.4 Alternatives Berechnen von F

Beim Ermitteln der Teststatistik des F-Tests nach (6.5.3) können wir davon Gebrauch machen, dass die Residuen des weiteren Modells übereinstimmen mit den Residuen der Regression (6.5.4), bei der die Residuen des kurzen Modells auf alle erklärenden Variablen des weiteren Modells regressiert werden. Damit kann die Teststatistik des F-Tests nach (6.5.3) geschrieben werden als

$$F = \frac{\mathbf{e}'\mathbf{e} - \hat{\mathbf{v}}'\hat{\mathbf{v}}}{\hat{\mathbf{v}}'\hat{\mathbf{v}}}\,\frac{n-k}{g} = \frac{\mathbf{e}'\mathbf{e} - \tilde{\boldsymbol{\varepsilon}}'\tilde{\boldsymbol{\varepsilon}}}{\tilde{\boldsymbol{\varepsilon}}'\tilde{\boldsymbol{\varepsilon}}}\,\frac{n-k}{g}\,. \tag{6.5.6}$$

Zum Testen der Nullhypothese H_0: $\boldsymbol{\gamma} = \mathbf{0}$ mittels der Teststatistik F nach (6.5.6) haben wir wiederum drei Schritte auszuführen:

1. Anpassen des kurzen Modells (6.3.1) an die Variablen aus $\mathbf{X}$ und ermitteln von $\mathbf{e}'\mathbf{e}$.
2. Anpassen der Residuen $\mathbf{e}$ des kurzen Modells auf die Variablen aus $\mathbf{X}$ und $\mathbf{Z}$ und ermitteln von $\tilde{\boldsymbol{\varepsilon}}'\tilde{\boldsymbol{\varepsilon}}$.
3. Berechnen von F durch Einsetzen der Summen $\mathbf{e}'\mathbf{e}$ und $\tilde{\boldsymbol{\varepsilon}}'\tilde{\boldsymbol{\varepsilon}}$ in (6.5.6).

Bei einem großen Wert der Teststatistik F oder einem kleinen p-Wert verwerfen wir die Nullhypothese.

6.6 Ramsey's RESET-Test

Nicht nur die Auswahl der erklärenden Variablen ist für die Modellspezifikation wesentlich. Auch die funktionale Form, mit der die Regressoren im Modell berücksichtigt werden, muss korrekt sein. So kann die abhängige Variable eine quadratische Funktion eines Regressors sein, so dass die Spezifikation als lineare Funktion des Regressors bestenfalls für kleine Bereiche des Regressors eine akzeptable Näherung darstellt. Wird für einen Regressor nicht die adäquate funktionale Form gewählt, so kann das zusätzliche Einbeziehen etwa des Quadrats oder höherer Potenzen dieser Variablen eine Verbesserung des Erklärungsgrades zur Folge haben. Wir könnten daher beim Verdacht, dass die funktionale Form eines Regressors nicht korrekt ist, zum Testen auf Missspezifikation der funktionalen Form das Quadrat oder andere Potenzen der erklärenden Variablen auf die Signifikanz ihres Erklärungsbeitrags überprüfen.

Ein pauschaler Test auf Missspezifikation basiert darauf, eine oder mehrere Potenzen der Prognosewerte $\hat{Y}$ einzubeziehen. Das ist das Konzept des **RESET-Tests** oder *Regression Equation Specification Error Tests*, der somit einen allgemeinen und unspezifischen Test auf Missspezifikation darstellt. Im Modell

$$\mathbf{y} = \mathbf{X}\boldsymbol{\beta} + \mathbf{Z}\boldsymbol{\gamma} + \mathbf{u} \qquad (6.6.1)$$

ist $\mathbf{Z}$ eine $(n \times g)$-Matrix, deren t-te Zeile der Vektor

$$\mathbf{z}_t' = (\hat{Y}_t^2, \hat{Y}_t^3, \ldots)$$

ist. Dabei ist $\hat{Y}_t^i$ die i-te Potenz der Prognose von Y_t, die wir als Schätzwert aus der angepassten Regressionsbeziehung $\hat{Y} = \mathbf{x}'b$ erhalten haben. Der RESET-Test überprüft die Nullhypothese H_0: $\boldsymbol{\gamma} = \mathbf{0}$ mittels eines der in Abschnitt 6.5 besprochenen Tests. Der Test wurde von Ramsey (1969) vorgeschlagen.

Trifft die Spezifikation des systematischen Teils das Modells als $\mathbf{X}\boldsymbol{\beta}$ zu, so werden wir für die Koeffizienten $\boldsymbol{\gamma}$ der Potenzen der Prognosewerte Schätzer erhalten, die nahe bei Null liegen und nicht signifikant von Null verschieden sind. Umgekehrt können wir bei Schätzern für diese Koeffizienten, die signifikant von Null verschieden sind, darauf schließen, dass die Linearität des Modells nicht zutrifft und die funktionale Form des Modells missspezifiziert ist. In ähnlicher Weise können sich auch andere Missspezifikationen auswirken, etwa das Nichtberücksichtigen von relevanten Regressoren, ein Strukturbruch, also ein Wechsel der Parameter des datengenerierenden Prozesses während des Beobachtungszeitraumes, oder das mangelnde Zutreffen der Annahmen der Regressionsanalyse wie Homoskedastizität, serielle Unkorreliertheit.

Als Test der Nullhypothese H_0: $\boldsymbol{\gamma} = \mathbf{0}$ verwenden wir

- den t-Test, wenn $\mathbf{Z}$ nur eine Spalte enthält ($g = 1$),
- den F-Test nach (6.5.1) oder (6.5.3) als Vergleich der Regressionen von Y (i) auf die Regressoren aus $\mathbf{X}$ und (ii) auf die Regressoren aus $\mathbf{X}$ und $\mathbf{Z}$, oder
- den asymptotischen Test mit der Teststatistik gF nach (6.5.5).

Die erste Spalte der Matrix $\mathbf{Z}$ enthält die quadrierten Prognosewerte; die Prognosewerte selbst werden nicht einbezogen; sie würden (i) Nichtlinearität nicht anzeigen, und sind (ii) Linearkombinationen der Spalten von X, so dass die Matrix $(\mathbf{X}, \mathbf{Z})$ der Regressoren nicht mehr vollen Rang hätte.

Beispiel 6.8 Konsumfunktion mit Trend, Fortsetzung

Zum Überprüfen, ob unsere Konsumfunktion $C = \alpha + \beta Y + u$ korrekt spezifiziert ist, führen wir den RESET-Test aus. Die angepasste Regressionsbeziehung liefert die Prognosen $\hat{C} = 0.011 + 0.747\,Y$. Das um den Regressor $\hat{C}^2$ erweiterte Modell gibt die Regressionsbeziehung

$$\hat{C} = 0.011 + 0.905\,Y - 4.193\,\hat{C}^2$$

mit einem p-Wert von 0.206 für den Regressionskoeffizienten von $\hat{C}^2$. Der RESET-Test zeigt keine Missspezifikation an. Allerdings hat sich der Schätzer für β von 0.747 auf 0.905 vergrößert. Diese Änderung ist ein Hinweis auf Mängel in der Spezifikation, die offensichtlich nicht durch den RESET-Test angezeigt werden. Wir werden später sehen, dass die Teststatistik des Durbin-Watson-Tests auf Mängel unseres Modells hinweist.

Der RESET-Test gibt keinen Hinweis auf die Ursache für das Verwerfen der Nullhypothese. Solche Ursachen können eine fehlerhafte funktionale Form oder eine fehlende erklärende Variable sein; aber auch ein Strukturbruch oder das Nichtzutreffen einer der Annahmen der Regressionsanalyse kann dazu führen, dass wir im RESET-Test einen extremen p-Wert erhalten.

6.A Aufgaben

6.A.1 Empirische Anwendungen

1. In der AWM-Datenbasis stehen Daten zu den Variablen PCR (realer Privater Konsum), PYR (reales Verfügbares Einkommen der Haushalte), WLN (Vermögen) und PCD (Deflator des Privaten Konsums) für den Zeitraum 1970:1 bis 2002:4 zur Verfügung. Auf Basis dieser Daten können folgende Konsumfunktionen spezifiziert werden:

$$C = \beta_1 + \beta_2 Y + u \qquad \text{(G1)}$$
$$C = \beta_1 + \beta_2 Y + \beta_3 W + u \qquad \text{(G2)}$$
$$C = \beta_1 + \beta_2 Y + \beta_3 W + \beta_4 T + u \qquad \text{(G3);}$$

dabei steht C für die Zuwachsrate des Privaten Konsums PCR, Y für die Zuwachsrate des Einkommens PYR, W für das reale Vermögen WLN/PCD und $T_t = t$ für den Trend.

(a) Schätzen Sie die Parameter der Konsumfunktion (G2).

(b) Regressieren Sie C auf W und vergleichen Sie den OLS-Schätzer des Regressionskoeffizienten von W mit b_3 aus Aufgabe (a). Verwenden Sie die Beziehung (6.2.1), um den Zusammenhang zwischen den beiden Schätzern zu überprüfen.

(c) Schätzen Sie die Parameter der Konsumfunktion (G1) und überprüfen Sie mittels F-Test aus Abschnitt 6.5, ob die beiden Variablen W und T einen zusätzlichen Erklärungsbeitrag leisten; ermitteln Sie den entsprechenden p-Wert.

(d) Schätzen Sie die Parameter der Konsumfunktion (G1) und überprüfen Sie mittels RESET-Test, ob eine Missspezifikation der funktionalen Form vermutet werden muss. *Hinweis:* Verwenden Sie in (6.6.1) als Komponenten von **Z** (i) die quadrierten Prognosen von C und (ii) die quadrierten Prognosen und ihre dritten Potenzen.

(e) Schätzen Sie die Parameter der Konsumfunktion (G3); (i) führen Sie den RESET-Test zum Überprüfen der Modellspezifikation durch; überprüfen Sie, ob (ii) die Variable T und (iii) die Variablen W und T eliminiert werden können.

2. Der Datensatz `DatS01` enthält die Variablen CR (Privater Konsum), YDR (Verfügbares Einkommen der privaten Haushalte), Mp (Privates Geldvermögen) und PC (Konsumdeflator). Auf Basis dieser Variablen sind die Konsumfunktionen

$$\mathrm{CR} = \beta_1 + \beta_2 \mathrm{YDR} + u \qquad \text{(A)}$$
$$\mathrm{CR} = \beta_1 + \beta_2 \mathrm{YDR} + \beta_3 \mathrm{Mp} + u \qquad \text{(B)}$$
$$\mathrm{CR} = \beta_1 + \beta_2 \mathrm{YDR} + \beta_3 \mathrm{Mp} + \beta_4 \mathrm{PI} + u \qquad \text{(C)}$$

definiert, wobei die Inflationsrate (PI) aus dem Konsumdeflator zu berechnen ist.

(a) Schätzen Sie die Parameter der Konsumfunktion (B).

(b) Regressieren Sie CR auf Mp und vergleichen Sie den OLS-Schätzer des Regressionskoeffizienten von Mp mit b_3 aus Aufgabe (a). Verwenden Sie die Beziehung (6.2.1), um den Zusammenhang zwischen den beiden Schätzern zu überprüfen.

(c) Schätzen Sie die Parameter der Konsumfunktion (A) und überprüfen Sie mittels F-Test aus Abschnitt 6.5, ob die beiden Variablen Mp und PI einen zusätzlichen Erklärungsbeitrag leisten würden; ermitteln Sie den entsprechenden p-Wert.

(d) Schätzen Sie die Parameter der Konsumfunktion (A) und überprüfen Sie mittels RESET-Test, ob eine Missspezifikation der funktionalen Form vermutet werden muss. *Hinweis:* Verwenden Sie in (6.6.1) als Komponenten von **Z** (i) die quadrierten Prognosen von CR und (ii) die quadrierten Prognosen und ihre dritten Potenzen.

(e) Schätzen Sie die Parameter der Konsumfunktion (C); (i) führen Sie den RESET-Test zum Überprüfen der Modellspezifikation durch; überprüfen Sie, ob (ii) die Variable PI und (iii) die Variablen Mp und PI eliminiert werden können.

6.A.2 Allgemeine Aufgaben und Probleme

1. Zeigen Sie, dass die Residuen $\tilde{\boldsymbol{\varepsilon}}$ des Modells (6.5.4) für **e** identisch mit den Residuen $\hat{\mathbf{v}}$ des Modells (6.3.2) sind: $\tilde{\boldsymbol{\varepsilon}} = \hat{\mathbf{v}}$.

6.E Hinweise zu EViews: Testen der Regressionskoeffizienten

In EViews kann eine Reihe von Tests ausgeführt werden, die die Regressionskoeffizienten betreffen. Sie werden alle vom Output-Fenster des Schätzens eines linearen Regressionsmodells aufgerufen; das Output-Fenster enthält eine Leiste mit Schaltflächen, von denen die Schaltfläche `View` anzuklicken ist, worauf verschiedene Menüpunkte aufscheinen.

- Beim Anklicken von `Coefficient Tests` werden die folgenden Möglichkeiten zur Auswahl gestellt:

  - `Wald - Coefficient Restrictions...`
  - `Omitted Variables - Likelihood Ratio...`
  - `Redundant Variables - Likelihood Ratio...`

  Die als `Coefficient Tests` angesprochenen Tests, der Wald-Test und der Likelihood-Quotienten-Test, werden wir im Kapitel 7 als allgemeine Tests auf das Zutreffen von Restriktionen für die Regressionskoeffizienten kennen lernen. Der Wald-Test überprüft, wie gut die Schätzer für die Regressionskoeffizienten die fraglichen Restriktionen erfüllen, wobei diese Restriktionen im Schätzverfahren unberücksichtigt bleiben. Der Likelihood-Quotienten-Test dagegen vergleicht die Schätzergebnisse, die wir auf Basis des restringierten Modells erhalten, mit denen, die wir für das volle Modell erhalten. In beide Testverfahren kann das Testen, ob beim Modell (6.3.2) die Nullhypothese H_0: $\boldsymbol{\gamma} = \mathbf{0}$ zutrifft, wenn als Alternative das Modell (6.3.1) spezifiziert wurde, eingebettet werden. Beide Testverfahren verwenden Teststatistiken, die näherungsweise der asymptotischen Chi-Quadrat-Verteilung folgen. In allen drei Menüpunkten wird neben dem Chi-Quadrat-Test auch der F-Test von H_0: $\boldsymbol{\gamma} = \mathbf{0}$ aus Abschnitt 6.5 ausgeführt.

  Im Menüpunkt zum Wald-Test sind in einem Dialogfenster die Null zu setzenden Parameter einzugeben. In den anderen beiden Menüpunkten zu `Coefficient Tests` sind im entsprechenden Dialogfenster jene Variable einzugeben, für die überprüft werden soll, ob ihre Regressionskoeffizienten den Wert Null haben. Dabei sind `Omitted Variables` Kandidaten dafür, in das Modell einbezogen zu werden, während `Redundant Variables` Regressoren des Modells sind, deren Erklärungsvermögen in Zweifel steht.

- Unter dem Menüpunkt `Stability Tests` kann durch Anwählen von `Ramsey RESET Test` der RESET-Test ausgeführt werden. Nach der Anwahl des Tests ist im `RESET Specification` Dialogfenster die Anzahl der Spalten der Matrix $\mathbf{Z}$ einzugeben. Gibt man „1“ ein, so werden nur die quadrierten Prognosen als Regressor ergänzt, bei Eingabe von „2“ werden die quadrierten und dritten Potenzen der Prognosen als Regressor hinzugefügt und so weiter.

Anhang 6.A Partielle Regressionskoeffizienten

Wir betrachten die beiden Regressionsmodelle

$$\mathbf{y} = \mathbf{X}\boldsymbol{\beta} + \mathbf{u}\,,$$
$$\mathbf{y} = \mathbf{X}\boldsymbol{\beta} + \mathbf{Z}\boldsymbol{\gamma} + \mathbf{v}\,;$$

dabei ist $\mathbf{X}$ von der Ordnung $n \times (k-g)$, $\mathbf{Z}$ von der Ordnung $n \times g$.

Der OLS-Schätzer $\mathbf{b}$ für $\boldsymbol{\beta}$ aus dem kurzen Modell ergibt sich zu $\mathbf{b} = (\mathbf{X}'\mathbf{X})^{-1}\mathbf{X}'\mathbf{y}$. Für die OLS-Schätzer $\hat{\boldsymbol{\beta}}$ von $\boldsymbol{\beta}$ aus dem langen Modell haben wir in Abschnitt 6.3 zwei unterschiedliche Darstellungen angegeben:

$$\hat{\boldsymbol{\beta}} = (\mathbf{X}'\mathbf{X})^{-1}\mathbf{X}'(\mathbf{y} - \mathbf{Z}\hat{\boldsymbol{\gamma}}) \qquad \text{(A)}$$
$$\hat{\boldsymbol{\beta}} = (\mathbf{X}'\mathbf{M}_z\mathbf{X})^{-1}\mathbf{X}'\mathbf{M}_z\mathbf{y} \qquad \text{(B)},$$

wobei die idempotente und symmetrische Matrix $\mathbf{M}_z = \mathbf{I} - \mathbf{Z}(\mathbf{Z}'\mathbf{Z})^{-1}\mathbf{Z}'$ die residuenerzeugende Matrix einer Regression auf die Spalten von $\mathbf{Z}$ ist. Im Folgenden werden die beiden Darstellungen abgeleitet.

(A): *Zum Herleiten von (A) multiplizieren wir die Gleichung* $\mathbf{y} = \mathbf{X}\hat{\boldsymbol{\beta}} + \mathbf{Z}\hat{\boldsymbol{\gamma}} + \hat{\mathbf{v}}$ *mit* $\mathbf{X}'$ *und erhalten*

$$\begin{aligned}\mathbf{X}'\mathbf{y} &= \mathbf{X}'\mathbf{X}\hat{\boldsymbol{\beta}} + \mathbf{X}'\mathbf{Z}\hat{\boldsymbol{\gamma}} + \mathbf{X}'\hat{\mathbf{v}}\\ &= \mathbf{X}'\mathbf{X}\hat{\boldsymbol{\beta}} + \mathbf{X}'\mathbf{Z}\hat{\boldsymbol{\gamma}}\,.\end{aligned}$$

Auflösen nach $\hat{\boldsymbol{\beta}}$ *gibt (A).*

(B): *Wir gehen wieder von der Gleichung* $\mathbf{y} = \mathbf{X}\hat{\boldsymbol{\beta}} + \mathbf{Z}\hat{\boldsymbol{\gamma}} + \hat{\mathbf{v}}$. *Multiplizieren der Gleichung mit* $\mathbf{M}_z$ *ergibt*

$$\mathbf{M}_z\mathbf{y} = \mathbf{M}_z\mathbf{X}\hat{\boldsymbol{\beta}} + \mathbf{M}_z\mathbf{Z}\hat{\boldsymbol{\gamma}} + \mathbf{M}_z\hat{\mathbf{v}} = \mathbf{M}_z\mathbf{X}\hat{\boldsymbol{\beta}} + \hat{\mathbf{v}}\,.$$

Der letzte Ausdruck ergibt sich wegen $\mathbf{M}_z\mathbf{Z} = \mathbf{0}$ *und* $\mathbf{M}_z\hat{\mathbf{v}} = \hat{\mathbf{v}}$; *siehe die Eigenschaften der residuenerzeugenden Matrix in Abschnitt 5.1. Multiplizieren dieser Gleichung mit* $\mathbf{X}'$ *ergibt*

$$\mathbf{X}'\mathbf{M}_z\mathbf{y} = \mathbf{X}'\mathbf{M}_z\mathbf{X}\hat{\boldsymbol{\beta}} + \mathbf{X}'\hat{\mathbf{v}} = \mathbf{X}'\mathbf{M}_z\mathbf{X}\hat{\boldsymbol{\beta}}\,;$$

der letzte Schritt ergibt sich wegen $\mathbf{X}'\hat{\mathbf{v}} = \mathbf{0}$. *Auflösen nach* $\hat{\boldsymbol{\beta}}$ *gibt (B).*

Lineare Restriktionen

7

ÜBERBLICK

Entsprechend der ökonomischen Theorie erwarten wir oft das Zutreffen bestimmter Beziehungen für die Parameter eines Regressionsmodells. Bekanntestes Beispiel ist der Fall konstanter Skalenerträge in einer Produktionsfunktion, bei der die Summe der Exponenten der Produktionsfaktoren den Wert Eins hat. Die Gültigkeit einer solchen Beziehung schränkt die Menge der zulässigen Werte für die Parameter ein; wir sprechen daher von einer Restriktion für die Parameter. Zwei Fragestellungen werden uns im Zusammenhang mit Restriktionen beschäftigen: (1) Wie können wir im Schätzverfahren für die Parameter solche Restriktionen berücksichtigen, so dass diese für die Schätzer erfüllt sind? (2) Wie können wir überprüfen, ob eine vermutete Restriktion tatsächlich zutrifft oder nicht?

Wir beschränken uns auf lineare Restriktionen für Regressionskoeffizienten. Restringierte OLS-Schätzer, die lineare Restriktionen berücksichtigen, erhalten wir mit Hilfe der **Substitutionsmethode** oder mit Hilfe der **Methode von Lagrange**. Die Bedeutung der restringierten Schätzer kommt daher, dass das Nicht-Berücksichtigen der Restriktionen zu verzerrten Schätzern führt, und dass das Berücksichtigen der Restriktionen die Effizienz der Schätzer verbessert. Zum **Testen** auf Zutreffen der Restriktionen werden wir eine Verallgemeinerung des F-Tests der Kapitel 5 und 6 und asymptotische Tests wie den Wald-Test verwenden, der ebenfalls schon in Kapitel 6 erwähnt wurde.

Nach einem einführenden Abschnitt und dem Erklären der verwendeten Notation werden uns in den Abschnitten 7.3 und 7.4 die Schätzverfahren zum Herleiten restringierter Schätzer beschäftigen. Anschließend werden wir uns im Abschnitt 7.5 mit statistischen Tests befassen, mit denen das Zutreffen von Restriktionen überprüft werden kann.

7.1 Einleitung

Die Fragestellungen dieses Kapitels sollen anhand eines Beispiels erklärt werden.

Beispiel 7.1 Cobb-Douglas-Produktionsfunktion

Die Cobb-Douglas-Produktionsfunktion lautet (wir schreiben sie hier ohne Störgröße)

$$Q(K,L) = AK^{\alpha}L^{\beta}, \quad K \geq 0,\, L \geq 0\,;$$

dabei sind Q der Output (*value added*), K der eingesetzte Kapitalbestand (*capital stock*) und L die geleistete Arbeit (*labor input*); für die Parameter gilt: α, $\beta \in (0,1)$. Die Produktionsfunktion ist homogen vom Grad Eins, wenn die Verwendung des p-fachen der Produktionsfaktoren K und L einen p-fachen Output zur Folge hat:

$$\begin{aligned} Q(pK,pL) &= A(pK)^{\alpha}(pL)^{\beta} = p^{\alpha+\beta}AK^{\alpha}L^{\beta} \\ &= p^{\alpha+\beta}Q(K,L) = p\;Q(K,L)\,, \end{aligned}$$

wenn also gilt: $\alpha + \beta = 1$. Der Ökonom spricht dann von konstanten Skalenerträgen.

Die Fragen dieses Kapitels sind:

1. Wenn die Annahme unterstellt wird, dass die Restriktion, beispielsweise $\alpha + \beta = 1$, zutrifft, wie können wir die Parameter, α und β, schätzen, so dass auch die Schätzer diese Restriktion erfüllen?
2. Wie können wir überprüfen, ob eine vermutete Restriktion auch tatsächlich zutrifft?

Restriktionen können in den Parametern linear oder nichtlinear sein. Die Restriktion $\alpha + \beta = 1$ aus Beispiel 7.1 ist linear; sie ist eine Linearkombination der Parameter. Ein Beispiel für eine nichtlineare Funktion ist die Restriktion $\alpha = 1/\beta$. Wir werden uns auf lineare Restriktionen beschränken.

Beispiel 7.2

Cobb-Douglas-Produktionsfunktion, Fortsetzung

Zum Schätzen der Cobb-Douglas-Produktionsfunktion werden die Produktions-Daten für SIC 33 (Primary Metals) nach Hildebrand and Liu (1957) und Aigner et al. (1977) verwendet. Das Modell lautet nach Logarithmieren $\log Q = \gamma + \alpha \log K + \beta \log L + u$. Das angepasste Modell ergibt sich zu

$$\widehat{\log Q} = 1.17 + 0.376 \log K + 0.603 \log L;$$

für die Summe der Parameter ergibt sich $a + b = 0.376 + 0.603 = 0.979$, also ein Wert, der die Restriktion $\alpha + \beta = 1$ nicht erfüllt. Das 95 %-Konfidenzintervall für $\alpha + \beta$ haben wir in Beispiel 5.5 bestimmt; wir erhielten es als $0.850 \leq \alpha + \beta \leq 1.108$. Das Konfidenzintervall weist darauf hin, dass $\alpha + \beta = 1$ im Bereich des Möglichen liegt und gar nicht unplausibel ist. Aus der Beziehung zwischen Konfidenzintervall und zweiseitigem Test können wir schließen, dass die Nullhypothese, die Restriktion sei zutreffend, bei einem Signifikanzniveau von 0.05 nicht verworfen werden kann. Der Ökonom sieht das als Hinweis darauf, dass es möglicherweise tatsächlich konstante Skalenerträge gibt.

Wir werden in diesem Kapitel Verfahren kennen lernen, die eine oder mehrere Restriktionen für die Regressionskoeffizienten, also Beziehungen wie $\alpha + \beta = 1$, in der Schätzung berücksichtigen: Die Schätzer a und b, die wir für die Parameter α und β erhalten, erfüllen die Restriktion $a + b = 1$. Entsprechende Schätzverfahren werden uns in den Abschnitten 7.3 und 7.4 beschäftigen. Davor werden wir in Abschnitt 7.2 eine passende Notation einführen. Schließlich werden wir uns in Abschnitt 7.5 mit dem Testen auf das Zutreffen von Restriktionen befassen.

7.2 Lineare Restriktionen: Notation

Die allgemeine Form der linearen Restriktionen für die Regressionskoeffizienten des Modells

$$\mathbf{y} = \mathbf{X}\boldsymbol{\beta} + \mathbf{u}$$

schreiben wir als

$$\mathbf{H}\boldsymbol{\beta} = \mathbf{h}\,. \tag{7.2.1}$$

Die Matrix $\mathbf{H}$ ist von der Ordnung $(g \times k)$ und $\mathbf{h}$ ist ein g-Vektor. Jede Zeile von $\mathbf{H}$ entspricht einer Restriktion; $\mathbf{H}\boldsymbol{\beta} = \mathbf{h}$ entspricht somit g Restriktionen.

Beispiel 7.3 **Lineare Restriktionen**

Zur Illustration sehen wir uns zwei Beispiele an.

(a) Die beiden linearen Restriktionen $\beta_1 + \beta_2 = 0$ und $\beta_3 = 1$ schreiben wir als $\mathbf{H}$ $\boldsymbol{\beta} = \mathbf{h}$ mit $\boldsymbol{\beta}' = (\beta_1, \beta_2, \beta_3)$ und

$$\mathbf{H} = \begin{pmatrix} 1 & 1 & 0 \\ 0 & 0 & 1 \end{pmatrix}, \quad \mathbf{h} = \begin{pmatrix} 0 \\ 1 \end{pmatrix}.$$

(b) In Abschnitt 6.5 ist es um den Vergleich der Modelle

$$\mathbf{y} = \mathbf{X}\boldsymbol{\beta} + \mathbf{u}$$
$$\mathbf{y} = \mathbf{X}\boldsymbol{\beta} + \mathbf{Z}\boldsymbol{\gamma} + \mathbf{v}$$

gegangen; die Matrix $\mathbf{X}$ enthält $k - g$ Spalten, $\mathbf{Z}$ enthält g Spalten. Wir haben uns für die Frage interessiert, ob die Restriktion $\boldsymbol{\gamma} = \mathbf{0}$ für die Parameter des weiteren Modells zutrifft und die Regressoren aus $\mathbf{Z}$ ausgeschlossen werden können. Als Restriktion für den k-Vektor $\boldsymbol{\delta}' = (\boldsymbol{\beta}', \boldsymbol{\gamma}')$ schreiben wir

$$\mathbf{H}\boldsymbol{\delta} = (\mathbf{0} \vdots \mathbf{I}_g)\begin{pmatrix} \boldsymbol{\beta} \\ \boldsymbol{\gamma} \end{pmatrix} = \mathbf{0}\,;$$

die Ordnung von $\mathbf{H}$ beträgt $g \times k$, $\mathbf{I}_g$ ist eine Einheitsmatrix der Ordnung g und die rechte Seite der Gleichung ist ein g-Vektor. Dieses Problem, das in Kapitel 6 eine zentrale Rolle spielt, ist also ein Spezialfall der allgemeineren Fragestellung dieses Kapitels.

Die Beispiele zeigen die kompakte Schreibweise von linearen Restriktionen in Matrixnotation.

7.3 Restringierte Schätzer

Wir behandeln zwei Methoden zum Schätzen der Regressionskoeffizienten unter Berücksichtigung von linearen Restriktionen: (i) die Substitutionsmethode und (ii) die Lagrange-Methode.

7.3.1 Die Substitutionsmethode

Die einfachste Methode, lineare Restriktionen zu berücksichtigen, besteht darin, sie zum Eliminieren von Regressionskoeffizienten zu benützen.

Beispiel 7.4 **Cobb-Douglas-Produktionsfunktion, Fortsetzung**

Die Restriktion $\alpha + \beta = 1$ können wir in der Produktionsfunktion berücksichtigen, indem wir die Restriktion nach β auflösen und $\beta = 1 - \alpha$ in die Modellgleichung einsetzen:

$$Q = AK^{\alpha}L^{1-\alpha} = AL\left(\frac{K}{L}\right)^{\alpha} .$$

Wir ersetzen also das Modell mit drei Parametern und einer linearen Restriktion durch eines mit zwei Parametern ohne Restriktion. Logarithmieren liefert das Modell

$$Q^* = \log Q - \log L = \gamma + \alpha\,(\log K - \log L) + u .$$

Die angepasste Regressionsbeziehung lautet

$$\hat{Q}^* = 1.07 + 0.363\,(\log K - \log L) .$$

Für α erhalten wir als restringierten Schätzer $a_R = 0.363$, also einen geringfügig kleineren Wert als der nicht-restringierte Wert $a = 0.376$; die Indizierung mit „R" soll darauf hinweisen, dass es sich um einen restringierten Schätzer handelt. Den restringierten Schätzer für β erhalten wir aus $\beta = 1 - \alpha$ zu $b_R = 0.637$; b_R hat also einen etwas größeren Wert als der nicht-restringierte Wert $b = 0.603$.

Sollen g lineare Restriktionen berücksichtigt werden, so kann das durch das Eliminieren von g der k Regressionskoeffizienten erfolgen. Wir schreiben das lineare Modell als

$$\mathbf{y} = \mathbf{X}\boldsymbol{\beta} + \mathbf{u} = \bar{\mathbf{X}}_1\bar{\boldsymbol{\beta}}_1 + \bar{\mathbf{X}}_2\bar{\boldsymbol{\beta}}_2 + \mathbf{u} ;$$

dabei wurden $\mathbf{X} = (\mathbf{X}_1 \vdots \mathbf{X}_2)$ in eine $(k-g)$-spaltige Matrix $\bar{\mathbf{X}}_1$ und eine g-spaltige Matrix $\bar{\mathbf{X}}_2$ und analog der Parametervektor $\boldsymbol{\beta}$ partitioniert. Das Partitionieren von $\mathbf{H}$ in $\mathbf{H} = (\mathbf{H}_1 \vdots \mathbf{H}_2)$ mit der $(g \times g)$-Matrix $\mathbf{H}_2$ ergibt aus

$$\mathbf{H}\boldsymbol{\beta} = \mathbf{H}_1\bar{\boldsymbol{\beta}}_1 + \mathbf{H}_2\bar{\boldsymbol{\beta}}_2 = \mathbf{h}$$

die explizite Darstellung für die zu eliminierenden Parameter

$$\bar{\boldsymbol{\beta}}_2 = \mathbf{H}_2^{-1}(\mathbf{h} - \mathbf{H}_1\bar{\boldsymbol{\beta}}_1) ;$$

wir haben $r(\mathbf{H}_2) = g$ und damit die Invertierbarkeit von $\mathbf{H}_2$ vorausgesetzt. Eliminieren von $\bar{\boldsymbol{\beta}}_2$ liefert

$$\mathbf{y} = \bar{\mathbf{X}}_1\bar{\boldsymbol{\beta}}_1 + \bar{\mathbf{X}}_2\mathbf{H}_2^{-1}(\mathbf{h} - \mathbf{H}_1\bar{\boldsymbol{\beta}}_1) + \mathbf{u}\,.$$

Nach Umformung erhalten wir das Modell

$$\mathbf{y} - \bar{\mathbf{X}}_2\mathbf{H}_2^{-1}\mathbf{h} = (\bar{\mathbf{X}}_1 - \bar{\mathbf{X}}_2\mathbf{H}_2^{-1}\mathbf{H}_1)\bar{\boldsymbol{\beta}}_1 + \mathbf{u}$$

oder

$$\mathbf{y}^* = \bar{\mathbf{X}}_1^*\bar{\boldsymbol{\beta}}_1 + \mathbf{u}$$

mit der transformierten abhängigen Variablen

$$\mathbf{y}^* = \mathbf{y} - \bar{\mathbf{X}}_2\mathbf{H}_2^{-1}\mathbf{h} \tag{7.3.1}$$

und den erklärenden Variablen

$$\mathbf{X}_1^* = \bar{\mathbf{X}}_1 - \bar{\mathbf{X}}_2\mathbf{H}_2^{-1}\mathbf{H}_1\,. \tag{7.3.2}$$

Die restringierten OLS-Schätzer $\mathbf{b}_{R1}$ der Regressionskoeffizienten $\bar{\boldsymbol{\beta}}_1$ ergeben sich zu

$$\mathbf{b}_{R1} = (\mathbf{X}^{*\prime}\mathbf{X}^*)^{-1}\mathbf{X}^{*\prime}\mathbf{y}^*\,. \tag{7.3.3}$$

Einsetzen in die Restriktion ergibt die OLS-Schätzer $\mathbf{b}_{R2}$ der Regressionskoeffizienten $\bar{\boldsymbol{\beta}}_2$ zu

$$\mathbf{b}_{R2} = \mathbf{H}_2^{-1}(\mathbf{h} - \mathbf{H}_1\mathbf{b}_{R1})\,. \tag{7.3.4}$$

Beispiel 7.5 Cobb-Douglas-Produktionsfunktion, Fortsetzung

Zum besseren Verständnis wenden wir die eben eingeführte Notation auf die Eliminationsschritte aus Beispiel 7.4 an. Logarithmieren der Cobb-Douglas-Produktionsfunktion aus Abschnitt 7.1 (wieder ohne Störgröße geschrieben) gibt

$$\begin{aligned}\log Q &= \log A + \alpha \log K + \beta \log L\\ &= \gamma_1 + \gamma_2 \log K + \gamma_3 \log L\end{aligned}$$

mit den Komponenten $\gamma_1 = \log A$, $\gamma_2 = \alpha$ und $\gamma_3 = \beta$ des Vektors $\boldsymbol{\gamma}$. Die Restriktion $\alpha + \beta = 1$ bekommt die Form $\gamma_2 + \gamma_3 = 1$ oder $\mathbf{H}\boldsymbol{\gamma} = 1$ mit der (1×3)-Matrix $\mathbf{H} = (0, 1, 1)$. Zum Anwenden der Substitutionsmethode partitionieren wir $\mathbf{H}$ in $\mathbf{H}_1 = (0, 1)$ und $\mathbf{H}_2 = (1)$. Wir erhalten die transformierte, abhängige Variable $Q^* = \log Q - \log L$ und die transformierte, 2-spaltige Matrix $\mathbf{X}^*$ mit den Spalten „1“ und $\log K - \log L$.

7.3.2 Die Lagrange-Methode

Zum Minimieren der Summe der Fehlerquadrate $S(\boldsymbol{\beta}) = (\mathbf{y} - \mathbf{X}\boldsymbol{\beta})'(\mathbf{y} - \mathbf{X}\boldsymbol{\beta})$ unter Berücksichtigung der Restriktion $\mathbf{H}\boldsymbol{\beta} = \mathbf{h}$ bilden wir die Lagrange-Funktion

$$\varphi(\boldsymbol{\lambda}, \boldsymbol{\beta}) = (\mathbf{y} - \mathbf{X}\boldsymbol{\beta})'(\mathbf{y} - \mathbf{X}\boldsymbol{\beta}) - \boldsymbol{\lambda}'(\mathbf{H}\boldsymbol{\beta} - \mathbf{h}),$$

wobei $\boldsymbol{\lambda}$ der g-Vektor der Lagrange-Multiplikatoren ist. Die Vektoren der partiellen Ableitungen von φ nach $\boldsymbol{\beta}$ und nach $\boldsymbol{\lambda}$ lauten

$$\frac{\partial\varphi}{\partial\boldsymbol{\beta}} = -2\mathbf{X}'\mathbf{y} + 2\mathbf{X}'\mathbf{X}\boldsymbol{\beta} - \mathbf{H}'\boldsymbol{\lambda},$$

$$\frac{\partial\varphi}{\partial\boldsymbol{\lambda}} = -(\mathbf{H}\boldsymbol{\beta} - \mathbf{h}).$$

Daraus erhalten wir durch Nullsetzen die Normalgleichungen

$$-2\mathbf{X}'\mathbf{y} + 2\mathbf{X}'\mathbf{X}\mathbf{b}_R - \mathbf{H}'\hat{\boldsymbol{\lambda}} = \mathbf{0},$$

$$\mathbf{H}\mathbf{b}_R = \mathbf{h}.$$

Auflösen der Gleichungen nach $\hat{\boldsymbol{\lambda}}$ und $\mathbf{b}_R$ liefert für die Lagrange-Multiplikatoren

$$\hat{\boldsymbol{\lambda}} = -2[\mathbf{H}(\mathbf{X}'\mathbf{X})^{-1}\mathbf{H}']^{-1}(\mathbf{H}\mathbf{b} - \mathbf{h}) = 2[\mathbf{H}(\mathbf{X}'\mathbf{X})^{-1}\mathbf{H}']^{-1}\mathbf{H}(\mathbf{b}_R - \mathbf{b}) \qquad (7.3.5)$$

und für die restringierten OLS-Schätzer

$$\mathbf{b}_R = \mathbf{b} - (\mathbf{X}'\mathbf{X})^{-1}\mathbf{H}'[\mathbf{H}(\mathbf{X}'\mathbf{X})^{-1}\mathbf{H}']^{-1}(\mathbf{H}\mathbf{b} - \mathbf{h}). \qquad (7.3.6)$$

Diese Darstellung zeigt sehr anschaulich den Effekt der Restriktionen auf die Schätzer: Je schlechter die nicht-restringierten OLS-Schätzer die Restriktionen $\mathbf{H}\boldsymbol{\beta} = \mathbf{h}$ erfüllen, umso größer ist die Abweichung zwischen dem nicht-restringierten und dem restringierten Schätzer oder die Korrektur, mit der $\mathbf{b}$ versehen werden muss, um zu $\mathbf{b}_R$ zu kommen. Auch die Lagrange-Multiplikatoren $\hat{\boldsymbol{\lambda}}$ sind umso größer, je größer diese Korrekturen der nicht-restringierten Schätzer $\mathbf{b}$ sind.

7.4 Zwei Fälle der Missspezifikation

In Abschnitt 6.4 haben wir zwei Fälle der Missspezifikation behandelt, nämlich (i) das Nichtberücksichtigen von relevanten Regressoren und (ii) das Berücksichtigen von nicht relevanten Regressoren. Dabei sind wir von den Modellen $\mathbf{y} = \mathbf{X}\boldsymbol{\beta} + \mathbf{u}$ nach (6.3.1) und $\mathbf{y} = \mathbf{X}\boldsymbol{\beta} + \mathbf{Z}\boldsymbol{\gamma} + \mathbf{v}$ nach (6.3.2) ausgegangen und haben die Auswirkungen des berechtigten und des fehlerhaften Berücksichtigens der Restriktion $\boldsymbol{\gamma} = \mathbf{0}$ auf die Eigenschaften der OLS-Schätzer untersucht. Die Restriktion $\boldsymbol{\gamma} = \mathbf{0}$ ist eine lineare Restriktion der Form $\mathbf{H}\boldsymbol{\beta} = \mathbf{h}$ mit $\mathbf{H} = (\mathbf{0}, \mathbf{I}_g)$ und $\mathbf{h} = \mathbf{0}$; siehe Beispiel 7.3(b). Wir untersuchen in diesem Abschnitt die Konsequenzen von Missspezifikationen, wobei wir von der allgemeinen Form der linearen Restriktion $\mathbf{H}\boldsymbol{\beta} = \mathbf{h}$ ausgehen und uns wiederum die Konsequenzen des berechtigten und fehlerhaften Berücksichtigens der Restriktion interessieren.

Wir schätzen die Regressionskoeffizienten des Modells $\mathbf{y} = \mathbf{X}\boldsymbol{\beta} + \mathbf{u}$ mit und ohne Berücksichtigung der linearen Restriktionen $\mathbf{H}\boldsymbol{\beta} = \mathbf{h}$ nach (7.2.1); die nicht-restringierten Schätzer sind die üblichen OLS-Schätzer $\mathbf{b} = (\mathbf{X}'\mathbf{X})^{-1}\mathbf{X}'\mathbf{y}$, die restringierten Schätzer $\mathbf{b}_R$ zeigt (7.3.6). Den Erwartungswert von $\mathbf{b}_R$ erhalten wir als

$$\mathrm{E}\{\mathbf{b}_R\} = \boldsymbol{\beta} - (\mathbf{X}'\mathbf{X})^{-1}\mathbf{H}'[\mathbf{H}(\mathbf{X}'\mathbf{X})^{-1}\mathbf{H}']^{-1}(\mathbf{H}\boldsymbol{\beta} - \mathbf{h})\,;$$

wir sehen, dass $\mathbf{b}_R$ unverzerrt ist, wenn $\mathbf{H}\boldsymbol{\beta} = \mathbf{h}$, die lineare Restriktion also zutrifft, und dass $\mathbf{b}_R$ ein verzerrter Schätzer ist, wenn $\mathbf{H}\boldsymbol{\beta} \neq \mathbf{h}$. Für die Varianzen der Schätzer finden wir, dass ihre Differenzmatrix

$$\mathrm{Var}\{\mathbf{b}\} - \mathrm{Var}\{\mathbf{b}_R\} = \sigma^2(\mathbf{X}'\mathbf{X})^{-1}\mathbf{H}'[\mathbf{H}(\mathbf{X}'\mathbf{X})^{-1}\mathbf{H}']^{-1}\mathbf{H}(\mathbf{X}'\mathbf{X})^{-1} \geq \mathbf{0}$$

positiv semidefinit ist; jede beliebige Linearkombination der Schätzer $\mathbf{b}$ hat eine mindestens so große Varianz wie die analoge Linearkombination der Schätzer $\mathbf{b}_R$. Für die Residuen $\mathbf{e}_R = \mathbf{e} - \mathbf{X}(\mathbf{b}_R - \mathbf{b})$ erhalten wir die Ungleichung

$$\mathbf{e}_R'\mathbf{e}_R = \mathbf{e}'\mathbf{e} + (\mathbf{b}_R - \mathbf{b})'(\mathbf{X}'\mathbf{X})(\mathbf{b}_R - \mathbf{b}) \geq \mathbf{e}'\mathbf{e}\,;$$

die Summe der quadrierten Residuen aus der restringierten Schätzung ist mindestens so groß wie die aus der nicht-restringierten Schätzung. Die analogen Ergebnisse aus Abschnitt 6.4 ergeben sich, wenn wir die allgemeine, lineare Restriktion $\mathbf{H}\boldsymbol{\beta} = \mathbf{h}$ durch die Restriktion $\boldsymbol{\gamma} = \mathbf{0}$ ersetzen.

Die Auswirkungen von Missspezifikation können, wieder in Analogie zu dem in Abschnitt 6.4 Gesagten, wie folgt beschrieben werden:

(A) Wird eine nicht gültige Restriktion irrtümlich berücksichtigt: Dann sind die restringierten Schätzer (7.3.3) und (7.3.4) bzw. (7.3.6) verzerrt, aber effizient; die Varianz der Störgrößen wird überschätzt.

(B) Wird eine gültige Restriktion irrtümlich nicht berücksichtigt: Dann ist der Schätzer unverzerrt, aber nicht effizient; die Varianz der Störgrößen wird unterschätzt.

Wie in Abschnitt 6.4 ausgeführt, gilt auch hier, dass das Anwenden von Verfahren der statistischen Inferenz über die Regressionskoeffizienten wie das Testen von Hypothesen kaum sinnvoll möglich ist.

7.5 Test von linearen Restriktionen

Das Testen der Nullhypothese, dass lineare Restriktionen zutreffen, H_0: $\mathbf{H}\boldsymbol{\beta} = \mathbf{h}$, können wir auf zwei verschiedene Arten ausführen; die Alternativhypothese ist in diesem Abschnitt stets das Nichtzutreffen von H_0.

1. Wenn die Nullhypothese zutrifft, so sollten die ohne Berücksichtigung der Restriktionen erhaltenen Schätzer $\mathbf{b}$ die Restriktionen erfüllen, also der Differenzen-Vektor $\mathbf{d} = \mathbf{Hb} - \mathbf{h}$ nur nicht-signifikante Abweichungen von Null zeigen. Entsprechende Testverfahren basieren auf der Wald'schen Teststatistik

   $$\mathrm{W} = \mathbf{d}'[\mathrm{Var}\{\mathbf{d}\}]^{-1}\mathbf{d}\,.$$

   Gilt $g = 1$, ist also nur das Zutreffen einer einzelnen linearen Restriktion zu überprüfen, so kann als äquivalentes Testverfahren ein t-Test verwendet werden.

2. Ähnlich wie beim F-Test und anderen Testverfahren des Abschnittes 6.5 können wir einen Modellvergleich vornehmen und testen, ob die Vergrößerung der Summe der quadrierten Residuen durch das Berücksichtigen der Restriktionen im Bereich des

Zufälligen liegt oder einer systematischen Verschlechterung entspricht. Finden wir eine signifikante Vergrößerung, so werden wir das als Hinweis darauf sehen, dass das Berücksichtigen der Restriktionen eine Missspezifikation darstellt.

Wir werden im Folgenden eine Reihe von Tests der Nullhypothese H_0: $\mathbf{H}\boldsymbol{\beta} = \mathbf{h}$ behandeln; diese Tests umfassen die Tests des Abschnitts 6.5 als Spezialfälle.

7.5.1 t-Test

In Abschnitt 5.4 haben wir die Teststatistik T_i nach (5.4.1) zum Testen von Nullhypothesen über die Regressionskoeffizienten definiert. Sie folgt für hinreichend großen Umfang der verfügbaren Daten näherungsweise der Normalverteilung und für normalverteilte Störgrößen der t-Verteilung mit $n-k$ Freiheitsgraden. Gilt $g=1$, ist die Ordnung von $\mathbf{H}$ also $1 \times k$, und haben wir nur eine einzelne Restriktion $\mathbf{H}\boldsymbol{\beta} = h$ auf ihr Zutreffen zu prüfen, so können wir von der Teststatistik T Gebrauch machen, die wir in Analogie zu T_i nach (5.4.1) definieren: Der Differenzen-Vektor ist ein Skalar $d = \mathbf{Hb} - h$ und folgt bei Zutreffen von

$$H_0 : \mathbf{H}\boldsymbol{\beta} = h$$

näherungsweise der Normalverteilung,

$$d = \mathbf{Hb} - h \mathrel{\dot\sim} N\left(0, s_H^2\right),$$

mit $s_H^2 = \mathbf{H}[\hat\sigma^2(\mathbf{X}'\mathbf{X})^{-1}]\mathbf{H}'$; s_H ist der Standardfehler der Differenz d. Als Teststatistik zum Testen von H_0 verwenden wir entsprechend dem oben Gesagten den Quotienten aus Differenz d und ihrem Standardfehler s_H

$$T = \frac{d}{s_H} = \frac{\mathbf{Hb} - h}{s_H}. \tag{7.5.1}$$

Unter H_0 folgt T bei hinreichend großen Umfang der verfügbaren Daten näherungsweise der Standardnormalverteilung; für normalverteilte Störgrößen folgt T der t-Verteilung mit $n-k$ Freiheitsgraden. Erfüllen die nicht-restringierten Schätzer $\mathbf{b}$ die Restriktion schlecht, dann erhalten wir einen großen Wert von T bzw. einen kleinen p-Wert, und wir werden die Nullhypothese bzw. die Restriktion $\mathbf{H}\boldsymbol{\beta} = h$ für nicht zutreffend halten.

7.5.2 Wald- und F-Test

Beide hier zu behandelnden Tests prüfen, wie gut die nicht-restringierten Schätzer $\mathbf{b}$ die Restriktionen $\mathbf{H}\boldsymbol{\beta} = \mathbf{h}$ erfüllen, bzw. ob die Komponenten des Differenzen-Vektors $\mathbf{d} = \mathbf{Hb} - \mathbf{h}$ nur zufällig von Null abweichen.

7.5.2.1 Der Wald-Test

Wir gehen davon aus, dass das Zutreffen von g linearen Restriktionen $\mathbf{H}\boldsymbol{\beta} = \mathbf{h}$ zu prüfen ist und die Ordnung von $\mathbf{H}$ demnach $g \times k$ ist. Die Wald'sche Teststatistik W basiert auf dem Differenzen-Vektor $\mathbf{d} = \mathbf{Hb} - \mathbf{h}$ und ist definiert als $\mathrm{W} = \mathbf{d}'[\mathrm{Var}\{\mathbf{d}\}]^{-1}\mathbf{d}$. Setzen wir den Differenzen-Vektor $\mathbf{d}$ und seine Kovarianzmatrix $\mathrm{Var}\{\mathbf{d}\}$ ein, so bekommen wir

$$\mathrm{W} = \frac{1}{\sigma^2}\,\mathbf{d}'\left(\mathbf{H}[(\mathbf{X}'\mathbf{X})^{-1}]\mathbf{H}'\right)^{-1}\mathbf{d}.$$

Die Teststatistik folgt bei Zutreffen der Nullhypothese H_0: $\mathbf{H\beta} = \mathbf{h}$ bei hinreichend großen Umfang der verfügbaren Daten näherungsweise der Chi-Quadrat-Verteilung mit g Freiheitsgraden. Diese Verteilung gilt weiterhin näherungsweise, wenn σ^2 durch einen konsistenten Schätzer ersetzt wird:

$$W = \frac{1}{s^2}\mathbf{d}'\left(\mathbf{H}[(\mathbf{X}'\mathbf{X})^{-1}]\mathbf{H}'\right)^{-1}\mathbf{d} \mathrel{\dot\sim} \chi(g)\,. \tag{7.5.2}$$

Das Anwenden von (7.5.2) zum Testen auf das Zutreffen von Restriktionen nennen wir auch den Wald-Test. Erfüllen die nicht-restringierten Schätzer $\mathbf{b}$ die Restriktionen schlecht, dann erhalten wir einen großen Wert der Wald'schen Teststatistik bzw. einen kleinen p-Wert. Wir werden die Nullhypothese bzw. die Restriktionen für nicht zutreffend halten.

Der Wald-Test kann natürlich auch verwendet werden, wenn das Zutreffen nur einer Restriktion ($g = 1$) getestet werden soll. Tatsächlich ist die Wald'sche Teststatistik W dann genau das Quadrat der Teststatistik T nach (7.5.1).

7.5.2.2 Der F-Test

Die Wald'sche Teststatistik ist als Funktion des Differenzen-Vektors $\mathbf{d}$ definiert. Bei der Ableitung ihrer Verteilung geht man von der Verteilung von $\mathbf{d}$ bzw. von der Verteilung der nicht-restringierten Schätzer $\mathbf{b}$ aus. In Abschnitt 6.5 sind die Schätzer $\mathbf{b}$ und ihre Verteilung Ausgangspunkt für die Diskussion des F-Tests, dessen Teststatistik in enger Beziehung zur Wald'schen Teststatistik steht. Wir definieren hier die Teststatistik

$$F = \frac{W}{g}\frac{\sigma^2}{s^2} = \frac{\mathbf{d}'\left(\mathbf{H}[(\mathbf{X}'\mathbf{X})^{-1}]\mathbf{H}'\right)^{-1}\mathbf{d}}{e'e}\,\frac{n-k}{g}\,. \tag{7.5.3}$$

Bei Zutreffen der Nullhypothese und normalverteilten Störgrößen folgt F der F-Verteilung mit g und $n - k$ Freiheitsgraden. Damit steht uns auch ein F-Test zum Testen auf das Zutreffen der Restriktionen $\mathbf{H\beta} = \mathbf{h}$ zur Verfügung. Erfüllen die nicht-restringierten Schätzer $\mathbf{b}$ die Restriktionen schlecht, dann erhalten wir einen großen Wert der Teststatistik F bzw. einen kleinen p-Wert, und wir werden die Nullhypothese bzw. die Restriktionen für nicht zutreffend halten.

7.5.2.3 Test durch Modellvergleich

Die Teststatistik F nach (6.5.1) aus Abschnitt 6.5 hat große Ähnlichkeit mit F nach (7.5.3). Wie im Abschnitt 6.5 werden wir auch hier sehen, dass die Teststatistik F in verschiedener Weise ermittelt werden kann. Aus

$$\mathbf{e}_R'\mathbf{e}_R = \mathbf{e}'\mathbf{e} + (\mathbf{b}_R - \mathbf{b})'(\mathbf{X}'\mathbf{X})(\mathbf{b}_R - \mathbf{b})$$

(siehe Abschnitt 7.4) ergibt sich mit $\mathbf{b}_R = \mathbf{b} - (\mathbf{X}'\mathbf{X})^{-1}\mathbf{H}'[\mathbf{H}(\mathbf{X}'\mathbf{X})^{-1}\mathbf{H}']^{-1}\mathbf{d}$ nach (7.3.6) die Beziehung

$$\mathbf{d}'[\mathbf{H}(\mathbf{X}'\mathbf{X})^{-1}\mathbf{H}']^{-1}\mathbf{d} = \mathbf{e}_R'\mathbf{e}_R - \mathbf{e}'\mathbf{e}$$

für den Zähler der Teststatistiken des Wald- und F-Tests. Wir können daher diese beiden Tests auch verwenden, die Signifikanz der Vergrößerung der Summe der quadrierten Residuen durch das Berücksichtigen der Restriktionen zu beurteilen.

Als Wald-Test basiert der Modellvergleich auf der Teststatistik

$$W = \frac{\mathbf{e}_R'\mathbf{e}_R - \mathbf{e}'\mathbf{e}}{s^2} = \frac{S_R - S}{s^2} \stackrel{.}{\sim} \chi^2(g)\,. \tag{7.5.4}$$

Äquivalent ist der F-Test, der die Teststatistik

$$F = \frac{\mathbf{e}_R'\mathbf{e}_R - \mathbf{e}'\mathbf{e}}{\mathbf{e}'\mathbf{e}} \frac{n-k}{g} = \frac{S_R - S}{S} \frac{n-k}{g} \sim F(g, n-k) \tag{7.5.5}$$

verwendet. Das Ausführen der Tests erfolgt in folgenden Schritten:

1. Berechnung der nicht-restringierten Schätzer b und Ermitteln von $S = \mathbf{e}'\mathbf{e}$.
2. Berechnung der restringierten Schätzer b_R und Ermitteln von $S_R = \mathbf{e}_R'\mathbf{e}_R$.
3. Einsetzen in (7.5.4) zum Berechnen der Teststatistik W bzw. (7.5.5) für F.

In der Einleitung dieses Abschnitts haben wir davon gesprochen, dass zwei Konzepte für das Testen von Restriktionen zur Verfügung stehen, nämlich (i) das Testen, ob die nicht-restringierten Schätzer die Restriktion erfüllen, und (ii) das Testen durch Modellvergleich. Wir haben hier gesehen, dass die beiden Konzepte zu Verfahren führen, die sich rechnerisch und in der Interpretation unterscheiden, nicht aber in den Teststatistiken und den damit erhaltenen p-Werten.

7.5.3 Weitere Tests

Wir behandeln in diesem Abschnitt weitere asymptotische Tests sowie Verfahren zum Testen auf das Zutreffen von nichtlinearen Restriktionen.

7.5.3.1 Asymptotische Tests

Die Testtheorie behandelt drei Konzepte, nach denen asymptotische Tests auf der Basis der Likelihood-Funktion abgeleitet werden können; siehe dazu auch den Anhang D.3. Angewendet auf das Testen des Zutreffens von Restriktionen für die Regressionskoeffizienten können diese Konzepte wie folgt charakterisiert werden.

- Der Wald-Test, den wir in diesem Abschnitt bereits kennen gelernt haben, überprüft, inwieweit die nicht-restringierten Schätzer die Restriktionen erfüllen.
- Der Lagrange-Multiplier-Test, kurz LM-Test, untersucht, ob die Ableitung der Likelihood-Funktion, die so genannte *score* Funktion, an der Stelle der restringierten Schätzer einen Wert annimmt, der nahe bei Null liegt; treffen die Restriktionen zu, so entsprechen die restringierten Schätzer dem Maximum der Likelihood-Funktion und wir erwarten Werte der Ableitungen nahe bei Null.
- Der Likelihood-Quotienten-Test oder LR-Test basiert auf dem Verhältnis der Likelihood-Funktionen, die sich an der Stelle der restringierten und der nicht-restringierten Schätzer ergeben.

Die Teststatistiken aller drei Tests folgen bei Zutreffen der Nullhypothese asymptotisch der Chi-Quadrat-Verteilung mit g Freiheitsgraden; diese Verteilung gilt unter allgemeinen Bedingungen unabhängig von den Verteilungsannahmen, die der Likelihood-Funktion zugrunde liegen.

Das Ableiten der Teststatistik des Lagrange-Multiplier-Tests zum Testen der Nullhypothese, dass lineare Restriktionen zutreffen, H_0: $\mathbf{H}\boldsymbol{\beta} = \mathbf{h}$, ergibt

$$\mathrm{LM} = n\,\frac{\mathbf{e}_R'\mathbf{X}(\mathbf{X}'\mathbf{X})^{-1}\mathbf{X}'\mathbf{e}_R}{\mathbf{e}_R'\mathbf{e}_R}\,.$$

Der LM-Test ist dem Wald-Test und dem F-Test aus Gründen des geringeren Rechenaufwandes vorzuziehen, wenn die restringierten Schätzer mit geringerem Aufwand zu ermitteln sind als die nicht-restringierten Schätzer. Eine einfache Berechnung zeigt die Form der Teststatistik an: Wir können LM berechnen als

$$\mathrm{LM} = n\,R_e^2\,,$$

wobei R_e^2 das Bestimmtheitsmaß der Regression der Abweichungen in $\mathbf{e}_R$ auf die Regressoren aus $\mathbf{X}$ ist. Für die Teststatistik des Likelihood-Quotienten-Tests erhalten wir

$$\mathrm{LR} = n\,\log\left(\frac{\mathbf{e}_R'\mathbf{e}_R}{\mathbf{e}'\mathbf{e}}\right).$$

Alle drei Teststatistiken, W, LM und LR, haben die Chi-Quadrat-Verteilung mit g Freiheitsgraden als asymptotische Verteilung. Die Nullhypothese werden wir jeweils verwerfen, wenn ein großer Wert der Teststatistik oder ein kleiner p-Wert realisiert wird. Bei endlichem Umfang der verfügbaren Daten besteht zwischen den Teststatistiken die Beziehung

$$\mathrm{W} \geq \mathrm{LR} \geq \mathrm{LM}\,;$$

wird die Nullhypothese vom Lagrange-Multiplier-Test verworfen, so wird sie auch von den anderen Tests verworfen; wird sie vom Wald-Test nicht verworfen, so wird sie auch von den anderen Tests nicht verworfen.

7.5.3.2 Nichtlineare Restriktionen

Wir behandeln hier das Testen auf das Zutreffen von Restriktionen für die Regressionskoeffizienten, die nicht, wie bisher in diesem Abschnitt vorausgesetzt, lineare Funktionen der Koeffizienten sind.

Beispiel 7.6 **CES-Produktionsfunktion**

Die Produktionsfunktion stellt wieder den Output Q als Funktion der Produktionsfaktoren K (eingesetzter Kapitalbestand) und L (geleistete Arbeit) dar. Bei Annahme konstanter Skalenerträge lautet das Modell, geschrieben ohne Störgröße,

$$\log Q = \log A + \beta_1 \log\left[\gamma K^{\beta_2} + (1-\gamma)\,L^{\beta_2}\right];$$

eine Produktionsfunktion mit konstanter Elastizität der Substitution zwischen den Faktoren oder CES-Produktionsfunktion liegt vor, wenn für die Koeffizienten des Modells die Beziehung

$$\beta_1 = \frac{1}{\beta_2}$$

zutrifft; CES steht für *constant elasticity of substitution*. Die Beziehung $\beta_1 = 1/\beta_2$ oder $\beta_1\beta_2 = 1$ ist ein Beispiel für eine nichtlinear Restriktion.

Die allgemeine Darstellung der in den Regressionskoeffizienten nichtlinearen Restriktionen lautet, geschrieben als zu testende Nullhypothese,

$$H_0 : \mathbf{h}(\boldsymbol{\beta}) = \mathbf{0}\,;$$

$\mathbf{h}$ ist ein g-Vektor von Funktionen der Elemente von $\boldsymbol{\beta}$. Zum Testen dieser Nullhypothese gegen die nicht weiter spezifizierte Alternative, dass H_0 nicht zutrifft, können wir beispielsweise den Wald-Test verwenden: Die Teststatistik

$$\mathrm{W} = \frac{1}{s^2}\,\mathbf{h}(\mathbf{b})'\left[\mathbf{H}(\mathbf{b})(\mathbf{X}'\mathbf{X})^{-1}\mathbf{H}(\mathbf{b})'\right]^{-1}\mathbf{h}(\mathbf{b})$$

ist eine Funktion der $(g \times k)$-Matrix

$$\mathbf{H}(\mathbf{b}) = \frac{\partial \mathbf{h}(\mathbf{b})}{\partial \mathbf{b}}\,,$$

der Ableitungen von $\mathbf{h}$ nach den Komponenten von β an der Stelle der OLS-Schätzer $\mathbf{b}$. Bei Zutreffen der Nullhypothese folgt W asymptotisch der Chi-Quadrat-Verteilung mit g Freiheitsgraden, die wir bei großem Umfang der verfügbaren Daten als Näherung zum Ermitteln des p-Wertes verwenden.

Ein Nachteil des Wald-Tests liegt darin, dass der Wert der Teststatistik und des p-Wertes davon abhängig ist, wie die Restriktion formuliert ist. Das Beispiel 7.7 illustriert diesen Sachverhalt für die CES-Produktionsfunktion des Beispiels 7.6. Andere Testverfahren wie der Likelihood-Quotienten-Test zeigen keine solche Abhängigkeit.

Beispiel 7.7 CES-Produktionsfunktion, Fortsetzung

Zum Schätzen der Cobb-Douglas-Produktionsfunktion verwenden wir wieder die Produktions-Daten für SIC 33 (Primary Metals) nach Hildebrand & Liu (1957), Aigner et al. (1977). Die (mittels nicht-linearer OLS-Schätzung) angepasste Regressionsbeziehung lautet

$$\widehat{\log Q} = 1.394 + 0.699 \log\left[0.057\,K^{1.416} + 0.943\,L^{1.416}\right];$$

für das Bestimmtheitsmaß ergibt sich 0.9467, die Summe der quadrierten Residuen beträgt 0.8026. Gehen wir vom Zutreffen der Restriktion $\beta_1 = 1/\beta_2$ aus, so erhalten wir restringierte Schätzer und die Regressionsbeziehung

$$\widehat{\log Q} = 1.347 + 0.689 \log \left[0.051\, K^{1.452} + 0.949\, L^{1.452}\right];$$

Bestimmtheitsmaß und Summe der quadrierten Residuen betragen 0.9468 und 0.8016. Zwischen den Ergebnissen der nicht-restringierten und der restringierten Schätzung sind keine großen Unterschiede zu erkennen. Das Überprüfen des Zutreffens der Restriktion $\beta_1 = 1/\beta_2$ mittels Wald-Test ergibt einen Wert der Teststatistik von 0.0247 und einen p-Wert von 0.8751; testen wir die Nullhypothese, dass $\beta_1 \beta_2 = 1$, so erhalten wir für die Wald'sche Teststatistik 0.0265, für den p-Wert 0.8707. Wenn auch der Unterschied in den Ergebnissen des Tests gering ist, sehen wir, dass das Ergebnis des Wald-Tests von der Formulierung der Nullhypothese abhängt. Die Ergebnisse widersprechen einander aber nicht: Die Annahme, dass die Substitutions-Elastizität der beiden Faktoren konstant ist, kann in beiden Ansätzen nicht verworfen werden. Zum gleichen Schluss kommen wir mit dem Likelihood-Quotienten-Test, dessen Teststatistik den Wert 0.0135 hat und für dessen p-Wert wir 0.9075 erhalten.

Es ist klar, dass der Wald-Test bei unterschiedlichen Formulierungen der Nullhypothese nicht immer zum gleichen Testergebnis führen wird. Es kann durchaus der Fall eintreten, dass eine Formulierung zum Verwerfen der Nullhypothese führt, die andere aber nicht.

7.A Aufgaben

7.A.1 Empirische Anwendungen

1. Der Datensatz `DatS03` enthält die Variablen GNP (nominelles GNP), INVEST (nominelle Investitionen), PC (Verbraucherpreisindex) und R (Zinssatz, gemessen als Jahresdurchschnitt des Diskontsatzes an der New York Federal Reserve Bank). Auf Basis dieser Variablen ist die Investitionsfunktion

$$\mathrm{IR}_t = \beta_1 + \beta_2(t - 1967) + \beta_3 \mathrm{GNPR}_t + \beta_4 R_t + \beta_5 \mathrm{PI}_t + u_t$$

definiert, wobei IR und GNPR auf reale Investitionen bzw. reales GNP umgerechnete Variable sind, und die Inflationsrate PI aus dem Verbraucherpreisindex PC zu berechnen ist.

(a) Manche Ökonomen sind der Meinung, dass die Investitionen nur durch den realen Zinssatz ($R - \mathrm{PI}$) bestimmt sind, und dass die Inflationsrate ansonsten keinen Effekt hat. Geben Sie eine geeignete lineare Restriktion (in Matrixnotation) für die Investitionsfunktion, die es erlaubt, diese Behauptung zu überprüfen.

(b) Berechnen Sie ein 95 %-iges Konfidenzintervall für $\beta_4 - \beta_5$; testen Sie mittels t-Test, ob $\beta_4 = \beta_5$ als eine zutreffende Restriktion anzusehen ist.

(c) Schätzen Sie die Koeffizienten der Investitionsfunktion mit und ohne Berücksichtigung der Restriktion $\beta_4 = \beta_5$ und testen Sie mittels F-, Wald-, Lagrange-Multiplier- und Likelihood-Quotienten-Test, ob $\beta_4 = \beta_5$ als zutreffende Restriktion anzusehen ist. Diskutieren Sie die Voraussetzungen, die für die Verwendung der verschiedenen Tests erfüllt sein müssen.

2. Testen Sie für die Investitionsfunktion aus Aufgabe 1 die Nullhypothese H_0: $\beta_2 = \ldots = \beta_5 = 0$. Verwenden Sie dazu

   (a) den F-Test,

   (b) den Wald-Test,

   (c) den LR-Test und

   (d) den LM-Test.

3. Testen Sie die Nullhypothese, dass für die Investitionsfunktion aus Aufgabe 1 die folgenden drei linearen Restriktionen zutreffen: $\beta_2 = 0$, $\beta_3 = 1$, $\beta_4 - \beta_5 = 0$.

   (a) Geben Sie die Matrizen **H** und **h** an.

   (b) Verwenden Sie zum Testen (i) die Substitutionsmethode und die F-Statistik nach (7.5.3) sowie (ii) den Wald-Test nach (7.5.2) und (7.5.4).

7.A.2 Allgemeine Aufgaben und Probleme

1. Für die durch $\mathbf{H}\boldsymbol{\beta} = \mathbf{h}$ restringierten OLS-Schätzer $\mathbf{b}_R$ von $\boldsymbol{\beta}$ aus $\mathbf{y} = \mathbf{X}\boldsymbol{\beta} + \mathbf{u}$ lautet die Schätzfunktion $\mathbf{b}_R = \mathbf{b} - (\mathbf{X}'\mathbf{X})^{-1}\mathbf{H}'[\mathbf{H}(\mathbf{X}'\mathbf{X})^{-1}\mathbf{H}']^{-1}(\mathbf{Hb} - \mathbf{h})$; siehe (7.3.6). Geben Sie an, unter welchen Bedingungen $\mathbf{b}_R$ (a) erwartungstreu und (b) nicht erwartungstreu ist. Zeigen Sie, (c) dass $\text{Var}\{\mathbf{b}\} - \text{Var}\{\mathbf{b}_R\} \geq \mathbf{0}$, wobei **b** der Vektor der nicht-restringierten OLS-Schätzer von $\boldsymbol{\beta}$ ist; von welchen Annahmen machen Sie dabei Gebrauch?

2. Am Beginn von Abschnitt 7.5.2 wird beschrieben, wie die Wald'sche Teststatistik W aus dem Differenzen-Vektor $\mathbf{d} = \mathbf{Hb} - \mathbf{h}$ gebildet wird. Zeigen Sie (a) die Gültigkeit von $\text{W} = \mathbf{d}'(\mathbf{H}[(\mathbf{X}'\mathbf{X})^{-1}]\mathbf{H}')^{-1}\mathbf{d}/\sigma^2$; dass (b) $T^2 = \text{W}$ für die Teststatistik T nach (7.5.1), wenn $g = 1$.

3. Zeigen Sie, dass sich die Teststatistik F des F-Tests aus Abschnitt 6.5.2 als Spezialfall der Teststatistik F des F-Tests aus Abschnitt 7.5.2 ergibt, wenn der Vektor $\boldsymbol{\gamma}$ alle Komponenten von $\boldsymbol{\beta}$ außer dem Interzept umfasst.

4. Zeigen Sie, dass zwischen den Teststatistiken der asymptotischen Tests in Abschnitt 7.5 die Beziehung

$$\text{W} \geq \text{LR} \geq \text{LM}$$

besteht. *Hinweis:* Für $z > 0$ gilt $z \geq \log(1 + z) \geq z/(1 + z)$.

7.E Hinweise zu EViews: Test von linearen Restriktionen

Der Standard-Output des Schätzens eines linearen Regressionsmodells wird in einem Output-Fenster präsentiert, das eine Leiste mit Schaltflächen enthält. Zum Aufruf des Wald-Tests klickt man auf die Schaltfläche `View` und wählt aus den Menüpunkten von `Coefficient Tests` die Möglichkeit `Wald - Coefficient Restrictions...` Im dann erscheinenden Dialogfenster können die Restriktionen für die Regressionskoeffizienten frei formuliert werden. Es sind insbesondere auch nichtlineare Restriktionen zugelassen.

Das Output-Fenster zum Wald-Test enthält die Teststatistik W nach (7.5.2) und dazu (a) den p-Wert der asymptotischen Chi-Quadrat-Verteilung [siehe (7.5.4)] und (b) den p-Wert der bei normalverteilten Störgrößen exakten F-Verteilung [siehe (7.5.5)].

Prognose und Prognosequalität

8

ÜBERBLICK

Ein wichtiger Anwendungsbereich von Regressionsmodellen ist das Prognostizieren künftiger Werte der zu erklärenden Variablen. Wir definieren **Punkt-Prognose** und **Intervall-Prognose** sowie Prognosefehler, die ein zentrales Element von Verfahren zur Beurteilung von Prognosen sind. Die Beurteilung der Prognosen und der **Prognosequalität** ist insbesondere dann von Interesse, wenn mehr als ein Prognoseverfahren zur Verfügung stehen. Unter den Kriterien der Prognosequalität werden wir die Wurzel aus dem mittleren quadratischen Prognosefehler, abgekürzt als **RMSE** nach dem Englischen *root mean squared error*, und den Ungleichheitskoeffizienten von Theil, auch **Theil'sche U-Statistik** genannt, behandeln.

In Abschnitt 8.1 werden Prognose und Prognoseintervall definiert. Der Abschnitt 8.2 befasst sich mit den verschiedenen Kennzahlen zur Beurteilung der Prognosequalität.

8.1 Prognose und Prognoseintervall

Für das Modell

$$\mathbf{y} = \mathbf{X}\boldsymbol{\beta} + \mathbf{u}$$

mit der $(n \times k)$-Matrix $\mathbf{X}$ sind Prognosewerte oder Punktprognosen $\hat{\mathbf{y}}_f$ für die Prognoseperiode oder den Prognosezeitraum gesucht, die durch die p Prognosezeitpunkte $f = \{n+1, \ldots, n+p\}$ charakterisiert sind. Der Vektor $\hat{\mathbf{y}}_f$ enthält p Komponenten; $n+p$ nennen wir den Prognosehorizont. Die Prognose $\hat{y}_{n+1}$ nennen wir 1-Schritt-Prognose, $\hat{y}_{n+2}$ ist die 2-Schritt-Prognose usw. Sind $\mathbf{X}_f$ und der OLS-Schätzer $\mathbf{b}$ für $\boldsymbol{\beta}$ bekannt, können die Prognosewerte ermittelt werden als

$$\hat{\mathbf{y}}_f = \mathbf{X}_f\mathbf{b} \tag{8.1.1}$$

Da die Prognosewerte Zufallscharakter haben, benötigen wir zur Einschätzung der Prognosequalität eine geeignete Information über die Unsicherheit der Prognosewerte. In Analogie zu einem Konfidenzintervall als Ergänzung zu einem Punktschätzer werden wir die Prognosewerte um Prognoseintervalle ergänzen. Die Standardfehler der Prognosewerte sind durch die Standardfehler der **Prognosefehler** bestimmt. Wir definieren die Prognosefehler als den p-Vektor

$$\mathbf{e}_f = \mathbf{y}_f - \hat{\mathbf{y}}_f = \mathbf{X}_f(\boldsymbol{\beta} - \mathbf{b}) + \mathbf{u}_f .$$

Wir nehmen an, dass für den Vektor $\mathbf{y}_f = \mathbf{X}_f\boldsymbol{\beta} + \mathbf{u}_f$ der abhängigen Variablen gilt: $\mathrm{E}\{\mathbf{u}_f\} = \mathbf{0}$, $\mathrm{Var}\{\mathbf{u}_f\} = \sigma^2\mathbf{I}_p$ und $\mathrm{Cov}\{\mathbf{u}_f, \mathbf{u}\} = \mathbf{0}$. Mit diesen Annahmen unterstellen wir, dass das Modell auch im Prognosezeitraum gültig ist. Dann finden wir $\mathrm{E}\{\mathbf{e}_f\} = \mathbf{0}$, und für die Varianz des Prognosefehlers erhalten wir

$$\mathrm{Var}\{\mathbf{e}_f\} = \sigma^2\left[\mathbf{I}_p + \mathbf{X}_f(\mathbf{X}'\mathbf{X})^{-1}\mathbf{X}_f'\right].$$

Wenn wir weiter annehmen, dass $\mathbf{u}$ und $\mathbf{u}_f$ normalverteilte Störgrößen sind, so ergibt sich die Normalverteilung des Prognosefehlers

$$\mathbf{e}_f \sim N\left(\mathbf{0}, \sigma^2[I_p + \mathbf{X}_f(\mathbf{X}'\mathbf{X})^{-1}\mathbf{X}_f']\right). \tag{8.1.2}$$

Diese Normalverteilung gilt für großes n näherungsweise auch dann, wenn die Störgrößen $\mathbf{u}$ nicht normalverteilt sind. Mit (8.1.2) erhalten wir 100γ %-ige Prognoseintervalle für y_{n+i}, $i = 1, \ldots, p$ von der Form

$$\hat{y}_{n+i} \pm z_{\frac{1+\gamma}{2}} \sigma_f(i) \,; \tag{8.1.3}$$

dabei ist $z_{(1+\gamma)/2}$ das Perzentil der Normalverteilung, das der Konfidenzzahl γ entspricht, und $\sigma_f(i)$ die Standardabweichung des Prognosefehlers, d.h. die Wurzel des i-ten Diagonalelements der Matrix $\text{Var}\{\mathbf{e}_f\}$. Ersetzen wir die Varianz σ^2 durch die Stichproben-Varianz s^2, so erhalten wir die 100γ %-igen Prognoseintervalle zu

$$\hat{y}_{n+i} \pm t_{\frac{1+\gamma}{2}}(n-k)\, s_f(i) \,;$$

$s_f(i)$ unterscheidet sich von $\sigma_f(i)$ durch das Einsetzen von s^2 für σ^2.

Beispiel 8.1

1-Schritt-Prognose

Wir wollen das Regressionsmodell

$$Y_t = \alpha + \beta X_t + u_t$$

verwenden, um ein Prognoseintervall zu Y für den Zeitpunkt $n+1$ zu bestimmen, wobei uns Beobachtungen für $t = 1, \ldots, n$ zur Verfügung stehen. Durch Anpassen des Modells an die Daten erhalten wir die OLS-Schätzer a und b. Die Prognose für den Zeitpunkt $n+1$ ergibt sich entsprechend der Definition (8.1.1) zu

$$\hat{Y}_{n+1} = a + bX_{n+1} \,.$$

Für die Varianz des Prognosefehlers $e_f = Y_{n+1} - \hat{Y}_{n+1} = -(\alpha - a) - (\beta - b)X_{n+1} + u_{n+1}$ finden wir

$$\text{Var}\{e_f\} = \sigma_f^2 = \sigma^2 \left[1 + \frac{1}{n} + \frac{(X_{n+1} - \bar{X})^2}{\sum (X_t - \bar{X})^2} \right] . \tag{8.1.4}$$

Gelten $u \sim N(0, \sigma^2 I_n)$ und $u_{n+1} \sim N(0, \sigma^2)$, so folgt daraus, dass der Prognosefehler den Erwartungswert $\text{E}\{e_f\} = 0$ hat, und dass

$$e_f \sim N(0, \sigma_f^2) \,.$$

Damit können wir ein 100γ %-Prognoseintervall zu

$$\hat{Y}_{n+1} - z_{\frac{1+\gamma}{2}} \sigma_f \leq Y_{n+1} \leq \hat{Y}_{n+1} + z_{\frac{1+\gamma}{2}} \sigma_f$$

oder – bei Ersetzen der Varianz der Störgrößen σ^2 durch die Stichproben-Varianz s^2 – zu

$$\hat{Y}_{n+1} - t_{\frac{1+\gamma}{2}}(n-2)\, s_f \leq Y_{n+1} \leq \hat{Y}_{n+1} + t_{\frac{1+\gamma}{2}}(n-2)\, s_f$$

bestimmen.

Die Abhängigkeit der Standardabweichung σ_f von den Beobachtungen des Regressors X, siehe (8.1.4), verdient unser Interesse. Von den drei Summanden in der eckigen Klammer von (8.1.4) werden der zweite und der dritte umso kleiner, je größer der Umfang der verfügbaren Daten ist. Den Nenner des dritten Summanden können wir schreiben als ns_x^2, wobei s_x^2 die Stichproben-Varianz der Beobachtungen von X ist. Somit sind beide Nenner ein Vielfaches von n, so dass beide Summanden mit wachsendem n immer kleiner werden. Für ein vorgegebenes X_{n+1} kann die Standardabweichung σ_f somit nicht kleiner sein als σ. Für ein bestimmtes n wird die Standardabweichung σ_f umso größer, je größer der Abstand zwischen X_{n+1} und $\bar{X}$ wird. Da die Breite des Prognoseintervalls proportional zur Standardabweichung σ_f ist, zeigt sich die beschriebene Abhängigkeit von den Beobachtungen des Regressors auch für die Breite des Prognoseintervalls. Die Abbildung 8.1 zeigt diese Abhängigkeit für eine einfache Regression.

Abbildung 8.1

Prognoseintervall für eine einfache Regression.

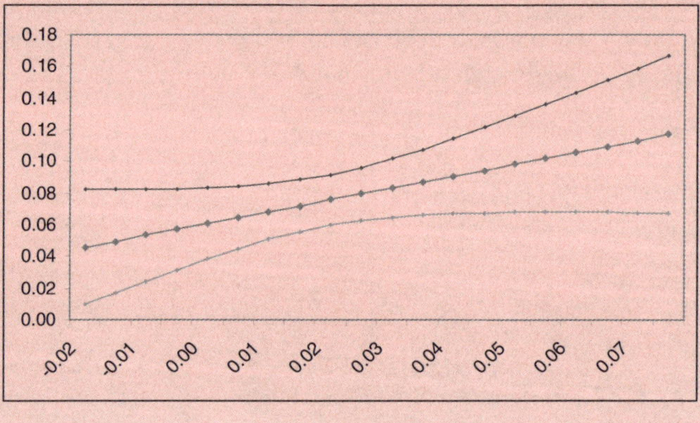

In praktischen Situationen werden die Werte $\mathbf{X}_f$ der Regressoren für die Prognoseperiode im Allgemeinen nicht bekannt sein, so dass die Definitionen (8.1.1) und (8.1.2) nicht ohne weiteres verwendet werden können. Eine Prognose, die keinen Gebrauch von den Beobachtungen $\mathbf{X}_f$ der Regressoren für künftige Perioden macht, nennen wir eine *ex ante* Prognose, da sie typischerweise für die unbekannte Zukunft bestimmt wird. Prognosen, für die wir Beobachtungen $\mathbf{X}_f$ der Regressoren verwenden, nennen wir *ex post* Prognosen. Zum Berechnen einer *ex ante* Prognose müssen wir zuerst die Prognosen $\hat{\mathbf{X}}_f$ der Regressoren ermitteln und diese anstelle von $\mathbf{X}_f$ in die Definition (8.1.1) und (8.1.2) einsetzen. Welche Konsequenz diese Vorgangsweise für die Eigenschaften der Prognosen und der Prognoseintervalle hat, ist schwer abzuschätzen.

Beispiel 8.2 **Konsumfunktion**

Für die Daten aus der AWM-Datenbasis, 1970:1 bis 2002:4, haben wir die Regressionsbeziehung

$$\hat{C} = 0.011 + 0.747\, Y$$

erhalten; dabei steht C für die jährliche Zuwachsrate des realen Privaten Konsums PCR und Y für die jährliche Zuwachsrate des realen Verfügbaren Einkommens der Haushalte PYR. Die Summe der quadrierten Residuen beträgt 0.0079. Wir wollen nun für das erste Quartal von 2003, kurz geschrieben als 2003:1, eine Punktprognose und ein 95 %-iges Prognoseintervall des Privaten Konsums ermitteln, wobei wir davon ausgehen, dass uns nur die Daten bis Ende 2002 bekannt sind. Da wir das Einkommen für 2003:1 nicht kennen, müssen wir es schätzen: Wir können es beispielsweise durch Extrapolation der quadratischen Funktion der Zeit erhalten, nachdem wir diese an die Zeitreihe der Einkommen angepasst haben. Die Funktion lautet $\hat{Y}_t = 0.0472 - 0.00029\,t + 5.68\,10^{-6}\,t^2$, und für $t = 129$ als Index für 2003:1 erhalten wir die Prognose $\hat{Y}_{2003:1} = 0.0231$. Damit können wir die Punktprognose angeben: Die Zuwachsrate des Privaten Konsums $\hat{C}_{2003:1}$ wird prognostiziert zu $0.0109 + (0.7470)\,(0.0231) = 0.0281$, der Private Konsum zu $(89\ 0.170)(0.0281) = 915.223$ Mrd Euro.

Zum Berechnen des Prognoseintervalls benötigen wir den Mittelwert $\bar{Y} = 0.01\ 88$ und die Stichproben-Standardabweichung $s_Y = 0.0168$ des Einkommens und die geschätzte Standardabweichung der Störgrößen $s = 0.00786$. Damit erhalten wir

$$s_f^2 = s^2 \left[1 + \frac{1}{128} + \frac{(\hat{Y}_{2003:1} - \bar{Y})^2}{(128)\,s_Y^2} \right] = (0.0079)^2 \,.$$

Mit dem 0.975-Perzentil der t-Verteilung mit 126 Freiheitsgraden von 1.979 ergibt sich das 95 %-ige Prognoseintervall zu 0.0281 ± 0.0156 oder $0.0125 \leq C_{2003:1} \leq 0.0438$; das 95 %-ige Prognoseintervall für den Privaten Konsum lautet (in Mrd Euro)

$$901.33 \leq \mathrm{PCR}_{2000:3} \leq 929.12 \,.$$

Die Breite des Prognoseintervalls beträgt mit 277.9 Mrd Euro knapp mehr als 3 % des prognostizierten Wertes.

8.2 Beurteilung der Prognosequalität

Zur Beurteilung der Eignung eines Prognoseverfahrens, in einer bestimmten Situation zur Prognose verwendet zu werden, berechnen wir entsprechende Kennzahlen, die üblicherweise auf der Basis von *ex post* Prognosen ermittelt werden. Wir können

Prognosen zu allen n verfügbaren Beobachtungen bei der Berechnung der Kennzahlen verwenden. Oft beschränkt man den *ex post* Prognosezeitraum auf die aktuellsten n^* Beobachtungen ($n^* \leq n$). Interessanter wären natürlich Kennzahlen, mit denen die Qualität von *ex ante* Prognosen beschrieben wird. Auf entsprechende Möglichkeiten gehen wir im letzten Teil des Abschnitts ein.

8.2.1 Beurteilung von *ex post* Prognosen

Die gebräuchlichsten Kennzahlen zur Prognosequalität sind

- die Wurzel aus dem mittleren quadratischen Prognosefehler, abgekürzt mit RMSE (*root mean squared error*);
- der mittlere absolute Prognosefehler, abgekürzt mit MAE;
- der Theil'sche Ungleichheitskoeffizient;
- die Komponenten der Zerlegung des mittleren quadratischen Prognosefehlers in seine Anteile.

In der ökonometrischen Literatur werden häufig Modifikationen dieser Kennzahlen oder ähnliche Kennzahlen verwendet.

Der RMSE, die Wurzel aus dem mittleren quadratischen Prognosefehler, ist definiert als

$$\text{RMSE} = \sqrt{\frac{1}{n^*} \sum\nolimits_t (Y_t - \hat{Y}_t)^2} \; ;$$

die Summation umfasst die n^* Beobachtungen des *ex post* Prognosezeitraums. Die Definition entspricht der einer Standardabweichung: Je größer der mittlere quadrierte Prognosefehler ist, umso größer ist die Kennzahl. Prognoseverfahren mit einem kleinen Wert von RMSE ziehen wir einem Verfahren vor, für das RMSE einen größeren Wert hat. Der RMSE ist empfindlich gegen große Prognosefehler; schon einige wenige große Prognosefehler können einen großen RMSE-Wert zur Folge haben. Das Quadrat von RMSE, den mittleren quadratischen Prognosefehler, bezeichnen wir auch mit MSE.

Der mittlere absolute Prognosefehler ist definiert als

$$\text{MAE} = \frac{1}{n^*} \sum\nolimits_t |Y_t - \hat{Y}_t| \; ;$$

die Summation umfasst wiederum die n^* Beobachtungen des *ex post* Prognosezeitraums. Auch für den MAE gilt, dass wir Prognoseverfahren mit einem kleinen Wert von MAE einem Verfahren vorziehen, für das der MAE einen größeren Wert hat. Der MAE ist weniger empfindlich gegenüber einzelnen großen Prognosefehlern als der RMSE.

Sowohl der RMSE als auch der MAE hängen von der Skalierung der Variablen Y ab. Beim Vergleich von verschiedenen Prognoseverfahren für eine bestimmte Variable spielt die Skalierung keine Rolle. Sollen aber mehrere, unterschiedlich skalierte Variable in einen Vergleich von Prognoseverfahren einbezogen werden, so ist ein direkter Vergleich auf der Basis dieser Kennzahlen nicht ohne weiteres möglich. Wir können dann modifizierte Definitionen anwenden, indem wir die Differenzen $Y_t - \hat{Y}_t$ der Niveauwerte durch relative Differenzen $(Y_t - \hat{Y}_t)/Y_t$ ersetzen. So ist der mittlere absolute prozentuelle Prognosefehler definiert als

$$\text{MAE}_p = 100\,\frac{1}{n^*}\sum\nolimits_t \left|\frac{Y_t - \hat{Y}_t}{Y_t}\right| .$$

Der Theil'sche Ungleichheitskoeffizient, auch Theil'sche U-Statistik genannt, ist definiert als

$$\text{U} = \frac{\text{MSE}}{\sqrt{\frac{1}{n^*}\sum_t \hat{Y}_t^2} + \sqrt{\frac{1}{n^*}\sum_t Y_t^2}} = \frac{\sqrt{\frac{1}{n^*}\sum_t (Y_t - \hat{Y}_t)^2}}{\sqrt{\frac{1}{n^*}\sum_t \hat{Y}_t^2} + \sqrt{\frac{1}{n^*}\sum_t Y_t^2}}$$

mit Summationen über die n^* Beobachtungen des *ex post* Prognosezeitraums. Auch der Ungleichheitskoeffizient ist von der Skalierung unabhängig; sein Wert liegt zwischen Null und Eins. Wie die anderen Kennzahlen erreicht U den kleinsten möglichen Wert Null, wenn alle Prognosen exakt mit den beobachteten Werten übereinstimmen. Je größer die Prognosefehler, umso größer ist U.

Eine interessante Modifikation von U stellt die Definition

$$\text{U}_\Delta = \frac{\sqrt{\frac{1}{n^*}\sum_t (\Delta Y_t - \Delta \hat{Y}_t)^2}}{\sqrt{\frac{1}{n^*}\sum_t \Delta Y_t^2}}$$

dar; dabei stehen die ΔY_t für die Differenzen der Niveauwerte $\Delta Y_t = Y_t - Y_{t-1}$ oder für die relativen Differenzen $\Delta Y_t = (Y_t - Y_{t-1})/Y_{t-1}$; analog gilt $\Delta \hat{Y}_t = \hat{Y}_t - Y_{t-1}$ oder $\Delta \hat{Y}_t = (\hat{Y}_t - Y_{t-1})/Y_{t-1}$. Ein Prognoseverfahren mit kleinem Wert von U_Δ ist gut in der Lage, Änderungen wie Wendepunkte in der Entwicklung von Y vorauszusagen.

Den mittleren quadratischen Prognosefehler MSE können wir in drei Beiträge zerlegen:

$$\text{MSE} = (\bar{\hat{Y}} - \bar{Y})^2 + (s_{\hat{y}} - s_y)^2 + 2(1 - r_{\hat{y}y}) s_{\hat{y}} s_y \; ; \tag{8.2.1}$$

dabei ist $r_{\hat{y}y}$ der Korrelationskoeffizient zwischen den Y und ihren Prognosen. Durch Division dieser Gleichung durch MSE bekommen wir die Beziehung

$$\text{MSE}_b + \text{MSE}_v + \text{MSE}_k = 1$$

mit den drei Quotienten

$$\text{MSE}_b = \frac{(\bar{\hat{Y}} - \bar{Y})^2}{\text{MSE}} \qquad \text{(Beitrag des Bias)}$$

$$\text{MSE}_v = \frac{(s_{\hat{y}} - s_y)^2}{\text{MSE}} \qquad \text{(Beitrag der Varianz)}$$

$$\text{MSE}_k = \frac{2(1 - r_{\hat{y}y}) s_{\hat{y}} s_y}{\text{MSE}} \qquad \text{(Beitrag der Kovarianz)}$$

Diese Quotienten geben an, aus welchen Beiträgen sich die Prognosefehler zusammensetzen; wir können sie auch als Anteile in Prozent angeben. Der Beitrag des Bias gibt an, wie weit der Mittelwert der Prognosen vom Mittelwert der Beobachtungen abweicht, und analog ist der Beitrag der Varianz zu interpretieren. Unter mehreren Prognoseverfahren mit gleichem RMSE werden wir jenes vorziehen, dessen Anteile am mittleren quadratischen Prognosefehler durch Bias und Varianz am geringsten sind.

Beispiel 8.3 Konsumfunktion, Fortsetzung

Als Ausgangspunkt soll die Regressionsbeziehung

$$\hat{C} = 0.011 + 0.747\,Y$$

dienen, die für die Daten aus der AWM-Datenbasis, 1970:1 bis 2002:4, erhalten wird; dabei steht C für die jährliche Zuwachsrate des realen Privaten Konsums PCR und Y für die jährliche Zuwachsrate des realen Verfügbaren Einkommens der Haushalte PYR. Auf Basis dieser Regressionsbeziehung berechnen wir *ex post* Prognosen (i) für den gesamten Beobachtungszeitraum und (ii) für den Prognosezeitraum 1995:1 bis 2002:4. Die Tabelle 8.1 zeigt die verschiedenen Kennzahlen zur Beurteilung der Prognosequalität:

Tabelle 8.1

Kennzahlen zur Prognosequalität der Konsumfunktion.

	1976:1-2002:4	1995:1-2002:4
RMSE	0.0079	0.0079
MSE_b(%)	0.00	16.12
MSE_v(%)	8.31	12.33
MSE_c(%)	91.69	71.54
MAE	0.0064	0.0064
MAE_p	128.07	75.52
Theil's U	0.1383	0.1684

Im Durchschnitt beträgt die Zuwachsrate des Privaten Konsums 0.0249 oder 2.49 %. Mit entsprechend kleinen Werte jener Kennzahlen müssen wir rechnen, die auf den Niveauwerten basieren. Der hohe Wert des MAE_p ist von zwei Beobachtungen bestimmt, deren Zuwachsraten nahe bei Null liegen. Die Kennzahlen für die beiden Prognosezeiträume sind sehr ähnlich. Allerdings zeigt uns die Zerlegung des mittleren quadratischen Prognosefehlers, dass der Anteil des Bias und der Varianz am MSE im kürzeren Prognosezeitraum größer ist als im langen Prognosezeitraum.

8.2.2 Beurteilung von *ex ante* Prognosen

Die in diesem Abschnitt bisher behandelten Kennzahlen haben sich auf *ex post* Prognosen bezogen. Um *ex ante* Prognosen zu bewerten, können wir die verfügbaren Daten in zwei Teile aufteilen: (i) Daten, die zum Anpassen des Modells verwendet werden, auch Stützbereich genannt, und (ii) Daten, für welche die Prognosen ermittelt werden. Zum Ermitteln der Prognosen sind zwei verschiedene Vorgangsweisen möglich:

A Wir passen das Modell an die Daten des Stützbereichs an; zum Ermitteln der Prognosen verwenden wir die schon bekannten Beobachtungen der Regressoren.

B Wir passen das Modell an die Daten des Stützbereichs an; zum Ermitteln der Prognosen verwenden wir Prognosen für die Beobachtungen der Regressoren. Als Verfahren zum Prognostizieren der Regressoren kommen Zeitreihenverfahren wie das Extrapolieren mit Hilfe von Funktionen der Zeit wie in Beispiel 8.2 oder mit Hilfe von ARIMA-Modellen oder das Exponentielle Glätten in Frage.

Die Vorgangsweise A hat den Mangel, dass eigentlich nicht *ex ante* Prognosen bewertet werden; allerdings wird in der Beurteilung berücksichtigt, dass die Daten der Prognoseperiode nicht in die Modellanpassung eingehen. Der Nachteil der Vorgangsweise B ist, dass die Bewertung stark durch die Qualität der Prognosen für die Regressoren bestimmt ist, und diese Prognosen in unterschiedlichster Weise bestimmt werden können. Verschiedene Experten werden entsprechend ihrer Erfahrung, Kompetenz und wohl auch verfügbarer Software verschiedene Verfahren bevorzugen.

Beispiel 8.4 **Konsumfunktion, Fortsetzung**

Das Anpassen der Konsumfunktion an die Daten der Periode 1970:1 bis 1994:4 ergibt die Beziehung

$$\hat{C} = 0.0119 + 0.746\,Y\,.$$

Auf Basis dieses Modells berechnen wir Prognosen für den Zeitraum 1995:1 bis 2002:4 unter Verwendung (i) der schon bekannten Daten für Y und (ii) Prognosen $\hat{Y}$; dazu extrapolieren wir die Funktion $\hat{Y}_t = 0.0358 - 0.00032\,t$, die wir für die Daten der Periode 1970:1 bis 1994:4 erhalten. Die Tabelle 8.2 zeigt die verschiedenen Kennzahlen zur Beurteilung der Prognosequalität:

Tabelle 8.2

Kennzahlen zur Qualität der *ex ante* Prognosen

	Y	$\hat{Y}$
RMSE	0.00838	0.01302
MSE_b(%)	25.51	49.87
MSE_v(%)	11.07	29.63
MSE_c(%)	63.42	20.49

	Y	$\hat{Y}$
MAE	0.00677	0.01024
MAE_p	80.58	53.06
Theil'sU	0.1448	0.3845

Der Unterschied in den Kennzahlen für die *ex post* Prognosen (siehe Spalte 1979-1999 in Tabelle 8.1) und für die *ex ante* Prognosen, die auf Basis der historischen Werte für Y erhalten werden (Spalte Y in Tabelle 8.2), ist nicht sehr groß; der Anteil des Bias am mittleren quadratischen Prognosefehler ist etwas größer geworden. Die *ex ante* Prognosen mit geschätztem Y (Spalte $\hat{Y}$ in Tabelle 8.2) zeigen deutlich schlechtere Kennzahlen als die Prognosen, die auf Basis der historischen Werte für Y erhalten werden. Der glattere Verlauf der extrapolierten Einkommen repräsentiert offensichtlich den Anteil des konsumierten Einkommens wesentlich schlechter als die tatsächlichen Einkommen. Darauf weisen auch die wesentlich vergrößerten Anteile des Bias und der Varianz zum mittleren quadratischen Prognosefehler hin.

8.A Aufgaben

8.A.1 Empirische Anwendungen

1. Die AWM-Datenbasis enthält die Zeitreihen MTR (reale Ausgaben für Importe von Güter und Dienstleistungen) und FDD (Gesamte Nachfrage); in Mio EUR, Basis 1995. Eine Importgleichung ist definiert als $\text{MTR} = \alpha + \beta\text{FDD} + u$.

   (a) Schätzen Sie die Importgleichung für die Daten des Zeitraumes 1976:1 bis 2002:4 und ermitteln Sie Prognosen für die Importe des Zeitraumes 1996:1 bis 2002:4. (i) Zeichnen Sie ein Zeitreihendiagramm, das die beobachteten und prognostizierten Werte sowie die 95 %-igen Prognoseintervalle zeigt. *Hinweis:* Adaptieren Sie in `EViews` den `Sample`-Bereich. (ii) Geben Sie die folgenden Kennzahlen zur Prognosequalität an: RMSE und die Anteile MSE_b, MSE_v und MSE_c des MSE; MAE, MAE_p und Theil's U.

   (b) Schätzen Sie die Importgleichung für die Daten des Zeitraumes 1976:1 bis 1995:4 und ermitteln Sie Prognosen für die Importe des Zeitraumes 1996:1 bis 2002:4. Verwenden Sie für die Gesamte Nachfrage (i) die historischen Daten und (ii) Prognosen aus einer linearen Funktion der Zeit. Geben Sie jeweils die folgenden Kennzahlen zur Prognosequalität an: RMSE und die Anteile MSE_b, MSE_v und MSE_c des MSE; MAE, MAE_p und Theil's U.

2. Der Datensatz DatS01 enthält die Zeitreihen, die zum Schätzen der Konsumfunktion

$$CR_t = \beta_1 + \beta_2 YDR_t + \beta_3 Mp_t + \beta_4 PI_t + u_t$$

benötigt werden. Die Variablen CR (Privater Konsum), YDR (Verfügbares Einkommen der privaten Haushalte) und Mp (Privates Geldvermögen) sind in Preisen von 1995 und in Mrd Euro angegeben; die Inflationsrate PI ist aus dem Konsumdeflator PC zu berechnen.

   (a) Führen Sie die Übung (a) der Aufgabe 1 aus, wobei Sie die Konsumfunktion auf Basis der Daten von 1976 bis 2001 schätzen und daraus Prognosen für den Konsum der Jahre 1991 bis 1999 ermitteln.

   (b) Führen Sie die Übung (b) der Aufgabe 1 aus, wobei Sie die Konsumfunktion mit den Daten von 1976 bis 1994 schätzen und Prognosen für den Konsum der Jahre 1995 bis 2001 ermitteln. Verwenden Sie für die Regressoren (i) die historischen Daten und (ii) Prognosen aus linearen Funktionen der Zeit.

8.A.2 Allgemeine Aufgaben und Probleme

1. Zeigen Sie die Richtigkeit der Gleichung (8.2.1) zur Zerlegung des MSE.

$$\frac{1}{n^*}\sum(y_t - \hat{y}_t)^2 = (\bar{\hat{y}} - \bar{y})^2 + (s_{\hat{y}} - s_y)^2 + 2(1 - r_{\hat{y}y})s_{\hat{y}}s_y\,.$$

8.E Hinweise zu EViews: Prognosen und Prognosequalität

Prognosetest nach Chow: In EViews können Prognosen und Kennzahlen der Prognosequalität im Output-Fenster der Schätzung eines linearen Regressionsmodells vorgenommen werden. Dazu klickt man auf die Schaltfläche Forecast und gibt im dann erscheinenden Dialogfenster (i) den Prognosebereich (Sample range for forecast) und (ii) den gewünschten Output an: Do graph liefert ein Zeitreihendiagramm der Prognosen und der Prognoseintervalle, Forecast evaluation die Kennzahlen. Durch das Eingeben eines Variablennamens für Forecast name wird im Workfile unter dem eingegebenen Namen die Reihe für die Prognosen gespeichert; das Eingeben eines Namens für S.E. (optional) bewirkt auch das Speichern der Standardabweichungen des Prognosefehlers.

Teil II: Methodische Erweiterungen

II

ÜBERBLICK

Analyse der Modellstruktur

9

ÜBERBLICK

Die Annahme **A1** des linearen Regressionsmodells postuliert, dass die abhängige Variable, sehen wir von der Störgröße ab, als eine Linearkombination der Regressoren mit fixen Gewichten darstellbar ist. Wir gehen also von einer stabilen, zeitlich invarianten Modellstruktur aus; das sollte jedenfalls im Bereich der Beobachtungen der Regressoren und für alle Beobachtungszeitpunkte gelten. Bei der Analyse ökonomischer Daten und Sachverhalte ist die Konstanz der Modellstruktur aber keineswegs gesichert. Es kann der Fall eintreten, dass sich der Markt, für den das Modell spezifiziert wurde, verändert hat, etwa indem die Preiselastizität der Nachfrage größer oder kleiner geworden ist. Ein bekanntes Beispiel sind die Auswirkungen der unerwarteten Preiserhöhungen für Rohöl („Ölpreis-Schock") in den 70er Jahren auf die Nachfrage nach Benzin im Speziellen und nach Energie ganz allgemein. Ähnliche Auswirkungen konnten im letzten Drittel des 20. Jahrhunderts auf die Nachfrage nach Telekommunikation beobachtet werden, wobei hier kein plötzlicher Bruch aufgetreten ist, sondern es kamen über viele Jahre hindurch immer neue technologische Verbesserungen auf den Markt, denen sich in der Folge die Konsumgewohnheiten angepasst haben. Die Änderung der Modellstruktur, wenn sie abrupt eintritt auch **Strukturbruch** genannt, ist ein zentrales Problem bei der Analyse ökonomischer Phänomene.

Bereiche unterschiedlicher Struktur nennen wir „Regime". Ein hilfreiches deskriptives Verfahren zum Analysieren der Struktur ist das zeitabhängige oder **rekursive Schätzen** der Parameter und das graphische Darstellen des zeitlichen Verlaufs dieser rekursiven Schätzer. Zum Testen der Konstanz der Modellstruktur gibt es zwei Gruppen von Verfahren: (i) wir können das Modell im Sinn der vermuteten Nichtkonstanz erweitern und den Erklärungsbeitrag dieser Modellerweiterung auf Signifikanz überprüfen; oder (ii) wir verwenden einen allgemeinen Test auf Instabilität der Modellstruktur. Die erste Gruppe von Verfahren setzt voraus, dass wir eine Vermutung haben, in welcher Weise die Konstanz der Modellstruktur verletzt ist, und dass wir diese Instabilität im Modell darstellen können. Oft sind dabei so genannte Dummy-Variable hilfreich, mit denen wir unterschiedliche Regime wie etwa Konjunkturphasen indizieren. Als Beispiele für diese Gruppe von Tests werden wir den **Chow-Test** auf Strukturbruch und den **Prognosetest** von Chow behandeln.

Allgemeine Tests können auf der Basis der **rekursiven Residuen** definiert werden; ein Beispiel ist der **CUSUM-Test**. Die rekursiven Residuen sind im Wesentlichen Prognosefehler, die eine Instabilität der Modellstruktur besonders deutlich anzeigen. Das Entdecken eines Strukturbruchs ist oft dadurch kompliziert, dass der Zeitpunkt des Bruchs unbekannt ist. In dieser Situation ist man auf passende Adaptionen der Verfahren der zweiten Gruppe angewiesen, da für das gezielte Erweitern des Modells die wesentliche Information fehlt, die Kenntnis des Bruchpunktes.

Nach einem kurzen Abschnitt, der sich mit der Modellstruktur und dem Visualisieren sich ändernder Regressionskoeffizienten mittels rekursiver Schätzung befasst, führen wir in Abschnitt 9.2 Dummy-Variable ein und erklären ihre Bedeutung beim Identifizieren von Regimen. In Abschnitt 9.3 behandeln wir Verfahren zum Testen auf das Vorhandensein von Strukturänderungen und -brüchen, wofür auch die allgemeineren Verfahren zur Analyse der Strukturstabilität des Abschnitts 9.4 zur Verfügung stehen.

9.1 Stabilität der Modellstruktur

In diesem Abschnitt behandeln wir ein graphisches Verfahren, mit dessen Hilfe Änderungen der Modellstruktur sichtbar gemacht werden können. Das Verfahren besteht darin, dass Schätzer der Regressionskoeffizienten $\boldsymbol{\beta}$, denen unterschiedliche Datenmengen zugrunde liegen, graphisch verglichen werden. Die den Schätzern zugrunde liegende Datenmenge wird dabei sukzessive vergrößert. Da dabei der nächste Schätzer mittels einer rekursiven Beziehung aus dem vorhergehenden ermittelt wird, sprechen wir von rekursiv geschätzten Parametern.

Wir gehen wieder vom Modell $Y = \mathbf{x}'\boldsymbol{\beta} + u$ aus und passen das Modell an die ersten k Beobachtungen an. Für die $\boldsymbol{\beta}$ erhalten wir die OLS-Schätzer $\mathbf{b}_k = (\mathbf{X}_k'\mathbf{X}_k)^{-1}\mathbf{X}_k'\mathbf{y}_k$; der Index k zeigt den Umfang der in die Schätzung einbezogenen Daten, $(\mathbf{x}_i', Y_i)$ mit $i = 1, \dots, k$ an. Im nächsten Schritt wiederholen wir die Schätzung der Parameter, aber diesmal verwenden wir die ersten $k+1$ Beobachtungen und erhalten die Schätzer $\mathbf{b}_{k+1}$. In der dritten Wiederholung bestimmen wir $\mathbf{b}_{k+2}$ und so weiter, bis wir in der $(n-k+1)$-ten Wiederholung die Schätzer $\mathbf{b}_n$ erhalten, in deren Berechnung nun alle n verfügbaren Beobachtungen eingehen. Wie oben erwähnt, besteht für das wiederholte Berechnen eine rekursive Beziehung zwischen den Schätzern $\mathbf{b}_t$ und $\mathbf{b}_{t+1}$, die den Rechenaufwand reduziert. Die Schätzer $\mathbf{b}_n$ sind genau jene Schätzer $\mathbf{b}$, die wir beim (nicht-rekursiven) Anpassen des Modells an die gesamte Datenmenge erhalten würden. Zu den rekursiv geschätzten Regressionskoeffizienten $\mathbf{b}_t$ können wir auch die Standardfehler schätzen; die Kovarianzmatrix ist $\text{Var}\{\mathbf{b}_t\} = \sigma^2(\mathbf{X}_t'\mathbf{X}_t)^{-1}$.

Wenn die Modellstruktur konstant ist, erwarten wir, dass die Folge der rekursiv geschätzten Regressionskoeffizienten nur in der Größenordnung der Standardfehler um die Werte in $\boldsymbol{\beta}$ schwanken. Ob das wirklich so ist, können wir sehr einfach zumindest optisch überprüfen, indem wir für jeden der Regressionskoeffizienten β_i, $i = 1, \dots, k$ den Verlauf der Schätzer b_{it}, $i = k, \dots, n$ über dem Index t in einem Diagramm darstellen. Ergänzend dazu können wir die Grenzen des jeweiligen Konfidenzintervalls in das Diagramm eintragen.

Beispiel 9.1

Konsumfunktion

Die Konsumfunktion $C = \alpha + \beta Y + u$ unterstellt, dass die Ausgaben für Konsum (C) eine Funktion des verfügbaren Einkommens (Y) sind. Das Ergebnis der OLS-Anpassung an österreichische Daten für den Zeitraum 1954 bis 1999 ergibt die Beziehung $\hat{C}_t = 1.948 + 0.897 Y_t$. Die Abbildung 9.1 zeigt den Verlauf der rekursiv geschätzten marginalen Konsumneigung b_t.

Abbildung 9.1

Rekursiv geschätzte marginale Konsumneigung b_t.

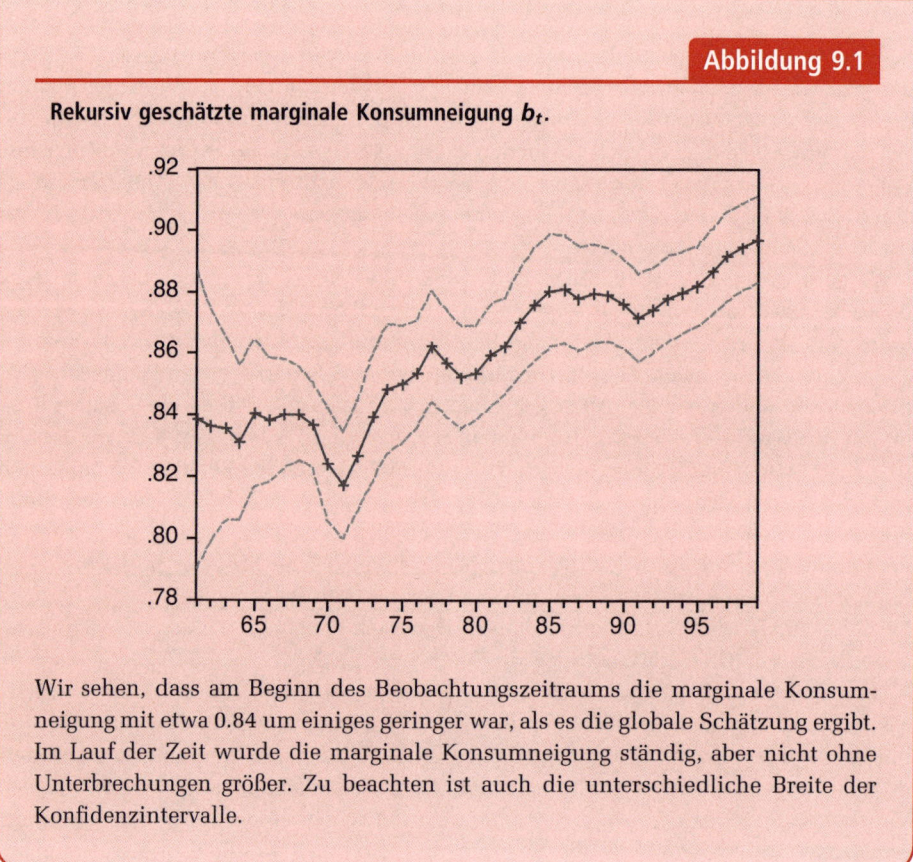

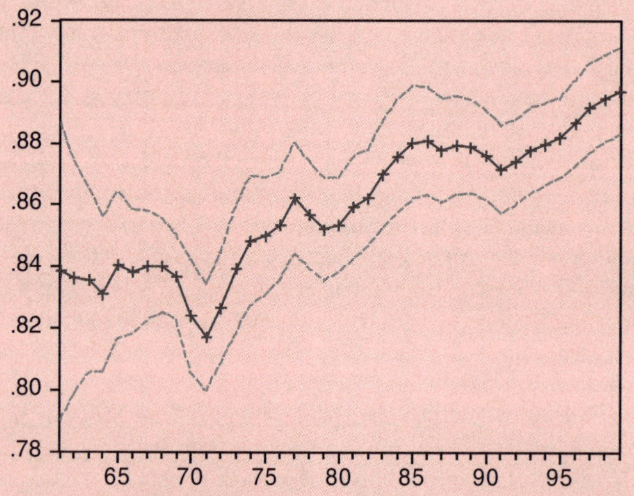

Wir sehen, dass am Beginn des Beobachtungszeitraums die marginale Konsumneigung mit etwa 0.84 um einiges geringer war, als es die globale Schätzung ergibt. Im Lauf der Zeit wurde die marginale Konsumneigung ständig, aber nicht ohne Unterbrechungen größer. Zu beachten ist auch die unterschiedliche Breite der Konfidenzintervalle.

9.2 Indikator- oder *Dummy*-Variable

Einen Regressor, der für eine einzige Beobachtung $(\mathbf{x}_t', Y_t)$ den Wert Eins, für alle anderen Beobachtungen den Wert Null hat, nennen wir eine Indikator-, Schein- oder Dummy-Variable, im Englischen *dummy variable*. Mit einer solchen Dummy-Variable können wir in einem Modell berücksichtigen, dass der datengenerierende Prozess der zu beschreibenden Daten durch qualitative Charakteristika in unterschiedlicher Weise geprägt ist. Wollen wir beispielsweise in einem Modell berücksichtigen, dass ein Teil der Beobachtungen aus einer Wachstumsperiode, andere aus einer Periode der Stagnation stammen, so können wir dem Modell eine Dummy-Variable "Konjunktur-Indikator" hinzufügen, die in Jahren des Wachstums den Wert Eins und sonst den Wert Null hat.

In dieser Weise können in einem Modell qualitative Charakteristika berücksichtigen wie

- Konjunktur/Stagnation
- Zeit vor/nach dem Ölpreis-Schock
- Regionen wie Stadt/Land
- Saisonen des Jahres

Die datengenerierenden Prozesse in Bereichen, die verschiedenen Ausprägungen dieser Charakteristika entsprechen, auch „Regime“ genannt, unterscheiden sich oft nicht in der Spezifikation des Modells, mit dem diese Prozesse beschrieben werden können, sondern nur in den Parametern, also im Wert des Interzepts oder eines oder mehrerer der anderen Regressionskoeffizienten, also in der Modellstruktur.

Beispiel 9.2 Dummy-Variable für Saisonen

Für die Saisonen des Jahres definieren wir die Dummy-Variablen

$$Q_{it} = \begin{cases} 1 & i\text{-tes Quartal,} \\ 0 & \text{sonst.} \end{cases}$$

Das Frühlings-Dummy Q_{1t} hat für alle t den Wert Eins im ersten Quartal, in den übrigen Quartalen den Wert Null. Analog sind das Sommer-Dummy ($i = 2$), das Herbst- ($i = 3$) und das Winter-Dummy ($i = 4$) definiert. Die Saison-Dummies erfüllen in allen Zeitpunkten $t = 1, \ldots, n$ die Bedingung

$$Q_{1t} + Q_{2t} + Q_{3t} + Q_{4t} = 1\,;$$

jeweils nur eines von ihnen hat den Wert Eins, die anderen den Wert Null.

Beispiel 9.3 Modelle für Quartalsdaten

Ausgangspunkt ist das Modell $Y_t = \alpha + \beta X_t + u_t$, das saisonale Effekte unberücksichtigt lässt. Je nachdem, welche Charakteristika wir im Modell berücksichtigen wollen, erweitern wir das Modell um die entsprechenden Parameter. Beispielsweise schreiben wir das Modell mit saisonspezifischem Interzept und Anstieg in folgender Form:

$$\begin{aligned} Y_t &= \alpha_1 + \beta_1 X_t + u_t\,, \\ Y_t &= \alpha_2 + \beta_2 X_t + u_t\,, \\ Y_t &= \alpha_3 + \beta_3 X_t + u_t\,, \\ Y_t &= \alpha_4 + \beta_4 X_t + u_t\,. \end{aligned}$$

Die erste Modellgleichung wird verwendet für Daten aus dem ersten Quartal, die zweite für Daten aus dem zweiten Quartal etc. Aus der Schreibweise der einzelnen Gleichungen geht allerdings nicht hervor, für welches Quartal die jeweilige Modellgleichung verwendet werden soll.

Mit Hilfe der in Beispiel 9.2 definierten Saison-Dummies können wir die vier Modellgleichungen als eine Gleichung schreiben. Sie lautet

$$Y_t = \sum\nolimits_i \alpha_i Q_{it} + \sum\nolimits_i \beta_i Q_{it} X_t + u_t$$

oder

$$\begin{aligned} Y_t = {} & \alpha_1 + \delta_2 Q_{2t} + \delta_3 Q_{3t} + \delta_4 Q_{4t} \\ & + \beta_1 X_t + \gamma_2 Q_{2t} X_t + \gamma_3 Q_{3t} X_t + \gamma_4 Q_{4t} X_t + u_t, \end{aligned} \tag{9.2.1}$$

mit $\delta_i = \alpha_i - \alpha_1$ und $\gamma_i = \beta_i - \beta_1$, $i = 2, 3, 4$; bei der Umformung haben wir von der Beziehung $Q_{1t} + Q_{2t} + Q_{3t} + Q_{4t} = 1$ Gebrauch gemacht. Der Koeffizient α_1 steht in (9.2.1) für das Interzept. Die Parameter δ_i, $i = 2, 3, 4$ sind die Koeffizienten der Dummies für Sommer, Herbst und Winter; die Dummy-Variable Q_1 für das Frühlingsquartal kommt im Modell nicht vor, da die Summe der vier Quartals-Dummies den Wert Eins hat. Enthielte das Modell vier Quartals-Dummies, so wäre die Summe der entsprechenden vier Spalten aus der Matrix **X** gleich der dem Interzept entsprechenden ersten Spalte und der Rang von **X** wäre nicht voll!

Ein Modell mit saisonspezifischem Interzept und gemeinsamen Anstieg schreiben wir als $Y_t = \alpha_1 + \delta_2 Q_{2t} + \delta_3 Q_{3t} + \delta_4 Q_{4t} + \beta X_t + u_t$; analog ist $Y_t = \alpha + \beta_1 X_t + \gamma_2 Q_{2t} X_t + \gamma_3 Q_{3t} X_t + \gamma_4 Q_{4t} X_t + u_t$ ein Modell mit gemeinsamen Interzept und saisonspezifischem Anstieg.

Die Anwendung der Dummy-Variablen zum Berücksichtigen von Saisoneffekten kann in analoger Weise auf andere Charakteristika wie Unterschiede zwischen Regionen, Zeiträumen etc., übertragen werden. Insbesondere können wir sie verwenden, um Modelle zu erweitern, so dass Unterschiede in der Modellstruktur berücksichtigt werden. Wir werden im Weiteren sehen, wie wir Dummy-Variable einsetzen, um einen Strukturbruch, also eine Änderung in der Struktur des datengenerierenden Prozesses, darzustellen und zu identifizieren.

9.3 Analyse von Strukturbrüchen

Von einem Strukturbruch sprechen wir, wenn es Teilbereiche des Beobachtungszeitraums gibt, für die der datengenerierende Prozess durch das gleiche Modell beschrieben werden kann, wobei in den Teilbereichen aber unterschiedliche Werte einiger oder aller Regressionskoeffizienten verwendet werden müssen. Die Teilbereiche oder Regime entsprechen also unterschiedlichen Strukturen. Der Chow-Test erlaubt uns zu entscheiden, ob tatsächlich unterschiedliche Strukturen vermutet werden müssen oder nicht. Der Chow-Test setzt voraus,

- dass Teilbereiche mit konstanter Struktur identifiziert werden können,
- dass uns der Zeitpunkt bekannt ist, zu dem der Übergang zwischen den Regimen stattgefunden hat, und
- dass aus jedem Regime eine ausreichende Anzahl von Beobachtungen zur Verfügung steht, so dass wir das Modell an die Daten jedes einzelnen Regimes anpassen und die Residuen bestimmen können.

Wir werden Dummy-Variable benützen, um unterschiedliche Strukturen innerhalb eines Modells zu spezifizieren.

9.3.1 Chow-Test und Strukturbruch

Den Chow-Test verwenden wir, wenn wir die Vermutung überprüfen wollen, dass der datengenerierende Prozess in mehreren Regimen abläuft, und das Modell hinsichtlich seiner Koeffizienten regimespezifisch angepasst werden muss. Der Chow-Test ist typischerweise ein Test auf Strukturbruch und beantwortet die Frage nach der Konstanz der Regressionskoeffizienten in der Zeit. Dabei wird die Nullhypothese geprüft, dass die Regressionskoeffizienten in allen Teilbereichen des Beobachtungszeitraums die gleichen sind. Die Alternative ist, dass ab einem bestimmten Zeitpunkt oder zu bestimmten Zeitpunkten das Interzept und einige oder auch alle anderen Regressionskoeffizienten ihren Wert ändern.

Beispiel 9.4 **Konsumfunktion, Fortsetzung**

Der zeitliche Verlauf der rekursiv geschätzten marginalen Konsumneigung, der in Abbildung 9.1 dargestellt ist, zeigt, dass die Annahme einer konstanten Modellstruktur vermutlich nicht realistisch ist. Nach einer Periode relativer Konstanz beginnt die marginale Konsumneigung ab 1973 zu steigen. Diese Phase dauert bis etwa 1978, wo dieses Wachstum abebbt. Eine zweite Phase steigender marginaler Konsumneigung beginnt etwa mit 1981, eine dritte ab 1992. Vermutungen darüber, mit welchen Ereignissen diese Phasen zusammenhängen, würde vielleicht die Analyse der Preispolitik der Erdölwirtschaft oder der Europäischen Integration bringen. So könnte der Ölpreisschock der frühen 70er Jahre die erste Phase steigender marginaler Konsumneigung ausgelöst haben. Wir definieren vier Regime, nämlich die Perioden 1954 bis 1972, 1973 bis 1980, 1981 bis 1991 und 1992 bis 19994. Mit dem Chow-Test werden wir die Nullhypothese testen, dass die Regressionskoeffizienten für alle vier Regime die gleichen sind. Ende 1972, Ende 1980 und Ende 1992 könnten jene Zeitpunkte sein, in denen Strukturbrüche stattgefunden haben.

Das Vorgehen des Chow-Test ist am einfachsten zu erklären, wenn wir nur zwei Regime vermuten. Eine Spezifikation des Modells, das die entsprechenden Änderungen der Regressionskoeffizienten berücksichtigt, ist

$$\begin{pmatrix} \mathbf{y}_1 \\ \mathbf{y}_2 \end{pmatrix} = \begin{pmatrix} \mathbf{X}_1 & \mathbf{0} \\ \mathbf{0} & \mathbf{X}_2 \end{pmatrix} \begin{pmatrix} \boldsymbol{\beta}_1 \\ \boldsymbol{\beta}_2 \end{pmatrix} + \begin{pmatrix} \mathbf{u}_1 \\ \mathbf{u}_2 \end{pmatrix}.$$

Die Partitionierung von $\mathbf{y}$, $\mathbf{X}$ und $\mathbf{u}$ zerlegt in Beobachtungen vor und nach dem Strukturbruch; analog sind $\boldsymbol{\beta}_1$ und $\boldsymbol{\beta}_2$ die Regressionskoeffizienten vor und nach Strukturbruch. Die Nullhypothese H_0: $\boldsymbol{\beta}_1 = \boldsymbol{\beta}_2$ bedeutet, dass kein Strukturbruch stattgefunden hat. Zum Testen der Nullhypothese können wir wie schon früher in ähnlichen Situationen den F-Test zum Prüfen der Gültigkeit von linearen Restriktionen verwenden (siehe Abschnitt 7.5). Die Teststatistik nach (7.5.5) lautet

$$F = \frac{S_R - S}{S} \frac{n - 2k}{k} .$$

Dabei ist S die Summe der quadrierten Residuen des Modells mit den partitionierten Matrizen; bei Zutreffen von H_0 vereinfacht sich das Modell zu

$$\begin{pmatrix} \mathbf{y}_1 \\ \mathbf{y}_2 \end{pmatrix} = \begin{pmatrix} \mathbf{X}_1 \\ \mathbf{X}_2 \end{pmatrix} \boldsymbol{\beta} + \begin{pmatrix} \mathbf{u}_1 \\ \mathbf{u}_2 \end{pmatrix} ;$$

die Summe der quadrierten Residuen dieses Modells ist S_R. Die Teststatistik F folgt bei Zutreffen der Nullhypothese und normalverteilten Störgrößen einer F-Verteilung mit k und $n - 2k$ Freiheitsgraden. Bei großem Umfang der verfügbaren Daten können wir von der asymptotischen Verteilung des Likelihood-Quotienten Gebrauch machen: Bei Zutreffen der Nullhypothese folgt diese Teststatistik näherungsweise der Chi-Quadrat-Verteilung mit k Freiheitsgraden.

Im allgemeinen Fall spezifizieren wir m Regime, von denen das i-te durch die Parameter $\boldsymbol{\beta}_i$ charakterisiert ist. Mit dem Chow-Test testen wir die Nullhypothese

$$H_0\colon \boldsymbol{\beta}_1 = \ldots = \boldsymbol{\beta}_m ; \tag{9.3.1}$$

der Chow-Test prüft wiederum die Gültigkeit von linearen Restriktionen. Für die Teststatistik nach (7.5.5) bekommen wir

$$F = \frac{S_R - \sum_i S_i}{\sum_i S_i} \frac{n - mk}{(m-1)k} , \tag{9.3.2}$$

wobei S_i die Summe der quadrierten Residuen in Regime i ist. Das Modell wird getrennt für die einzelnen Regime und dann für alle Daten gemeinsam geschätzt; die jeweilige Summe S_i und die Summe S_R der quadrierten Residuen bei Zutreffen der Nullhypothese werden in (9.3.2) eingesetzt. Die Teststatistik F folgt bei Zutreffen der Nullhypothese und normalverteilten Störgrößen einer F-Verteilung. Bei großem Umfang der verfügbaren Daten folgt diese Teststatistik unter der Nullhypothese näherungsweise der Chi-Quadrat-Verteilung mit $(m-1)k$ Freiheitsgraden.

Beispiel 9.5 Konsumfunktion, Fortsetzung

Als Anwendung des Chow-Test wollen wir die Frage klären, ob sich die marginale Konsumneigung – vielleicht als Folge des ersten Ölpreisschocks – nach dem Jahr 1972 verändert hat. Lassen wir eine Änderung der Regressionskoeffizienten zwischen 1972 und 1973 zu, so erhalten wir für die Summe der quadrierten Residuen den Wert 5381.7; eine gemeinsame Modellstruktur für alle 46 Beobachtungen liefert 6899.7. Einsetzen in die F-Statistik gibt 5.92 und einen p-Wert von 0.0054. Der Likelihood-Quotient hat den Wert 11.43 entsprechend einem p-Wert von 0.0033. Die Nullhypothese der konstanten marginalen Konsumneigung lässt sich also nicht halten. Lassen wir als Alternative drei Strukturbrüche zu (nach 1972, 1980 und 1991), so erhalten wir für die F-Statistik den Wert 17.30 und einen p-Wert von $1.59 \cdot 10^{-9}$. Der optische Eindruck aus Abbildung 9.1 ist ein starker Hinweis auf eine instabile Struktur. Die Anwendung des Chow-Tests bestätigt diesen Eindruck klar.

Der Chow-Test entscheidet die Frage, ob der datengenerierende Prozess tatsächlich Regime-abhängig ist, durch den F-Test, mit dem wir prüfen, ob die Koeffizienten der Dummy-Variablen, die diese Regime charakterisieren, von Null verschieden sind. In analoger Weise können wir das Vorhandensein von saisonalen Effekten in (9.2.1) überprüfen. Dabei lautet die Nullhypothese

$$H_0\colon \delta_i = 0, \gamma_i = 0, \quad i = 2, \ldots, 4 .$$

Die Alternative kann eine der folgenden sein:

(a) $H_1\colon \delta_i \neq 0,\ \gamma_i = 0,$

(b) $H_1\colon \delta_i = 0,\ \gamma_i \neq 0,$

(c) $H_1\colon \delta_i \neq 0,\ \gamma_i \neq 0.$

Als Teststatistik verwenden wir

$$F = \frac{S_R - S}{S} \frac{n - (2 + 3n_s)}{3n_s}$$

mit $n_s = 1$, falls wir gegen (a) und (b), oder $n_s = 2$, falls wir gegen (c) testen; S_R ist die Summe der quadrierten Residuen bei Zutreffen der Nullhypothese.

In ähnlicher Weise verwenden wir den Chow-Test auch, wenn die zu prüfende Instabilität sich nur auf einzelne der Regressionskoeffizienten bezieht.

Beispiel 9.6 Konsumfunktion, Fortsetzung

Wir testen die Stabilität der Konsumfunktion $C = \beta_1 + \beta_2 Y + \beta_3 M1 + u$ gegen die folgenden Alternativen:

$$\begin{aligned}
H_1^{(1)}: &\quad C = \beta_1 + \beta_1^s D_{81} + \beta_2 Y + \beta_3 M1 + u\,;\\
H_1^{(2)}: &\quad C = \beta_1 + \beta_1^s D_{81} + \beta_2 Y + \beta_2^s Y * D_{81} + \beta_3 M1 + u\,;\\
H_1^{(3)}: &\quad C = \beta_1 + \beta_1^s D_{81} + \beta_2 Y + \beta_3 M1 + \beta_3^s M1 * D_{81} + u\,;\\
H_1^{(4)}: &\quad C = \beta_1 + \beta_1^s D_{81} + \beta_2 Y + \beta_2^s Y * D_{81} + \beta_3 M1 + \beta_3^s M1 * D_{81} + u\,;
\end{aligned}$$

dabei ist M1 eine Geldmenge und D_{81} eine Dummy-Variable, die für alle Beobachtungsperioden ab 1981 den Wert Eins hat. Die Alternative $H_1^{(1)}$ lässt ab dem

Jahr 1981 eine Änderung im Interzept, also im autonomen Konsum zu; die Alternative $H_1^{(2)}$ besagt, dass der autonome Konsum und die marginale Konsumneigung geänderte Werte haben, etc. Der Chow-Test der Nullhypothese gegen $H_1^{(1)}$ läuft auf den t-Test des Koeffizienten β_1^s von D_{81} hinaus; wir finden $t = 2.43$ und einen p-Wert von 0.020. Der Test der Nullhypothese gegen $H_1^{(2)}$ gibt einen Wert der F-Statistik von 20.91, was einem p-Wert von 10^{-6} entspricht. Die p-Werte für die Tests gegen $H_1^{(3)}$ und $H_1^{(4)}$ betragen $2.6{\cdot}10^{-5}$ und $5.0{\cdot}10^{-6}$. Das allgemeinste Modell ist das unter $H_1^{(4)}$ spezifizierte. Allerdings erhalten wir für den p-Wert zum t-Test des Koeffizienten β_3^s in diesem Modell 0.95; die Wechselwirkung $M1 * D_{81}$ sollten wir daher nicht im Modell berücksichtigen. Wir finden damit, dass der autonome Konsum und die marginale Konsumneigung, nicht aber der Koeffizient der Geldmenge mit dem Jahr 1981 ihre Werte geändert haben.

9.3.2 Chow's Prognosetest

Voraussetzung dafür, dass wir den Chow-Test anwenden können, ist es, dass uns aus jedem Regime eine ausreichende Anzahl von Beobachtungen, also mindestens k, zur Verfügung steht. Wenn wir nun eine Änderung der Struktur beispielsweise gegen Ende des Beobachtungszeitraums vermuten und nach dieser Änderung weniger als k Beobachtungen gemacht wurden, so können wir den Chow-Test nicht anwenden. Wir können aber unser Modell an die Daten vor der vermuteten Änderung anpassen und Prognosen für die Beobachtungen nach der vermuteten Änderung berechnen. Wenn die Vermutung stimmt, würden wir erwarten, dass die Prognosefehler einen von Null verschiedenen Erwartungswert haben, da wir ein ungültiges Regressionsmodell verwenden; in Abschnitt 8.1 haben wir diesen Fall behandelt. Das ist die Idee, die dem Prognosetest von Chow zugrunde liegt.

Wir gehen davon aus, dass uns n Beobachtungen zur Verfügung stehen; wir vermuten, dass nach $n-p$ Beobachtungen eine Strukturänderung eingetreten ist, und dass die letzten p Beobachtungen Ergebnis eines veränderten datengenerierenden Prozesses sind. Ausgangspunkt ist das lineare Regressionsmodell $\mathbf{y} = \mathbf{X}\boldsymbol{\beta} + \mathbf{u}$, für das wir durch Anpassen an die $n-p$ Beobachtungen die Schätzer $\mathbf{b}$ erhalten, und das uns die (*ex post*) Prognosen $\hat{\mathbf{y}}_f = \mathbf{X}\mathbf{b}$ für die letzten p Beobachtungen von Y liefert.

Prognosetests testen die Nullhypothese

$$H_0\colon\ \mathbf{y}_f = \mathbf{X}_f\boldsymbol{\beta} + \mathbf{u}_f \quad \text{mit } \mathrm{E}\{\mathbf{u}_f\} = \mathbf{0}, \mathrm{Var}\{\mathbf{u}_f\} = \sigma^2\mathbf{I}_p, \mathrm{Cov}\{\mathbf{u}_f, \mathbf{u}\} = \mathbf{0} \tag{9.3.3}$$

gegen die Alternative, dass die Nullhypothese nicht zutrifft. Es soll also die Nullhypothese überprüft werden, dass das Modell auch im Prognosezeitraum gültig ist. Natürlich kann der Test nur *ex post* ausgeführt werden, also erst ab dem Zeitpunkt n, zu dem auch die Beobachtungen für $\mathbf{y}_f$ zur Verfügung stehen.

Wenn wir normalverteilte Störgrößen $\mathbf{u}_f$ voraussetzen, gilt für den p-Vektor der Prognosefehler für großes n näherungsweise

$$\mathbf{e}_f \sim N\Big(\mathbf{0}, \sigma^2\,[\mathbf{I}_p + \mathbf{X}_f(\mathbf{X}'\mathbf{X})^{-1}\mathbf{X}_f']\Big)\,;$$

siehe (8.1.2). Die Verteilung ist die asymptotische Verteilung der Prognosefehler; sie ist die exakte Verteilung, wenn auch die Störgrößen u_t, $t = 1, \ldots, n-p$ normalverteilt sind. Wir können auf Basis dieser Verteilung einen Test konstruieren, dessen Teststatistik

$$F = \frac{1}{\sigma^2}\,\mathbf{e}_f'\left[\mathbf{I}_p + \mathbf{X}_f(\mathbf{X}'\mathbf{X})^{-1}\mathbf{X}_f'\right]^{-1}\mathbf{e}_f$$

bei Zutreffen der Nullhypothese (näherungsweise oder exakt) der Chi-Quadrat-Verteilung mit p Freiheitsgraden folgt. In praktischen Situationen wird die Varianz σ^2 nicht bekannt sein, und wir ersetzen sie durch den Schätzer $s^2 = \mathbf{e}'\mathbf{e}/(n-k)$. Die Teststatistik

$$F = \frac{\mathbf{e}_f'\left[\mathbf{I}_p + \mathbf{X}_f(\mathbf{X}'\mathbf{X})^{-1}\mathbf{X}_f'\right]^{-1}\mathbf{e}_f}{\mathbf{e}'\mathbf{e}}\;\frac{n-p-k}{p} \tag{9.3.4}$$

ist unter H_0 F-verteilt mit p und $n-p-k$ Freiheitsgraden. Verwenden wir diese Teststatistik zum Test von (9.3.3), so sprechen wir von Chow's Prognosetest. Für große Werte von F bzw. kleine p-Werte werden wir die Nullhypothese (9.3.3) verwerfen und vermuten, dass die an die Daten des Beobachtungszeitraums angepasste Regressionsbeziehung den datengenerierenden Prozess im Prognosezeitraum nicht adäquat beschreibt.

Der Prognosetest von Chow kann verwendet werden, wenn die Anzahl p der Beobachtungen aus dem Regime mit geänderter Struktur geringer als k ist, die Zahl der zu schätzenden Regressionskoeffizienten. Natürlich kann der Prognosetest von Chow auch verwendet werden, wenn $p > k$.

Beispiel 9.7

Konsumfunktion, Fortsetzung

Wir testen die Vermutung, dass die Konsumfunktion, die wir durch Anpassen an die Daten aus dem Zeitraum 1954 bis 1991 erhalten ($n = 38$), auch für den Zeitraum 1992 bis 1999 gültig ist. Die Prognosen ermitteln wir aus der angepassten Regressionsbeziehung $\hat{C} = 14.190 + 0.872Y$. Für die Teststatistik von Chow's Prognosetest erhalten wir, wie in Beispiel 9.8 ausgeführt werden wird, $F = 4.63$; der p-Wert dazu beträgt 0.0006. Wir verwerfen also die Nullhypothese. Der Chow-Test ergibt den Wert der Teststatistik von 15.19; der entsprechende p-Wert beträgt $1.1 \cdot 10^{-5}$. Das Beispiel zeigt, dass die p-Werte von Chow-Test und Prognosetest ziemlich unterschiedlich sein können. Sie können auch widersprüchlich sein, indem einer der beiden Tests zum Verwerfen der Nullhypothese führt, der andere aber nicht.

9.3.2.1 Berechnen der Teststatistik F

Wir haben mehrere Möglichkeiten, die Teststatistik F nach (9.3.4) zu berechnen.

■ Wir können von der Beziehung

$$\mathbf{e}_f'[\mathbf{I}_p + \mathbf{X}_f(\mathbf{X}'\mathbf{X})^{-1}\mathbf{X}_f']^{-1}\mathbf{e}_f = S_{\mathrm{D+F}} - S_{\mathrm{D}}$$

Gebrauch machen, wobei S_{D} die Summe der $n - p$ quadrierten Residuen ist, die wir beim Anpassen des Modells an die Daten des Beobachtungszeitraums erhalten ($S_{\mathrm{D}} = \mathbf{e}'\mathbf{e}$), und $S_{\mathrm{D+F}}$ die Summe der n quadrierten Residuen, wenn wir das Modell an die Daten sowohl des Beobachtungs- als auch des Prognosezeitraums anpassen. Damit können wir die Teststatistik F nach (9.3.4) schreiben als

$$F = \frac{S_{\mathrm{D+F}} - S_{\mathrm{D}}}{S_{\mathrm{D}}} \, \frac{n - p - k}{p} \, . \tag{9.3.5}$$

Die Teststatistik F nach (9.3.5) ist durch zwei Modellanpassungen recht einfach zu bestimmen. Wir haben dabei folgende Schritte auszuführen:

1. Modellanpassung an die $n - p$ Beobachtungen und Berechnen der Residuen $\mathbf{e}$ und der Summe der quadrierten Residuen $S_{\mathrm{D}} = \mathbf{e}'\mathbf{e}$ zu $\mathbf{y} = \mathbf{X}\boldsymbol{\beta} + \mathbf{u}$.

2. Modellanpassung an alle n Beobachtungen und Berechnen der Residuen und der Summe der quadrierten Residuen $S_{\mathrm{D+F}}$ zu

$$\binom{\mathbf{y}}{\mathbf{y}_f} = \binom{\mathbf{X}}{\mathbf{X}_f}\boldsymbol{\beta} + \binom{\mathbf{u}}{\mathbf{u}_f}. \tag{9.3.6}$$

[handschriftlich: ⇃ anders als im Skript ⇂]   [handschriftlich: s. Beispiel]

3. Einsetzen in (9.3.5) ergibt die Teststatistik F.

■ Wir erweitern die Matrix $\mathbf{X}$ um je eine Spalte für jeden der p Prognosezeitpunkte; die entsprechenden Komponenten des Vektors der Regressionskoeffizienten sind die Elemente von $\boldsymbol{\gamma}$:

$$\mathbf{y}^* = \binom{\mathbf{y}}{\mathbf{y}_f} = \begin{pmatrix} \mathbf{X} & \mathbf{0} \\ \mathbf{X}_f & \mathbf{I}_p \end{pmatrix} \binom{\boldsymbol{\beta}}{\boldsymbol{\gamma}} + \binom{\mathbf{u}}{\mathbf{u}_f} = \mathbf{X}^*\boldsymbol{\beta}^* + \mathbf{u}^*. \tag{9.3.7}$$

Die Spalten $k + 1$ bis $k + p$ des Matrix $\mathbf{X}^*$ entsprechen Indikator-Variablen für die Beobachtungen $n - p + 1$ bis n. Wäre $p = 1$, so könnten wir zeigen, dass das Einbeziehen der Indikator-Variablen für die Beobachtung $(\mathbf{x}_n', Y_n)$ im Modell zur Folge hat, dass (i) die so markierte Beobachtung in die OLS-Schätzung der Regressionskoeffizienten $\boldsymbol{\beta}$ nicht eingeht, und dass (ii) der OLS-Schätzer für γ gleich dem Residuum $e_n = Y_n - \mathbf{x}_n'\mathbf{b}$ ist; dieses Residuum ist der Prognosefehler zu $\hat{Y}_n$. Analog gilt für $p > 1$, dass (i) die Beobachtungen $(\mathbf{x}_t', Y_t)$ mit $t = n - p + 1, \ldots, n$ in die Schätzung von $\boldsymbol{\beta}$ nicht eingehen, und dass (ii) die Komponenten von $\boldsymbol{\gamma}$ die Prognosefehler zu $\mathbf{y}_f$ sind. Das Anpassen des Modells (9.3.7) ergibt demnach als Summe der quadrierten Residuen die Summe S_{D}. Wenn wir hingegen das Modell (9.3.7) unter der Restriktion $\boldsymbol{\gamma} = 0$ anpassen, so würden wir als Summe der quadrierten Residuen die Größe $S_{\mathrm{D+F}}$ erhalten. Wir können die Teststatistik F daher in folgenden Schritten ermitteln:

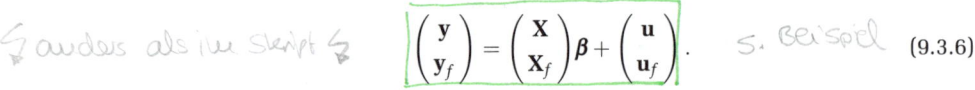

1. Anpassen des Modells (9.3.7) gibt die Summe der quadrierten Residuen $S_{\text{D}} = \mathbf{e}'\mathbf{e}$.
2. Anpassen des Modells (9.3.7) unter der Restriktion $\boldsymbol{\gamma} = \mathbf{0}$ liefert die Summe der quadrierten Residuen $S_{\text{D+F}}$.
3. Einsetzen in (9.3.5) ergibt die Teststatistik F.

Der Prognosetest entspricht also dem Test von H_0: $\boldsymbol{\gamma} = \mathbf{0}$ für das Modell (9.3.7); es handelt sich also um den F-Test nach (7.5.5), den wir in Abschnitt 7.5 kennen gelernt haben:

$$F = \frac{S_{\text{D+F}} - S_{\text{D}}}{S_{\text{D}}} \frac{n - (p + k)}{p} \; .$$

Schätzen wir das Modell unter der Voraussetzung, dass die Restriktion $\boldsymbol{\gamma} = \mathbf{0}$ gilt, so erhalten wir $S_R = S_{\text{D+F}}$; die nicht restringierte Anpassung liefert $S = S_{\text{D}}$.

Beispiel 9.8 **Konsumfunktion, Fortsetzung**

Zum Testen der Vermutung, dass die Konsumfunktion, die wir durch Anpassen an die Daten aus dem Zeitraum 1954 bis 1991 erhalten, auch für den Zeitraum 1992 bis 1999 gültig ist, ermitteln wir die Teststatistik F von Chow's Prognosetest nach (9.3.5) und erhalten

$$\begin{aligned} F &= \frac{\mathbf{e}'_{99}\mathbf{e}_{99} - \mathbf{e}'_{91}\mathbf{e}_{91}}{\mathbf{e}'_{91}\mathbf{e}_{91}} \frac{46 - (8 + 2)}{8} \\ &= \frac{6899.69 - 3400.90}{3400.90} \frac{36}{8} = 4.630 \, ; \end{aligned}$$

dabei sind $\mathbf{e}_{91}$ die Residuen, die wir erhalten, wenn das Modell an die Daten aus 1954 bis 1991, $\mathbf{e}_{99}$ jene Residuen, die wir erhalten, wenn das Modell an die Daten aus 1954 bis 1999 angepasst wird. Dem Wert der F-Statistik entspricht ein p-Wert von $p = 0.0005$, wie wir ihn auch in Beispiel 9.7 angegeben haben. Die Nullhypothese kann – bei der üblicherweise tolerierten Fehlerwahrscheinlichkeit von 0.05 – nicht gehalten werden.

Achtung! Der Prognosetest nach Chow setzt die Normalverteilung der Störgrößen u_f voraus!

9.3.2.2 Alternative Teststatistiken

Die Teststatistik F nach (9.3.4) basiert auf den p Prognosefehlern $\mathbf{e}_f$ und ihrer zumindest näherungsweise gültigen Normalverteilung. Auch bei einem großen Umfang der zum Schätzen der Prognosen verwendeten Daten $(n - p)$ ist die Normalverteilung von $\mathbf{u}_f$ essentiell für die Verteilungseigenschaften von F und für die Art und Weise, wie der

Prognosetest nach Chow ausgeführt wird. Allerdings können wir bei großem n von den folgenden beiden Modifikationen von Chow's Prognosetest Gebrauch machen.

- Der Schätzer $s^2 = \mathbf{e}'\mathbf{e}/(n-p-k)$ ist ein konsistenter Schätzer der Varianz σ^2 der Störgrößen. Wir definieren die Teststatistik

$$pF = \frac{\mathbf{e}_f'\left[\mathbf{I}_p + \mathbf{X}_f(\mathbf{X}'\mathbf{X})^{-1}\mathbf{X}_f'\right]^{-1}\mathbf{e}_f}{s^2}\;; \tag{9.3.8}$$

  für großes n ist pF unter H_0 näherungsweise Chi-Quadrat-verteilt mit einer Anzahl von Freiheitsgraden, die gleich der Anzahl p der Prognosezeitpunkte ist; vergleiche dazu die Teststatistik (6.5.5) des asymptotischen Tests aus Abschnitt 6.5. Wir können den Prognosetest bei großem n ausführen, indem wir die Teststatistik F nach (9.3.4) durch die Teststatistik pF ersetzen.

- Existiert eine nicht-singuläre Matrix $Q = \lim X'X/n$, trifft also die Annahme **A3** zu, dann können wir den Zähler von F nach (9.3.4) schreiben als

$$\mathbf{e}_f'\left[\mathbf{I}_p + \frac{1}{n}\mathbf{X}_f(\frac{1}{n}\mathbf{X}'\mathbf{X})^{-1}\mathbf{X}_f'\right]^{-1}\mathbf{e}_f\,.$$

  Bei großem n können wir diesen Ausdruck gleich $\mathbf{e}_f'\mathbf{e}_f$ ersetzen. Wir definieren die Teststatistik

$$T = \frac{\mathbf{e}_f'\mathbf{e}_f}{s^2}\;; \tag{9.1.7}$$

  für großes n ist T unter H_0 näherungsweise Chi-Quadrat-verteilt mit p Freiheitsgraden. Bei großem n können wir den Prognosetest mittels der Teststatistik T ausführen.

Bei beiden Chi-Quadrat-Tests werden wir bei einem großen Wert der Teststatistik bzw. einem kleinen p-Werte die Nullhypothese (9.3.3) verwerfen, und wir werden vermuten, dass die an die Daten des Beobachtungszeitraumes angepasste Regressionsbeziehung den datengenerierenden Prozess des Prognosezeitraums nicht adäquat beschreibt. Das spezifizierte Modell oder die Modellstruktur, die sich für den Beobachtungszeitraum ergeben hat, ist im Prognosezeitraum nicht gültig.

9.4 Analyse der Strukturstabilität

In Abschnitt 9.3 sind wir davon ausgegangen, dass der datengenerierende Prozess bis auf Strukturbrüche stabil ist. Die Regime zwischen den Strukturbrüchen zeichnen sich durch konstante Modellparameter aus. Die Beispiele des letzten Abschnitts zur Konsumfunktion zeigen, dass die Annahme einer konstanten Struktur genauso wenig realistisch ist wie die Erwartung, dass Instabilitäten der Struktur notwendigerweise in Form von Brüchen auftreten. Ähnliches beobachtet man im Zusammenhang mit anderen ökonomischen Phänomenen. Aber selbst wenn wir es mit Strukturbrüchen zu tun haben, werden wir typischerweise den Zeitpunkt des Strukturbruchs nicht kennen; bestenfalls werden wir vermuten können, dass der Strukturbruch innerhalb eines bestimmten, mehr oder weniger eingegrenzten Zeitraumes stattgefunden haben könnte.

Die Verfahren dieses Abschnitts gehen davon aus, dass Änderungen der Modellstruktur nicht abrupt, sondern über einen längeren Zeitraum hinweg erfolgen; es kann daher auch kein Zeitpunkt angegeben werden, zu dem eine Änderung eintritt. Den Verfahren des Abschnitts 9.3 liegt die Idee zugrunde, dass wir das Modell so erweitern können, dass die vermutete Instabilität im Modell berücksichtigt ist. Die Testverfahren dieses Abschnitts basieren auf der Idee, dass die Instabilität des Modells in den Residuen sichtbar wird. Unter dem Begriff rekursive Analyse werden Verfahren verstanden, die auf den so genannten rekursiven Residuen aufbauen, das sind normierte 1-Schritt-Prognosefehler, die wir für jeden Beobachtungszeitpunkt auf Basis aller vor diesem Zeitpunkt generierten Daten ermitteln. Das bekannteste Testverfahren ist der CUSUM-Test.

Es sei erwähnt, dass auch andere Tests zur diagnostischen Prüfung von Regressionsbeziehungen, die gegen eine nicht näher spezifizierte Alternative testen, Instabilitäten der Modellstruktur anzeigen können. So wird Ramsey's RESET-Test (siehe Abschnitt 6.6) gerne zum pauschalen Testen gegen Missspezifikation verwendet; er wird vermutlich instabile Parameter anzeigen. Auf Tests gegen Heteroskedastizität, das ist die Nichtkonstanz der Varianz der Störgrößen, die wir in einem eigenen Kapitel behandeln, wird am Ende des Abschnitts hingewiesen.

9.4.1 Rekursive Residuen

In Abschnitt 9.1 haben wir die rekursiven OLS-Schätzer $\mathbf{b}_t$ definiert: Er berücksichtigt alle Beobachtungen $(\mathbf{x}_s', Y_s)$, $s \leq t$, die zum Zeitpunkt t verfügbar sind. Das rekursive Residuum zur Beobachtung Y_t definieren wir als

$$w_t = \frac{Y_t - \mathbf{x}_t'\mathbf{b}_{t-1}}{\sqrt{1 + \mathbf{x}_t'(\mathbf{X}_{t-1}'\mathbf{X}_{t-1})^{-1}\mathbf{x}_t}}\,; \tag{9.4.1}$$

da wir k Beobachtungen benötigen, um $\mathbf{b}_t$ zu berechnen, sind die rekursiven Residuen nur für $t = k+1, \ldots, n$ definiert. Wie wir aus der Definition sehen, sind die rekursiven Residuen 1-Schritt-Prognosefehler. Den Nenner benötigen wir zum Normieren von w_t; vergl. die Varianz des Prognosefehlers in (8.1.2). Man kann zeigen, dass bei Konstanz der Modellparameter und normalverteilten Störgrößen für den $(n-k)$-Vektor $\mathbf{w}$ der rekursiven Residuen gilt:

$$\mathbf{w} \sim N(\mathbf{0}, \sigma^2\mathbf{I})\,;$$

die w_t sind also identisch normalverteilt und jedes w_t ist unabhängig von den übrigen w_s, $s \neq t$. Ohne die Annahme, dass die Störgrößen normalverteilt sind, gilt die Normalverteilung der rekursiven Residuen auf Grund der asymptotischen Eigenschaften der OLS-Schätzer näherungsweise bei großem n.

Aus dem Gesagten sehen wir, dass die rekursiven Residuen vorteilhafte Eigenschaften haben, die sie für die Konstruktion von Tests zum Prüfen der Strukturstabilität sehr geeignet machen. Die Idee, Prognosefehler zum Prüfen der Strukturstabilität zu verwenden, kennen wir bereits von Chow's Prognosetest. Wir können hoffen, dass das Nichtzutreffen der Konstanz der Modellparameter auch in die Verteilung der rekursiven

Residuen so eingeht, dass eine entsprechende Teststatistik das anzeigt. Folgende Testverfahren, die unter Verwendung der rekursiven Residuen konstruiert sind, sind gebräuchlich:

- der CUSUM Test
- der MOSUM Test
- der CUSUM-SQ Test

Allen Test liegt die Nullhypothese zugrunde, dass die Modellparameter im gesamten Beobachtungszeitraum konstant sind.

9.4.2 Der CUSUM-Test

Dieser Test basiert auf den kumulativen Summen der rekursiven Residuen

$$W_t = \frac{1}{s} \sum_{s=k+1}^{t} w_s \, ; \tag{9.4.2}$$

W_t ist definiert für $t = k+1, \ldots, n$ und s ist der übliche Schätzer der Varianz der Störgrößen. Bei Zutreffen der Nullhypothese haben die W_t den Erwartungswert Null und die Standardabweichung $\sqrt{t-k}$. Als kritische Schranken werden üblicherweise die von Brown *et al.* (1975) vorgeschlagenen verwendet: Sie liegen auf der Geraden durch die Punkte $(k, a_\alpha\sqrt{n-k})$ und $(n, 3a_\alpha\sqrt{n-k})$ bzw. auf der um die horizontale Achse gespiegelten Geraden. Für $\alpha = 0.05$ hat a_α den Wert 0.948; der Wert für $\alpha = 0.01$ beträgt 1.143. Die Nullhypothese wird verworfen, wenn W_t außerhalb dieser Schranken liegt.

Beispiel 9.9 **Konsumfunktion, Fortsetzung**

Zum Testen der Vermutung, dass die in Beispiel 9.1 spezifizierte Konsumfunktion keine stabile Modellstruktur hat, verwenden wir den CUSUM-Test. Die Abbildung 9.2 zeigt den Verlauf der rekursiven Residuen und der kumulativen Summen der rekursiven Residuen über den Beobachtungszeitraum und die kritischen Schranken für $\alpha = 0.05$. Die rekursiven Residuen lassen erkennen, dass ihre Standardabweichungen mit wachsendem t größer werden, was nicht ihren erwarteten Eigenschaften entspricht. Die CUSUM-Statistiken erreichen am Ende des Beobachtungszeitraumes die obere kritische Schranke; die Nullhypothese ist zu verwerfen.

Abbildung 9.2

Rekursive Residuen (a) und CUSUM-Test (b) zur Konsumfunktion.

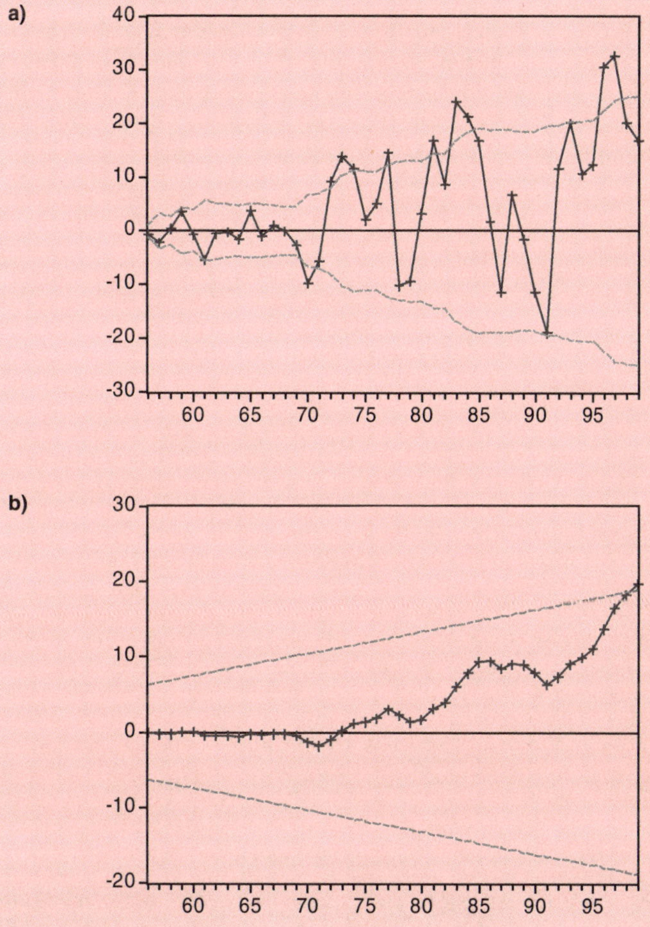

Der CUSUM-Test zeigt Änderungen in der Modellstruktur an, die einem von Null verschiedenen Erwartungswert der rekursiven Residuen entsprechen, also Änderungen in den Regressionskoeffizienten. Ähnliches leistet der MOSUM-Test, der den Vorteil hat, dass seine kritischen Schranken in der graphischen Darstellung horizontale Geraden sind. Seine Teststatistik ist definiert als

$$M_t = \frac{1}{s} \sum_{s=t-m+1}^{t} w_s ,$$

wobei m eine ganze Zahl, die Ordnung von M_t ist.

Der CUSUM-SQ-Test basiert auf der Teststatistik

$$W_t^q = \frac{\sum_{s=k+1}^{t} w_s^2}{\sum_{s=k+1}^{n} w_s^2} .$$

Die kritischen Schranken ergeben sich als Linien, die parallel zur Geraden verlaufen, die dem Verlauf des Erwartungswertes $E\{W_t^q\} = (t-k)/(n-k)$ entspricht. Das Verwerfen der Nullhypothese weist auf Instabilität der Parameter oder der Varianz der Störgrößen hin.

Die Instabilität der Varianz der Störgrößen hat in der Ökonometrie einen eigenen Namen: wir sprechen von Heteroskedastizität. Wir widmen diesem Thema ein eigenes Kapitel, in dem wir uns nicht nur mit entsprechenden Testverfahren befassen werden, sondern auch der Frage nachgehen wollen, welche Konsequenzen Heteroskedastizität für das Schätzen und Bewerten von Regressionsmodellen haben kann.

9.A Aufgaben

9.A.1 Empirische Anwendungen

1. Schätzen Sie die Konsumfunktion

$$\mathrm{CR}_t = \beta_1 + \beta_2 \mathrm{YDR}_t + \beta_3 \mathrm{Mp}_t + \beta_4 \mathrm{PI}_t + u_t$$

mit den Daten aus dem Datensatz `DatS01`. Schätzen Sie das Modell für die Daten von 1954 bis 1990 und ermitteln Sie Prognosen für den Konsum der Jahre 1991 bis 1997. Zeichnen Sie in ein Zeitreihendiagramm die beobachteten und prognostizierten Werte. *Hinweis:* Adaptieren Sie in `EViews` den `Sample`-Bereich.

2. Überprüfen Sie für das Modell aus Aufgabe 1, ob im Zeitraum 1991 bis 1997 der gleiche datengenerierende Prozess stattgefunden hat wie zwischen 1954 und 1990.

   (a) Verwenden Sie den Prognosetest von Chow.

   (b) Verwenden Sie den Chow-Test auf Strukturbruch.

   (c) Ermitteln Sie die einzelnen Größen der Teststatistik (9.3.5) des Prognosetests und berechnen Sie (9.3.5) durch Einsetzen.

3. Überprüfen Sie für das Modell aus Aufgabe 1, ob die Annahme einer stabilen Modellstruktur gerechtfertigt ist. Verwenden Sie

   (a) den CUSUM-Test,

   (b) den CUSUM-SQ-Test,

   (c) Ramsey's RESET-Test.

4. Schätzen Sie auf Basis des Datensatzes `DatS04` das Modell

$$\mathrm{CR}_t = \beta_1 + \beta_2 \mathrm{YDR}_t + \beta_3 \mathrm{M1}_t + u_t$$

mit saisonspezifischen Anstiegen und testen Sie, ob Saisonalität vorliegt; geben Sie den entsprechenden p-Wert an.

5. Der Datensatz DatS05 enthält die Variablen G: US-Benzinkonsum (Ausgaben, real), Y: *per capita* verfügbares Einkommen, P^G: Preisindex für Benzin, P^{NC}: Preisindex für neue KFZ, P^{UC}: Preisindex für gebrauchte KFZ, POP: gesamte US-Population. Uns interessiert das Modell

$$\log(G/\mathrm{POP})_t = \beta_1 + \beta_2 \log Y_t + \beta_3 P^G{}_t + \beta_4 P^{NC}{}_t + \beta_5 P^{UC}{}_t + \beta_6 t + u_t \,.$$

   (a) Schätzen Sie die Parameter des Modells unter Verwendung der Beobachtungen von 1960 bis 1995. Mit welchem Test kann überprüft werden, ob der 1. Ölpreis-Schock (1973) eine Strukturänderung verursacht hat? Vergleichen Sie die geschätzten Parameter für die Zeit vor und nach 1973 und interpretieren Sie die Änderungen.

   (b) Verwenden Sie die Beobachtungen von 1960 bis 1977. Geben die Prognosen für die Jahre 1974 bis 1977 bereits ausreichende Hinweise auf Strukturänderungen im Jahr 1973? Mit welchem Test kann das geprüft werden?

   (c) Verwenden Sie den CUSUM- und den CUSUM-SQ-Test zum Überprüfen der Stabilität der Modellstruktur.

6. Prüfen Sie für das Modell aus Aufgabe 5 die Vermutungen, dass (R1) die Preiselastizitäten β_4 und β_5 der Benzinnachfrage gleich groß sind, und dass (R2) die Preiselastizität β_3 proportional zu β_4 ist. Testen Sie (i) die Restriktion R1 alleine und (ii) beide Restriktionen gemeinsam; prüfen Sie (iii), ob der Test der Restriktion R1 in den beiden Teilbereichen 1960 bis 1973 und 1974 bis 1995 zum gleichen Ergebnis kommt.

9.A.2 Allgemeine Aufgaben und Probleme

1. Zeigen Sie die Gültigkeit der Beziehung

$$\mathbf{R}_t = \mathbf{R}_{t-1} - \frac{\mathbf{R}_{t-1}\mathbf{x}_t\mathbf{x}_t'\mathbf{R}_{t-1}}{1 + \mathbf{x}_t'\mathbf{R}_{t-1}\mathbf{x}_t}$$

   für $t = k+1, \ldots, n$. Dabei gilt $\mathbf{R}_t = (\mathbf{X}_t'\mathbf{X}_t)^{-1}$; $\mathbf{X}_t$ enthält die ersten t Zeilen der Matrix $\mathbf{X}$.

2. Zeigen Sie die Gültigkeit von

$$\mathbf{b}_t = \mathbf{b}_{t-1} + (\mathbf{X}_t'\mathbf{X}_t)^{-1}\mathbf{x}_t(Y_t - \mathbf{x}_t'\mathbf{b}_{t-1})$$

   für $t = k+1, \ldots, n$. *Hinweis:* Benützen Sie die Beziehung aus Aufgabe 1.

3. Zeigen Sie, dass das Einbeziehen der Dummy-Variablen für die Beobachtungen $(\mathbf{x}_{n-p+i}', Y_{n-p+i})$, $i = 1, \ldots, p$ im Modell (9.3.7) zur Folge hat, dass die so markierten Beobachtungen in die OLS-Schätzung der Regressionskoeffizienten $\boldsymbol{\beta}$ nicht eingehen.

4. Zeigen Sie, dass das Einbeziehen der Dummy-Variablen für die Beobachtungen $(\mathbf{x}_{n-p+i}', Y_{n-p+i})$, $i = 1, \ldots, p$ im Modell (9.3.7) zur Folge hat, dass die OLS-Schätzer für γ gleich Prognosefehlern $\mathbf{e}_f$ zu $\hat{y}_f$ sind.

5. Zeigen Sie, dass es entsprechend dem Theorem von Frisch-Waugh keinen Unterschied macht, ob das Regressionsmodell für saisonbereinigte Daten spezifiziert wird oder ob das Modell für nicht saisonbereinigte Daten, aber mit Saison-Dummies spezifiziert wird.

9.E Hinweise zu `EViews`: Analyse der Modellstruktur

`EViews` bietet eine große Zahl von Möglichkeiten, die Stabilität der Modellstruktur zu überprüfen. Die Verfahren sind im Output-Fenster der Schätzung eines linearen Regressionsmodells abrufbar. Man klickt auf die Schaltfläche `View` und wählt aus den Menüpunkten von `Stability Tests` das gewünschte Verfahren aus.

- **Chow-Test auf Strukturbruch:** Klickt man unter den Menüpunkten von `Stability Tests` die Möglichkeit `Chow Breakpoint Test...` an, so erscheint ein Dialogfenster, in dem die einzelnen Regime durch Angabe des jeweils ersten Beobachtungszeitpunktes einzugeben ist. Das Outputfenster enthält (a) die Teststatistik F nach (9.3.2) und den entsprechenden p-Wert der bei normalverteilten Störgrößen exakten F-Verteilung von F und (b) die Teststatistik des Likelihood-Quotienten-Tests samt entsprechenden p-Wert der asymptotischen Chi-Quadrat-Verteilung der LR-Statistik.
- **Prognosetest nach Chow:** Dazu klickt man unter den Menüpunkten von `Stability Tests` die Möglichkeit `Chow Forecast Test...` an. Im dann erscheinenden Dialogfenster ist der erste Beobachtungszeitpunkt des Prognosebereichs einzugeben. Das Outputfenster enthält (a) die Teststatistik F nach (9.3.5) und den dazugehörigen p-Wert der bei normalverteilten Störgrößen exakten F-Verteilung und (b) die Teststatistik des Likelihood-Quotienten-Tests und den p-Wert der asymptotischen Chi-Quadrat-Verteilung.
- **Rekursiv geschätzte Parameter und Residuen:** Dazu klickt man unter den Menüpunkten von `Stability Tests` die Möglichkeit `Recursive Estimation ...` an. Im zugehörigen Dialogfenster kann zwischen den folgenden Verfahren ausgewählt werden:
  - `Recursive Residuals`
  - `CUSUM Test`
  - `CUSUM of Squares Test`
  - `Recursive Coefficients`

  Alle Verfahren liefern Diagramme der gewünschten Größen. Zu den Teststatistiken (CUSUM- und CUSUM-SQ-Test) werden die kritischen Schranken angegeben. Die rekursiven Residuen und die rekursiv geschätzten Regressionskoeffizienten werden gemeinsam mit Konfidenzbändern ausgegeben.

Multikollinearität

10

ÜBERBLICK

Bei ökonomischen Variablen muss damit gerechnet werden, dass sie, etwa wegen gemeinsamer Trends, stark korrelieren. Das Invertieren der Matrix $\mathbf{X}'\mathbf{X}$ kann dann Probleme machen, weil die Determinate von $\mathbf{X}'\mathbf{X}$ in dieser Situation einen Wert nahe bei Null haben kann und $\mathbf{X}'\mathbf{X}$ fast singulär ist. Bei der Anwendung der OLS-Schätzung auf lineare Regressionsbeziehungen kann das zur Folge haben, dass die Standardfehler der geschätzten Regressionskoeffizienten große Werte bekommen, die Schätzer also unsicherer werden, und die Wahrscheinlichkeit steigt, beim Anwenden des t-Tests irrtümlich die Nullhypothese nicht abzulehnen, also einen Regressor irrtümlich für nicht relevant zu halten. Wir sprechen von Multikollinearität.

Wegen der potentiell gravierenden **Konsequenzen**, die Multikollinearität für die OLS-Schätzer und ihre Beurteilung haben kann, ist es für den Ökonometer wichtig, das Auftreten von Multikollinearität auch diagnostizieren zu können. Entsprechende Indikatoren für das Vorhandensein von Multikollinearität machen von den Beziehungen zwischen den Regressoren Gebrauch, die das Auftreten von Multikollinearität verursachen, oder sind auf Basis der Matrix $\mathbf{X}'\mathbf{X}$ definiert. Zur ersteren Gruppe von Indikatoren gehören die **VIFs** oder *variance inflation factors*; ein Vertreter der zweiten Gruppe ist die **Konditionszahl** von $\mathbf{X}'\mathbf{X}$. Schließlich gilt es zu überlegen, welche Maßnahmen getroffen werden können, wenn die Analyse eines spezifizierten Modells durch Multikollinearität beeinträchtigt ist, um nachteilige Auswirkungen und Folgen von Multikollinearität zu vermeiden.

Nach der Definition des Begriffs Multikollinearität in Abschnitt 10.2 befassen wir uns in Abschnitt 10.3 mit den Konsequenzen von Multikollinearität. In Abschnitt 10.4 werden wir Indikatoren für das Vorhandensein von Multikollinearität behandeln, die bei Verdacht auf Multikollinearität überprüft werden sollten. Schließlich gehen wir in Abschnitt 10.5 auf die Frage ein, welche Möglichkeiten es gibt, die Auswirkungen von Multikollinearität zu vermeiden oder zumindest zu vermindern.

10.1 Einleitung

Die Fragestellung soll anhand eines Beispiels erklärt werden.

Beispiel 10.1 Konsumfunktion mit zwei Einkommensarten

Wir spezifizieren die Konsumfunktion

$$C = \alpha + \beta_1 Y^a + \beta_2 Y^e + u\,;$$

sie unterstellt, dass die Ausgaben für Konsum (C) eine Funktion des Einkommens aus Erwerbstätigkeit (Y^a) und des Einkommens aus Besitz und Unternehmung (Y^e) ist. Um den OLS-Schätzer für β_1 anzuschreiben, adaptieren wir die Darstellung (6.2.1) aus Abschnitt 6.2:

$$b_{ya.e} = \frac{b_{ya} - b_{ye} b_{ea}}{1 - r_{ae}^2}\,. \tag{10.1.1}$$

Den partiellen Regressionskoeffizienten $b_{ya.e}$ können wir also aus den Regressionskoeffizienten b_{ya}, b_{ye} und b_{ea} der einfachen Regressionen von Y auf Y^a, Y auf Y^e und Y^e auf Y^a berechnen. Wir unterscheiden drei Fälle; die ersten beiden kennen wir bereits aus Abschnitt 6.2.

(A) Unkorrelierte (orthogonale) Regressoren: Wenn die Variablen Y^a und Y^e unkorreliert und orthogonal ($(\mathbf{y}^a)'\mathbf{y}^e = 0$) sind, dann gelten $r_{ae} = 0$ und $b_{ae} = 0$ und als Folge davon $b_{ca.e} = b_{ca}$. Die geschätzten Regressionskoeffizienten des multiplen Regressionsmodells sind dieselben wie jene, die wir aus der einfachen Regression von C auf Y^a erhalten.

(B) Beliebige, nicht-orthogonale Regressoren: Im Fall $r_{ae} \neq 0$ kann b_{ca} größer oder kleiner als $b_{ca.e}$ sein. Allerdings gilt das nur, wenn $|r_{ae}| < 1$. Nimmt $|r_{ae}|$ den Wert Eins an, so bekommt der Nenner der rechten Seite von (10.1.1) den Wert Null und der Schätzer $b_{ca.e}$ ist nicht definiert. Damit kommen wir zum dritten Fall:

(C) Lineare Abhängigkeit der Regressoren: Nehmen wir an, es gelte $Y^e = cY^a$. Dann hat der Korrelationskoeffizient r_{ae} zwischen den beiden Einkommen den Wert Eins: $r_{ae} = 1$; für die Regressionskoeffizienten der einfachen Regressionen finden wir $b_{ce} = cb_{ca}$ und $b_{ae} = c^{-1}$. Das Einsetzen in (10.1.1) zeigt, dass sich für $b_{ca.e}$ in diesem Fall eine unbestimmte Form ergibt: $b_{ca.e} = 0/0$.

Der Fall (C) könnte eintreten, wenn sich im Beobachtungsbereich die beiden Einkommensarten streng parallel entwickeln. Das wird in der Praxis – zumindest in einem längeren Beobachtungsbereich – kaum der Fall sein. Es kann aber sein, dass die Korrelation zwischen den Einkommensarten nahe bei Eins liegt. Dann liegt zwar der Fall (B) vor, aber die Konsequenzen können denen des Falles (C) nahe kommen.

Bei der Analyse ökonomischer Daten werden wir typischerweise den Fall (B) des Beispiels 10.1 antreffen; er ist Gegenstand dieses Kapitels. Ökonomische Variable repräsentieren unterschiedliche Dimensionen des komplexen Systems der wirtschaftlichen Abläufe. Der zeitliche Verlauf dieser Variablen spiegelt die gemeinsame Entwicklung und induziert daher Abhängigkeiten, die sich durch von Null verschiedene Korrelationskoeffizienten manifestieren. Der Fall (C) des Beispiels 10.1 interessiert uns als Grenzfall des Falles (B).

Der Fall (C) hat mit der Annahme **A2** des linearen Regressionsmodells zu tun. Sie besagt, dass der Rang der $(n \times k)$-Matrix $\mathbf{X}$ des Modells $\mathbf{y} = \mathbf{X}\boldsymbol{\beta} + \mathbf{u}$ so groß wie die Anzahl k der Spalten von $\mathbf{X}$ ist, und $\mathbf{X}$ daher vollen Rang besitzt. Besteht etwa – wie im Fall (C) von Beispiel 10.1 – zwischen zwei Spalten von $\mathbf{X}$ eine lineare Beziehung, so ist der Rang von $\mathbf{X}$ nicht mehr voll. Eine lineare Abhängigkeit zwischen den Regressoren hat die Reduktion des Ranges von $\mathbf{X}$ zur Folge. Der Rang von $\mathbf{X}'\mathbf{X}$ ist gleich dem Rang von $\mathbf{X}$. Die Konsequenz eines nicht vollen Ranges von $\mathbf{X}$ ist, dass wir die Matrix $\mathbf{X}'\mathbf{X}$ nicht invertieren und nicht für jeden Regressionskoeffizienten einen OLS-Schätzer bestimmen können.

Beispiel 10.2 **Konsumfunktion, Fortsetzung**

Besteht eine lineare Abhängigkeit der Regressoren von der Form $Y^e = cY^a$, so können wir das Modell umformen und schreiben

$$C = \alpha + (\beta_1 + c\beta_2)Y^a + u = \alpha + \gamma Y^a + u\,.$$

Wir haben kein Problem, einen OLS-Schätzer für γ, also für $\beta_1 + c\beta_2$, zu berechnen. Hingegen ist es nicht möglich, Schätzer für β_1 und β_2 zu bestimmen. Wir sagen, die Summe $\beta_1 + c\beta_2$ der Parameter ist identifiziert, nicht aber jeder einzelne Parameter für sich.

Lineare Abhängigkeit der Regressoren bzw. das Nicht-Zutreffen der Annahme **A2** bedeutet also korrelierte Regressoren und das Versagen der Methode der kleinsten Quadrate. Ökonometrische Programmpakete bringen eine entsprechende Fehlermeldung, wenn das Invertieren der Matrix $\mathbf{X}'\mathbf{X}$ numerische Probleme macht.

10.2 Der Begriff Multikollinearität

Wie im Abschnitt 10.1 gesagt, müssen wir bei ökonomischen Daten damit rechnen, dass die Spalten der Matrix $\mathbf{X}$ Beobachtungen entsprechen, die nicht unkorreliert sind. Es wird normalerweise nicht der extreme Fall eintreten, dass zwischen den Spalten von $\mathbf{X}$ lineare Beziehungen bestehen, so dass $r(\mathbf{X}) < k$ und die Annahme **A2** des linearen Regressionsmodells verletzt ist. Typisch ist allerdings das, was wir in Beispiel 10.1 als Fall (B) behandelt haben.

Ein mindestens ebenso wenig realistischer Fall wie das Vorliegen von exakten linearen Beziehungen zwischen den Spalten von $\mathbf{X}$ ist ihre Orthogonalität: Damit ist gemeint, dass für jedes Paar von Spalten $\mathbf{x}_i$ und $\mathbf{x}_j$ die Beziehung $\mathbf{x}_i'\mathbf{x}_j = 0$ gilt. In Beispiel 10.1 haben wir diese Situation als Fall (A) behandelt. Gilt diese Eigenschaft für alle Paare von Regressoren, so erhalten wir als Matrix $\mathbf{X}'\mathbf{X}$ die Diagonalmatrix mit $\mathbf{x}_i'\mathbf{x}_i$ als i-tes Element. Die Konsequenzen für das Schätzen der Regressionskoeffizienten haben wir in Abschnitt 10.1 erwähnt. Enthält das Regressionsmodell ein Interzept und die Matrix $\mathbf{X}$ daher als erste Spalte den Einsen-Vektor $\boldsymbol{\iota} = (1, \ldots, 1)'$, so impliziert die Orthogonalität $\boldsymbol{\iota}'\mathbf{x}_i = n\bar{X}_i = 0$ für alle i, also zentrierte Regressoren, und ebenso die Unkorreliertheit der Regressoren:

$$r_{ij} = 0, \quad i \neq j,\ i, j = 1, \ldots, k\,.$$

Unter Multikollinearität versteht man das Nicht-Zutreffen der Orthogonalität der Regressoren. Eine schwächere Bedingung für Multikollinearität ist das Nicht-Zutreffen der Unkorreliertheit der Regressoren. Ein typischer Fall von Multikollinearität ist der, dass die Spalten von $\mathbf{X}$ „beinahe linear abhängig" sind, also eine Linearkombination der Spalten von $\mathbf{X}$ einen Vektor ergibt, der sich vom Nullvektor nur wenig unterscheidet. Häufige Ursache für Multikollinearität ist ein gemeinsamer Trend zwischen den Regressoren. In einem solchen Fall hat die Matrix $\mathbf{X}$ noch vollen Rang, $\mathbf{X}'\mathbf{X}$ ist also nicht-singulär, und die Regressionskoeffizienten sind noch schätzbar. Aber wir werden im Folgenden sehen, dass diese Situation Konsequenzen hat, die bei der Bewertung der Ergebnisse zu beachten sind.

Wegen der in Abschnitt 10.1 beschriebenen Natur der ökonomischen Daten ist Multikollinearität ein Phänomen, das für alle Anwendungen von ökonometrischen Analysen relevant ist. Vor allem müssen wir uns für die potentiellen Konsequenzen von Multikollinearität interessieren und für Möglichkeiten, diese Auswirkungen zu beurteilen und in der Analyse zu berücksichtigen.

Aus den bisherigen Ausführungen ist klar, dass Multikollinearität eine Eigenschaft der analysierten Daten ist. Orthogonalität und Unkorreliertheit der Regressoren sind Eigenschaften der empirischen Momente. Dabei spielt auch eine Rolle, welche Variablen in die Modellspezifikation eingehen, und bei manchen Modelltypen ist mit Multikollinearität eher zu rechnen als bei anderen. Wird beispielsweise eine so genannte Lagstruktur eines Regressors zur Erklärung der abhängigen Variablen spezifiziert, wird also angenommen, dass neben dem Regressor auch die um eine, zwei etc. Perioden verzögerten Werte des Regressors zur Erklärung beitragen, so sind große Werte der Korrelationskoeffizienten zu erwarten, etwa wenn der Regressor einen zeitlichen Trend aufweist.

10.3 Konsequenzen der Multikollinearität

Ausgangspunkt unserer Überlegungen ist das Regressionsmodell $\mathbf{y} = \mathbf{X}\boldsymbol{\beta} + \mathbf{u}$. Entsprechend der Gleichung (6.3.4) aus Abschnitt 6.3 können wir den OLS-Schätzer für β_i in folgender Weise anschreiben:

$$b_i = (\mathbf{x}_i'\mathbf{M}_i\mathbf{x}_i)^{-1}\mathbf{x}_i'\mathbf{M}_i\mathbf{y} = (\tilde{\mathbf{x}}'\tilde{\mathbf{x}})^{-1}\tilde{\mathbf{x}}'\tilde{\mathbf{y}} = \frac{\sum \tilde{X}_{ti}Y_t}{\sum \tilde{X}_{ti}^2}\,; \qquad (10.3.1)$$

dabei ist $\mathbf{M}_i = \mathbf{I} - \mathbf{X}_{(i)}(\mathbf{X}_{(i)}'\mathbf{X}_{(i)})^{-1}\mathbf{X}_{(i)}'$ die residuenerzeugende Matrix, wenn wir auf die Spalten von $\mathbf{X}_{(i)}$ regressieren, wobei sich $\mathbf{X}_{(i)}$ aus der Matrix $\mathbf{X}$ durch Streichen der Spalte $\mathbf{x}_i$ ergibt. Der Vektor $\tilde{\mathbf{x}}_i = \mathbf{M}_i\mathbf{x}_i$ enthält die Residuen der Regression des Regressors X_i auf die Spalten von $\mathbf{X}_{(i)}$; $\tilde{\mathbf{y}} = \mathbf{M}_i\mathbf{y}$ sind die Residuen der Regression von Y auf die Spalten von $\mathbf{X}_{(i)}$. Somit ist b_i der Schätzer des Regressionskoeffizienten der (einfachen) Regression von Y auf $\tilde{X}_i$, also auf eine Variable, die wir aus X_i durch Bereinigen um jene Information erhalten, die von den übrigen Regressor-Variablen schon erklärt ist.

Für die Varianz von b_i erhalten wir

$$\mathrm{Var}\{b_i\} = \sigma^2(\tilde{\mathbf{x}}_i'\tilde{\mathbf{x}}_i)^{-1} = \frac{\sigma^2}{\sum \tilde{X}_{ti}^2}\,; \qquad (10.3.2)$$

siehe Abschnitt 6.4.

Zum Abschätzen der Konsequenzen von Multikollinearität können wir den Schätzer b_i jenem Schätzer gegenüber-stellen, den wir aus der einfachen Regression von Y auf den Regressor X_i erhalten würden. Am Fall (A) aus Beispiel 10.1 haben wir gesehen, dass bei orthogonalen Regressoren die geschätzten Regressionskoeffizienten des multiplen Regressionsmodells identisch jenen Schätzern sind, die wir aus den einfachen Regressionen von Y auf die einzelnen Regressoren erhalten. Wir setzen in Gleichung (6.3.4) für $\mathbf{M}_z$ die Matrix $\mathbf{A} = \mathbf{I} - \boldsymbol{\iota}(\boldsymbol{\iota}'\boldsymbol{\iota})^{-1}\boldsymbol{\iota}'$; $\boldsymbol{\iota}$ ist der Einsen-Vektor $(1, \ldots, 1)'$. Die Matrix $\mathbf{X}_2 = (\mathbf{x}_2, \ldots, \mathbf{x}_k)$ enthält alle Spalten von $\mathbf{X}$ mit Ausnahme des Einsen-Vektors, der für das Interzept steht. Multiplizieren von $\mathbf{X}_2$ mit $\mathbf{A}$ erzeugt die Matrix $\mathbf{A}\mathbf{X}_2 = \mathbf{X}_2 - \boldsymbol{\iota}\bar{\mathbf{x}}_2'$, wobei $\bar{\mathbf{x}}_2$ der $(k-1)$-Vektor der Mittelwerte $\bar{X}_i$ ist. Die Matrix $\mathbf{AX}_2$ enthält die zentrierten X_i, also die Abweichungen der X_i von ihren Mittelwerten. Dann sind $\mathbf{b}_2 = (\mathbf{X}_2'\mathbf{AX}_2)^{-1}\mathbf{X}_2'\mathbf{Ay}$ die OLS-Schätzer der Regressionkoeffizienten der multiplen Regression von Y auf die zentrierten X_i. Im Fall orthogonaler Regressoren ist die Matrix $\mathbf{X}_2'\mathbf{AX}_2$ diagonal. Wir schreiben dann die i-te Komponente von $\mathbf{b}_2$ $(i = 2, \ldots, k)$ als

$$b_i^* = (\mathbf{x}_i'\mathbf{Ax}_i)^{-1}\mathbf{x}_i'\mathbf{Ay} = \frac{\sum(X_{ti} - \bar{X}_i)(y_t - \bar{Y})}{\sum(X_{ti} - \bar{X}_i)^2} \; ; \tag{10.3.3}$$

b_i^* ist identisch dem Schätzer b_i aus der einfachen Regression $Y = \alpha + \beta_i X_i + u$. Für die Varianz von b_i^* erhalten wir

$$\mathrm{Var}\{b_i^*\} = \sigma^2(\mathbf{x}_i'\mathbf{Ax}_i)^{-1} = \frac{\sigma^2}{\sum(X_{tji} - \bar{X}_i)^2} \, . \tag{10.3.4}$$

Die Konsequenzen der Multikollinearität für die Eigenschaften der OLS-Schätzung können wir folgendermaßen zusammenfassen:

- Die OLS-Schätzer b_i der Regressionkoeffizienten sind unverzerrt. Beachte, dass das für die Schätzer b_i^* im Allgemeinen nicht gilt, da das Nichtberücksichtigen der übrigen Regressoren einen verzerrten Schätzer für β_i zur Folge hat.
- Wie der Vergleich der Varianzen von b_i^* und b_i zeigt, kann die Varianz von b_i sehr große Werte annehmen. Die Folge ist, dass der Schätzer b_i unsicherer wird, bei geringen Änderungen der verfügbaren Daten stark seinen Wert ändern kann, und die Macht von Tests wie t- und F-Test reduziert wird.
- Der Schätzer der Varianz der Störgrößen ist unverzerrt.

Eine nützliche Beziehung macht Gebrauch von dem Bestimmtheitsmaß R_i^2 der Regression von X_i auf alle übrigen Regressoren; wir nennen sie die Hilfsregression für X_i. Die dafür benötigten Größen sind $\mathrm{TSS}_i = \sum_t (X_{ti} - \bar{X}_i)^2$ und $\mathrm{RSS}_i = \sum_t \tilde{X}_{ti}^2$; damit können wir das Bestimmtheitsmaß der Hilfsregression für X_i definieren als

$$R_i^2 = 1 - \frac{\mathrm{RSS}_i}{\mathrm{TSS}_i} = 1 - \frac{\mathrm{Var}\{b_i^*\}}{\mathrm{Var}\{b_i\}} \, .$$

Gilt $R_i^2 \simeq 0$, so besteht keine wesentliche Korrelation zwischen X_i und den übrigen Regressoren oder einer Linearkombination dieser Variablen. Bekommen wir für R_i^2 einen großen Wert oder gilt $R_i^2 \simeq 1$, so gibt es mindestens einen Regressor, der mit X_i stark korreliert, oder eine Linearkombination dieser Variablen, für die das gilt. Umformen ergibt die Beziehung

$$\mathrm{Var}\{b_i\} = \frac{\mathrm{Var}\{b_i^*\}}{1 - R_i^2} \, . \tag{10.3.5}$$

Diese Beziehung illustriert das, was im Anschluss an die Beziehung (10.3.4) über den Zusammenhang zwischen den Varianzen von b_i^* und b_i gesagt wurde.

Wie oben ausgeführt, ist eine Konsequenz von Multikollinearität, dass die Varianzen der b_i große Werte bekommen. Aus den Ungleichungen

$$\sum_t X_{ti}^2 \geq \sum_t (X_{ti} - \bar{X}_i)^2 \geq \sum_t \tilde{X}_{ti}^2$$

sieht man, dass $\mathrm{Var}\{b_i\} = \sigma^2(\sum \tilde{X}_{ti}^2)^{-1}$ aus mehreren Gründen große Werte annehmen kann:

- Ist $\sum X_{ti}^2$ klein, so finden wir einen großen Wert von $\mathrm{Var}\{b_i\}$, da ja $\sum_t \tilde{X}_{ti}^2 \leq \sum_t X_{ti}^2$, also der Nenner von (10.3.2) durch $\sum X_{ti}^2$ beschränkt ist. Ursache für einen großen Wert von $\mathrm{Var}\{b_i\}$ kann also sein, dass wir nur eine geringe Anzahl von Beobachtungen von X_i zur Verfügung haben. Im Extremfall kann die Anzahl von Beobachtungen geringer als k sein und damit die Annahme **A2** verletzt werden.
- Ein kleiner Wert von $\sum(X_{ti} - \bar{X}_i)^2$ bedeutet geringe Varianz der Beobachtungen von X_i. Wieder ist die Folge ein großer Wert von $\mathrm{Var}\{b_i\}$; Ursache ist diesmal, dass die Beobachtungen von X_i nur einen kleinen Bereich abdecken. Im Extremfall kann der Fall eintreten, dass die Beobachtungen von X_i überhaupt nicht streuen, ihre Varianz den Wert Null hat. Die entsprechende Spalte von $\mathbf{X}$ ist ein Vielfaches des Einsen-Vektors zum Interzept; wiederum ist die Annahme **A2** verletzt.
- Im Fall $\sum(X_{ti} - \bar{X}_i)^2 \gg \sum \tilde{X}_{ti}^2$ ist Multikollinearität die Ursache für die große Varianz $\mathrm{Var}\{b_i\}$; der Extremfall ist, dass für das Bestimmtheitsmaß der Hilfsregression für X_i gilt: $R_i^2 = 1$.

Nur im letzten Fall ist also Multikollinearität die Ursache für große Unsicherheit der Schätzer b_i. In den anderen beiden Fällen liegen Design-Probleme vor. In den jeweils beschriebenen Extremfällen ist der OLS-Schätzer nicht definiert.

Beispiel 10.3

Konsumfunktion

In Anlehnung an die Konsumfunktion des Area-Wide-Models (2001) gehen wir davon aus, dass die Zuwachsrate des realen privaten Konsums (PCR, C) eine Funktion der Zuwachsrate des realen verfügbaren Einkommens der Haushalte (PYR, Y) und ihres realen Vermögens ist; im Area-Wide-Model wird angenommen, dass das Vermögen WLN der Haushalte alle Vermögenswerte umfasst und mit dem Deflator PCD auf reale Werte umgerechnet werden kann (WLR = WLN/PCD, W). Die an die Daten aus der Periode 1970:1 bis 2002:4 angepasste Konsumfunktion lautet

$$\widehat{\delta(C)} = 0.020 + 0.696\,\delta(Y) - 0.494 \log W\,;$$

dabei stehen $\delta(C) = \Delta \log C$ und $\delta(Y)$ für die entsprechenden Zuwachsraten. Nun erweitern wir das Modell um das Vermögen der Vorperiode, der Überlegung folgend, dass das Verhalten der Konsumenten nicht nur durch das aktuelle, sondern auch durch früheres Vermögen beeinflusst wird. Die Tabelle 10.1 zeigt für beide Modelle zu jedem Regressor den Koeffizienten b_i, den zugehörigen p-Wert p_i sowie das Bestimmtheitsmaß R_i^2 der Hilfsregression auf alle übrigen Regressoren.

Tabelle 10.1

Konsumfunktionen ohne und mit Vermögen der Vorperiode als Regressor

	i	b_i	p_i	R_i^2	b_i	p_i	R_i^2
Interzept	1	0.020	0.000	–	0.020	0.000	–
$\delta(Y)$	2	0.696	0.000	0.141	0.696	0.000	0.166
$\log W$	3	−0.494	0.002	0.141	4.12	0.534	0.999
$\log W_{-1}$	4	–	–	–	−4.61	0.486	0.999

Das Erweitern des Modells um das Vermögen der Vorperiode hat zur Folge, dass der p_3-Wert zum Regressor $\log W$ einen nicht signifikanten Erklärungsbeitrag anzeigt, obwohl entsprechend dem ursprünglichen Modell kein Zweifel an der Signifikanz des Erklärungsbeitrags dieses Regressors besteht. Das Bestimmtheitsmaß $R_3^2 = 0.999$ zeigt an, dass wir es mit dem Effekt von Multikollinearität zu tun haben. Einen näheren Hinweis können die Korrelationskoeffizienten der Regressoren geben, die uns die Tabelle 10.2 zeigt.

Tabelle 10.2

Matrix der Korrelationskoeffizienten zwischen den Regressoren der um die verzögerte Vermögensvariable erweiterten Konsumfunktion

	$\delta(Y)$	$\log W$	$\log W_{-1}$
$\delta(Y)$	1.000	−0.450	−0.453
$\log W$	−0.450	1.000	0.999
$\log W_{-1}$	−0.453	0.999	1.000

Wir sehen aus Tabelle 10.2, dass der Korrelationskoeffizient zwischen den beiden Vermögensvariablen nahe bei Eins liegt. Wir müssen entsprechend (10.3.5) damit rechnen, dass die Standardfehler der Koeffizienten der beiden Vermögensvariablen durch diese hohen Werte der Korrelationskoeffizienten stark vergrößert werden.

Multikollinearität hat auch Konsequenzen für die Tests, die bei der Analyse von Regressionsmodellen verwendet werden. So hat Multikollinearität zwar keinen Effekt auf die Verteilung der Teststatistik des t-Tests unter H_0: $\beta_i = 0$ und damit auf den p-Wert des t-Tests, die Wahrscheinlichkeit des Typ-I-Fehlers; gilt aber die Nullhypothese nicht, so wächst die Wahrscheinlichkeit des Typ-II-Fehlers mit $\text{Var}\{b_i\}$. Wir haben also geringere Chance, die Nullhypothese zu verwerfen, die Macht des Tests sinkt. Ähnlich wirkt sich Multikollinearität auf den F-Test aus, mit dem wir das Zutreffen von Restriktionen für die Parameter prüfen.

Die Frage, ab welchen Werten der Bestimmtheitsmaße R_i^2 der Hilfsregressionen die Multikollinearität ein Problem für die Analyse und die Ergebnisse darstellt, kann nicht allgemein beantwortet werden. Verschiedene Autoren geben verschiedene Hinweise. So findet man die Ansicht, dass Multikollinearität problematisch wird, wenn ein R_i^2 größer als das Bestimmtheitsmaß R^2 des gesamten Modells ist.

10.4 Indikatoren für Multikollinearität

Um Hinweise auf Multikollinearität zu bekommen, verwendet man vor allem Indikatoren, mit denen die Abhängigkeit zwischen den Regressoren beschrieben wird. Im vorhergehenden Abschnitt haben wir bereits gesehen, dass die Bestimmtheitsmaße R_i^2 der Hilfsregressionen für die einzelnen Regressoren X_i Hinweise auf Multikollinearität geben können. In der ökonometrischen Literatur werden aber darüber hinaus eine Vielzahl von Möglichkeiten diskutiert, Multikollinearität anzuzeigen. Folgende Indikatoren stehen uns zur Verfügung und werden auch in ökonometrischen Programmpaketen verwendet, um den Benützer zu warnen.

- Bestimmtheitsmaße R_i^2 der Hilfsregressionen: Wie oben erwähnt, sind große Werte von R_i^2 ein Hinweis auf das Vorliegen von Multikollinearität. Finden wir mindestens ein R_i^2 mit einem Wert nahe bei Eins, so wird uns das ein verlässlicher Hinweis auf Multikollinearität sein. Was „groß" ist, muss in Bezug zum Bestimmtheitsmaß R^2 des gesamten Modells gesehen werden. Generell bleibt es dem Anwender überlassen, aus den Werten der R_i^2 – und gegebenenfalls weiterführenden Untersuchungen – die richtigen Schlüsse zu ziehen. Das gilt natürlich auch für die anderen Indikatoren dieser Auflistung.
- VIFs: Diese im Englischen *variance inflation factors* genannten Indikatoren sind definiert als $(1 - R_i^2)^{-1}$. Sie sind also Zahlen mit minimalem Wert Eins; große Werte der VIFs sind ein Hinweis auf das Vorliegen von Multikollinearität. Wir haben die VIFs als Quotienten der Varianzen $\text{Var}\{b_i\}$ und $\text{Var}\{b_i^*\}$ kennen gelernt; vergl. (10.3.5). Manche ökonometrische Programmpakete liefern sie im Standardoutput zu jedem Regressor mit. Zur Verwendung und zu ihrer Interpretation gilt das Gleiche, was zu den Bestimmtheitsmaßen R_i^2 gesagt wurde.
- Determinate der Korrelationsmatrix C der Regressoren: Ein Wert von $|C|$ nahe bei Null zeigt Multikollinearität an.
- Die Konditionszahl, im Englischen *condition index* oder *condition number*, der Matrix von $\mathbf{X}'\mathbf{X}$ ist definiert als

  $$k(\mathbf{X}'\mathbf{X}) = \sqrt{\frac{\lambda_{\max}}{\lambda_{\min}}},$$

  wobei $\lambda_{\max}$ der maximale, $\lambda_{\min}$ der minimale Eigenwert von $\mathbf{X}'\mathbf{X}$ sind. Die Konditionszahl einer Matrix ist ein Maß dafür, wie nahe diese Matrix einer singulären Matrix kommt. Ein großer Wert von $k(\mathbf{X}'\mathbf{X})$ ist ein Hinweis auf Multikollinearität von $\mathbf{X}'\mathbf{X}$; als groß werden in der Literatur Werte über 20 bezeichnet.

Ein Verfahren, welches das Vorliegen von Multikollinearität sehr gut anzeigt, besteht im Überprüfen des Effekts des Hinzufügens einer Variablen auf die Varianzen der Schätzer b_i der übrigen Regressoren. Dazu stehen uns die Standardfehler $\text{se}(b_i)$ zur Verfügung. Wir gehen davon aus, dass zwischen den Regressoren des Modells vor dem Hinzufügen der fraglichen Variablen keine Anzeichen von Multikollinearität beobachtet wurden.

1. Ist die hinzufügte Variable relevant zur Erklärung des datengenerierenden Prozesses und gibt es auch als Folge des Hinzufügens der weiteren Variablen kein Problem der Multikollinearität, so werden sowohl der Schätzer s^2 der Varianz der Störgrößen als auch die Standardfehler der b_i kleiner.
2. Besteht nach dem Hinzufügen der weiteren Variablen innerhalb der vergrößerten Menge von Regressoren ein Problem der Multikollinearität, so werden die Standardfehler der b_i größer.

Beispiel 10.4 Konsumfunktion, Fortsetzung

Die in Anlehnung an die Konsumfunktion des Area-Wide-Models (2001) erweiterte Konsumfunktion aus Beispiel 10.3 hat sich ergeben zu

$$\delta(C) = 0.020 + 0.696\,\delta(Y) + 4.12\,\log W - 4.61\,\log W_{-1}\,.$$

Das Überprüfen des Bestimmtheitsmaßes der Regression von $\log W$ auf die übrigen Regressoren, $R_3^2 = 0.999$, gibt einen Hinweis, dass wir es mit Multikollinearität zu tun haben. Das Beispiel soll uns dazu dienen, die verschiedenen Indikatoren für Multikollinearität anzuwenden.

- Für die *variance inflation factors* $(1 - R_i^2)^{-1}$ erhalten wir den Wert 1.2 für $\delta(Y)$ und den gleichen Wert 1989.6 für $\log W$ und $\log W_{-1}$; die entsprechenden Werte für die nicht erweiterte Konsumfunktion ergeben sich zu 1.16 für $\delta(Y)$ und für W.
- Die Determinante der Matrix der Korrelationskoeffizienten der Regressoren ergibt sich zu 0.00037; bei der nicht erweiterten Konsumfunktion erhalten wir für die Determinante der Matrix der Korrelationskoeffizienten den Wert 0.7975.
- Die Konditionszahl $k(\mathbf{X}'\mathbf{X}) = \sqrt{\lambda_{\max}/\lambda_{\min}}$ ergibt sich zu 476.4; für die nicht erweiterte Konsumfunktion erhalten wir für die Konditionszahl den Wert 11.7.

Bei allen drei Indikatoren finden wir große Unterschiede zwischen den Werten für das zu prüfende Modell und für die nicht erweiterte Konsumfunktion. Alle drei Indikatoren bestärken den Verdacht, dass Multikollinearität vorliegt. Gleiches gilt auch für den Vergleich der Standardfehler der geschätzten Regressionskoeffizienten der beiden Modelle; vergl. die Zunahme des p-Wertes von $\log W$ in der Tabelle 10.1.

Die meisten ökonometrischen Programmpakete liefern im Standardoutput ein mehr oder weniger umfangreiches Angebot an Indikatoren für Multikollinearität, darunter die Bestimmtheitsmaße R_i^2 der Hilfsregressionen und daraus abgeleitete Größen.

10.5 Maßnahmen bei Multikollinearität

Wenn man bei einer ökonometrischen Analyse zur Überzeugung gekommen ist, dass Multikollinearität ein ernst zu nehmendes Problem für die konkrete Anwendung ist, so wird man geeignete Maßnahmen ergreifen, um den Konsequenzen von Multikollinearität, vor allem große Standardfehler der OLS-Schätzer, entgegenzuwirken. Solche Maßnahmen können sein:

- Vergrößern der in die Schätzung einbezogenen Datenmenge kann die Abhängigkeitsstruktur zwischen den Regressoren ändern, so dass Multikollinearität zumindest nicht in einem Ausmaß auftritt, das Probleme verursacht. Allerdings wird diese Möglichkeit in den meisten Situationen nicht wirklich realistisch sein. So müssen wir mit wesentlich verzögerten Ergebnissen rechnen, wenn wir als Datenbasis Zeitreihen verwenden.
- Das Eliminieren jenes Regressors oder jener Regressoren, die für die Multikollinearität verantwortlich sind, wird zwar die Auswirkungen der Multikollinearität beseitigen oder mindern. Wir müssen aber damit rechnen, als Konsequenz ein fehlerhaft spezifiziertes Modell und daher systematisch verzerrte Schätzer zu bekommen, wenn das ursprüngliche Modell durch die Theorie oder eine andere Begründung für das korrekt spezifizierte Modell zu halten ist.
- Wird vermutet, dass gemeinsame Trends der Regressoren Ursache für Multikollinearität sind, so wird man untersuchen, ob die Spezifikation des Modells in Differenzen anstelle von Niveauvariablen die Auswirkungen der Multikollinearität beseitigt oder vermindert.
- In manchen Situationen kann man von Informationen Gebrauch machen, die die Beziehungen zwischen den Modellparametern betreffen, und so die Multikollinearität in den Griff bekommen. Das folgende Beispiel illustriert diese Möglichkeit.
- In manchen Situationen wird man nicht umhin können, mit den Auswirkungen der Multikollinearität zu leben.

Beispiel 10.5 **Konsumfunktion, Fortsetzung**

Das Vermögen geht in Beispiel 10.3 in die erweiterte Konsumfunktion zweifach ein: Neben dem aktuellen Wert des Vermögens wird auch das um ein Quartal verzögerte Vermögen als erklärende Variabel einbezogen. Wäre es zutreffend, dass zwischen den Koeffizienten β_3 und β_4 dieser beiden Regressoren die Beziehung $\beta_4 = 2\beta_3$ besteht, so hätten wir nur drei Regressionskoeffizienten zu schätzen, und Multikollinearität würde uns keine Probleme machen. Das Anpassen des so modifizierten Modells ergibt $b_3 = 0.165$ und einen p-Wert von 0.0023.

10.A Aufgaben

10.A.1 Empirische Anwendungen

Der Datensatz `DatS01` enthält die Variablen, die zum Schätzen der Konsumfunktion

$$\mathrm{CR}_t = \beta_1 + \beta_2 \mathrm{YDR}_t + \beta_3 \mathrm{Mp}_t + \beta_4 \mathrm{PI}_t + u_t$$

benötigt werden. Die Variablen bedeuten: CR: privater Konsum; YDR: verfügbares Einkommen; Mp: privates Geldvermögen; und PI: die Inflationsrate, die aus dem Konsumdeflator PC zu berechnen ist; alle monetären Größen in Preisen von 1995 und in Mrd EUR.

1. Stellen Sie die Zeitreihen mittels geeigneter Graphiken dar und interpretieren Sie insbesondere die Abhängigkeiten zwischen den Variablen.
2. Untersuchen Sie die Stabilität der Schätzer bei kleinen Variationen der Stichprobe: Vergleichen Sie die Schätzer der Parameter, die sich auf Basis aller Daten (d.h. die Daten aus dem Beobachtungsintervall [1976, 2001]) und auf Basis der Daten aus [1976, 2000], aus [1976, 1999] und aus [1976, 1998] ergeben.
3. Untersuchen Sie, ob Multikollinearität vorliegt, anhand (a) der Bestimmtheitsmaße R_i^2, $i = 1, \dots, 4$ der Hilfsregressionen, (b) der Änderungen der Standardfehler der b_i und (c) der Determinante der Matrix der Korrelationskoeffizienten der Regressorvariablen.
4. Schätzen Sie das Modell ohne erklärende Variable Mp und beobachten Sie, welchen Einfluss das Eliminieren von Mp auf die Standardfehler der verbleibenden Parameter hat.

10.A.2 Allgemeine Aufgaben und Probleme

1. Im Modell $Y = \alpha + \beta_1 X + \beta_2 Z + u$ gelte $Z = cX$. Es stehen Daten für die Beobachtungsperioden $t = 1, \dots, n$ zur Verfügung. Zeigen Sie, dass die Ränge von $\mathbf{X}$ und von $\mathbf{X}'\mathbf{X}$ (höchstens) den Wert 2 haben.
2. Zeigen Sie die Richtigkeit von
$$b_i = (\mathbf{x}_i'\mathbf{M}_i\mathbf{x}_i)^{-1}\mathbf{x}_i'\mathbf{M}_i\mathbf{y} = (\tilde{\mathbf{x}}'\tilde{\mathbf{x}})^{-1}\tilde{\mathbf{x}}'\tilde{\mathbf{y}} = \frac{\sum \tilde{X}_{ti} Y_t}{\sum \tilde{X}_{ti}^2};$$
zur Notation siehe Abschnitt 10.3.
3. Zeigen Sie die Richtigkeit von
$$\mathrm{Var}\{b_i^*\} = \sigma^2(\mathbf{x}_i'\mathbf{A}\mathbf{x}_i)^{-1} = \frac{\sigma^2}{\sum (X_{ti} - \bar{X}_i)^2};$$
zur Notation siehe Abschnitt 10.3.

4. Zeigen Sie die Richtigkeit von

$$\text{Var}\{b_i\} = \frac{\sigma^2}{\sum \tilde{X}_{ti}^2}$$

und von

$$\sum X_{ti}^2 \geq \sum (X_{ti} - \bar{X}_i)^2 \geq \sum \tilde{X}_{ti}^2 ;$$

zur Notation siehe Abschnitt 10.3.

10.E Hinweise zu `EViews`: Multikollinearität

In `EViews` ist die Fehlermeldung „Near singular matrix“ beim Schätzen der Regressionskoeffizienten $\boldsymbol{\beta}$ des Modells $\mathbf{y} = \mathbf{X}\boldsymbol{\beta} + \mathbf{u}$ ein Hinweis darauf, dass das Invertieren der Matrix $\mathbf{X}'\mathbf{X}$ numerische Probleme macht. Im `Help System` von `EViews` wird empfohlen, in einem solchen Fall die Regressoren auf Kollinearität zu untersuchen. `EViews` bietet von sich aus keine Indikatoren für Multikollinearität an; es erfordert aber keinen großen Aufwand, solche Indikatoren abzuleiten oder die Auswirkungen des Hinzufügens von Variablen abzuschätzen.

Heteroskedastizität

11

ÜBERBLICK

Die Annahme unkorrelierter Störgrößen mit konstanter Varianz ist nicht immer realistisch. Ist die Annahme konstanter Varianz verletzt, so spricht man von **Heteroskedastizität**. In diesem Kapitel untersuchen wir, (i) mit welchen Konsequenzen von Heteroskedastizität wir für die statistischen Analyseverfahren rechnen müssen, (ii) wie wir das Vorliegen von Heteroskedastizität diagnostizieren können, und (iii) welche alternativen statistischen Verfahren uns zur Verfügung stehen, die wir bei Vorliegen von Heteroskedastizität verwenden können.

Wir werden sehen, dass die OLS-Schätzer der Regressionskoeffizienten bei Heteroskedastizität zwar erwartungstreue und konsistente, aber nicht effiziente Schätzer sind. Eine zweite Konsequenz ist, dass die Standardfehler der OLS-Schätzer verzerrt sind, wobei die Richtung dieser Verzerrung nicht allgemein angegeben werden kann. Bei den Testverfahren, mit denen wir das Vorliegen von Heteroskedastizität feststellen können, haben wir die Wahl zwischen unspezifischen Tests wie dem **White-Test** oder dem Breusch-Pagan-Test, die keinen weiteren Hinweis auf die Art der Heteroskedastizität geben, und spezifischen Tests wie dem **Glejser-Test** und dem **Goldfeld-Quandt-Test**, die Rückschlüsse auf die funktionale Form der Varianz der Störgrößen erlauben. Verfahren, die bei Vorliegen von Heteroskedastizität angewendet werden können, sind einerseits das Verwenden von korrigierten Standardfehlern der OLS-Schätzer etwa beim Ausführen von t-Tests; ein Beispiel dafür ist der **White-Standardfehler**. Andererseits können die Variablen so transformiert werden, dass die Heteroskedastizität kompensiert wird und die Standardverfahren verwendet werden können; diese Vorgangsweise beim Schätzen der Parameter läuft auf das Minimieren der gewichteten Summe der Fehlerquadrate hinaus, das wir als verallgemeinerte Kleinste Quadrate oder **GLS-Schätzung** im Kapitel 13 näher kennen lernen werden.

Nach einer Einleitung werden wir in Abschnitt 11.2 die Konsequenzen von Heteroskedastizität behandeln. Der Abschnitt 11.3 diskutiert die Testverfahren, die uns zum Diagnostizieren des Vorhandenseins von Heteroskedastizität zur Verfügung stehen. Schließlich werden wir uns in Abschnitt 11.4 mit Verfahren zum Analysieren von Modellen befassen, die beim Vorhandensein von Heteroskedastizität anwendbar sind.

11.1 Einleitung

Mit der Annahme **A6** unterstellen wir, dass die Varianz aller Störgrößen u_t den gleichen Wert σ^2 hat; wir nennen diese Eigenschaft der Störgrößen Homoskedastizität. In vielen Situationen wird diese Annahme erfüllt sein. Es sind aber auch Situationen denkbar, in denen es uns nicht realistisch erscheinen wird, die Annahme der Homoskedastizität als erfüllt anzusehen.

Beispiel 11.1 **Dauerhafter Konsum**

Die in diesem Beispiel untersuchten Daten sind die monatlichen Einkommen X von 70 Haushalten und ihre Ausgaben Y für Güter des dauerhaften Konsums. Die Einkommen betragen im Durchschnitt EUR 3326, minimaler und maximaler Wert sind EUR 304 und 10949; die Haushalte geben im Durchschnitt EUR 598 für Güter des dauerhaften Konsums aus, minimaler und maximaler Wert betragen EUR 162 und 2168. Zur Analyse des Zusammenhangs zwischen diesen Variablen spezifizieren wir das Modell

$$Y = \alpha + \beta X + u\,.$$

Die angepasste Regressionsbeziehung lautet $\hat{Y} = 44.2 + 0.167\,X$ mit einem t-Wert von 18.2 für den Koeffizienten des Einkommens und einem R^2 von 0.830. Die Residuen zwischen den beobachteten Ausgaben und den aus der angepassten Beziehung geschätzten Werten zeigt die Abbildung 11.1.

Abbildung 11.1

Residuen zwischen den monatlichen Ausgaben Y von 70 Haushalten für Güter des dauerhaften Konsums und den Prognosen $\hat{Y} = 44.2 + 0.167\,X$ über ihrem Einkommen X.

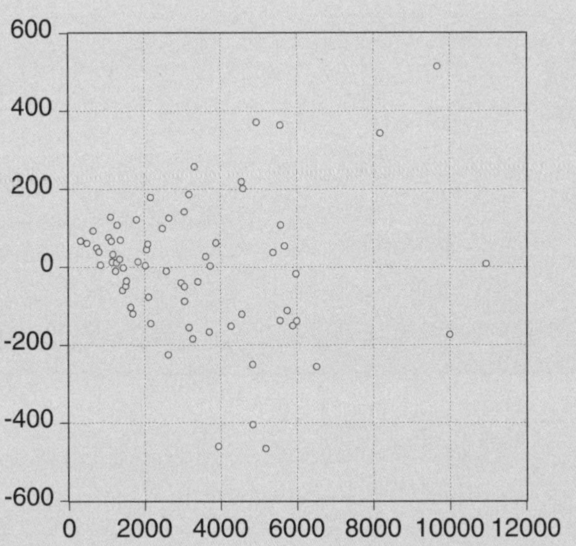

Die Abbildung zeigt deutlich, dass der Streubereich der Residuen umso größer ist, je größer das Einkommen X ist. Offensichtlich ist die Varianz der Störgrößen nicht konstant, sondern eine Funktion des Einkommens.

Dieses Ergebnis ist nicht unplausibel. Haushalte mit geringerem Einkommen können weniger flexibel disponieren als Haushalte mit höherem Einkommen. Letztere zeigen daher eine größere Variabilität in den Ausgaben für Güter des dauerhaften Konsums. Bei großen Werten von X müssen wir mit großen Werten der Störgrößen rechnen, bei kleinen Werten von X werden auch die Störgrößen kleiner sein. Die Annahme der Homoskedastizität wird nicht realistisch sein, wenn wir Einkommensdaten der Haushalte und ihre Verwendung untersuchen.

Wenn die Annahme der Homoskedastizität nicht zutrifft, sprechen wir von Heteroskedastizität. Typische Situationen für das Auftreten von Heteroskedastizität sind die folgenden.

- Querschnittserhebungen, etwa von Haushaltsdaten wie im Beispiel 11.1, oder Erhebungen in verschiedenen Regionen.
- Daten sind mit einem Messfehler behaftet, wobei der Messfehler einen Trend aufweist.
- Daten aus dem Bereich der Finanzmärkte wie Wechselkurse oder Renditen von Wertpapieren.

Wie in Kapitel 2 ausgeführt, enthält die Störgröße u jene Faktoren, die den datengenerierenden Prozesses der abhängigen Variablen erklären, aber nicht im Modell als Regressoren berücksichtigt wurden, und Messfehler. Im Modell nicht berücksichtigte Regressoren zeigen oft das gleiche Entwicklungsmuster wie Regressoren, die im Modell berücksichtigt sind, und in solchen Situationen werden wir Heteroskedastizität beobachten.

Beispiel 11.2 Dauerhafter Konsum, Fortsetzung

Die Bereitschaft, Modetrends im Konsum mitzumachen, wird in Haushalten mit hohen Einkommen größer sein als in Haushalten mit geringeren Einkommen. Ein Regressor, der diese Bereitschaft repräsentiert, ist im Modell dieses Beispiels nicht berücksichtigt, und steckt daher in der Störgröße. Da er mit dem Regressor Einkommen hoch korreliert, müssen wir mit Heteroskedastizität rechnen.

Auch Messfehler können Heteroskedastizität zur Folge haben. Ist der Wert eines Regressors mit einem Messfehler behaftet, so ist zu erwarten, dass dieser umso größer ist, je größer der Wert des Regressors ist. Bei Prozessen, die in der Zeit ablaufen, kann der Messfehler durch Lerneffekte im Lauf der Zeit geringer werden. In beiden Fällen müssen wir damit rechnen, dass das Streuverhalten der Störgrößen die entsprechenden Trends in Form von Heteroskedastizität wiedergibt.

Daten aus dem Bereich der Finanzmärkte zeigen typischerweise Häufungen von stark und schwach variierenden Daten; eine erfolgreich verwendete Beschreibung des Streuverhaltens solcher Daten spezifiziert die Varianz der Störgrößen als Funktion des beobachteten Wertes der vorhergehenden Störgrößen.

Eine eher technische Ursache für Heteroskedastizität liegt vor, wenn wir es mit einem stochastischen Regressionskoeffizienten zu tun haben: Im Modell

$$Y_t = \alpha + \beta_t X_t + u_t$$

gelte $\beta_t = \beta + \varepsilon_t$; ε_t sei eine für alle t identisch und unabhängig verteilte Variable mit Varianz σ_e^2. Wir können das Modell schreiben als $Y_t = \alpha + \beta X_t + v_t$; die Varianz der Störgrößen $v_t = u_t + X_t\varepsilon_t$ ergibt sich zu

$$\text{Var}\{v_t\} = \sigma_u^2 + X_t^2\sigma_e^2 ;$$

die Störgrößen-Varianz ist proportional X_t^2.

11.2 Konsequenzen von Heteroskedastizität

Bei Zutreffen der Annahme **A6** schreiben wir die Kovarianzmatrix der Störgrößen in der Form $\text{Var}\{\mathbf{u}\} = \sigma^2\mathbf{I}_n$ mit der $(n \times n)$-Einheitsmatrix $\mathbf{I}_n$. Heteroskedastizität bedeutet, dass die Varianzen der Störgrößen unterschiedlich sind:

$$\text{Var}\{\mathbf{u}\} = \sigma^2\boldsymbol{\Omega} = \sigma^2 \begin{pmatrix} \omega_1 & 0 & \dots & 0 \\ 0 & \omega_2 & \dots & 0 \\ \vdots & \vdots & \ddots & \vdots \\ 0 & 0 & \dots & \omega_n \end{pmatrix} = \begin{pmatrix} \sigma_1^2 & 0 & \dots & 0 \\ 0 & \sigma_2^2 & \dots & 0 \\ \vdots & \vdots & \ddots & \vdots \\ 0 & 0 & \dots & \sigma_n^2 \end{pmatrix}$$

mit $\boldsymbol{\Omega} \neq \mathbf{I}_n$; Σ und $\boldsymbol{\Omega}$ sind positiv definit. Kürzer ist die Schreibweise $\text{Var}\{\mathbf{u}\} = \sigma^2\text{diag}(\omega_1, \dots, \omega_n) = \text{diag}(\sigma_1^2, \dots, \sigma_n^2)$. Die ω_t sind Faktoren, die die Abweichungen vom Fall der Homoskedastizität charakterisieren; Homoskedastizität bedeutet, dass $\omega_t = 1$ für alle t. Die ω_t erfüllen in jedem Fall die Bedingung $\sum_t \omega_t = n$.

Die Folgen von $\boldsymbol{\Omega} \neq \mathbf{I}_n$ für die Eigenschaften der OLS-Schätzer $\mathbf{b} = (\mathbf{X}'\mathbf{X})^{-1}\mathbf{X}'\mathbf{y} = \boldsymbol{\beta} + (\mathbf{X}'\mathbf{X})^{-1}\mathbf{X}'\mathbf{u}$ nach (3.1.1) können folgendermaßen abgeschätzt werden:

- Die OLS-Schätzer **b** sind erwartungstreu.
- Die Schätzer **b** sind konsistent.
- Die Schätzer **b** haben die Kovarianzmatrix

  $$\text{Var}\{\mathbf{b}\} = \sigma^2(\mathbf{X}'\mathbf{X})^{-1}\mathbf{X}'\boldsymbol{\Omega}\mathbf{X}(\mathbf{X}'\mathbf{X})^{-1} ; \qquad (11.2.1)$$

  die Schätzer **b** sind keine effizienten Schätzer, wie unten ausgeführt wird.
- Unter allgemein erfüllten Bedingungen sind die **b** asymptotisch normal verteilt.
- Der Schätzer $s^2 = \mathbf{e}'\mathbf{e}/(n-k)$ der Varianz der Störgrößen ist verzerrt; **e** ist der Vektor der OLS-Residuen.

Das Ignorieren der Heteroskedastizität und Verwenden der OLS-Schätzer hat also zur Folge, dass wir ein nicht effizientes Schätzverfahren benützen. Insbesondere können die Verfahren zur Beurteilung der angepassten Regressionsbeziehung wie der t- und der F-Test irreführende Ergebnisse liefern. Die aus $\sigma^2(\mathbf{X}'\mathbf{X})$ ermittelten Standardfehler der **b** sind verzerrt, wobei die Richtung der Verzerrung nicht angegeben werden kann. Generell kann gesagt werden, dass die Verzerrung als Folge der Heteroskedastizität umso gravierender sein wird, je stärker die ω_t streuen.

11.3 Test auf Heteroskedastizität

Da, wie der vorhergehende Abschnitt gezeigt hat, das Vorliegen von Heteroskedastizität für die statistische Analyse irreführende Effekte zur Folge haben kann, benötigen wir Verfahren, mit denen wir das Vorhandensein von Heteroskedastizität diagnostizieren können. Dazu stehen uns eine Reihe von Verfahren zur Verfügung, von denen wir den White-Test, den Goldfeld-Quandt-Test, den Glejser-Test und den Breusch-Pagan-Test behandeln. Diesen Tests ist gemeinsam, dass ihre Teststatistiken Funktionen der OLS-Residuen sind, die wir bei OLS-Anpassung des Modells an die verfügbaren Daten erhalten. Nachdem die OLS-Schätzer der Regressionskoeffizienten erwartungstreu und konsistent sind, können wir erwarten, dass die OLS-Residuen ein ähnliches Streuverhalten zeigen wie die Störgrößen und daher auch ein Vorhandensein von Heteroskedastizität anzeigen. Die Testverfahren unterscheiden sich in der Allgemeinheit der Alternative, die der Nullhypothese gegenübergestellt wird.

Wie bei allen statistischen Verfahren empfiehlt es sich auch vor dem Anwenden von Tests auf Heteroskedastizität, die verfügbaren Daten graphisch aufzubereiten. So können Streudiagramme wie die Abbildung 11.1 sehr gut die allenfalls vorhandene Abhängigkeit der Störgrößen-Varianz von anderen Variablen illustrieren.

11.3.1 Der Goldfeld-Quandt-Test

Der Test wurde von Goldfeld und Quandt (1965) vorgeschlagen und prüft die Nullhypothese der Homoskedastizität gegen die Alternative, dass die verfügbaren Beobachtungen in zwei Teilmengen oder Bereiche unterteilt werden können, deren Störgrößen unterschiedliche Varianzen aufweisen. Typischerweise entsprechen diese Teilmengen kleinen und großen Werten einer Variablen Z, die auch einer der Regressoren sein kann. Die extremste Form liegt vor, wenn die Varianz ein zeitliches Profil in Form eines Sprunges aufweist: Beim Überschreiten eines bestimmten Wertes der Variablen Z geht die Varianz von σ_1^2 auf σ_2^2 über. Das einfache Testprinzip, das dem Goldfeld-Quandt-Test zugrunde liegt, beruht auf dem Vergleich der Störgrößen-Varianz dieser verschiedenen Bereiche des verfügbaren Datensatzes. Das Verfahren ähnelt in Problemstellung und Vorgangsweise dem Chow-Test auf Strukturbruch, den wir in Abschnitt 9.3 behandelt haben.

Wenn wir als Alternative zur Homoskedastizität vermuten, dass $\sigma_t^2 = \sigma^2 Z_t^2$, die Varianz von u_t also proportional dem Quadrat der Variablen Z ist, dann gehen wir wie folgt vor. Wir sortieren die Beobachtungen nach steigenden Werten von Z. Dann zerlegen wir die verfügbaren Daten in die ersten n_1 und die letzten n_2 Beobachtungen, wobei wir sicherstellen, dass n_1 und n_2 größer als k sind. Für die ersten n_1 und die letzten n_2 Beobachtungen spezifizieren wir

$$\mathbf{y}_1 = \mathbf{X}_1\boldsymbol{\beta}_1 + \mathbf{u}_1, \quad \mathbf{u}_1 \sim N(\mathbf{0}, \sigma_1^2\mathbf{I}_{n_1}),$$
$$\mathbf{y}_2 = \mathbf{X}_2\boldsymbol{\beta}_2 + \mathbf{u}_2, \quad \mathbf{u}_2 \sim N(\mathbf{0}, \sigma_2^2\mathbf{I}_{n_2}).$$

Die getrennte OLS-Anpassung der beiden Datenmengen gibt Summen S_i, $i = 1, 2$ der quadrierten Residuen, und $S_i/(n_i - k)$ sind erwartungstreue Schätzer von σ_i^2. Als Teststatistik für den Test der Nullhypothese H_0: $\sigma_1^2 = \sigma_2^2 = \sigma^2$ verwenden wir die F-Statistik

$$F = \frac{S_2}{S_1}\frac{n_1 - k}{n_2 - k},$$

wenn wir als Alternative vermuten, dass $\sigma_1^2 < \sigma_2^2$; andernfalls verwenden wir als Teststatistik den Reziprokwert von F. Unter H_0 und normalverteilten Störgrößen folgt F der $F(n_2 - k, n_1 - k)$-Verteilung; bei einer beliebigen anderen Verteilung der Störgrößen gilt die F-Verteilung bei hinreichend großem Umfang der verfügbaren Daten näherungsweise.

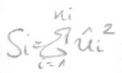

Das Testverfahren läuft in folgenden Schritten ab:

1. Sortieren der Beobachtungen nach steigenden Werten von Z.
2. Entfernen von $2c$ Beobachtungen in der Mitte der sortierten Beobachtungen.
3. Getrennte OLS-Anpassung an die ersten n_1 und die letzten n_2 Beobachtungen [typischerweise $n_1 = n_2 = (n - c)/2$] und Bestimmung der OLS-Schätzer $\mathbf{b}_i$ und der Summen der quadrierten Residuen S_i ($i = 1, 2$).
4. Berechnen der Teststatistik F, die unter H_0 exakt oder näherungsweise F-verteilt mit $n_2 - c - k$ und $n_1 - c - k$ Freiheitsgraden ist:

$$F = \frac{S_2}{S_1} \frac{n_1 - c - k}{n_2 - c - k} . \tag{11.3.1}$$

Das Eliminieren von c Beobachtungen hat oft einen größeren Wert von F zur Folge, wodurch sich eine größere Macht des Tests ergibt; andererseits vermindert es die Zahl der Freiheitsgrade, was eine Minderung der Macht des Tests mit sich bringt. Welcher Wert für c zu empfehlen ist, kann nicht allgemein gesagt werden.

Ein signifikanter Wert der Teststatistik des Goldfeld-Quandt-Tests weist nicht notwendigerweise darauf hin, dass die Annahme der Homoskedastizität verletzt ist: Einen signifikanten Wert der Teststatistik müssen wir erwarten, wenn $\sigma_1^2 \neq \sigma_2^2$, aber auch, wenn $\beta_1 \neq \beta_2$.

11.3.2 Der Glejser-Test

Dieser Test geht auf Glejser (1969) zurück und unterstellt, dass bei Heteroskedastizität eine genau spezifizierte funktionale Abhängigkeit der Varianzen σ_t^2 von Variablen $Z_2, \ldots, Z_p$ vorliegt:

$$\sigma_t^2 = \sigma^2 f(\mathbf{z}_t' \boldsymbol{\delta}) ;$$

dabei können die Z_i Regressoren unseres Modells oder andere Variable sein, und $Z_{t1} = 1$ steht für das Interzept; $\boldsymbol{\delta}$ ist ein p-Vektor. Typische Spezifikationen für σ_t^2 sind $\sigma^2(\mathbf{z}_t'\boldsymbol{\delta})$ oder $\sigma^2 \exp(\mathbf{z}_t'\boldsymbol{\delta})$. Die zu prüfende Nullhypothese lautet

$$\boxed{H_0 : \delta_2 = \ldots = \delta_p = 0}$$

und impliziert, dass $\sigma_t^2 = f(\delta_1)$ für alle t. Der Breusch-Pagan-Test ist ein Lagrange-Multiplier-Test und unabhängig von der Form von f. Er überprüft, ob alle δ_i, $i = 2, \ldots, p$ den Wert Null haben.

Der Test läuft in den folgenden Schritten ab:

1. Ermitteln der OLS-Residuen e_t durch OLS-Anpassung des Modells an die verfügbaren Beobachtungen.
2. Regression einer dem funktionalen Zusammenhang f entsprechenden Funktion der Residuen auf die Variablen $Z_1, \ldots, Z_p$. So regressieren wir e_t^2 auf $(\mathbf{z}_t'\boldsymbol{\delta})$, wenn wir vermuten, dass $\sigma_t^2 = \sigma^2(\mathbf{z}_t'\boldsymbol{\delta})$. Oder wir regressieren $\log e_t^2$ auf $(\mathbf{z}_t'\boldsymbol{\delta})$ für $\sigma_t^2 = \sigma^2 \exp(\mathbf{z}_t'\boldsymbol{\delta})$.
3. Test der Nullhypothese der Homoskedastizität. Sie entspricht in allen Modellen dem Fall $\delta_2 = \ldots = \delta_p = 0$; für alle t gilt $\sigma_t^2 = f(\delta_1)$. Zum Test dieser Nullhypothese verwenden wir den Wald-Test bzw., wenn $p = 2$, den t-Test.

Die Nullhypothese werden wir verwerfen, wenn mindestens einer der Parameter $\delta_2, \ldots, \delta_p$ als von Null verschieden anzusehen ist.

Bei Unsicherheit über den funktionalen Zusammenhang f können auch mehrere Modelle untersucht werden. Damit können wir einen Hinweis auf die am besten zutreffende Funktion unter mehreren Funktionen f_i bekommen: Je größer das Bestimmtheitsmaß, umso besser beschreibt die jeweilige Funktion die Varianzen σ_t^2. Eine solche Information wird uns beim Berücksichtigen der Heteroskedastizität in der Modellierung nützlich sein, wie der Abschnitt 11.4 zeigen wird. Der Glejser-Test verwendet jedenfalls mehr Information über die Abhängigkeit der Varianzen σ_t^2 von Variablen Z_i als der Goldfeld-Quandt-Test.

11.3.3 Breusch-Pagan-Test

Der Test wurde von Breusch und Pagan (1979) vorgeschlagen; er geht wie der Glejser-Test davon aus, dass die Varianz der Störgrößen von Variablen $Z_2, \ldots, Z_p$ abhängig ist. Die Struktur dieser Abhängigkeit ist von der Form

$$\sigma_t^2 = f(\delta_1 + \delta_2 Z_{t2} + \ldots + \delta_p Z_{tp}) = f(\mathbf{z}_t' \boldsymbol{\delta}),$$

wobei die Funktion f beliebig sein kann; $Z_{t1} = 1$ steht für das Interzept. Die zu prüfende Nullhypothese lautet

$$H_0 : \delta_2 = \ldots = \delta_p = 0$$

und impliziert, dass $\sigma_t^2 = f(\delta_1)$ für alle t. Der Breusch-Pagan Test ist ein Lagrange-Multiplier-Test und unabhängig von der Form von f. Er überprüft, ob alle δ_i, $i = 2, \ldots, p$, den Wert Null haben.

Der Test läuft in den folgenden Schritten ab:

1. Ermitteln der OLS-Residuen e_t durch Anpassen des Modells an die verfügbaren Beobachtungen.
2. Berechnung der Schätzer der Varianz der Störgrößen

$$\tilde{\sigma}_e^2 = \frac{\mathbf{e}'\mathbf{e}}{n}$$

und Transformation der quadrierten Residuen e_t^2 in die Größen

$$g_t = \frac{e_t^2}{\tilde{\sigma}_e^2}.$$

3. Regression der g_t auf die Variablen $Z_1, \ldots, Z_p$; Z_1 steht für das Interzept. Wir ermitteln die durch die Regression erklärte Variation ESS $= \mathbf{g}'\mathbf{Z}(\mathbf{Z}'\mathbf{Z})^{-}\mathbf{Z}'\mathbf{g}$, wobei der n-Vektor $\mathbf{g}$ die g_t und die $(n \times p)$-Matrix als Zeilen die p-Vektoren $\mathbf{z}_t'$ enthält.
4. Berechnen der Teststatistik

$$\text{LM}(H) = \frac{1}{2}\, \mathbf{e}'\mathbf{Z}(\mathbf{Z}'\mathbf{Z})^{-}\mathbf{Z}'\mathbf{g}, \qquad (11.3.2)$$

die unter H_0 asymptotisch der Chi-Quadrat-Verteilung mit $p - 1$ Freiheitsgraden folgt.

Eine einfache Berechnung der Teststatistik erfolgt durch Ermitteln von R_e^2, dem Bestimmtheitsmaß der Regression der quadrierten Residuen e_t^2 auf die Variablen $Z_2, \ldots, Z_p$, wobei die Regression ein Interzept enthält: $\text{LM}(H) = nR_e^2$.

11.3.4 Der White-Test

Der von White (1980) vorgeschlagene Test prüft die Nullhypothese der Homoskedastizität,

$$H_0 : \sigma_t^2 = \sigma^2 \text{ für alle } t\,,$$

gegen die Alternative, dass H_0 nicht zutrifft, also eine Heteroskedastizität unbekannter Struktur der Varianzen σ_t^2 vorliegt.

Der Vorschlag von White geht dahin, die Differenz zwischen der Kovarianzmatrix $(\mathbf{X}'\mathbf{X})^{-1}\mathbf{X}'\mathbf{\Omega}\mathbf{X}(\mathbf{X}'\mathbf{X})^{-1}$ und ihrem Pendant bei Homoskedastizität, $(\mathbf{X}'\mathbf{X})^{-1}$, als Basis der Teststatistik zu verwenden. Je größer diese Differenz, umso mehr spricht dafür, dass Heteroskedastizität vorliegt. Der Test wird ausgeführt, indem die quadrierten Residuen auf die Regressoren des Modells, auf ihre Quadrate und gegebenenfalls auch auf ihre Produkte regressiert werden. Als Teststatistik verwendet man das n-fache des Bestimmtheitsmaßes R_e^2 dieser Hilfsregression:

$$W = nR_e^2\,. \tag{11.3.3}$$

Unter H_0 gilt, dass W asymptotisch der Chi-Quadrat-Verteilung folgt; die Zahl der Freiheitsgrade ist gleich der Anzahl der Koeffizienten ohne Interzept in der Hilfsregression.

Der White-Test prüft die Annahme der Homoskedastizität gegen eine allgemeine Alternative; eine Struktur der Abhängigkeit der Varianzen von anderen Variablen wird, im Gegensatz zu den anderen behandelten Tests, nicht vorgegeben.

- Der White-Test ist daher allgemeiner als die anderen Tests. Als Preis für diese Allgemeinheit müssen wir damit rechnen, dass der White-Test auch weniger mächtig als die anderen Tests ist.
- Wegen der allgemeinen Form der Alternative, gegen die der White-Test die Annahme der Homoskedastizität prüft, gibt uns ein signifikanter Wert der Teststatistik keinen Hinweis darauf, wie das Modell zu modifizieren ist, um die Missspezifikation zu beseitigen.
- Ein signifikanter Wert der Teststatistik weist auch nicht notwendigerweise darauf hin, dass die Annahme der Homoskedastizität verletzt ist; auch eine Missspezifikation wie etwa ein fehlender Regressor kann Ursache dafür sein. Ein ähnliches Argument haben wir auch beim Goldfeld-Quandt-Test gebracht.

11.3.5 Eine Anwendung

Wir illustrieren das Anwenden der Tests auf Heteroskedastizität in Weiterführung des Beispiels 11.1.

Beispiel 11.3 Dauerhafter Konsum, Fortsetzung

Im Beispiel 11.1 wurden die Ausgaben Y für Güter des dauerhaften Konsums von 70 Haushalten als Funktion ihres Einkommens X beschrieben. Das dafür verwendete Modell ist $Y = \alpha + \beta X + u$ und die angepasste Regressionsbeziehung lautet

$$\hat{Y} = 44.2 + 0.167\,X\,;$$

das Bestimmtheitsmaß hat den Wert 0.830, die t-Statistik des Koeffizienten von X hat den Wert 18.2, so dass der p-Wert des t-Tests praktisch Null ist. Die Abbildung 11.1 zeigt, dass die OLS-Residuen umso mehr streuen, je größer das Einkommen ist. Es liegt der Verdacht nahe, dass die Annahme der Homoskedastizität verletzt ist. Um diese Frage zu klären, verwenden wird die oben eingeführten Tests.

Die Teststatistik W des White-Tests ist das n-fache des Bestimmtheitsmaßes der Hilfsregression der quadrierten Residuen auf X und X^2. Für das Bestimmtheitsmaß ergibt sich der Wert 0.226, so dass wir für die Teststatistik den Wert $W = 15.82$ erhalten. Den p-Wert zu dieser Teststatistik bekommen wir aus der Chi-Quadrat-Verteilung mit zwei Freiheitsgraden zu 0.0004. Dieses Ergebnis ist natürlich ein deutlicher Hinweis auf Heteroskedastizität; der Eindruck der Abbildung 11.1 wird damit bestätigt.

Um den Breusch-Pagan-Test auszuführen, regressieren wir die quadrierten Residuen auf X. Das Bestimmtheitsmaß ergibt sich zu 0.830, der Wert der Teststatistik LM(H) zu 15.0; aus der näherungsweise gültigen Chi-Quadrat-Verteilung mit einem Freiheitsgrad ergibt sich ein p-Wert von 0.0001.

Mit Hilfe des Glejser-Tests können wir untersuchen, welche funktionale Abhängigkeit zwischen σ_t^2 und dem Einkommen besteht. Als Ergebnisse zeigt die folgende Tabelle die Bestimmtheitsmaße, die geschätzten Regressionskoeffizienten d_2 und die p-Werte des t-Tests für einige Hilfsregressionen $|e_t| = \delta_1 + \delta_2 f(X_t)$ $+v_t$ an.

Tabelle 11.1

Bestimmtheitsmaß R^2, geschätzter Regressionskoeffizient d_2 und p-Wert des t-Tests der Hilfsregression $|e_t| = \delta_1 + \delta_2 f(X_t) + v_t$ für einige Funktionen f

$f(X)$	R^2	d_2	p-Wert
X^2	0.148	2.0E-6	0.001
X	0.232	0.025	0.000
$\sqrt{X}$	0.253	3.113	0.000
X^{-1}	0.120	−82.0E3	0.003

Die Ergebnisse legen es nahe, σ^2 als lineare Funktion von X oder von X^2 zu sehen: Den größten Wert des Bestimmtheitsmaßes finden wir für $|e_t| = \delta_1 + \delta_2\sqrt{X_t} + v_t$, so dass σ_t^2 am besten durch X beschrieben wird. Die lineare Funktion von X^2 erklärt die σ_t^2 etwas weniger gut.

Um mit Hilfe des Goldfeld-Quandt-Tests zu überprüfen, ob die σ_t^2 der Haushalte mit den geringeren Einkommen kleinere Werte aufweisen als die Haushalte mit den höheren Einkommen, sortieren wir die Beobachtungen nach wachsenden Werten von X; dann passen wir das Modell an die ersten und an die letzten 35 Beobachtungen an und ermitteln die Summe der quadrierten Residuen für beide Teilmengen. Für die F-Statistik erhalten wir den Wert 7.87, entsprechend einem p-Wert von 2.310^{-8} aus der F-Verteilung mit 33 und 33 Freiheitsgraden. Entfernen wir die 36-ste bis 45-ste Beobachtung, so wird das Ergebnis noch deutlicher: Der Wert der F-Statistik beträgt nun 11.15, der p-Wert 4.710^{-9}. Diese Ergebnisse geben wie die anderen Tests einen deutlichen Hinweis auf Heteroskedastizität.

11.4 Inferenz bei Heteroskedastizität

Entsprechend dem in Abschnitt 11.2 Gesagten hat der OLS-Schätzer $\mathbf{b} = (\mathbf{X}'\mathbf{X})^{-1}\mathbf{X}'\mathbf{y}$ für $\boldsymbol{\beta}$ aus $\mathbf{y} = \mathbf{X}\boldsymbol{\beta} + \mathbf{u}$ im Fall von Heteroskedastizität, also $\mathrm{Var}\{\mathbf{u}\} = \sigma^2\boldsymbol{\Omega}$ mit $\boldsymbol{\Omega} \neq \mathbf{I}_n$, die Kovarianzmatrix

$$\mathrm{Var}\{\mathbf{b}\} = \sigma^2(\mathbf{X}'\mathbf{X})^{-1}(\mathbf{X}'\boldsymbol{\Omega}\mathbf{X})(\mathbf{X}'\mathbf{X})^{-1}. \tag{11.4.1}$$

Die Varianzen $\mathrm{Var}\{\mathbf{b}\} = \sigma^2(\mathbf{X}'\mathbf{X})^{-1}$ der OLS-Schätzer nach (3.1.3), abgeleitet für den Fall $\boldsymbol{\Omega} = \mathbf{I}_n$, sind verzerrt, wobei die Richtung der Verzerrung nicht allgemein angegeben werden kann. Als Konsequenz muss damit gerechnet werden, dass die Fehlerwahrscheinlichkeiten von statistischen Tests wie t- und F-Test und Überdeckungswahrscheinlichkeiten von Konfidenzintervallen zu den OLS-Schätzern und davon abgeleiteten Größen verfälscht sind, so dass Heteroskedastizität in der Folge Ursache für Fehlinterpretationen sein kann.

Wir haben zwei Möglichkeiten, solche Fehler bei der Beurteilung von OLS-Schätzern zu vermeiden. Wir können

1. die korrekten Varianzen nach (11.4.1) verwenden, oder
2. unser Modell so transformieren, dass die Störgrößen des transformierten Modells homoskedast sind.

Diese beiden Verfahren sind Gegenstand dieses Abschnitts.

11.4.1 Schätzen von $\mathrm{Var}\{\mathbf{b}\}$

Da die Matrix $\boldsymbol{\Omega}$ nicht bekannt ist, können wir die Kovarianzmatrix $\mathrm{Var}\{\mathbf{b}\}$ nach (11.4.1) nur verwenden, wenn wir $\boldsymbol{\Omega}$ durch geeignete Schätzer ersetzen. Der von White (1980) vorgeschlagene Schätzer verwendet die quadrierten Residuen e_t^2 anstelle der Varianzen $\sigma_t^2 = \sigma^2\omega_t$: Wir ersetzen in (11.4.1) den Faktor $\sigma^2\mathbf{X}'\boldsymbol{\Omega}\mathbf{X} = \sum_t \sigma_t^2\mathbf{x}_t\mathbf{x}_t'$ durch $\sum_t e_t^2\mathbf{x}_t\mathbf{x}_t'$. Die so geschätzte Kovarianzmatrix

$$\frac{n}{n-k}(\mathbf{X}'\mathbf{X})^{-1}\left(\sum_{t=1}^{n} e_t^2 \mathbf{x}_t \mathbf{x}_t'\right)(\mathbf{X}'\mathbf{X})^{-1} \qquad (11.4.2)$$

wird *heteroskedasticity consistent* genannt, die aus ihr abgeleiteten Standardfehler der Schätzer **b** nennen wir **White-Standardfehler**. Der Ausdruck „*heteroskedasticity consistent*“ ist etwas optimistisch. Tatsächlich zeigen Simulationen, dass die Standardfehler der Schätzer **b** auch bei großem Umfang der verfügbaren Daten etwas unterschätzt werden. Daher liefert beispielsweise der t-Test einen etwas zu großen Wert und der entsprechende p-Wert ist etwas zu klein.

Beispiel 11.4 **Dauerhafter Konsum, Fortsetzung**

Die OLS-Anpassung des Modells $Y = \alpha + \beta X + u$ für die Ausgaben Y für Güter des dauerhaften Konsums liefert

$$\hat{Y} = 44.2 + 0.167\,X$$

mit einem Standardfehler für b von 0.0091. Der White-Standardfehler ergibt sich hingegen zu 0.0120, ist also um mehr als 30 % größer. Der nicht korrigierte Standardfehler unterschätzt den White-Standardfehler deutlich.

11.4.2 Variablen-Transformation

Ist uns die funktionale Form der Abhängigkeit der Varianzen σ_t^2 bekannt, so können wir diese Information benützen, um das Modell bzw. die Variablen des Modells so zu transformieren, dass die Störgrößen des transformierten Modells homoskedast sind. Das folgende Beispiel illustriert das.

Beispiel 11.5 **Transformation der Störgrößen**

Ausgangspunkt ist das Modell $Y_t = \alpha + \beta X_t + u_t$ und die Information, dass die Störgrößen heteroskedast sind: Es gelte $\sigma_t^2 = \delta Z_t^2$ für $t = 1, \ldots, n$ und wir schreiben daher

$$\mathrm{Var}\{\mathbf{u}\} = \sigma^2 \mathbf{\Omega} = \sigma^2 \mathrm{diag}(Z_1^2, \ldots, Z_n^2)\,.$$

Wir gehen nun von der Störgröße u_t auf die Variable

$$v_t = \frac{u_t}{Z_t}$$

über und finden

$$\mathrm{Var}\{v_t\} = \frac{1}{Z_t^2}\,\mathrm{Var}\{u_t\} = \sigma^2$$

oder $\mathrm{Var}\{\mathbf{v}\} = \sigma^2 \mathbf{I}_n$. Durch das Dividieren jeder Störgröße u_t durch das entsprechende Z_t bekommen wir homoskedaste v_t. Davon können wir Gebrauch machen, indem wir die ganze Modellgleichung $Y_t = \alpha + \beta X_t + u_t$ durch Z_t dividieren: Das transformierte Modell

$$\boxed{\frac{Y_t}{Z_t} = \alpha\frac{1}{Z_t} + \beta\frac{X_t}{Z_t} + v_t}$$

erfüllt die Annahme **A6** und wir erhalten OLS-Schätzer a und b mit allen Eigenschaften, die wir für OLS-Schätzer kennen. Zu beachten ist, dass das transformierte Modell kein Interzept hat.

Der Übergang vom Modell für Y zu dem für Y/Z hat Auswirkungen auf die OLS-Anpassung. Die Anpassung des Modells für Y minimiert die Summe $S(\alpha,\beta) = \sum_t (Y_t - \alpha - \beta X_t)^2$; das Anpassen des transformierten Modells hingegen minimiert

$$\sum_t \left(\frac{Y_t}{Z_t} - \alpha\frac{1}{Z_t} - \beta\frac{X_t}{Z_t}\right)^2 = \sum_t \frac{1}{Z_t^2}\,(Y_t - \alpha - \beta X_t)^2 = \sum_t w_t (Y_t - \alpha - \beta X_t)^2$$

mit den Gewichten $w_t = Z_t^{-2}$. Wie man sieht, unterscheidet sich das Minimieren des transformierten Modells nur durch die Gewichtung jedes Summanden von der ursprünglichen Minimierungsaufgabe: Der Summand $(Y_t - \alpha - \beta X_t)^2$ bekommt das Gewicht $w_t = Z_t^{-2}$; dieses Gewicht ist die Wurzel des Reziprokwertes vom t-ten Diagonalelement ω_t der Matrix $\mathbf{\Omega}$: $w_t = \omega_t^{-1/2}$. Wir sprechen von einer gewichteten Kleinste-Quadrate-Anpassung. Diese Vorgangsweise kann nicht nur in der Situation des Beispiels 11.5, sondern im Fall von Heteroskedastizität ganz allgemein angewendet werden.

Die gewichtete Kleinste-Quadrate-Anpassung ist ein im Fall von Heteroskedastizität und auch darüber hinaus allgemein anwendbares Schätzverfahren, das die Verallgemeinerte Kleinste-Quadrate- oder (von *generalized least squares*) **GLS-Schätzung** genannt wird: Anstelle der im Beispiel 11.5 verwendeten Transformation der Variablen und anschließender OLS-Schätzung der Parameter können wir die Schätzer der Parameter durch das Minimieren der gewichteten Summe der quadrierten Abweichungen erhalten. Die Schätzer stimmen numerisch überein. Eine systematische Behandlung der GLS-Schätzung gibt der Anhang A von Kapitel 12.

Wie oben gesagt, setzt die im Beispiel 11.5 angewendete Variablen-Transformation voraus, dass uns die funktionale Form der Abhängigkeit der Varianzen σ_t^2 bekannt ist. Ein Problem bei der Anwendung dieser Vorgangsweise kann sein, dass die Funktion f in $\sigma_t^2 = f(Z_t)$ von einem oder mehreren Parametern abhängig ist, die wir nicht kennen. Das folgende Beispiel illustriert diesen Sachverhalt.

Beispiel 11.6

Transformation der Störgrößen mit einem Parameter

Ausgangspunkt ist wiederum das Modell $Y_t = \alpha + \beta X_t + u_t$. Die Varianz der Störgröße u hängt von Z in folgender Weise ab:

$$\sigma_t^2 = \sigma^2(\delta_1 + \delta_2 Z_t)^2$$

für alle $t = 1, \ldots, n$. Wir können die transformierte Störgröße

$$v_t = u_t \frac{1}{\delta_1 + \delta_2 Z_t}$$

definieren, deren Varianz für alle t den Wert σ^2 hat; die v_t sind also homoskedast. Allerdings hilft uns dieses Wissen nicht, die notwendige Transformation oder Gewichtung vorzunehmen, wenn uns die Werte von δ_1 und δ_2 nicht bekannt sind.

In dieser Situation geht man so vor, dass in einem ersten Schritt die unbekannten Parameter $\boldsymbol{\delta}$ der Funktion $\sigma_t^2 = \sigma^2 f(\mathbf{z}'\boldsymbol{\delta})$ auf Basis der OLS-Residuen geschätzt werden. Im zweiten Schritt können dann die Parameter α und β mittels GLS-Schätzung ermittelt werden. Die zweistufigen Schätzer, die wir so erhalten, werden **FGLS-Schätzer** genannt, eine Abkürzung des englischen *feasible GLS*; in Deutschen spricht man auch von anwendbaren oder von geschätzten GLS-Schätzern. Diese zweistufige GLS-Schätzung kann erweitert werden, indem die Residuen aus der GLS-Schätzung verwendet werden, um verbesserte Schätzer der Funktion σ_t^2 zu bekommen und dann verbesserte Schätzer der Modellparameter zu bestimmen. Das Verbessern wird wiederholt, bis keine wesentlichen Verbesserungen mehr erreicht werden. Wir sprechen von der iterativen GLS-Schätzung.

Beispiel 11.7

Dauerhafter Konsum, Fortsetzung

Im Beispiel 11.1 wurden die Ausgaben Y für Güter des dauerhaften Konsums als Funktion ihres Einkommens X beschrieben. Die angepasste Regressionsbeziehung lautet

$$\hat{Y} = 44.2 + 0.167\,X\,.$$

Der Glejser-Test hat ein maximales R^2 für das Modell $|e_t| = \delta_1 + \delta_2 f(X_t) + v_t$ ergeben. Das angepasste Modell hat Parameter $d_2 = 0.025$ mit einem Wert der t-Statistik von 4.53 (der p-Wert dazu ist praktisch Null); das Interzept mit $d_1 = 42.1$ entspricht einem Wert der t-Statistik von 1.89 mit einem p-Wert von 0.063.

Um diese Abhängigkeit der σ_t^2 zu berücksichtigen, verwenden wir die Transformation der Variablen mit dem Faktor $X^{-1/2}$ und erhalten das Modell $Y/\sqrt{X} = \alpha/\sqrt{X} + \beta\sqrt{X} + v$. Das Anpassen an die Daten liefert

$$\frac{\hat{Y}}{\sqrt{X}} = 0.423\frac{1}{\sqrt{X}} + 0.153\sqrt{X}$$

mit einem $R^2 = 0.467$ und Werten der t-Statistik von 4.204 und 17.859. Die gleichen Ergebnisse erhalten wir, wenn wir die Summe der mit $X^{-1/2}$ gewichteten Quadrate der Abweichungen $Y_t - \alpha - \beta X_t$ minimieren. Der Koeffizient von X im nicht transformierten Modell ist mit $b = 0.167$ ähnlich dem Koeffizienten von $\sqrt{X}$ im transformierten Modell (0.153), ein Ergebnis, das wir erwarten.

Das Bestimmtheitsmaß des transformierten Modells ist mit 0.467 wesentlich kleiner als der Wert 0.830, den wir in Beispiel 11.1 berichtet haben. Da wir unterschiedliche abhängige Variable modellieren, ergibt ein Vergleich der beiden Bestimmtheitsmaße keinen Sinn und kann auch nicht dazu herangezogen werden, die Qualität der Modelle zu vergleichen.

11.A Aufgaben

11.A.1 Empirische Anwendungen

1. Der Datensatz DatS07 enthält Daten zur Verwendung von Kreditkarten von 100 Personen. Drei Modelle für die monatlichen Ausgaben (AEXP, in USD), die von der i-ten Person mittels Kreditkarte bezahlt wurden, sind

$$\text{AEXP}_i = \beta_0 + \beta_1\text{INC}_i + u_i \qquad (A)$$
$$\text{AEXP}_i = \beta_0 + \beta_1\text{INC}_i + \beta_2\text{INC}_i^2 + u_i \qquad (B)$$
$$\text{AEXP}_i = \beta_0 + \beta_1\text{INC}_i + \beta_2\text{AGE}_i + \beta_3\text{OWR}_i + u_i \qquad (C)$$

mit den erklärenden Variablen AGE (Alter), INC (Einkommen, in 10.000 USD) und OWR (Dummy-Variable, die den Besitz eines Eigenheims anzeigt). Schätzen Sie die Parameter des Modells (B) mittels OLS-Schätzung.

   (a) Überprüfen Sie mittels White-Test, ob Heteroskedastizität vorliegt.

   (b) Überprüfen Sie mittels Glejser's Test mit (i) $\sigma_i^2 = \delta_0 + \delta_1\text{INC}_i$ und (ii) $\sigma_i^2 = \exp(\delta_0 + \delta_1\text{INC}_i)$, ob Heteroskedastizität vorliegt.

   (c) Vergleichen Sie die Standardfehler der OLS-geschätzten Parameter mit den White-Standardfehlern.

   (d) Verwenden Sie die beiden Modelle des Tests von Glejser und schätzen Sie die Parameter des Modells mittels FGLS.

2. Wiederholen Sie die Übungen (a), (b) und (c) der Aufgabe 1 für das Modell (C).

3. Der Datensatz `DatS06` enthält zu 24 Haushalten die gesamten Haushaltsausgaben (EXTOTAL), die durchschnittliche Anzahl der Kinder im Haushalt (NCHILD), die Anzahl der Haushalte in der Gruppe (NFAM) und die Ausgaben des Haushaltes für Ernährung (EXFOOD). Schätzen Sie das Modell

$$\log \text{EXFOOD}_i = \beta_0 + \beta_1 \log \text{EXTOTAL}_i + \beta_2 \text{NCHILD}_i + u_i \,.$$

Führen Sie einen Goldfeld-Quandt-Test auf Heteroskedastizität durch: Überprüfen Sie, ob die Varianz der Störgrößen von der Gruppengröße NFAM abhängt. *Hinweis:* Verwenden Sie NFAM als Gruppierungsvariable und zwei Beobachtungsgruppen der Größe 8.

11.A.2 Allgemeine Aufgaben und Probleme

1. Gesucht ist ein Schätzer des Parameters β des Modells $Y_t = \beta t + u_t$; die u_t sind unabhängig mit Erwartungswert Null und $\text{Var}\{u_t\} = 1 + t$. Verwenden Sie eine Transformation, so dass die OLS-Anpassung einen besten erwartungstreuen Schätzer liefert, und geben Sie den Schätzer an.
2. Gesucht sind Schätzer der Parameter α und β des Modells $Y = \alpha + \beta X + u$; für die Störgrößen u gilt $\text{Var}\{u_t\} = \sigma^2 Z_t^2$. Die Parameter können (a) durch OLS-Anpassung des transformierten Modells $Y/Z = \alpha/Z + \beta X/Z + u/Z$ oder (b) durch Minimieren der mit Z_t^{-2} gewichteten Summe der quadrierten Abweichungen $Y_t - \alpha - \beta X_t$ geschätzt werden. Zeigen Sie, dass die Schätzer übereinstimmen.
3. Zum Modell $Y = \alpha + \beta X + u$ enthält die $(n \times 2)$-Matrix $\mathbf{X}$ in der ersten Spalte den Einsen-Vektor und in der zweiten Spalte die zentrierten Beobachtungen $X_t - \bar{X}$ des Regressors X; die Varianz der Störgröße u_t sei σ_t^2. Bestimmen Sie die Varianz von b aus $\sigma^2(\mathbf{X}'\mathbf{X})^{-1}(\mathbf{X}'\mathbf{\Omega}\mathbf{X})(\mathbf{X}'\mathbf{X})^{-1}$ nach (11.4.1) und aus $\sigma^2(\mathbf{X}'\mathbf{X})^{-1}$ nach (3.1.3) und interpretieren Sie die Differenz.

11.E Hinweise zu `EViews`: Heteroskedastizität

In `EViews` stehen (a) der White-Test, (b) die *heteroskedasticity consistent* Kovarianzmatrix nach White und (c) das Schätzen der Koeffizienten des transformierten Modells bzw. die GLS-Schätzung zur Verfügung.

- Zum Aufruf des White-Tests klickt man im Output-Fenster der Schätzung eines linearen Regressionsmodells auf die Schaltfläche `View` und wählt aus den Menüpunkten von `Residual Tests` die Möglichkeit `White Heteroskedasticity...`. Das dann erscheinende Outputfenster enthält neben anderen Informationen
  1. als `Obs*R-squared` die Teststatistik nR_e^2 nach (11.3.3) und den entsprechenden p-Wert der asymptotischen Chi-Quadrat-Verteilung nach White;
  2. die Teststatistik des F-Tests, mit dem die Nullhypothese überprüft wird, dass alle Koeffizienten des Modells den Wert Null haben, und den entsprechenden p-Wert der bei normalverteilten Störgrößen exakten F-Verteilung.

Unter den Menüpunkten von `Residual Tests` kann gewählt werden, ob das Modell für die OLS-Residuen e_t^2 nur die Regressoren und ihre Quadrate oder auch die gemischten Produkte der Regressoren enthält.

- Möchte man die *heteroskedasticity consistent* Kovarianzmatrix (11.4.2) der OLS-Schätzer an Stelle der Standard Kovarianzmatrix im Output-Fenster der Schätzung eines linearen Regressionsmodells bekommen, so markiert man im Eingabe-Fenster `Equation Specification` unter den `Estimation Options` die `LS Option` und unter den gebotenen Möglichkeiten die Optionen `Heteroskedasticity Consistent Covariance` und `White`.
- Zum Schätzen der Koeffizienten des transformierten Modells bzw. zur Durchführung der GLS-Schätzung markiert man im Eingabe-Fenster `Equation Specification` unter den `Estimation Options` die `LS Option` und unter dieser trägt man unter `Weighted LS/TSLS` jene Variable (`series`) ein, in welcher die Faktoren, mit denen die Variablen des Modells zu multiplizieren sind, bzw. die Gewichte, die in der GLS-Schätzung verwendet werden sollen, zuvor abgespeichert wurden.

Autokorrelation

12

ÜBERBLICK

So, wie wir uns im Kapitel 11 mit der Situation heteroskedaster Störgrößen befasst haben, so bilden autokorrelierte Störgrößen den Gegenstand des vorliegenden Kapitels. Das Testen auf Autokorrelation spielt in allen Anwendungen des ökonometrischen Instrumentariums eine bedeutsame Rolle, da sich Missspezifikationen des Modells wie ein unberücksichtigt gelassener Regressor oder eine fehlerhafte funktionale Form eines einbezogenen Regressors häufig als Autokorrelation der Störgrößen manifestieren. Wir werden untersuchen, (i) mit welchen Konsequenzen von Autokorrelation wir für die statistischen Analyseverfahren rechnen müssen, (ii) wie wir das Vorliegen von Autokorrelation diagnostizieren können, und (iii) welche alternativen, statistischen Verfahren uns zur Verfügung stehen, die wir bei Vorliegen von Autokorrelation anwenden können, um nachteilige Konsequenzen von Autokorrelation zu vermeiden.

Wir werden sehen, dass die OLS-Schätzer der Regressionskoeffizienten bei Autokorrelation zwar erwartungstreue und konsistente, aber nicht effiziente Schätzer sind. Eine zweite Konsequenz ist, dass die Standardfehler der OLS-Schätzer unterschätzt werden. Das am häufigsten angewendete Testverfahren zum Diagnostizieren von Autokorrelation ist der **Durbin-Watson-Test**; mit seiner Hilfe können wir überprüfen, ob die Korrelation zeitlich benachbarter Störgrößen von Null verschieden ist. Allgemeinere Testverfahren sind der Breusch-Godfrey-Test und der Box-Pierce-Test.

Verfahren, die bei Vorliegen von Autokorrelation angewendet werden können, sind einerseits das Verwenden von korrigierten Standardfehlern der OLS-Schätzer, etwa beim Ausführen von t-Tests; ein Beispiel für eine solche Korrektur ist der **HAC-Schätzer**. Andererseits können wir erste Differenzen oder so genannte **Pseudo-Differenzen** an die Stelle der Modellvariablen setzen und so zu einer Spezifikation des Modells kommen, die die Voraussetzungen der OLS-Schätzung erfüllt; das Verfahren läuft auf eine **GLS-Schätzung** oder FGLS-Schätzung hinaus.

Nach einer Einleitung werden wir in Abschnitt 12.2 die Autokorrelation definieren und Modelle für ihre Darstellung behandeln. Der Abschnitt 12.3 diskutiert die Konsequenzen von Autokorrelation, und in Abschnitt 12.4 werden Testverfahren eingeführt, die uns zum Diagnostizieren des Vorhandenseins von Autokorrelation zur Verfügung stehen. Schließlich werden wir uns in Abschnitt 12.5 mit Verfahren zum Analysieren von Modellen befassen, die beim Vorhandensein von Autokorrelation anwendbar sind. Der Anhang Anhang 12.A zu diesem Kapitel gibt eine Übersicht zum GLS- und zum FGLS-Schätzer.

12.1 Einleitung

In Kapitel 11 haben wir die Konsequenzen des Verletzens der Annahme **A6** durch heteroskedaste Störgrößen diskutiert. Ähnliche Konsequenzen wie Heteroskedastizität werden wir beobachten, wenn die Störgrößen nicht unkorreliert sind, ein Sachverhalt, der ebenfalls mit der Annahme **A6** unterstellt wird. Gerade bei der Analyse von Zeitreihen, Gegenstand fast aller ökonometrischen Arbeiten, müssen wir damit rechnen, dass unsere Daten und auch die Störgrößen unserer Modelle korreliert sind.

Unter Autokorrelation oder serieller Korrelation verstehen wir im Kontext der Annahme **A6** die Situation, dass die Störgröße u_t mit den Störgrößen u_{t+1}, u_{t+2} etc. und mit den Störgrößen u_{t-1}, u_{t-2} etc. korreliert ist.

Dass Zeitreihen von ökonomischen Variablen korrelierte Beobachtungen enthalten, müssen wir erwarten.

- Der Konsum in der laufenden Periode repräsentiert ein Konsumverhalten, dass sich gegenüber der Vorperiode nicht allzu sehr verändert hat: Der aktuelle Konsum hängt vom Konsum der Vorperiode ab. Ähnliches gilt für die Produktion, die Investitionen und andere ökonomische Variable. Wir können damit rechnen, dass die aufeinander folgenden Beobachtungen ökonomischer Variabler positiv korrelieren.
- Das gilt umso mehr, je kürzer die Abstände zwischen den Beobachtungen sind. Ökonomische Phänomene wie Konjunkturphasen, Moden im Konsumverhalten, klimatische Effekte etc. wirken über mehrere Jahre. Bei monatlicher oder quartalsweiser Beobachtung und auch bei Jahresdaten sind solche Effekte über mehrere Beobachtungsperioden verteilt.
- Das Anwenden von Glättungs- oder Filterungsverfahren produziert für die aktuelle Beobachtung eine Funktion der umgebenden Beobachtungen. Beispielsweise verwenden Verfahren zum Saisonbereinigen gleitende Mittel. Die geglätteten Daten sind als Ergebnis des Glättungsverfahrens korreliert.

Die wohl häufigste Ursache für Autokorrelation der Störgrößen ist die, dass ein für die Beschreibung des datengenerierenden Prozesses der abhängigen Variablen relevanter Regressor nicht im Modell berücksichtigt wird, also eine Missspezifikation des Modells. Ein Beispiel soll das illustrieren.

Beispiel 12.1 Ein Modell für Importe

Das AW-Modell enthält eine Importgleichung, die in Anhang A als Gleichung (A.1.3) dargestellt ist. In Anlehnung an diese Gleichung seien die realen Ausgaben für Importe von Gütern und Dienstleistungen (MTR) als Funktion der Gesamten Nachfrage (FDD) spezifiziert: $\text{MTR} = \alpha + \beta\text{FDD} + u$. Die angepasste Beziehung ergibt sich zu

$$\widehat{\text{MTR}} = -221234 + 0.352\,\text{FDD}$$

mit einem R^2 von 0.975. Die Abbildung 12.1 zeigt ein Streudiagramm, in dem die Residuen e_{-1} über den Residuen e aufgetragen sind. Die um eine Periode in die Vergangenheit gesetzten Residuen e_{t-1} nennen wir kurz (um eine Periode) „verzögerte“ Residuen.

Abbildung 12.1

Streudiagramm der um eine Periode verzögerten Residuen e_{-1} über den aktuellen Residuen e der Importgleichung $\widehat{MTR} = -221234 + 0.352\,FDD$.

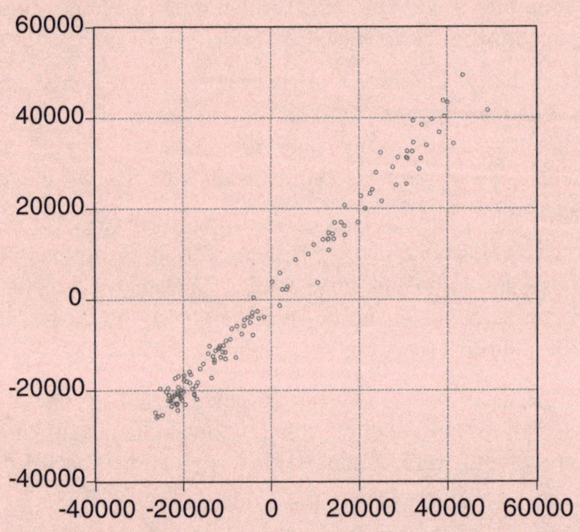

Die Abbildung zeigt, dass auf positive Werte der Residuen in der nachfolgenden Periode bevorzugt positive Werte folgen, negative Residuen eher von negative Residuen gefolgt werden. Diese Dominanz der Besetzung des ersten und dritten Quadranten des Streudiagramms bedeutet, dass die aufeinander folgenden Residuen positiv korreliert sind.

Wir können das Modell erweitern um die Trendvariable T, die die laufende Nummer der jeweiligen Beobachtung angibt. Die angepasste Beziehung lautet

$$\widehat{\mathrm{MTR}} = -438769. + 0.645\,\mathrm{FDD} - 2962.6\,\mathrm{T}$$

mit einem R^2 von 0.994. Die Teststatistik des t-Tests zum Koeffizienten von T hat den Wert 20.8 entsprechend einem p-Wert von praktisch Null. Offensichtlich ist das Modell ohne Regressor T missspezifiziert. Wir müssen mit verzerrten Koeffizienten rechnen; vor allem aber ist die im Modell nicht berücksichtigte Variable T Teil der Störgröße, was bedeutet, dass die Korrelationsstruktur der Residuen durch die der Variablen T zumindest teilweise bestimmt ist. Die Korrelation aufeinander folgender Werte der Variablen T liegt nahe bei Eins, wie man sich leicht überzeugt.

Andere Ursachen für Autokorrelation der Störgrößen können sein:

- Eine fehlerhaft spezifizierte, funktionale Form eines Regressors hat ähnliche Konsequenzen für die Störgrößen wie ein fehlender Regressor.
- Die abhängige Variable kann in einer Weise autokorreliert sein, die durch den systematischen Teil des Modells nicht adäquat dargestellt wird.

Das Beispiel 12.1 illustriert, dass wir im Kontext von ökonometrischen Analysen stets mit Autokorrelation der Störgrößen rechnen müssen, da das Nichtberücksichtigen eines relevanten Regressors, der mit einem Trend behaftet ist, diese Konsequenz erwarten lässt. Die Darstellung der anderen Ursachen zeigt, dass Autokorrelation der Störgrößen generell mit Mängeln in der Modellspezifikation zu tun hat. Es ist daher nicht überraschend, dass Tests auf Autokorrelation das am häufigsten verwendete Instrument zum diagnostischen Überprüfen der Modellspezifikation darstellen.

12.2 Autokorrelation der Störgrößen

Die Korrelation aufeinander folgender Werte der gleichen Variablen nennen wir Autokorrelation – oder Autokorrelationskoeffizient – der Ordnung Eins. Wir bezeichnen sie üblicherweise mit ϱ_1, wenn es sich um die Autokorrelation der Störgrößen u handelt. Den entsprechenden Stichprobenwert bezeichnen wir mit r_1. Analog ist

$$\varrho_k = \text{Corr}\{u_t, u_{t-k}\}$$

die Autokorrelation der Störgrößen u_t und u_{t-k} oder die Autokorrelation der Ordnung k und

$$r_k = \frac{\sum_{t=k+1}^{n} e_t e_{t-k}}{(n-k)s^2} \tag{12.2.1}$$

ihr empirischer Wert. Bei den meisten Größen nimmt der Wert von $|\varrho_k|$ oder $|r_k|$ mit zunehmendem k ab.

Bei Zutreffen der Annahme **A6** schreiben wir die Kovarianzmatrix der Störgrößen in der Form $\text{Var}\{\mathbf{u}\} = \sigma^2 \mathbf{I}_n$ mit der $(n \times n)$-Einheitsmatrix $\mathbf{I}_n$. Allgemein schreiben wir für die Kovarianzmatrix der Störgrößen

$$\text{Var}\{\mathbf{u}\} = \sigma^2 \boldsymbol{\Omega} = \sigma^2 \begin{pmatrix} \omega_1 & \omega_{12} & \dots & \omega_{1n} \\ \omega_{21} & \omega_2 & \dots & \omega_{2n} \\ \vdots & \vdots & \ddots & \vdots \\ \omega_{n1} & \omega_{n2} & \dots & \omega_n \end{pmatrix} = \begin{pmatrix} \sigma_1^2 & \sigma_{12} & \dots & \sigma_{1n} \\ \sigma_{21} & \sigma_2^2 & \dots & \sigma_{2n} \\ \vdots & \vdots & \ddots & \vdots \\ \sigma_{n1} & \sigma_{n2} & \dots & \sigma_n^2 \end{pmatrix} = \boldsymbol{\Sigma};$$

$\boldsymbol{\Sigma}$ und $\boldsymbol{\Omega}$ sind positiv definit. Im Kapitel 11 haben wir für den Fall der Heteroskedastizität die Matrix $\boldsymbol{\Omega} = \text{diag}(\omega_1, \dots, \omega_n)$ eingeführt. Bei Autokorrelation stehen in der Hauptdiagonale von $\boldsymbol{\Omega}$ Einsen, aber die Elemente außerhalb der Hauptdiagonale können beliebige Werte annehmen, solange nur $\boldsymbol{\Omega}$ positiv definit ist.

Die Elemente von $\boldsymbol{\Omega}$, die außerhalb der Hauptdiagonale stehen, sind die Autokorrelationen. Die entsprechenden Elemente σ_{st} sind die Kovarianzen: $\sigma^2\omega_{st} = \sigma_{st} = \text{Cov}\{u_s, u_t\}$. Wenn wir davon ausgehen, dass die Autokorrelationen nur von der Ordnung, also der Differenz der Indizes, abhängt, so bekommt die Matrix $\boldsymbol{\Omega}$ eine Bandstruktur: So gilt $\omega_{12} = \omega_{21} = \omega_{23} = \omega_{23} = \ldots = \omega_{n-1,n} = \varrho_k$. Die Eigenschaft, dass die Autokorrelationen und damit die Elemente von $\boldsymbol{\Omega}$ von $|t-s|$, nicht aber von s und t, abhängen, nennt man Stationarität, genauer Kovarianz-Stationarität oder schwache Stationarität; diese Eigenschaft wird in späteren Kapiteln eine wichtige Rolle spielen.

Die Anzahl von Elementen ω_{st} der Matrix $\boldsymbol{\Omega}$, die verschieden sein können, beträgt maximal $n(n-1)/2$. In praktischen Anwendungen werden wir diese Anzahl beschränken, indem wir für die Elemente ω_{st} eine Struktur vorgeben.

Der AR(1)-Prozess benötigt zum Beschreiben der Kovarianzmatrix $\text{Var}\{\mathbf{u}\}$ außer σ_e^2 nur den einen Parameter φ.

Der AR(1)-Prozess wird wegen seiner Einfachheit häufig zum Beschreiben der korrelierten Störgrößen bzw. der Matrix $\mathbf{\Omega}$ verwendet. Es gibt natürlich auch komplexere Möglichkeiten für diese Darstellung. Die Klasse der autoregressiven Prozesse beschränkt sich nicht auf den AR(1)-Prozess. Beispielsweise hat der AR(2)-Prozess die Form

$$u_t = \varphi_1 u_{t-1} + \varphi_2 u_{t-2} + \varepsilon_t$$

und erlaubt die Darstellung der Matrix $\mathbf{\Omega}$ mit zwei Parametern. Solche Darstellungen benötigen wir für Verfahren zur statistischen Behandlung unserer Modelle, wenn Autokorrelation vorliegt. Wir werden solche Verfahren in Abschnitt 12.5 kennen lernen.

Auch für das Abschätzen der Konsequenzen der Autokorrelation im kommenden Abschnitt benötigen wir eine Parametrisierung, und auch dabei werden wir den Fall eines AR(1)-Prozesses untersuchen.

12.3 Konsequenzen von Autokorrelation

Ausgangspunkt ist das Modell $\mathbf{y} = \mathbf{X}\boldsymbol{\beta} + \mathbf{u}$, wobei die Störgrößen entsprechend einem AR(1)-Prozess mit $|\varphi| < 1$ generiert werden. Die Konsequenzen von $\varphi \neq 0$ oder $\mathbf{\Omega} \neq \mathbf{I}_n$ für die Eigenschaften der OLS-Schätzer $\mathbf{b} = (\mathbf{X}'\mathbf{X})^{-1}\mathbf{X}'\mathbf{y} = \boldsymbol{\beta} + (\mathbf{X}'\mathbf{X})^{-1}\mathbf{X}'\mathbf{u}$ können folgendermaßen zusammengefasst werden:

- Die OLS-Schätzer $\mathbf{b}$ sind erwartungstreu.
- Die Schätzer $\mathbf{b}$ sind konsistent.
- Die Schätzer $\mathbf{b}$ haben die in (11.2.1) angegebene Kovarianzmatrix

  $$\text{Var}\{\mathbf{b}\} = \sigma^2(\mathbf{X}'\mathbf{X})^{-1}\mathbf{X}'\mathbf{\Omega}\mathbf{X}(\mathbf{X}'\mathbf{X})^{-1}$$

  und sind nicht beste Schätzer. Bei positiv korrelierten Störgrößen werden die Varianzen der $\mathbf{b}$ unterschätzt; das werden wir im Beispiel 12.3 illustrieren.
- Unter allgemein erfüllten Bedingungen sind die $\mathbf{b}$ asymptotisch normal verteilt.
- Der Schätzer $s^2 = \mathbf{e}'\mathbf{e}/(n-k)$ der Varianz der Störgrößen unterschätzt σ^2; dabei ist $\mathbf{e}$ der Vektor der OLS-Residuen. Das Beispiel 12.3 gibt auch dafür eine Illustration.

Diese Eigenschaften gelten unter den oben angegebenen Bedingungen; insbesondere haben wir angenommen, dass die Störgrößen einem AR(1)-Prozess folgen. Die Eigenschaften gelten nicht notwendigerweise unter allgemeineren Bedingungen. So ist die Konsistenz der OLS-Schätzer davon abhängig, dass die Autokorrelationen ϱ_k mit wachsender Ordnung genügend rasch gegen Null gehen. Auch die asymptotische Normalverteilung der OLS-Schätzer $\mathbf{b}$ ist in komplexer Weise von $\mathbf{\Omega}$ abhängig. Für unsere Zwecke werden wir die angeführten Aussagen als gegeben nehmen.

Die Auswirkung der Autokorrelation auf die Varianz der OLS-Schätzer wird im Folgenden am Beispiel einer einfachen Regression illustriert.

Beispiel 12.3 **Einfache homogene Regression**

Wir gehen von der Regression $Y_t = X_t\beta + u_t$ mit $u_t = \varphi u_{t-1} + \varepsilon_t$ und $|\varphi| < 1$ aus. Für den OLS-Schätzer $b = (\mathbf{x}'\mathbf{y})/(\mathbf{x}'\mathbf{x})$ bekommen wir die Varianz

$$\begin{aligned}\mathrm{Var}\{b\} &= \frac{\mathrm{Var}\{\mathbf{x}'\mathbf{u}\}}{(\mathbf{x}'\mathbf{x})^2} = \frac{\sigma^2}{(\mathbf{x}'\mathbf{x})^2}\left(\sum\nolimits_t X_t^2 + 2\varphi\sum\nolimits_t X_tX_{t-1} + 2\varphi^2\sum\nolimits_t X_tX_{t-2} + \ldots\right)\\ &= \frac{\sigma^2}{\mathbf{x}'\mathbf{x}}\left(1 + 2\varphi\, r_1(x) + 2\varphi^2\, r_2(x) + \ldots\right);\end{aligned} \tag{12.3.1}$$

dabei steht $r_1(x) = (\sum X_tX_{t-1})/(\sum X_t^2)$ für die Stichproben-Autokorrelation erster Ordnung, $r_2(x)$ für die Autokorrelation der zweiten Ordnung etc. Die Varianz des OLS-Schätzers bei unkorrelierten Störgrößen hat den Wert $\sigma^2/(\mathbf{x}'\mathbf{x})^2$. Beim Vergleich der Varianzen sind folgende Punkte zu beachten:

- Als ökonomische Variable wird X vermutlich positiv autokorreliert sein; die Korrelationskoeffizienten $r_1(x)$, $r_2(x)$, etc. werden positive Werte annehmen, der Ausdruck in der Klammer von (12.3.1) wird größer als Eins sein. Folgt X beispielsweise einem AR(1)-Prozess mit dem Autokorrelationskoeffizienten φ_x, so bekommen wir für den Ausdruck in der Klammer $(1 + \varphi\varphi_x)/(1 - \varphi\varphi_x)$. Sind φ und φ_x positiv, so ist der Wert der Klammer größer als Eins. Verwenden wir anstelle der Varianz nach (12.3.1) den Wert $\sigma^2/(\mathbf{x}'\mathbf{x})$, so unterschätzen wir die Varianz von b.
- Zum Berechnen des Standardfehlers von b müssen wir σ^2 durch den Schätzer $s^2 = \mathbf{e}'\mathbf{e}/(n-k)$ ersetzen. Im Fall, dass X einem AR(1)-Prozess mit der Autokorrelation φ_x folgt, hat die Summe $\sum_t e_t^2$ einen Erwartungswert von $\sigma^2[n - (1 + \varphi\varphi_x)/(1 - \varphi\varphi_x)]$. Der Schätzer $(\sum_t e_t^2)/(n-1)$ unterschätzt die Varianz σ^2.
- Sind die Beobachtungen von X unkorreliert, so hat der Ausdruck $(1 + \varphi\varphi_x)/(1 - \varphi\varphi_x)$ einen Wert nahe bei Eins. Auch wenn die Störgrößen korreliert sind ($\varphi \neq 0$), wird die Varianz des OLS-Schätzers b nicht wesentlich unterschätzt.

Folgen die Störgrößen einem AR(1)-Prozess, so müssen wir damit rechnen, dass die Varianz des OLS-Schätzers b unterschätzt wird, wenn die Autokorrelation nicht berücksichtigt wird.

Ähnliche Überlegungen gelten für allgemeinere Strukturen des Modells.

12.4 Tests auf Autokorrelation

Tests auf Autokorrelation überprüfen die Nullhypothese, dass die Störgrößen unkorreliert sind. Wie schon in Abschnitt 12.1 und schon früher in Abschnitt 2.3 hingewiesen wurde, dienen Tests auf Autokorrelation, insbesondere der Durbin-Watson-Test, auch als allgemeine Tests zum Überprüfen der Spezifikation des Regressionsmodells. Die Tests auf Autokorrelation basieren auf den OLS-Residuen und gehen davon aus, dass die OLS-Residuen eine ähnliche Korrelationsstruktur zeigen wie die Störgrößen.

Wie bei jeder statistischen Analyse empfiehlt sich auch beim Testen auf Autokorrelation, mit einer graphischen Aufbereitung der Daten zu beginnen. Auch hier können graphische Darstellungen hilfreiche Einsichten vermitteln. Die Abbildung 12.1, ein Streudiagramm, das aufeinander folgende Residuen gegeneinander aufträgt, ist ein Beispiel für eine graphische Aufbereitung, die zum Verständnis der Autokorrelation von Störgrößen besonders geeignet ist.

12.4.1 Der Durbin-Watson-Test

Mit dem Durbin-Watson-Test wird die Nullhypothese getestet, dass die Autokorrelation erster Ordnung der Störgrößen den Wert Null hat:

$$H_0: \varrho_1 = 0 .$$

Die Alternative ist nicht spezifiziert; wir testen gegen die allgemeine Alternative, dass H_0 nicht zutrifft. Die Teststatistik ist als Funktion der OLS-Residuen e definiert zu

$$d = \frac{\sum_{t=2}^{n}(e_t - e_{t-1})^2}{\sum_{t=1}^{n} e_t^2} . \qquad (12.4.1)$$

Zum besseren Verständnis schreiben wir dafür

$$d = \frac{\sum e_t^2 + \sum e_{t-1}^2 - 2\sum e_t e_{t-1}}{\sum e_t^2} .$$

Wenn wir davon Gebrauch machen, dass sich $\sum e_t^2$ und $\sum e_{t-1}^2$ bei nicht zu kleinem n kaum unterscheiden, so erhalten wir $d \simeq 2(1 - r_1)$, wobei $r_1 = (\sum e_t e_{t-1})/(\sum e_t^2)$ der Stichprobenwert der Autokorrelation der ersten Ordnung ist. Damit können wir Bereiche angeben, in denen wir d erwarten können:

- Bei positivem ϱ_1 wird auch r_1 einen positiven Wert liefern und d im Intervall $(0, 2)$ liegen.
- Bei negativem ϱ_1 können wir d im Intervall $(2, 4)$ erwarten.
- Liegt d nahe beim Wert 2, so gibt es keine wesentliche Autokorrelation der Störgrößen.
- Bei Werten von d nahe bei Null oder 4 sind die Störgrößen hoch korreliert.

Die Verteilung von d hängt – auch unter H_0 – von den beobachteten Werten der Regressoren, also von der Matrix $\mathbf{X}$ ab. Durbin und Watson (1950, 1951) haben untere (d_L) und obere Schranken (d_U) für die kritischen Werte der Teststatistik abgeleitet. Die Tabelle in Anhang G gibt diese Schranken für verschiedene Werte von k, die Anzahl der Regressoren unseres Modells, und von n an. Beim Testen der Nullhypothese, dass keine Autokorrelation erster Ordnung der Störgrößen vorliegt, gegen die Alternative positiver Korrelation entscheiden wir wie folgt:

$d < d_L$	H_0 wird verworfen
$d > d_U$	H_0 wird nicht verworfen
$d_L < d < d_U$	der Test kann nicht entscheiden

Der Bereich $[d_L, d_U]$ ist also ein Unentscheidbarkeitsbereich. Dieser Bereich ist umso schmäler, je größer n ist. Zum Testen gegen die Alternative negativer Autokorrelation werden dieselben Entscheidungen getroffen, wobei d durch $4 - d$ zu ersetzen ist.

Beim Verwenden des Durbin-Watson-Tests sind einige Dinge zu beachten.

- Die Nullhypothese, die Autokorrelation erster Ordnung ist Null, wird einer allgemeinen Alternative gegenübergestellt. Der Test gibt also keine Hilfe beim Diagnostizieren der Ursachen für ein Verwerfen der Nullhypothese und damit keine Hinweise, wie das Modell zu modifizieren ist, um die Probleme mit Autokorrelation zu vermeiden.
- Durch die Konstruktion der Teststatistik, die auf der empirischen Autokorrelation erster Ordnung r_1 basiert, kann der Fall eintreten, dass die Autokorrelation der Störgrößen nicht erkannt wird, weil diese sich nicht als Autokorrelation erster Ordnung manifestiert. Beispielsweise kann bei Quartalsdaten ein Jahresmuster der Abhängigkeit vorliegen und die Autokorrelation vierter Ordnung deutlich von Null verschieden sein, während die Autokorrelation erster Ordnung einen Wert nahe bei Null hat.
- Wie schon früher angemerkt, kann die Ursache für das Verwerfen der Nullhypothese nicht nur Autokorrelation der Störgrößen sein, sondern auch Missspezifikation des Modells. Will man einem Verwerfen der Nullhypothese Rechnung tragen, so hat man den unterschiedlichen Möglichkeiten nachzugehen.
- Die Tabelle in Anhang G gibt die kritischen Schranken nur für das Signifikanzniveau $\alpha = 0.05$ und für ausgewählte Werte von k und n an. Bei anderen Werten von k und n kann man kritische Schranken durch Interpolation ermitteln. Die Einschränkung des Signifikanzniveaus auf einen Wert ist ein Hinweis darauf, dass der Durbin-Watson-Test als Auslöser einer Warnung und nicht als definitives Entscheidungskriterium zu nehmen ist.

Modifikationen des Durbin-Watson-Tests betreffen beispielsweise die Ordnung der Korrelation. So werden wir bei Quartalsdaten und dem Verdacht, dass ein Jahresmuster der Abhängigkeit vorliegt, an der Teststatistik

$$d_4 = \frac{\sum e_t e_{t-4}}{\sum e_t^2}$$

mehr interessiert sein als an der Durbin-Watson-Statistik d.

12.4.2 Breusch-Godfrey-Test

Dieser Test ist ein Lagrange-Multiplier-Test, der gegen eine allgemeine Abhängigkeitsstruktur zwischen den Störgrößen testet. Wir gehen vom Modell

$$Y_t = \mathbf{x}_t' \boldsymbol{\beta} + u_t$$

aus, dessen Störgrößen einem AR(m)-Prozess folgen:

$$u_t = \varphi_1 u_{t-1} + \ldots + \varphi_m u_{t-m} + \varepsilon_t .$$

Der Breusch-Godfrey-Test testet die Nullhypothese H_0: $\varphi_i = 0$, $i = 1, \ldots, m$ gegen das Nichtzutreffen dieser Nullhypothese: Mindestens einer der Parameter φ_i ist von Null verschieden. Als Teststatistik verwenden wir

$$\text{LM}(A) = nR_e^2\,, \tag{12.4.2}$$

wobei R_e^2 das Bestimmtheitsmaß der Hilfsregression der OLS-Residuen e_t auf die k Regressoren in X und die verzögerten Residuen $e_{t-1}, \ldots, e_{t-m}$ ist; das „A" in LM(A) weist darauf hin, dass der Lagrange-Multiplier-Test gegen Autokorrelation testet. Durch das Berücksichtigen der Regressoren aus X in dieser Hilfsregression gehen die verzögerten Residuen nur mit jener Information ein, die nicht schon in den Regressoren aus X enthalten ist. Zum Ermitteln des p-Wertes der Teststatistik ziehen wir die asymptotische Chi-Quadrat-Verteilung mit m Freiheitsgraden heran, die wir bei großem n als näherungsweise Verteilung von LM(A) verwenden:

$$\text{LM}(A) \overset{\cdot}{\sim} \chi^2(m)\,.$$

Vor dem Anwenden des Breusch-Godfrey-Tests ist zu entscheiden, mit welchem Wert für m der Test ausgeführt werden soll. Ein zu kleiner Wert von m kann zur Folge haben, dass das Vorliegen einer Autokorrelation höherer Ordnung nicht erkannt wird; ein zu großer Wert kann die Macht des Tests verringern. Wir müssen damit rechnen, dass sowohl ein zu kleiner Wert als auch ein zu großer Wert von m verfälschte Fehlerwahrscheinlichkeiten zur Folge hat.

Der Breusch-Godfrey-Test ist allgemeiner als der Durbin-Watson-Test: Die Teststatistik bezieht sich nicht nur auf r_1, sondern auf Autokorrelationen bis zur Ordnung m.

Den Breusch-Godfrey-Test können wir in der vorgestellten Form auch verwenden, wenn die Spezifikation der Störgrößen einen MA(m)-Prozess oder einen ARMA(r, s)-Prozess mit $m = \max(r, s)$ vorgibt. Unter dem ARMA(r, s)-Prozess u verstehen wir Störgrößen, die von ihren verzögerten Werten und aktuellen und verzögerten Werten des Weißen Rauschens ε entsprechend der Beziehung

$$u_t = \varphi_1 u_{t-1} + \ldots + \varphi_p u_{t-r} + \varepsilon_t + \theta_1 \varepsilon_{t-1} + \ldots + \theta_s \varepsilon_{t-s}$$

abhängen; Details dazu behandelt das Kapitel 13.

12.4.3 Box-Pierce-Test

Die Teststatistik Q_m des Box-Pierce-Tests bezieht wie der Breusch-Godfrey-Test Autokorrelationen bis zu einer vorzugebenden Ordnung m ein:

$$Q_m = n \sum_{i=1}^{m} r_i^2\,; \tag{12.4.3}$$

die r_i sind die Stichprobenwerte der Autokorrelationen der Ordnung i. Anders als beim Breusch-Godfrey-Test wird beim Box-Pierce-Test für die Alternative keine Abhängigkeitsstruktur der Störgrößen vorgegeben. Bei Zutreffen der Nullhypothese folgt die Teststatistik Q_m asymptotisch der Chi-Quadrat-Verteilung mit m Freiheitsgraden. Eine Modifikation des Tests geht auf Ljung und Box (1979) zurück und verwendet die Teststatistik

$$Q_m^{LB} = n(n+2) \sum_{i=1}^{m} \frac{r_i^2}{n-i}\,,$$

die der gleichen asymptotischen Verteilung wie Q_m folgt. Der Ljung-Box-Test ist dem Box-Pierce-Test insbesondere bei kleinem n vorzuziehen.

Beim Anwenden des Box-Pierce-Tests ist zu entscheiden, mit welchem Wert von m der Test ausgeführt werden soll. Das beim Breusch-Godfrey-Test zu den Fehlerwahrscheinlichkeiten Gesagte gilt auch hier.

12.4.4 Eine Anwendung

In diesem Abschnitt wird das Anwenden der Tests auf Autokorrelation anhand der Importgleichung aus Beispiel 12.1 illustriert.

Beispiel 12.4 **Importgleichung, Fortsetzung**

In Beispiel 12.1 haben wir in Anlehnung an das AW-Modell eine Importgleichung spezifiziert und die Beziehung $\widehat{\mathrm{MTR}} = -221234 + 0.352\,\mathrm{FDD}$ gefunden. Die Abbildung 12.1 zeigt das Streudiagramm der um eine Periode verzögerten Residuen e_{-1} über den aktuellen Residuen e; es macht klar, dass die aufeinander folgenden Residuen stark korrelieren. Tatsächlich erhalten wir mit $r_1 = 0.992$ einen Wert der Stichproben-Autokorrelation nahe bei Eins. Der Durbin-Watson-Test ergibt $d = 0.016$. Für $k = 2$ und $\alpha = 0.05$ liegt die untere kritische Schranke d_L für $n = 132$ zwischen 1.65, der Schranke für $n = 100$, und 1.76, der Schranke für $n = 200$, wie wir der Tabelle in Anhang G entnehmen können. Die Nullhypothese, zwischen den Störgrößen bestehe keine Autokorrelation erster Ordnung, ist nicht zu halten. Der Breusch-Godfrey-Test für $m = 2$ ergibt einen Wert der Teststatistik $\mathrm{LM}(A) = 125.9$; das Bestimmtheitsmaß R_e^2 der Hilfsregression der OLS-Residuen auf die Regressoren und die um eine und zwei Perioden verzögerten Residuen erhalten wir zu 0.954. Die Chi-Quadrat-Verteilung mit zwei Feiheitsgraden gibt den p-Wert, der praktisch Null ist. Mit dem Breusch-Godfrey-Test haben wir die Nullhypothese zu verwerfen, zwischen den Störgrößen bestehe keine Autokorrelation zweiter Ordnung. Auch der Box-Pierce-Test führt recht deutlich zu einem analogen Ergebnis.

12.5 Inferenz bei Autokorrelation

Wer haben in Abschnitt 11.3 gesehen, dass die Varianzen, die uns die Kovarianzmatrix $\sigma^2(\mathbf{X}'\mathbf{X})^{-1}$ der OLS-Schätzer $\mathbf{b} = (\mathbf{X}'\mathbf{X})^{-1}\mathbf{X}'\mathbf{y}$ für $\boldsymbol{\beta}$ aus $\mathbf{y} = \mathbf{X}\boldsymbol{\beta} + \mathbf{u}$ im Fall von Autokorrelation liefert, die tatsächlichen Varianzen unterschätzen. Die tatsächliche Kovarianzmatrix ist

$$\mathrm{Var}\{\mathbf{b}\} = \sigma^2(\mathbf{X}'\mathbf{X})^{-1}(\mathbf{X}'\boldsymbol{\Omega}\mathbf{X})(\mathbf{X}'\mathbf{X})^{-1} . \qquad (12.5.1)$$

Mögliche Formen der Matrix $\boldsymbol{\Omega}$ haben wir in Abschnitt 11.2 besprochen. Als Konsequenz für das Verwenden der unterschätzten Varianzen muss damit gerechnet werden, dass die Fehlerwahrscheinlichkeiten von statistischen Tests wie t- und F-Test und Überdeckungswahrscheinlichkeiten von Konfidenzintervallen zu den OLS-Schätzern und davon abgeleiteten Größen verfälscht sind, so dass Autokorrelation der Störgrößen – wie Heteroskedastizität – Ursache für Fehlinterpretationen sein kann.

Wir haben in Abschnitt 12.1 ausgeführt, dass die wohl häufigste Ursache für Autokorrelation der Störgrößen eine Missspezifikation des Modells ist, etwa ein nicht berücksichtigter Regressor oder eine nicht zutreffende funktionale Form, in der ein Regressor in das Modell einbezogen wurde. Wenn wir Autokorrelation der Störgrößen diagnostizieren, wird es daher die erste Aufgabe sein, Mängel in der Spezifikationen zu suchen und das Modell entsprechend zu korrigieren. Wenn wir die Ursache der Autokorrelation nicht beseitigen können, so haben wir folgende Möglichkeiten, die oben genannten Fehler bei der Beurteilung von OLS-Schätzern zu vermeiden. Wir können

1. die korrekten Varianzen nach (12.5.1) verwenden, oder
2. unser Modell so transformieren, dass die Störgrößen des transformierten Modells unkorreliert sind.

12.5.1 Schätzen von $\mathrm{Var}\{\mathbf{b}\}$

Da die Matrix $\mathbf{\Omega}$ nicht bekannt ist, können wir die Kovarianzmatrix $\mathrm{Var}\{\mathbf{b}\}$ nach (12.5.1) nur verwenden, wenn wir $\mathbf{\Omega}$ durch geeignete Schätzer ersetzen. Ein solcher Schätzer wurde von Newey und West (1987) vorgeschlagen. Dieser Schätzer lässt eine beliebige Form der Matrix $\mathbf{\Omega}$ zu, indem er ihre Elemente durch Funktionen der OLS-Residuen ersetzt. Der Faktor

$$\mathbf{S}_x = \frac{\sigma^2}{n}\mathbf{X}'\mathbf{\Omega}\mathbf{X} = \frac{1}{n}\sum_t \sum_s \sigma_{ts}\mathbf{x}_t\mathbf{x}_s'$$

von $\mathrm{Var}\{\mathbf{b}\} = \sigma^2(\mathbf{X}'\mathbf{X})^{-1}(\mathbf{X}'\mathbf{\Omega}\mathbf{X})(\mathbf{X}'\mathbf{X})^{-1} = n(\mathbf{X}'\mathbf{X})^{-1}\mathbf{S}_x(\mathbf{X}'\mathbf{X})^{-1}$ wird approximiert durch

$$\hat{\mathbf{S}}_x = \frac{1}{n}\sum_t e_t^2\mathbf{x}_t\mathbf{x}_t' + \frac{1}{n}\sum_{j=1}^{p}\sum_{t=j+1}^{n}(1-w_j)e_t e_{t-j}(\mathbf{x}_t\mathbf{x}_{t-j}' + \mathbf{x}_{t-j}\mathbf{x}_t')$$

mit

$$w_j = \frac{j}{p+1}\,;$$

die Wahl der im Englischen *truncation lag* genannten Anzahl der Summanden p bestimmt, wie gut $\mathrm{Var}\{\mathbf{b}\} = n(\mathbf{X}'\mathbf{X})^{-1}\mathbf{S}_x(\mathbf{X}'\mathbf{X})^{-1}$ durch

$$n(\mathbf{X}'\mathbf{X})^{-1}\hat{\mathbf{S}}_x(\mathbf{X}'\mathbf{X})^{-1} \tag{12.5.2}$$

approximiert wird. Man spricht von einem *heteroskedasticity and autocorrelation consistent* oder HAC-Schätzer für $\mathrm{Var}\{\mathbf{b}\}$. Er berücksichtigt neben der Autokorrelation der Störgrößen gegebenenfalls auch ihre Heteroskedastizität.

Beispiel 12.5 **Importgleichung, Fortsetzung**

Die OLS-Schätzer der Koeffizienten der Importgleichung $\text{MTR} = \alpha + \beta\,\text{FDD} + u$ aus Beispiel 12.1 und ihre Standardfehler zeigt die Tabelle 12.1. Die Standardfehler in der mit OLS bezeichneten Spalte entsprechen der OLS-Schätzung; die Spalte, die mit HAC bezeichnet ist, zeigt die nach (12.5.2) geschätzten HAC-Standardfehler.

Tabelle 12.1

OLS-Schätzer und Standardfehler der Regressionskoeffizienten der Importgleichung. Die Spalte OLS zeigt OLS-Standardfehler, die Spalte HAC die nach (12.5.2) geschätzten HAC-Standardfehler.

	OLS-Schätzer	Standardfehler	
		OLS	HAC
α	−221234	7165.6	18948.70
β	0.352	0.0049	0.0136

Man sieht das beträchtliche Ausmaß des Unterschätzens der nicht für Autokorrelation (und Heteroskedastizität) korrigierten Standardfehler; die Werte der OLS-Standardfehler liegen nur bei etwa einem Drittel der Werte der HAC-Standardfehler.

12.5.2 Variablen-Transformation

Ähnlich wie bei Vorliegen von Heteroskedastizität ist es auch bei bekannter, funktionaler Form der Autokorrelation möglich, das Modell bzw. die Variablen des Modells so zu transformieren, dass die Störgrößen des transformierten Modells die Annahme **A6** erfüllen und unkorreliert sind. Wir beschränken uns auf den Fall, dass die Störgrößen einem AR(1)-Prozess folgen.

Ausgangspunkt sei das Modell $Y_t = \mathbf{x}_t'\boldsymbol{\beta} + u_t$. Die Störgrößen folgen dem Modell $u_t = \varphi u_{t-1} + \varepsilon_t$, wobei die ε Weißes Rauschen mit der Varianz σ_e^2 sind. Wir setzen $|\varphi| < 1$ voraus, um eine endliche Varianz der Störgrößen sicherzustellen. Die Kovarianzmatrix der Störgrößen haben wir bereits in Beispiel 12.2 als Gleichung (12.2.5) abgeleitet; sie ergibt sich zu

$$\text{Var}\{\mathbf{u}\} = \sigma^2\boldsymbol{\Omega} = \frac{\sigma_e^2}{1-\varphi^2}\begin{pmatrix} 1 & \varphi & \varphi^2 & \dots & \varphi^{n-1} \\ \varphi & 1 & \varphi & \dots & \varphi^{n-2} \\ \vdots & \vdots & \vdots & \ddots & \vdots \\ \varphi^{n-1} & \varphi^{n-2} & \varphi^{n-3} & \dots & 1 \end{pmatrix}.$$

Zur Matrix $\mathbf{\Omega}$ können wir eine Matrix $\mathbf{L}$ so bestimmen, dass $\mathbf{L}'\mathbf{L} = \mathbf{\Omega}^{-1}$. Diese Matrix ergibt sich zu

$$\mathbf{L} = \begin{pmatrix} \sqrt{1-\varphi^2} & 0 & \dots & 0 & 0 \\ -\varphi & 1 & \dots & 0 & 0 \\ \vdots & \vdots & \ddots & \vdots & \vdots \\ 0 & 0 & \dots & -\varphi & 1 \end{pmatrix}.$$

Das Multiplizieren unseres Regressionsmodells mit $\mathbf{L}$ liefert ein Modell, dessen Störgrößen unkorreliert sind und die Annahme **A6** erfüllen. Die Modellgleichung für die erste Beobachtung,

$$\sqrt{1-\varphi^2}y_1 = \sqrt{1-\varphi^2}\mathbf{x}_1'\boldsymbol{\beta} + \sqrt{1-\varphi^2}u_1\,, \tag{12.5.3}$$

unterscheidet sich von denen der Beobachtungen für $t = 2, \dots, n$:

$$Y_t - \varphi Y_{t-1} = (x_t - \varphi \mathbf{x}_{t-1})'\boldsymbol{\beta} + \varepsilon_t\,. \tag{12.5.4}$$

Dieses Gleichungen ergeben sich auch durch Subtrahieren der φ-fachen Modellgleichung für Y_{t-1} von der für Y_t.

Die transformierten Variablen $y_t^* = y_t - \hat{\varphi} y_{t-1}$ werden auch Quasi-Differenzen der Y genannt; analog nennt man die Komponenten von $\mathbf{x}_t^* = \mathbf{x}_t - \hat{\varphi}\mathbf{x}_{t-1}$ die Quasi-Differenzen der Regressoren X_i.

Die Verwendung des transformierten Modells (12.5.3)-(12.5.4) zum Schätzen der Regressionskoeffizienten $\boldsymbol{\beta}$ setzt die Kenntnis von φ voraus, was im Allgemeinen nicht realistisch ist. Wie bei den Verfahren zum Berücksichtigen der Heteroskedastizität, die wir in Abschnitt 11.4 kennen gelernt haben, geht man in dieser Situation so vor, dass in einem ersten Schritt der unbekannte Parameter φ auf Basis der OLS-Residuen $e_t = Y_t - \mathbf{x}_t'\mathbf{b}$ geschätzt wird; die OLS-Residuen ergeben sich aus dem Anpassen des Modells für Y ohne Berücksichtigung des AR(1)-Prozesses der u. Der Schätzer $\hat{\varphi}$ ergibt sich beispielsweise als der OLS-Schätzer

$$\hat{\varphi} = \frac{\sum_{t=2}^n e_t e_{t-1}}{\sum_{t=2}^n e_{t-1}^2} \tag{12.5.5}$$

aus der Regression $e_t = \varphi e_{t-1} + v_t$. Im zweiten Schritt können dann die Parameter mit Hilfe der transformierten Variablen geschätzt werden.

12.5.2.1 Transformation in Quasi-Differenzen

Die im Folgenden beschriebenen zweistufigen Verfahren unterscheiden sich im zweiten Schritt.

- Der **Cochrane-Orcutt-Schätzer** macht von den $n-1$ transformierten Beobachtungen Gebrauch, die in (12.5.4) modelliert sind. Die beiden Schritte sind:
  1. Schätzen von $\hat{\varphi}$ nach (12.5.5) und Ermitteln der Quasi-Differenzen $y_t^* = y_t - \hat{\varphi} y_{t-1}$ und $\mathbf{x}_t^* = \mathbf{x}_t - \hat{\varphi}\mathbf{x}_{t-1}$.
  2. Bestimmen der OLS-Schätzer für $\boldsymbol{\beta}$ und σ_e^2 aus

$$y_t^* = \mathbf{x}_t^{*\prime}\boldsymbol{\beta} + \varepsilon_t\,,\ t = 2, \dots, n\,.$$

- Der Prais-Winsten-Schätzer verwendet zusätzlich die Beobachtung für $t = 1$ aus (12.5.3). Die auszuführenden Schritte sind:

  1. Schätzen von $\hat{\varphi}$ nach (12.5.5) und Ermitteln der Quasi-Differenzen $y_t^* = y_t - \hat{\varphi} y_{t-1}$ und $\mathbf{x}_t^* = \mathbf{x}_t - \hat{\varphi}\mathbf{x}_{t-1}$.
  2. Bestimmen der OLS-Schätzer für $\boldsymbol{\beta}$ und σ_e^2 aus

$$\sqrt{1-\hat{\varphi}^2}\, y_1 = \sqrt{1-\hat{\varphi}^2}\, \mathbf{x}_1'\boldsymbol{\beta} + \sqrt{1-\hat{\varphi}^2}\, u_1$$
$$y_t^* = \mathbf{x}_t^{*\prime}\boldsymbol{\beta} + \varepsilon_t\,,\; t = 2, \ldots, n\,.$$

Diese Schätzer sind GLS-Schätzer, die wir schon in Abschnitt 11.4 angesprochen haben und die wir im Anhang A dieses Kapitels behandeln. Die zweistufigen Schätzer, die wir bei unbekanntem φ verwenden, werden FGLS-Schätzer genannt, eine Abkürzung des englischen *feasible GLS*; in Deutschen spricht man auch von anwendbaren oder von geschätzten GLS-Schätzern. Die FGLS-Schätzer haben asymptotisch die gleichen Eigenschaften wie die analogen Schätzer bei bekanntem φ.

12.5.2.2 Regression in ersten Differenzen

Eine Alternative zum Schätzen eines unbekannten Parameters φ besteht darin, einen möglichst realistischen Wert für φ einfach festzulegen. Eine Wahl für φ, mit der wir besonders gut leben können, ist $\varphi = 1$. Diese Wahl wird insbesondere dann akzeptable Ergebnisse liefern, wenn die Störgrößen einen hohen Wert von positiver Autokorrelation zeigen. Eine Faustregel besagt, dass erste Differenzen verwendet werden sollen, wenn die Durbin-Watson-Statistik kleiner als das Bestimmtheitsmaß ist.

Beispiel 12.6 Importgleichung, Fortsetzung

Die in Beispiel 12.1 untersuchte Importgleichung ergab eine angepasste Regressionsbeziehung

$$\widehat{\text{MTR}} = -221234 + 0.352\,\text{FDD}$$

mit $R^2 = 0.975$ und der Durbin-Watson-Statistik $d = 0.016$. Die ersten Differenzen der Modellgleichung $\text{MTR}_t = \alpha + \beta\,\text{FDD}_t + u_t$ ergibt $\Delta\text{MTR}_t = \beta\,\Delta\text{FDD}_t + \Delta u_t$. Wenn die Störgrößen u einem AR(1)-Prozess $u_t = \varphi u_{t-1} + \varepsilon_t$ folgen und φ einen Wert nahe bei Eins hat, so gilt $\Delta u_t \simeq \varepsilon_t$. Die Störgrößen Δu_t im Modell für die Differenzen sind mehr oder weniger Weißes Rauschen. Das Anpassen des Modells für die Differenzen ergibt die Beziehung

$$\widehat{\Delta\text{MTR}} = 0.401\Delta\text{FDD}$$

mit einer Durbin-Watson-Statistik $d = 1.587$. Die Durbin-Watson-Statistik liegt knapp im Verwerfungsbereich.

Das Bilden der Differenzen hat zur Folge, dass das transformierte Modell kein Interzept hat. Wenn wir das Modell für die Differenzen mit einem Interzept spezifizieren, so bedeutet das für das Modell in Niveauwerten, dass dieses einen autonomen Trend enthält. Gilt also $\Delta Y_t = \gamma + \beta \Delta X_t + \varepsilon_t$, so lautet das Modell in Niveauwerten $Y_t = \alpha + \gamma t + \beta X_t + u_t$ mit dem Summanden γt als Trend.

Beispiel 12.7

Importgleichung, Fortsetzung

In Beispiel 12.1 haben wir das Modell um die Trendvariable T erweitert und die angepasste Beziehung

$$\widehat{\text{MTR}} = -438769. + 0.645\,\text{FDD} - 2962.6\,\text{T}$$

mit einem R^2 von 0.994 gefunden; die Durbin-Watson-Statistik ist $d = 0.095$. Das Anpassen des Modells für die Differenzen ergibt die Beziehung

$$\Delta\widehat{\text{MTR}} = -1100 + 0.454\,\Delta\text{FDD}$$

mit einem $R^2 = 0.780$ und einer Durbin-Watson-Statistik $d = 1.811$. Die Durbin-Watson-Statistik zeigt keine Autorrelation an. Nachdem die Trendvariable T einen signifikanten t-Wert hat, ist dieses Modell dem ohne T vorzuziehen.

12.5.2.3 Vergleich der Modelle

Ein Vergleich von angepassten Regressionsbeziehungen auf Basis des Bestimmtheitsmaßes R^2 oder des adjustierten Bestimmtheitsmaßes ist nicht sinnvoll, wenn die abhängige Variable der beiden Modell nicht übereinstimmt. Demnach müssen wir für den Vergleich der Beziehungen für die Niveauwerte und für die ersten Differenzen von einer anderen Möglichkeit Gebrauch machen. Diese besteht darin, die Schätzer für die Varianz σ^2 der Störgrößen zu vergleichen. Für die Varianz $\text{Var}\{\varepsilon_t\}$ gilt $\text{Var}\{\varepsilon_t\} = \text{Var}\{u_t - u_{t-1}\} \simeq 2\sigma^2(1-\varrho) \simeq \sigma^2 d_0$, wobei d_0 die Durbin-Watson-Statistik aus dem Modell für die Niveauwerte ist. Aus dieser Beziehung ergibt sich die Möglichkeit, die Summe der quadrierten Residuen RSS_0 und in der Folge das Bestimmtheitsmaß R_0^2 aus dem Modell für Niveauwerte in eine solche Summe der quadrierten Residuen bzw. ein Bestimmtheitsmaß R_{0c}^2 umzurechnen, das mit der Summe der quadrierten Residuen RSS_1 bzw. dem Bestimmtheitsmaß R_1^2 aus dem Modell für die ersten Differenzen vergleichbar ist. Eine entsprechende Umrechnung von Harvey (1980) lautet

$$R_{0c}^2 = 1 - \frac{\text{RSS}_0}{\text{RSS}_1}\, d_0\,(1 - R_1^2)\,. \qquad (12.5.6)$$

Beispiel 12.8 **Importgleichung, Fortsetzung**

Beim Modell ohne Trendvariable haben wir für die Beziehung für Niveauwerte ein Bestimmtheitsmaß $R_0^2 = 0.975$ erhalten. Die zum Anwenden der Gleichung (12.5.6) benötigten Größen aus der Beziehung für Niveauwerte sind $\text{RSS}_0 = 6.01\,10^{10}$ und $d_0 = 0.0158$; die Größen aus der Beziehung für die ersten Differenzen sind $\text{RSS}_1 = 8.85\,10^8$ und $R_1^2 = 0.758$. Einsetzen in Gleichung (12.5.6) gibt das mit dem Bestimmtheitsmaß für das Differenzenmodell vergleichbare Bestimmtheitsmaß

$$R_{0c}^2 = 1 - \frac{6.01\,10^{10}}{8.85\,10^8}\,0.0158\,(1 - 0.758) = 0.740\,.$$

Das Modell in den Differenzen hat eine geringfügige Verbesserung im Bestimmtheitsmaß gebracht; es erhöht sich von 0.740 auf 0.758. Beim Modell mit Trend erhalten wir für das Niveaumodell ein vergleichbares Bestimmtheitsmaß von 0.640; der Übergang auf das Differenzenmodell hat eine deutliche Erhöhung auf 0.780 zur Folge.

12.A Aufgaben

12.A.1 Empirische Anwendungen

1. Eine einfache Konsumfunktion erklärt den Konsum als Funktion des Einkommens: $C = \alpha + \beta Y + u$. In der AWM-Datenbasis stehen Daten zu den beiden Variablen PCR (realer Privater Konsum) und PYR (reales Verfügbares Einkommen der Haushalte) für den Zeitraum 1970:1 bis 2002:4 zur Verfügung.
   (a) Schätzen Sie die Parameter der Konsumfunktion mittels OLS-Schätzung und zeichnen Sie ein Streudiagramm der Residuen e über den verzögerten Residuen e_{-1}.
   (b) Überprüfen Sie mittels Durbin-Watson-Test, Breuch-Godfrey-Test und Box-Pierce-Test, ob Autokorrelation der Störgrößen vorliegt.
   (c) Vergleichen Sie die Standardfehler der OLS-geschätzten Parameter mit den Standardfehlern nach Newey-West.
2. Schätzen Sie die Konsumfunktion aus Aufgabe 1 unter Berücksichtigung der Autokorrelation der Störgrößen.
   (a) Verwenden Sie dazu (i) die ersten Differenzen der Beobachtungen und (ii) die Quasi-Differenzen und das Verfahren von Cochrane-Orcutt bzw. (iii) die Prais-Winsten-Schätzer.

(b) Vergleichen Sie die in (i) bis (iii) erhaltenen Schätzer der Parameter mit denen von `EViews`, wenn für die Störgrößen ein AR(1)-Prozess spezifiziert wird.

(c) Verwenden Sie die ersten Differenzen der Beobachtungen und ein Interzept. Vergleichen Sie die Schätzer mit denen des um eine Trendvariable erweiterten Modells in Niveauwerten.

3. Das um die Variable MTR (reale Ausgaben für Importe von Gütern und Dienstleistungen) erweiterte Modell lautet $\text{PCR} = \alpha + \beta\text{PYR} + \gamma\text{MTR} + u$. Verwenden Sie die Daten für den Zeitraum 1978:1 bis 2002:4 aus der AWM-Datenbasis.

   (a) Schätzen Sie die Parameter und untersuchen Sie, ob Autokorrelation der Störgrößen vermutet werden muss.

   (b) Schätzen Sie die Parameter unter geeigneter Berücksichtigung der Autokorrelation, wenn Sie in (a) für das Vorliegen von Autokorrelation entschieden haben.

   (c) Beschreiben Sie die erhaltene Beziehung, begründen Sie das Verfahren und vergleichen Sie die Schätzer aus (a) und (b).

4. Generieren Sie 30 Beobachtungen $Y_t = 10 + 0.5X_t + u_t$ für $t = 1, \ldots, 30$, wobei $X_t = t$, $u_t = -u_{t-1}$ und $u_0 = 3$.

   (a) Passen Sie das Modell $Y = \alpha + \beta X + u$ an diese Daten an und untersuchen Sie, ob Autokorrelation der Störgrößen vermutet werden muss.

   (b) Bilden Sie die ersten Differenzen und schätzen Sie α und β.

   (c) Wiederholen Sie (b) für die Quasi-Differenzen. Vergleichen Sie die Schätzer aus (b) und (c).

12.A.2 Allgemeine Aufgaben und Probleme

1. Die Störgrößen u eines Modells folgen dem AR(1)-Prozess $u_t = \varphi u_{t-1} + \varepsilon_t$ mit $|\varphi| < 1$ und unabhängig und identisch verteilten ε_t mit Erwartungswert Null und Varianz σ_e^2. Zeigen Sie, dass $\text{Cov}\{u_t, u_{t+k}\} = \varphi^k \sigma_e^2/(1 - \varphi^2)$.

2. Die Störgrößen u eines Modells bilden einen AR(2)-Prozess $u_t = \varphi_1 u_{t-1} + \varphi_2 u_{t-2} + \varepsilon_t$ mit unabhängig und identisch verteilten ε_t mit Erwartungswert Null und Varianz σ_e^2. Bestimmen Sie $\text{Corr}\{u_t, u_{t+k}\}$ als Funktion von φ_1, φ_2 und σ_e^2.

3. Zeigen Sie, dass die Matrix $\mathbf{L}$ aus Abschnitt 12.5.2 die Beziehung $\mathbf{L}'\mathbf{L} = \mathbf{\Omega}^{-1}$ mit $\mathbf{\Omega}$ nach Gleichung (12.2.5) erfüllt.

12.E Hinweise zu `EViews`: Autokorrelation

In `EViews` stehen (a) verschiedene Tests zum Diagnostizieren von Autokorrelation der Störgrößen, (b) die *heteroskedasticity and autocorrelation consistent* oder HAC-Schätzer für die Varianz der OLS-Schätzer nach Newey und West und (c) das Schätzen der Koeffizienten bei autokorrelierten Störgrößen zur Verfügung.

- Zum Diagnostizieren von Autokorrelation der Störgrößen können wir folgende Verfahren aufrufen:
  - Die Teststatistik des **Durbin-Watson-Tests** wird im Output-Fenster der Schätzung eines linearen Regressionsmodells angezeigt. Um die Signifikanz zu beurteilen, muss man eine Tabelle der kritischen Schranken zur Hand nehmen, wie sie die Tabelle in Anhang G zeigt.
  - Der LM-**Test nach Breusch-Godfrey** kann im Output-Fenster der Schätzung eines linearen Regressionsmodells abgerufen werden. Dazu klickt man auf die Schaltfläche `View` und wählt aus den Menüpunkten von `Residual Tests` die Möglichkeit `Serial Correlation LM Test...`. Es erscheint das `Lag Specification` Fenster, in dem die Ordnung p des AR(p)-Prozesses einzugeben ist, den man der Nullhypothese unkorrelierter Störgrößen gegenüberstellen möchte. Das dann erscheinende Output-Fenster enthält
    1. als `Obs*R-squared` die Teststatistik nR_e^2 nach (12.4.2) und den entsprechenden p-Wert der asymptotischen Chi-Quadrat-Verteilung des LM-Tests nach Breusch-Godfrey,
    2. die Teststatistik des F-Tests, mit dem die Nullhypothese überprüft wird, dass alle Koeffizienten des Modells den Wert Null haben, und den entsprechenden p-Wert der bei normalverteilten Störgrößen exakten F-Verteilung.
  - Der Box-Pierce-Test kann im Output-Fenster der Schätzung eines linearen Regressionsmodells abgerufen werden. Dazu klickt man auf die Schaltfläche `View` und wählt aus den Menüpunkten von `Residual Tests` die Möglichkeit `Correlogram - Q-statistics`. Es erscheint das `Lag Specification` Fenster, in dem die maximale Ordnung p einzugeben ist, bis zu der das Korrelogramm, das ist die graphische Darstellung der Stichprobenwerte der Autokorrelationen über ihrer Ordnung, und die übrigen Statistiken ausgegeben werden sollen. Das Output-Fenster enthält für alle Ordnungen bis zum Wert p die Autokorrelation, die partielle Autokorrelation, die Teststatistik Q_k^{LB} und den entsprechenden p-Wert. Die partielle Autokorrelation der Ordnung k ist der Koeffizient von e_{t-k} im AR(k)-Modell für die Residuen e_t. Die Autokorrelation und die partielle Autokorrelation werden auch graphisch dargestellt.
- Möchte man die *heteroskedasticity and autocorrelation consistent* oder **HAC-Kovarianzmatrix** (12.5.2) der OLS-Schätzer nach Newey und West an Stelle der Standard Kovarianzmatrix im Output-Fenster der Schätzung eines linearen Regressionsmodells bekommen, so markiert man im `Equation Specification` Fenster unter den `Estimation Options` die `LS Option` und unter diesen die Optionen `Heteroskedasticity Consistent Covariance` und `Newey-West`.
- Zum Schätzen der Koeffizienten bei autokorrelierten Störgrößen muss man angeben, nach welchem Modell die Störgrößen generiert werden. So kann man angeben, dass die Störgrößen etwa einem AR(1)-Prozess folgen, jene Spezifikation, die dem Cochrane-Orcutt-Verfahren zugrunde liegt. Um die Parameter dieses Modells zu schätzen, gibt man im `Equation Specification` Fenster neben der Liste der Variablen auch `AR(1)` an. Im Output-Fenster der Schätzung werden in der Liste der geschätzten Parameter nach den Regressionskoeffizienten auch der Schätzer der Autokorrelation und entsprechende Statistiken angezeigt. Zum Schätzen der Parameter verwendet `EViews` nicht eines der zweistufigen Verfahren, die wir in Abschnitt 12.5 behandelt

haben, sondern ein Optimierungsverfahren, in dem das übliche Optimierungskriterium, die Summe der quadrierten Abweichungen zwischen Beobachtungen und Modell, unter simultaner Variation der Parameter minimiert wird. Das auf nichtlineare Probleme anwendbare Optimierungsverfahren ist iterativ und liefert Lösungen, die asymptotisch den ML-Schätzern äquivalent sind. Im Output-Fenster der Schätzung wird auch die Zahl der Iterationen angegeben, die zum Erreichen von Konvergenz benötigt wurden.

Anhang 12.A LS-Schätzer

In Kapitel 11 und im Abschnitt 12.5 dieses Kapitels haben wir Situationen diskutiert, in denen die Annahme **A6** verletzt ist. In Kapitel 11 haben wir die Konsequenzen von heteroskedasten Störgrößen behandelt, im vorliegenden Kapitel den Fall, dass die Störgrößen autokorreliert sind. Die beiden Fälle können dadurch gemeinsam charakterisiert werden, dass die Störgrößen des Modells $\mathbf{y} = \mathbf{X}\boldsymbol{\beta} + \mathbf{u}$ mit der $(n \times k)$-Matrix $\mathbf{X}$ die folgende Kovarianzmatrix haben:

$$\text{Var}\{\mathbf{u}\} = \sigma^2\boldsymbol{\Omega} = \sigma^2 \begin{pmatrix} \omega_1 & \omega_{12} & \dots & \omega_{1n} \\ \omega_{21} & \omega_2 & \dots & \omega_{2n} \\ \vdots & \vdots & \ddots & \vdots \\ \omega_{n1} & \omega_{n2} & \dots & \omega_n \end{pmatrix}.$$

Heteroskedastizität bedeutet eine diagonale Kovarianzmatrix mit Diagonalelementen ω_t, die nicht alle den gleichen Wert haben: $\boldsymbol{\Omega} = \text{diag}(\omega_1, \dots, \omega_n)$. Autokorrelation bedeutet, dass die Elemente ω_{st} außerhalb der Hauptdiagonale beliebige Werte annehmen können, solange nur $\boldsymbol{\Omega}$ positiv definit ist.

Die Schätzer der Koeffizienten $\boldsymbol{\beta}$, die wir durch OLS-Anpassung erhalten, sind zwar erwartungstreu; sie sind aber nicht die besten Schätzer. Im Abschnitt 11.4 haben wir ein Verfahren kennen gelernt, mit dessen Hilfe wir beste erwartungstreue Schätzer ermitteln können: Dazu transformieren wir die Variablen des Modells durch Multiplikation der Beobachtungen aus der Periode t mit $\omega_t^{-1/2}$ und führen mit den transformierten Variablen die OLS-Anpassung durch. Beispiel 11.5 illustriert das Verfahren. Wie im Abschnitt 11.4 ausgeführt, läuft dieses Verfahren auf eine gewichtete Kleinste-Quadrate-Anpassung hinaus, die auch Verallgemeinerte Kleinste-Quadrate-Anpassung oder (von *generalized least squares*) GLS-Schätzung genannt wird.

Die GLS-Schätzung kann bei beliebiger Kovarianzmatrix $\boldsymbol{\Omega}$ angewendet werden, ist also nicht auf die Situation von heteroskedasten Störgrößen beschränkt. Im Fall von autokorrelierten Störgrößen ist allerdings die Transformation der Variablen des Modells etwas komplizierter als im Fall von Heteroskedastizität. Im Folgenden wird der allgemeine Fall dargestellt.

Die $(n \times n)$-Matrix $\boldsymbol{\Omega}$ aus der Kovarianzmatrix $\sigma^2\boldsymbol{\Omega}$ der Störgrößen ist eine symmetrische, positiv definite Matrix. Ganz allgemein gilt, dass man zu einer positiv definiten Matrix $\boldsymbol{\Omega}$ eine reguläre $(n \times n)$-Matrix $\mathbf{L}$ angeben kann, für die gilt

$$\mathbf{L}'\mathbf{L} = \boldsymbol{\Omega}^{-1}.$$

Dann gilt auch $\mathbf{L}\boldsymbol{\Omega}\mathbf{L}' = \mathbf{I}_n$, wie man durch Multiplikation mit $\mathbf{L}\boldsymbol{\Omega}$ von links und mit $\mathbf{L}^{-1}$ von rechts sieht. Die Matrix $\mathbf{L}$ ist nicht eindeutig. Eine eindeutige Lösung des Faktorisierungsproblems liefert das Erzeugen einer unteren Dreiecksmatrix mit Hilfe der so genannten Choleski-Zerlegung.

Wenn wir eine Matrix $\mathbf{L}$ gefunden haben, die die Beziehung $\mathbf{L'L} = \mathbf{\Omega}^{-1}$ erfüllt, so können wir die Beobachtungen unserer Variablen transformieren und die Größen $\mathbf{z} = \mathbf{Ly}$ und $\mathbf{T} = \mathbf{LX}$ definieren. Einsetzen in die Modellgleichung gibt das transformierte Modell

$$\mathbf{z} = \mathbf{Ly} = \mathbf{LX}\boldsymbol{\beta} + \mathbf{Lu} = \mathbf{T}\boldsymbol{\beta} + \mathbf{v}$$

mit den transformierten Störgrößen $\mathbf{v} = \mathbf{Lu}$. Für die Kovarianzmatrix von $\mathbf{v}$ finden wir

$$\text{Var}\{\mathbf{v}\} = \text{Var}\{\mathbf{Lu}\} = \mathbf{L}\text{Var}\{\mathbf{u}\}\mathbf{L}' = \sigma^2\mathbf{L\Omega L}' = \sigma^2\mathbf{I}_n\,.$$

Das Modell $\mathbf{z} = \mathbf{T}\boldsymbol{\beta} + \mathbf{v}$ erfüllt somit die Annahme **A6**.

Die OLS-Schätzer $\mathbf{b}_g = (\mathbf{T'T})^{-1}\mathbf{T'y}$ für $\boldsymbol{\beta}$ aus $\mathbf{z} = \mathbf{T}\boldsymbol{\beta} + \mathbf{v}$ sind beste, lineare, erwartungstreue Schätzer; ihre Kovarianzmatrix ist $\text{Var}\{\mathbf{b}_g\} = \sigma^2(\mathbf{T'T})^{-1}$.

Wir können $\mathbf{b}_g$ auch in den ursprünglichen Variablen schreiben, indem wir für $\mathbf{z}$ und $\mathbf{T}$ in $\mathbf{b}_g$ einsetzen; damit erhalten wir

$$\mathbf{b}_g = (\mathbf{X'\Omega}^{-1}\mathbf{X})^{-1}\mathbf{X'\Omega}^{-1}\mathbf{y}\,.$$

Der Index „g" zeigt an, dass es sich bei $\mathbf{b}_g$ um Verallgemeinerte OLS-Schätzer oder GLS (*generalized least squares*)-Schätzer handelt. In der Literatur wird $\mathbf{b}_g$ auch Aitken-Schätzer und gewichteter Kleinste-Quadrate-Schätzer genannt. Letzteres kommt von der Tatsache, dass das Minimieren des transformierten Modells äquivalent dem Minimieren der gewichteten Summe der Abweichungsquadrate ist, wobei die Gewichte der Transformation der Beobachtungen entspricht; siehe dazu den Abschnitt 11.4.

Die GLS-Schätzer $\mathbf{b}_g = (\mathbf{X'\Omega}^{-1}\mathbf{X})^{-1}\mathbf{X'\Omega}^{-1}\mathbf{y}$ haben alle Eigenschaften der OLS-Schätzer. Insbesondere sind sie erwartungstreu und haben minimale Varianz; ihre Kovarianzmatrix ist $\text{Var}\{\mathbf{b}_g\} = \sigma^2(\mathbf{X'\Omega}^{-1}\mathbf{X})^{-1}$. Der Schätzer

$$\hat{\sigma}_g^2 = \frac{\mathbf{e}_g'\mathbf{L'Le}_g}{n-k} = \frac{\mathbf{e}_g'\mathbf{\Omega}^{-1}\mathbf{e}_g}{n-k}$$

mit den Residuen $\mathbf{e}_g = \mathbf{y} - \mathbf{Xb}_g$ ist ein erwartungstreuer Schätzer der Varianz σ^2.

In praktischen Anwendungen wird $\mathbf{\Omega}$ im Allgemeinen nicht bekannt sein. Im FGLS-Schätzer wird $\mathbf{\Omega}$ durch einen geeigneten Schätzer $\hat{\mathbf{\Omega}}$ ersetzt:

$$\mathbf{b}_{gf} = (\mathbf{X'\hat{\Omega}}^{-1}\mathbf{X})^{-1}\mathbf{X'\hat{\Omega}}^{-1}\mathbf{y}\,.$$

FGLS-Schätzer ist eine Abkürzung des englischen *feasible GLS*; in Deutschen spricht man auch von anwendbaren oder von geschätzten GLS-Schätzern. Zum Ermitteln der FGLS-Schätzer werden zwei- oder mehrstufige Verfahren angewendet. Auf der ersten Stufe werden die unbekannten Elemente von $\mathbf{\Omega}$ aus den Residuen $\mathbf{e} = \mathbf{y} - \mathbf{Xb}$ der OLS-Anpassung geschätzt. Auf der zweiten Stufe werden die $\mathbf{b}_{gf}$ bestimmt. Die mehrstufigen Verfahren wiederholen das Schätzen der unbekannten Elemente von $\mathbf{\Omega}$ auf Basis der neuen Residuen $\mathbf{e}_g = \mathbf{y} - \mathbf{Xb}_{gf}$ iterativ.

Die FGLS-Schätzer haben asymptotisch die gleichen Eigenschaften wie die analogen Schätzer bei bekanntem φ. Bei großer Anzahl der verfügbaren Beobachtungen gilt näherungsweise

$$\mathbf{b}_{gf} \overset{\cdot}{\sim} N[\boldsymbol{\beta}, \sigma^2(\mathbf{X'\hat{\Omega}}^{-1}\mathbf{X})^{-1}]\,.$$

Zeitreihen und Zeitreihen-Modelle

13

ÜBERBLICK

Die Daten, die der Ökonometer in seinen Modellen analysiert, sind zum größten Teil Zeitreihen, also Folgen von Beobachtungen von Merkmalen, die in meist regelmäßigen Zeitpunkten erhoben werden. Nachdem die Beobachtungen in zeitlicher Ordnung erhoben werden, muss damit gerechnet werden, dass die jeweils aktuelle Beobachtung Information über die Vergangenheit enthält. Das aktuelle Konsumverhalten wird sich von dem in den letzten Perioden nicht allzu sehr unterscheiden. Ähnliches gilt für Investitionen oder andere ökonomische Variable. Wenn aber die Beobachtungen der jüngeren Vergangenheit zur Erklärung des aktuellen Verhaltens beitragen können, werden sie bei der Modellierung zu berücksichtigen sein, wenn von der in den Daten verfügbaren Information in effizienter Weise Gebrauch gemacht werden soll. Zeitreihen-Modelle, die von der Abhängigkeitsstruktur Gebrauch machen, haben sich insbesondere für das Prognostizieren von ökonomischen Variablen als sehr erfolgreich erwiesen.

Die **ARMA-Modelle** einschließlich AR- und MA-Modelle beschreiben die aktuelle Beobachtung im Wesentlichen als gewichtete Summe verzögerter Realisationen der interessierenden Variablen. Zum begrifflichen Hintergrund von Zeitreihen-Modellen gehören die stochastischen Prozesse, ihre Eigenschaften wie die **Stationarität** und ihre Charakteristika wie die Autokorrelations- oder **AC-Funktion** und die Partielle Autokorrelations- oder PAC-Funktion sowie deren graphische Gegenstücke, das **Korrelogramm** und das Partielle Korrelogramm. Letztere eignen sich besonders zur Visualisierung der Abhängigkeitsstruktur der Variablen. Den Zeitreihen-Modellen wie den ARMA-Modellen entsprechen bestimmte Formen der Abhängigkeitsstruktur, die durch die AC- und PAC-Funktionen charakterisiert werden können. Aus der Form dieser Funktionen kann auf den Modelltyp rückgeschlossen werden, durch den die Zeitreihe dargestellt werden kann. Das ist insbesondere auch als empirischer Befund möglich. Das Formalisieren dieser Beurteilung in Form von *unit-root*-Tests wird Gegenstand des Kapitels 14 sein.

Nach einer Einleitung führt der Abschnitt 13.2 Begriffe wie Stationarität, Autokorrelations-Funktion und Partielle Autokorrelations-Funktion ein. In den weiteren Abschnitten 13.3, 13.4 und 13.5 wird die Klasse der ARMA-Modelle einschließlich AR- und MA-Modelle behandelt. Schließlich wird in Abschnitt 13.6 das Identifizieren von ARMA-Modellen behandelt.

13.1 Einleitung

Unter einer Zeitreihe verstehen wir eine Folge von Beobachtungen einer Zufallsvariablen Y, beispielsweise die jährlichen Werte des BIP, die quartalsweisen Zuwächse des Kapitalbestandes oder die monatlichen Importe. Haben wir n solche Beobachtungen, so können wir sie als Realisationen der Zufallsvariablen Y_1, $Y_2, \ldots, Y_n$ schreiben. Wir sprechen bei einer Zeitreihe auch von der Realisation eines stochastischen Prozesses; die der Zeitreihe entsprechenden Zufallsvariablen $Y_1, \ldots, Y_n$ sind ein Ausschnitt aus der unendlichen Folge $\{Y_t, t = -\infty, \ldots, \infty\}$ von Zufallsvariablen, die den stochastischen Prozess repräsentiert.

Beispiel 13.1 Zwei Zeitreihen

Die Abbildung 13.1 zeigt in Teil (a) die Ausgaben für privaten Konsum (in Preisen von 1995, Mrd EUR) zwischen 1976 und 2001 als Niveauwerte, in Teil (b) die absoluten Differenzen oder Änderungen der Ausgaben.

Abbildung 13.1

Privater Konsum in Österreich, Mrd.Euro in Preisen von 1995, Jahresdaten 1976 bis 2001; (a) Niveauwerte, (b) Änderungen der Ausgaben.

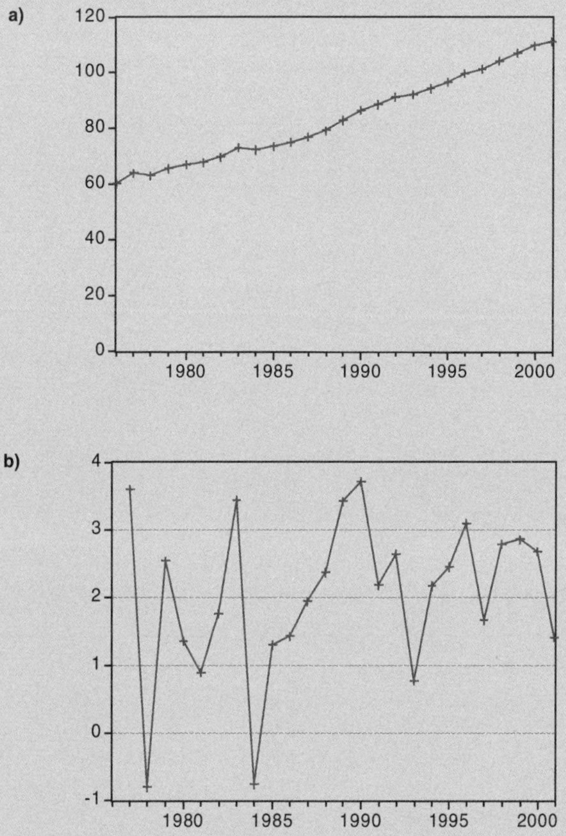

Die Zeitreihe zeigt (i) einen positiven Trend und (ii) irreguläre Fluktuationen, die allerdings nur schwach ausgeprägt erscheinen. Trotz dieses glatten Verlaufs der Beobachtungen macht Teil (b) deutlich, dass es deutliche Fluktuationen des Konsums gibt, wenn diese auch nur maximal etwa 2.5 % der Niveauwerte betragen. Der offensichtlich positive Durchschnitt dieser Änderungen entspricht dem positiven Trend, den der Verlauf im Teil (a) zeigt.

Die Abbildung 13.2 zeigt als Beispiel einer periodisch schwankenden Zeitreihe die Entwicklung des persönlich verfügbaren Einkommens Y in den Quartalen von 1975:1 bis 1995:2.

Abbildung 13.2

Persönlich verfügbares Einkommens; Quartalsdaten.

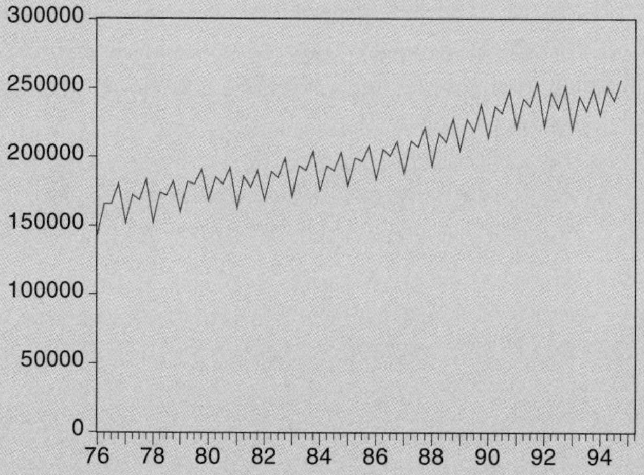

Diese Zeitreihe zeigt alle Charakteristika, die uns bei ökonomischen Variablen unterkommen werden: Über den gesamten Beobachtungszeitraum sehen wir (i) eine ziemlich konstante saisonale Struktur und (ii) einen positiven Trend; während der letzten Jahre (iii) schwächt sich der positiven Trend deutlich ab. Schließlich weisen Unregelmäßigkeiten, mit denen das dominante Muster behaftet ist, darauf hin, dass (iv) irreguläre Fluktuationen dem regelmäßigen Verlauf überlagert sind. Ähnliche Charakteristika zeigen mehr oder weniger ausgeprägt alle Zeitreihen.

Von einem Zeitreihen-Modell erwarten wir, dass es in der Lage ist, die Charakteristika wie Trend, Saisonalität und irreguläre Fluktuationen darzustellen. Dazu stehen uns unterschiedliche Typen oder Klassen von Modellen zur Verfügung. Ein Modell kann darauf zielen, den Verlauf der Zeitreihe in globaler Weise zu beschreiben. Für die Entwicklung des persönlich verfügbaren Einkommens Y könnte ein Modell lauten:

$$Y_t = \beta t + \sum_{i=1}^{4} \gamma_i D_{it} + u_t \, ,$$

wobei die i-te Dummy-Variable D_{it} den Wert Eins hat, wenn t dem Quartal i entspricht, und ansonsten den Wert Null hat. Andere Modelle beschreiben nur das lokale Verhalten und passen sich flexibel den sich ändernden Trends, Saisonmuster etc. an.

Eine sehr allgemeine Klasse von Modellen sind die ARMA-Modelle. Einzelne Vertreter aus dieser Klasse von Modellen wie das AR(1)-Modell haben wir in Abschnitt 12.2 zum

Beschreiben der Autokorrelation der Störgrößen von Regressionsmodellen kennen gelernt. Die ARMA-Modelle spielen eine wichtige Rolle beim Identifizieren und Beschreiben der Abhängigkeitsstruktur von Zeitreihen.

13.2 Stochastische Prozesse

Bevor wir die verschiedenen Modelltypen aus der Klasse der ARMA-Modelle diskutieren, werden wir einige Begriffe besprechen, die wir für die Modellierung von Zeitreihen und die Diskussion dieser Modelle benötigen werden.

Wie in Abschnitt 13.1 ausgeführt, können wir eine Zeitreihe als Realisation eines endlichen Abschnitts Y_t, $t = 1, \ldots, n$ aus einem stochastischen Prozess sehen. Die Variablen Y_t entwickeln sich typischerweise in Abhängigkeit voneinander, wobei diese Abhängigkeit durch eine gemeinsame Wahrscheinlichkeitsverteilung $p(y_1, \ldots, y_n)$ der Y_t beschrieben wird. Nun interessieren uns nicht alle Details dieser Verteilung in gleicher Weise. Das für viele Anwendungen wesentliche Charakteristikum der Verteilung $p(.)$ ist der Verlauf des Erwartungswertes $\mu_t = \mathrm{E}\{Y_t\}$. So verwenden wir diesen Verlauf zum Extrapolieren einer Zeitreihe zum Zweck der Prognose. Unser Interesse betrifft allerdings die Abhängigkeitsstruktur der Y.

13.2.1 Stationarität

Die für unsere Beurteilung eines Prozesses wichtigste Information enthalten die Varianzen $\mathrm{Var}\{Y_t\}$ und Kovarianzen $\mathrm{Cov}\{Y_t, Y_{t+k}\} = \mathrm{E}\{(Y_t - \mu_t)(Y_{t-k} - \mu_{t-k})\}$, die wir für jedes Paar von Zeitpunkten t und $t+k$ mit beliebigem k aus der Verteilung $p(.)$ ableiten können. Die Kovarianz-Funktion schreiben wir als

$$\gamma_{t,k} = \mathrm{Cov}\{Y_t, Y_{t+k}\}, \; k = 0, \pm 1, \ldots .$$

Die Kovarianzen hängen nicht vom Vorzeichen von k ab: $\gamma_{t,k} = \gamma_{t,-k}$. An der Stelle $k = 0$ gibt uns die Kovarianz-Funktion die Varianz von Y_t: $\gamma_{t,0} = \mathrm{Cov}\{Y_t, Y_t\} = \mathrm{Var}\{Y_t\}$. Oft lässt es sich nun zeigen, dass die Kovarianz-Funktion für alle t die gleiche ist, dass sie also unabhängig von t ist. Im Allgemeinen muss das nicht der Fall sein. Wenn es aber der Fall ist, wenn also die Abhängigkeitsstruktur der Variablen Y_t für jede Folge von Zeitpunkten $\{t, \ldots, t+k\}$ – für beliebiges t und k – die gleiche ist, dann sprechen wir von Stationarität.

Ein stochastischer Prozess $\{Y_t, t = -\infty, \ldots, \infty\}$ heißt **schwach stationär** oder kovarianz-stationär, wenn

- $\mathrm{E}\{Y_t\} = \mu$ für alle t,
- $\mathrm{Cov}\{Y_t, Y_{t+k}\} = \gamma_k$ für alle t und alle k; die Kovarianz-Funktion γ_k des stationären Prozesses hängt also nur von k ab!

Strengere Anforderungen an einen stochastischen Prozess stellt die strenge Stationarität: Ein stochastischer Prozess $\{Y_t, t = -\infty, \ldots, \infty\}$ heißt streng stationär, wenn für die gemeinsame Verteilung gilt: $p(y_t, \ldots, y_{t+k}) = p(y_{t+s}, \ldots, y_{t+s+k})$ für alle t, s und k. Nicht nur das Niveau und die Abhängigkeitsstruktur, sondern die ganze Verteilung ist zeitinvariant. Wenn wir in der Folge von Stationarität sprechen, so ist, wenn nichts anderes angemerkt wird, schwache Stationarität gemeint.

13.2.2 AC- und PAC-Funktion

Für die Diskussion der Eigenschaften eines stochastischen Prozesses hat die Kovarianz-Funktion den Nachteil, dass sie von der Maßeinheit der Prozess-Variablen abhängt. Diesen Nachteil können wir durch das Standardisieren der Prozess-Variablen oder den Übergang von der Kovarianz-Funktion auf die Autokorrelations-Funktion vermeiden. Als Instrumente zur Beschreibung eines stochastischen Prozesses werden wir

- die Autokorrelations-Funktion und
- die Partielle Autokorrelations-Funktion

definieren und besprechen.

Die Autokorrelations-Funktion oder AC-Funktion eines stationären stochastischen Prozesses $\{Y_t, t = -\infty, \ldots, \infty\}$ ist für jedes t definiert als

$$\varrho_k = \frac{\mathrm{Cov}\{Y_t, Y_{t-k}\}}{\sqrt{\mathrm{Var}\{Y_t\}}\sqrt{\mathrm{Var}\{Y_{t-k}\}}} = \frac{\gamma_k}{\gamma_0}, \quad k = 0, \pm 1, \ldots . \tag{13.2.1}$$

Für das Beschreiben des Verhaltens eines stochastischen Prozesses ist, wie oben ausgeführt, die AC-Funktion besser geeignet als die Kovarianz-Funktion, da sie unabhängig von der Maßeinheit ist. Für die AC-Funktion eines stationären stochastischen Prozesses gilt für alle k

- $|\varrho_k| \leq 1$,
- $\varrho_0 = 1$,
- $\varrho_{-k} = \varrho_k$.

Die graphische Darstellung der AC-Funktion nennen wir Korrelogramm.

Die Partielle Autokorrelations-Funktion oder PAC-Funktion gibt den partiellen Autokorrelations-Koeffizienten ϕ_{kk} als Funktion von k an. Die partielle Autokorrelation ϕ_{kk} zwischen Y_t und Y_{t-k} misst den linearen Zusammenhang zwischen Y_t und Y_{t-k} nach Eliminieren des Effektes der zwischen ihnen liegenden Variablen $Y_{t-1}, \ldots, Y_{t-k+1}$. Sie ist definiert als bedingte Korrelation $\mathrm{Corr}\{Y_t, Y_{t-k}|Y_{t-1}, \ldots, Y_{t-k+1}\}$. Der Koeffizient ϕ_{kk} ergibt sich als Koeffizient von Y_{t-k} in der Regression von Y_t auf die verzögerten Variablen $Y_{t-1}, \ldots, Y_{t-k}$:

$$Y_t = \phi_{k0} + \phi_{k1} Y_{t-1} + \ldots + \phi_{kk} Y_{t-k} + u_t . \tag{13.2.2}$$

Der Koeffizient ϕ_{kk} misst also den partiellen Effekt von Y_{t-k} auf Y_t nach Eliminieren der Information, die bereits in den anderen verzögerten Variablen des Modells enthalten ist. Die PAC-Funktion ist wie die AC-Funktion unabhängig von der Maßeinheit der Y. Für PAC- und AC-Funktion gilt $\phi_{11} = \varrho_1$. Die graphische Darstellung der PAC-Funktion nennen wir Partielles Korrelogramm.

Wir werden sehen, dass die beiden Funktionen, die AC- und PAC-Funktion, für die einzelnen Modelle aus der Klasse der ARMA-Modelle ganz bestimmte Muster zeigen. Diese Information spielt bei der Spezifikation von Modellen eine wichtige Rolle.

Beispiel 13.2 **Weißes Rauschen**

Die AC- und PAC-Funktion ergeben sich für Weißes Rauschen zu

$$\varrho_k = \phi_{kk} = \begin{cases} 1 & \text{wenn } k = 0\,, \\ 0 & \text{wenn } k \neq 0\,. \end{cases}$$

Sie haben also eine besonders einfache Form. In der Klasse der ARMA-Modelle entspricht das Weiße Rauschen einem ARMA(0,0)-Prozess. Die AC- und PAC-Funktionen von ARMA(p, q)-Modellen mit höheren Ordnungen von p und q werden eine kompliziertere Struktur zeigen.

13.2.3 Die ARMA-Modelle

Die allgemeine Form eines ARMA(p, q)-Modells lautet

$$\begin{aligned} Y_t &= \alpha + \varphi_1 Y_{t-1} + \ldots + \varphi_p Y_{t-p} + \varepsilon_t \\ \varepsilon_t &= u_t - \theta_1 u_{t-1} - \ldots - \theta_q u_{t-q}\,, \end{aligned} \tag{13.2.3}$$

wobei die Variablen u Weißes Rauschen sind, also identisch und unabhängig verteilte Variable mit Erwartungswert Null und Varianz σ^2. Eine kürzere Schreibweise für (13.2.3) erlaubt der Lag-Operator L, der den Index einer Variablen um Eins in die Vergangenheit verschiebt: $LY_t = Y_{t-1}$; mehrfache Anwendung von L bedeutet mehrfaches Verschieben: $L^s Y_t = Y_{t-s}$, und $L^0 = I$ reproduziert die Variable: $L^0 Y_t = Y_t$. Mit Verwendung des Lag-Operators schreiben wir die Gleichung (13.2.3) als $\Phi(L) Y_t = \alpha + \Theta(L) u_t$ mit den Polynomen $\Phi(L) = I - \varphi_1 L - \ldots - \varphi_p L^p$ und $\Theta(L) = I - \theta_1 L - \ldots - \theta_q L^q$. Bestimmte Beschränkungen für die Parameter φ_i und θ_j, die wir im Weiteren behandeln werden, stellen Eigenschaften wie die Stationarität von Y sicher.

Im Beispiel 12.2 in Abschnitt 12.2 haben wir die Kovarianzen von Störgrößen u untersucht, die einem AR(1)-Prozesses folgen. Um diese Momente zu bestimmen, haben wir u als gewichtete Summe von verzögerten Komponenten des Weißen Rauschens dargestellt, indem wir wiederholt die Modellgleichung verwendet haben, um verzögerte u's zu eliminieren. Die gleiche Vorgangsweise können wir anwenden, um ein ARMA(p, q)-Modell in die Darstellung

$$Y_t = \psi_0 + \sum_{i=1}^{\infty} \psi_i u_{t-i}\,,$$

also in ein MA(∞)-Modell, zu überführen. Die Koeffizienten ψ_i sind Funktionen der Parameter $\varphi_1, \ldots, \varphi_p$ und $\theta_1, \ldots, \theta_q$. Man kann zeigen, dass

$$\sum_{i=1}^{\infty} \psi_i^2 < \infty$$

eine notwendige Bedingung für Stationarität von Y ist, und dass diese Bedingung erfüllt ist, wenn für die Wurzeln z_i, $i = 1, \ldots, p$ des so genannten Charakteristischen Polynoms

$$\Phi(z) = 1 - \varphi_1 z - \ldots - \varphi_p z^p$$

gilt: $|z_i| > 1$. Diese Bedingung nennt man daher Stationaritäts-Bedingung. Die Wurzeln z_i können komplexe Zahlen sein; $|z_i|$ steht dann für den Modus. Verletzen die Wurzeln z_i des Polynoms $\Phi(.)$ die Stationaritäts-Bedingung, so muss typischerweise mit einem explosiven Verlauf des Prozesses gerechnet werden.

In ähnlicher Weise können wir bei Erfüllen bestimmter Bedingungen ein ARMA(p, q)-Modell als AR(∞)-Modell, also als unendliche Summe verzögerter Y_{t-i}, darstellen; wir sagen dann, das Modell ist invertierbar. Diese Umformung setzt voraus, dass für die Wurzeln z_i, $i = 1, \ldots, q$ des Charakteristischen Polynoms

$$\Theta(z) = 1 - \theta_1 z - \ldots - \theta_q z^q$$

gilt: $|z_i| > 1$. Die Bedingung heißt Invertierbarkeits-Bedingung. Wieder können die Wurzeln z_i komplexe Zahlen sein.

13.3 MA-Prozesse

Der Name MA-Modell kommt von *moving average*, also gleitende Mittelung, jene Operation, welche die Generierung der Y charakterisiert. Unter dem MA(q)-Modell verstehen wir ein ARMA(p, q)-Modell nach (13.2.3) mit $p = 0$, also ein Modell, das die Variable Y als gewichtete Summe von verzögerten Komponenten des Weißen Rauschens beschreibt. Der entsprechende MA-Prozess ist eine Folge von Zufallsvariablen Y_t, $t = 1, \ldots, n$, die entsprechend dem MA-Modell generiert werden.

Beispiel 13.3 Der MA(1)-Prozess

Der MA(1)-Prozess ist eine Folge von Zufallsvariablen Y_t, für die gilt

$$Y_t = \alpha + u_t - \theta u_{t-1}, \quad u_t \sim IID(0, \sigma^2). \qquad (13.3.1)$$

Mit dem Lag-Operator schreiben wir das MA(1)-Modell als $Y_t = \alpha + \Theta(L)u_t$ mit $\Theta(L) = I - \theta L$. Der MA(1)-Prozess ist wie alle MA-Prozesse ein stationärer Prozess, unabhängig davon, welche Werte die Parameter α und θ haben. Das Sicherstellen der Invertierbarkeit erfordert das Erfüllen einer Bedingung: Das Charakteristische Polynom $1 - \theta z = 0$ hat die Wurzel $z_1 = \theta^{-1}$. Die Invertierbarkeits-Bedingung verlangt $|z_1| > 1$ oder $-1 < \theta < 1$. Die entsprechende AR(∞)-Darstellung des MA(1)-Prozesses ergibt sich dann zu

$$Y_t = \frac{\alpha}{1-\theta} + u_t + \sum_{i=1}^{\infty} \theta^i Y_{t-i}.$$

Für den Erwartungswert erhalten wir $\mathrm{E}\{Y_t\} = \alpha$, für die Varianz den Ausdruck $\mathrm{Var}\{Y_t\} = \sigma^2(1+\theta^2)$. Die Kovarianz γ_1 ergibt sich zu $\theta\sigma^2$; alle Kovarianzen γ_k mit $k > 1$ haben den Wert Null. Damit lautet die Autokorrelations-Funktion

$$\varrho_k = \begin{cases} -\frac{\theta}{(1+\theta^2)}\,, & k = \pm 1\,, \\ 0\,, & |k| > 1\,. \end{cases}$$

Die Partielle Autokorrelations-Funktion verläuft exponentiell abnehmend bei positivem θ und zeigt alternierende, exponentiell abnehmende Werte, wenn θ negativ ist.

Die Verallgemeinerung des MA(1)-Prozesses ergibt den MA(q)-Prozess

$$Y_t = \alpha + u_t - \theta_1 u_{t-1} - \ldots - \theta_q u_{t-q}\,, \quad u_t \sim IID(0, \sigma^2)$$

oder $Y_t = \alpha + \Theta(L)u_t$ mit $\Theta(L) = 1 - \theta_1 L - \ldots - \theta_q L^q$. Er hat folgende Eigenschaften:

- Der MA(q)-Prozess ist stationär.
- Seine AC-Funktion bricht mit q ab: $\varrho_k = 0$ für $k > q$.
- Seine PAC-Funktion verläuft exponentiell abnehmend bei reellen Wurzeln, in Cosinus- oder Sinus-Schwingungen abnehmend bei komplexen Wurzeln des Charakteristischen Polynoms $\Theta(z) = 0$.

Für die praktische Anwendung ist das Abbrechen der AC-Funktion mit q ein wichtiges Merkmal.

13.4 Autoregressive Prozesse

Folgt Y einem AR(p)-Prozess, so gilt für Y_t die Beziehung

$$Y_t = \alpha + \varphi_1 Y_{t-1} + \ldots + \varphi_p Y_{t-p} + u_t\,, \quad u_t \sim IID(0, \sigma^2)\,.$$

Die Variable Y wird also auf ihre eigenen verzögerten Werte regressiert; daher der Name. Mit dem Lag-Operator schreiben wir für den AR(p)-Prozess $\Phi(L)Y_t = \alpha + u_t$ mit $\Phi(L) = I - \varphi_1 L - \ldots - \varphi_p L^p$.

$E(y_t) = \frac{\alpha}{1-\varphi_1-\varphi_2-\ldots-\varphi_p}$

Beispiel 13.4 Der AR(1)-Prozess

Er ist eine Folge von Variablen Y_t, für die gilt

$$Y_t = \alpha + \varphi Y_{t-1} + u_t\,, \quad u_t \sim IID(0, \sigma^2) \tag{13.4.1}$$

oder $\Phi(L)Y_t = \alpha + u_t$ mit $\Phi(L) = I - \varphi L$. Die Darstellung (13.4.1) zeigt, dass wir keine Invertierbarkeits-Bedingung benötigen; der AR(1)-Prozess ist stets invertierbar. Zum Überprüfen der Stationarität untersuchen wir das Charakteristische Polynom $\Phi(z) = 1 - \varphi z = 0$, für das wir die Wurzel $z_1 = \varphi^{-1}$ erhalten. Die Bedingung $|z_1| > 1$ liefert die schon in Abschnitt 12.2 erwähnte Stationaritäts-Bedingung $|\varphi| < 1$. Die entsprechende MA(∞)-Darstellung des AR(1)-Prozesses lautet

$$Y_t = \frac{\alpha}{1-\varphi} + \sum_{i=1}^{\infty} \varphi^i u_{t-i} \,.$$

Die Kovarianz-Funktion des AR(1)-Prozesses haben wir im Beispiel 12.2 in Abschnitt 12.3 abgeleitet: $\gamma_k = \varphi^k \gamma_0$ mit $\gamma_0 = \sigma^2/(1-\varphi^2)$. Für die AC-Funktion ergibt sich damit

$$\varrho_k = \varphi^k \quad \text{für } k = 0, \pm 1, \ldots;$$

sie hat also exponentiell abnehmende Werte. Die PAC-Funktion hat den Wert Null für alle $k > 1$.

Für den AR(p)-Prozess ist die Invertierbarkeit immer gegeben. Wie für den AR(1)-Prozess müssen aber bestimmte Stationaritäts-Bedingungen erfüllt sein: Für die p Wurzeln z_i des Charakteristischen Polynoms $\Phi(z) = 1 - \varphi_1 z + \ldots + \varphi_p z^p$ muss gelten: $|z_i| > 1$, $i = 1, \ldots, p$.

Die AC-Funktion des AR(p)-Prozesses verläuft exponentiell abnehmend mit oder ohne alternierende Werte oder in Form eine gedämpften Sinusschwingung. Die PAC-Funktion ist nur für $k \leq p$ von Null verschieden. Ab $k = p + 1$ hat sie den Wert Null; die PAC-Funktion bricht also in p ab.

13.5 ARMA-Prozesse

Unter dem ARMA(p, q)-Prozess verstehen wir eine Zufallsvariable Y_t, für die gilt

$$\Phi(L) Y_t = \alpha + \Theta(L) u_t \,, \tag{13.5.1}$$

wobei

$$\Phi(L) = I - \varphi_1 L - \ldots - \varphi_p L^p \,,$$
$$\Theta(L) = I + \theta_1 L + \ldots + \theta_p L^q \,;$$

u ist wiederum Weißes Rauschen. Der ARMA(p, q)-Prozess umfasst als Spezialfälle den AR(p)- und den MA(q)-Prozess.

Wie schon in Abschnitt 13.2 erwähnt, können wir auch für einen ARMA(p, q)-Prozess eine MA(∞)- oder eine AR(∞)-Darstellung angeben. Voraussetzung für die Darstellbarkeit des ARMA(p, q)-Prozesses als MA(∞)-Prozess ist die Stationarität des AR-Teils, nämlich, dass die Wurzeln des Charakteristischen Polynoms $\Phi(z)$ absolut größer als Eins sind. Voraussetzung für die Darstellbarkeit als AR(∞)-Prozess ist die Invertierbarkeit des MA-Teils, nämlich, dass die Wurzeln des Polynoms $\Theta(z)$ absolut größer als Eins sind.

Wie für die MA- und AR-Modelle können auch für das ARMA-Modell die AC- und die PAC-Funktion hergeleitet werden. Beispielsweise ergibt sich die AC-Funktion des ARMA(1,1)-Modells $Y_t = \varphi Y_{t-1} + u_t - \theta u_{t-1}$:

$$\varrho_k = \begin{cases} \varphi + \frac{\theta(1-\varphi^2)}{1+\theta^2+2\theta\varphi}\,, & k = 1\,, \\ \varphi\varrho_{k-1}\,, & k > 1\,, \end{cases}$$

zeigt also einen gedämpften Verlauf ab $k = 2$.

Die Tabelle 13.1 fasst einige Eigenschaften zusammen, die bei der Analyse von AR-, MA- und ARMA-Prozessen nützlich sind. Die Tabelle gibt insbesondere Hinweise über die Form der AC- und der PAC-Funktion, deren empirische Schätzungen wir zur Identifikation der Prozessordnungen, also dem Festlegen der Zahlen p und q, verwenden können.

Tabelle 13.1

Eigenschaften und Charakteristika von ARMA-Prozessen.

Modell	AR(p)-Prozess $\Phi(L)Y_t = \varepsilon_t$	MA(q)-Prozess $Y_t = \Theta(L)\varepsilon_t$	ARMA(p, q)-Prozess $\Phi(L)Y_t = \Theta(L)\varepsilon_t$
Bedingung für			
Stationarität	Wurzeln z_i von $\Phi(z) = 0$: $\lvert z_i\rvert > 1$	stets stationär	Wurzeln z_i von $\Phi(z) = 0$: $\lvert z_i\rvert > 1$
Invertibilität	stets invertierbar	Wurzeln z_i von $\Theta(z) = 0$: $\lvert z_i\rvert > 1$	Wurzeln z_i von $\Theta(z) = 0$: $\lvert z_i\rvert > 1$
ACF	gedämpft, unendlich	$\varrho_k = 0$ für $k > q$	gedämpft, unendlich
PACF	$\Phi_{kk} = 0$für$k > p$	gedämpft, unendlich	gedämpft, unendlich

Ist ein Prozess durch ein saisonales Muster geprägt, so können wir ARMA-Modelle auch zum Beschreiben des saisonalen Verhaltens verwenden.

Beispiel 13.5

Ein saisonaler Prozess

Die Abbildung 13.2 zeigt die Entwicklung des persönlich verfügbaren Einkommens in Quartalsdaten. Zum Beschreiben dieser Entwicklung benötigen wir zwei getrennte Modelle, je eines zum Darstellen der Beziehung

- zwischen den Beobachtungen des gleichen Quartals in aufeinander folgenden Jahren, und
- zwischen den direkt aufeinander folgenden Beobachtungen.

So könnte das saisonale Muster durch ein $AR_4(1)$-Modell mit $\Phi_4(L) = I - \varphi_{41}L$ beschrieben werden; der Index „4“ zeigt an, dass das Modell Quartalsdaten beschreibt bzw. der Parameter zu einem Modell für Quartalsdaten gehört. Die

Verknüpfung der Modelle für das saisonale Muster und für die saison-unabhängige Entwicklung erfolgt – entsprechend der von Box und Jenkins entwickelten Technik – in Form eines multiplikativen Modells:

$$\Phi(L)\Phi_s(L)Y_t = \alpha + \Theta(L)\Theta_s(L)u_t$$

mit Weißem Rauschen u.

Die ARMA-Modelle sind eine Klasse von Zeitreihen-Modellen, die beispielsweise für die Prognose eine wichtige Rolle spielen. Ihre Bedeutung verdanken sie unter anderem auch der von Box und Jenkins (1976) entwickelten Technik, die in der Literatur umfassend dokumentiert ist und deren Anwendung durch die Verfügbarkeit von exzellenten Software-Paketen unterstützt wird. Für die Zwecke der ökonometrischen Modellierung sind die Möglichkeiten der ARMA-Modelle als Analyseverfahren weniger interessant als die mit den Modellen verbundenen AC- und PAC-Funktionen, die ein wichtiges Instrument zum Spezifizieren eines geeigneten Modells sind.

13.6 Das Identifizieren von ARMA-Modellen

Wie schon früher in diesem Kapitel erwähnt, sind die Autokorrelations-Funktion und die Partielle Autokorrelations-Funktion Instrumente zum Identifizieren von AR-, MA- und ARMA-Prozesse. Die Tabelle 13.1 gibt uns Hinweise, wie die Formen der AC- und der PAC-Funktion von den Ordnungen p und q abhängen. Wir gehen nun davon aus, dass diese Formen auch von den empirischen Gegenstücken der beiden Funktionen repräsentiert werden. Wichtige Charakteristika für das Identifizieren sind der Abbruch der PAC-Funktion eines AR(p)-Prozesses mit der Ordnung p und der Abbruch der AC-Funktion eines MA(q)-Prozesses mit der Ordnung q.

Zur graphischen Darstellung des empirischen Korrelogramms müssen wir die empirische Autokorrelations-Funktion ermitteln. Wir erhalten sie nach

$$\hat{\varrho}_k = r_k = \frac{\sum(Y_t - \bar{Y})(Y_{t+k} - \bar{Y})}{\sum(Y_t - \bar{Y})^2}, \quad k = 0, \pm 1, \dots .$$

Hilfreich bei der Beurteilung ist die Abschätzung der Standardfehler von r_k entsprechend

$$\mathrm{Var}\{r_k\} \simeq \frac{1}{n}\left(1 + 2\sum_{i=1}^{q} \varrho_i^2\right)$$

für $k > q$, wenn $\varrho_j = 0$ für alle $j > q$. Zum praktischen Verwenden müssen die ϱ_i natürlich durch passende Schätzer ersetzt werden.

Analog ermitteln wir das empirische Partielle Korrelogramm nach

$$\hat{\phi}_{kk} = r_k^* = \frac{\sum_t \tilde{Y}_t \tilde{Y}_{t-k}}{\sum_t \tilde{Y}_{t-k}^{\;2}},$$

wobei $\tilde{Y}_t$ die Residuen der Regression von Y_t auf $Y_{t-1}, \dots, Y_{t-k+1}$ sind (analog ist $\tilde{Y}_{t-k}$ definiert), also die Korrelation zwischen Y_t und Y_{t-k}, wenn die Information über diesen

Zusammenhang, die in den Variablen $Y_{t-1}, \ldots, Y_{t-k+1}$ enthalten ist, eliminiert wird. Auch für die r_k^* kann eine Abschätzung der Standardfehler angegeben werden.

Haben wir ein ARMA-Modell korrekt spezifiziert, so sollten die Residuen zwischen den beobachteten und den aus dem Modell geschätzten Werten von Y durch ein Weißes Rauschen gut dargestellt werden können. Zum Überprüfen der Spezifikation bietet es sich daher an, die Korrelogramme der Residuen zu untersuchen bzw. den Box-Pierce-Test auszuführen.

Beispiel 13.6 Privater Konsum

Die Abbildung 13.1 zeigt die Entwicklung des realen Privaten Konsums in Österreich zwischen 1976 und 2001. Die empirischen AC- und PAC-Funktionen dazu zeigt die Abbildung 13.3.

Abbildung 13.3

Privater Konsum in Österreich: AC- und PAC-Funktion.

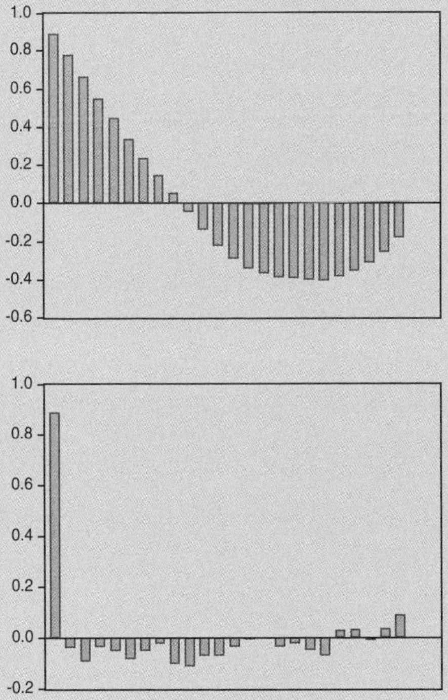

Die Abbildung zeigt eine AC-Funktion mit gedämpftem Verlauf und einen Abbruch der PAC-Funktion mit $k = 1$. Daraus können wir schließen, dass diese Variable einem AR(1)-Prozess folgt. Das Anpassen eines AR(1)-Modells an die Daten liefert $\widehat{C} = -0.120 + 0.977\,C_{-1}$ mit einer t-Statistik von 64.01 für den Koeffizienten φ von C_{-1}, ferner $R^2 = 0.994$ und $d = 2.33$. Der kleinste p-Wert des Box-Pierce-Tests (12.4.3) der Residuen wird für $m = 6$ realisiert und beträgt 0.18; wir haben keinen Grund, die Spezifikation des AR(1)-Modell in Zweifel zu ziehen.

Da der Koeffizient φ einen Wert nahe bei Eins hat, stellt sich die Frage, ob nicht $\varphi = 1$ die Entwicklung des Konsums genauso gut beschreibt, mit anderen Worten, ob nicht die ersten Differenzen der Ausgaben für privaten Konsum einen ARMA(0,0)-Prozess, also Weißes Rauschen, darstellen. Wenn die ersten Differenzen einer Zeitreihe Weißes Rauschen darstellen, so hat die ursprünglichen Zeitreihe die Eigenschaft, nicht-stationär zu sein. Damit kommen wir zu einem Thema, das uns in Kapitel 14 beschäftigen wird. Der Teil (b) aus Abbildung 13.1 zeigt die ersten Differenzen des Konsums. Die Verlauf ist tatsächlich typisch für Weißes Rauschen, und die AC- und PAC-Funktionen bestätigen diesen Befund; die p-Werte des Box-Pierce-Tests sind für die ersten zwölf m alle größer als 0.5.

13.A Aufgaben

13.A.1 Empirische Anwendungen

1. Die Zeitreihe GEN der AWM-Datenbasis enthält die saison-bereinigten Werte der Öffentlichen Ausgaben im Zeitraum 1970:1 bis 2002:4.
   (a) Zeichnen Sie ein Zeitreihendiagramm und ermitteln Sie das Korrelogramm und das Partielle Korrelogramm von GEN.
   (b) Passen Sie (i) ein AR(1)-, (ii) ein MA(1)- und (iii) ein ARMA(1,1)-Modell an die Zeitreihe GEN an und überprüfen Sie die Residuen auf Zufälligkeit; interpretieren Sie die Ergebnisse in Hinblick auf die in (a) ermittelten Korrelogramme.
2. Wiederholen Sie Aufgabe 1 für die Differenzen $\Delta\text{GEN}_t = \text{GEN}_t - \text{GEN}_{t-1}$.
3. Dieser Aufgabe liegen künstlich erzeugte Zeitreihe zugrunde.
   (a) Generieren Sie 100 Zufallszahlen nach $u_t \sim N(0, 1)$.
   (b) Generieren Sie die Zeitreihe $Y_t = \varphi Y_{t-1} + u_t$, ausgehend von $Y_0 = 0$, für (i) $\varphi = 0.4$, (ii) $\varphi = 0.8$ und (iii) $\varphi = 1$; bestimmen Sie jeweils das Korrelogramm und das Partielle Korrelogramm von Y.
   (c) Wiederholen Sie den Teil (b) der Aufgabe für den MA(1)-Prozess $Y_t = \alpha + u_t + \theta u_{t-1}$ mit $\alpha = 1$, $\theta = 0.5$ und $u_0 = 0$.

13.A.2 Allgemeine Aufgaben und Probleme

1. Zeigen Sie, dass der Wert ϕ_{11} der Partiellen Autokorrelations-Funktion des stationären stochastischen Prozesses Y_t, $t = 1, \ldots, n$ gleich dem Wert ϱ_1 der Autokorrelations-Funktion der Y_t ist.
2. Für den MA(1)-Prozess gelte $Y_t = \alpha + u_t - \theta u_{t-1}$; u_t ist Weißes Rauschen. Zeigen Sie die Gültigkeit der im Beispiel 13.1 angegebenen Autokorrelations-Funktion.
3. Geben Sie zum ARMA(2,2)-Modell $X_t = X_{t-1} + 0.5X_{t-2} + u_t - 0.5u_{t-1} + 0.2u_{t-2}$ jeweils die ersten sechs Summanden (a) der AR(∞)- und (b) der MA(∞)-Darstellung an.

13.E Hinweise zu `EViews`: Zeitreihen und Zeitreihen-Modelle

`EViews` bietet die Möglichkeit, das Korrelogramm und das Partielle Korrelogramm anzeigen zu lassen. Die für die Analyse von ARMA-Modellen verwendeten Verfahren der Box-Jenkins-Technik können aufgerufen werden.

- Zum Schätzen des Korrelogramms und des Partiellen Korrelogramms muss man die interessierende Reihe im entsprechenden Variablen-Fenster (*series windows*) anzeigen. Dort klickt man auf die Schaltfläche `View` und wählt den Menüpunkt `Correlogram...`. Es erscheint das `Correlogram Specification` Fenster, in dem einzugeben ist, (a) ob für die Niveauwerte, die ersten oder die zweiten Differenzen die Korrelogramme gezeigt werden sollen, und in dem (b) die maximale Ordnung k anzugeben ist, bis zu der das Korrelogramm ausgegeben werden soll. Als Output werden die Korrelogramme in graphischer Form und als Tabelle geliefert; zu jeder Ordnung der Korrelogramme wird weiterhin die Q-Statistik von Box-Pierce angegeben; siehe Abschnitt 12.4.
- Das Schätzen der Koeffizienten einer Regression bei autokorrelierten Störgrößen wurde im Anhang A von Kapitel 12 beschrieben. Das Schätzen der Parameter eines AR(p)-Modells erfolgt ganz ähnlich. Im Eingabe-Fenster `Equation Specification` wird neben der abhängigen Variablen angegeben, ob ein Interzept zu schätzen ist, und mit `AR(1), ... AR(p)`, dass die um die entsprechenden Ordnungen verzögerten Variablen im Modell zu berücksichtigen sind. Zum Schätzen eines MA(q)-Modells werden im Eingabe-Fenster neben der abhängigen Variablen die Ausdrücke `MA(1), ... MA(q)` angegeben und gegebenenfalls das Berücksichtigen des Interzepts verlangt. Die Erweiterung für ein ARMA-Modell bedeutet die Kombination der behandelten Fälle. Im Output-Fenster der Schätzung werden die Schätzer der Parameter des ARMA-Modells gemeinsam mit den entsprechende Statistiken angezeigt. Ergänzend zum Standard-Output werden die Reziprokwerte der Wurzeln der Charakteristischen Polynome ausgegeben.

Trends und *Unit-root*-Tests

14

ÜBERBLICK

Ökonomische Zeitreihen sind Realisationen von stochastischen Prozessen. Die meisten ökonomischen Zeitreihen zeigen einen Trend und sind die Realisation eines nicht-stationären Prozesses. Die Möglichkeit, die Abhängigkeitsstruktur nicht-stationärer Prozesse in speziellen Zeitreihen-Modellen zu nutzen, hat das Kapitel 13 behandelt. Die dort behandelten Zeitreihen-Modelle sind die ARMA-Modelle einschließlich der AR- und MA-Modelle.

Die Regressionsmodelle, die wir in früheren Kapiteln zur Modellierung ökonomischer Variablen verwendet haben, bilden den Zusammenhang zwischen der abhängigen Variablen und ihren erklärenden Regressoren als statische Beziehung ab. Der aktuelle Wert der abhängigen Variablen wird durch aktuelle Werte der Regressoren dargestellt; von dynamischen Effekten haben wir dabei keinen Gebrauch gemacht. Das Vorhandensein der speziellen Abhängigkeitsstruktur und von Trends legt es aber nahe, die in diesen Spezifika der Daten enthaltene Information in der Modellierung zu berücksichtigen. Entsprechende Modelle werden seit etwa 25 Jahren in großem Umfang eingesetzt und diskutiert. Die mit diesen Modellen verbundenen methodischen Fragen sind vor allem eine Konsequenz der Charakteristika von nicht-stationären Zeitreihen.

Wir befassen uns in diesem Kapitel mit der Analyse von nicht-stationären Zeitreihen, wobei die **Nicht-Stationarität** in einem Trend besteht. Bei Prozessen mit Trend ist zu unterscheiden zwischen trend-stationären und **differenz-stationären Prozessen**. Beide sind nicht-stationäre Prozesse; doch unterscheiden sie sich in der Art, wie die Nicht-Stationarität in der Modellierung berücksichtigt werden kann. Diese Unterscheidung ist wesentlich für das so genannte ***Spurious-regression*-Problem**, das Auftreten von scheinbar gut abgesicherten Beziehungen, die wir als Artefakt beim Modellieren nicht-stationärer Zeitreihen beobachten können. Das Problem tritt auf, wenn ein differenz-stationärer Prozess fälschlicherweise als trend-stationärer Prozess behandelt wird. Wenn ein Trend in einem Modell korrekt berücksichtigt werden soll, muss bekannt sein, ob es sich um einen trend-stationären und um einen differenz-stationären Prozess handelt. Ein wichtiges Hilfsmittel dazu sind die *Unit-root*-Tests, darunter die **Dickey-Fuller-Tests**, mit deren Hilfe das Vorliegen von nicht-stationären Zeitreihen diagnostiziert werden kann.

In Abschnitt 14.1 werden die Begriffe trend-stationärer und differenz-stationärer Prozess definiert. In Abschnitt 14.2 wird das so genannte *Spurious-regression*-Problem diskutiert. Die Möglichkeiten, einen Trend zu eliminieren, sind Thema des Abschnitts 14.3. Der Abschnitt 14.4 behandelt *unit-root*-Tests, darunter die Dickey-Fuller-Tests; der Abschnitt 14.5 ihre praktische Anwendung.

14.1 Deterministische und stochastische Trends

Ökonomische Größen wie Einkommen, Konsum, Deflatoren, Geldmengen etc. weisen in den meisten Wirtschaftsräumen ein stetes Wachstum auf. Demographische, technologische und andere Faktoren sind die Ursachen dafür. Das Darstellen von Trends ist eine zentrale Aufgabe der ökonometrischen Modellierung.

In Kapitel 13 haben wir ökonomische Variable bzw. ihre Beobachtungen als Realisationen von stochastischen Prozessen behandelt. Ein Schlüsselbegriff des Kapitels 13 ist die Stationarität: Erwartungswert, Varianzen und Abhängigkeitsstruktur eines stationären Prozesses sind in allen Zeitpunkten, für die der Prozess definiert ist, die gleichen.

Nicht-Konstanz des Erwartungswertes eines Prozesses ist ein Fall von Nicht-Stationarität. Wenn die Nicht-Konstanz bei Fortschreiten der Zeit zu immer größeren oder immer kleineren Erwartungswerten führt, so sprechen wir von einem Trend. Ursache einer solchen Nicht-Konstanz kann eine deterministische Komponente in der Generierung des Prozesses sein. Wir werden aber sehen, dass auch stochastische Komponenten des Prozesses eine Nicht-Konstanz im Erwartungswert zur Folge haben können.

Wir unterscheiden also zwei Arten von Trends, nämlich deterministische Trends und stochastische Trends.

- Ein deterministischer Trend eines Prozesses Y_t ist eine Funktion $f(t)$ der Zeit t, die den Erwartungswert von Y oder eine Komponente von Y beschreibt. Wir können Y_t darstellen als $Y_t = f(t) + u_t$ mit Weißem Rauschen u; die Varianz der u_t ist σ^2. Ein häufig verwendetes Modell für einen Prozess mit deterministischem Trend ist der lineare Trend

$$Y_t = \alpha + \beta t + u_t \,. \tag{14.1.1}$$

  Die Koeffizienten α und β geben den Wachstumspfad vor; der Trend kann ein steigender ($\beta > 0$) oder ein fallender sein. Die Funktion $f(t)$ kann genauso gut ein quadratisches Polynom in t oder eine Exponentialfunktion oder irgendeine andere Funktion von t sein.

- Stochastischer Trend: Das Modell

$$Y_t = \delta + Y_{t-1} + u_t \tag{14.1.2}$$

  oder $\Delta Y_t = Y_t - Y_{t-1} = \delta + u_t$ mit Weißem Rauschen u beschreibt ein irreguläres oder zufälliges Fluktuieren der Differenzen ΔY um den Erwartungswert δ. Einen Prozess, der dem Modell (14.1.2) folgt, nennen wir *random walk* mit Trend. Wiederholtes Einsetzen der Modellgleichung für Y_{t-1}, Y_{t-2} etc. liefert uns an Stelle von (14.1.2) die Beziehung

$$Y_t = Y_0 + \delta t + \sum_{i \le t} u_i \,. \tag{14.1.3}$$

  Diese Darstellung illustriert, warum wir von einem *random walk* mit Trend sprechen; δ nennen wir den Trendparameter. Der Prozess setzt sich aus zwei Komponenten zusammen, aus dem (deterministischen) Wachstumspfad $Y_0 + \delta t$ und den kumulierten Störgrößen $\sum_i u_i$.

Beispiel 14.1

Privater Konsum

Die Abbildung 14.1 zeigt (a) die Ausgaben für Privaten Konsum, Reihe PCR der AWM-Datenbasis, zwischen 1970 und 2002 und (b) die ersten Differenzen der Ausgaben für Privaten Konsum.

Abbildung 14.1

Ausgaben für Privaten Konsum, AWM-Datenbasis: (a) Niveauwerte der Ausgaben, (b) Änderungen (erste Differenzen) der Ausgaben.

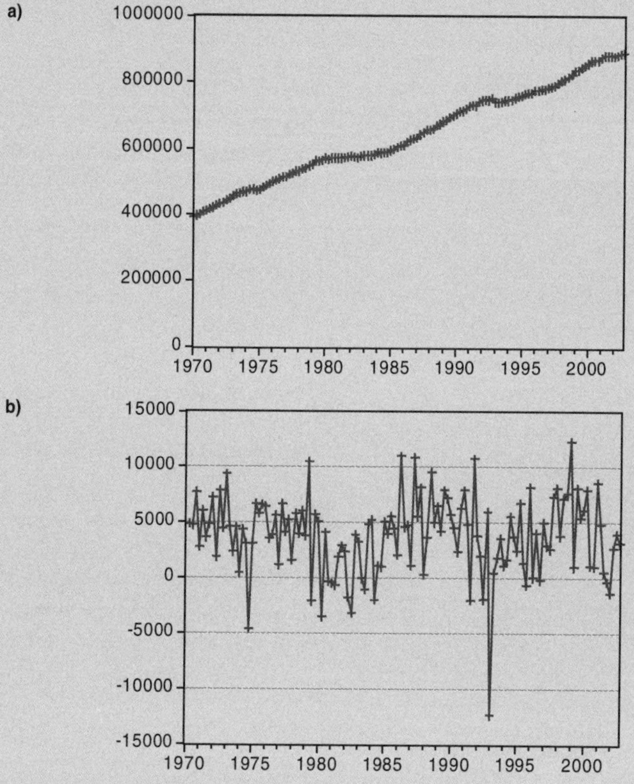

Die ersten Differenzen des Privaten Konsums verhalten sich bis auf einen von Null verschiedenen Mittelwert wie Weißes Rauschen. Für die Niveauwerte hingegen macht der Teil (a) der Abbildung deutlich, dass der Verlauf der Beobachtungen einen positiven Trend zeigt. Wir müssen daher vermuten, dass zumindest die Konstanz der Erwartungswerte nicht zutrifft, und dass daher die Zeitreihe nicht die Realisation eines stationären Prozesses ist. Dieses Beispiel illustriert sehr gut das Konzept des stochastischen Trends: Durch den Übergang von den Differenzen zu Niveauwerten bekommen wir eine Zeitreihe, die einen Trend zeigt, der – wie uns (14.1.3) zeigt – durch zwei Komponenten charakterisiert ist: (a) den deterministischen Wachstumspfad und (b) die kumulierten Störgrößen.

14.1.1 *Random walk* mit Trend

Wie oben ausgeführt und im Beispiel 14.1 illustriert, setzt sich die Zeitreihe eines *random walk* mit Trend aus (a) einem deterministischen Trend $Y_0 + \delta t$ und (b) den kumulierten Störgrößen $\sum_{i \leq t} u_i$ zusammen. Aus der Darstellung in Gleichung (14.1.3) lassen sich einige Eigenschaften des *random walk* zeigen.

- Für den Erwartungswert des *random walk* erhalten wir $\mathrm{E}\{Y_t\} = Y_0 + \delta t$, also keinen für alle t fixen Wert.
- Für die Varianz der kumulierten Störgrößen $\sum_{i \leq t} u_i$ bzw. für die Varianz von Y_t ergibt sich

$$\mathrm{Var}\{Y_t\} = \sigma^2 t;$$

  die Varianz von Y wird mit wachsendem t beliebig groß.
- Die Korrelation zwischen Y_t und Y_{t-k} ergibt sich zu

$$\varrho_{t,k} = \mathrm{Corr}\{Y_t, Y_{t-k}\} = \sqrt{\frac{t-k}{t}} = \sqrt{1 - \frac{k}{t}}.$$

  Die Abhängigkeitsstruktur des Prozesses Y hat zwei interessante Eigenschaften:
  - Für fixes k sind die Y_t und Y_{t-k} umso stärker korreliert, je größer t ist.
  - Für wachsendes k strebt $\varrho_{t,k}$ gegen den Wert Null. Allerdings ist die Geschwindigkeit dieser Konvergenz umso kleiner, je größer t wird. Man sagt, der *random walk* hat ein langes Gedächtnis; im Englischen spricht man von einer *long memory property*.

Der *random walk* ist also ein nicht-stationärer Prozess, und die Nicht-Konstanz betrifft Erwartungswert, Varianz und Abhängigkeitsstruktur.

Interessant ist auch der Vergleich eines Prozesses mit stochastischem Trend mit einem stationären AR(1)-Prozess mit Autokorrelation $|\varphi| < 1$. Für einen Wert von φ nahe bei Eins müssen wir erwarten, dass sich der AR(1)-Prozess ähnlich verhält wie der *random walk*, der ja den (nicht-stationären) Grenzfall mit $\varphi = 1$ bildet. Beim AR(1)-Prozess hat eine verzögerte Störgröße in $\sum_{i \leq t} \varphi^i u_{t-i}$ umso weniger Gewicht, je weiter sie in der Vergangenheit zurückliegt. Dagegen bleibt der Beitrag von allen verzögerten Störgrößen in $\sum_{i \leq t} u_i$ immer der gleiche; die Wirkung von jedem der u_i stirbt nicht aus, sondern hat einen permanenten Effekt.

Die Abbildung 14.2 zeigt die typischen Verläufe eines *random walk*, eines *random walk* mit Trend und eines stationären AR(1)-Prozesses.

Abbildung 14.2

Stationärer AR(1)-Prozess $Y_t = 0.2 + 0.7\,Y_{t-1} + u_t$ (○), *random walk* $Y_t = Y_{t-1} + u_t$ (△) und *random walk* mit Trend $Y_t = 0.1 + Y_{t-1} + u_t$.

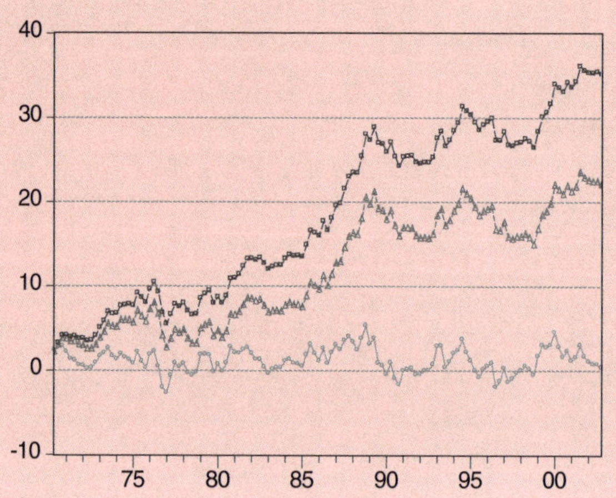

Insbesondere im Fall, dass der Trendparameter δ den Wert Null hat, dass wir es also mit einem *random walk* ohne Trend zu tun haben, bilden die kumulierten Summen $\sum_{i\leq t} u_i$ trendartige Sequenzen, und längere Phasen wachsender oder fallender Werte von Y sind typisch. Das lokale Muster eines *random walk* zeigt Ähnlichkeit zu einem Prozess mit deterministischem Trend.

14.2 Das *Spurious-regression*-Problem

Wir gehen von einem *random walk* ohne Trend aus:

$$Y_t = Y_{t-1} + u_t\,;$$

die Störgrößen u sind Weißes Rauschen mit Varianz σ^2. Die Zeitreihe für den Privaten Konsum aus Beispiel 13.1 ist ein gutes Beispiel für diesen Fall. Aus Abschnitt 14.1 wissen wir, dass Y ein nicht-stationärer Prozess ist, den wir als Folge von kumulierten Störgrößen darstellen können: $Y_t = Y_0 + \sum_{i\leq t} u_i$. Im Vergleich zu (14.1.3) enthält Y wegen $\delta = 0$ keine Komponente in der Form eines deterministischen Trends. Wir wissen aber, dass die Varianz von Y ein Vielfaches der Zeit t ist: $\mathrm{Var}\{Y_t\} = \sigma^2 t$. Wenn wir ein Modell für eine Zeitreihe wie den Privaten Konsum spezifizieren wollen, so legt uns die graphische Darstellung der Zeitreihe – siehe Abbildung 13.1 – eine lineare Funktion

$$Y_t = \alpha + \beta t + v_t$$

nahe, also ein Modell mit deterministischem Trend. Was können wir für die Schätzer der Parameter α und β erwarten? Das Modell für Y ist missspezifiziert, da wir (a) einen deterministischen Trend und (b) konstante Varianz unterstellen. Trotzdem ist es denkbar, dass wir für β einen von Null verschiedenen OLS-Schätzer erhalten, der das trendartige Verhalten der Folge von kumulierten Störgrößen reflektiert, das nach Abschnitt 14.1 für stochastische Trends typisch ist.

Tatsächlich ist ein solches Phänomen zu beobachten. Man spricht dabei vom *Spurious-regression*-Problem. Granger und Newbold (1974) haben auf dieses Problem hingewiesen. Das englische *spurious* bedeutet „unecht" und weist darauf hin, dass die angepasste Regressionsbeziehung einen Zusammenhang darstellt, der inhaltlich nicht existiert und ein Artefakt ist, also eine Folge des Verfahrens. Die Untersuchungen, mit denen die Folgen des *Spurious-regression*-Problems studiert wurden, benützen teilweise Monte Carlo Simulationen, teilweise liegen ihnen theoretische Überlegungen zugrunde.

Der Sachverhalt kann wie folgt zusammengefasst werden. Y ist ein *random walk* ohne Trend, so dass wir Y darstellen können als $Y_t = Y_0 + \sum_{i \leq t} u_i$. Wir spezifizieren das Modell

$$Y_t = \alpha + \beta t + v_t$$

mit Weißem Rauschen v. Die Folgen sind:

- Die kritischen Schranken zum Beurteilen der t- und der F-Statistik haben wesentlich größere Werte, als sie die Tabellen der t- und F-Verteilung angeben. Als Folge wird etwa die Nullhypothese, dass β den Wert Null hat, viel zu oft verworfen. Der Vergleich der t-Statistik mit 1.96 für das Signifikanzniveau 0.05 entspricht einem wesentlich größeren p-Wert als 0.05: Die kritische Schranke ist für das Signifikanzniveau 0.05 in Wirklichkeit größer als 10, wie Monte Carlo Simulationen zeigen. Analoges gilt für den F-Test.
- Das Bestimmtheitsmaß liegt unabhängig vom Wert von n bei etwa 0.45; fast 50 % der Variation der Y werden durch das Modell erklärt, obwohl Y ein *random walk* ohne Trend ist. Geht man von einem *random walk* mit Trend aus, so liegt das Bestimmtheitsmaß noch bei größeren Werten und nimmt mit n zu.
- Verwenden wir als Regressor nicht t, sondern einen zweiten, unabhängig erzeugten *random walk* X, so wird der t-Test mit großer Wahrscheinlichkeit einen signifikanten Erklärungsbeitrag von X für Y anzeigen, obwohl, wie gesagt, die beiden Variablen unabhängig voneinander erzeugt wurden.

Was lernen wir aus dem *Spurious-regression*-Problem für das ökonometrische Modellieren? Bei der Analyse von trendbehafteten Variablen riskieren wir offensichtlich fehlerhafte Entscheidungen, wenn wir versuchen, einen stochastischen Trend durch eine deterministische Komponente zu berücksichtigen. Die bessere Alternative wird dann sein, die Differenzen dieser Variablen anstelle der Niveauwerte zu modellieren. Das Bilden der Differenzen entspricht der Idee, den stochastischen Trend zu eliminieren. Andererseits wird es Situationen geben, die einen deterministischen Trend im Modell rechtfertigen. Wir werden sehen, dass *Unit-root*-Tests, die wir im Abschnitt 14.4 kennen lernen werden, ein hilfreiches Instrument dafür sind zu klären, wie das Modell adäquat spezifiziert werden kann.

14.3 Eliminieren eines Trends

Das Eliminieren des Trend eines Prozess Y hat das Ziel, Y in einen stationären Prozess zu überführen. Welche Möglichkeit wir dazu haben, hängt von der Art des Prozesses ab, und wir unterscheiden zwei Arten von Prozessen.

- Unter einem **differenz-stationären Prozess**, kurz DS-Prozess, auch integrierter Prozess genannt, verstehen wir einen Prozess Y, aus dem wir durch das Bilden von ersten Differenzen einen stationären Prozess ΔY_t ableiten können. Die Ordnung der Integration ist Eins, wenn die ersten Differenzen ein stationärer Prozess sind.

Beispiel 14.2 **Random walk**

Der Prozess wird durch $Y_t = Y_{t-1} + \delta + u_t$ mit Weißem Rauschen u beschrieben. Dann stellt $\Delta Y_t = \delta + u_t$ einen stationären Prozess dar. Der *random walk* ist also ein DS-Prozess oder ein integrierter Prozess von der Ordnung Eins.

- Unter einem **trend-stationärer Prozess**, kurz TS-Prozess, verstehen wir einen Prozess Y, der durch Subtrahieren eines deterministischen Trends in einen stationären Prozess überführt werden kann.

Beispiel 14.3 **Ein linearer Trend**

Wir gehen von (14.1.1) aus: $Y_t = \alpha + \beta t + u_t$ setzt sich additiv aus einem linearer Trend und Weißem Rauschen zusammen. Subtrahieren der Trendkomponente oder der Regressionsgeraden $a + bt$ liefert einen stationären Prozess. Der Prozess Y, der der Gleichung (14.1.1) folgt, ist ein TS-Prozess.

Die ersten Differenzen mancher ökonomischer Variablen, insbesondere von monetären Zeitreihen, sind nicht-stationär und stellen ihrerseits einen *random walk* dar. Die zweiten Differenzen solcher Zeitreihen sind dann stationär. Das führt zu einer Verallgemeinerung des Begriffs der Integration von Prozessen.

Ein stochastischer Prozess Y_t heißt integriert von der Ordnung d, wenn seine d-fachen Differenzen $\Delta^d Y_t$ ein stationärer Prozess sind; $Y_t \sim I(d)$ lesen wir als „Y ist integriert von der Ordnung d“. Die Ordnung d ist eine positive, ganze Zahl und hat meist den Wert Eins.

Beispiel 14.4 Integrierte stochastische Prozesse

- Der durch (14.1.2) beschriebene *random walk* ist integriert von der Ordnung 1.
- Unter einem ARIMA(p, d, q)-Prozess verstehen wir einen Prozess, dessen d-te Differenzen einem ARMA(p, q)-Modell folgen.
- Quartalsdaten bzw. Monatsdaten zeigen häufig eine Saisonalität; dann kann es möglich sein, durch Differenzenbildung mit $\Delta_4 = 1 - L^4$ bzw. $\Delta_{12} = 1 - L^{12}$, einen stationären Prozess zu erzeugen.

Viele ökonomische Zeitreihen zeigen stochastische Trends. Die folgende Tabelle gibt Integrations-Ordnungen d von einigen ökonomischen Zeitreihen.

Tabelle 14.1

Integrations-Ordnungen d von einigen ökonomischen Zeitreihen.

	Variable	d
PCR	Privater Konsum, real	1-2
PYR	Verfügbares Einkommen der Haushalte, real	1-2
PCD	Konsumdeflator	2
WLN	Vermögen	1-2
YER	Brutto-Inlandsprodukt	1
MTR	Importe, real	1
XTR	Exporte, real	1
ITR	Investitionen, real	1
URX	Arbeitslosenrate	1

Offensichtlich können wir die Konsequenzen des *Spurious-regression*-Problems vermeiden, wenn wir nicht die Niveauwerte, sondern die ersten Differenzen der Variablen analysieren. Selbst das Modellieren der Differenzen eines trend-stationären Prozesses hat keine annähernd so dramatischen Konsequenzen wie die des *Spurious-regression*-Problems: Das Ersetzen von $Y_t = \alpha + \beta t + u_t$ mit Weißem Rauschen u durch seine Differenzen $\Delta Y_t = \beta + v_t$ hat zwar zur Folge, dass unsere Störgrößen $v_t = u_t - u_{t-1}$ autokorreliert sind. Aber die OLS-Schätzer sind erwartungstreu und konsistent, wir kennen ihre asymptotische Verteilung und können die Verzerrung ihrer Standardfehler berücksichtigen.

Das Analysieren von Differenzen hat allerdings den Nachteil, dass wir damit zwar die (kurzfristigen) Änderungen des Prozesses beschreiben, dass aber die Information über das Verhalten des Prozesses im Gleichgewicht unberücksichtigt bleibt. Das Kapitel 19 über Kointegration wird eine Möglichkeit zeigen, diesen Nachteil zu vermeiden.

14.4 *Unit-root*-Tests

Wie in Abschnitt 14.3 ausgeführt wurde, ist es für die Spezifikation von ökonometrischen Modellen entscheidend, ob der Trend der abhängigen Variablen stochastisch oder deterministisch ist. Ist der Trend stochastisch, so wirkt jede Störgröße ungedämpft in aller Zukunft fort; deterministische Trends folgen dem Muster, das durch eine Trendfunktion vorgegeben ist, mit Störgrößen, die nur aktuell wirksam sind. Dieser Aspekt ist für den Ökonomen und für die Interpretation von ökonometrischen Analysen von Relevanz.

Die methodischen Aspekte betreffen

- die Konsequenzen einer unpassend gewählten Technik zum Eliminieren des Trends, also vor allem dem Subtrahieren eines deterministischen Trends bei einem differenz-stationären Prozess und dem Bilden von Differenzen bei einem trend-stationären Prozess, und
- die Eigenschaften des OLS-Schätzers der Autokorrelation bei einem differenz-stationären Prozess.

Die entscheidende Frage ist also, ob eine Zeitreihe die Realisation eines differenz-stationären oder eines trend-stationären Prozesses ist. Der *Unit-root*-Test ist ein Testverfahren, mit dem genau diese Frage entschieden werden kann.

Wir gehen von einer Variablen Y aus, welche die Realisation eines Prozesses ist, der dem Modell

$$Y_t = \varphi Y_{t-1} + u_t \tag{14.4.1}$$

folgt; u ist Weißes Rauschen mit der Varianz σ^2. Ist Y ein differenz-stationärer Prozess, so hat φ den Wert Eins: Y ist dann ein *random walk*. Zum Prüfen, ob es zutrifft, dass Y ein *random walk* ist, testen wir die Nullhypothese H_0: $\varphi = 1$ gegen die Alternative H_1: $\varphi < 1$. Der OLS-Schätzer von φ ergibt sich zu

$$\hat{\varphi} = \frac{\sum_{t=2}^{n} Y_t Y_{t-1}}{\sum_{t=2}^{n} Y_{t-1}^2}.$$

Zum Testen von H_0 bietet sich die t-Statistik

$$\tau = \frac{\hat{\varphi} - 1}{\mathrm{se}(\hat{\varphi})} \tag{14.4.2}$$

an; das Symbol für die Teststatistik ist der griechische Buchstabe „Tau", der im griechischen Alphabet für das lateinische t steht; $\mathrm{se}(\hat{\varphi})$ ist der Standardfehler des Schätzers $\hat{\varphi}$. Man nennt die Teststatistik τ auch die τ-Statistik. Die Verteilung von τ hängt vom wahren Wert von φ ab.

- Gilt $|\varphi| < 1$, ist also Y_t stationär, so ist τ die Teststatistik des t-Tests:

$$\tau \mathrel{\dot\sim} t(n-1).$$

- Ist Y_t hingegen nicht-stationär, gilt also $\varphi = 1$, so folgt τ auch bei Zutreffen der Nullhypothese nicht der t-Verteilung. Fuller (1976) gibt Perzentile für die Verteilung von τ unter H_0 an, die aus Monte Carlo Simulationen geschätzt worden sind. Auf der Basis der kritischen Schranken nach Fuller kann die Entscheidung zwischen

H_0: $\varphi = 1$ und H_1: $\varphi < 1$ mit der τ-Statistik in Analogie zum t-Test getroffen werden. Entsprechende Perzentile gibt die Tabelle 14.2 in der Zeile τ an; siehe auch Tabelle G. 2 im Anhang G.

Tabelle 14.2

Perzentile nach Fuller der Verteilungen von Dickey-Fuller's τ-Statistik für zwei Werte von n.

		Perzentile für $p =$		
n		0.01	0.05	0.10
25	τ	−2.66	−1.95	−1.60
	τ_μ	−3.75	−3.00	−2.63
	τ_τ	−4.38	−3.60	−3.24
100	τ	−2.60	−1.95	−1.61
	τ_μ	−3.51	−2.89	−2.58
	τ_τ	−4.04	−3.45	−3.15
∞	τ	−2.58	−1.95	−1.62
	τ_μ	−3.43	−2.86	−2.57
	τ_τ	−3.96	−3.41	−3.12
	N(0,1)	−2.33	−1.65	−1.28

Der Vergleich mit den Perzentilen der t-Verteilung mit ∞ Freiheitsgraden bzw. der Normalverteilung zeigt, dass wir die Nullhypothese bei Entscheidung auf Basis der t-Verteilung viel zu oft verwerfen würden.

Die kritischen Werte nach MacKinnon (1991) gehen auf umfangreichere Simulationen als die von Fuller tabellierten kritischen Werte zurück, und *Response-surface*-Anpassungen erlauben das Bestimmen von kritischen Werten für einen beliebigen Umfang n der verfügbaren Daten.

Der Test der Nullhypothese H_0: $\varphi = 1$ auf der Basis der τ-Statistik aus (14.4.2) wird *Unit-root*-Test oder Dickey-Fuller-Test genannt. Der Name *Unit-root*-Test kommt daher, dass die Nullhypothese dem Fall entspricht, dass das Charakteristische Polynom zum Modell $Y_t = \varphi Y_{t-1} + u_t$, $\Phi(z) = 1 - \varphi z$ die Wurzel $z_1 = 1$ hat. Anstatt von einem Test von H_0: $\varphi = 1$ zu sprechen, könnten wir auch sagen, wir testen, ob das Charakteristische Polynom eine Wurzel mit dem Wert Eins besitzt.

14.4.1 Dickey-Fuller-Tests

Der *Unit-root*-Test wurde erstmals von Dickey und Fuller (1979) diskutiert; daher wird der Test auch als Dickey-Fuller-Test oder kurz als DF-Test bezeichnet. Tatsächlich handelt es sich nicht nur um einen, sondern um eine ganze Klasse von Tests.

Das Modell

$$Y_t = \varphi Y_{t-1} + u_t$$

können wir auch schreiben als

$$\Delta Y_t = (\varphi - 1)Y_{t-1} + u_t = \delta Y_{t-1} + u_t \,. \tag{14.4.3}$$

Der Test von H_0: $\delta = 0$ gegen die Alternative H_1: $\delta < 0$ ist äquivalent dem oben beschriebenen *Unit-root*-Test von H_0: $\varphi = 1$ und H_1: $\varphi < 1$. Zum Entscheiden über H_0 verwenden wir die Teststatistik

$$\tau = \frac{d}{se(d)} \,. \tag{14.4.4}$$

Der OLS-Schätzer d für δ ergibt sich zu $d = \hat{\varphi} - 1$, wobei $\hat{\varphi}$ der OLS-Schätzer von φ ist. Für den Standardfehler se(d) gilt $\text{se}(d) = \text{se}(\hat{\varphi} - 1) = \text{se}(\hat{\varphi})$. Die Teststatistik nach (14.4.4) ist gleich der in (14.4.2) definierten Teststatistik.

Beim Ausführen des Dickey-Fuller-Tests geht man in folgenden Schritten vor:

1. Regression von ΔY_t auf Y_{t-1} entsprechend (14.4.3).
2. Prüfung, ob der Regressionskoeffizient δ von Y_{t-1} kleiner als Null ist, durch Vergleich des erhaltenen Wertes der τ-Statistik nach (14.4.4) mit den kritischen Schranken aus Tabelle 14.2 oder Tabelle G 3 im Anhang G.

Beispiel 14.5 Privater Konsum

Die Abbildung 14.1 zeigt in Teil (a) die Ausgaben für Privaten Konsum, Reihe PCR aus der AWM-Datenbasis, in Teil (b) die absoluten Differenzen oder Änderungen der Ausgaben. Aus dem Teil (a) der Abbildung ist klar, dass die Niveauwerte des Privaten Konsums keinen stationärer Prozess darstellen. Anpassen des Modells liefert $\Delta Y_t = 0.0056 Y_{t-1}$; die Teststatistik des Dickey-Fuller-Tests beträgt $\tau = 11.53$. Die kritische Schranke für ein Signifikanzniveau von 0.1 hat laut Tabelle 14.2 für $n = 100$ den Wert -1.61 und wird auch für $n = 132$ nicht wesentlich größer. Unser Wert $\tau = 11.53$ gibt bei weitem keinen Anlass zum Verwerfen der Nullhypothese H_0: $\varphi = 1$ zugunsten der Alternative ($\varphi < 1$). Wir schließen aus dem Ergebnis, dass die Niveauwerte des Privaten Konsums eine nicht-stationäre Zeitreihe sind.

Der Verlauf der Änderungen der Ausgaben für Privaten Konsum, den der Teil (b) der Abbildung zeigt, erscheint einigermaßen regelmäßig. Anpassen des Modells liefert $\Delta^2 Y_t = -0.442 \Delta Y_{t-1}$; die Dickey-Fuller-Teststatistik ergibt sich zu $\tau = -6.07$, ein Wert, der auch deutlich geringer als das Perzentil für $p = 0.01$ ist (-2.58). Dieses Ergebnis könnte uns veranlassen, die ersten Differenzen des Privaten Konsums für einen stationären Prozess zu halten. Allerdings sehen wir aus der Abbildung, dass der Mittelwert der Differenzen offensichtlich nicht den Wert Null hat, wie das unser Modell (14.4.3) annimmt, das dem Test zugrunde liegt. Wir benötigen eine Modifikation des Dickey-Fuller-Tests, die ein Interzept berücksichtigt. Damit können wir dann untersuchen, ob sich das Ergebnis mit dieser Modifikation ändert.

Wie wir wissen, hat ein im Modell nicht berücksichtigter, für die Datenentstehung relevanter Faktor verzerrte OLS-Schätzer zur Folge. Vermuten wir also, dass zur Beschreibung des datengenerierenden Prozesses ein Interzept oder ein deterministischer Trend im Modell zu berücksichtigen ist, so müssen wir das Modell entsprechend modifizieren. Basis des Dickey-Fuller-Tests ist dann das Modell mit einem von Null verschiedenen Interzept α:

$$\Delta Y_t = \alpha + \delta Y_{t-1} + u_t \,, \qquad (14.4.5)$$

oder das Modell, das einen deterministischen Trend $\alpha + \beta t$ enthält:

$$\Delta Y_t = \alpha + \beta t + \delta Y_{t-1} + u_t \,. \qquad (14.4.6)$$

Als Teststatistik wird jeweils wieder die t-Statistik nach (14.4.4) verwendet. Nach Dickey und Fuller wird die t-Statistik für δ aus (14.4.5) mit τ_μ bezeichnet; für die t-Statistik für δ aus (14.4.6) wird die Bezeichnung τ_τ verwendet. Allerdings haben die Simulationen von Dickey und Fuller ergeben, dass die Verteilung dieser t- oder τ-Statistiken von der Anzahl der Modellparameter abhängt. Je größer diese Zahl, umso weiter verschieben sich die Verteilungen und damit die als kritische Schranken verwendeten Perzentile ins Negative. Die in Tabelle 14.2 gezeigten Perzentile zu den t-Statistiken τ, τ_μ und τ_τ illustrieren das.

Beispiel 14.6 Privater Konsum, Fortsetzung

Die Abbildung 14.1 zeigt in Teil (b) die Änderungen der Ausgaben für Privaten Konsum. Die Abbildung legt nahe, dem Dickey-Fuller-Test das Modell (14.4.5) zugrunde zu legen und damit einen von Null verschiedenen Mittelwert zuzulassen. Anpassen des Modells liefert $\Delta^2 Y_t = 3603 - 0.948\Delta Y_{t-1}$ mit einer Dickey-Fuller-Statistik von $\tau_\mu = -10.74$, ein Wert, der auch deutlich geringer als das Perzentil für $p = 0.01$ ist (−3.48). Wie nicht anders zu erwarten, weisen die verschiedenen Charakteristika zur Beurteilung des angepassten Modells darauf hin, dass das Modell mit Interzept dem Modell ohne Interzept vorzuziehen ist; so steigt der Wert für $\bar{R}^2$ von 0.222 auf 0.470. An der Entscheidung, die wir aufgrund des Modells ohne Interzept getroffen haben, ändert sich nichts: Die ersten Differenzen des Privaten Konsums sind eine stationäre Zeitreihe; der Private Konsum ist ein $I(1)$-Prozess.

14.4.2 Der erweiterte Dickey-Fuller- (ADF)-Test

Ausgangspunkt des Dickey-Fuller-Tests sind der AR(1)-Prozess $Y_t = \varphi_1 Y_{t-1} + u_t$ und die *Unit-root*-Hypothese. Dabei setzen wir als Störgröße u Weißes Rauschen voraus. Trifft das nicht zu, so müssen wir damit rechnen, dass der Dickey-Fuller-Test zu unkorrekten Entscheidungen führt.

Eine nahe liegende Erweiterung ist das Testen der *Unit-root*-Hypothese für einen AR(p)-Prozess $Y_t = \varphi_1 Y_{t-1} + \ldots + \varphi_p Y_{t-p} + u_t$. Diese Erweiterung berücksichtigt eine komplexere Abhängigkeitsstruktur der Y als das Modell (14.4.3). Das Modell können wir in Analogie zu (14.4.3) schreiben als

$$\Delta Y_t = \delta Y_{t-1} + \beta_1 \Delta Y_{t-1} + \ldots + \beta_p \Delta Y_{t-p} + u_t \,. \tag{14.4.7}$$

Die Koeffizienten sind Funktionen der φ_i; beispielsweise ist $\delta = \varphi_1 + \ldots + \varphi_p - 1$. Der Test von H_0: $\delta = 0$ wird wie der Dickey-Fuller-Test ausgeführt: Die Teststatistik τ nach (14.4.4) wird mit den gleichen kritischen Schranken verglichen, die in der Tabelle 14.2 als Perzentile für das Modell (14.4.3) angegeben sind. Dieses Testverfahren wird der *augmented* Dickey-Fuller-Test oder ADF-Test genannt.

Beispiel 14.7 Ein AR(2)-Prozess

Das Modell, dem unser Y folgt, lautet $Y_t = \varphi_1 Y_{t-1} + \varphi_2 Y_{t-2} + u_t$. Das Charakteristische Polynom $\Phi(z) = 1 - \varphi_1 z - \varphi_2 z^2$ können wir schreiben als

$$\begin{aligned}\Phi(z) &= \Phi(1)z + (1-z)\psi(z)\\ &= (1-\varphi_1-\varphi_2)z + (1-z)(1-\varphi_2 z)\,;\end{aligned}$$

die Funktion $\psi(z) = 1 - \varphi_2 z$ findet man durch Koeffizientenvergleich. Daraus ergibt sich die Darstellung

$$\begin{aligned}\Delta Y_t &= (\varphi_1 + \varphi_2 - 1)Y_{t-1} - \varphi_2 \Delta Y_{t-1} + u_t\\ &= \delta Y_{t-1} - \varphi_2 \Delta Y_{t-1} + u_t \,.\end{aligned}$$

Der *Unit-root*-Test kann wie beim Dickey-Fuller-Test mittels der Teststatistik τ nach (14.4.4) erfolgen. Die Nullhypothese lautet H_0: $\delta = \varphi_1 + \varphi_2 - 1 = 0$.

Die Wurzeln z_1 und z_2 des Charakteristischen Polynoms $1 - \varphi_1 z - \varphi_2 z^2 = (1 - z_1 z)(1 - z_2 z)$ erfüllen die Beziehungen $z_1 + z_2 = \varphi_1$ und $z_1 z_2 = -\varphi_2$. In Abschnitt 13.4 haben wir gelernt, dass AR-Prozesse stationär sind, wenn für alle Wurzeln z_i ihres Charakteristischen Polynoms gilt: $|z_i| > 1$. Der AR(2)-Prozess ist stationär, wenn für beide Wurzeln ($i = 1, 2$) gilt: $|z_i| > 1$. Der *Unit-root*-Fall tritt ein, wenn für mindestens eine Wurzel gilt $z_1 = 1$; das entspricht dem Fall $\varphi_1 + \varphi_2 - 1 = 0$, dass also die Beziehung zwischen den Parametern gilt, die der Nullhypothese $\delta = 0$ entspricht.

Der ADF-Test kann in folgenden Schritten ausgeführt werden:

1. Regression von ΔY_t auf Y_{t-1} und $\Delta Y_{t-1}, \ldots, \Delta Y_{t-p}$.
2. Prüfung, ob der Regressionskoeffizient δ von Y_{t-1} kleiner als Null ist, durch Vergleich des erhaltenen Wertes der Teststatistik τ nach (14.4.4) mit den kritischen Schranken aus Tabelle 14.2; siehe auch Tabelle im Anhang G.

Analog zum Dickey-Fuller-Test kann das Modell um ein Interzept α oder um einen deterministischen Trend $\alpha + \beta t$ erweitert werden.

Die Ordnung p des AR(p)-Prozesses, den wir dem Modell des ADF-Tests zugrunde legen, ist uns im Allgemeinen nicht bekannt, wenn wir den Test ausführen. Es empfiehlt sich, zum Auffinden des korrekten Modells schrittweise vom allgemeinen zum engeren Modell vorzugehen. Dazu wird eine Obergrenze $p_{\max}$ der Ordnung p festgelegt; in der Folge wird die Ordnung so lange reduziert, bis der t-Test zu β_p aus (14.4.7) oder ein Informations-Kriterium wie das AIC anzeigt, dass ein korrekt spezifiziertes Modell gefunden wurde. Eine Formel zum Bestimmen von $p_{\max}$, die Schwert (1989) auf der Basis umfangreicher Monte Carlo Simulationen vorgeschlagen hat, empfiehlt

$$p_{\max} = \text{int}\{12(n/100)^{0.25}\}\,;$$

„int“ steht für das Abrunden des Arguments zur nächstkleineren Ganzzahl.

Beispiel 14.8 Privater Konsum, Fortsetzung

Wir wiederholen den Test auf Stationarität der Differenzen des Privaten Konsums aus Beispiel 14.6 mit Hilfe des ADF-Tests. Entsprechend der Formel von Schwert wählen wir für die Obergrenze $p_{\max}$ der Ordnung p den Wert 12. Zur Auswahl des Modells für den ADF-Test passen wir AR(p)-Prozesse, $p = 12, 11, \ldots$, an unsere Daten an. Die Tabelle 14.3 zeigt das AIC-Kriterium und den p-Wert des t-Tests zu β_p aus (14.4.7) für einige Ordnungen des AR-Modells.

Tabelle 14.3

Kriterien zur Auswahl der Ordnung des AR(p)-Prozesses für einige Werte von $p \le p_{\max} = 12$: AIC-Kriterium und p-Wert des t-Tests für β_p aus (14.4.7) sowie Teststatistik τ_μ des ADF-Tests.

Ordnung p	AIC	t-Test p-Wert	τ_μ
12	19.267	0.868	−3.01
8	19.246	0.818	−3.19
7	19.224	0.175	−3.50
6	19.222	0.274	−3.19
5	19.207	0.687	−3.02
4	19.184	0.521	−3.07
3	19.165	0.013	−3.44
2	19.193	0.086	−4.78

Das minimale AIC wird für $p = 3$ erreicht. Die angepasste Beziehung lautet $\Delta^2 Y_t = 1876.6 - 0.506\Delta Y_{1-1} - 0.514\,\Delta^2 Y_{t-1} - 0.375\,\Delta^2 Y_{t-2} - 0.224\,\Delta^2 Y_{t-3}$ mit $\bar{R}^2 = 0.514$. Der p-Wert zum t-Test für β_p zeigt mit 0.013 an, dass die Ordnung $p = 3$ passend ist. Der ADF-Test liefert $\tau_\mu = -3.44$, ein Wert, der knapp größer als das Perzentil für $p = 0.01$ ist (-3.48). Die p-Werte zu den Koeffizienten β_1 und β_2 der anderen Regressoren dieses Modells zeigen signifikante Beiträge an. Das Ergebnis bestätigt, dass die ersten Differenzen des Privaten Konsums ein stationärer Prozess sind, wie wir das in Beispiel 14.5 und 14.6 gefunden haben. Allerdings ist das Modell des Dickey-Fuller-Tests aus Beispiel 14.6 offensichtlich nicht korrekt spezifiziert, so dass wir Gefahr laufen, den Dickey-Fuller-Test auf Basis eines verzerrten Schätzers von δ auszuführen und zu einer fehlerhaften Entscheidung zu kommen.

Eine Alternative zum ADF-Test ist der Phillips-Perron-Test. Dabei erfolgt das Berücksichtigen der Abhängigkeitsstruktur nicht – wie beim ADF-Test – durch das Spezifizieren eines AR(p)-Prozesses mit $p > 1$ bzw. durch das Einbeziehen der Summanden $\beta_i \Delta Y_{t-i}$, $i > 1$, sondern durch eine nicht-parametrische Korrektur der t-Teststatistik für δ. Dabei wird der von Newey und West vorgeschlagene HAC-Schätzer – siehe Abschnitt 12.5 – für den Standardfehler des Schätzers d für δ verwendet. Die asymptotische Verteilung der Teststatistik des Phillips-Perron-Tests stimmt mit der des Dickey-Fuller-Tests überein.

14.5 Die Praxis der *Unit-root*-Tests

In Abschnitt 14.4 haben wir mehrfach darauf hingewiesen, dass das korrekte Spezifizieren des Modells, das dem *Unit-root*-Test zugrunde liegt, für das Anwenden des Tests und sein Ergebnis entscheidend ist. Ein im Modell nicht berücksichtigter, aber für die Erklärung der abhängigen Variablen relevanter Faktor kann verzerrte Schätzer zur Folge haben, was sich unmittelbar auf die Teststatistik des *Unit-root*-Tests auswirkt. Die Verteilung der Dickey-Fuller-Teststatistik hängt davon ab, ob das Modell ein Interzept oder einen deterministischen Trend enthält. Gleiches gilt für die Spezifikation der Abhängigkeitsstruktur. Für die Anwendung der *Unit-root*-Tests ist es also eine wesentlich Voraussetzung, dass die zur Verfügung stehenden diagnostischen Instrumente eingesetzt werden, um Fehlschlüsse zu vermeiden.

In Abschnitt 14.1 haben wir die Notwendigkeit gesehen, zwischen stochastischem und deterministischem Trend unterscheiden zu können. Auf die Frage, wie wir dabei vorgehen können, sind wir bisher noch nicht eingegangen. Mit dem Dickey-Fuller-Test können wir nur die Frage beantworten, ob die Zeitreihe durch einen stochastischen Trend beschrieben werden kann. Führen wir den *Unit-root*-Test beispielsweise auf Basis des Modells

$$\Delta Y_t = \alpha + \beta t + \delta Y_{t-1} + u_t \tag{14.5.1}$$

aus und verwerfen wir die Nullhypothese, so kann der datengenerierende Prozess sowohl einen stochastischen als auch einen deterministischen Trend enthalten.

Dickey und Fuller (1981) haben auch Testverfahren zum simultanen Testen mehrerer Parameter untersucht. Die Teststatistiken sind jeweils vom Typ eines Wald-Tests, also

$$F = \frac{S_R - S}{S} \frac{n-k}{r}\,; \qquad (14.5.2)$$

dabei ist S_R die Summe der quadrierten Residuen aus dem der Nullhypothese entsprechenden Modell, S die Summe der quadrierten Residuen aus dem nicht restringierten Modell, k die Anzahl der geschätzten Parameter des nicht restringierten Modells und r die Zahl der Restriktionen. Für die Verteilungen der Teststatistiken haben Dickey und Fuller Perzentile in Monte Carlo Simulationen geschätzt, von denen die Tabelle 14.4 einige wiedergibt; siehe auch Tabelle im Anhang G. Die Teststatistik nach (14.5.2) zum Testen der Nullhypothese

$$H_0 : \beta = \delta = 0$$

für die Parameter des Modells (14.5.1) gegen die Alternative, dass nicht beide Parameter den Wert Null haben, nennt man Φ_3; man verwirft die Nullhypothese, wenn Φ_3 größer als das entsprechende Perzentil aus Tabelle 14.4 ist. Analog testet man die Nullhypothese

$$H_0 : \alpha = \beta = \delta = 0$$

zu den Parametern des Modells (14.5.1) mit Φ_2. Mit der Teststatistik Φ_1 testet man die Nullhypothese

$$H_0 : \alpha = \delta = 0$$

zu den Parametern des Modells

$$\Delta Y_t = \alpha + \delta Y_{t-1} + u_t\,. \qquad (14.5.3)$$

Die Perzentile der Φ-Statistiken zeigen größere Werte, als wir sie für die analogen Perzentile der F-Verteilung erhalten würden.

Tabelle 14.4

Perzentile der Verteilungen von Dickey-Fuller's Φ-Statistiken.

		Perzentile für $p =$		
n		**0.90**	**0.95**	**0.99**
25	Φ_1	4.12	5.18	7.88
	Φ_2	4.67	5.68	8.21
	Φ_3	5.91	7.24	10.61
100	Φ_1	3.86	4.71	6.70
	Φ_2	4.16	4.88	6.50
	Φ_3	5.47	6.49	8.73
∞	Φ_1	3.78	4.59	6.43
	Φ_2	4.03	4.68	6.09
	Φ_3	5.34	6.25	8.27

14.5.1 Das Verfahren von Perron

Zum Entscheiden über die Art des datengenerierenden Prozesses einer Zeitreihe können wir das folgende iterative Verfahren verwenden, das von Perron (1988) vorgeschlagen wurde. Ausgangspunkt ist das Modell (14.5.1). Wenn auf irgendeiner Stufe des Verfahrens die Entscheidung lautet, dass $\delta < 1$, also keine *Unit-root* vorgefunden wurde, so endet das Verfahren mit der Entscheidung, die Zeitreihe sei stationär. Wird auf einer Stufe entschieden, dass α oder β von Null verschieden ist, so kann als Verteilung der Teststatistik des *Unit-root*-Tests die *t*- oder Normalverteilung verwendet werden. Das Perron'sche Verfahren umfasst folgende Stufen.

1. Ausgangspunkt ist das Modell

$$\Delta Y_t = \alpha + \beta t + \delta Y_{t-1} + u_t \,.$$

   Man testet $H_0^{(1)}$: $\delta = 0$ unter Verwendung von τ_τ. Wird $H_0^{(1)}$ verworfen, so entscheidet man, dass Y stationär ist. Andernfalls setzt man fort mit

2. Test von $H_0^{(2)}$: $\beta = \delta = 0$ unter Verwendung von Φ_3. Wird $H_0^{(2)}$ verworfen, entscheidet man also für $\beta \neq 0$, so testet man $H_0^{(2a)}$: $\delta = 0$ unter Verwendung der Normalverteilung:
   - Wird $H_0^{(2a)}$ verworfen, so entscheidet man, dass Y stationär ist.
   - Andernfalls entscheidet man, dass Y einen stochastischen Trend ($\delta = 0$) und ein Interzept ($\alpha \neq 0$) aufweist.

   Andernfalls geht man mit $\beta = 0$ über zum Modell

$$\Delta Y_t = \alpha + \delta Y_{t-1} + u_t$$

   und setzt fort mit

3. Test von $H_0^{(3)}$: $\delta = 0$ unter Verwendung von τ_μ. Wird $H_0^{(3)}$ verworfen, so entscheidet man, dass Y stationär ist. Andernfalls setzt man fort mit

4. Test von $H_0^{(4)}$: $\alpha = \delta = 0$ unter Verwendung von Φ_1. Wird $H_0^{(4)}$ verworfen, entscheidet man also für $\alpha \neq 0$, so testet man $H_0^{(4a)}$: $\delta = 0$ unter Verwendung der Normalverteilung:
   - Wird $H_0^{(4a)}$ verworfen, so entscheidet man, dass Y stationär ist.
   - Andernfalls entscheidet man, dass Y einen stochastischen ($\delta = 0$) und einen deterministischen Trend ($\beta \neq 0$) aufweist.

   Andernfalls geht man über zum Modell

$$\Delta Y_t = \delta Y_{t-1} + u_t$$

   und setzt fort mit

5. Test von $H_0^{(5)}$: $\delta = 0$ unter Verwendung von τ. Wird $H_0^{(5)}$ verworfen, so entscheidet man, dass Y stationär ist. Andernfalls entscheidet man, dass Y ein *random walk* und nicht-stationär ist.

Das Modell (14.5.1) ist gegebenenfalls um verzögerte Differenzen zu erweitern, so dass der Ausgangspunkt ein ADF-Modell ist, dessen Ordnung etwa mit Hilfe des AIC – siehe Abschnitt 14.4 – zu bestimmen ist.

Beispiel 14.9 Privater Konsum, Fortsetzung

In Beispiel 14.8 haben wir als Ordnung des ADF-Modells für die Differenzen des Privaten Konsums den Wert $p = 3$ gefunden. Den Wert $p = 3$ erhalten wir auch für die Ordnung des ADF-Modells, wenn wir einen deterministischen Trend zulassen. Die angepasste Beziehung lautet

$$\Delta^2 Y_t = 1878.7 - 0.03\,t - 0.506\Delta\,Y_{1-1} - 0.514\,\Delta^2 Y_{t-1} - 0.375\,\Delta^2 Y_{t-2} - 0.224\,\Delta^2 Y_{t-3}$$

mit $\bar{R}^2 = 0.510$. Für den p-Wert des LM-Tests nach Breusch-Godfrey erhalten wir 0.78, so dass wir davon ausgehen, dass auch die Abhängigkeitsstruktur durch diese Regressionsbeziehung adäquat beschrieben ist. Wir wenden nun das Perron'sche Verfahren an.

1. Der ADF-Test liefert $\tau_\tau = -3.42$, ein Wert, der knapp größer als das Perzentil für $p = 0.05$ ist (-3.45). Auf einem Signifikanzniveau von 0.05 können wir uns für Stationarität entscheiden. Da der Wert von τ_τ diese Entscheidung nur sehr knapp stützt, setzen wir das Verfahren so fort, als hätten wir uns für $\delta = 0$ entschieden.
2. Zum Test von $H_0^{(2)}$: $\beta = \delta = 0$ verwenden wir
$$\Phi_3 = \frac{1.59\,10^9 - 1.49\,10^9}{1.49\,10^9}\;\frac{132-6}{2} = 6.083\,;$$
das 0.95-Perzentil von Φ_3 hat für $n = 100$ den Wert 6.49, für $n = 250$ den Wert 6.34. Auch hier ist die Entscheidung knapp: Wir verwerfen $H_0^{(2)}$ nicht und gehen über zum Modell ohne Trend.
3. Die angepasste Beziehung lautet
$\Delta^2 Y_t = 1876.6 - 0.506\Delta\,Y_{1-1} - 0.514\,\Delta^2 Y_{t-1} - 0.375\,\Delta^2 Y_{t-2} - 0.224\,\Delta^2 Y_{t-3}$.
Der ADF-Test liefert $\tau_\mu = -3.44$, ein Wert, der knapp größer als das Perzentil für $p = 0.01$ ist (-3.48). Wir entscheiden uns für Stationarität.

Der Test von $H_0^{(4)}$: $\alpha = \delta = 0$ würde einen Wert für Φ_1 von 8.76 ergeben, der deutlich zum Verwerfen von $H_0^{(4)}$ Anlass geben würde. Allerdings ist schwer zu entscheiden, wie viel dazu beiträgt, dass $\alpha \neq 0$, was etwa die Abbildung 14.1 nahe legt.

14.A Aufgaben

14.A.1 Empirische Anwendungen

1. Die Zeitreihe PYR der AWM-Datenbasis enthält das verfügbare Einkommen der Haushalte (*Household's Disposable Income*). (a) Zeichnen Sie ein Zeitreihendiagramm und ermitteln Sie das Korrelogramm; (b) überprüfen Sie, ob (i) die Niveauwerte, (ii) die ersten Differenzen oder (iii) die zweiten Differenzen stationäre Prozesse sind; (c) bestimmen Sie die Ordnung der Integration von PYR.
2. Führen Sie die Analysen der Aufgabe 1 für die Zeitreihen PCD der AWM-Datenbasis aus; PCD ist der Deflator des Privaten Konsums.
3. Überprüfen Sie, welche der folgenden Zeitreihen der AWM-Datenbasis integriert von der Ordnung 0, 1 bzw. 2 sind: (a) FDD (*Total Demand*), (b) GLN (*Gov. Net Lending, nominal*), (c) ITR (*Gross Investment, real*), und (d) YER (*GDP, real*).
4. Generieren Sie für den Beobachtungsbereich 1970:1 bis 2002:4 zwei *Random walk*-Prozesse nach $X_t = X_{t-1} + u_t^{(1)}$ und $Y_t = Y_{t-1} + u_t^{(2)}$. Die Störgrößen $u^{(1)}$ und $u^{(2)}$ sind Weißes Rauschen mit $\sigma_1^2 = \sigma_2^2 = 1$, die unabhängig voneinander erzeugt werden. (a) Schätzen Sie das Modell $Y_t = \alpha + \beta t + v_t$; (b) schätzen Sie das Modell $\text{PCR}_t = \alpha + \beta t + v_t$ für die Zeitreihe PCR aus der AWM-Datenbasis; (c) schätzen Sie das Modell $Y_t = \alpha + \beta X_t + v_t$; (d) diskutieren Sie die Ergebnisse aus (a) bis (c) im Licht des Abschnitts 14.2.

14.A.2 Allgemeine Aufgaben und Probleme

1. Zeigen Sie, dass das Charakteristische Polynom $\Phi(z) = 1 - \varphi_1 z - \varphi_2 z^2$ des AR(2)-Prozesses geschrieben werden kann als

$$\Phi(z) = \Phi(1)z + (1 - z)\psi(z)$$

mit $\psi(z) = 1 - \varphi_2 z$.

14.E Hinweise zu `EViews`: Trends und *Unit-root*-Tests

In `EViews` stehen als *Unit-root*-Tests der Dickey-Fuller-Test oder DF-Test, der erweiterte Dickey-Fuller-Test oder ADF-Test und der Phillips-Perron-Test zur Verfügung. Alle Tests können für Modelle ohne Interzept, mit Interzept und mit linearem Trend in der Zeit durchgeführt werden.

Um diese Tests auszuführen, muss die interessierende Variable im entsprechenden Variablen-Fenster (*series windows*) angezeigt werden. Dort klickt man auf die Schaltfläche `View` und wählt unter den dann offerierten Menüpunkten den Punkt `Unit Root Test ...`. Das Anklicken führt zu einem Eingabefenster, in dem unter den Testverfahren und den alternativen Spezifikationen ausgewählt werden kann.

- Wählt man den Augmented Dickey-Fuller-Test, so ist die Ordnung p des AR-Prozesses bzw. die Anzahl der im Modell (14.4.7) zu berücksichtigenden, verzögerten Differenzen anzugeben. Gibt man als diese Anzahl den Wert Null ein, so wird der (nicht erweiterte) Dickey-Fuller-Test ausgeführt.
- Beim Phillips-Perron-Test wird die Abhängigkeitsstruktur der Zeitreihe als Korrektur nach Newey und West für den Schätzer der Kovarianzmatrix berücksichtigt; siehe Abschnitt 12.5. Beim Anwählen des Phillips-Perron-Tests ist daher das *truncation lag* einzugeben, das ist die Anzahl der Summanden, die in die Schätzung der Kovarianzmatrix einzubeziehen sind.

Die *Unit-root*-Tests können für (a) die Niveauwerte der interessierenden Variablen oder für (b) ihre ersten oder (c) ihre zweiten Differenzen ausgeführt werden.

Im Output-Fenster werden (a) der Wert der Teststatistik mit einigen Perzentilen ihrer Verteilung (kritische Werte nach MacKinnon) und (b) der übliche Output zur Analyse des entsprechenden Modells angezeigt, das als Basis des *Unit-root*-Tests gewählt wurde.

Instrumentvariablen-Schätzung

15

ÜBERBLICK

Die Annahme **A4** der Regressionsanalyse verlangt, dass die Regressoren **exogen**, d.h. unabhängig von den Störgrößen generiert werden. Bei praktischen Anwendungen wird diese Annahme häufig nicht zutreffen. Die Konsequenz sind verzerrte und nicht konsistente Schätzer der Regressionskoeffizienten. Als Alternative kann die Hilfsvariablen- oder Instrumentvariablen-Schätzung oder kurz IV-Schätzung angewendet werden. Es werden so genannte **Instrumente** gesucht, Variable, die mit den zu ersetzenden Regressoren hoch, mit den Störgrößen möglichst unkorreliert sind. Auf Basis dieser Instrumente werden **Hilfsvariable** bestimmt, durch die jene Regressoren ersetzt werden, bei denen die Annahme der Exogenität nicht zutrifft. Schließlich werden Verfahren benötigt, mit deren Hilfe die Voraussetzungen der Instrumentvariablen-Schätzung beurteilt werden können. So kann mit Hilfe des **Hausmann-Wu-Tests** entschieden werden, ob die in einem Modell verwendeten Regressoren exogen sind.

Nach einer Einleitung werden in Abschnitt 15.2 die Konsequenzen nicht exogener Regressoren für die OLS-Schätzung erörtert. In Abschnitt 15.3 wird die Instrumentvariablen-Schätzung definiert und die Eigenschaften der so erhaltenen Schätzer diskutiert. Der Abschnitt 15.4 befasst sich mit dem Berechnen der IV-Schätzer. Schließlich werden in Abschnitt 15.5 Verfahren zum Beurteilen der Voraussetzungen der IV-Schätzung behandelt.

15.1 Einleitung

Die Annahme **A4** unterstellt, dass die Regressoren unabhängig von den Störgrößen generiert werden, eine Eigenschaft der Regressoren, die Exogenität genannt wird. Für das Modell $Y = \mathbf{x}'\boldsymbol{\beta} + u$ impliziert diese Annahme nicht nur, dass für jedes t die Komponenten von $\mathbf{x}_t$ mit u_t unkorreliert sind, dass also keine kontemporäre Korrelation besteht. Auch Beobachtungen X_{si} des i-ten Regressors aus einer von t verschiedenen Periode s müssen mit u_t unkorreliert sein; es darf also auch keine intertemporäre Korrelation bestehen. Dass diese Annahme nicht immer realistisch sein wird, soll anhand einiger Beispiele demonstriert werden.

Beispiel 15.1 **Konsumfunktion**

Im Modell für den Konsum

$$C = \beta_1 + \beta_2 Y + u$$

wird das Einkommen Y als Regressor verwendet. Nun ist der Konsum nur eine von mehreren Komponenten der Verwendung des Einkommens; andere Komponenten sind Investitionen oder die Ausgaben der Öffentlichen Hand. Die Variable Y können wir also schreiben als Summe $Y = C + R$, wobei R für alle anderen Komponenten von Y steht. Für $\text{Cov}\{Y, u\}$ ergibt sich dann $\text{Cov}\{Y, u\} = \sigma^2/(1 - \beta_2) \neq 0$; zwischen Einkommen und Störgrößen besteht kontemporäre Korrelation.

Beispiel 15.2 Regressor mit Messfehler

Wir nehmen an, der Regressor X im Modell $Y = \beta_1 + \beta_2 X + u$ kann nur mit einem Messfehler ε beobachtet werden; ε sei Weißes Rauschen mit Varianz σ_e^2. Wir beobachten also nicht X, sondern

$$X^* = X + \varepsilon\,.$$

Anstelle des oben spezifizierten Modells analysieren wir das Modell

$$Y = \beta_1 + \beta_2 X^* + v$$

mit $v = u - \beta_2\varepsilon$. Aus $\mathrm{Cov}\{X^*, v\} = \mathrm{E}\{X^* u\} - \beta_2 \mathrm{E}\{X^* \varepsilon\} \neq 0$ sehen wir, dass der tatsächlich verwendete Regressor X^* mit der effektiven Störgröße v kontemporär korreliert ist.

Beispiel 15.3 Dynamische Regression

Im Kapitel 13 über Zeitreihen-Modelle haben wir davon Gebrauch gemacht, dass der aktuelle Wert der abhängigen Variablen oft in hohem Maß durch ihre eigene Vergangenheit erklärt werden kann. Wir spezifizieren für Y beispielsweise das AR(1)-Modell

$$Y_t = \alpha + \varphi Y_{t-1} + u_t\,.$$

Der Regressor Y_{t-1} ist unkorreliert mit u_t; es besteht also keine kontemporäre Korrelation zwischen Regressor und Störgröße. Allerdings ist Y_{t-1} mit u_{t-1} korreliert: Der Regressor der aktuellen Periode t ist mit der Störgröße der Vorperiode korreliert; wir haben einen Fall der intertemporären Korrelation. Diese Überlegungen gelten, wenn u die Eigenschaften von Weißem Rauschen hat. Es gibt natürlich auch Situationen, in denen die Störgrößen eine bestimmte Abhängigkeitsstruktur aufweisen und kein Weißes Rauschen sind. Ursache dafür könnte etwa ein nicht berücksichtigter relevanter Regressor mit Trend sein. Dann sind sowohl Y_{t-1} als auch u_t mit u_{t-1} korreliert; also Folge davon ist Y_{t-1} auch mit u_{t-1} korreliert und es liegt ein Fall von sowohl kontemporärer als auch intertemporärer Korrelation vor.

Beispiel 15.4 **Mehrgleichungs-Modelle**

Ökonomische Phänomene werden meist durch das Verhalten von mehr als nur einer abhängigen Variablen charakterisiert. Dementsprechend werden zu ihrer Beschreibung mehr als eine Modellgleichung benötigt. Typischerweise (i) sind die Störgrößen der verschiedenen Gleichungen kontemporär korreliert und (ii) werden abhängige Variable auch als Regressoren verwendet. Daraus ergibt sich, dass es in der Regel irgendwelche Regressoren gibt, die mit den Störgrößen korreliert sind. Enthält das Modell dynamische Komponenten, so wird auch intertemporäre Korrelation vorliegen.

Wir haben die üblichen Fragen zu stellen: Was sind die Konsequenzen der nicht erfüllten Annahme **A4**? Wie können wir herausfinden, ob die Annahme **A4** erfüllt ist oder nicht? Und was können und sollen wir tun, um nachteilige Konsequenzen zu vermeiden, wenn die Annahme **A4** nicht erfüllt ist? Im Mittelpunkt des Kapitels steht das Verfahren der Instrumentvariablen-Schätzung, mit dem wir hoffen, die Konsequenzen von nicht zutreffender Exogenität zu vermeiden, und das als Erweiterung unseres Repertoires an Schätzverfahren in späteren Kapiteln eine wichtige Rolle spielen wird.

15.2 Mit den Störgrößen korrelierte Regressoren

Wir gehen wieder vom Modell

$$\mathbf{y} = \mathbf{X}\boldsymbol{\beta} + \mathbf{u}$$

aus; die Störgrößen u sind Weißes Rauschen. Der Erwartungswert der OLS-Schätzer $\mathbf{b} = \boldsymbol{\beta} + (\mathbf{X}'\mathbf{X})^{-1}\mathbf{X}'\mathbf{u}$ ergibt sich zu

$$\mathrm{E}\{\mathbf{b}\} = \boldsymbol{\beta} + \mathrm{E}\{(\mathbf{X}'\mathbf{X})^{-1}\mathbf{X}'\mathbf{u}\}\,.$$

Sind $\mathbf{X}$ und $\mathbf{u}$ unabhängige Größen, gilt also die Annahme **A4**, so ist der zweite Summand ein Vielfaches von $\mathrm{E}\{\mathbf{u}\} = \mathbf{0}$ und daher ein Null-Vektor. Die OLS-Schätzer sind unverzerrt. Trifft hingegen die Annahme **A4** nicht zu, so enthält der zweite Summand die Bias-Komponenten der Schätzer, über die nicht viel mehr gesagt werden kann, als dass sie von Null verschieden sind; die OLS-Schätzer sind verzerrt.

Was können wir über das asymptotische Verhalten von $\mathbf{b}$ sagen? Der OLS-Schätzer $\mathbf{b}$ ist konsistent, wenn $\operatorname{plim}\mathbf{b} = \boldsymbol{\beta} + \operatorname{plim}(n^{-1}\mathbf{X}'\mathbf{X})^{-1}\operatorname{plim}(n^{-1}\mathbf{X}'\mathbf{u}) = \boldsymbol{\beta}$. Wir gehen davon aus, dass die Annahme **A3** erfüllt ist, dass also $\mathbf{X}$ so beschaffen ist, dass $\operatorname{plim}(n^{-1}\mathbf{X}'\mathbf{X}) = \mathbf{Q}$, wobei $\mathbf{Q}$ eine nicht-singuläre Matrix ist. Konsistenz hängt also vom k-Vektor $\mathbf{q} = \operatorname{plim}(n^{-1}\mathbf{X}'\mathbf{u})$ ab, der die asymptotische Beziehung zwischen den Regressoren und den Störgrößen beschreibt: $\mathbf{q} \neq \mathbf{0}$ können wir als asymptotische Unkorreliertheit interpretieren.

- Sind die Störgrößen und die Regressoren asymptotisch unkorreliert, gilt also $\mathbf{q} = \mathbf{0}$, so ergibt sich $\operatorname{plim}\mathbf{b} = \boldsymbol{\beta}$; die OLS-Schätzer $\mathbf{b}$ sind dann auch bei nicht exogenen Regressoren konsistente Schätzer.

- Sind die Störgrößen mit mindestens einem Regressor asymptotisch korreliert, gilt also $\mathbf{q} \neq \mathbf{0}$, so ergibt sich $\text{plim}\,\mathbf{b} \neq \boldsymbol{\beta}$; so sind die OLS-Schätzer **b** nicht konsistent.

Die Konsequenz von nicht exogenen Regressoren oder nicht erfüllter Annahme **A4** ist also, dass wir mit verzerrten OLS-Schätzern rechnen müssen, wobei der Bias auch bei großem Umfang der verfügbaren Daten nur dann vernachlässigbar sein wird, wenn die Korrelation zwischen den Regressoren und den Störgrößen asymptotisch gegen Null geht.

Wie wir sehen werden, ist die Instrumentvariablen-Schätzung ein Verfahren, das konsistente Schätzer auch dann liefert, wenn die Annahme **A4** nicht zutrifft.

15.3 Instrumentvariablen-Schätzer: Die Idee

Die Idee der Instrumentvariablen- oder Hilfsvariablen-Schätzung soll an einem Beispiel illustriert werden.

Beispiel 15.5 Konsumfunktion, Fortsetzung

Im Beispiel 15.1 haben wir argumentiert, dass das Einkommen Y im Modell für den Konsum

$$C = \beta_1 + \beta_2 Y + u$$

wegen der Beziehung $Y = C + R$ mit der Störgröße korreliert ist: $\text{Cov}\{Y, u\} \neq 0$; dabei steht R für alle anderen Komponenten des Einkommens Y außer C. Wir verwenden die Jahresdifferenzen der logarithmierten Zeitreihen PCR (Privater Konsum) und PYR (Verfügbares Einkommen der Haushalte) aus der AWM-Datenbasis und finden die Beziehung

$$\hat{C} = 0.011 + 0.717\, Y\,,$$

wobei C und Y jeweils für Differenzen der Logarithmen, also für Zuwachsraten stehen; die t-Statistik zu b_2 beträgt 17.85,; für das Bestimmtheitsmaß erhalten wir $R^2 = 0.717$ und für die Durbin-Watson-Statistik $d = 0.633$. Nach dem in Abschnitt 15.2 Gesagten müssen wir damit rechnen, dass die OLS-Schätzer b_1 und b_2 weder erwartungstreu noch konsistent sind. Wir sollten uns einen anderen Regressor suchen, der das Einkommen repräsentiert und von den Störgrößen unabhängig ist.

Ein Regressor, den wir anstelle von Y verwenden können und mit dem wir das Problem des mit den Störgrößen korrelierten Regressors vielleicht vermeiden können, ist das Einkommen der Vorperiode. Das um eine Periode verzögerte Einkommen Y_{t-1} ist mit u_t nicht korreliert: die beiden Größen werden in unterschiedlichen Perioden realisiert. Wir können aber annehmen, dass Y_{t-1} mit Y_t sehr hoch korreliert und daher ein fast so guter Regressor ist wie Y_t. Für das modifizierte Modell ergibt sich die Regressionsbeziehung

$$\hat{C} = 0.012 + 0.683\, Y_{-1}$$

mit der t-Statistik zu b_2 von 13.99, $R^2 = 0.610$ und $d = 0.897$. Die Werte der Koeffizienten haben sich etwas verändert; möglicherweise sind wir das Problem der verletzten Annahme **A4** losgeworden und ist der Schätzer für β_2 nun unverzerrt. Die Werte der t-Statistik und für R^2 sind etwas schlechter geworden, ein Preis, den wir offensichtlich für die Verbesserung der Schätzer bezahlen.

Die Instrumentvariablen-Schätzung beruht auf der Idee, die mit den Störgrößen korrelierten Regressoren durch solche Regressoren zu ersetzen, die mit den Störgrößen nicht korreliert sind; sinnvoll wird das nur sein, wenn diese ersatzweisen Regressoren mit den ersetzten Regressoren hoch korreliert sind. Der Preis, den wir dafür zahlen, werden schlechtere Charakteristika der Modellanpassung sein.

Die $(n \times k)$-Matrix $\mathbf{W}$ enthalte die Beobachtungen von k Variablen und habe die Eigenschaften

$$\begin{aligned} \text{plim}(n^{-1}\mathbf{W}'\mathbf{u}) &= \mathbf{0}, \\ \text{plim}(n^{-1}\mathbf{W}'\mathbf{X}) &= \mathbf{Q}_{wx}, \quad r(\mathbf{Q}_{wx}) = k, \\ \text{plim}(n^{-1}\mathbf{W}'\mathbf{W}) &= \mathbf{Q}_{w}, \quad r(\mathbf{Q}_{w}) = k, \end{aligned} \tag{15.3.1}$$

d.h., die den Spalten von $\mathbf{W}$ entsprechenden Variablen sind (a) asymptotisch unkorreliert mit den Störgrößen u, und sie sind (b) asymptotisch korreliert mit den Regressoren in $\mathbf{X}$; für die Variablen in $\mathbf{W}$ gilt (c) eine Bedingung analog zur Annahme **A3** für $\mathbf{X}$. Variable mit diesen Eigenschaften nennen wir Instrumente oder erzeugende Variable.

Die **Instrumentvariablen-Schätzer** oder kurz IV-Schätzer $\tilde{\mathbf{b}}$ sind definiert als

$$\tilde{\mathbf{b}} = (\mathbf{W}'\mathbf{X})^{-1}\mathbf{W}'\mathbf{y}. \tag{15.3.2}$$

Wir nennen $\tilde{\mathbf{b}}$ auch Hilfsvariablen-Schätzer.

Die Anzahl der Instrumente, d.h. die Anzahl der Spalten in $\mathbf{W}$, ist nicht auf k beschränkt. Der Verallgemeinerte IV-Schätzer ist definiert auf Basis der $(n \times p)$-Matrix $(p \geq k)$ $\mathbf{W}$ von Instrumenten, die zu (15.3.1) analoge Eigenschaften erfüllen müssen. Der Verallgemeinerte IV- oder GIV-Schätzer, im Englischen *generalized instrumental variable*-Schätzer, ist definiert als

$$\tilde{\mathbf{b}} = (\hat{\mathbf{X}}'\hat{\mathbf{X}})^{-1}\hat{\mathbf{X}}'\mathbf{y} \tag{15.3.3}$$

mit OLS-Schätzern $\hat{\mathbf{X}} = \mathbf{W}(\mathbf{W}'\mathbf{W})^{-1}\mathbf{W}'\mathbf{X} = \mathbf{P}_w\mathbf{X}$ mit der Projektionsmatrix $\mathbf{P}_w$ aus der Regression von $\mathbf{X}$ auf $\mathbf{W}$. Die Spalten von $\hat{\mathbf{X}}$ werden die Hilfsvariablen oder Instrumentvariablen genannt.

Wegen der Idempotenz von $\mathbf{P}_w$ können wir den GIV-Schätzer auch schreiben als $\tilde{\mathbf{b}} = (\mathbf{X}'\mathbf{P}_w\mathbf{X})^{-1}\mathbf{X}'\mathbf{P}_w\mathbf{y}$. Gilt $p = k$ und $r(\mathbf{W}'\mathbf{X}) = k$, so erhalten wir für den GIV-Schätzer den Ausdruck

$$\tilde{\mathbf{b}} = (\mathbf{W}'\mathbf{X})^{-1}\mathbf{W}'\mathbf{y},$$

d.i. die Definition (15.3.2) des IV-Schätzers; GIV- und IV-Schätzer sind dann identisch.

Man kann zeigen, dass die IV-Schätzer die folgenden Eigenschaften haben:

- Die IV-Schätzer sind konsistent, es gilt also $\text{plim}\,\tilde{\mathbf{b}} = \boldsymbol{\beta}$.
- Die Kovarianzmatrix ergibt sich bei großem n näherungsweise zu

  $$\tilde{\sigma}^2(\hat{\mathbf{X}}'\hat{\mathbf{X}})^{-1};$$

  die geschätzte Varianz $\tilde{\sigma}^2$ der Störgrößen wird auf Basis der IV-Residuen $\tilde{\mathbf{e}} = \mathbf{y} - \mathbf{X}\tilde{\mathbf{b}}$ ermittelt (siehe unten). Die IV-Schätzer sind nicht effizient; man kann zeigen, dass die Varianzen der IV-Schätzer umso größer sind, je kleiner die Korrelationen zwischen den Instrumenten und den mit den Störgrößen korrelierten Regressoren sind.
- Die IV-Schätzer sind asymptotisch normalverteilt; bei großem n gilt näherungsweise

  $$\tilde{\mathbf{b}} \dot{\sim} N\left[\boldsymbol{\beta}, \sigma^2(\hat{\mathbf{X}}'\hat{\mathbf{X}})^{-1}\right].$$

Zum Schätzen der Varianz der Störgrößen wenden wir den üblichen Varianz-Schätzer

$$\tilde{\sigma}^2 = \frac{1}{n-k}\,\tilde{\mathbf{e}}'\tilde{\mathbf{e}}$$

auf die IV-Residuen $\tilde{\mathbf{e}} = \mathbf{y} - \mathbf{X}\tilde{\mathbf{b}}$ an.

15.4 Berechnung der IV-Schätzer

Zum Berechnen der IV-Schätzer wird ein zweistufiges Verfahren angewendet.

1. Auf der ersten Stufe wird jeder Regressor X_i, also jede der k Spalten aus $\mathbf{X}$, auf die p Instrumente, die Spalten von $\mathbf{W}$, regressiert und mit Hilfe dieser Regressionsbeziehungen die Hilfsvariablen als Prognosen oder Schätzwerte $\hat{X}_i$ ermittelt. Die Matrix der Hilfsvariablen schreiben wir als

   $$\hat{\mathbf{X}} = \mathbf{P}_w\mathbf{X} = \mathbf{W}(\mathbf{W}'\mathbf{W})^{-1}\mathbf{W}'\mathbf{X}$$

   mit $\mathbf{P}_w = \mathbf{W}(\mathbf{W}'\mathbf{W})^{-1}\mathbf{W}'$.
2. Aus dem Modell $\mathbf{y} = \hat{\mathbf{X}}\boldsymbol{\beta} + \mathbf{u}$ ergeben sich die IV-Schätzer

   $$\tilde{\mathbf{b}} = (\mathbf{X}'\mathbf{P}_w\mathbf{X})^{-1}\mathbf{X}'\mathbf{P}_w\mathbf{y}$$

   durch OLS-Anpassung.

Damit dieses Verfahren durchgeführt werden kann, muss die so genannte **Ordnungsbedingung** erfüllt sein: Der Rang p der Matrix $\mathbf{W}$, also die Anzahl der Instrumente, muss mindestens so groß wie die Anzahl k der Regressoren bzw. die Anzahl der zu schätzenden Koeffizienten sein. Andernfalls wäre $r(\hat{\mathbf{X}}) = p < k$ und die Schätzer der zweiten Stufe nicht definiert.

Bei der Konstruktion der Matrix $\mathbf{W}$ gehen wir wie folgt vor:

- Für jeden mit den Störgrößen korrelierten Regressor wählen wir ein oder mehrere geeignete Instrumente.
- Anschließend fügen wir jene Spalten aus $\mathbf{X}$ als weitere Spalten zur Matrix $\mathbf{W}$ hinzu, die exogenen Regressoren entsprechen.

Beim Ermitteln der Hilfsvariablen auf der ersten Stufe der IV-Schätzung wirkt sich diese Konstruktion der Matrix **W** auf exogene Variable folgendermaßen aus: Durch das Regressieren einer exogene Variable X_i auf die Spalten von **W** erhalten wir die Beziehung $\hat{X}_i = X_i$; für exogene Variable erhalten wir als Hilfsvariable die ursprüngliche Variable.

Die folgende Eigenheit des zweistufigen Verfahrens ist zu beachten. Wenn wir die OLS-Anpassung der zweiten Stufe ausführen, werden Residuen **e** berechnet zu

$$\mathbf{e} = \mathbf{y} - \hat{\mathbf{X}}\tilde{\mathbf{b}}\,.$$

Diese Residuen sind allerdings verschieden von den IV-Residuen

$$\tilde{\mathbf{e}} = \mathbf{y} - \mathbf{X}\tilde{\mathbf{b}}\,.$$

Die auf der zweiten Stufe ermittelten Charakteristika wie die t-Statistiken, das Bestimmtheitsmaß R^2 und die geschätzte Varianz $\tilde{\sigma}^2$, die auf Basis der Residuen **e** errechnet werden, sind nicht jene Charakteristika, die wir auf Basis der IV-Residuen $\tilde{\mathbf{e}}$ erhalten und zur Bewertung der IV-geschätzten Regressionsbeziehung verwenden müssen.

Beispiel 15.6 Konsumfunktion, Fortsetzung

Im Beispiel 15.5 haben wir Daten aus der AWM-Datenbasis verwendet, um die Konsumfunktion $C = \beta_1 + \beta_2 Y + u$ zu schätzen. Da wir vermutet haben, dass das Einkommen Y mit den Störgrößen korreliert, haben wir der OLS-Schätzung $\hat{C} = 0.011 + 0.717\,Y$ die Beziehung $\hat{C} = 0.012 + 0.683\,Y_{-1}$ gegenübergestellt. Dabei sind wir davon ausgegangen, dass das Einkommen der Vorperiode, also das um eine Periode verzögerte Einkommen Y_{-1}, mit u nicht und mit dem Einkommen Y hoch korreliert ist, und dass wir damit nicht-konsistente Schätzer vermeiden können.

Wenn das verzögerte Einkommen die erwähnten Eigenschaften hat, so hat es genau jene Eigenschaften, die sie als Instrument geeignet machen. Wir können damit das zweistufige Verfahren zur IV-Schätzung anwenden. Die Regression der ersten Stufe ergibt sich zu

$$\hat{Y} = 0.002 + 0.891\,Y_{-1}$$

mit einer t-Statistik von 23.02, einem $R^2 = 0.809$ und $d = 2.061$. Die zweite Stufe liefert

$$\hat{C} = 0.010 + 0.767\,\hat{Y}\,;$$

die t-Statistik zu b_2 beträgt 16.21, $R^2 = 0.710$ und $d = 0.639$. Die Werte der Koeffizienten haben sich gegenüber dem ursprünglichen Modell (0.717) vergrößert; mit dem Wert, den wir beim direkten Ersetzen von Y durch Y_{-1} erhalten haben, sind diese Werte nicht vergleichbar. Die Werte der t-Statistik und für R^2 haben sich von 17.85 und 0.717 in geringem Ausmaß verschlechtert. In Beispiel 15.5 hat sich R^2 wesentlich stärker, auf 0.610, verringert.

Bei der praktischen Anwendung der IV-Schätzung sind wir mit folgenden Problemen konfrontiert:

- Wir haben Variable in der notwendigen Anzahl festgelegt, die als Instrumente geeignet sind. Bei der Auswahl haben wir meist viele Möglichkeiten; generell ist uns eine Variable umso lieber, je stärker sie mit den zu ersetzenden Variablen korreliert. Allerdings gibt es kein Verfahren, mit dessen Hilfe wir zeigen können, ob ein potentielles Instrument mit den Störgrößen unkorreliert ist. Typischerweise in Frage kommende Instrumente sind
  - Variable, die uns die ökonomische Theorie nahe legt;
  - die verzögerte, abhängige Variable Y_{-1}, wenn die Störgrößen u nicht seriell korreliert sind;
  - als Instrument an Stelle einer bestimmten Variablen (i) die Ränge ihrer nach steigenden Werten sortierten Beobachtungen oder (ii) die Dummy-Variable mit dem Wert „-1" für Beobachtungen mit Werten kleiner als der Median und mit „$+1$" für Werte größer als der Median.
- Wenn wir die IV-Schätzung verwenden, um die Konsistenz unserer Schätzer zu erreichen, zahlen wir für diese Konsistenz auch einen Preis, nämlich größere Variabilität und geringere Effizienz der Schätzer.

15.5 Bewertung von Regressoren

Wir behandeln hier zwei Testverfahren, mit deren Hilfe wir das Zutreffen von Voraussetzungen der IV-Schätzung beurteilen können:

- Den Hausman-Wu-Test, mit dem wir die Exogenität von Regressoren überprüfen können, und
- den Sargan-Test, der uns die Eignung von Variablen als Instrumente in der IV-Schätzung anzeigt.

15.5.1 Der Hausman-Wu-Test

Exogenität der Regressorvariablen ist eine Voraussetzung dafür, dass wir konsistente OLS-Schätzer der Regressionskoeffizienten erhalten. Daher ist das Testen der Exogenität der Regressoren ein wichtiges Verfahren für alle ökonometrischen Anwendungen. Ein entsprechendes Verfahren ist der Hausman-Wu-Test, der IV-Schätzer der Regressionskoeffizienten mit OLS-Schätzern vergleicht. Sind die Regressoren exogen, so sind sowohl die OLS- als auch die IV-Schätzer konsistent, und für die Differenz der beiden Schätzer werden wir Werte nahe bei Null erwarten können.

Wir gehen von dem Modell

$$\mathbf{y} = \mathbf{X}\boldsymbol{\beta} + \mathbf{u} = \mathbf{Y}_1\boldsymbol{\alpha} + \mathbf{Z}\boldsymbol{\gamma} + \mathbf{u} \tag{15.5.1}$$

aus. Die r Regressoren aus $\mathbf{Y}_1$ sind möglicherweise mit den Störgrößen $\mathbf{u}$ korreliert; die $k-r$ Regressoren aus $\mathbf{Z}$ sind exogen. Wir definieren den r-Vektor $\mathbf{q} = \text{plim}(n^{-1}\mathbf{Y}_1'\mathbf{u})$. Die Nullhypothese der Exogenität schreiben wir als

$$H_0: \mathbf{q} = \mathbf{0};$$

sie soll gegen die unspezifische Alternative H_1: $\mathbf{q} \neq \mathbf{0}$ getestet werden. Die Test-Statistik des Hausman-Wu-Tests ist definiert als

$$T^{HW} = \frac{S_0 - S_1}{\tilde{\sigma}^2}\,. \tag{15.5.2}$$

Dabei ist $S_0 = e'e$ die Summe der quadrierten OLS-Residuen aus der Anpassung des Modells (15.5.1), und S_1 die Summe der quadrierten Residuen aus der Hilfsregression, bei der das Modell (15.5.1) um r Regressoren erweitert wurde. Diese Regressoren sind die Hilfsvariablen, die Spalten von $\hat{\mathbf{Y}}_1$, die wir durch Regression der Regressoren aus $\mathbf{Y}_1$ auf geeignete Instrumente erhalten. Der Nenner $\tilde{\sigma}^2$ ist die konsistent geschätzte Varianz der Störgrößen. Unter H_0 ist T^{HW} näherungsweise Chi-Quadrat verteilt:

$$T^{HW} \dot{\sim} \chi^2(r)\,.$$

Aus dem Verwerfen der Nullhypothese schließen wir, dass die Regressoren Y_1 nicht als exogen angesehen werden können.

Beispiel 15.7 Konsumfunktion, Fortsetzung

Im Beispiel 15.5 haben wir die Konsumfunktion $C = \beta_1 + \beta_2\, Y + u$ auf Basis von Daten aus der AWM-Datenbasis geschätzt. Dabei haben wir das Einkommen der Vorperiode Y_{-1} als Instrument verwendet, um die Hilfsvariable $\hat{Y}$ zu bestimmen, mit der wir die Beziehung $\hat{C} = 0.010 + 0.767\,\hat{Y}$ erhalten haben. Die Summe der quadrierten OLS-Residuen des ursprünglichen Modells, $\hat{C} = 0.011 + 0.717\,Y$, ergab sich zu $S_0 = 0.00790$, die geschätzte Varianz der Störgrößen zu $\tilde{\sigma}^2 = 0.00792^2$. Das Erweitern des Modells um die Hilfsvariable $\hat{Y}$ liefert die Beziehung $\hat{C} = 0.010 + 0.732\,Y + 0.069\,\hat{Y}$ mit $S_1 = 0.00787$. Für die Test-Statistik des Hausmann-Wu-Tests ergibt sich

$$T^{HW} = \frac{0.00790 - 0.00787}{0.00792^2} = 0.399\,.$$

Wir werden die Nullhypothese nicht verwerfen und können davon ausgehen, dass wir das Einkommen in unserer Konsumfunktion als exogen auffassen können.

Das Ergebnis des Hausmann-Wu-Tests hängt entscheidend davon ab, welche Instrumente zum Schätzen der Hilfsvariablen zur Verfügung stehen bzw. ausgewählt werden. Dass im Beispiel 15.7 die Zweifel an der Exogenität des Einkommens durch den Hausmann-Wu-Test nicht bestätigt werden, kann bedeuten, dass entweder das Einkommen in diesem Modell tatsächlich exogen ist oder dass die im Hausmann-Wu-Test verwendeten Instrumente die Voraussetzungen (15.3.1) nicht erfüllen. Auch die nur näherungsweise Gültigkeit der Testverteilung könnte für das Ergebnis eine Rolle spielen.

15.5.2 Der Sargan-Test

Eine Variable eignet sich als Instrument, wenn sie (a) mit den Störgrößen (asymptotisch) unkorreliert und (b) mit den nicht exogenen Regressoren (asymptotisch) korreliert ist; siehe (15.3.1). Sargan's Test erlaubt es, diese Eignung von Variablen und damit die Gültigkeit der Instrumente zu überprüfen. Wenn wir Koeffizienten des Modells $\mathbf{y} = \mathbf{X}\boldsymbol{\beta} + \mathbf{u}$ mit den Spalten aus $\mathbf{W}$ als Instrumente schätzen wollen, prüfen wir also die Nullhypothese

$$\begin{aligned} H_0\colon \quad & \text{plim}(n^{-1}\mathbf{W}'\mathbf{u}) = \mathbf{0}\,, \\ & \text{plim}(n^{-1}\mathbf{W}'\mathbf{X}) = \mathbf{Q}_{wx}\,, \quad r(\mathbf{Q}_{wx}) = k\,, \\ & \text{plim}(n^{-1}\mathbf{W}'\mathbf{W}) = \mathbf{Q}_{w}\,, \quad r(\mathbf{Q}_{w}) \geq k\,. \end{aligned}$$

Die Teststatistik ist

$$T^S = \frac{\tilde{\mathbf{e}}'\mathbf{P}_w\tilde{\mathbf{e}}}{\tilde{\sigma}^2}\,, \tag{15.5.3}$$

mit der Projektionsmatrix $\mathbf{P}_w = \mathbf{W}(\mathbf{W}'\mathbf{W})^{-1}\mathbf{W}'$; $\tilde{\sigma}^2$ ist die konsistent geschätzte Störgrößenvarianz. Unter H_0 folgt T^S bei großer Anzahl n der verfügbaren Beobachtungen näherungsweise der Chi-Quadrat-Verteilung:

$$T^S \stackrel{.}{\sim} \chi^2(p-k)\,.$$

Der Zähler der Teststatistik ist gleich der Summe der quadrierten Prognosen aus der Regression der IV-Residuen $\tilde{\mathbf{e}}$ auf die Instrumente in $\mathbf{W}$.

15.A Aufgaben

15.A.1 Empirische Anwendungen

1. Der Datensatz `DatS01` enthält die Zeitreihen, die zum Schätzen der Konsumfunktion

$$\text{CR} = \beta_1 + \beta_2\text{YDR} + \beta_3\text{PC} + u$$

benötigt werden. Die Variablen CR (Privater Konsum) und YDR (Verfügbares Einkommen der privaten Haushalte) sind in Preisen von 1995 und in Mrd Euro angegeben; PC ist der Konsumdeflator.

(a) Schätzen Sie die Koeffizienten des Modells mittels OLS-Schätzung.

(b) Verwenden Sie (i) YDR_{-1} und (ii) die Ränge von YDR an Stelle von YDR.

(c) Verwenden Sie (i) YDR_{-1} und (ii) die Ränge von YDR als Instrument für YDR und führen Sie eine IV-Schätzung des Modells durch.

(d) Wiederholen Sie die Aufgabe (c) unter Verwendung der Instrumente (i) YDR_{-1} und Trend sowie (ii) Ränge von YDR und Trend.

(e) Führen Sie den Hausman-Wu-Test auf Exogenität von YDR durch.

2. Der Datensatz `DatS01` enthält die Zeitreihen, die zum Schätzen der Konsumfunktion

$$\log \mathrm{CR} = \beta_1 + \beta_2 \log \mathrm{YDR} + \beta_3 \mathrm{Mp} + \beta_4 \mathrm{PI} + u_t$$

benötigt werden. Die Variablen CR (Privater Konsum), YDR (Verfügbares Einkommen der privaten Haushalte) und Mp (Privates Geldvermögen) sind in Preisen von 1995 und in Mrd Euro angegeben; die Inflationsrate PI ist aus dem Konsumdeflator PC zu berechnen.

   (a) Schätzen Sie die Koeffizienten des Modells mittels OLS-Schätzung.

   (b) Verwenden Sie YDR_{-1} an Stelle von YDR.

   (c) Verwenden Sie YDR_{-1} als Instrument für YDR und führen Sie eine IV-Schätzung des Modells durch.

   (d) Wiederholen Sie die Aufgabe (c) unter Verwendung der Instrumente YDR_{-1} und Trend.

   (e) Führen Sie den Hausman-Wu-Test auf Exogenität von $\log \mathrm{YDR}$ durch.

3. Der Datensatz DatS08 enthält Quartalsdaten zu folgenden Variablen des Konsumverhaltens im UK: RCONS (realer Privater Konsum), PCONS (Deflator des Privaten Konsums, 1990: 1.0), RPDI (reales persönlich verfügbares Einkommen), RLIQA (reale liquide private Vermögenswerte), RGOV (realer Konsum der Öffentlichen Hand), RXPR (reale Exporte von Gütern und Dienstleistungen), DTR (direkte Steuern) und PRODY (Produktivität pro Beschäftigtem, 1990: 1.0); alle Geldwerte in Billion GBP, Preise von 1990. Im folgenden Modell bedeutet Δ_4 die Jahresdifferenzen und Q_2, Q_3 und Q_4 sind Dummy-Variable für die entsprechenden Saison-Komponenten:

$$\log(\mathrm{RCONS}) = \beta_0 + \beta_1 \log(\mathrm{RPDI}) + \beta_2 \Delta_4 \log(\mathrm{PCONS}) + \beta_3 \log(\mathrm{RLIQA}_{-1}) + \beta_4 Q_2 + \beta_5 Q_3 + \beta_6 Q_4 + u$$

   (a) Angenommen, dass das Einkommen RPDI mit den Störgrößen korreliert ist: Vergleichen Sie die Ergebnisse der OLS-Schätzung mit denen einer IV-Schätzung. Verwenden Sie dazu die Ränge von RPDI als Hilfsvariable.

   (b) Wiederholen Sie (a) unter Verwendung folgender Instrumente: $\log(\mathrm{PCONS})$, $\log(\mathrm{RPDI})$, $\log(\mathrm{RLIQA})$, $\log(\mathrm{RGOV})$, $\log(\mathrm{RXPR})$, $\log(\mathrm{DTR})$, $\log(\mathrm{PRODY})$, Q_2, Q_3 und Q_4.

   (c) Führen Sie (i) einen Hausman-Wu-Test auf Exogenität von $\log(\mathrm{RPDI})$ und (ii) Sargan's Test auf Gültigkeit der in (b) verwendeten Instrumente durch.

15.A.2 Allgemeine Aufgaben und Probleme

1. In der Konsumfunktion $C_t = \beta_1 + \beta_2 Y_t + u_t$ des Beispiels 15.1 gilt $Y = C + R$, wobei R für alle anderen Komponenten der Verwendung des Einkommens Y außer für Konsum steht; zeigen Sie, dass dann zwischen Einkommen und Störgrößen kontemporäre Korrelation besteht: $\text{Cov}\{Y_t, u_t\} = \sigma^2/(1-\beta_2) \neq 0$.
2. Bei der Konstruktion der Matrix **W** der Instrumente werden jene Spalten aus der Matrix **X**, die exogenen Variablen entsprechen, der Matrix **W** als weitere Spalten hinzugefügt. Zeigen Sie, dass für die Hilfsvariable $\hat{X}_i$ einer exogenen Variablen X_i gilt: $\hat{X}_i = X_i$.

15.E Hinweise zu `EViews`: IV-Schätzung

In `EViews` kann die IV-Schätzung als alternative Methode zur OLS-Schätzung verwendet werden. Dazu muss im Spezifikations-Fenster als Schätzmethode `TSLS - Two-Stage Least Squares` gewählt werden; dann erscheint ein Bereich `Instrument list`, in dem jene Variablen eingegeben werden, die als Instrumente verwendet werden sollen. Die Anzahl der Instrumente muss mindestens so groß wie die Anzahl der Regressoren sein. Regressoren, die nicht durch Hilfsvariable ersetzt werden sollen, werden in der Liste der Instrumente angeführt; in der Matrix $\hat{X}$ der OLS-Prognosen sind diese Regressoren in den entsprechenden Spalten unverändert enthalten. Im Output-Fenster werden die als Instrumente verwendeten Variablen angeführt.

Teil III: Modellierung in der Ökonometrie

III

ÜBERBLICK

Ökonometrische Modelle

16

ÜBERBLICK

Der Teil II des Buches hat eine Anzahl von Situationen behandelt, in denen die Analyse von ökonomischen Daten auf Basis von Regressionsmodellen, wie sie in Teil I dargestellt sind, nicht ohne weiteres möglich ist und zu Ergebnissen führt, die aus methodischen Gründen mit Vorbehalt gesehen werden müssen. Phänomene wie Multikollinearität, Heteroskedastizität, Autokorrelation, Nicht-Stationarität der Variablen und nicht-exogene Regressoren haben Konsequenzen, die zu irreführenden Ergebnissen führen können. Die Ökonometrie hat statistische Verfahren entwickelt, die diesen Situationen Rechnung tragen und die erwähnten irreführenden Ergebnisse vermeiden.

In der Praxis interessierende ökonomische Prozesse sind komplexer, als sie mittels einfacher Modelle dargestellt werden können. In der ökonometrischen Praxis tatsächlich verwendete Modelle unterscheiden sich in zwei wesentlichen Punkten von den bisher behandelten Modellen, die sich auf multiple lineare Regressionsmodelle beschränkt haben: (1) **Dynamische Modelle** berücksichtigen verzögerte Variable, so dass sie in Erweiterung von statischen Modellen erlauben, die zeitliche Dynamik von wirtschaftlichen Abläufen zu beschreiben. (2) Mit **Mehrgleichungs-Modellen** können Systeme dargestellt werden, in denen die Entwicklungen und Wechselwirkungen von mehr als einer endogenen Variablen beschrieben werden können.

Die mit diesen beiden Erweiterungen verbundenen Themen sind Gegenstand des Teils III des Buches. Das vorliegende Kapitel gibt eine Übersicht über Typen der Modellierung, die heute in der ökonometrischen Praxis angewendet werden. Der Abschnitt 16.1 behandelt dynamische Modelle, Abschnitt 16.2 führt in Mehrgleichungs-Modelle ein. In den folgenden Kapiteln werden die einzelnen Verfahren im Detail behandelt werden.

16.1 Dynamische Modelle

Wir beginnen mit einem Beispiel, das das Prinzip der dynamischen Modellierung illustrieren wird.

Beispiel 16.1 Nachfrage-Modelle

Die nachgefragte Menge eines Produktes sei Q. Nachfrage-Modelle beschreiben diese Menge als Funktion des Preises P und des Einkommens Y der nachfragenden Personen. Verschiedene Spezifikationen des Zusammenhangs zwischen diesen Variablen sind denkbar.

(a) Der Preis und das Einkommen bestimmen die Nachfrage:

$$Q_t = \beta_1 + \beta_2 P_t + \beta_3 Y_t + u_t \,.$$

Alle einbezogenen Beobachtungen stammen aus der aktuellen Periode. Wir sprechen von einem statischen Modell.

(b) Der Preis der aktuellen Periode und das Einkommen der Vorperiode bestimmen die Nachfrage:

$$Q_t = \beta_1 + \beta_2 P_t + \beta_3 Y_{t-1} + u_t \,.$$

Dieses Modell berücksichtigt die zeitliche Dimension des ablaufenden Prozesses. Es beschreibt die Entwicklung des Nachfrageprozesses in der Zeit. Wir nennen es ein dynamisches Modell, das man daran erkennt, dass es Beobachtungen aus verschiedenen Perioden verknüpft.

(c) Der Preis und die Nachfrage der Vorperiode bestimmen die Nachfrage:

$$Q_t = \beta_1 + \beta_2 P_t + \beta_3 Q_{t-1} + u_t \,. \tag{16.1.1}$$

Auch dieses Modell ist ein dynamisches Modell. Allerdings wird hier die verzögerte endogene Variable als erklärende Variable verwendet, so dass das Modell eine autoregressive Komponente enthält.

Statische Modelle unterstellen, dass die unabhängigen Variablen unmittelbar wirksam sind oder zumindest innerhalb der aktuellen Periode die Anpassung der abhängigen Variablen an die realisierten Werte der unabhängigen Variablen abgeschlossen wird. Für den Beobachter stellt sich der Prozess stets im Gleichgewicht dar. Bei der Modellierung von Jahresdaten wird das eher der Realität entsprechen als bei höherfrequenten Daten wie Quartals- oder Monatsdaten. Es gibt aber generelle Vorbehalte gegen diese Sicht.

- Bestimmte Aktivitäten sind explizit durch die Vergangenheit des ablaufenden Prozesses bestimmt. Ein Beispiel dafür ist der Konsum von Energie, der nicht nur von Preis und Einkommen abhängt, sondern vor allem von Investitionen in energieverbrauchende Anlagen und Geräte, die in der Vergangenheit getätigt wurden. Ähnlich ist die Investitionstätigkeit von Unternehmen von den aggregierten Investitionen der Vergangenheit bestimmt.
- Die Akteure der ökonomischen Prozesse reagieren ganz allgemein verzögert. In diese Verzögerung geht die Dauer des Informationsflusses und der Entscheidungsprozesse ein, die dem Reagieren zugrunde liegen. Es gibt aber auch technische und institutionelle Gründe für Verzögerungen, etwa die Durchführung von Beschaffungsprozessen oder das Verstreichen von Zahlungsfristen.
- Die Rolle von Erwartungen wird in der ökonomischen Theorie beispielsweise im Zusammenhang mit dem Konsumverhalten diskutiert. Der Effekt des Einkommens auf die Ausgaben für Konsum ist aus heutiger Sicht nicht nur auf das aktuelle Einkommen beschränkt. Der Konsum hängt auch vom zukünftig erwarteten Einkommen und von der erwarteten Entwicklung der Vermögenswerte ab. Es gibt unterschiedliche Ansätze, wie diese Erwartungen modelliert werden können; ihnen gemeinsam ist, dass die vergangene Entwicklung in die Modellierung eingeht.

Aus dieser Darstellung ergibt sich, dass dynamische Modelle eine wichtige Rolle für die ökonometrische Praxis spielen. Die Konzepte, mit denen wir uns befassen werden, sind die folgenden.

- Lagstrukturen oder Verteilte Verzögerungen (das englische *lag* wird in diesem Kontext manchmal mit Verzögerung übersetzt). Lagstrukturen beschreiben die verzögerte Wirkung von einem oder mehreren Regressoren auf die abhängige Variable Y. Im Speziellen versteht man unter einer Lagstruktur DL(s) (DL von *distributed lag*) einen Summanden von der Form

$$\sum_{i=0}^{s} \beta_i X_{t-i} . \tag{16.1.2}$$

  Diese Lagstruktur hat die Ordnung s; unter der Ordnung der Lagstruktur versteht man die maximale Verzögerung der Summenden. Der Koeffizient β_i gibt an, welcher Beitrag zu Y sich durch ein $\Delta X = 1$ nach i Perioden ergibt. Solche Lagstrukturen können unterschiedliche funktionale Form haben. Ihre Spezifikation richtet sich nach den inhaltlichen Erfordernissen und nach den technischen Möglichkeiten ihrer Analyse. In Kapitel 17 werden wir einige Typen von Lagstrukturen behandeln.

- Die geometrische oder Koyck'sche Lagstruktur ist von der Form (16.1.2) mit einer unendlichen Anzahl von Summanden. Der Koeffizient β_i ist bestimmt durch $\beta_i = \lambda_0 \lambda^i$, ist also proportional der i-ten Potenz von λ.

- Die Koyck-Transformation des Modells

$$Y_t = \lambda_0 \sum\nolimits_i \lambda^i X_{t-i} + u_t$$

  erlaubt uns, dieses Modell in ein autoregressives Modell umzuschreiben:

$$Y_t = \lambda Y_{t-1} + \lambda_0 X_t + v_t \tag{16.1.3}$$

  mit $v_t = u_t - \lambda u_{t-1}$; aus einem Modell mit unendlicher Lagstruktur in X wurde ein Modell mit autoregressiver Komponente λY_{t-1}, mit einem einzelnen Regressor X_t und mit einer autokorrelierten Störgröße. Die Koyck'sche Lagstruktur spielt in ökonometrischen Anwendungen eine wichtige Rolle und sie wird uns im Kapitel 17 beschäftigen. Modelle, die von der Koyck'sche Lagstruktur Gebrauch machen, sind das Modell der partiellen Anpassung (*partial adjustment*) und das Modell der adaptiven Erwartungen (*adaptive expectations*).

- ADL-Modelle: Wie wir im Beispiel 16.1 gesehen haben, müssen wir auch mit Situationen rechnen, in denen die verzögerte abhängige Variable als Regressor verwendet wird. Ein wichtiger Vertreter aus der Klasse dieser Modelle sind die ADL-Modelle, etwa das ADL(1,1)-Modell

$$Y_t = \alpha + \varphi Y_{t-1} + \beta_0 X_t + \beta_1 X_{t-1} + u_t \,; \tag{16.1.4}$$

  die Ordnung des autoregressiven Teils ist durch die erste Zahl, die des DL-Teils durch die zweite Zahl gegeben. Das Modell (16.1.3) ist ein ADL(1,0)-Modell. Wir können die ADL-Modelle als erweiterte Form eines AR(1)-Modells sehen. Es wird uns im Zusammenhang mit der Modellierung von nicht-stationären Zeitreihen beschäftigen.

- Das Fehlerkorrektur-Modell

$$\Delta Y_t = -(1-\varphi)(Y_{t-1} - \mu_0 - \mu_1 X_{t-1}) + \beta_0 \Delta X_t + u_t \qquad (16.1.5)$$

ergibt sich durch Umformen aus dem ADL(1,1)-Modell (16.1.4) mit $\mu_0 = \alpha/((1-\varphi)$ und $\mu_1 = -(\beta_0 + \beta_1)/(1-\varphi)$. Es beschreibt die Änderung von Y als Effekt (i) der Änderung von X und (ii) der Abweichung $Y_{t-1} - \mu_0 - \mu_1 X_{t-1}$ vom langfristigen Gleichgewicht in der Vorperiode.

16.2 Mehrgleichungs-Modelle

In Beispiel 15.4 haben wir davon gesprochen, dass ökonomische Phänomene meist durch das Verhalten von mehr als nur einer abhängigen Variablen charakterisiert werden. Das soll an einem Beispiel illustriert werden.

Beispiel 16.2 Ein einfaches Marktmodell

Die Nachfrage Q nach einem Produkt sei durch die Nachfragefunktion

$$Q = \alpha_1 + \alpha_2 P + u_1$$

bestimmt; $\alpha_2 < 0$ entspricht einer Reduktion der Nachfrage bei Erhöhung des Preises P. Ein positives u hat eine höhere Nachfrage zur Folge. Die Konsequenz der höheren Nachfrage hängt davon ab, wie das Angebot reagiert; der Einfachheit halber gehen wir davon aus, dass das Angebot gleich der Nachfrage ist. Bei Preis-elastischem Angebot, also positivem β_2 in der Angebotsfunktion

$$Q = \beta_1 + \beta_2 P + u_2\,,$$

wird der Preis steigen. Auch bei Preis-unelastischem Angebot, also $\beta_2 = 0$, hat ein positives u eine Preiserhöhung zur Folge. Wir lernen aus dem Beispiel das Folgende:

- Preis und Störgröße sind korrelierte Größen.
- Demnach ist die Annahme **A4** verletzt und P ist keine exogene Variable.
- Das Marktmodell enthält also zwei endogene Variable, Q und P, die durch zwei Gleichungen, die Nachfrage- und die Angebotsfunktion, bestimmt sind.

Das Marktmodell besteht aus zwei Gleichungen und beschreibt zwei abhängige Variable, so dass wir von einem Mehrgleichungs-Modell sprechen.

16.2.1 Typen von Gleichungen

Wir unterscheiden zwischen Reaktionsgleichungen, die das Verhalten einer abhängigen Variablen als Funktion von erklärenden Variablen beschreiben, und definitorischen Identitäten sowie Gleichgewichts-Bedingungen. Letztere beiden enthalten keine Störgröße. Eine Definitorische Identität legt fest, wie eine Variable als Summe anderer Variablen definiert ist, zeigt also etwa die Zerlegung des Bruttoinlandsprodukt als Summe seiner Verbrauchs-Komponenten an. Eine Gleichgewichts-Bedingung unterstellt eine bestimmte Beziehung, die eben als Gleichgewicht interpretiert werden kann, etwa die Gleichheit von Angebot und Nachfrage innerhalb einer Periode der Beobachtung.

16.2.2 Typen von Variablen

Ausgangspunkt der Spezifikation eines Mehrgleichungs-Modells ist die Festlegung, welche Variablen das Modell erklären soll, und welche Variablen im Modell enthalten sein sollen. Die vom Modell zu erklärenden Variablen nennen wir die endogenen Variablen. Die Anzahl von Gleichungen, die das Modell benötigt, ist so groß wie die Anzahl der endogenen des Modells. Erklärende Variable sind alle jene Variable, die nicht vom Modell erklärt werden und von außerhalb des Modells bestimmt sind. Als erklärende Variable werden oft auch verzögerte endogene Variable verwendet, die üblicherweise als vorherbestimmt bezeichnet werden. Das wesentliche Charakteristikum einer exogenen Variablen ist, dass sie mit den Störgrößen unkorreliert ist. Wir unterscheiden dementsprechend bei den erklärenden Variablen zwischen

- **strikt exogenen** Variablen: Sie sind mit den Störgrößen u_{t+i} mit beliebigem i unkorreliert; und
- **vorherbestimmten** (im Englischen *predetermined*) Variablen: Sie weisen keine Korrelation mit der aktuellen und künftigen Störgrößen u_{t+i}, $i \geq 0$, auf.

Verzögerte endogene Variable, wie wir sie etwa in einem ADL-Modell verwenden, sind vorherbestimmte Variable.

Typischerweise lassen wir bei Mehrgleichungs-Modellen zu, dass Störgrößen verschiedener Gleichungen der gleichen Periode korreliert sind. Im Beispiel 16.2 würde für die Störgrößen angenommen werden, dass

$$\begin{aligned} \mathrm{E}\{u_i\} &= 0\,, \quad i = 1, 2\,, \\ \mathrm{Var}\{u_i\} &= \sigma_{ii} I_n\,, \quad i = 1, 2\,, \\ \mathrm{Cov}\{u_{1s}, u_{2t}\} &= \begin{cases} \sigma_{ij}\,, & \text{wenn } s = t \\ 0\,, & \text{wenn } s \neq t \end{cases}. \end{aligned}$$

16.2.3 Identifizierbarkeit

In Beispiel 16.2 haben wir Angebot und Nachfrage durch ein Modell mit zwei Gleichungen beschrieben. Die Nachfragefunktion

$$Q = \alpha_1 + \alpha_2 P + u_1$$

unterscheidet sich von der Angebotsfunktion nur durch die Bezeichnung der Koeffizienten. Vermutlich sind uns nur die umgesetzten Mengen bekannt. Anpassen der beiden Funktionen an entsprechende Daten wird identische Beziehungen liefern, und es ist nicht möglich zu unterscheiden, ob wir die Koeffizienten der Nachfragefunktion oder die der Angebotsfunktion geschätzt haben. Abgesehen von diesem Problem der Zuordnung wissen wir nach Abschnitt 15.2, dass die Schätzer der Koeffizienten nicht konsistent sind, da der Regressor der beiden Modelle nicht exogen ist.

Beispiel 16.3 Ein erweitertes Marktmodell

Es bestehe aus der Nachfragefunktion und der Angebotsfunktion

$$Q = \alpha_1 + \alpha_2 P + \alpha_3 Y + u_1 ,$$
$$Q = \beta_1 + \beta_2 P + u_2 .$$

Darin ist Q die nachgefragte bzw. die angebotene Menge und P der Preis und Y ist das Einkommen der nachfragenden Personen. Für jede Wahl von Y werden Q und P durch das Modell bestimmt; Q und P sind endogene Variable, während Y eine exogene Variable ist. Diese beiden Gleichungen sind die Strukturform unseres Modells: Sie beschreibt die funktionale Abhängigkeit zwischen den Variablen. Durch algebraisches Umformen können wir aus der Strukturform die so genannte reduzierte Form des Modells herleiten. Sie stellt jede endogene Variable als Funktion der exogenen Variablen dar. Für das Marktmodell erhalten wir:

$$Q_t = \pi_{11} + \pi_{12} Y_t + v_{1t}$$
$$P_t = \pi_{21} + \pi_{22} Y_t + v_{2t}$$

mit

$$\pi_{11} = \frac{\alpha_1\beta_2 - \alpha_2\beta_1}{\beta_2 - \alpha_2}$$
$$\pi_{12} = \frac{\alpha_3\beta_2}{\beta_2 - \alpha_2}$$
$$\vdots = \vdots$$

Die π_{ij} sind die Parameter der reduzierten Form. Die OLS-Schätzung ergibt konsistente Schätzer $\hat{\pi}_{ij}$. Aus ihnen können wir die Koeffizienten der Strukturform bestimmen. Für die Koeffizienten der Angebotsfunktion finden wir die Schätzer

$$b_2 = \frac{\hat{\pi}_{12}}{\hat{\pi}_{22}} ,$$
$$b_1 = \hat{\pi}_{11} - b_2\hat{\pi}_{21} .$$

Sie sind eindeutig bestimmt und als Funktion konsistenter Schätzer ebenfalls konsistent. Allerdings gibt es keine eindeutige Beziehung zwischen den π_{ij} und den Koeffizienten α_i, $i = 1, \ldots, 3$, so dass aus den konsistenten Schätzern π_{ij} keine konsistenten Schätzer für die Koeffizienten der Nachfragefunktion abgeleitet werden können. Man sagt, die Angebotsfunktion ist identifizierbar, während die Nachfragefunktion nicht identifizierbar oder unteridentifiziert ist.

Wir werden Bedingungen kennen lernen, unter denen die Koeffizienten einer Gleichung identifizierbar sind. Das Prüfen, ob diese Bedingungen für eine bestimmte Gleichung erfüllt sind oder nicht, ist eine wichtige Fragestellung bei der Analyse von Mehrgleichungs-Modellen.

16.2.4 Parameterschätzung

Die Verfahren, die wir für das Schätzen der Parameter von Mehrgleichungs-Modellen verwenden, hängen einerseits von der Form des Modells ab, andererseits davon, ob Voraussetzungen, die für die Anwendbarkeit der verschiedenen Verfahren erfüllt sein müssen, als zutreffend angesehen werden können oder nicht. Eine wesentliche Rolle spielen IV-Schätzer.

Eine oft verwendete Klassifikation der Schätzverfahren unterscheidet, ob das Verfahren gleichungsweise oder auf das System der Gleichungen als Ganzes angewendet wird.

- Einzelgleichungs-Verfahren
  - Indirekte OLS-Schätzung: Ermittelung von OLS-Schätzern der Koeffizienten jeder Gleichung der reduzierten Form; die Koeffizienten der Strukturform werden als Funktionen dieser OLS-Schätzer bestimmt
  - Zweistufige OLS-Schätzung oder 2SLS-Schätzung: Ermittelung von IV-Schätzern der Koeffizienten jeder Gleichung der Strukturform
  - LIML-Schätzung (*limited information maximum likelihood*)
- System-Schätzverfahren
  - Dreistufige OLS-Schätzung oder 3SLS-Schätzung
  - FIML-Schätzung (*full information maximum likelihood*)

Die Wahl des Schätzverfahrens hängt von Faktoren wie Umfang des Mehrgleichungs-Modells, Art und Umfang der verfügbaren Daten, Zutreffen von verschiedenen Voraussetzungen etc., aber auch Verfügbarkeit von Software ab und ist meist keine einfache Entscheidung.

16.A Aufgaben

16.A.1 Allgemeine Aufgaben und Probleme

1. Zeigen Sie die Äquivalenz von

$$Y_t = \beta(1-\lambda)\sum \lambda^i X_{t-i} + u_t$$

und

$$Y_t = \lambda Y_{t-1} + \beta(1-\lambda)X_t + v_t$$

mit $v_t = u_t - \lambda u_t$.

2. Zeigen Sie, dass das ADL(1,1)-Modell

$$Y_t = \alpha + \varphi Y_{t-1} + \beta_0 X_t + \beta_1 X_{t-1} + u_t$$

in das Fehlerkorrektur-Modell

$$\Delta Y_t = -(1-\varphi)(Y_{t-1} - \mu_0 - \mu_1 X_{t-1}) + \beta_0 \Delta X_t + u_t$$

mit $\mu_0 = \alpha/((1-\varphi)$ und $\mu_1 = -(\beta_0 + \beta_1)/(1-\varphi)$ umgeformt werden kann.

3. Zeigen Sie, dass für den Koeffizienten π_{11} der Strukturform des in Beispiel 16.3 gegebenen Marktmodells durch

$$\pi_{11} = \frac{\alpha_1\beta_2 - \alpha_2\beta_1}{\beta_2 - \alpha_2}$$

gegeben ist; geben Sie analoge Ausdrücke für π_{ij}, $i = 1,2$ und $j = 1,2,3$ an.

4. Die Strukturform eines Marktmodells sei

$$Q = \alpha_1 + \alpha_2 P + \alpha_3 Y + u_1 \quad \text{(Nachfragefunktion)},$$
$$Q = \beta_1 + \beta_2 P + \beta_3 Z + u_2 \quad \text{(Angebotsfunktion)},$$

wobei das Modell aus Beispiel 16.3 um die Variable Z erweitert ist, die wie Y eine exogene Variable ist und für den Preis eines konkurrierenden Produktes steht. (a) Leiten Sie die Koeffizienten der Strukturform ab; (b) stellen Sie die Koeffizienten der Strukturform als Funktionen der Koeffizienten der Strukturform dar.

Dynamische Modelle: Konzepte

17

ÜBERBLICK

Die Verwendung eines statischen Modells impliziert, dass die Adaption der abhängigen Variablen an die Werte der erklärenden Variablen innerhalb der jeweiligen Beobachtungsperiode abgeschlossen wird. Insbesondere bei kurzen Beobachtungsperioden ist diese Annahme nicht realistisch. Ein wichtiges Instrument der Modellierung sind daher **Lagstrukturen**, also Linearkombinationen aktueller und vergangener Werte der Variablen. Solche Lagstrukturen können sich auf eine unabhängige Variable oder auf die abhängige Variable des Modells beziehen. Beispiele sind die polynomiale und die geometrische oder **Koyck'sche Lagstruktur**. Zur Beurteilung von dynamischen Modellen werden die so genannten **Multiplikatoren** herangezogen, mit denen der Effekt einer Änderung eines Regressors auf die abhängige Variable beschrieben werden kann. So wird der kumulierte Effekt einer Änderung durch den langfristigen Multiplikator oder **Gleichgewichts-Effekt** gemessen. Das Konzept der **Erwartungen**, das in ökonomischen Anwendungen als adaptive Erwartung und partielle Anpassung eine wichtige Rolle spielt, kann mit Hilfe von solchen Lagstrukturen in Modellen berücksichtigt werden.

Ein einfaches, aber allgemeines Modell ist das **ADL-Modell**; es besteht aus einem autoregressive Teil und aus einer endlichen Lagstruktur der unabhängigen Variablen. Das ADL-Modell enthält als Spezialfälle die Regression mit korrelierten Störgrößen und die Modelle für Erwartungen. Das ADL-Modell lässt sich als **Fehlerkorrektur-Modell** schreiben, einer Darstellung der Dynamik des modellierten Prozesses als Funktion der Abweichungen vom Gleichgewichts-Zustand.

Nach einer Einleitung werden in Abschnitt 17.2 der Begriff der Lagstrukturen definiert und das Konzept der Multiplikatoren erklärt. Den polynomialen und den geometrischen oder Koyck'schen Lagstrukturen ist der Abschnitt 17.3 gewidmet. In Abschnitt 17.4 werden Modelle für Erwartungen behandelt. Abschließend werden in Abschnitt 17.5 die ADL-Modelle diskutiert und ihre Darstellung als Fehlerkorrektur-Modell gezeigt.

17.1 Einleitung

In Abschnitt 16.1 haben wir eine Reihe von Situationen angeführt, für deren Analyse die Verwendung eines statischen Modells nicht realistisch erscheint. Folgende Argumente, die das Verwenden dynamischer Modelle nahe legen, können angeführt werden:

- Ökonomische Aktivitäten können durch die Vergangenheit des ablaufenden Prozesses bestimmt sein. Als Beispiel dafür kann der Konsum von Energie angeführt werden, der unter anderem von Investitionen in der Vergangenheit abhängt, die in energieverbrauchende Anlagen und Geräte getätigt wurden.
- Die Akteure von ökonomischen Prozessen reagieren verzögert. Ursachen für diese Verzögerung können (a) technische Gründe sein, etwa dass Beschaffungsprozesse durchzuführen sind, oder (b) institutionelle Gründe wie das Ablaufen von Zahlungsfristen; auch (c) die Dauer des Informationsflusses und der Entscheidungsprozesse, die dem Reagieren zugrunde liegen, tragen zu diesen Verzögerungen bei.
- Das Berücksichtigen von Erwartungen der Akteure von ökonomischen Prozessen hat Modelle zur Folge, in welche die vergangene Entwicklung eingeht.

Wir werden zuerst unterschiedliche Lagstrukturen behandeln, mit denen der zeitlich verteilte Effekt eines Regressors spezifiziert werden kann, und ihre Eigenschaften diskutieren. In der Folge werden wir uns mit dynamischen Modellen befassen, die auch verzögerte abhängige Variable als Regressor enthalten.

17.2 Lagstrukturen

Lagstrukturen beschreiben die verzögerte Wirkung von einer oder mehreren exogenen Variablen auf die zu erklärende Variable Y. Die allgemeine Form eines dynamischen Modells mit verzögerter Wirkung einer exogenen Variablen können wir schreiben als

$$Y_t = \alpha + \beta_0 X_t + \beta_1 X_{t-1} + \ldots + \beta_s X_{t-s} + u_t \,. \tag{17.2.1}$$

Wir bezeichnen es als DL(s)-Modell; es verwendet nur eine erklärende Variable X, die verteilt wirkt, wobei s für die größte Verzögerung, das maximale Lag, steht. Die größte Verzögerung s nennen wir auch die Ordnung der Lagstruktur; s wird meist endlich, kann aber auch unendlich sein.

Beispiel 17.1 Nachfrage nach dauerhaften Konsumgütern

Die Nachfragefunktion

$$Q_t = \alpha + \beta_0 Y_t + \beta_1 Y_{t-1} + \beta_2 Y_{t-2} + \gamma P_t + u_t$$

hängt neben dem Preis vom Einkommen der aktuellen und zwei vergangenen Perioden ab; das Einkommen der Periode $t-3$ hat keinen Effekt auf die Nachfrage. Die Gewichte, mit denen die Einkommen der vergangenen Perioden eingehen, beschreiben die Beiträge aus gesparten Einkommen früherer Perioden.

Beispiel 17.2 Nachfrage nach Energie

Sie werde durch das Modell

$$Q_t = \alpha + \beta P_t + \gamma K_t + u_t$$

beschrieben; darin ist P ist der Preis für Energie, K der energie-relevante Kapitalbestand:

$$K_t = \theta_0 + \theta_1 P_{t-1} + \theta_2 P_{t-2} + \ldots + \delta Y_t + v_t \,,$$

und Y das Einkommen. Einsetzen gibt

$$Q_t = \alpha + \alpha_1 Y_t + \beta_0 P_t + \beta_1 P_{t-1} + \beta_2 P_{t-2} + \ldots + \varepsilon_t$$

mit $\varepsilon_t = u_t + \gamma v_t$, $\beta_0 = \beta$, $\beta_i = \gamma\theta_i$ für $i = 1, 2, \ldots$, und $\alpha_1 = \gamma\delta$. Der Preis für Energie geht in das Modell nicht nur mit seinem aktuellen Wert, sondern auch mit den Werten der Vergangenheit ein.

Modelle mit Lagstrukturen wie in diesen beiden Beispielen unterscheiden sich in zwei Punkten von den Regressionsmodellen, die wir bisher behandelt haben.

- Die Interpretation der Regressionskoeffizienten muss diese Form der Modellierung berücksichtigen.
- Für die OLS-Schätzung ergeben sich spezielle Probleme.

Diese beiden Punkte sollen im Folgenden behandelt werden.

17.2.1 Multiplikatoren

Das Verwenden einer Lagstruktur für einen Regressor hat zur Folge, dass die Wirkung des Regressors nicht durch einen einzigen Koeffizienten beschrieben werden kann, wie das bei Regressionsmodellen möglich ist, in die jeder Regressor nur mit dem aktuellen Wert eingeht.

Beispiel 17.3 **Nachfrage nach dauerhaften Konsumgütern, Fortsetzung**

In der Nachfragefunktion

$$Q_t = \alpha + \beta Y_t + \gamma P_t + u_t$$

gibt uns β an, um wie viel sich die Nachfrage ändert, wenn das Einkommen um eine Einheit erhöht wird; wir sprechen vom marginalen Effekt des Einkommens auf die Nachfrage. Aus der Nachfragefunktion in Beispiel 17.1,

$$Q_t = \alpha + \beta_0 Y_t + \beta_1 Y_{t-1} + \beta_2 Y_{t-2} + \gamma P_t + u_t\,,$$

können wir keine einzelne derartige Zahl ablesen, die die Reaktion der Nachfrage auf Änderungen des Einkommen charakterisiert. Eine Möglichkeit, den Effekt einer Änderung des Einkommen zu messen, besteht darin, die Effekte zu addieren, die sich in den einzelnen künftigen Perioden einstellen. Ändert sich das Einkommen in t von Y auf $Y+1$, so erhöht das die Nachfrage in der gleichen Periode um β_0, in der Periode $t+1$ um β_1 und in der Periode $t+2$ um β_2. Der Gesamteffekt einer solchen Änderung ist verteilt über drei Perioden und ist durch die Summe der Einzeleffekte bestimmt. Er beträgt also $\beta_0 + \beta_1 + \beta_2$.

Generell ist bei dynamischen Modellen die Wirkung einer Änderung in einer erklärenden Variablen nicht auf die aktuelle Periode beschränkt. Den Effekt von Änderungen in der erklärenden Variablen X auf Y wird durch so genannte Multiplikatoren, im Englischen *multiplier*, beschrieben. Wir gehen vom Modell aus, das durch die Gleichung (17.2.1) beschrieben wird.

- Unter dem kurzfristigen Multiplikator (*short run* oder *impact multiplier*) verstehen wir den Effekt, den eine Änderung von X um $\Delta X = 1$ auf Y in der gleichen Periode zur Folge hat, also in Modell (17.2.1) die $\Delta X = 1$ entsprechende Änderung $\Delta Y = \beta_0$.
- Der langfristige Multiplikator (*long run multiplier*) ist der über alle Zukunft kumulierte Effekt von $\Delta X = 1$, im Modell (17.2.1) die $\Delta X = 1$ entsprechende Änderung

$$\Delta Y = \sum_{i=0}^{s} \beta_i \,.$$

Tritt nach einer Änderung ΔX innerhalb einer endlichen Zeit ein Gleichgewichts-Zustand ein, so nennen wird den langfristigen Multiplikator auch Gleichgewichts-Effekt, im Englischen *equilibrium multiplier*.

Insgesamt dauert es s Perioden, bis im Modell (17.2.1) der Gleichgewichts-Zustand erreicht ist. Bei einer unendlichen Lagstruktur wird die Anpassung nie vollendet. Wir charakterisieren den Anpassungsprozess an den Gleichgewichts-Zustand durch den Anteil der Anpassung. Am Ende der aktuellen Periode beträgt der Anteil der Anpassung $\beta_0/\sum_j \beta_j$, am Ende der Periode $t+1$ beträgt der Anteil $(\beta_0+\beta_1)/\sum_j \beta_j$ usw. Diese Anteile können wir mit den Gewichten $w_i = \beta_i/\sum_j \beta_j$ darstellen. Die mediane Lag-Zeit ist die Dauer, bis der Anpassungsanteil 50 % beträgt; wir erhalten sie als minimales Lag s^*, für das gilt:

$$\sum_{i=0}^{s^*} w_i \geq 0.5 \,.$$

Die durchschnittliche Lag-Zeit ist definiert als

$$\sum_{i=0}^{s} i w_i \,.$$

Die durchschnittliche und die mediane Lag-Zeit können natürlich für jede Lagstruktur angegeben werden; bei unendlicher Lagstruktur sind sie besonders interessant, da wir keine anderen Charakteristika des Anpassungsprozesses haben.

Beispiel 17.4

Privater Konsum

Das Anpassen einer einfachen Konsumfunktion an die Daten aus der AWM-Datenbasis ergibt die Regressionsbeziehung $\hat{C} = 0.011 + 0.747\,Y$. Dabei steht C für die Zuwachsrate des Privaten Konsums (PCR) und Y für die Zuwachsrate des verfügbaren Einkommens der Haushalte (PYR). Wenn wir vermuten, dass der

Private Konsum nicht nur vom aktuellen, sondern auch von früheren Einkommen bestimmt wird und ein maximales Lag von vier Quartalen zulassen, so erhalten wir die Regressionsbeziehung

$$\hat{C} = 0.010 + 0.695\,Y - 0.095\,Y_{-1} + 0.115\,Y_{-2} - 0.124\,Y_{-3} + 0.216\,Y_{-4}\,.$$

Der Gleichgewichts-Effekt ergibt sich zu 0.807. Die mittlere Lag-Zeit beträgt 0.78 Quartale oder etwas mehr als zwei Monate. Als mediane Lag-Zeit erhalten wir den Wert Eins.

17.2.2 Schätz-Probleme

Es ist nahe liegend, zum Schätzen der Regressionskoeffizienten des Modells (17.2.1), mit dem Lag-Operator L geschrieben als

$$Y_t = \alpha + B(L)X_t + u_t$$

mit $B(L) = \sum_{i=o}^{s} \beta_i L^i$, die OLS-Schätzung anzuwenden. Wir gehen davon aus, dass u Weißes Rauschen mit der Varianz σ^2 ist. Beim Anwenden der OLS-Schätzung müssen wir mit folgenden Problemen rechnen:

- „Verlust von Beobachtungen“: Damit ist gemeint, dass uns wegen der Struktur des Modells von n Beobachtungen unseres Datensatzes zum Schätzen nur $n - s$ komplette Beobachtungen zur Verfügung stehen, die Beobachtungen für $t = s + 1$ bis $t = n$. Das Problem wird umso gravierender, je größer s ist. Offensichtlich versagt die OLS-Schätzung bei unendlichen Lagstrukturen.
- Multikollinearität: Insbesondere dann, wenn der Regressor X mit einem systematischen Muster wie Trend oder Zyklen behaftet ist, müssen wir mit Multikollinearität rechnen.
- Ein weiteres Problem ist die Tatsache, dass im Allgemeinen die maximale Verzögerung s nicht bekannt ist.

Die Folgen der ersten beiden Probleme sind

- große Werte der Standardfehler der geschätzten Koeffizienten b_i, und
- geringe Mächtigkeit der Tests zu den Koeffizienten β_i wie t- und F-Test.

Ein Ausweg besteht darin, die Lagstruktur zu modellieren und dadurch anstelle von s zu schätzenden Koeffizienten mit einigen wenigen Parametern auszukommen. Ein Beispiel für solche Modelle ist die geometrische Lag-Verteilung, die mit Hilfe von zwei Parametern eine unendliche Lagstruktur darstellt. Wir werden sie und andere Modelle für Lagstrukturen im nächsten Abschnitt behandeln.

Ein Verfahren, mit dessen Hilfe die unbekannte, maximale Verzögerung s festgelegt werden kann, besteht im versuchsweisen Anpassen von Modellen mit unterschiedlichen Ordnungen s und Entscheidung für jenen Wert von s, der den besten Wert eines Kriteriums, etwa Akaike's AIC, ergibt. Wir gehen dabei in folgender Weise vor:

Wir wählen einen genügend großen Wert S, so dass die tatsächliche, maximale Verzögerung s voraussichtlich kleiner als dieses S ist. Dann schätzen wir die Parameter aller möglichen Modelle (17.2.1) für $s = 1, \ldots, S$. Für jedes dieser Modelle (also für jedes s) bestimmen wir das adjustierte Bestimmtheitsmaß $\bar{R}^2(s)$, das Informationskriterium AIC(s) von Akaike oder ein anderes Kriterium, das wir unserer Entscheidung zugrunde legen wollen. Als s wählen wir jene Zahl, für die das adjustierte Bestimmtheitsmaß $\bar{R}^2(s)$ maximal, das Informationskriterium AIC(s) minimal ist oder Ähnliches.

Beispiel 17.5 Privater Konsum, Fortsetzung

Wir spezifizieren als Konsumfunktion wiederum die Gleichung (17.2.1) und verwenden das Informationskriterium AIC(s) von Akaike zur Wahl der maximalen Verzögerung s. Als Obergrenze S der Ordnung s wählen wir den Wert 8. Zur Entscheidung über s passen wir das Modell (17.2.1) für $s = 1, 2, \ldots, S$ an unsere Daten an. Die Tabelle 17.1 zeigt das AIC-Kriterium und den p-Wert des t-Tests zu β_s für einige Werte s.

Tabelle 17.1

Kriterien zur Auswahl der maximalen Verzögerung s für einige Werte von $s \leq S = 8$: AIC-Kriterium, p-Wert des t-Tests für β_s aus (17.2.1) und adjustiertes Bestimmtheitsmaß $\bar{R}^2$.

Ordnung s	AIC	t-Test p-Wert	$\bar{R}^2$
1	−6.825	0.115	0.717
2	−6.848	0.047	0.724
3	−6.869	0.466	0.728
4	−6.922	0.032	0.742
5	−6.925	0.585	0.746
6	−6.933	0.361	0.752
7	−6.938	0.402	0.756
8	−6.929	0.174	0.758

Das minimale AIC wird für $s = 7$ erreicht. Der p-Wert des t-Tests für β_7 legt nahe, ein kleineres s zu wählen; auch das adjustierte Bestimmtheitsmaß würde uns eine andere Entscheidung nahe legen. Für $s = 7$ beträgt der Gleichgewichts-Effekt 0.838, etwas mehr als der im Beispiel 17.4 erhaltene Wert von 0.807. Auch die mittlere Lag-Zeit hat sich gegenüber der im Beispiel 17.4 erhaltenen mittleren Lag-Zeit etwas erhöht und beträgt 1.04 Quartale oder etwas mehr als drei Monate. Als mediane Lag-Zeit erhalten wir wiederum den Wert Eins.

17.3 Spezielle Lagstrukturen

Zu den am häufigsten verwendeten Lagstrukturen gehören (a) die polynomiale Lagstruktur nach Almon und (b) die geometrische Lagstruktur nach Koyck.

17.3.1 Die polynomiale Lagstruktur

Zur Darstellung der Koeffizienten β_i der Lagstruktur

$$B(L) = \beta_0 L^0 + \beta_1 L + \ldots + \beta_s L^s$$

aus Gleichung (17.2.1) verwendet die Almon'sche Lagstruktur, auch polynomiale Lagstruktur genannt, ein Polynom von der Ordnung r in i:

$$\beta_i = \gamma_0 + \gamma_1 i + \ldots + \gamma_r i^r .$$

Soll dieses Modell mit weniger Parameter auskommen als das Modell (17.2.1), so muss die Ordnung des Polynoms kleiner als s sein. Das Verwenden einer polynomialen Lagstruktur illustrieren wir im folgenden Beispiel.

Beispiel 17.6 **Eine polynomiale Lagstruktur**

Zum Beschreiben der $s = 3$ Parameter von $B(L)$ verwenden wir ein Polynom der Ordnung $r = 2$. Den Parameter β_i, $i = 0, \ldots, 3$ stellen wir also dar als

$$\beta_i = \gamma_0 + \gamma_1 i + \gamma_2 i^2 . \tag{17.3.1}$$

Wir erhalten für $i = 0, \ldots, 3$:

$$\begin{aligned}
\beta_0 &= \gamma_0, \\
\beta_1 &= \gamma_0 + \gamma_1 + \gamma_2, \\
\beta_2 &= \gamma_0 + 2\gamma_1 + 4\gamma_2, \\
\beta_3 &= \gamma_0 + 3\gamma_1 + 9\gamma_2,
\end{aligned}$$

oder in Matrixschreibweise

$$\boldsymbol{\beta} = \mathbf{T}\boldsymbol{\gamma}$$

mit der (3×4)-Matrix

$$\mathbf{T} = \begin{pmatrix} 1 & 0 & 0 \\ 1 & 1 & 1 \\ 1 & 2 & 4 \\ 1 & 3 & 9 \end{pmatrix}.$$

Das Modell können wir damit schreiben als

$$\begin{aligned} Y_t = {} & \gamma_0(X_t + \ldots + X_{t-3}) \\ & + \gamma_1(X_{t-1} + 2X_{t-2} + 3X_{t-3}) \\ & + \gamma_2(X_{t-1} + 4X_{t-2} + 9X_{t-3}) + u_t \end{aligned}$$

oder

$$\mathbf{y} = \mathbf{W}\boldsymbol{\gamma} + \mathbf{u}$$

mit $\mathbf{W} = \mathbf{XT}$. Die erste Spalte von $\mathbf{W}$ enthält in der t-ten Zeile die Summe $X_t + \ldots + X_{t-3}$; die zweite Spalte enthält die Summe $X_{t-1} + 2X_{t-2} + 3X_{t-3}$ usw. Anstelle von s Koeffizienten β_i haben wir nur r Parameter γ_i zu schätzen. Die Schätzer für die β_i können wir durch Einsetzen der geschätzten γ_i in die Polynome bestimmen.

In Matrixschreibweise stellen wir die Polynome (17.3.1) dar als

$$\boldsymbol{\beta} = \mathbf{T}\boldsymbol{\gamma}\,;$$

die $[(s+1) \times (r+1)]$-Matrix $\mathbf{T}$ enthält als ij-tes Element den Wert $(i-1)^{j-1}$. Einsetzen in die Gleichung (17.2.1) liefert ein Modell mit Regressoren, deren Beobachtungen sich als die Spalten von $\mathbf{W} = \mathbf{XT}$ ergeben:

$$\mathbf{y} = \mathbf{W}\boldsymbol{\gamma} + \mathbf{u}\,.$$

Die Regressoren sind Linearkombinationen der verzögerten Werte von X mit Gewichten aus der Matrix $\mathbf{T}$.

Die OLS-Schätzer $\mathbf{c}$ für $\boldsymbol{\gamma}$ erhalten wir wie üblich zu $\mathbf{c} = [\mathbf{W}'\mathbf{W}]^{-1}\mathbf{W}'\mathbf{y}$; die Kovarianzmatrix lautet $\text{Var}\{\mathbf{c}\} = \sigma^2[\mathbf{W}'\mathbf{W}]^{-1}$. Damit können wir die OLS-Schätzer der $\boldsymbol{\beta}$ bestimmen zu

$$\mathbf{b} = \mathbf{T}[\mathbf{W}'\mathbf{W}]^{-1}\mathbf{W}'\mathbf{y}$$

mit $\text{Var}\{\mathbf{b}\} = \sigma^2\mathbf{T}[\mathbf{W}'\mathbf{W}]^{-1}\mathbf{T}'$.

Beispiel 17.7

Privater Konsum, Fortsetzung

In Beispiel 17.4 haben wir für $s = 4$ die Regressionsbeziehung

$$\hat{C} = 0.010 + 0.695\,Y - 0.095\,Y_{-1} + 0.115\,Y_{-2} - 0.124\,Y_{-3} + 0.216\,Y_{-4}$$

erhalten. Wir verwenden als Modell für die β_i ein Polynom der Ordnung $r = 2$. Anpassen an die Daten ergibt

$$\hat{C} = 2.2 \cdot 10^{-5} - 0.082\, W_1 - 0.198\, W_2 + 0.140\, W_3\,;$$

die Variablen W_i sind Linearkombinationen der verzögerten Werte des Einkommens Y mit Gewichten aus der Matrix $\mathbf{T}$. Umrechnen auf die ursprüngliche Lagstruktur ergibt

$$\hat{C} = 2.2 \cdot 10^{-5} + 0.875\, Y - 0.257\, Y_{-1} + 0.080\, Y_{-2} - 0.138\, Y_{-3} + 0.085\, Y_{-4}\,.$$

Der Gleichgewichts-Effekt beträgt 0.999. Allerdings wird eine Konsumfunktion mit negativen Koeffizienten für den Ökonomen nicht sehr befriedigend sein.

17.3.2 Die Koyck'sche Lagstruktur

Die Koyck'sche oder geometrische Lagstruktur spezifiziert die Koeffizienten des Modells (17.2.1) als unendliche, geometrische Folge. Der Koeffizient β_i, $i = 0, 1, \ldots$, wird dargestellt als

$$\beta_i = \lambda_0 \lambda^i = \beta(1 - \lambda)\lambda^i\,. \tag{17.3.2}$$

Erfüllt der Parameter λ die Bedingung $0 < \lambda < 1$, ergibt sich für die Summe der β_i der Wert β; β ist also der Gleichgewichts-Effekt der geometrischen Lagstruktur. Eine Änderung von X um eine Einheit bewirkt eine Erhöhung von Y um β, wobei die Beiträge zum neuen Gleichgewicht eine geometrisch abnehmende Folge sind. Für $\lambda \geq 1$ würden diese Beiträge ein explosives Verhalten zeigen. Die Bedingung $0 < \lambda < 1$ können wir als Stabilitäts-Bedingung interpretieren.

Die Koyck'sche Lagstruktur kommt mit zwei Parametern aus. Einsetzen in die Gleichung (17.2.1) ergibt das Modell

$$Y_t = \alpha + \beta(1 - \lambda)\sum\nolimits_i \lambda^i X_{t-i} + u_t\,; \tag{17.3.3}$$

wir sprechen von der *distributed lag* oder *moving average* Form, kurz DL- oder MA-Form, des Modells. Die Wirkung des aktuellen Wertes von X ist über alle künftigen Zeitpunkte verteilt. Das Gewicht, mit dem X_t oder eine Änderung von X_t zu $X_t + \Delta X$ mit $\Delta X = 1$ im Zeitpunkt $t + i$ wirkt, ist $\beta(1 - \lambda)\lambda^i$; sie wird mit jeder Periode um den Faktor λ kleiner.

Wir können wieder die Multiplikatoren und die durchschnittliche Lag-Zeit angeben: Der kurzfristige Multiplikator beträgt $\beta(1 - \lambda)$, für den Gleichgewichts-Effekt finden wir β. Die durchschnittliche Lag-Zeit ergibt sich zu

$$\frac{\lambda}{1 - \lambda}\,.$$

Den Zusammenhang zwischen der Wahl von λ und der entsprechenden durchschnittlichen Lag-Zeit zeigt die Tabelle 17.2.

Tabelle 17.2

Parameter λ der Koyck'schen Lagstruktur und durchschnittliche Lag-Zeit $\lambda/(1-\lambda)$.

λ	$\lambda/(1-\lambda)$
0.1	0.10
0.3	0.43
0.5	1.00
0.7	2.33
0.9	9.00

Unser Modell (17.3.3) mit geometrischer Lagstruktur können wir mit Hilfe des Lag-Operators schreiben als

$$Y_t = \alpha + \beta(1-\lambda)\left(\sum\nolimits_i \lambda^i L^i\right) X_t + u_t\,.$$

Das Polynom $\sum_i \lambda^i L^i = \sum_i (\lambda L)^i$ können wir umformen in

$$\sum_i \lambda^i L^i = (1-\lambda L)^{-1}\,,$$

wenn $|\lambda| < 1$. Damit ergibt sich für unser Modell die Darstellung

$$Y_t = \alpha + \frac{\beta(1-\lambda)}{1-\lambda L} X_t + u_t$$

oder

$$Y_t = \alpha(1-\lambda) + \lambda Y_{t-1} + \beta(1-\lambda)X_t + v_t \tag{17.3.4}$$

mit $v_t = u_t - \lambda u_{t-1}$. Diese Darstellung nennen wir die autoregressive Form oder AR-Form des Modells (17.3.3).

Das Umformen von der DL-Form in die AR-Form nennt man die Koyck-Transformation. Wir können sie am einfachsten ausführen, indem wir die DL-Form für $t-1$ anschreiben, diese Gleichung mit λ multiplizieren und von der ursprünglichen DL-Form subtrahieren.

Die Koyck'sche Lagstruktur in der DL- oder AR-Form wird uns noch mehrfach beschäftigen. An dieser Stelle soll nur auf Probleme hingewiesen werden, die sich beim Schätzen der Parameter β und λ ergeben. Dazu können wir von der DL-Form, Gleichung (17.3.3), oder von der AR-Form, Gleichung (17.3.4), ausgehen. In beiden Fällen können wir nicht ohne weiteres die OLS-Schätzung verwenden.

- Probleme mit der DL-Form:

  1. Die Beobachtungen $X_0, X_{-1}, X_{-2}, \ldots$, sind unbekannt; ein Ausweg ist es, (17.3.3) durch die näherungsweise äquivalente Modellierung

  $$Y_t = \beta(1-\lambda)(X_t + \lambda X_{t-1} + \ldots + \lambda^{t-1}X_1) + \beta^*\lambda^t + u_t$$

  mit dem dritten Parameter $\beta^* = \beta(1-\lambda)(X_0 + \lambda X_{-1} + \ldots)$ zu ersetzen.

2. Die Modellgleichung ist keine Linearkombination der zu schätzenden Parameter; die OLS-Schätzung liefert keine linearen Normalgleichungen. Wir haben es mit einem nichtlinearen Schätzproblem zu tun.

- Probleme mit der AR-Form:

1. Auch hier liegt ein nichtlineares Schätzproblem vor;
2. Die Modellgleichung enthält die verzögerte, endogene Variable als Regressoren und
3. korrelierte Störgrößen.

In Abschnitt 18.4 werden wir entsprechende Schätzverfahren behandeln.

17.3.3 Weitere Lagstrukturen

Neben der polynomialen und der geometrischen Lagstruktur werden auch andere Lagstrukturen diskutiert und verwendet. Einige davon sind im Folgenden aufgelistet.

(A) Endliche Lagstrukturen; dazu gehören

- das Arithmetische Lag

$$\beta_i = \begin{cases} (s+1-i)\beta\,, & 0 \le i \le r \\ 0\,, & i \ge r \end{cases}$$

- das Inverse V Lag

$$\beta_i = \begin{cases} i\beta\,, & 0 \le i \le r/2 \\ (r-i)\beta\,, & r/2 \le i \le r \end{cases}$$

(B) Unendliche Lagstrukturen; neben der Koyck'schen Lagstruktur gehören dazu

- das Pascal'sche (verallgemeinert geometrische) Lag

$$\beta_i = \beta(1-\lambda)^r \binom{r+i-1}{i} \lambda^i\,, \quad 0 < \lambda < 1\,;$$

  für $r = 1$ ergibt sich Koyck's Lag

- Jorgenson's rationale Lagstruktur

$$Y_t = \frac{A(L)}{B(L)} X_t + u_t$$

- das Gamma Lag

$$\beta_i = \beta i^{s-1} e^{-i}\,,$$
$$\beta_i = \beta(i+1)^{s-1} e^{-\lambda i}\,,$$
$$\beta_i = \beta(i+1)^{\frac{\alpha}{1-\alpha}} \lambda^i\,.$$

17.4 Modelle der Erwartungen

Erwartungen spielen bei der Analyse ökonomischer Prozesse eine bedeutende Rolle. Wir haben bereits davon gesprochen, dass Konsumentscheidungen nicht nur vom aktuellen Einkommen, sondern auch von der Erwartung künftiger Einkünfte abhängen. Investitionen hängen von erwarteten Gewinnen ab, Zinsen von der Einschätzung der Entwicklung des Kapitalmarktes etc. Das Berücksichtigen von Erwartungen ist daher ein wesentlicher Aspekt der ökonometrischen Modellierung.

Erwartungen sind Größen, die nicht beobachtbar sind. Um sie in einem Modell berücksichtigen zu können, werden Annahmen über den Mechanismus getroffen, nach dem sich die Erwartungen entwickeln. So könnten wir von der Theorie ausgehen, dass der für die nächste Periode erwartete Wert gleich dem aktuellen Wert ist. Dieser Mechanismus – man nennt ihn naives Modell der Erwartungen – hat den Vorteil, dass er sehr einfach im Modell zu berücksichtigen ist, aber den Nachteil, dass er in den meisten Situationen nicht realistisch ist.

Wir werden zwei Konzepte behandeln

- das Modell der adaptiven Erwartung und
- das Modell der partiellen Anpassung.

In beiden Konzepten spielt die geometrische Lagstruktur eine zentrale Rolle.

17.4.1 Modell der adaptiven Erwartung

Dieses Modell beschreibt den aktuellen Wert der abhängigen Variable Y_t als Funktion des in der kommenden Periode erwarteten Wertes X^e_{t+1}:

$$Y_t = \alpha + \beta X^e_{t+1} + u_t \,. \tag{17.4.1}$$

Die Variable Y könnte der Wert der Investition sein, X^e der erwartete Gewinn. Das naive Modell wäre $X^e_{t+1} = X_t$: Der erwartete Gewinn in der kommenden Periode ist gleich dem aktuellen Gewinn X_t. Wahrscheinlich ist das Spezifizieren von

$$X^e_{t+1} = \beta_0 X_t + \beta_1 X_{t-1} + \ldots$$

realistischer: Der erwartete Gewinn in der kommenden Periode ist gleich einer gewichteten Summe der in der Vergangenheit realisierten Gewinne. Auf Cagan (1956) geht der Vorschlag zurück, als Gewichte eine geometrische Folge zu verwenden:

$$\beta_i = (1 - \lambda)\lambda^i \,.$$

Mit $0 < \lambda < 1$ werden die β_i umso kleiner, je größer i wird; die aktuellere Vergangenheit geht mit mehr Gewicht in die Erwartung ein als die weiter zurückliegenden Erfahrungen.

Das Anwenden der Koyck-Transformation auf die Definition der β_i mit geometrisch abnehmenden Gewichten liefert

$$X^e_{t+1} = \lambda X^e_t + (1 - \lambda) X_t \tag{17.4.2}$$

oder anders geschrieben

$$X^e_{t+1} - X^e_t = (1 - \lambda)(X_t - X^e_t) \,.$$

Die zweite Gleichung beschreibt am besten die Änderung der Erwartung zwischen den Perioden t und $t+1$: Die Änderung erfolgt in einem Ausmaß, das proportional der Abweichung zwischen der aktuellen Erwartung und dem tatsächlich realisierten Wert ist, dem „Fehler“ in der Erwartung. Das Ausmaß der Änderung ist $100(1-\lambda)$ % dieses Fehlers; λ wird der Anpassungs-Parameter genannt. Im Englischen spricht man vom *adaptive expectations model*.

Wir können mit Hilfe der Beziehung (17.4.2) die erwarteten Werte X^e aus dem Modell (17.4.1) eliminieren; das entspricht dem Anwenden der Koyck-Transformation. Wir erhalten das Modell

$$Y_t = \alpha(1-\lambda) + \lambda Y_{t-1} + \beta(1-\lambda)X_t + v_t \tag{17.4.3}$$

mit korrelierten Störgrößen $v_t = u_t - \lambda u_{t-1}$; das Modell beschreibt Y als eine Funktion der messbaren Größe X. Die Darstellung (17.4.3) ist die AR-Form des Modells (17.4.1). Die DL-Form ist das Modell (17.4.1), wenn X^e durch die unendliche geometrische Lagstruktur ersetzt wird.

Beispiel 17.8 **Investitionsfunktion**

Die Investitionen I_t werden als Funktion der erwarteten Gewinne P^e_{t+1} und des Zinssatzes r_t modelliert:

$$I_t = \alpha + \beta P^e_{t+1} + \gamma r_t + u_t \,.$$

Die für die kommende Periode erwarteten Gewinne P^e_{t+1} werden nach dem Konzept der adaptiven Erwartung als gewogenes Mittel der in der aktuellen Periode erwarteten Gewinne P^e_t und den aktuell tatsächlich realisierten Gewinnen P_t mit dem Anpassungs-Parameter λ $(0 < \lambda < 1)$ spezifiziert:

$$P^e_{t+1} = \lambda P^e_t + (1-\lambda)P_t \,.$$

Einsetzen liefert die AR-Form

$$I_t = \alpha(1-\lambda) + \lambda I_{t-1} + \beta(1-\lambda)P_t + \gamma r_t - \lambda\gamma r_{t-1} + v_t$$

der Investitionsfunktion mit $v_t = u_t - \lambda u_{t-1}$.

Zum Schätzen der Parameter gilt das am Ende von Abschnitt 17.3 Gesagte. Entsprechende Verfahren werden wir in Kapitel 18 behandeln.

17.4.2 Modell der partiellen Anpassung

Dieses Modell wird eingesetzt, um den Prozess der Anpassung einer Größe an einen gewünschten Wert zu beschreiben. Das Modell geht auf Nerlove (1972) zurück.

Beispiel 17.9 **Lagerstand**

Der gewünschte oder geplante Lagerstand K_t^p eines Unternehmens ist eine Funktion der Erlöse S_t:

$$K_t^p = \alpha + \beta S_t + u_t \, .$$

Der tatsächliche Lagerstand sei in der Vorperiode K_{t-1} gewesen, weicht also vom gewünschten Lagerstand um $K_t^p - K_{t-1}$ ab. Der tatsächlich realisierte Wert K_t des Lagerstandes wird dem gewünschten nicht vollständig, sondern in einem Ausmaß angepasst, das proportional der Differenz zwischen dem aktuell gewünschten und dem tatsächlichen Lagerstand der vergangenen Periode ist:

$$K_t - K_{t-1} = \delta(K_t^p - K_{t-1}) \, ;$$

dabei ist δ der Anpassungs-Parameter ($0 < \delta < 1$). Dieses Modell können wir schreiben als $K_t = \delta K_t^p + (1-\delta)K_{t-1}$. Einsetzen für K_t^p liefert das Modell

$$K_t = \alpha\delta + (1-\delta)K_{t-1} + \beta\delta S_t + \delta u_t \, ,$$

das eine AR-Form ist.

Das Modell der partiellen Anpassung beschreibt das Verhalten des geplanten oder gewünschten Wertes Y_t^p als Funktion eines Regressors X_t :

$$Y_t^p = \alpha + \beta X_t + u_t \, ; \tag{17.4.4}$$

die Anpassung der tatsächlichen Größe Y_t erfolgt in jeder Periode in einem Ausmaß, das proportional der Differenz zwischen dem aktuell gewünschten und dem tatsächlich realisierten Wert der vergangenen Periode ist:

$$Y_t - Y_{t-1} = \delta(Y_t^p - Y_{t-1}) \, . \tag{17.4.5}$$

Es handelt sich also um ein teilweises oder partielles Anpassen. Für den Anpassungs-Parameter δ gilt $0 < \delta < 1$. Im Englischen wird vom *partial adjustment model* gesprochen. Die realisierten Werte Y können als unendliche geometrische Lagstruktur der geplanten Werte Y^p dargestellt werden.

Der aktuell realisierte Wert kann auch als gewogenes Mittel zwischen dem aktuell geplanten und dem realisierten Wert der vergangenen Periode geschrieben werden:

$$Y_t = \delta Y_t^p + (1-\delta)Y_{t-1} \, .$$

Damit ergibt sich durch Einsetzen von (17.4.4)

$$Y_t = \delta\alpha + \delta\beta X_t + (1-\delta)Y_{t-1} + \delta u_t \, , \tag{17.4.6}$$

die AR-Form des Modells der partiellen Anpassung. Sie ähnelt der AR-Form (17.3.4) der Koyck'schen Lagstruktur und der AR-Form (17.4.3) des Modells der adaptiven Erwartung. Der Unterschied liegt in den Störgrößen, die beim Modell (17.4.6) unkorreliert sind, wenn die u wie üblich Weißes Rauschen sind. Bei den anderen beiden Modellen haben wir korrelierte Störgrößen erhalten.

Die MA-Form des Modells der partiellen Anpassung ergibt sich zu

$$Y_t = \alpha + \delta\beta \sum_{i=0}^{\infty} (1-\delta)^i X_{t-i} + \delta \sum_{i=0}^{\infty} (1-\delta)^i u_{t-i} \,.$$

Sie enthält eine geometrische Lagstruktur der Variablen X.

Dass die Anpassung nur partiell erfolgt, kann anhand eines Beispiels erläutert werden.

Beispiel 17.10 **Lagerstand, Fortsetzung**

Beim Festlegen des Ausmaßes der Anpassung hat das Unternehmen zweierlei Kostenkomponenten zu beachten: (a) Kosten für das Anpassen und (b) Kosten für die Abweichung vom geplanten Lagerstand. Wir gehen davon aus, dass diese Kosten modelliert werden können als

$$C(K_t) = \delta_1 (K_t - K_{t-1})^2 + \delta_2 (K_t^p - K_t)^2 \,,$$

also in beide Komponenten die Abweichung in quadratischer Form eingeht. K_t soll nun so festgelegt werden, dass die Kosten minimiert werden. Dazu setzen wir die Ableitung von C nach K_t gleich Null und erhalten $2\delta_1(K_t - K_{t-1}) = 2\delta_2(K_t^p - K_t)$ oder

$$K_t - K_{t-1} = \frac{\delta_2}{\delta_1 + \delta_2} (K_t^p - K_t) \,.$$

Die minimalen Kosten ergeben sich für

$$\delta = \frac{\delta_2}{\delta_1 + \delta_2} \,;$$

mit positiven δ_1 und δ_2 erfüllt δ auch die Bedingung $0 < \delta < 1$.

17.5 Das ADL-Modell

In Abschnitt 16.1 haben wir das ADL-Modell kennen gelernt. Die allgemeine Form dieses Modells ist das ADL(p, s)-Modell. Es besteht aus einer Lagstruktur von der Ordnung p in der abhängigen Variablen und einer Lagstruktur in der erklärenden Variable von der Ordnung s:

$$Y_t = \alpha + \beta_0 X_t + \ldots + \beta_s X_{t-s} + \varphi_1 Y_{t-1} + \ldots + \varphi_p Y_{t-p} + u_t \,.$$

Mit Hilfe des Lag-Operators L kann das ADL(p, s)-Modell kurz geschrieben als

$$A(L)Y_t = \alpha + \beta(L)X_t + u_t$$

mit

$$A(L) = 1 - \varphi_1 L - \ldots - \varphi_p L^p \,,$$
$$\beta(L) = \beta_0 + \beta_1 L + \ldots + \beta_s L^s \,.$$

Das ADL(1,1)-Modell

$$Y_t = \alpha + \varphi Y_{t-1} + \beta_0 X_t + \beta_1 X_{t-1} + u_t \qquad (17.5.1)$$

gehört zu den am häufigsten verwendeten Modellen. Es ist die Verallgemeinerung einer Reihe von Modellen, die sich durch Restriktionen für die Parameter von (17.5.1) ergeben. So können wir aus (17.5.1) das statische Modell ($\varphi = \beta_1 = 0$), das DL(1)-Modell ($\varphi = 0$) und das AR(1)-Modell ($\beta_0 = \beta_1 = 0$) ableiten. Im Folgenden werden wir auch korrelierte Störgrößen zulassen. Wir werden sehen, dass die meisten Modelle, die uns in diesem Kapitel beschäftigt haben, zur Klasse der ADL(1,1)-Modelle gehören.

17.5.1 Einige bekannte Modelle

Zur Koyck'schen Lagstruktur haben wir in Abschnitt 17.4 zwei Darstellungen kennen gelernt. Die DL- oder MA-Form lautet

$$Y_t = \beta(1-\lambda)\sum \lambda^i X_{t-i} + u_t \,;$$

durch die Koyck-Transformation ergibt sich die AR-Form

$$Y_t = \lambda Y_{t-1} + \beta(1-\lambda)X_t + v_t$$

mit $v_t = u_t - \lambda u_{t-1}$; sie ist ein ADL(1,0)-Modell mit einem MA(1)-Prozess der Störgrößen.

Das Modell der adaptiven Erwartung mit dem Anpassungs-Parameter λ lässt sich in der AR-Form (17.4.3) darstellen als

$$Y_t = \alpha(1-\lambda) + \lambda Y_{t-1} + \beta(1-\lambda)X_t + v_t \,,$$

wobei die $v_t = u_t - \lambda u_{t-1}$ korrelierte Störgrößen sind. Es handelt sich um ein ADL(1,0)-Modell mit korrelierten Störgrößen. Für das Modell der partiellen Anpassung mit dem Anpassungs-Parameter δ haben wir als AR-Form die Gleichung (17.4.6),

$$Y_t = \delta\alpha + \delta\beta X_t + (1-\delta)Y_{t-1} + \delta u_t \,,$$

abgeleitet, ein ADL(1,0)-Modell mit unkorrelierten Störgrößen.

Das Modell $Y_t = X_t\beta + u_t$ mit korrelierten Störgrößen $u_t = \varphi u_{t-1} + \varepsilon_t$ können wir schreiben als

$$Y_t = \varphi Y_{t-1} + \beta X_t - \beta\varphi X_{t-1} + \varepsilon_t \,.$$

Das Modell stellt sich also als ADL(1,1)-Modell mit der Restriktion $\beta_1 = \beta_0\varphi$ dar.

17.5.2 Stabilität des ADL(1,1)-Prozesses

Beim ADL(1,0)-Modell

$$Y_t = \alpha + \beta X_t + \varphi Y_{t-1} + u_t$$

beträgt der Effekt einer Änderung von $\Delta X = 1$

in Periode	ΔY
t	β
$t+1$	$\varphi\beta$
$t+2$	$\varphi^2\beta$
$\vdots$	$\vdots$

Nach unendlich vielen Perioden beträgt die Summe der Effekte $\beta + \beta\varphi + \beta\varphi^2 + \ldots = \beta/(1-\varphi)$. Voraussetzung für die Summierbarkeit ist die Stationaritäts-Bedingung

$$|\varphi| < 1\,.$$

Beim DL(s)-Modell nimmt die Variable Y nach einer Änderung von X den neuen Gleichgewichtswert nach s Perioden an. Beim ADL(1,0)-Modell muss (a) für das Erreichen des Gleichgewichts die Stationaritäts-Bedingung $|\varphi| < 1$ erfüllt sein, und wird (b) der Gleichgewichtswert nur asymptotisch erreicht. Für $\varphi > 1$ zeigt Y ein explosives Verhalten; auch bei $\varphi = 1$ stirbt der Effekt einer Änderung von X nicht aus.

Beim ADL(1,1)-Modell (17.5.1) können wir die Bedingungen für das Erreichen des Gleichgewicht in folgender Weise bestimmen. Wir fragen, welchen Wert Y^* die Variable Y im Gleichgewicht erreicht, wenn wir X für alle t am Wert X^* fixieren und die Störgrößen auf Null setzen. X^* und Y^* entsprechen also dem Gleichgewicht und es muss gelten, dass

$$Y^* = \alpha + \varphi Y^* + \beta_0 X^* + \beta_1 X^*\,, \tag{17.5.2}$$

oder

$$Y^* = \frac{\alpha}{1-\varphi} + \frac{\beta_0 + \beta_1}{1-\varphi} X^*\,.$$

Damit haben wir als Gleichgewichts-Effekt einer Änderung von X um $\Delta X = 1$ den Wert

$$\frac{\beta_0 + \beta_1}{1-\varphi}$$

gefunden. Voraussetzung ist, dass die Stationaritäts-Bedingung $|\varphi| < 1$ erfüllt ist, oder dass der dem ADL(1,1) entsprechende AR(1)-Prozess $Y_t = \alpha + \varphi Y_{t-1} + u_t$ stationär ist. Die Bedingung für die Stationarität eines AR(1) haben wir in Abschnitt 13.4 behandelt: Die Wurzel z_1 des Charakteristischen Polynoms $\Phi(z) = 1 - \varphi z$ muss die Bedingung $|z_1| > 1$ erfüllen; das liefert die Stationaritäts-Bedingung $|\varphi| < 1$.

Für das ADL(p, s)-Modell

$$\Phi(L)Y_t = \alpha + \beta(L)X_t + u_t$$

mit

$$\Phi(L) = 1 - \varphi_1 L - \ldots - \varphi_p L^p ,$$
$$\beta(L) = \beta_0 + \beta_1 L + \ldots + \beta_s L^s$$

ergibt sich der Gleichgewichts-Effekt zu

$$\frac{\beta_0 + \ldots + \beta_s}{1 - \varphi_1 - \ldots - \varphi_p} .$$

Voraussetzung für das Erreichen des Gleichgewichts-Zustandes ist, dass folgende Stationaritäts-Bedingungen erfüllt sind:

- Die Bedingung $\sum \varphi_i < 1$ ist notwendig, aber nicht hinreichend.
- Wurzeln z_i aus

  $$\Phi(z) = 1 - \varphi_1 z - \ldots - \varphi_p z^p$$
  $$= (1 - \lambda_1 z) \ldots (1 - \lambda_p z) = 0$$

  müssen die Bedingungen

  $$|z_i| = |\lambda_i^{-1}| > 1 , \qquad i = 1, \ldots, p$$

  erfüllen.

17.5.3 Gleichgewicht und Fehlerkorrektur

Befindet sich ein Prozess, der durch ein ADL(1,1)-Modell beschrieben wird, im Gleichgewicht, so besteht zwischen X und Y die Beziehung (17.5.2) oder

$$Y = \frac{\alpha}{1 - \varphi} + \frac{\beta_0 + \beta_1}{1 - \varphi} X .$$

Wir schreiben diese so genannte Gleichgewichts-Beziehung in der Form

$$Y = \mu_0 + \mu_1 X , \tag{17.5.3}$$

wobei

$$\mu_0 = \frac{\alpha}{1 - \varphi} , \quad \mu_1 = \frac{\beta_0 + \beta_1}{1 - \varphi}$$

die Gleichgewichts-Parameter sind. Den Parameter μ_1 haben wir bereits als Gleichgewichts-Effekt des ADL(1,1)-Modells kennen gelernt.

Die Analyse der Gleichgewichts-Beziehung ist in der Praxis nicht möglich, da der Gleichgewichtszustand wegen der endlichen Adaptionsgeschwindigkeit nie erreicht wird. Allerdings können wir das ADL(1,1)-Modell in einer Weise umformen, dass die Dynamik des Prozesses mit Hilfe der Abweichung vom Gleichgewicht dargestellt wird.

Durch Subtrahieren von Y_{t-1} und entsprechendem Zusammenfassen erhalten wir mit $\Delta Y_t = Y_t - Y_{t-1}$ und analogem ΔX_t die Fehlerkorrektur-Form des ADL(1,1)-Modells

$$\Delta Y_t = -(1-\varphi)(Y_{t-1} - \mu_0 - \mu_1 X_{t-1}) + \beta_0 \Delta X_t + u_t \,. \tag{17.5.4}$$

Die Änderung ΔY ergibt sich – abgesehen vom irregulären Effekt der Störgröße u – in Kombination zweier Ursachen:

1. als Effekt der Änderung ΔX und
2. als Ausgleich der Abweichung vom Gleichgewichts-Zustand in der Vorperiode.

Die Abweichung $Y - \mu_0 - \mu_1 X = \varepsilon$ vom Gleichgewichts-Zustand nennt man auch den Gleichgewichts-Fehler. Eine Änderung von X um ΔX hat eine unmittelbare Anpassung der abhängigen Variablen – um $\beta_0 \Delta X$ – zur Folge. Ein Gleichgewichts-Fehler ε führt in der nachfolgenden Periode zu einer Anpassung im Ausmaß von $(1-\varphi)\,\varepsilon$. Das negative Vorzeichen dieses Beitrags entspricht der Richtung der Anpassung: Ein positiver Gleichgewichts-Fehler führt zu einer negativen Änderung von Y, so dass Y dem Gleichgewicht näher kommt; analoges gilt für einen negativen Gleichgewichts-Fehler. Die Anpassung erfolgt partiell und nur langfristig, also in jeder Periode nur um den Anteil $(1-\varphi)$ des gesamten Fehlers; je größer φ ist, umso langsamer erfolgt die Anpassung an das Gleichgewicht.

Zur Verallgemeinerung der Fehlerkorrektur-Form für das ADL(p, s)-Modell

$$\Phi(L) Y_t = \alpha + \beta(L) X_t + u_t$$

schreiben wir die Lag-Polynome als

$$\begin{aligned}\Phi(L) &= 1 - \varphi_1 L - \ldots - \varphi_p L^p = L\Phi(1) + (1-L)\psi(L)\,,\\ \beta(L) &= \beta_0 + \beta_1 L + \ldots + \beta_s L^s = L\beta(1) + (1-L)\chi(L)\,.\end{aligned}$$

Die Fehlerkorrektur-Form ergibt sich analog zu der des ADL(1,1)-Modells und lautet

$$\psi(L)\Delta Y_t = -\Phi(1)(Y_{t-1} - \mu_0 - \mu_1 X_{t-1}) + \chi(L)\Delta X_t + u_t \tag{17.5.5}$$

mit

$$\mu_0 = \frac{\alpha}{\Phi(1)}\,, \quad \mu_1 = \frac{\beta(1)}{\Phi(1)}\,.$$

Die Interpretation ist wie die des Modells (17.5.4).

17.A Aufgaben

17.A.1 Empirische Anwendungen

1. Der Datensatz `DatS01` enthält die Variablen CR (Konsum) und YDR (Einkommen) für die Jahre 1976 bis 2001; transformieren Sie die Daten in Zuwachsraten.
   (a) Spezifizieren Sie ein DL(s)-Modell in YDR für CR und wählen Sie die Ordnung s mit Hilfe des Schwarz'schen Informationskriteriums.
   (b) Geben Sie den kurz- und langfristigen Multiplikator und die durchschnittliche Lag-Zeit an.
   (c) Ersetzen Sie die in (a) erhaltene Einkommens-Lagstruktur durch eine polynomiale Lagstruktur der Ordnung (i) Eins und (ii) Zwei und geben Sie jeweils den langfristigen Multiplikator und die durchschnittliche Lag-Zeit an.
   (d) Ersetzen Sie die Einkommens-Lagstruktur durch das erwartete Einkommen YDR^e, das sich nach dem Konzept der adaptiven Erwartung ergibt, und geben Sie jeweils den langfristigen Multiplikator und die durchschnittliche Lag-Zeit an.
2. Der Datensatz `DatS10` enthält die Variablen Q (Konsum von Schweinefleisch pro Kopf), P (Preis von Schweinefleisch) und Z (eine Determinate der Produktion von Schweinefleisch).
   (a) Spezifizieren Sie eine Angebotsfunktion mit einem DL(s)-Modell in P für Q und wählen Sie die Ordnung s mit Hilfe des Schwarz'schen Informationskriteriums.
   (b) Geben Sie den kurz- und langfristigen Multiplikator und die durchschnittliche Lag-Zeit an.
   (c) Ersetzen Sie P durch einen erwarteten Preis P^e, wobei Sie (i) die naive Erwartung $P_t^e = P_{t-1}$ verwenden, und (ii) den erwarteten Preis nach dem Konzept der adaptiven Erwartung ermitteln, und geben Sie jeweils den langfristigen Multiplikator und die durchschnittliche Lag-Zeit an.

17.A.2 Allgemeine Aufgaben und Probleme

1. Zeigen Sie, dass die Summe der Koeffizienten $\beta_i = \beta(1-\lambda)\lambda^i$ der geometrischen Lagstruktur mit $0 < \lambda < 1$ den Wert β hat.
2. Zeigen Sie, dass sich im Modell (17.3.3) mit geometrischer Lagstruktur (a) der Gleichgewichts-Effekt zu β und (b) die durchschnittliche Lag-Zeit zu $\lambda/(1-\lambda)$ ergeben.
3. In Abschnitt 17.3 wird die Koyck-Transformation beschrieben. Führen Sie das Modell (17.3.3) mit geometrischer Lagstruktur von der DL-Form in die AR-Form (17.3.4) über.
4. Die Investitionen seien eine Funktion der erwarteten Gewinne P^e: $I_t = \alpha + \beta P_{t+1}^e + \gamma r_t + u_t$, wobei die erwarteten Gewinne dem Konzept der adaptiven Erwartung mit dem Anpassungs-Parameter λ ($0 < \lambda < 1$) folgen: $P_{t+1}^e - P_t^e =$

$(1-\lambda)(Y_t - P_t^e)$ (siehe Beispiel 17.8). Zeigen Sie, dass das Anwenden der Koyck-Transformation die AR-Form

$$C_t = \alpha(1-\lambda) + \lambda C_{t-1} + \beta(1-\lambda)P_t + \gamma r_t - \lambda\gamma r_{t-1} + v_t$$

der Investitionsfunktion mit $v_t = u_t - \lambda u_{t-1}$ liefert.

5. Zeigen Sie, dass das Lag-Polynom $\Phi(L) = 1 - \varphi_1 L - \varphi_2 L^2$ in der Form $\Phi(L) = L\Phi(1) + (1-L)\psi(L)$ mit $\psi(L) = 1 + \varphi_2 L$ darstellbar ist.
6. Zeigen Sie, dass die Fehlerkorrektur-Form (17.5.5) des ADL(p, s)-Modells für $p = s = 1$ das Modell (17.5.4) ergibt.

17.E Hinweise zu `EViews`: Dynamische Modelle: Konzepte

In `EViews` kann in der Spezifikation einer Modellgleichung eine polynomiale Lagstruktur mit Hilfe der Funktion `pdl` definiert werden. Dazu wird im Spezifikations-Fenster die Lagstruktur wie eine Variable eingegeben. Die Funktion `pdl` enthält als Argumente den Namen der entsprechenden Zeitreihe, die Ordnung s der Lagstruktur und die Ordnung r des Polynoms. Im Output-Fenster werden als Teil der Regressionsbeziehung die Koeffizienten der Lagstruktur und im Anschluss an den Standard-Output die Ergebnisse zum geschätzten Polynom angegeben.

Dynamische Modelle: Schätzen der Parameter

18

ÜBERBLICK

Enthält das zu schätzende Modell als Regressor die verzögerte, abhängige Variable, haben wir es also mit einem autoregressiven Modell zu tun, so sind die OLS-Schätzer nicht mehr erwartungstreu, aber konsistent. Das gilt allerdings nicht mehr, wenn die Störgrößen des Modells nicht unkorreliert sind: In diesem Fall sind die OLS-Schätzer auch nicht mehr konsistent. Auch die Teststatistik des Durbin-Watson-Tests ist verzerrt, wenn das Modell eine autoregressive Komponente enthält. Wir benötigen daher entsprechende Verfahren, wenn wir dynamische Modelle als Basis der Analyse einsetzen.

Als alternative Schätzverfahren diskutieren wir die verallgemeinerte Kleinste-Quadrate- oder **GLS-Schätzung** und die Instrumentvariablen- oder **IV-Schätzung** für endliche DL-Modelle. Der Cochrane-Orcutt-Schätzer ist ein Beispiel für einen FGLS-Schätzer. Umformungen des spezifizierten Modells, etwa um die Autokorrelation der Störgrößen im Modell direkt zu berücksichtigen, führt meist zu nicht-linearen Modellgleichungen; zum Schätzen der Parameter eines nicht-linearen Modells können wir Verfahren der nicht-linearen Modellanpassung verwenden, darunter die **nicht-lineare OLS-Schätzung**, die mit Hilfe des Gauß-Newton-Algorithmus durchgeführt werden kann. Schließlich behandeln wir **Tests auf Autokorrelation** der Störgrößen, die auf autoregressive Modelle angewendet werden können. Dazu gehören **Durbins's h-Test** als Test auf Autokorrelation der Ordnung Eins und der Breusch-Godfrey-Test, der auch Autokorrelationen höherer Ordnung zulässt.

In Abschnitt 18.1 diskutieren wir die Eigenschaften der OLS-Schätzer in dynamischen Modellen mit einer verzögerten abhängigen Variablen als Regressor. Dann behandeln wir in Abschnitt 18.2 die GLS- und IV-Schätzer für endliche DL-Modelle, darunter den Cochrane-Orcutt-Schätzer. In Abschnitt 18.3 über ADL-Modelle wird neben den GLS- und IV-Schätzern auch die Verwendung des Gauß-Newton-Algorithmus zur nicht-linearen OLS-Anpassung gezeigt. In Abschnitt 18.4 werden zwei Möglichkeiten des Schätzens der Parameter der Koyck'schen Lagstruktur behandelt. Schließlich werden in Abschnitt 18.5 einige Tests auf Autokorrelation eingeführt.

18.1 Das AR(1)-Modell

In Abschnitt 17.2 haben wir Probleme angesprochen, mit denen wir beim Schätzen der Koeffizienten eines DL(s)-Modells rechnen müssen, darunter den „Verlust von Beobachtungen“, Multikollinearität und die unbekannte Ordnung der Lagstruktur, die aber keine Einschränkungen für das Anwenden der OLS-Schätzung implizieren müssen. Etwas anders sieht die Situation aus, wenn einer der Regressoren eine verzögerte, abhängige Variabel ist. Das einfachste Modell dieser Art ist das ADL(1,0)-Modell, spezifiziert als $Y_t = \alpha + \varphi Y_{t-1} + \beta_0 X_t + u_t$ mit Weißem Rauschen u. Wenn wir die Konsequenzen des Vorhandenseins des Summanden mit Y_{t-1} auf die OLS-Schätzer beurteilen wollen, bietet es sich an, den Schätzer des Parameters φ des autoregressiven Modells

$$Y_t = \varphi Y_{t-1} + u_t$$

zu untersuchen. Der OLS-Schätzer ergibt sich zu

$$\hat{\varphi} = \frac{\sum Y_{t-1} Y_t}{\sum Y_{t-1}^2} = \varphi + \frac{\sum Y_{t-1} u_t}{\sum Y_{t-1}^2} . \qquad (18.1.1)$$

Wie wir in Abschnitt 13.4 ausgeführt haben, können wir Y_t als gewichtete Summe $Y_t = \sum_i \varphi^i u_{t-i}$ der verzögerten Störgrößen schreiben; wir gehen davon aus, dass die Stationaritäts-Bedingung $|\varphi| < 1$ zutrifft. Daher wird der Erwartungswert des zweiten Summanden in (18.1.1) im Allgemeinen von Null verschieden sein, auch wenn Weißes Rauschen für die Störgrößen spezifiziert wird. Der OLS-Schätzer $\hat{\varphi}$ ist nicht erwartungstreu. Allerdings lässt sich zeigen, dass $\hat{\varphi}$ ein konsistenter Schätzer ist: $\text{plim}\,\hat{\varphi} = \varphi$. Ebenfalls kann gezeigt werden, dass $\hat{\varphi}$ der asymptotischen Normalverteilung folgt, so dass wir beispielsweise den t-Test unter Verwendung von p-Werten der näherungsweise gültigen Normalverteilung anwenden können.

18.2 Das DL(s)-Modell

Als Probleme beim Schätzen der Koeffizienten eines dynamischen Modells, das als Regressoren nur verzögerte, unabhängige Variable verwendet, wie etwa das DL(s)-Modell

$$Y_t = \alpha + \beta_0 X_t + \ldots + \beta_s X_{t-s} + u_t\,, \tag{18.2.1}$$

haben wir in Abschnitt 17.2 angeführt:

- den „Verlust von Beobachtungen“,
- Multikollinearität und
- die unbekannte Ordnung der Lagstruktur.

Diese Probleme hindern uns aber nicht prinzipiell, die OLS-Schätzung zum Bestimmen der Koeffizienten eines DL(s)-Modells anzuwenden. Die Möglichkeit, die Lagstruktur zu modellieren und dadurch anstelle von s zu schätzenden Koeffizienten mit einigen wenigen Parametern auszukommen, haben wir in Abschnitt 17.2 ebenso angesprochen wie Verfahren, mit deren Hilfe die unbekannte, maximale Verzögerung s festgelegt werden kann.

Komplizierter ist die Situation, wenn die Störgrößen des DL(s)-Modells korreliert sind. Wir gehen im Weiteren davon aus, dass die Störgrößen einem AR(1)-Prozess folgen, also durch $u_t = \varrho u_{t-1} + \varepsilon_t$ bestimmt sind, wobei ε Weißes Rauschen mit der Varianz σ^2 ist. Das DL(s)-Modell kann in zwei Darstellungen überführt werden:

- Die ADL-Form erhalten wir durch Eliminieren der verzögerten Störgrößen. Das Modell lautet

  $$Y_t = \alpha_\varrho + \varrho Y_{t-1} + \beta_{\varrho 0} X_t + \ldots + \beta_{\varrho,s+1} X_{t-s-1} + \varepsilon_t \tag{18.2.2}$$

  mit $\alpha_\varrho = \alpha(1-\varrho)$, $\beta_{\varrho 0} = \beta_0$, $\beta_{\varrho 1} = \beta_1 - \varrho\beta_0, \ldots, \beta_{\varrho,s+1} = \varrho\beta_s$. Es handelt sich also um ein ADL($1, s+1$)-Modell.

- In Quasi-Differenzen geschrieben, lautet das Modell

  $$Y_t^* = \alpha + \beta_0 X_t^* + \ldots + \beta_s X_{t-s}^* + \varepsilon_t \tag{18.2.3}$$

  mit $Y_t^* = Y_t - \varrho Y_{t-1}$ und $X_t^* = X_t - \varrho X_{t-1}$; siehe Abschnitt 12.5.

Beispiel 18.1 **Ein DL(1)-Modell**

Das Modell

$$Y_t = \alpha + \beta_0 X_t + \beta_1 X_{t-1} + u_t$$

habe korrelierte Störgrößen: $u_t = \varrho u_{t-1} + \varepsilon_t$ mit Weißem Rauschen ε. Die ADL(1,2)-Form ergibt sich zu

$$Y_t = \delta + \varrho Y_{t-1} + \delta_0 X_t + \delta_1 X_{t-1} + \delta_2 X_{t-2} + \varepsilon_t \,,$$

wobei $\delta = \alpha(1-\varrho)$, $\delta_0 = \beta_0$, $\delta_1 = \beta_1 - \varrho\beta_0$ und $\delta_2 = -\varrho\beta_1$. In Quasi-Differenzen angeschrieben lautet das Modell

$$Y_t^* = \alpha + \beta_0 X_t^* + \beta_1 X_{t-1}^* + \varepsilon_t$$

mit $Y_t^* = Y_t - \varrho Y_{t-1}$ und $X_t^* = X_t - \varrho X_{t-1}$.

18.2.1 Schätzen der Koeffizienten

Die Eigenschaften der OLS-Schätzer eines Regressionsmodells mit korrelierten Störgrößen haben wir bereits in Abschnitt 12.3 behandelt. Die Form des systematischen Teils des Modells ist in Abschnitt 12.3 nicht eingeschränkt und kann auch die Form einer Lagstruktur haben. Als Eigenschaften der OLS-Schätzer gelten daher die in Abschnitt 12.3 angegebenen Eigenschaften: Die Schätzer sind erwartungstreu und konsistent, sind aber keine besten Schätzer. Ihre geschätzten Standardfehler sind verzerrt; bei positiv korrelierten Störgrößen müssen wir mit zu geringen Werten rechnen.

Die Folgen korrelierter Störgrößen können wir vermeiden, indem wir (a) die ADL-Form des Modells zur Basis der Schätzung machen oder (b) auf Quasi-Differenzen übergehen. Eine dritte Möglichkeit ist das gemeinsame Schätzen aller Parameter des Modells (18.2.3) einschließlich ϱ. Dazu benötigen wir allerdings ein Verfahren zur nicht-linearen Optimierung wie das Gauß-Newton-Verfahren, wenn wir eine Anpassung nach der Methode der kleinsten Quadrate vornehmen wollen. Die ersten beiden Schätzverfahren werden wir im Folgenden behandeln.

18.2.1.1 Schätzen der ADL-Form

Die ADL-Form (18.2.2) enthält den Summanden ϱY_{t-1}, also die verzögerte, abhängige Variable. Die Konsequenz ist nach dem in Abschnitt 18.1 Gesagten ein verzerrter OLS-Schätzer von ϱ. Als Alternative zur OLS-Schätzung bietet sich die Instrumentvariablen- oder IV-Schätzung an. Das Schätzverfahren kann wie in Abschnitt 15.4 beschrieben angewendet werden, was im folgenden Beispiel illustriert werden soll.

Beispiel 18.2 **Ein DL(0)-Modell**

Das dem DL(0)-Modell $Y_t = \alpha + \beta X_t + u_t$ mit korrelierten Störgrößen $u_t = \varrho u_{t-1} + \varepsilon_t$ und Weißem Rauschen ε entsprechende ADL(1,1)-Modell lautet

$$Y_t = \delta + \varrho Y_{t-1} + \beta X_t + \delta_1 X_{t-1} + \varepsilon_t\,;$$

dabei ist $\delta = \alpha(1-\varrho)$ und $\delta_1 = -\varrho\beta$. Zum Anwenden der IV-Schätzung müssen wir zunächst geeignete Instrumente wählen, um die Hilfsvariable $\hat{Y}_{t-1}$ zu bestimmen. Es bieten sich die verzögerten Variablen $X_{-j}, j > 1$ an; geringere Lags würden dazu führen, dass die Matrix $\mathbf{X}$ der Regressoren identische Spalten enthält und nicht den vollen Rang hat. Den IV-Schätzer erhalten wir in folgenden beiden Schritten:

1. Bestimmen der Hilfsvariablen

$$\hat{Y}_t = c_0 + c_1 X_{t-1} + c_2 X_{t-2} + \ldots\,;$$

   die Ordnung der Lagstruktur von X wird beispielsweise mit Hilfe von Akaike's AIC festgelegt.
2. Ersetzen des Regressors Y_{t-1} durch die Hilfsvariable $\hat{Y}_{t-1}$; OLS-Anpassung gibt die IV-Schätzer $\tilde{\delta}$, $\tilde{\varrho}$, $\tilde{\beta}_0$ und $\tilde{\delta}_1$.

Der IV-Schätzer $\tilde{\varrho}_1$ ist verzerrt, aber konsistent.

Zu den Eigenschaften der IV-Schätzer siehe den Abschnitt 15.3. Zu beachten ist, dass die IV-Schätzer nicht notwendigerweise so beschaffen sind, dass wir in eindeutiger Weise die Schätzer für die Struktur-Parameter α, β und ϱ aus den Restriktionen erhalten.

18.2.1.2 Schätzen mittels Quasi-Differenzen

Die Darstellung (18.2.3) des DL(s)-Modells mit korrelierten Störgrößen verwendet die Quasi-Differenzen $Y_t^* = Y_t - \varrho Y_{t-1}$ und $X_t^* = X_t - \varrho X_{t-1}$. Diese Quasi-Differenzen können wir allerdings nur dann berechnen, wenn ϱ entweder bekannt ist, was in der Praxis nicht der Fall sein wird, oder wenn uns ein Schätzer für ϱ zur Verfügung steht. Ein Verfahren, das wir in genau dieser Situation bereits in Abschnitt 12.5 verwendet haben, ist die FGLS-Schätzung in der Form der Cochrane-Orcutt-Schätzer; FGSL steht für *feasible generalized least squares*. Auch dieses Verfahren arbeitet in zwei Schritten: Im ersten Schritt wird ein Schätzer für ϱ ermittelt, der dann zum Berechnen der Quasi-Differenzen verwendet wird. Im zweiten Schritt werden OLS-Schätzer der Koeffizienten des Modells (18.2.3) berechnet.

Beispiel 18.3 **Ein DL(1)-Modell, Fortsetzung**

Zum Schätzen der Parameter des Modells $Y_t = \alpha + \beta_0 X_t + \beta_1 X_{t-1} + u_t$ mit $u_t = \varrho u_{t-1} + \varepsilon_t$ verwenden wir den Cochrane-Orcutt-Schätzer. Wir erhalten ihn in den folgenden beiden Schritten:

1. Berechnen der Residuen $e_t = Y_t - \mathbf{x}_t'\mathbf{b}$ aus dem DL(1)-Modell ohne Berücksichtigung des AR(1)-Prozesses für die u. Der Schätzer

$$\hat{\varrho} = \frac{\sum_{t=2}^{n} e_t e_{t-1}}{\sum_{t=2}^{n} e_{t-1}^2} \tag{18.2.4}$$

   ergibt sich als der OLS-Schätzer von ϱ aus der Regression $e_t = \varrho\, e_{t-1} + v_t$. Ermitteln der Quasi-Differenzen $Y_t^* = Y_t - \hat{\varrho} Y_{t-1}$ und $X_t^* = X_t - \hat{\varrho} X_{t-1}$.
2. OLS-Schätzung der Koeffizienten des Modells

$$Y_t^* = \alpha + \beta_0 X_t^* + \beta_1 X_{t-1}^* + \varepsilon_t$$

   aus den Daten für $t = 2, \ldots, n$.

In Abschnitt 12.5 wird auch der Prais-Winsten-Schätzer behandelt, der zusätzlich die transformierte Beobachtung für $t = 1$ berücksichtigt.

Ein Vorteil der Verwendung der Quasi-Differenzen liegt darin, dass das Verfahren Schätzer der Strukturparameter wie die β_i liefert.

18.2.1.3 Schätzen der Autokorrelation ϱ

Für das Schätzen der Autokorrelation ϱ gibt es eine Reihe von Verfahren. Im Beispiel 18.3 haben wir $\hat{\varrho}$ nach (18.2.4) auf Basis der OLS-Residuen ermittelt, die sich ohne Berücksichtigung der Autokorrelation der Störgrößen ergeben. Eine andere Möglichkeit ist es, in (18.2.4) nicht OLS-Residuen, sondern IV-Residuen einzusetzen. Das Ermitteln von IV-Residuen kennen wir aus Beispiel 18.2. Für die Eigenschaften der FGLS-Schätzer der Modellparameter ist entscheidend, dass wir für ϱ einen konsistenten Schätzer verwenden. Dann sind auch die FGLS-Schätzer konsistent und asymptotisch effizient.

Beide Vorgangsweisen können auch iterativ angewendet werden. Dazu verwendet man die OLS-Schätzer der zweiten Verfahrensstufe, um neue Residuen zu bestimmen, mit denen man einen verbesserten Schätzer für ϱ errechnet. Dann wird der zweite Schritt wiederholt. Das Verfahren wird fortgesetzt, bis ein geeignetes Abbruchkriterium erfüllt ist.

18.3 Das ADL-Modell

Das Schätzen der Parameter eines ADL-Modells haben wir in Abschnitt 18.2 bereits behandelt. Allerdings sind wir dort davon ausgegangen, dass die Störgrößen des ADL-Modells unkorreliert sind. Der Einfachheit halber betrachten wir das ADL(1,0)-Modell

$Y_t = \varphi Y_{t-1} + u_t$ mit Störgrößen, die einem AR(1)-Prozess folgen, für die also $u_t = \varrho u_{t-1} + \varepsilon_t$ gilt.

Die in Abschnitt 18.1 für unkorrelierte Störgrößen beschriebenen Eigenschaften des OLS-Schätzers $\hat{\varphi}$ gelten hier nicht. So kann gezeigt werden, dass $\hat{\varphi}$ nicht konsistent ist. Auch der Schätzer

$$\hat{\varrho} = \frac{\sum \hat{u}_t \hat{u}_{t-1}}{\sum \hat{u}_{t-1}^2}$$

mit $\hat{u}_t = Y_t - \hat{\varphi} Y_{t-1}$ ist nicht konsistent.

Schätzverfahren für diese Situation sind (a) die IV-Schätzung und (b) die FGLS-Schätzung, beides zweistufige Verfahren, sowie (c) das direkte Schätzen der Parameter durch nicht-lineare Optimierung. Wir gehen vom ADL(1,1)-Modell

$$Y_t = \alpha + \varphi Y_{t-1} + \beta_0 X_t + \beta_1 X_{t-1} + u_t$$

mit $u_t = \varrho u_{t-1} + \varepsilon_t$ und Weißem Rauschen ε aus.

Um die IV-Schätzung anzuwenden, wählen wir ähnlich wie in Beispiel 18.2 als Instrumente die verzögerten Variablen X_{-j}, $j > 1$. Die IV-Schätzer erhalten wir in folgenden Schritten:

1. Bestimmen der Hilfsvariablen

   $$\hat{Y}_t = c_0 + c_1 X_{t-1} + c_2 X_{t-2} + \ldots ;$$

   die Ordnung der Lagstruktur von X ist geeignet festzulegen.

2. Ersetzen des Regressors Y_{t-1} durch die Hilfsvariable $\hat{Y}_{t-1}$; OLS-Anpassung gibt die IV-Schätzer $\tilde{\alpha}$, $\tilde{\varphi}$, $\tilde{\beta}_0$ und $\tilde{\beta}_1$.

Die IV-Schätzer sind verzerrt, aber konsistent; sie sind auch asymptotisch nicht effizient.

Beispiel 18.4 Investitionsgleichung

Ausgehend von einem Modell der partiellen Anpassung des Kapitalbestandes kann die Investitionsgleichung

$$I = \alpha + \varphi I_{-1} + \beta_0 Y + \beta_1 Y_{-1} + u$$

hergeleitet werden; u folgt dem AR(1)-Prozess $u_t = \varrho u_{t-1} + \varepsilon_t$ mit Weißem Rauschen ε und Y ist der Gesamte Output. Wir verwenden die Variablen ITR (reale Brutto-Investitionen) und YER (reales Brutto-Inlandsprodukt) aus der AWM-Datenbasis für den Zeitraum 1970:1 bis 2002:4 zum Schätzen des Modells. Die mittels OLS-Schätzung angepasste Regressionsbeziehung ergibt sich zu $\hat{I} = -310.6 + 0.966\, I_{-1} + 0.434\, Y - 0.428\, Y_{-1}$. Nach dem in Abschnitt 18.1 Gesagten sind die Schätzer nicht erwartungstreu und auch nur dann konsistent, wenn ϱ den Wert Null hat. Mit der IV-Schätzung ergibt sich die Regressionsbeziehung $\hat{I} = -641.8 + 0.964\, I_{-1} + 0.424\, Y - 0.417\, Y_{-1}$, wenn wir als Instrument für I die

Variable Y_{-1} verwenden; die so erhaltenen Schätzer sind konsistent. Die Tabelle 18.1 gibt eine Übersicht über die erhaltenen OLS- und IV-Schätzer.

Tabelle 18.1

Geschätzte Parameter und *t*-Statistiken, ermittelt mittels OLS- und IV-Anpassung, für eine Investitionsfunktion, geschätzt mittels Daten der AWM-Datenbasis.

	1	I_{-1}	Y	Y_{-1}
OLS	−310.60	0.966	0.434	−0.428
t-Statistik	0.26	59.57	13.38	13.20
IV	−641.84	0.964	0.424	−0.417
t-Statistik	0.56	61.26	13.43	13.21

Die beiden Regressionsbeziehungen stimmen sehr gut überein; das Anwenden der IV-Schätzung hat keine wesentlich veränderten Schätzer geliefert. Die Durbin-Watson-Statistik der zuerst angegebenen Regressionsbeziehung hat den Wert $d = 2.098$, so dass wir vermuten könnten, dass die Störgrößen der Investitionsgleichung gar nicht korreliert sind. Allerdings werden wir sehen, dass wir den Durbin-Watson-Test bei Modellen mit einer verzögerten, abhängigen Variablen als Regressor nicht sinnvoll verwenden können.

Auch die Anwendung der FGLS-Schätzung erfolgt so, wie wir es in Abschnitt 18.2 für das DL(s)-Modell mit korrelierten Störgrößen kennen gelernt haben: In einem ersten Schritt wird ein Schätzer für ϱ ermittelt, der zum Berechnen der Quasi-Differenzen verwendet wird. Im zweiten Schritt werden OLS-Schätzer der Koeffizienten berechnet. Die FGLS-Schätzer der Koeffizienten des ADL-Modells sind verzerrt, aber konsistent und asymptotisch effizient.

Beispiel 18.5 Investitionsgleichung, Fortsetzung

Aus der OLS-Schätzung des Beispiels 18.4 haben wir $\hat{\varrho} = -0.0849$ erhalten. Wir verwenden diesen Wert, um die Quasi-Differenzen zu bestimmen. Die mit diesen transformierten Variablen ermittelte Regressionsbeziehung lautet $\hat{I} = -793.5 + 0.966\,I_{-1} + 0.431\,Y - 0.425\,Y_{-1}$. Die Tabelle 18.2 stellt den mittels Quasi-Differenzen erhaltenen FGLS-Schätzer den im Beispiel 18.4 erhaltenen IV-Schätzer gegenüber.

Tabelle 18.2

Geschätzte Parameter und t-Statistiken, ermittelt durch IV-Schätzung und mittels FGLS-Anpassung auf Basis von Quasi-Differenzen, für eine Investitionsfunktion; verwendete Daten aus der AWM-Datenbasis.

	1	I_{-1}	Y	Y_{-1}
IV	−641.84	0.964	0.424	−0.417
t-Statistik	0.56	61.26	13.43	13.21
FGLS	−793.48	0.966	0.431	−0.425
t-Statistik	0.69	66.69	14.06	13.87

Auch das Anwenden der FGLS-Schätzung hat keine wesentlich anderen Schätzer geliefert als die IV-Schätzung.

Die Verwendung des Gauß-Newton-Algorithmus zum Schätzen der Parameter der nichtlinearen Darstellung des ADL-Modells wird am folgenden Beispiel illustriert. Der Gauß-Newton-Algorithmus wird im Anhang A dieses Kapitels behandelt.

Beispiel 18.6 Nicht-lineare OLS-Schätzung

Die Anwendung des Gauß-Newton-Algorithmus soll für das Schätzen der Parameter des ADL(1,0)-Modells

$$Y_t = \varphi Y_{t-1} + \beta X_t + u_t$$

gezeigt werden; die Störgrößen folgen einem AR(1)-Prozess, $u_t = \varrho u_{t-1} + \varepsilon_t$ mit Weißem Rauschen ε. Das Einsetzen der Modellgleichung in den AR(1)-Prozess der Störgrößen ergibt

$$Y_t = (\varphi + \varrho)Y_{t-1} - \varrho\varphi Y_{t-2} + \beta X_t - \varrho\beta X_{t-1} + \varepsilon_t = f_t(\varphi, \beta, \varrho) + \varepsilon_t\,.$$

Zur Anwendung des Gauß-Newton Algorithmus benötigen wir die Residuen

$$\hat{\varepsilon}_t = Y_t - f_t(\hat{\varphi}, \hat{\beta}, \hat{\varrho}) = Y_t - f_t(\hat{\boldsymbol{\theta}})\,,$$

wobei $\boldsymbol{\theta}$ der Vektor der Parameter ist, $\boldsymbol{\theta} = (\varphi, \beta, \varrho)'$, sowie die Ableitungen

$$\frac{\partial f_t}{\partial \varphi} = Y_{t-1} - \hat{\varrho} Y_{t-2},$$
$$\frac{\partial f_t}{\partial \beta} = X_t - \hat{\varrho} X_{t-1},$$
$$\frac{\partial f_t}{\partial \varrho} = Y_{t-1} - \hat{\varphi} Y_{t-2} - \hat{\beta} X_{t-1}.$$

Der Gauß-Newton-Algorithmus ist ein iteratives Verfahren, das in folgenden Schritten auszuführen ist:

1. Wahl geeigneter Startwerte $\boldsymbol{\theta}^{(0)} = (\hat{\varphi}^{(0)}, \hat{\beta}^{(0)}, \hat{\varrho}^{(0)})'$.
2. Wiederholte Ausführung von (a) bis (c) so lange, bis alle Komponenten von $\Delta\boldsymbol{\theta}$ aus Schritt (b) genügend klein sind.
   (a) Berechnen der Residuen
   $$\hat{\varepsilon}_t^{(i)} = Y_t - f_t(\hat{\boldsymbol{\theta}}^{(i)})\,.$$
   (b) Berechnen der Korrekturen $\Delta\boldsymbol{\theta}^{(i)} = (\Delta\varphi^{(i)}, \Delta\beta^{(i)}, \Delta\varrho^{(i)})'$ aus der Regression von $\hat{\varepsilon}_t^{(i)}$ auf
   $$\frac{\partial f_t}{\partial \varphi}, \frac{\partial f_t}{\partial \beta} \text{ und } \frac{\partial f_t}{\partial \varrho},$$
   wobei die partiellen Ableitungen an der Stelle der i-ten Schätzer $\hat{\boldsymbol{\theta}}^{(i)}$ ermittelt werden.
   (c) Korrektur von $\hat{\boldsymbol{\theta}}^{(i)}$ durch Berechnen von $\hat{\boldsymbol{\theta}}^{(i+1)} = \hat{\boldsymbol{\theta}}^{(i)} + \Delta\boldsymbol{\theta}^{(i)}$.

Zu den Schätzern können auch Standardfehler angegeben werden; sie sind durch die partiellen Ableitungen von f bestimmt.

18.4 Schätzen der Koyck'schen Lagstruktur

In Abschnitt 17.3 haben wir die Koyck'sche oder geometrische Lagstruktur behandelt. Für ein Modell mit Koyck'scher Lagstruktur gibt es zwei Darstellungen, (a) die DL-Form und (b) die AR-Form.

Bei der DL-Form (17.3.3) handelt es sich um eine unendliche Lagstruktur

$$Y_t = \alpha + \beta(1-\lambda)\sum\nolimits_i \lambda^i X_{t-i} + u_t \qquad (18.4.1)$$

mit Weißem Rauschen u. Das Schätzen der Parameter α, β und λ ist nicht ohne weiteres möglich: (i) Die Matrix der Regressoren hat so viele Spalten wie Regressoren, und sie wird mit wachsender Anzahl von Beobachtungen immer größer; (ii) die Beobachtungen aus der Zeit vor $t = 1$, also X_0, X_{-1}, X_{-2}, ..., sind unbekannt. Ein Ausweg in dieser Situation besteht darin, das Modell (18.4.1) durch die näherungsweise äquivalente Modellierung

$$Y_t = \alpha + \beta_0 W_t + \beta^* \lambda^t + u_t \qquad (18.4.2)$$

zu ersetzen. Dabei ist $\beta_0 = \beta(1-\lambda)$, W_t ist definiert als $W_t = X_t + \lambda X_{t-1} + \ldots + \lambda^{t-1} X_1$ und rekursiv zu berechnen nach $W_1 = X_1$ und $W_t = X_t + \lambda W_{t-1}$ für $t > 1$; β^* ist definiert als

$$\beta^* = \beta(1-\lambda)(X_0 + \lambda X_{-1} + \lambda^2 X_{-2} + \ldots)$$

und wird behandelt als zusätzlicher Parameter. Allerdings ist das Modell (18.4.2) kein lineares Modell im Sinn der Annahme **A1**; der systematische Teil des Modells ist keine Linearkombination der zu schätzenden Parameter λ, α, β_0 und β^* und die OLS-Schätzung liefert keine linearen Normalgleichungen. Ein lineares Problem würde vorliegen, wenn λ bekannt wäre. Nicht-lineare OLS-Schätzer können wir daher mit dem folgenden Suchverfahren erhalten:

1. Vorbereitungsschritte:
   - Wir wählen drei Werte von λ aus dem Intervall von Null bis Eins, die jenen Bereich überdecken, in dem wir $\hat{\lambda}$ erwarten; eine typische Wahl sind die Werte 0.1, 0.5 und 0.9.
   - Für jede Wahl von λ berechnen wir die Werte von W und λ^t und schätzen die Parameter α, β_0 und β^* mittels OLS-Anpassung des Modells (18.4.2).
2. Nach dem Verfahren der Intervall-Schachtelung wählen wir als nächsten Wert für λ den Mittelwert jener beiden λ-Werte, für die sich die kleinsten Werte der Summe der quadrierten Residuen ergeben haben.
3. Für dieses neue λ berechnen wir wiederum die Werte von W und λ^t und schätzen die Parameter α, β_0 und β^* mittels OLS-Anpassung.

Die Verfahrensschritte 2 und 3 werden wiederholt, bis ein entsprechendes Abbruchkriterium erfüllt ist, das sich auf die Verbesserung der Summe der quadrierten Residuen bezieht.

Durch Anwenden der Koyck-Transformation können wir die DL-Form in die AR-Form

$$Y_t = \alpha(1-\lambda) + \lambda Y_{t-1} + \beta(1-\lambda) X_t + v_t \qquad (18.4.3)$$

mit $v_t = u_t - \lambda u_{t-1}$ überführen. Es handelt sich um ein ADL(1,0)-Modell mit korrelierten Störgrößen v, die sich aus dem Weißen Rauschen u ableiten. Auch die AR-Form ist kein lineares Modell im Sinn der Annahme **A1**. Zum Schätzen der Parameter können wir wieder ein Verfahren der nicht-linearen OLS-Schätzung verwenden, etwa den Gauß-Newton-Algorithmus.

18.5 Tests auf Autokorrelation

Wir haben in Abschnitt 18.1 gesehen, dass Autokorrelation der Störgrößen nicht-konsistente OLS-Schätzer zur Folge hat. Wie schon in Abschnitt 2.3 erwähnt, geben Tests auf Autokorrelation, beispielsweise der Durbin-Watson-Test, auch allgemeine Hinweise auf Mängel in der Spezifikation eines Regressionsmodells und werden daher als Tests auf Missspezifikation interpretiert. Daraus ergibt sich die große praktische Bedeutung dieser Tests. Das gilt daher auch für Tests auf Autokorrelation in autoregressiven Modellen.

Den Durbin-Watson-Test haben wir in Abschnitt 12.4 behandelt. Mit ihm wird die Nullhypothese getestet, dass die Autokorrelation erster Ordnung der Störgrößen eines linearen Regressionsmodells den Wert Null hat; die Alternative ist unspezifiziert und besagt, dass die Nullhypothese nicht zutrifft. Verwendet das zu prüfende Modell die verzögerte, abhängige Variable als Regressor, handelt es sich also um ein autoregressives Modell, so ist die Macht des Tests reduziert und die Wahrscheinlichkeit vergrößert sich, dass die Nullhypothese irrtümlich beibehalten wird. Daher wurden für das Testen auf Autokorrelation der Störgrößen in dynamischen Modellen eigene Verfahren entwickelt. Wir behandeln (a) Durbin's h-Test für dynamische Modelle und (b) den Lagrange-Multiplier-Test von Breusch-Godfrey.

Ausgangspunkt ist wiederum das ADL(1,0)-Modell $Y_t = \varphi Y_{t-1} + \beta_0 X_t + u_t$ mit korrelierten Störgrößen, die dem AR(1)-Prozess $u_t = \varrho u_{t-1} + \varepsilon_t$ mit Weißem Rauschen ε folgen. Die zu prüfende Nullhypothese ist H_0: $\varrho = 0$, sie besagt, es bestehe keine Autokorrelation der Störgrößen. Man kann zeigen, dass die Teststatistik d des Durbin-Watson-Tests gegen ihren Erwartungswert Zwei hin verzerrt ist, so dass die tabellierten kritischen Werte für dynamische Modelle nicht anwendbar sind.

18.5.1 Durbin's h-Test

Die Teststatistik h von Durbin's h-Test für dynamische Modelle ist definiert als

$$h = (1 - 0.5\,d)\sqrt{\frac{n}{1 - n\text{Var}\{\hat{\varphi}\}}}; \qquad (18.5.1)$$

dabei ist d die Durbin-Watson-Statistik und $\hat{\varphi}$ ist der OLS-geschätzte Regressionskoeffizient von Y_{t-1}. Anstelle von $1 - 0.5\,d$ können wir auch die Stichproben-Autokorrelation $\hat{\varrho}$ der Störgrößen schreiben. Unter H_0 folgt d asymptotisch der N(0,1)-Verteilung.

Beispiel 18.7 **Investitionsgleichung, Fortsetzung**

Die in Beispiel 18.4 mittels OLS-Anpassung erhaltene Regressionsbeziehung lautet $\hat{I} = -310.6 + 0.966\,I_{-1} + 0.434\,Y - 0.428\,Y_{-1}$. Die Durbin-Watson-Statistik hat den Wert $d = 2.098$. Einsetzen in die Gleichung (18.5.1) ergibt einen Wert für Durbin's h von -0.572; der entsprechende p-Wert beträgt 0.57, wenn wir von einer zweiseitigen Alternative ausgehen. Vermuten wir als Alternative eine positive Autokorrelation, und dann wäre der p-Wert größer als 0.7. Wir können jedenfalls davon ausgehen, dass die Störgrößen unkorreliert sind.

18.5.2 Der Breusch-Godfrey-Test

Den Lagrange-Multiplier-Test von Breusch-Godfrey haben wir in Abschnitt 12.4 kennen gelernt. Er ist auf dynamische Modelle anwendbar. Die Teststatistik ist

$$\text{LM}(A) = nR_e^2,$$

wobei R_e^2 das Bestimmtheitsmaß aus der Regression der OLS-Residuen e_t auf Y_{t-1}, X_t und die verzögerten Residuen e_{t-1} ist. Unter H_0 folgt die Teststatistik LM(A) asymptotisch der Chi-Quadrat-Verteilung mit einem Freiheitsgrad, die wir bei großem n als näherungsweise Verteilung von LM(A) verwenden:

$$\mathrm{LM}(A) \mathrel{\dot\sim} \chi^2(1)\,.$$

Bei Verallgemeinerung des Prozesses der Störgrößen auf einen AR(p)-Prozess kann zum Test auf serielle Korrelation der Störgrößen wiederum die Teststatistik

$$\mathrm{LM}(A) = nR_e^2$$

verwendet werden. Basis ist hier das Bestimmtheitsmaß R_e^2 der Regression der OLS-Residuen e_t auf Y_{t-1}, X_t und die verzögerten Residuen $e_{t-1}, \ldots, e_{t-p}$. Als näherungsweise Verteilung der Teststatistik verwenden wir die unter H_0 asymptotische Chi-Quadrat-Verteilung mit p Freiheitsgraden:

$$\mathrm{LM}(A) \mathrel{\dot\sim} \chi^2(p)\,.$$

18.A Aufgaben

18.A.1 Empirische Anwendungen

1. Die Investitionsfunktion $I = \beta_1 + \beta_2 I_{-1} + \beta_3 I_{-2} + \beta_4 Y + u$ kann auf Basis der AWM-Datenbasis geschätzt werden, wobei für I die Zeitreihe ITR (reale Brutto-Investitionen) und für Y die Zeitreihe YER (reales Brutto-Inlandsprodukt) verwendet wird. Die Störgrößen folgen einem AR(1)-Prozess $u_t = \varrho u_{t-1} + \varepsilon_t$ und Weißem Rauschen ε.

   (a) Schätzen Sie das Modell (i) mittels OLS-Schätzung so, als wären die Störgrößen u Weißes Rauschen, (ii) mittels der Cochrane-Orcutt-Schätzung, (iii) mittels der Prais-Winsten-Methode, und (iv) mittels IV-Schätzung, wobei Sie als Instrumente verzögerte Variablen ITR verwenden.

   (b) Führen Sie für das nach (i) geschätzte Modell aus Übung (a) einen Test auf serielle Korrelation der Störgrößen (i) mittels Durbin's h und (ii) mittels der Teststatistik von Breusch-Godfrey durch.

   (c) Bringen Sie die Investitionsfunktion in die entsprechende ADL-Form mit Störgrößen ε und schätzen Sie die Parameter mittels nicht-linearer OLS-Anpassung.

2. Die Produktionsfunktion $Y = \beta_1 + \beta_2 L + \beta_3 K + \beta_4 Y(-1) + u$ kann auf Basis der AWM-Datenbasis geschätzt werden, wobei für Y die Zeitreihe YER (reales Brutto-Inlandsprodukt), für L die Zeitreihe LNN (Gesamtes Arbeitskräfte-Angebot) und für K die Zeitreihe KSR (Gesamter Kapitalbestand) verwendet wird. Die Störgrößen folgen einem AR(1)-Prozess $u_t = \varrho u_{t-1} + \varepsilon_t$ und Weißem Rauschen ε. Führen Sie die Übungen (a) bis (c) der Aufgabe 1 für die Produktionsfunktion aus.

18.A.2 Allgemeine Aufgaben und Probleme

1. Ein ADL(1,1)-Modell hat die Form $Y_t = \alpha + \varphi Y_{t-1} + \beta_0 X_t + \beta_1 X_{t-1} + u_t$, wobei $u_t = \varrho u_{t-1} + \varepsilon_t$ mit Weißem Rauschen ε. Zeigen Sie, dass es als ADL(2,2)-Modell mit den Störgrößen ε geschrieben werden kann.
2. Zeigen Sie, dass die Teststatistik

$$T = \hat{\varrho}\sqrt{\frac{n}{1 - n\mathrm{Var}\{\hat{\varphi}\}}}$$

mit Durbin's h nach (18.5.1) übereinstimmt; $\hat{\varrho}$ ist die Stichproben-Autokorrelation der Störgrößen.

18.E Hinweise zu EViews: Dynamische Modelle: Schätzen der Parameter

In EViews wird das Schätzen der Parameter von dynamischen Modellen in folgender Weise unterstützt: EViews erlaubt in komfortabler Weise (a) das Spezifizieren einer polynomialen Lagstruktur und (b) das Schätzen der Koeffizienten von Modellen mit korrelierten Störgrößen mittels Verfahren der nicht-linearen Optimierung; (c) ganz allgemein können nicht-lineare Modelle, die sich im Zusammenhang mit dynamischen Modellen oft ergeben, mit Hilfe entsprechender Verfahren geschätzt werden.

- In der Spezifikation der Modellgleichung kann eine polynomiale Lagstruktur mit Hilfe der Funktion `pdl` definiert werden. Dazu wird im Spezifikations-Fenster die Lagstruktur wie eine Variable eingegeben. Die Funktion `pdl` enthält als Argumente den Namen der entsprechenden Zeitreihe, die Ordnung s der Lagstruktur und die Ordnung r des Polynoms. Im Output-Fenster werden als Teil der Regressionsbeziehung die Koeffizienten der Lagstruktur und im Anschluss an den Standard-Output die Ergebnisse zum geschätzten Polynom angegeben.
- Zum Schätzen der Parameter eines Modells mit korrelierten Störgrößen muss im Spezifikations-Fenster die zu schätzende Modellgleichung explizit angegeben werden; daran anschließend sind die Komponenten des AR-Prozesses zu nennen, dem die Störgrößen folgen. Das Output-Fenster des linearen Regressionsmodells ist entsprechend adaptiert.
- In EViews können die Koeffizienten nicht-linearer Modelle mittels nicht-linearer OLS-Schätzung ermittelt werden. Dazu muss im Spezifikations-Fenster die zu schätzende Modellgleichung explizit angegeben werden; als Parameter sind Komponenten der Variablen `c` zu verwenden. Unter den `Estimation Options` kann die maximale Anzahl der Iterationen sowie das Abbruchkriterium eingegeben werden; als maximale Anzahl der Iterationen ist 100 vorgegeben, als Abbruchkriterium eine maximale relative Änderung der Schätzer von 0.1 %. Im Output-Fenster des linearen Regressionsmodells wird ergänzend zum üblichen Inhalt die Anzahl der durchgeführten Iterationen und die verwendete Modellgleichung ausgegeben.

Anhang 18.A Der Gauß-Newton-Algorithmus

Der Gauß-Newton-Algorithmus wird dargestellt als Verfahren zur OLS-Schätzung der Parameter $\boldsymbol{\theta} = (\theta_1, \ldots, \theta_k)'$ eines Modells

$$Y_t = f(\mathbf{x}_t; \boldsymbol{\theta}) + u_t$$

mit einer in den Komponenten von $\boldsymbol{\theta}$ nicht-linearen Responsefunktion $f(\cdot)$. Zum Minimieren von

$$S(\theta) = \sum_{t=1}^{n} [Y_t - f(\mathbf{x}_t; \boldsymbol{\theta})]^2$$

gibt es keine Lösung in geschlossener Form; es gibt eine Reihe von iterativen Verfahren zum Auffinden des Vektors $\hat{\boldsymbol{\theta}}$, für den das Minimum erreicht wird.

Der Gauß-Newton-Algorithmus nähert sich dem Minimum an, indem er die nichtlineare Funktion durch eine lineare Funktion approximiert. Diese Approximation ergibt sich aus der Entwicklung der Funktion $f(\cdot)$ in eine Taylorreihe, die nach dem zweiten Summanden abgebrochen wird:

$$f(\mathbf{x}_t; \boldsymbol{\theta}) \doteq f(\mathbf{x}_t; \hat{\boldsymbol{\theta}}) + \sum\nolimits_i \left.\frac{\partial f}{\partial \theta_i}\right|_{\hat{\boldsymbol{\theta}}} (\theta_i - \hat{\theta}_i) \,.$$

Minimieren von

$$\begin{aligned} S(\boldsymbol{\theta}) = \sum\nolimits_t u_t^2 &\doteq \sum\nolimits_t \left[Y_t - f(\mathbf{x}_t; \hat{\boldsymbol{\theta}}) - \sum\nolimits_i \left.\frac{\partial f}{\partial \theta_i}\right|_{\hat{\boldsymbol{\theta}}} (\theta_i - \hat{\theta}_i) \right]^2 \\ &= \sum\nolimits_t \left[\hat{u}_t - \sum \left.\frac{\partial f}{\partial \theta_i}\right|_{\hat{\boldsymbol{\theta}}} \Delta\theta_i \right]^2 \end{aligned}$$

[mit $\hat{u}_t = Y_t - f(\mathbf{x}_t; \hat{\boldsymbol{\theta}})$ und $\Delta\theta_i = \theta_i - \hat{\theta}_i$] entspricht dem Regressieren von $\hat{u}_t$ auf die Regressorvariablen

$$\left.\frac{\partial f}{\partial \theta_i}\right|_{\hat{\boldsymbol{\theta}}}, \quad i = 1, \ldots, k$$

und liefert Schätzer für die Korrekturen $\Delta\theta_i$. Stehen einmal Näherungen $\hat{\theta}_i$ zur Verfügung, kann das Minimieren der Funktion S zu einer Verbesserung dieser Näherungen führen und auf diese Weise ein iteratives Verfahren ausgeführt werden.

Zur praktischen Anwendung wird das folgende, iterative Verfahren verwendet:

1. Wahl von geeigneten Startwerten $\hat{\boldsymbol{\theta}}^{(0)}$.
2. Wiederholte Ausführung $(i = 1, 2, \ldots)$ der Schritte (a) bis (c) so lange, bis alle $\Delta\theta_j$, $j = 1, \ldots, k$ genügend klein sind.

   (a) Berechnen der Residuen

$$\hat{u}_t^{(i)} = Y_t - f(\mathbf{x}_t, \hat{\boldsymbol{\theta}}^{(i)}) \,.$$

(b) Ermitteln der Korrekturen $\Delta\theta_j$ aus der Regression von $\hat{u}_t^{(i)}$ auf

$$\left.\frac{\partial f}{\partial \theta_j}\right|_{\hat{\boldsymbol{\theta}}^{(i)}}, \; j = 1, \ldots, k\,.$$

(c) Korrektur von $\hat{\boldsymbol{\theta}}^{(i)}$ durch Berechnen von $\hat{\boldsymbol{\theta}}^{(i+1)} = \hat{\boldsymbol{\theta}}^{(i)} + \Delta\boldsymbol{\theta}^{(i)}$.

Die Varianz der Schätzer ist

$$\mathrm{Var}\{\hat{\boldsymbol{\theta}}\} = \hat{\sigma}^2 \left[\left.\left(\frac{\partial f}{\partial \theta_j}\right)\right|_{\hat{\boldsymbol{\theta}}}' \left.\left(\frac{\partial f}{\partial \theta_j}\right)\right|_{\hat{\boldsymbol{\theta}}} \right].$$

Kointegration

19

ÜBERBLICK

Die Idee der Kointegration geht auf Granger (1981) und auf Engle and Granger (1987) zurück; die Verleihung des *Bank of Sweden Prize in Economic Sciences in Memory of Alfred Nobel* („Nobelpreis für Wirtschaftswissenschaften") des Jahres 2003 würdigt den Beitrag zur empirischen Wirtschaftsforschung, der mit der Entwicklung dieser Konzepte und Verfahren verbunden ist.

Viele ökonomische Zeitreihen sind integriert, also nicht-stationär, können aber durch das Bilden der (meist) ersten Differenzen in eine stationäre Zeitreihe überführt werden; wir sprechen von integrierten oder auch von differenz-stationären Variablen. Kointegration von Variablen bedeutet, dass Variable, die integriert von der gleichen Ordnung sind, eine Beziehung erfüllen, so dass die Abweichungen von dieser Beziehung ein stationärer Prozess sind. Die Beziehung zwischen den integrierten Variablen stellt eine **Gleichgewichts-Beziehung** dar: Sie wird bis auf Irregularitäten, die keine in die Zukunft reichenden Auswirkungen haben, innerhalb jeder Beobachtungsperiode eingehalten. In Abschnitt 17.5 haben wir die ADL-Modelle als Möglichkeit kennen gelernt, dynamisches Verhalten zu beschreiben, und die **Fehlerkorrektur-Form** dieser Modelle eingeführt. Diese Darstellung und ihre Interpretation stehen im Mittelpunkt des vorliegenden Kapitels. Die Fehlerkorrektur-Modelle erlauben uns, die Änderungen einer differenz-stationären abhängigen Variablen als Effekt (i) der Änderungen der Regressoren und (ii) von teilweisen Anpassungen an Gleichgewichts-Fehler in der Vorperiode darzustellen, wenn eine Gleichgewichts-Beziehung zwischen der abhängigen Variablen und den Regressoren gefunden werden kann. Als Werkzeug zum Anwenden von Fehlerkorrektur-Modellen benötigen wir die *Unit-root*-Tests zum Feststellen der Ordnung der Integration der Zeitreihen und der Residuen der Gleichgewichts-Beziehung. Das **Engle-Granger-Verfahren** ist ein Vorschlag, nach dem in mehreren Stufen ein Fehlerkorrektur-Modell den Daten angepasst werden kann.

Nach einer Einführung in die zugrunde liegende Fragestellung wird in Abschnitt 19.2 der Begriff der Kointegration definiert. In Abschnitt 19.3 wird der Zusammenhang zwischen Fehlerkorrektur-Modell und Kointegration behandelt. In Abschnitt 19.4 wird ein Test auf Kointegration und in Abschnitt 19.5 das Engle-Granger-Verfahren zum Schätzen eines Fehlerkorrektur-Modells vorgestellt.

19.1 Einleitung

Der Abschnitt 14.2 behandelt das so genannte *Spurious-regression* Problem. Dabei geht es um das Anwenden des üblichen statistischen Instrumentariums auf ein Regressionsmodell, das eine nicht-stationäre Variable beschreibt. Es zeigen sich merkwürdige Phänomene: Die OLS-Schätzer der Parameter eines Modells für eine nicht-stationäre Variable haben viel zu große t-Werte; auch das Bestimmtheitsmaß und andere Kriterien täuschen eine Qualität der angepassten Regressionsbeziehung vor, die dem tatsächlichen Zusammenhang zwischen den Modellvariablen nicht entspricht.

Diese Ergebnisse sind ein Folge von stochastischen Trends, die für Zeitreihen typisch sind, die wir als Realisationen von nicht-stationären Prozessen beobachten. Oft können solche Trends dadurch eliminiert werden, dass erste Differenzen der interessierenden Variablen gebildet werden. In Abschnitt 14.3 haben wir den Begriff der Integration von

Zeitreihen kennen gelernt: Ein stochastischer Prozess Y_t heißt integriert von der Ordnung d, $Y_t \sim I(d)$, wenn seine d-fachen Differenzen $\Delta^d Y_t$ ein stationärer Prozess sind.

Beispiel 19.1

Ein *Random-walk*-Prozess

Stellt die Variable X einen *random walk* Prozess dar, so erfüllt X die Beziehung $X_t = X_{t-1} + u_t$ mit Weißem Rauschen u. Dann ist X integriert von der Ordnung Eins: $X \sim I(1)$: Wegen $u \sim I(0)$ gilt auch für die Differenzen von X: $\Delta X = X - X_{-1} \sim I(0)$.

Beispiel 19.2

Einkommen und Konsum

Die Tabelle 14.1 gibt die Ordnungen der Integration der (logarithmierten) Zeitreihen für das Verfügbare Einkommen der Haushalte (PYR) und für den Privaten Konsum (PCR) aus der AWM-Datenbasis an. Sie wurden mittels *Unit-root*-Tests ermittelt. Für beide Zeitreihen kann die Nullhypothese des *Unit-root*-Tests bei weitem nicht verworfen werden. Für die ersten Differenzen kann bei beiden Zeitreihen die Nullhypothese des *Unit-root*-Tests verworfen werden, wobei der p-Wert zur Teststatistik des *Unit-root*-Tests zwischen 0.01 und 0.05 liegt. Für die zweiten Differenzen sind die p-Werte so klein, dass die Nullhypothese nicht zu halten ist. Daher ist in der Tabelle 14.1 für diese beiden Zeitreihen „1-2“ als Ordnung der Integration angegeben.

Die Regression $\text{PCR} = \beta_1 + \beta_2\text{PYR} + u$ läuft also Gefahr, als *spurious regression* zu fehlerhaften Schlüssen zu führen.

Zumindest in Situationen, in denen wir es mit nicht-stationären Variablen zu tun haben, die integriert von der Ordnung Eins sind, können wir hoffen, die Konsequenzen des *Spurious-regression*-Problems dadurch zu vermeiden, dass wir nicht die Niveauwerte, sondern die ersten Differenzen der Variablen analysieren. Das Analysieren von Differenzen hat allerdings den Nachteil, dass wir damit zwar die (kurzfristigen) Änderungen des Prozesses beschreiben, dass aber die Information über das Verhalten der Niveauwerte, also das langfristige Verhalten und das Verhalten des Prozesses im Gleichgewicht, wenn ein solches existiert, unberücksichtigt bleibt. Gerade Ökonomen sind an Aussagen über den Gleichgewichts-Zustand wesentlich mehr interessiert als an Aussagen über kurzfristige Anpassungs-Prozesse: Die meisten ökonomischen Theorien sind Aussagen über Zusammenhänge im Gleichgewichts-Zustand.

Eine andere Möglichkeit, die Konsequenzen des *Spurious-regression*-Problems zu vermeiden, basiert auf dem Begriff der Kointegration. Dem liegt eine Überlegung zugrunde, die anhand des folgenden Beispiels illustriert werden soll.

Beispiel 19.3 **Kointegrierte Variable**

X und Y sind zwei nicht-stationäre Variable. X sei $I(1)$ und Y sei mit X durch das Modell

$$Y = \beta_1 + \beta_2 X + u$$

mit Weißem Rauschen u verbunden. Dann ist auch Y eine $I(1)$-Variable und beide Variablen zeigen den gleichen stochastischen Trend. Die Differenz $Y - \beta_2 X = \beta_1 + u$ ist bestimmt durch die Störgröße u, die als Weißes Rauschen eine $I(0)$-Variable ist. Wir können also eine Linearkombination der nicht-stationären Variablen X und Y angeben, die stationär ist.

Wenn es gelingt, zu einer mit stochastischem Trend behafteten, abhängigen Variablen eine – oder mehrere – erklärende Variable zu finden, so dass diese Variablen kointegriert sind, so können wir die Konsequenzen des *Spurious-regression*-Problems vermeiden.

19.2 Kointegration

Für den Sachverhalt des Beispiels 19.3 könnte die Definition des Begriffs Kointegration folgendermaßen lauten: Zwei Variable X und Y seien integriert von der Ordnung Eins: $X \sim I(1)$, $Y \sim I(1)$; dann nennt man X und Y kointegriert, wenn sich ein β_2 finden lässt, so dass $Y - \beta_2 X \sim I(0)$.

Für kointegrierte $I(1)$-Variable X und Y gilt also $Y - \beta_2 X \sim I(0)$, so dass die Beziehung

$$Y_t = \beta_1 + \beta_2 X_t + u_t$$

mit $u \sim I(0)$ oder Weißem Rauschen u besteht. Das bedeutet, dass die Werte von X und Y sich nie allzu weit voneinander entfernen können; sie befinden sich in einer Gleichgewichts-Beziehung. Gleichgewichts-Beziehungen zwischen ökonomischen Variablen erlauben nur stationäre Abweichungen voneinander. Die realisierten Werte der Störgröße lösen keine nachhaltigen Effekte aus, sondern sind wie Weißes Rauschen der Gleichgewichts-Beziehung überlagert.

Beispiel 19.4 **Eingang und Ausgang**

Die von einem Warenhaus eingekauften Mengen und die an seine Kunden verkauften Mengen zeigen normalerweise Saldo-Bestände, die einen stationären Prozess bilden; die Warenein- und -ausgänge sind kointegriert. Gleiches gilt im Allgemeinen für die Einkünfte und Ausgaben der Haushalte und viele andere ökonomische Größen.

Die allgemeine Definition der Kointegration lautet wie folgt: Die Komponenten des k-Vektors $\mathbf{x}_t$ seien integriert vom Grad d: $\mathbf{x}_t \sim I(d)$; existiert ein Vektor $\boldsymbol{\lambda} \neq \mathbf{0}$ und eine Zahl $b > 0$, so dass

$$z_t = \boldsymbol{\lambda}'\mathbf{x}_t \sim I(d-b)\,,$$

so heißen die Komponenten von $\mathbf{x}_t$ kointegriert vom Grad (d, b); $\boldsymbol{\lambda}$ heißt kointegrierender Vektor.

19.3 Fehlerkorrektur-Modell und Kointegration

Eine adäquate Darstellung ökonomischer Prozesse muss sowohl die Gleichgewichts-Beziehung zwischen den Variablen als auch die *Short-run*-Dynamik repräsentieren, in der auch die Abweichungen vom Gleichgewicht kompensiert werden. Die Darstellung in Form eines Fehlerkorrektur-Modells, wie wir sie in Abschnitt 17.5 für das ADL(1,1)-Modell kennen gelernt haben, macht diese beiden Aspekte deutlich.

Wir gehen von einer Variablen Y aus, deren Dynamik durch ein ADL(1,1)-Modell

$$Y_t = \alpha + \varphi Y_{t-1} + \beta_0 X_t + \beta_1 X_{t-1} + u_t \tag{19.3.1}$$

mit einem $I(1)$-integrierten X und $|\varphi| < 1$ beschrieben sei. Dann ist Y ebenfalls $I(1)$-integriert. Andererseits bestehe zwischen den Variablen Y und X eine Gleichgewichts-Beziehung, die statisch ist und die wir als

$$Y_t = \mu_0 + \mu_1 X_t + \varepsilon_t \tag{19.3.2}$$

mit einer Störgröße ε schreiben. Es stellt sich die Frage, wie das ADL(1,1)-Modell und die Gleichgewichts-Beziehung zusammenhängen.

Das Modell (19.3.1) können wir mit $\phi(L) = 1 - \varphi L$ und $\beta(L) = \beta_0 + \beta_1 L$ umformen zu

$$\Delta Y_t = -\phi(1)\left[Y_{t-1} - \frac{\alpha}{\phi(1)} - \frac{\beta(1)}{\phi(1)} X_{t-1}\right] + \beta_0 \Delta X_t + u_t\,.$$

Der Ausdruck in der eckigen Klammer,

$$Y_{t-1} - \frac{\alpha}{\phi(1)} - \frac{\beta(1)}{\phi(1)} X_{t-1} = Y_{t-1} - \mu_0 - \mu_1 X_{t-1} = \varepsilon_{t-1}$$

mit $\mu_0 = \alpha/\phi(1)$ und $\mu_1 = \beta(1)/\phi(1)$ oder

$$\mu_0 = \frac{\delta}{1-\varphi}\,, \quad \mu_1 = \frac{\beta_0 + \beta_1}{1-\varphi}\,,$$

repräsentiert bei geeigneter Wahl der Parameter die Gleichgewichts-Beziehung: Aus der Umformung

$$Y_{t-1} - \frac{\alpha}{\phi(1)} - \frac{\beta(1)}{\phi(1)} X_{t-1} = -\frac{1}{\phi(1)}(\Delta Y_t + \beta_0 \Delta X_t - u_t)$$

sehen wir, dass der Gleichgewichts-Fehler ε eine Linearkombination der $I(0)$-Variablen ΔY, ΔX und u ist und daher tatsächlich $I(0)$-integriert ist. Die Gleichung (19.3.2) ist demnach eine Gleichgewichts-Beziehung und die Y und X sind kointegriert.

Wenn also X und Y von der (gleichen) Ordnung Eins integriert sind und zwischen ihnen eine kointegrierende Beziehung (19.3.2) besteht, so dass

$$Y_t - \mu_1 X_t \sim I(0)\,,$$

so sind die Größen ΔY, ΔX, $Y - \mu_1 X$ und u integriert von der Ordnung Null und

$$\Delta Y_t = -\phi(1)(Y_{t-1} - \mu_0 - \mu_1 X_{t-1}) + \beta_0 \Delta X_t + u_t \tag{19.3.3}$$

eine gültige Darstellung des ADL(1,1)-Modells. Es ist die Fehlerkorrektur-Form des ADL(1,1)-Modells, die wir bereits als Gleichung (17.5.4) in Abschnitt 17.4 kennen gelernt haben. Die Gleichung (19.3.2) beschreibt die langfristige Beziehung zwischen X und Y, die Gleichung (19.3.3) die kurzfristige Dynamik, also das Anpassen von Y an Änderungen in X und die Korrektur von Gleichgewichts-Fehlern in der Vorperiode. Das Vorzeichen des Parameters der Gleichgewichts-Fehler muss negativ sein, wenn das Modell die Kompensation von Gleichgewichts-Fehlern beschreiben soll; der Parameter $\phi(1)$ muss daher ein positives Vorzeichen aufweisen.

Zwei Hinweise:

- Voraussetzung dafür, dass zwischen X und Y eine kointegrierende Beziehung bestehen kann, ist die gleiche Ordnung der Integration dieser beiden Variablen. Gelten beispielsweise $Y \sim I(1)$ und $X \sim I(0)$, so werden wir keine Beziehung (19.3.2) finden können.
- Die Darstellung des ADL(1,1)-Modells in der Fehlerkorrektur-Form setzt $|\varphi| < 1$ voraus. Gilt etwa $\varphi = 1$, so können wir das Modell (19.3.1) schreiben als $\Delta Y_t = \alpha + \beta_0 X_t + \beta_1 X_{t-1} + u_t$, so dass bei $X \sim I(1)$ für Y gilt: $Y \sim I(2)$; wir werden keine kointegrierende Beziehung finden.

19.4 Test auf Kointegration

Da die gleiche Ordnung der Integration der betroffenen Variablen eine Voraussetzung dafür ist, dass die Variablen kointegriert sind, gehen wir davon aus, dass X und Y jeweils $I(1)$-integriert sind. Wenn die Variablen X und Y nicht kointegriert sind, so sind die Störgrößen ε der Beziehung (19.3.2) nicht-stationär. Ein *Unit-root*-Test sollte daher nicht-stationäres Verhalten anzeigen, wenn er auf die Residuen der Beziehung (19.3.2) angewendet wird. Das ist die Idee, die dem Test auf Kointegration von Engle und Granger (1987) zugrunde liegt. Der Engle-Granger-Test geht wie folgt vor.

1. OLS-Anpassung der potentiellen Gleichgewichts-Beziehung

$$Y_t = \mu_0 + \mu_1 X_t + \varepsilon_t$$

liefert die Residuen $\hat{\varepsilon}$.

2. Anwendung eines *Unit-root*-Tests zum Überprüfen der Nullhypothese, dass die Residuen eine $I(1)$-Variable sind.
3. Wird die Nullhypothese verworfen, so entscheidet man:
   - $\varepsilon \sim I(0)$,
   - X_t und Y_t sind kointegriert.

Beispiel 19.5 Ein Modell für Importe

Die Importgleichung des AW-Modells ist im Anhang A als Gleichung (A.1.3) angegeben. Die Gleichgewichts-Beziehung dieses Modells ist spezifiziert als

$$\log(\text{MTR}/\text{FDD}) = \mu_1 \log(\text{MTD}/\text{YED}) + \mu_2 \text{TIME} + \varepsilon$$

mit den Variablen MTR (reale Ausgaben für Importe von Gütern und Dienstleistungen), FDD (gesamte Nachfrage), MTD (Deflator der Ausgaben für Importe von Gütern und Dienstleistungen), YED (Deflator des Brutto-Inlandsprodukts) und der Trendvariablen TIME. Die Untersuchung der Ordnungen der Integration ergeben für den Anteil der Importe MTR/FDD und für das Verhältnis der Deflatoren MTD/YED jeweils den Wert Eins. Alle Variable der Gleichgewichts-Beziehung einschließlich der Variablen TIME erfüllen somit die Voraussetzung, von gleicher Ordnung der Integration zu sein. Die angepasste Beziehung ergibt sich zu

$$\log(\text{MTR}/\text{FDD}) = -1.956 - 0.255 \log(\text{MTD}/\text{YED}) + 0.0044\text{TIME}$$

mit Werten der t-Statistik von 8.383 für μ_1 und 30.518 für μ_2, einem R^2 von 0.966 und der Durbin-Watson-Statistik $d = 0.120$. Wir haben nun die Nullhypothese zu überprüfen, dass die Residuen eine $I(1)$-Variable sind.

Abbildung 19.1

Anteil der Importe an der Nachfrage, beobachtete (△) und geschätzte Werte (logarithmiert, rechte Skala) und Residuen (linke Skala, ∘).

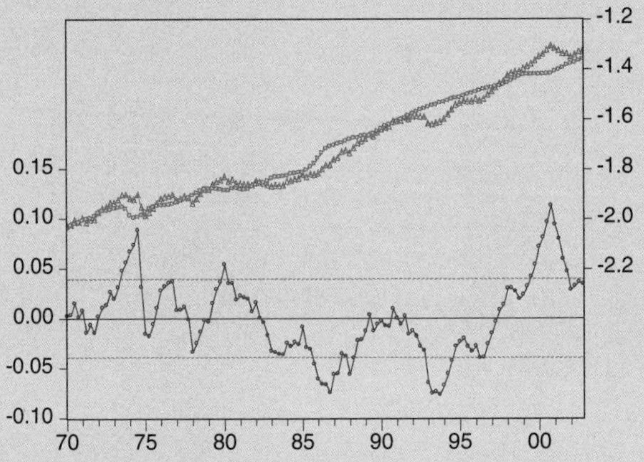

Die Abbildung zeigt relativ deutliche Abweichungen von der Gleichgewichts-Beziehung und längere Perioden steigender oder fallender Werte, Hinweise auf ein nicht-stationäres Verhalten der Residuen. Der Engle-Granger-Test auf Kointegration der Modellvariablen besteht im Anwenden eines *Unit-root*-Tests auf die Residuen $\hat{\varepsilon}$. Wir verwenden dazu den Dickey-Fuller-Test, wobei wir mit dem ADL(4)-Test mit deterministischem Trend und Interzept beginnen. Nach dem Eliminieren der nicht signifikanten Elemente des Modells ergibt der ADF(1)-Test ohne deterministischen Trend und Interzept einen τ-Wert von -2.478; die kritischen Werte für Signifikanzniveaus 0.01 und 0.05 betragen -2.58 und -1.94, so dass wir die Nullhypothese mit guter Berechtigung verwerfen: Für die Störgrößen gilt $\varepsilon \sim I(0)$, die Variablen MTR/FDD, MTD/YED und TIME sind kointegriert. Die Gleichgewichts-Beziehung konnte geschätzt werden, ohne dass wir mit den Problemen einer *spurious regression* rechnen müssen.

Wenn wir im Engle-Granger-Test herausfinden, dass die Störgrößen der potentiellen Gleichgewichts-Beziehung als stationär anzusehen sind, so bedeutet das, dass das nicht-stationäre Verhalten der abhängigen Variablen durch den Regressor adäquat beschrieben wird. Es liegt keine *Spurious-regression*-Situation vor, und die OLS-Anpassung der Gleichgewichts-Beziehung ist ein Standardfall der OLS-Schätzung. Die Residuen der Gleichgewichts-Beziehung sind die Gleichgewichts-Fehler in der Fehlerkorrektur-Form zum Modell für die abhängige Variable.

19.5 Schätzen der Fehlerkorrektur-Form

Das folgende Verfahren, das von Engle und Granger (1987) vorgeschlagen wurde, schließt die oben schon behandelten, vorbereitenden Schritte wie Überprüfen, ob die Modellvariablen gleiche Integrations-Ordnung haben, und Test auf Kointegration ein. Wir gehen davon aus, dass die Parameter eines ADL(1,1)-Modells zu schätzen sind. Ausgangspunkt ist also das Modell

$$\Delta Y_t = -\varphi_0[Y_{t-1} - \mu_0 - \mu_1 X_{t-1}] + \beta_0 \Delta X_t + u_t \qquad (19.5.1)$$

mit $\varphi_0 = 1 - \varphi$. Das Engle-Granger-Verfahren arbeitet in folgenden Stufen:

1. Integrations-Ordnung der Modellvariablen: Für jede der beiden Zeitreihen X und Y wird geprüft, welche Ordnung der Integration sie hat. Für das weitere Verfahren sei zutreffend, dass X und Y die gleiche Ordnung haben: Es gelte $X \sim I(1)$ und $Y \sim I(1)$.
2. Schätzen der Gleichgewichts-Beziehung: Die OLS-Anpassung von

$$Y_t = \mu_0 + \mu_1 X_t + \varepsilon_t$$

   liefert die Schätzer $\hat{\mu}_0$ und $\hat{\mu}_1$ sowie die Residuen $\hat{\varepsilon}$.
3. Test auf Kointegration: Überprüfen mittels *Unit-root*-Test, ob die Residuen einen stationären Prozess darstellen; das Verfahren ist das in Abschnitt 19.4 dargestellte. Wird die Nullhypothese verworfen, so sind X und Y kointegriert, und das Fehlerkorrektur-Modell (19.5.1) kann geschätzt werden.
4. Schätzen des Fehlerkorrektur-Modells: Schließlich wird das Fehlerkorrektur-Modell (19.5.1) angepasst. Dazu können (a) die OLS-Schätzer für die Parameter φ_0 und β_0 von

$$\Delta Y_t = -\varphi_0 \hat{\varepsilon}_{t-1} + \beta_0 \Delta X_t + u_t$$

   oder (b) die OLS-Schätzer für die Parameter α, φ_0 und β_0 von

$$\Delta Y_t = \alpha - \varphi_0[Y_{t-1} - \hat{\mu}_1 X_{t-1}] + \beta_0 \Delta X_t + u_t$$

   ermittelt werden.

Beispiel 19.6 Ein Modell für Importe, Fortsetzung

Die Importgleichung des AW-Modells spezifiziert die Änderung der Importe als Funktion der Änderung in der gesamten Nachfrage und der Korrektur des Gleichgewichts-Fehlers, wobei die Gleichgewichts-Beziehung den Anteil der Importe beschreibt, der als von den relativen Importpreisen und der Zeit als Trendvariablen abhängig postuliert wird. Als Gleichgewichts-Fehler verwenden wir die Residuen aus der in Beispiel 19.5 geschätzten Gleichgewichts-Beziehung. Das Schätzen des Fehlerkorrektur-Modells ergibt die angepasste Beziehung

$$\delta(\text{MTR}) = -0.0030 - 0.0610\,\hat{\varepsilon}_{-1} + 2.1238\,\delta(\text{FDD})$$

mit Werten der t-Statistik von 3.109 für φ_0 und 20.933 für β_0, $R^2 = 0.791$ und der Durbin-Watson-Statistik $d = 2.307$. Zuwächse in der Gesamten Nachfrage wirken sich in etwa doppelt so hohen Zuwächsen der Importe aus. Das Vorzeichen von $\hat{\varphi}_0$

ist wie erwartet positiv; die Abweichung vom Gleichgewichts-Wert des Importanteils wird durch die Änderung der Importe kompensiert, wobei pro Quartal ca 6 %, pro Jahr etwa ein Viertel des Fehlers kompensiert werden.

Unter der Voraussetzung, dass X und Y die gleiche Integrations-Ordnung haben und kointegriert sind, können folgende Eigenschaften der Schätzer angegeben werden: Die OLS-Schätzer $\hat{\alpha}$, $\hat{\varphi}_0$ und $\hat{\beta}_0$ haben die Eigenschaften klassischer OLS-Schätzer. Der OLS-Schätzer $\hat{\mu}_1$ ist ein so genannter super-konsistenter Schätzer; damit ist gemeint, dass die Verteilung des Schätzers mit wachsendem n rascher im Wert μ_1 kollabiert als die Verteilung eines konsistenten Schätzers.

Ein alternatives Schätzverfahren besteht darin, die Schätzer des Fehlerkorrektur-Modells

$$\Delta Y_t = -\varphi_0[Y_{t-1} - \mu_0 - \mu_1 X_{t-1}] + \beta_0 \Delta X_t + u_t$$

mittels nicht-linearer Optimierung gemeinsam zu bestimmen.

19.A Aufgaben

19.A.1 Empirische Anwendungen

1. Die Konsumgleichung des AW-Modells ist im Anhang A als Gleichung (A.1.1) angegeben. Die modifizierte Gleichgewichts-Beziehung dieses Modells lautet $\log(\text{PCR}) = \mu_1 + \mu_2 \log(\text{PYR})$, wobei PCR der reale Private Konsum und PYR das reale Verfügbare Einkommen der Haushalte ist. Überprüfen Sie, ob PCR und PYR (i) gleiche Ordnung der Integration haben und (ii) kointegrierte Variable sind; (iii) zeichnen Sie ein Zeitreihendiagramm der Residuen der modifizierten Gleichgewichts-Beziehung und interpretieren Sie das Diagramm aus der Sicht des Ergebnisses von (b).
2. Der Datensatz `DatS01` enthält die Variablen CR (Privater Konsum) und YDR (Verfügbares Einkommen). Wiederholen Sie die Aufgabe 1 für CR und YDR.
3. Erzeugen Sie für den Sample-Bereich des Datensatzes `DatS01` Realisationen des *random walks* $\text{RW}_t = \text{RW}_{t-1} + u_t$; u ist Weißes Rauschen mit einer Standardabweichung von 200. Überprüfen Sie, ob (i) CR und und RW, (ii) YDR und RW kointegrierte Variable sind.
4. Schätzen Sie ein Fehlerkorrektur-Modell für die Konsumgleichung des AW-Modells, wobei Sie die modifizierte Gleichgewichts-Beziehung verwenden; siehe Aufgabe 1.

5. Gehen Sie von der Fragestellung von Aufgabe 1 aus, wobei die Gleichgewichts-Beziehung der Konsumgleichung spezifiziert ist als $\log(\text{PCR}) = \mu_1 + \mu_2 \log(\text{PYR}) + \mu_3 \log(\text{WLN/PCD})$.
   (a) Überprüfen Sie, ob PCR, PYR und WLN/PCD kointegrierte Variable sind.
   (b) Schätzen Sie ein Fehlerkorrektur-Modell für die Konsumgleichung (A.1.1) des AW-Modells.
6. Verwenden Sie die Variablen CR und RW aus Aufgabe 3. Schätzen Sie ein Fehlerkorrektur-Modell für CR als Funktion von RW.

19.E Hinweise zu `EViews`: Kointegration

In `EViews` können alle in diesem Kapitel behandelten Verfahren ausgeführt werden. Für alle Verfahrensschritte des Engle-Granger-Verfahrens, das Feststellen der Integrations-Ordnung der Zeitreihen, das Schätzen der Gleichgewichts-Beziehung, das Testen auf Kointegration und das Schätzen des Fehlerkorrektur-Modells stehen in `EViews` Möglichkeiten zur Verfügung, die wir auch bereits in früheren Kapiteln besprochen haben. In Kapitel 22 werden wir im Zusammenhang mit den Vektor-autoregressiven Modellen umfassendere Möglichkeiten behandeln, die den univariaten Fall dieses Kapitels einschließen.

Mehrgleichungs-Modelle: Konzepte

20

ÜBERBLICK

Das Modellieren von ökonomischen Prozessen, die für den Ökonomen von praktischem Interesse sind, erfordert das Darstellen von Entwicklungen und Wechselwirkungen von mehr als einer endogenen Variablen; wir benötigen dafür Mehrgleichungs-Modelle. Der Markt eines Produktes ist ein System, das nicht nur die umgesetzte Menge, sondern auch den Preis bestimmt. Das Geschehen in einem Wirtschaftsraum umfasst neben dem Gütermarkt weitere Märkte wie einen Finanzmarkt und einen Arbeitsmarkt, die alle untereinander in Wechselwirkungen und in Abhängigkeit von Entscheidungen der politischen Akteure und einzelner Oligopolisten stehen. Modelle, die das Geschehen in einem Wirtschaftsraum realistisch beschreiben, können allerdings von sehr unterschiedlicher Dimension sein und nur einige wenige oder mehrere hundert Variable umfassen.

Die methodischen Probleme, die sich durch das gemeinsame Analysieren mehrerer Gleichungen ergeben, sind nicht durch die Anzahl der Gleichungen eines Mehrgleichungs-Modells bestimmt. Wir werden in diesem Kapitel den Rahmen vorgeben, in dem der Ökonom seine Modelle spezifizieren kann, wenn er das ökonometrische Instrumentarium für seine Analysen nützen möchte. In Kapitel 21 werden wir auf die Schätzverfahren eingehen, die auf diese Modelle anwendbar sind.

Die Gleichungen, aus denen wir unsere Mehrgleichungs-Modelle zusammensetzen, werden weiterhin linear in den Parametern sein. Der weniger interessante Fall sind die Mehrgleichungs-Modelle, die keine abhängigen Variablen als Regressor verwenden, so genannte multivariate Regressionsmodelle. Wir behandeln das *seemingly unrelated regression* oder **SUR-Modell**, das zu dieser Klasse von Mehrgleichungs-Modellen gehört; ein Spezialfall liegt vor, wenn alle Gleichungen innerhalb des Modells die gleichen Regressoren verwenden.

Interessanter sind die interdependenten oder **simultanen Mehrgleichungs-Modelle**. Sie verwenden abhängige Variable als Regressor, so dass die OLS-Schätzer ihrer Koeffizienten keine konsistenten Schätzer darstellen. Die OLS-Anpassung der Strukturgleichungen ist daher kein geeignetes Schätzverfahren, und es erhebt sich überhaupt die Frage, unter welchen Bedingungen wir mit konsistenten Schätzern der Strukturparameter rechnen können. Diese Frage ist die Frage nach der **Identifizierbarkeit** einer Modellgleichung. Nach der Definition dieses Begriffs werden wir Verfahren einführen, mit deren Hilfe die Identifizierbarkeit überprüft werden kann.

Nach einer Einführung, in der anhand von Beispielen die methodischen Probleme im Umgang mit Mehrgleichungs-Modellen dargestellt werden, und dem kurzen Abschnitt 20.2 zur Klassifizierung von Modellvariablen behandeln wir in Abschnitt 20.3 multivariate Regressionsmodelle. In Abschnitt 20.4 führen wir simultane Mehrgleichungs-Modelle ein. Dabei kommen wir in Abschnitt 20.5 auf die Frage der Identifizierbarkeit; in Abschnitt 20.6 diskutieren wir schließlich die Kriterien der Identifizierbarkeit und ihre Anwendung.

20.1 Einleitung

Wir verwenden Mehrgleichungs-Modelle dazu, das Verhalten von mehreren abhängigen Variablen zu beschreiben.

20.1.1 Typen von Mehrgleichungs-Modellen

Bei den uns interessierenden Fällen besteht ein Mehrgleichungs-Modell aus mehreren multiplen, linearen Regressionsgleichungen, die in verschiedener Weise verbunden sein können. Modelle, die auch nicht-lineare Modellgleichungen enthalten, bleiben außerhalb unserer Überlegungen.

1. Multivariate Regressionsmodelle oder Mehrgleichungs-Modelle (mit gemeinsamen Regressoren): Die einzelnen Gleichungen können (i) durch gemeinsame erklärende Variablen oder (ii) durch Abhängigkeiten zwischen den Störgrößen der einzelnen Gleichungen (oder durch beide Phänomene) verbunden sein. Enthalten die einzelnen Gleichungen unterschiedliche Regressoren und besteht die Verbindung lediglich durch die Abhängigkeit zwischen den Störgrößen, so sprechen wir von einer scheinbar unverbundenen Regression oder einem (nach dem Englischen *seemingly unrelated regression*) SUR-Modell. Ein Spezialfall ist die Modellierung der einzelnen Gleichungen mit gemeinsamen Regressoren.
2. Interdependente oder simultane Mehrgleichungs-Modelle (*simultaneous equations model*): Sie stellen die Abhängigkeiten innerhalb eines Systems von ökonomischen Variablen modellhaft dar. Abhängigkeiten können durch entsprechende Spezifikation innerhalb der einzelnen Modell-Gleichungen definiert werden oder durch die gemeinsame Verteilung der Störgrößen wirksam sein.

Üblicherweise wird in Mehrgleichungs-Modellen die Annahme getroffen, dass die kontemporären Störgrößen der einzelnen Gleichungen, also die Störgrößen aus der gleichen Beobachtungsperiode, nicht unabhängig voneinander sind.

Einige Beispiele sollen das Gesagte illustrieren.

Beispiel 20.1 **CAPM**

Das *capital asset pricing model* oder CAP-Modell beschreibt den Erlös R_i des i-ten Vermögenswertes, der über den Erlös R_f eines risikolosen Vermögenswertes hinausgeht, als Vielfaches der Differenz $\mathrm{E}\{R_m\} - R_f$, wobei $\mathrm{E}\{R_m\}$ der erwartete Erlös des optimalen Portfolios ist:

$$R_i - R_f = \beta_i(\mathrm{E}\{R_m\} - R_f) + u_i\,;$$

der Parameter β_i ist spezifisch für R_i. Wollen wir den Erlös mehrerer (sagen wir m) Vermögenswerte untersuchen, so haben wir m Modell-Gleichungen mit einem gemeinsamen Regressor, $\mathrm{E}\{R_m\} - R_f$, zu analysieren. Abhängigkeiten zwischen den Störgrößen der einzelnen Gleichungen können durch nicht berücksichtigte, gemeinsame Faktoren induziert werden, die nicht durch $\mathrm{E}\{R_m\} - R_f$ repräsentiert sind. Soll die verfügbare Information effizient genutzt werden, sind die m Beziehungen gemeinsam zu untersuchen.

Beispiel 20.2 Investitionen

Grunfeld und Griliches (1960) spezifizieren das folgende Modell, mit dem die Höhe von Investitionen I in einem Unternehmen beschrieben werden:

$$I = \beta_1 + \beta_2 F + \beta_3 C + u\,;$$

dabei stehen F für den Marktwert des Unternehmens und C für den Anlagenwert des Unternehmens, jeweils am Ende der Vorperiode. In diesem klassischen Beispiel standen Grunfeld und Griliches die jährlichen Daten von fünf Unternehmen aus 20 Jahren zur Verfügung. Anders als in Beispiel 20.1 beschränkt sich die Gemeinsamkeit der Modell-Gleichungen darauf, dass zwar die gleichen Variablen, aber in jeder Gleichung eigene Beobachtungen verwendet werden. Der Grund für ein gemeinsames Untersuchen der Gleichungen ist der gleiche wie bei Beispiel 20.1: Unberücksichtigt gebliebene Faktoren, etwa die allgemeine Wirtschaftslage, können dafür Ursache sein, dass die Störgrößen der einzelnen Gleichungen nicht unabhängig voneinander sind. Soll die verfügbare Information effizient genutzt werden, sind die Daten zu allen Unternehmen gemeinsam zu analysieren.

Beispiel 20.3 Marktmodell

Das Marktmodell für ein Produkt umfasst die Gleichungen

$$\begin{aligned} Q^d &= \alpha_1 + \alpha_2 P + \alpha_3 Y + u_1\,, \\ Q^s &= \beta_1 + \beta_2 P + \beta_3 Z + u_2\,, \\ Q^s &= Q^d \end{aligned}$$

mit den Variablen Q^d (Nachfragemenge), Q^s (Angebotsmenge), P (Preis des Produktes), Y (Einkommen), Z (Preis für Rohstoffe). Wenn wir davon ausgehen, dass im Laufe jeder Beobachtungsperiode die Nachfrage gleich dem Angebot ist, also $Q^s = Q^d$, so erhalten wir

$$Q = \alpha_1 + \alpha_2 P + \alpha_3 Y + u_1 \quad \text{(Nachfragefunktion)}, \qquad (20.1.1)$$

$$Q = \beta_1 + \beta_2 P + \beta_3 Z + u_2 \quad \text{(Angebotsfunktion)}. \qquad (20.1.2)$$

Das Modell bestimmt die im Markt bewegte Menge Q und den Preis P; diese beiden Variablen sind endogen. Die anderen beiden Größen, das Einkommen Y und der Preis für Rohstoffe Z, müssen vorgegeben werden; sie sind exogene

Größen. Beide Gleichungen müssen gemeinsam untersucht werden, da die Beziehungen für Q und P nicht voneinander getrennt werden können. Auch in solchen Modellen wird standardmäßig die Annahme getroffen, dass die Störgrößen der einzelnen Gleichungen nicht unabhängig voneinander sind.

Beispiel 20.4

Klein's Modell 1

Es umfasst sechs Gleichungen:

$$\begin{aligned}
C &= \alpha_1 + \alpha_2 P + \alpha_3 P_{-1} + \alpha_4 (W^p + W^g) + u_1 \quad \text{(Konsum)} \\
I &= \beta_1 + \beta_2 P + \beta_3 P_{-1} + \beta_4 K_{-1} + u_2 \quad \text{(Investitionen)} \\
W^p &= \gamma_1 + \gamma_2 X + \gamma_3 X_{-1} + \gamma_4 t + u_3 \quad \text{(Private Löhne und Gehälter)} \\
X &= C + I + G \\
K &= I + K_{-1} \\
P &= X - W^p - T
\end{aligned}$$

Die verwendeten Variablen sind C (Ausgaben für Konsum), P (Gewinne), W^p (Private Löhne und Gehälter), W^g (Öffentliche Löhne und Gehälter), I (Investitionen), K (Kapitalbestand), X (Private Produktion), G (Ausgaben der Öffentlichen Hand ohne Löhne und Gehälter) und T (Steuern). In der Gleichung für W^p wird der Zeit-Index t als Regressor in der Bedeutung einer Trendvariablen verwendet. Auch in Klein's Modell sind die Störgrößen der ersten drei Gleichungen nicht voneinander unabhängig.

20.1.2 Typen von Gleichungen

Wie schon in Abschnitt 16.2 ausgeführt, unterscheiden wir zwischen Reaktions- oder **Verhaltensgleichungen**, die das Verhalten einer abhängigen Variablen als Funktion von erklärenden Variablen beschreiben, und **definitorischen Identitäten** sowie **Gleichgewichts-Bedingungen**. Letztere beiden enthalten keine Störgröße. Definitorische Identitäten legen fest, wie eine Variable als Summe anderer Variabler definiert ist, zeigen also etwa die Zerlegung des Brutto-Inlandsprodukts in die Summe seiner Verbrauchs-Komponenten an. Gleichgewichts-Bedingungen unterstellen bestimmte Beziehungen, die als Gleichgewicht interpretiert werden können, etwa die Gleichheit von Angebot und Nachfrage innerhalb einer Periode der Beobachtung.

Beispiel 20.5 **Typen von Gleichungen**

Die Gleichungen der Beispiele 20.1 und 20.2 sind Verhaltensgleichungen; gleiches gilt für alle Gleichungen der Beispiele 20.3 und 20.4, die eine Störgröße enthalten. Im Beispiel 20.4 ist etwa die Gleichung $X_t = C_t + I_t + G_t$ eine definitorische Identität.

20.1.3 Schätzprobleme

Wie das sowohl beim Marktmodell in Beispiele 20.3 als auch in Klein's Modell 1 in Beispiele 20.4 zu sehen ist, müssen wir bei Mehrgleichungs-Modellen mit zwei Phänomenen rechnen, von denen wir bereits wissen, dass sie beim Schätzen der Modellparameter mittels OLS-Schätzung Probleme bereiten:

- Abhängige Variable werden als Regressoren verwendet, und
- die Störgrößen der einzelnen Gleichungen sind nicht voneinander unabhängig; wir müssen mit Abhängigkeit der kontemporären Störgrößen rechnen.

In Abschnitt 15.3 über nicht exogene Regressoren, die also mit den Störgrößen korrelieren, haben wir gefunden, dass die OLS-Schätzer in dieser Situation im Allgemeinen nicht konsistent sind. Mit Erwartungstreue können wir erst recht nicht rechnen. Ein Beispiel soll das illustrieren.

Beispiel 20.6 **Marktmodell, Fortsetzung**

In der Nachfragefunktion (20.1.1) des Beispiels 20.3 wird der Preis P als erklärende Variable verwendet; P ist als endogene Variable aber korreliert mit u_1. Wir schreiben die Nachfragefunktion (20.1.1) als $Q = \mathbf{x}'\boldsymbol{\alpha} + u_1$ mit $\mathbf{x} = (1, P, Y)'$ bzw. in Matrixnotation als $\mathbf{Q} = \mathbf{X}\boldsymbol{\alpha} + \mathbf{u}_1$. Für die OLS-Schätzer von $\boldsymbol{\alpha}$,

$$\mathbf{a} = (\mathbf{X}'\mathbf{X})^{-1}\mathbf{X}'\mathbf{Q} = \boldsymbol{\alpha} + (\mathbf{X}'\mathbf{X})^{-1}\mathbf{X}'\mathbf{u}_1 ,$$

müssen wir damit rechnen, dass sie nicht konsistent sind, da $\operatorname{plim}(\mathbf{X}'\mathbf{X})^{-1}\mathbf{X}'\mathbf{u}$ im Allgemeinen von $\mathbf{0}$ verschieden sein wird.

Umformen des Marktmodells ergibt die so genannte reduzierte Form, in der die endogenen Variablen als Funktion von exogenen und vorherbestimmten Variablen dargestellt werden:

$$Q = \pi_{11} + \pi_{12}Y + \pi_{13}Z + v_1 ,$$
$$P = \pi_{21} + \pi_{22}Y + \pi_{23}Z + v_2$$

mit Koeffizienten π_{ij} und Störgrößen v_i, von denen hier einige angeschrieben sind:

$$\pi_{11} = \frac{\alpha_1\beta_2 - \alpha_2\beta_1}{\beta_2 - \alpha_2} ,$$
$$v_1 = \frac{\beta_2 u_1 - \alpha_2 u_2}{\beta_2 - \alpha_2} .$$

In dieser Darstellung sind wir ein Problem losgeworden: Die Regressoren sind mit den Störgrößen nicht korreliert. Für die Parameter beider Gleichungen können wir mit konsistenten OLS-Schätzern rechnen. Es stellen sich zwei Fragen, nämlich (a) ob aus den Schätzern der π_{ij} Schätzer der ursprünglichen Koeffizienten $\boldsymbol{\alpha}$ und $\boldsymbol{\beta}$ abgeleitet werden können, und wenn ja, (b) welche Eigenschaften diese haben.

Mit dem Übergang von Eingleichungs-Modellen auf Mehrgleichungs-Modelle ergeben sich somit zwei neue Fragestellungen:

- Identifizierbarkeit: Es ist zu klären, ob bei gegebener Struktur des Modells und gegebenen Daten die Parameter (konsistent) geschätzt werden können.
- Schätzverfahren: Bei Mehrgleichungs-Modellen werden wir neue Schätzmethoden benötigen, um gewünschte Eigenschaften der Schätzer sicherzustellen.

20.2 Typen von Variablen

Am Beginn der Spezifikation eines Mehrgleichungs-Modells steht die Festlegung, welche Variablen durch das Modell erklärt werden und welche Variablen das Modell insgesamt enthalten soll. Die durch das Modell bestimmten Variablen sind die **endogenen Variablen**. Die Anzahl der Gleichungen, die das Modell benötigt, ist so groß wie die Anzahl der endogenen Variablen des Modells. Erklärende Variable sind alle jene Variable, die nicht vom Modell erklärt werden und von außerhalb des Modells bestimmt sind. Als erklärende Variable können auch verzögerte endogene Variable verwendet werden; sie werden üblicherweise als „vorherbestimmt" oder prädeterminiert, im Englischen *predetermined*, bezeichnet.

Endogene Variable werden durch das Modell bestimmt. Bei den nicht durch das Modell bestimmten oder **exogenen Variablen** unterscheiden wir

- strikt exogene Variable: Sie zeigen keine Korrelation mit irgendwelchen Störgrößen, weder mit aktuellen, noch mit künftigen, noch mit früheren;
- und vorherbestimmte Variable: Sie zeigen keine Korrelation mit aktuellen und künftigen Störgrößen.

Unter der Vollständigkeit eines Mehrgleichungs-Modells verstehen wir die Tatsache, dass die Anzahl der Gleichungen des Modells gleich der Anzahl seiner endogenen Variablen ist. Die Vollständigkeit des Modells ist Voraussetzung dafür, dass für gegebene Werte der vorherbestimmten Variablen die endogenen Variablen eindeutig bestimmt werden können.

Beispiel 20.7 **Marktmodell, Fortsetzung**

Das Modell aus dem Beispiel 20.3 enthält zwei Gleichungen, die Nachfrage- und die Angebotsfunktion. Die von diesem Zweigleichungs-Modell bestimmten Größen sind die im Markt bewegte Menge Q und der Preis P; diese beiden Variablen sind endogene Variable in unserem Modell. Das Einkommen Y wird als von außerhalb des Systems bestimmte Größe behandelt; das Modell enthält keine Gleichung, die die Rückkopplung zwischen umgesetzter Menge und Einkommen beschreibt, obwohl eine entsprechende Erweiterung des Modells denkbar ist. Auch der Preis für Rohstoffe Z wird als von außerhalb des Systems bestimmt angenommen. Schließlich wird auch die Interzept-Variable „1", für die das Interzept der Regressionskoeffizient ist, als exogene Variable behandelt. Das Modell ist vollständig. Zu beachten ist, dass nicht unbedingt jede Gleichungen ihre eigene endogene Variable darstellt und auf der linken Seite stehen hat.

Beispiel 20.8 **Klein's Modell 1, Fortsetzung**

Das Modell umfasst sechs Gleichungen, davon die drei Verhaltensgleichungen, welche die Variablen Konsum (C), Investitionen (I) und Private Löhne und Gehälter (W^p) beschreiben. Endogene Variable sind neben C, I und W^p die Größen X, P und K. Exogene Variable sind W^g, G, T, t und die Interzept-Variable „1"; vorherbestimmt sind P_{-1}, K_{-1} und X_{-1}.

20.3 Multivariate Regressionsmodelle

Der allgemeine Fall der multivariaten Regressionsmodelle ist das scheinbar unverbundene Regressionsmodell, im Englischen *seemingly unrelated regression*, kurz **SUR-Modell** genannt. Wir gehen davon aus, dass das Modell zwei Gleichungen umfasst. Für $t = 1, \ldots, n$ lauten die beiden Gleichungen

$$\begin{aligned} Y_{t1} &= \mathbf{x}'_{t1}\boldsymbol{\beta}_1 + u_{t1}\,, \\ Y_{t2} &= \mathbf{x}'_{t2}\boldsymbol{\beta}_2 + u_{t2}\,; \end{aligned} \tag{20.3.1}$$

die Störgrößen u_{t1} und u_{t2} sind Weißes Rauschen mit Varianzen σ_1^2 und σ_2^2; zwischen kontemporären Störgrößen u_{t1} und u_{t2} besteht eine Abhängigkeit, die für alle t durch die Kovarianz

$$\mathrm{Cov}\{u_{t1}, u_{t2}\} = \sigma_{12}$$

charakterisiert ist. Störgrößen u_{s1} und u_{t2} aus verschiedenen Perioden ($s \neq t$) sind unkorreliert. Die Regressoren können für die beiden Gleichungen unterschiedlich sein, wobei auch die Spaltenzahlen k_i, $i = 1, 2$ verschieden sein können. Der für diese Situation typische Fall ist das Beispiel 20.2.

Eine Vereinfachung des SUR-Modells (20.3.1) ist das Mehrgleichungs-Modell mit gemeinsamen Regressoren. Die beiden abhängigen Variablen Y_1 und Y_2 hängen von einem gemeinsamen k-Vektor von erklärenden Variablen $\mathbf{x}$ ab; für $t = 1, \ldots, n$ lauten die beiden Gleichungen

$$Y_{t1} = \mathbf{x}_t'\boldsymbol{\beta}_1 + u_{t1} ,$$
$$Y_{t2} = \mathbf{x}_t'\boldsymbol{\beta}_2 + u_{t2} .$$

Die Situation entspricht der des Beispiels 20.1 für zwei Vermögenswerte.

20.3.1 Zur Notation

In Matrixschreibweise können wir das SUR-Modell oder das Mehrgleichungs-Modell mit gemeinsamen Regressoren auf mehrere Arten schreiben.

- So, wie wir eine multiple Regression als Matrixgleichung für den n-Vektor $\mathbf{y}$ darstellen, können wir die i-te unserer beiden Gleichungen, $i = 1, 2$, in Matrixnotation schreiben als

$$\mathbf{y}_i = \mathbf{X}_i\boldsymbol{\beta}_i + \mathbf{u}_i . \qquad (20.3.2)$$

  Hier stehen $\mathbf{y}_i$ und $\mathbf{u}_i$ für n-Vektoren, und $\mathbf{X}_i$ steht für die $(n \times k_i)$-Matrix der Beobachtungen der k_i erklärenden Variablen.

- Wir führen die $2n$-komponentigen Vektoren

$$\bar{\mathbf{y}} = \begin{pmatrix} \mathbf{y}_1 \\ \mathbf{y}_2 \end{pmatrix}, \quad \bar{\mathbf{u}} = \begin{pmatrix} \mathbf{u}_1 \\ \mathbf{u}_2 \end{pmatrix}$$

  ein und können damit die beiden Gleichungen unseres Modells schreiben als

$$\begin{pmatrix} \mathbf{y}_1 \\ \mathbf{y}_2 \end{pmatrix} = \begin{pmatrix} \mathbf{X}_1 & \mathbf{0} \\ \mathbf{0} & \mathbf{X}_2 \end{pmatrix} \begin{pmatrix} \boldsymbol{\beta}_1 \\ \boldsymbol{\beta}_2 \end{pmatrix} + \begin{pmatrix} \mathbf{u}_1 \\ \mathbf{u}_2 \end{pmatrix}$$

  oder kurz als

$$\bar{\mathbf{y}} = \bar{\mathbf{X}}\bar{\boldsymbol{\beta}} + \bar{\mathbf{u}} \qquad (20.3.3)$$

  mit dem K-Vektor $\bar{\boldsymbol{\beta}} = (\boldsymbol{\beta}_1', \boldsymbol{\beta}_2')'$, $K = \sum_i k_i$, der $(2n \times K)$-Matrix

$$\bar{\mathbf{X}} = \begin{bmatrix} \mathbf{X}_1 & \mathbf{0} \\ \mathbf{0} & \mathbf{X}_2 \end{bmatrix}$$

  und

$$\mathbf{V} = \mathrm{Var}\{\bar{\mathbf{u}}\} = \boldsymbol{\Sigma} \otimes \mathbf{I}_n$$

mit

$$\mathrm{Var}\{\mathbf{u}_t\} = \mathbf{\Sigma} = \begin{pmatrix} \sigma_1^2 & \sigma_{12} \\ \sigma_{12} & \sigma_2^2 \end{pmatrix};$$

zum Kronecker-Produkt siehe Anhang E.8.

- Beim Mehrgleichungs-Modell mit gemeinsamen Regressoren vereinfacht sich die Gleichung (20.3.3) wegen $\mathbf{X}_1 = \mathbf{X}_1 = \mathbf{X}$, $k_1 = k_2 = k$ und $K = 2k$ zu

$$\begin{pmatrix} \mathbf{y}_1 \\ \mathbf{y}_2 \end{pmatrix} = \begin{pmatrix} \mathbf{X} & \mathbf{0} \\ \mathbf{0} & \mathbf{X} \end{pmatrix} \begin{pmatrix} \boldsymbol{\beta}_1 \\ \boldsymbol{\beta}_2 \end{pmatrix} + \begin{pmatrix} \mathbf{u}_1 \\ \mathbf{u}_2 \end{pmatrix}$$

und kann mit Hilfe des Kronecker-Produktes auch geschrieben werden als

$$\bar{\mathbf{y}} = (\mathbf{I}_2 \otimes \mathbf{X})\bar{\boldsymbol{\beta}} + \bar{\mathbf{u}}\,. \qquad (20.3.4)$$

Die Erweiterung von (20.3.3) und (20.3.4) zu einem Modell, das $m > 2$ Gleichungen umfasst, erfordert lediglich das entsprechende Anpassen der Ordnungen der Vektoren und Matrizen.

20.4 Interdependente Mehrgleichungs-Modelle

Während bei multivariaten Regressionsmodellen die Regressoren exogene Variable sind, lassen interdependente Mehrgleichungs-Modelle endogene Variable als Regressoren zu. Bevor wir auf die sich daraus ergebenden Fragestellungen eingehen, behandeln wir verschiedene Darstellungsformen und Modelltypen von Mehrgleichungs-Modellen.

Die **Strukturform** eines Mehrgleichungs-Modells ist die Darstellung der Beziehung zwischen endogenen Variablen einerseits und exogenen und vorherbestimmten Variablen andererseits entsprechend der ökonomischen Theorie. Die **reduzierte Form** ist die Darstellung der Abhängigkeit der endogenen von den vorherbestimmten Variablen.

Beispiel 20.9 Marktmodell, Fortsetzung

Die Strukturform des Marktmodells aus Beispiel 20.3 besteht aus den beiden Gleichungen, die wir als Nachfragefunktion (20.1.1) und Angebotsfunktion (20.1.2) eingeführt haben:

$$\begin{aligned} Q_t &= \alpha_1 + \alpha_2 P_t + \alpha_3 Y_t + u_{t1} && \text{(Nachfragefunktion)}, \\ Q_t &= \beta_1 + \beta_2 P_t + \beta_3 Z_t + u_{t2} && \text{(Angebotsfunktion)}; \end{aligned}$$

die Störgrößen $\mathbf{u}_t = (u_{t1}, u_{t2})'$ sind bivariates Weißes Rauschen mit einer Kovarianzmatrix

$$\mathrm{Var}\{\mathbf{u}_t\} = \mathbf{\Sigma} = \begin{pmatrix} \sigma_1^2 & \sigma_{12} \\ \sigma_{12} & \sigma_2^2 \end{pmatrix}.$$

Die beiden Gleichungen repräsentieren die Sicht der Ökonomen von der Funktion des Marktes. In Matrixnotation lautet die Strukturform der Beobachtungen für die Periode t

$$\mathbf{A}\mathbf{y}_t = \mathbf{\Gamma}\mathbf{z}_t + \mathbf{u}_t$$

mit

$$\mathbf{y}_t = \begin{pmatrix} Q_t \\ P_t \end{pmatrix}, \quad \mathbf{z}_t = \begin{pmatrix} 1 \\ Y_t \\ Z_t \end{pmatrix}, \quad \mathbf{u}_t = \begin{pmatrix} u_{t1} \\ u_{t2} \end{pmatrix}$$

und

$$\mathbf{A} = \begin{pmatrix} 1 & - & \alpha_2 \\ 1 & - & \beta_2 \end{pmatrix}, \quad \mathbf{\Gamma} = \begin{pmatrix} \alpha_1 & \alpha_3 & 0 \\ \beta_1 & 0 & \beta_3 \end{pmatrix}.$$

Die reduzierte Form ergibt sich zu

$$\mathbf{y}_t = \mathbf{A}^{-1}\mathbf{\Gamma}\mathbf{z}_t + \mathbf{A}^{-1}\mathbf{u}_t = \mathbf{\Pi}\mathbf{z}_t + \mathbf{v}_t$$

mit

$$\mathbf{\Pi} = \begin{pmatrix} \frac{\alpha_1\beta_2-\alpha_2\beta_1}{\beta_2-\alpha_2} & \frac{\alpha_3\beta_2}{\beta_2-\alpha_2} & -\frac{\alpha_2\beta_3}{\beta_2-\alpha_2} \\ \frac{\alpha_1-\beta_1}{\beta_2-\alpha_2} & \frac{\alpha_3}{\beta_2-\alpha_2} & -\frac{\beta_3}{\beta_2-\alpha_2} \end{pmatrix}. \tag{20.4.1}$$

In Langform lautet die reduzierte Form

$$Q_t = \pi_{11} + \pi_{12}Y_t + \pi_{13}Z_t + v_{t1} \quad \text{(Nachfragefunktion)},$$
$$P_t = \pi_{21} + \pi_{22}Y_t + \pi_{23}Z_t + v_{t2} \quad \text{(Angebotsfunktion)}.$$

Das Herleiten der Elemente von $\mathbf{\Pi}$ in Gleichung (20.4.1) erfolgt am einfachsten durch Anwenden entsprechender Eliminations-Schritte auf die Gleichungen der Strukturform.

Die Strukturform eines allgemeinen Mehrgleichungs-Modells in m abhängigen Variablen und K Regressoren schreiben wir als

$$\mathbf{A}\mathbf{y}_t = \mathbf{\Gamma}\mathbf{z}_t + \mathbf{u}_t \tag{20.4.2}$$

mit den m-Vektoren $\mathbf{y}_t$ und $\mathbf{u}_t$, dem K-Vektor $\mathbf{z}_t$, der $(m \times m)$-Matrix $\mathbf{A}$ und der $(m \times K)$-Matrix $\mathbf{\Gamma}$. Die **Struktur des Mehrgleichungs-Modells** sind die Parameter $(\mathbf{A}, \mathbf{\Gamma}, \mathbf{\Sigma})$; die Elemente der Matrizen $\mathbf{A}$ und $\mathbf{\Gamma}$ nennt man auch die Strukturparameter. Üblicherweise wird die Matrix $\mathbf{A}$ normalisiert, d.h. die Diagonalelemente $a_{ii} = 1$, $i = 1, \ldots, m$ haben den Wert Eins. Man kann dann die i-te Gleichung nach der i-ten abhängigen Variablen Y_i auflösen und Y_i als Funktion aller übrigen Beiträge schreiben. Das Beispiel 20.9 zeigt, dass das nicht notwendigerweise so ist. Die Vollständigkeit des

Mehrgleichungs-Modells setzt voraus, dass die Matrix $\mathbf{A}$ invertierbar ist. Dann kann durch Multiplikation der Gleichung (20.4.2) mit $\mathbf{A}^{-1}$ von links der Vektor $\mathbf{y}_t$ explizit angeschrieben werden zu $\mathbf{y}_t = \mathbf{A}^{-1}\boldsymbol{\Gamma}\mathbf{z}_t + \mathbf{A}^{-1}\mathbf{u}_t$ und wir erhalten damit die reduzierte Form

$$\mathbf{y}_t = \boldsymbol{\Pi}\mathbf{z}_t + \mathbf{v}_t \tag{20.4.3}$$

mit $\boldsymbol{\Pi} = \mathbf{A}^{-1}\boldsymbol{\Gamma}$. Die Parameter der Störgrößen sind

$$\mathrm{E}\{\mathbf{u}_t\} = 0\,, \quad \mathrm{Cov}\{\mathbf{u}_t\} = \boldsymbol{\Sigma}$$

bzw.

$$\mathrm{E}\{\mathbf{v}_t\} = 0\,, \quad \mathrm{Cov}\{\mathbf{v}_t\} = \mathbf{A}^{-1}\boldsymbol{\Sigma}(\mathbf{A}^{-1})' = \boldsymbol{\Omega}\,.$$

Zwei besondere Typen von Mehrgleichungs-Modellen sind durch eine spezielle Form der Matrix $\mathbf{A}$ bestimmt:

- Ein rekursives Mehrgleichungs-Modell ist durch die Dreiecksform von $\mathbf{A}$ charakterisiert; die endogenen Variablen beeinflussen sich nur in einer Richtung.
- Beim SUR-Modell ist $\mathbf{A}$ eine Diagonalmatrix; ist auch die Kovarianzmatrix der Störgrößen $\boldsymbol{\Sigma}$ eine Diagonalmatrix, so handelt es sich um tatsächlich unverbundene Gleichungen.

20.5 Identifizierbarkeit

In Abschnitt 20.1 haben wir von den Problemen gesprochen, mit denen wir durch das Verwenden von endogenen Variablen als Regressoren beim Schätzen der Parameter der Strukturform rechnen müssen. Das Schätzen der Parameter der reduzierten Form ist durch diese Probleme nicht kompliziert, und wir können damit rechnen, dass die OLS-Schätzer der Parameter der reduzierten Form konsistente Schätzer sind. Dann stellt sich natürlich die Frage, ob aus den Schätzern der Parameter der reduzierten Form nicht konsistente Schätzer der Strukturparameter abgeleitet werden können. Wenn es möglich ist, für die Parameter einer Gleichung der Strukturform konsistente Schätzer zu bestimmen, so sagt man, die Gleichung ist identifizierbar. Welche Rolle dabei die Schätzer der Parameter der reduzierten Form spielen, soll anhand einiger Beispiele illustriert werden.

20.5.1 Einige Beispiele

Beispiel 20.10 **Marktmodell, Fortsetzung**

Die reduzierte Form des Marktmodells aus Beispiel 20.3 hat sich in Beispiel 20.9 ergeben zu $\mathbf{y}_t = \boldsymbol{\Pi}\mathbf{z}_t + \mathbf{v}_t$ mit der Matrix $\boldsymbol{\Pi}$ nach (20.4.1). Die gemeinsame Verteilung der Störgrößen ist durch die Parameter $\boldsymbol{\Pi}$ bestimmt. Haben wir Schätzer $\hat{\pi}_{ij}$ für die

Elemente von $\mathbf{\Pi}$, so können wir die Parameter der Strukturgleichungen ableiten: Für die Parameter der Nachfragefunktion erhalten wir

$$a_2 = \frac{\hat{\pi}_{13}}{\hat{\pi}_{23}}\,, \; a_3 = \hat{\pi}_{22}(b_2 - a_2)\,, \; a_1 = \hat{\pi}_{11} - \hat{\pi}_{21}a_2\,.$$

Die Schätzer der Strukturparameter lassen sich in eindeutiger Weise aus den konsistenten Schätzern $\hat{\pi}_{ij}$ bestimmen. Diese eindeutige Zuordnung stellt sicher, dass auch die Schätzer der Strukturparameter konsistente Schätzer sind. Die Nachfragefunktion ist identifizierbar. Analog erhalten wir in eindeutiger Weise die Parameter

$$b_2 = \frac{\hat{\pi}_{12}}{\hat{\pi}_{22}}\,, \; b_3 = -\hat{\pi}_{23}(b_2 - a_2)\,, \; b_1 = \hat{\pi}_{11} - \hat{\pi}_{21}b_2\,;$$

auch die Angebotsfunktion ist identifizierbar.

Dass die Identifizierbarkeit nicht für jede Gleichung gegeben ist, zeigt die folgende Variante des Marktmodells.

Beispiel 20.11 Ein modifiziertes Marktmodell

Wir gehen davon aus, dass die angebotene Menge vom Preis Z der Rohstoffe nicht bestimmt wird. Das Modell spezifizieren wir dann zu

$$Q_t = \alpha_1 + \alpha_2 P_t + \alpha_3 Y_t + u_{t1} \quad \text{(Nachfragefunktion)}\,,$$
$$Q_t = \beta_1 + \beta_2 P_t + u_{t2} \quad \text{(Angebotsfunktion)}\,.$$

Der Vektor $\mathbf{z}_t = (1, Y_t)'$ hat nun nur zwei Komponenten; die Matrix $\mathbf{\Pi}$ der reduzierten Form ist von der Ordnung (2×2) und ergibt sich zu

$$\Pi = \begin{pmatrix} \frac{\alpha_1\beta_2 - \alpha_2\beta_1}{\beta_2 - \alpha_2} & \frac{\alpha_3\beta_2}{\beta_2 - \alpha_2} \\ \frac{\alpha_1 - \beta_1}{\beta_2 - \alpha_2} & \frac{\alpha_3}{\beta_2 - \alpha_2} \end{pmatrix}.$$

Für die Parameter der Angebotsfunktion erhalten wir in eindeutiger Weise die gleichen Ausdrücke wie in Beispiel 20.10:

$$b_2 = \frac{\hat{\pi}_{12}}{\hat{\pi}_{22}}\,, \; b_1 = \hat{\pi}_{11} - \hat{\pi}_{21}b_2\,.$$

Die Angebotsfunktion ist somit identifizierbar. Zur Berechnung der Schätzer für die drei Parameter α_1, α_2 und α_3 der Nachfragefunktion gibt es nun aber nur zwei Gleichungen:

$$a_1 = \hat{\pi}_{11} - \hat{\pi}_{21}a_2\,, \; a_3 = \hat{\pi}_{22}(b_2 - a_2)\,.$$

Es existiert daher keine eindeutige Lösung; für jede Wahl eines der drei Parameter können die anderen beiden berechnet werden. Es existieren also keine eindeutigen Schätzer der Strukturparameter α_1, α_2 und α_3! Die Nachfragefunktion ist nicht identifizierbar; man sagt auch, sie ist unteridentifiziert.

Beispiel 20.12 Noch ein Marktmodell

Beim Marktmodell

$$Q_t = \alpha_1 + \alpha_2 P_t + \alpha_3 Y_t + \alpha_2 Z_t + u_{t1} \quad \text{(Nachfragefunktion)}$$
$$Q_t = \beta_1 + \beta_2 P_t + u_{t2} \quad \text{(Angebotsfunktion)}$$

finden wir zwei Lösungen für b_2:

$$b_2 = \frac{\hat{\pi}_{12}}{\hat{\pi}_{22}}, \quad b_2 = \frac{\hat{\pi}_{13}}{\hat{\pi}_{23}}.$$

Für jede Lösung ergibt sich $b_1 = \hat{\pi}_{11} - \hat{\pi}_{21} b_2$. Wir können also zwei unterschiedliche Sätze von Schätzern für die Strukturparameter der Angebotsfunktion finden; man sagt, die Angebotsfunktion ist überidentifiziert. Die Nachfragefunktion ist nicht identifizierbar, wie man sich überzeugen kann.

Eine andere Möglichkeit, die Identifizierbarkeit zu beurteilen, macht von der Unterscheidbarkeit von Linearkombinationen der Modellgleichungen Gebrauch. Gibt es für eine Gleichung eine Linearkombination der übrigen Gleichungen, die sich von ihr (außer in den Parameterwerten) nicht unterscheidet, so ist die Gleichung nicht identifizierbar!

Beispiel 20.13 Ein letztes Marktmodell

Das Marktmodell von Beispiel 20.11 lautet

$$Q_t = \alpha_1 + \alpha_2 P_t + \alpha_3 Y_t \quad \text{(Nachfragefunktion)},$$
$$Q_t = \beta_1 + \beta_2 P_t \quad \text{(Angebotsfunktion)}.$$

Mit Gewichten λ ($\neq 0$) und $1 - \lambda$ können wir die Modellgleichung

$$Q_t = \gamma_1 + \gamma_2 P_t + \gamma_3 Y_t \tag{20.5.1}$$

mit den Parametern

$$\gamma_1 = \lambda\alpha_1 + (1-\lambda)\beta_1,$$
$$\gamma_2 = \lambda\alpha_2 + (1-\lambda)\beta_2,$$
$$\gamma_3 = \lambda\alpha_3$$

bilden. Wir sehen, dass die Nachfragefunktion von der Gleichung (20.5.1) nicht unterscheidbar ist! Wenn wir die Parameter der Nachfragefunktion schätzen, wissen wir nicht, ob die Schätzer der Parameter der Nachfragefunktion oder einer Linearkombination der Nachfragefunktion mit der Angebotsfunktion ermittelt wurden. Die Nachfragefunktion ist nicht identifizierbar. Die Angebotsfunktion hingegen ist identifizierbar; die Gleichung (20.5.1) hat nur dann die Struktur der Angebotsfunktion, wenn $\lambda = 0$!

Im nächsten Abschnitt werden wir sehen, dass es Kriterien der Identifizierbarkeit gibt, die recht einfach anzuwenden sind.

20.6 Kriterien der Identifizierbarkeit

Die Identifizierbarkeit wird durch Restriktionen für die Strukturparameter bestimmt. In den Beispielen des letzten Abschnitts haben wir gesehen, dass das Vorhandensein oder Nicht-Vorhandensein einer Variablen in einer Gleichung entscheidend dafür sein kann, ob eine Gleichung identifizierbar ist oder nicht.

Von einer Nullrestriktion sprechen wir, wenn eine Variable aus einer Gleichung ausgeschlossen wird. Daneben gibt es auch andere Restriktionen. Wir unterscheiden:

- Punktrestriktionen liegen vor, wenn bestimmte Parameter *a priori* festgelegte Werte haben; am häufigsten kommen die schon erwähnten Nullrestriktionen vor, eine Punktrestriktion, die dem Koeffizienten einer Variablen den Wert Null zuordnet, so dass die Variable aus der betreffenden Gleichung ausgeschlossen wird.
- Weitere Restriktionen für die Strukturparameter können die Form von linearen oder auch nicht-lineare Gleichungen (auch in Ungleichungsform) haben.
- Schließlich können Restriktionen für die Elemente von $\text{Var}\{\mathbf{u}_t\}$ zugeordnet werden.

Wir werden uns auf das Feststellen der Identifizierbarkeit im Zusammenhang mit Nullrestriktionen beschränken. Als Kriterien werden wir die Abzähl- oder Ordnungs-Bedingung sowie die Rang-Bedingung behandeln.

20.6.1 Identifizierbarkeit einer Gleichung

Zur einfacheren Darstellung verwenden wir folgende Notation: Die Strukturform unseres Mehrgleichungs-Modells in m abhängigen Variablen und K Regressoren sei

$$\mathbf{A}\mathbf{y}_t = \mathbf{\Gamma}\mathbf{z}_t + \mathbf{u}_t$$

mit den m-Vektoren $\mathbf{y}_t$ und $\mathbf{u}_t$, dem K-Vektor $\mathbf{z}_t$, der $m \times m$-Matrix $\mathbf{A}$ und der $m \times K$-Matrix $\mathbf{\Gamma}$. Aus der i-ten Gleichung seien m_i^* endogene Variable und K_i^* exogene oder vorherbestimmte Variable durch Nullrestriktionen ausgeschlossen. Die Zahl der in die i-te Gleichung einbezogenen endogenen Variablen beträgt m_i; sie ergibt sich zu $m_i = m - m_i^* - 1$. Die Zahl der in die i-te Gleichung einbezogenen vorherbestimmten Variablen beträgt $K_i = K - K_i^*$).

20.6.1.1 Abzähl- oder Ordnungs-Bedingung

Das Abzähl- oder Ordnungs-Kriterium besagt: Eine Gleichung ist identifizierbar, wenn die Anzahl der aus der Gleichung ausgeschlossenen Variablen mindestens so groß ist wie die um Eins verminderte Anzahl der endogenen Variablen, wenn also

$$K_i^* + m_i^* \geq m - 1 \,.$$

Beispiel 20.14 **Marktmodell, Rückblick**

Aus der Angebotsfunktion des Marktmodells von Beispiel 20.11 ist eine Variable (Y) ausgeschlossen; die Anzahl der ausgeschlossenen Variablen ist genauso groß wie die um Eins verminderte Anzahl der endogenen Variablen, von denen es zwei gibt. Die Angebotsfunktion ist identifizierbar. Aus der Nachfragefunktion ist keine Variable ausgeschlossen; die Abzähl-Bedingung ist nicht erfüllt, die Gleichung ist nicht identifiziert.

Gleichbedeutend mit der Formulierung $K_i^* + m_i^* \geq m - 1$ der Abzähl-Bedingung ist die Bedingung $K_i^* \geq m_i$, d.h., dass die Zahl K_i^* der ausgeschlossenen exogenen oder vorherbestimmten Variablen mindestens so groß ist wie die Zahl m_i der als erklärende Variable einbezogenen endogenen Variablen.

Ist die i-te Gleichung identifizierbar, so unterscheiden wir: Die Gleichung ist

- (exakt) identifiziert, wenn $K_i^* + m_i^* = m - 1$ oder $K_i^* = m_i$;
- überidentifiziert, wenn $K_i^* + m_i^* > m - 1$ oder $K_i^* > m_i$.

Wenn die Zahl der ausgeschlossenen exogenen oder vorherbestimmten Variablen kleiner als m_i ist, ist die i-te Gleichung nicht identifizierbar.

Die Abzähl-Bedingung ist eine notwendige, aber keine hinreichende Bedingung für die Identifizierbarkeit einer Gleichung.

20.6.1.2 Rang-Bedingung

Die Identifizierbarkeit einer Gleichung kann überprüft werden, indem man versucht, für diese Gleichung eine Linearkombination der übrigen Gleichungen zu finden, die sich von der geprüften Gleichung nicht unterscheidet; ist das nicht möglich, ist die Gleichung identifizierbar. Entscheidend ist dabei, ob eine Linearkombination der Koeffizienten-

Vektoren jener Variablen zu einem Nullvektor gemacht werden kann, die aus der geprüften Gleichung ausgeschlossen sind. Um das für die i-te Gleichung zu überprüfen, bilden wir die Matrix $(\mathbf{A}^*, \mathbf{\Gamma}^*)$ durch Streichen

- aller Spalten von $(\mathbf{A}, \mathbf{\Gamma})$, die in der i-ten Zeile von Null verschieden sind, und
- die i-te Zeile von $(\mathbf{A}, \mathbf{\Gamma})$.

Die Rang-Bedingung besagt, die i-te Gleichung ist identifizierbar, wenn

$$r(\mathbf{A}^*, \mathbf{\Gamma}^*) = m - 1\,;$$

wenn also keine Linearkombination der Zeilen der Matrix $(\mathbf{A}^*, \mathbf{\Gamma}^*)$ ein Nullvektor ist und die Matrix vollen Rang $m - 1$ hat.

Die Rang-Bedingung ist notwendig und hinreichend, gibt aber nur an, ob eine Gleichung identifizierbar ist oder nicht. Um herauszufinden, ob eine Gleichung exakt identifiziert oder überidentifiziert ist, müssen wir die Abzähl-Bedingung verwenden. Ist eine Gleichung nach der Abzähl-Bedingung identifizierbar, nicht aber nach der Rang-Bedingung, so können Schätzer der Strukturparameter gefunden werden. Allerdings handelt es sich dabei um Schätzer von Linearkombinationen der Parameter verschiedener Gleichungen, die nicht sinnvoll interpretierbar sind.

20.6.2 Praxis der Identifizierbarkeitsprüfung

Ein Mehrgleichungs-Modell ist identifizierbar, wenn jede seiner Gleichungen identifizierbar ist. Um die Identifizierbarkeit eines Mehrgleichungs-Modells zu prüfen, ist jede Gleichung zu untersuchen. Dabei sind folgende Hinweise nützlich:

- Gleichungen, die die Ordnungs-Bedingung erfüllen, erfüllen meist auch die Rang-Bedingung.
- Modelle mit einer kleinen Anzahl von Gleichungen sind im Allgemeinen ohne Probleme nach beiden Kriterien prüfbar; bei umfangreichen Modellen ist die Identifizierbarkeit der Gleichungen kaum ein Problem, da das Modell so viele exogene und vorherbestimmten Variable umfasst, dass sich immer genügend Instrumente für das Herleiten von Hilfsvariablen finden.
- Ist es zweifelhaft, ob ein Regressor in einer Gleichung zu berücksichtigen ist oder ob er eliminiert werden kann, so ist mit Hinsicht auf die Identifizierbarkeit zu beachten:
  - Das Nichtberücksichtigen führt eher zum Erfüllen der Identifizierbarkeitsbedingungen.
  - Das Berücksichtigen kann fälschliche Identifizierbarkeit anderer Gleichungen zur Folge haben.
- Wenn wir ein identifizierbares Modell um eine Gleichung erweitern, so ist das neue Modell identifizierbar, wenn mindestens eine Variable verwendet wird, die bisher nicht im Modell vorkam.

Beispiel 20.15 Ein Makroökonomisches Modell

Das Modell umfasst folgende Gleichungen:

$$
\begin{aligned}
C_t &= \gamma_{11} + \alpha_{12} Y_t + \gamma_{12} T_t + u_{t1}\,, && \text{(Konsum)}\\
I_t &= \gamma_{21} + \alpha_{21} Y_t + u_{t2}\,, && \text{(Investitionen)}\\
N_t &= \gamma_{31} + \alpha_{35} W_t + u_{t3}\,, && \text{(Nachfrage nach Arbeit)}\\
N_t &= \gamma_{41} + \alpha_{45} W_t + u_{t4}\,, && \text{(Arbeitskräfteangebot)}\\
Y_t &= C_t + I_t + G_t
\end{aligned}
$$

Die fünf endogenen Variablen sind C (Konsum), Y (Einkommen), I (Investitionen), N (Arbeitskräfte) und W (Löhne und Gehälter); exogene Variable sind die Interzept-Variable 1, T (Steuern) und G (Ausgaben der öffentlichen Hand).

Die Tabelle 20.1 zeigt mit dem Eintrag „$\times$“, dass die Variable in der entsprechenden Gleichung enthalten ist. In den letzten beiden Spalten ist das Ergebnis der Anwendung des Ordnungs- und des Rang-Kriteriums angegeben. Die jeweilige Gleichung ist entsprechend dem Ordnungs-Kriterium identifizierbar, wenn die Zahl der ausgeschlossenen Variablen (gestrichenen Spalten) mindestens $m - 1 = 4$ ist; die Zahl der ausgeschlossenen Variablen ist in der Spalte „AB“ angegeben. Nach dem Rang-Kriterium ist die Gleichung identifizierbar, wenn der Rang $r(\mathbf{A}^*, \mathbf{\Gamma}^*)$ den Wert $m - 1 = 4$ hat; dieser Rang ist in der Spalte „RB“ angegeben.

Tabelle 20.1

Besetzung der Matrix $(\mathbf{A}, \mathbf{\Gamma})$ mit Null oder einem von Null verschiedenen Koeffizienten, markiert durch „$\times$“, sowie Ergebnis der Anwendung des Ordnungs-Kriteriums in der Spalte „AB“ und des Rang-Kriteriums in der Spalte „RB“.

Gleichung	C	Y	I	N	W	1	T	G	AB	RB
(1)	×	×	0	0	0	×	×	0	4	5
(2)	0	×	×	0	0	×	0	0	5	5
(3)	0	0	0	×	×	×	0	0	5	4
(4)	0	0	0	×	×	×	0	0	5	4
(5)	×	×	×	0	0	0	0	×	–	–

Die letzte Gleichung ist eine Identität, so dass keine Parameter zu schätzen sind; die Frage der Identifizierbarkeit stellt sich nicht. Nach der Abzähl-Bedingung sind alle Gleichungen identifizierbar; die Gleichungen (1) und (5) sind exakt identifiziert, die Gleichungen (2), (3) und (4) überidentifiziert. Die Matrix $(\mathbf{A}^*, \mathbf{\Gamma}^*)$ für die erste Gleichung ergibt sich zu

$$
\begin{pmatrix}
\times & 0 & 0 & 0\\
0 & \times & \times & 0\\
0 & \times & \times & 0\\
\times & 0 & 0 & \times
\end{pmatrix}.
$$

Nachdem „×“ Platzhalter für eine beliebige reelle Zahl ist, beträgt der Rang der Matrix weniger als 4 nur dann, wenn eine ganze Zeile oder Spalte der Matrix nur Nullen enthält. Die Rang-Bedingung ist für die erste Gleichung also erfüllt, die Gleichungen somit identifiziert. Für die Gleichungen (3) und (4) ist die Rang-Bedingung nicht erfüllt, die beiden Gleichungen sind demnach nicht identifiziert, obwohl beide nach dem Abzähl-Kriterium sogar überidentifiziert sind.

20.A Aufgaben

20.A.1 Allgemeine Aufgaben und Probleme

1. Das Mehrgleichungs-Modell

$$\begin{aligned} Y_1 &= \alpha_1 Y_2 + \alpha_2 X + u_1 \\ Y_2 &= \beta_1 Y_1 + \beta_2 X + u_2 \end{aligned}$$

enthält die endogenen Variablen Y_1 und Y_2 sowie die exogene Variable X.

a. Geben Sie die reduzierte Form des Modells an und schreiben Sie deren Parameter als Funktionen der Strukturparameter an.

b. Schreiben Sie die Strukturparameter als Funktionen der Parameter der reduzierten Form an.

c. Überprüfen Sie die Identifizierbarkeit der Gleichungen mittels Rang- und Ordnungsbedingung.

d. Zeigen Sie, dass die zweite Gleichung identifiziert ist, wenn $\beta_2 = 0$. Überprüfen Sie die Identifizierbarkeit der ersten Gleichung in diesem Fall und erklären Sie das Ergebnis.

2. Zeigen Sie, dass für den Schätzer b_2 des Parameters β_2 der Angebotsfunktion im Modell von Beispiel 20.12 die beiden Lösungen

$$b_2 = \frac{\hat{\pi}_{12}}{\hat{\pi}_{22}}, \quad b_2 = \frac{\hat{\pi}_{13}}{\hat{\pi}_{23}}$$

existieren.

3. Das Mehrgleichungs-Modell

$$\begin{aligned} Y_1 &= \alpha_{11} + \alpha_{12} Y_3 + u_1 \\ Y_2 &= \alpha_{21} + \alpha_{22} Y_1 + \alpha_{23} Y_3 + \alpha_{24} X_1 + u_2 \\ Y_3 &= \alpha_{31} X_2 + u_3 \end{aligned}$$

enthält die endogenen Variablen Y_1, Y_2 und Y_3 sowie die exogenen Variablen X_1 und X_2.

a. Geben Sie die Matrizen $\mathbf{A}$ und $\mathbf{\Gamma}$ der Strukturparameter an. Zeigen Sie, dass es sich um ein rekursives Gleichungssystem handelt.

b. Geben Sie die reduzierte Form des Modells an und schreiben Sie die Elemente der Matrix $\mathbf{\Pi}$ als Funktionen der Strukturparameter an.

c. Schreiben Sie die Strukturparameter als Funktionen der Elemente der Matrix $\mathbf{\Pi}$ an.

d. Überprüfen Sie die Identifizierbarkeit der Gleichungen mittels Rang- und Ordnungsbedingung.

4. Das simultane Mehrgleichungs-Modell

$$\begin{aligned} C &= \alpha_1 + \alpha_2 Y + u_1 \\ I &= \beta_1 + \beta_2 Y + \beta_3 G_{-1} + u_2 \\ Y &= C + I + G \end{aligned}$$

verknüpft die Variablen C (Konsum), Y (Einkommen), I (Investitionen) und G (Staatsausgaben).

a. Legen Sie fest, welche Variablen endogen, exogen und vorherbestimmt sind, und geben Sie die Matrizen $\mathbf{A}$ und $\mathbf{\Gamma}$ der Strukturparameter an.

b. Formen Sie das Modell in seine reduzierte Form um und geben Sie die Matrix $\mathbf{\Pi}$ an.

c. Überprüfen Sie die Identifizierbarkeit der Gleichungen mittels Rang- und Ordnungsbedingung.

d. Bestimmen Sie den Effekt einer Änderung der Staatsausgaben ($\Delta G = 1$) auf C, Y und I in den nächsten beiden Perioden.

5. Das IS-LM-Modell umfasst folgende Gleichungen:

$$\begin{aligned} C_t &= \gamma_{11} - \alpha_{14} Y_t + u_{t1} \\ I_t &= \gamma_{21} - \alpha_{23} R_t + u_{t2} \\ R_t &= -\alpha_{34} Y_t + \gamma_{32} M_t + u_{t3} \\ Y_t &= C_t + I_t + Z_t \end{aligned}$$

mit C (Konsum), I (Brutto-Investitionen), R (Zinssatz), Y (Einkommen), M (Geldmenge), Z (autonome Ausgaben). Endogen sind C, I, R und Y, exogen sind 1, M und Z.

a. Formen Sie das Modell in seine reduzierte Form um und geben Sie die Matrix $\mathbf{\Pi}$ an.

b. Überprüfen Sie die Identifizierbarkeit der Gleichungen mittels Rang- und Ordnungsbedingung.

6. Schreiben Sie die Kovarianzmatrix $\mathbf{V} = \mathbf{\Sigma} \otimes \mathbf{I}_n$ des $2n$-Vektors $\bar{\mathbf{u}}$ aus Gleichung (20.3.3) aus, wobei für den Vektor $\mathbf{u}_t = (u_{t1}, u_{t2})'$ gilt:

$$\text{Var}\{\mathbf{u}_t\} = \mathbf{\Sigma} = \begin{pmatrix} \sigma_1^2 & \sigma_{12} \\ \sigma_{12} & \sigma_2^2 \end{pmatrix}$$

7. Die (3×3)-Matrix $\mathbf{A}$ eines Mehrgleichungs-Modells habe eine Dreiecksform mit Einsen in der Hauptdiagonale und den Elementen a, b und c unterhalb der Hauptdiagonale; die Matrix $\mathbf{\Gamma}$ sei von der Ordnung 1×3. Schreiben Sie die Strukturform des Modells in Langform und interpretieren Sie den Satz: „In einem rekursiven Mehrgleichungs-Modell beeinflussen sich die endogenen Variablen nur in einer Richtung."

Mehrgleichungs-Modelle: Schätzverfahren

21

ÜBERBLICK

Nachdem das Kapitel 20 die Vielfalt der Mehrgleichungs-Modelle dargestellt hat und auch die Frage der Schätzbarkeit in den Abschnitten zur Identifizierbarkeit angesprochen wurde, wird sich das vorliegende Kapitel den Fragen das Schätzens der Modellparameter widmen. Auch hier wird die Diskussion auf lineare Modelle eingeschränkt. Das Schätzen der Parameter eines SUR-Modells läuft auf eine GLS- oder FGLS-Schätzung hinaus. Komplizierter ist das Schätzen der Parameter eines simultanen Mehrgleichungs-Modells. Den Ökonometer interessieren natürlich vor allem die Strukturparameter, also die Koeffizienten jener Gleichungen, die als Darstellung des Zusammenwirkens der ökonomischen Variablen spezifiziert wurden. Dem steht entgegen, dass die meisten Strukturgleichungen endogene Variable als Regressoren verwenden, so dass wir keine konsistenten OLS-Schätzer erwarten können.

Das Umformen in die reduzierte Form kann zwar konsistente Schätzer der Strukturparameter liefern, ist aber mit Problemen verbunden: Die Möglichkeit des Rückrechnens von den Parametern der reduzierten Form hängt von der Identifizierbarkeit ab, ist nicht immer und auch nicht unbedingt in eindeutiger Weise möglich. Außerdem kann das Umformen in die reduzierte Form bei umfangreichen Modellen recht aufwändig werden.

Die meistens Verfahren schätzen die Parameter der Strukturform. Verfahren, die gleichungsweise anzuwenden sind, nennt man Methoden bei beschränkter Information; sie verzichten auf Information, die in anderen Gleichungen über die Parameter der fraglichen Gleichung enthalten sind. Das Problem, dass die Gleichung nicht-exogene Regressoren verwendet, wird dadurch gelöst, dass man entsprechende Hilfsvariable für diese Regressoren bestimmt. Die Methoden bei vollständiger Information schätzen die Parameter sämtlicher Gleichungen gemeinsam. Dabei wird die Kovarianzmatrix der Störgrößen geschätzt und die Strukturparameter in einer GLS- oder FGLS-Schätzung ermittelt.

In Abschnitt 21.1 wird das Schätzen der Parameter eines multivariaten Regressionsmodells behandelt. Der Abschnitt 21.2 gibt eine Übersicht über Schätzverfahren für simultane Mehrgleichungs-Modelle. Die Abschnitte 21.3 und 21.4 diskutieren Methoden bei beschränkter Information und dabei hauptsächlich die 2SLS-Schätzung. Von den Methoden bei vollständiger Information wird vor allem, in Abschnitt 21.5, die 3SLS-Schätzung dargestellt und in Abschnitt 21.6 einiges zur FIML-Schätzung gesagt. Schließlich wird in 21.7 auf die Frage nach der Auswahl eines geeigneten Schätzverfahrens eingegangen.

21.1 Multivariate Regression

In Abschnitt 20.3 haben wir uns mit den multivariaten Regressionsmodellen befasst. Die allgemeine Form eines solchen Modells ist das SUR-Modell. Die i-te Gleichung eines SUR-Modells mit m Gleichungen können wir in Matrixnotation schreiben als

$$\mathbf{y}_i = \mathbf{X}_i \boldsymbol{\beta}_i + \mathbf{u}_i \,. \tag{21.1.1}$$

Hier stehen $\mathbf{y}_i$ und $\mathbf{u}_i$ für n-Vektoren, und $\mathbf{X}_i$ steht für die $(n \times k_i)$-Matrix der Beobachtungen der k_i erklärenden Variablen dieser Gleichung. Die Störgrößen $\mathbf{u}_t = (u_{t1}, \ldots, u_{tm})'$ der m Gleichungen zur gleichen Periode t sind voneinander abhängig. Diese kontemporäre Abhängigkeit der Gleichungen des SUR-Modells bedeutet, dass

$$\mathrm{Var}\{\mathbf{u}_t\} = \boldsymbol{\Sigma} = \begin{pmatrix} \sigma_1^2 & \sigma_{12} & \dots & \sigma_{1m} \\ \sigma_{12} & \sigma_2^2 & \dots & \sigma_{2m} \\ \vdots & \vdots & \ddots & \vdots \\ \sigma_{1m} & \sigma_{2m} & \dots & \sigma_m^2 \end{pmatrix}.$$

Wir interessieren uns nun für das Schätzen der Regressionskoeffizienten eines solchen SUR-Modells.

21.1.1 OLS- und GLS-Schätzer

Auf den ersten Blick vermuten wir, dass nicht viel dagegen spricht, zum Anpassen des Regressionsmodells (21.1.1) die OLS-Schätzung anzuwenden. Abgesehen von der kontemporären Abhängigkeit der m Gleichungen des SUR-Modells unterscheidet sich die Gleichung (21.1.1), wenn wir die üblichen Annahmen treffen, in keiner Weise von einem multiplen linearen Regressionsmodell. Wir schätzen daher die Parameter $\boldsymbol{\beta}_i$ mittels OLS-Schätzung zu

$$\hat{\boldsymbol{\beta}}_i = (\mathbf{X}_i'\mathbf{X}_i)^{-1}\mathbf{X}_i'\mathbf{y}_i \tag{21.1.2}$$

mit

$$\mathrm{Var}\{\hat{\boldsymbol{\beta}}_i\} = \sigma_i^2(\mathbf{X}_i'\mathbf{X}_i)^{-1}.$$

Der Schätzer (21.1.2) berücksichtigt allerdings die kontemporäre Abhängigkeit der Störgrößen nicht. Informationen zu $\boldsymbol{\beta}_i$, die in Daten zu anderen Gleichungen enthalten sind und über diese Abhängigkeitsstruktur wirksam sein können, bleiben unberücksichtigt.

Zum Berücksichtigen von $\boldsymbol{\Sigma}$ wenden wir den GLS-Schätzer an. Dazu gehen wir vom gesamten Modell $\bar{\mathbf{y}} = \bar{\mathbf{X}}\bar{\boldsymbol{\beta}} + \bar{\mathbf{u}}$ aus, das wir in Abschnitt 20.3 für $m = 2$ als Gleichung (20.3.3) angeschrieben haben. Die GLS-Schätzer für die Regressionskoeffizienten $\bar{\boldsymbol{\beta}}$ aller m Gleichungen ergeben sich zu

$$\bar{\tilde{\boldsymbol{\beta}}} = [\bar{\mathbf{X}}'\mathbf{V}^{-1}\bar{\mathbf{X}}]^{-1}\bar{\mathbf{X}}'\mathbf{V}^{-1}\bar{\mathbf{y}} \tag{21.1.3}$$

mit $\mathbf{V} = \boldsymbol{\Sigma} \otimes \mathbf{I}_n$. Die Standardfehler von $\bar{\tilde{\boldsymbol{\beta}}}$ können wir aus

$$\mathrm{Var}\{\bar{\tilde{\boldsymbol{\beta}}}\} = [\bar{\mathbf{X}}'(\boldsymbol{\Sigma}^{-1} \otimes I)\bar{\mathbf{X}}]^{-1} \tag{21.1.4}$$

erhalten.

Der Vergleich der OLS- und GLS-Schätzer zeigt, dass wir identische OLS-Schätzer $\hat{\boldsymbol{\beta}}_i$ und GLS-Schätzer $\tilde{\boldsymbol{\beta}}_i$ erhalten,

1. wenn $\sigma_{ij} = 0$ für alle $j \neq i$, also u_{ti} mit den übrigen Störgrößen u_{tj}, $j \neq i$ unkorreliert ist, oder
2. wenn in allen Gleichungen die gleichen Regressoren verwendet werden, also $\mathbf{X}_i = \mathbf{X}$, $i = 1, \dots, m$, und somit ein multivariates Regressionsmodell mit gemeinsamen Regressoren vorliegt; siehe Abschnitt 20.3.

In diesen beiden Situationen bringt die GLS-Schätzung keinen Effizienzgewinn, und wir werden die Regressionskoeffizienten gleichungsweise nach (21.1.2) schätzen. Generell ist der Effizienzgewinn der GLS-Schätzung gegenüber der OLS-Schätzung umso größer,

1. je stärker die Störgrößen korrelieren,
2. je weniger die Regressoren korrelieren.

21.1.2 Der FGLS-Schätzer

Für das Verwenden der GLS-Schätzer benötigen wir die Kenntnis der Kovarianzmatrix $\boldsymbol{\Sigma}$ der Störgrößen, die uns in praktischen Situationen kaum zur Verfügung stehen wird. Den FGLS- oder *feasible* GLS-Schätzer erhalten wir in einem zweistufigen Verfahren, wobei in der ersten Stufe die Matrix $\boldsymbol{\Sigma}$ geschätzt wird; siehe dazu den Anhang A von Kapitel 12.

Mit Hilfe des n-Vektors der Residuen $\hat{\mathbf{u}}_i$ nach der OLS-Anpassung der i-ten Gleichung bestimmen wir als Schätzer für σ_i^2

$$\hat{\sigma}_i^2 = \frac{1}{n}\hat{\mathbf{u}}_i'\hat{\mathbf{u}}_i\,;$$

analog erhalten wir

$$\hat{\sigma}_{ij} = \frac{1}{n}\hat{\mathbf{u}}_i'\hat{\mathbf{u}}_j\,.$$

Mit der $(n \times m)$-Matrix $\hat{\mathrm{U}} = (\hat{\mathbf{u}}_1, \ldots, \hat{\mathbf{u}}_m)$ können wir den Schätzer für $\boldsymbol{\Sigma}$ auch schreiben als $\hat{\boldsymbol{\Sigma}} = (\hat{\mathrm{U}}'\hat{\mathrm{U}})/n$. Die Matrix $\hat{\boldsymbol{\Sigma}}$ setzen wir in Gleichung (21.1.3) für $\boldsymbol{\Sigma}$ ein und erhalten so den FGLS-Schätzer für die $\bar{\boldsymbol{\beta}}_i$. Die Standardfehler der FGLS-Schätzer ergeben sich aus Gleichung (21.1.4) ebenfalls, indem wir $\boldsymbol{\Sigma}$ durch $\hat{\boldsymbol{\Sigma}}$ ersetzen.

Beispiel 21.1 **Investitionen**

In Beispiel 20.2 haben wir das Modell $I = \beta_1 + \beta_2 F + \beta_3 C + u$ von Grunfeld und Griliches zur Beschreibung der Investitionen I von Unternehmen kennen gelernt; dabei stehen F für den Marktwert des Unternehmens und C für den Anlagenwert des Unternehmens, jeweils am Ende der Vorperiode. Für ihre klassische Analyse standen Grunfeld und Griliches die Daten von fünf Unternehmen ($i = 1, \ldots, 5$), darunter US-Steel und General Electric, aus 20 Jahren zur Verfügung. Wenn wir das Modell an die Daten von US Steel anpassen, so ergibt sich die Beziehung $\hat{I}_{US} = -30.43 + 0.1566\,F_{US} + 0.4240\,C_{US}$. Die Schätzwerte und zugehörigen t-Statistiken zeigt die Tabelle 21.1 im ersten Block.

Tabelle 21.1

Geschätzte Parameter und t-Statistiken, ermittelt als OLS- und FGLS-Schätzer für zwei Unternehmen.

	OLS-Schätzung			FGLS-Schätzung		
Gleichung	β_1	β_2	β_3	β_1	β_2	β_3
US-Steel	−30.43	0.157	0.424	3.59	0.139	0.424
	−0.194	1.985	2 731	0.026	2.002	3.012
General Electric	−9.96	0.027	0.152	−15.57	0.033	0.136
	−0.317	1.706	5.902	−0.56	2.369	5.868

Die Bestimmtheitsmaße betragen 0.44 (US Steel) und 0.71; die geschätzten Standardabweichungen der Störgrößen ergeben sich zu 102.33 (US Steel) und 27.88. Der Stichproben-Korrelationskoeffizient der Residuen der beiden Modelle beträgt 0.596 und die Nullhypothese der Unkorreliertheit ist mit einem p-Wert von etwa 0.1 von den Daten nicht allzu gut gestützt. Es bietet sich an, mittels GLS-Schätzer die beiden Gleichungen gemeinsam zu schätzen. Die Ergebnisse der FGLS-Schätzung sind in den letzten drei Spalten der Tabelle 21.1 angegeben. Fast alle t-Statistiken haben größere Werte; das gilt besonders für die Werte für β_3.

21.1.3 Ein Bestimmtheitsmaß

Das Bestimmtheitsmaß für Mehrgleichungs-Modelle kann in verschiedener Weise definiert werden. Eine nahe liegende Definition ist

$$R_I^2 = 1 - \frac{S_g(\tilde{\tilde{\boldsymbol{\beta}}})}{S_g(\mathbf{0})}, \tag{21.1.5}$$

wobei $S_g(\tilde{\tilde{\boldsymbol{\beta}}})$ die Summe der Fehlerquadrate

$$S_g(\tilde{\tilde{\boldsymbol{\beta}}}) = (\bar{\mathbf{y}} - \bar{\mathbf{X}}\tilde{\tilde{\boldsymbol{\beta}}})'(\hat{\boldsymbol{\Sigma}}^{-1} \otimes I)(\bar{\mathbf{y}} - \bar{\mathbf{X}}\tilde{\tilde{\boldsymbol{\beta}}})$$

der FGLS-Schätzung ist; $S_g(\mathbf{0})$ steht für $S_g(\tilde{\tilde{\boldsymbol{\beta}}})$ im Fall, dass $\boldsymbol{\beta}$ nur aus einem Interzept besteht. Es kann gezeigt werden, dass

$$S_g(\tilde{\tilde{\boldsymbol{\beta}}}) = n\mathrm{Sp}(\hat{\boldsymbol{\Sigma}}^{-1}\tilde{\boldsymbol{\Sigma}})$$

mit $\tilde{\boldsymbol{\Sigma}} = (\tilde{\tilde{\mathbf{u}}}'\tilde{\tilde{\mathbf{u}}})/n$. Umformen ergibt

$$R_I^2 = 1 - \frac{\mathrm{Sp}(\hat{\boldsymbol{\Sigma}}^{-1}\tilde{\boldsymbol{\Sigma}})}{\mathrm{Sp}(\hat{\boldsymbol{\Sigma}}^{-1}\mathbf{S}_{yy})};$$

$\mathbf{S}_{yy}$ ist die Matrix der Stichproben-Kovarianzen $(1/n)\sum_t(y_{ti}-\bar{y}_i)(y_{tj}-\bar{y}_j)$. Ein anderer Vorschlag für ein Bestimmtheitsmaß ist

$$R_*^2 = 1 - \frac{m}{\mathrm{Sp}(\tilde{\mathbf{\Sigma}}^{-1}\mathbf{S}_{yy})} \, .$$

21.2 Schätzverfahren: Übersicht

Die Verfahren zum Schätzen der Parameter von simultanen Mehrgleichungs-Modellen können in verschiedener Weise klassifiziert werden. Die wichtigste Einteilung nimmt darauf Bezug, ob die Parameter gleichungsweise oder ob die Parameter aller Gleichungen gemeinsam geschätzt werden.

1. Einzelgleichungs-Schätzverfahren liefern Schätzer der Parameter einer Strukturgleichung. Die wichtigsten Verfahren sind:
   - Indirekte Kleinste-Quadrate-Schätzung (ILS),
   - Zweistufige Kleinste-Quadrate-Schätzung (2SLS),
   - ML-Schätzung bei beschränkter Information (LIML).

   Die Einzelgleichungs-Methoden werden auch Methoden bei beschränkter Information, im Englischen *limited information methods*, genannt. Diese Bezeichnung bezieht sich darauf, dass für Einzelgleichungs-Methoden die Struktur der anderen Gleichungen des Modells ohne Relevanz sind; so spielt es für das Schätzen der Parameter einer Gleichung eine Rolle, ob die zu schätzende Gleichung identifizierbar ist, nicht aber, wie weit die Identifizierbarkeit anderer Gleichungen gegeben ist oder nicht.
2. Simultane Schätzverfahren oder System-Schätzmethoden liefern die Schätzer aller Parameter des Modells gemeinsam. Die wichtigsten Verfahren sind:
   - Dreistufige Kleinste-Quadrate-Schätzung (3SLS),
   - ML-Schätzung bei voller Information (FIML).

   Die Schätzverfahren werden auch Methoden bei voller Information, im Englischen *full information methods*, genannt. Sie nutzen die Information über die Struktur des gesamten Mehrgleichungs-Modells.

21.3 Einzelgleichungs-Methoden

Die verschiedenen Möglichkeiten, die Parameter einer einzelnen Gleichung aus einem simultanen Mehrgleichungs-Modell zu schätzen, wollen wir anhand eines Beispiels aufzeigen.

Beispiel 21.2 Marktmodell

Das Marktmodell für ein Produkt (vergl. Beispiel 20.3) umfasst die Gleichungen

$$Q_t = \alpha_2 P_t + \alpha_3 Y_t + u_{t1} \quad \text{(Nachfragefunktion)},$$
$$Q_t = \beta_2 P_t + u_{t2} \quad \text{(Angebotsfunktion)}$$

mit den endogenen Variablen Q (Nachfrage- bzw. Angebotsmenge) und P (Preis) und der exogenen Variablen Y (Einkommen). Die Störgrößen sind Weißes Rauschen mit den Varianzen σ_1^2 und σ_2^2; die kontemporäre Kovarianz ist gegeben durch $\sigma_{12} \neq 0$. Die reduzierte Form erhalten wir als

$$P_t = \frac{\alpha_3}{\beta_2 - \alpha_2} Y_t + v_{t1} = \pi_1 Y_t + v_{t1},$$
$$Q_t = \frac{\beta_2 \alpha_3}{\beta_2 - \alpha_2} Y_t + v_{t2} = \pi_2 Y_t + v_{t2}.$$

Zum Schätzen von β_2 haben wir folgende Möglichkeiten.

- Die OLS-Schätzung von β_2 aus der Angebotsfunktion liefert

  $$b_2 = (\mathbf{p}'\mathbf{p})^{-1}\mathbf{p}'\mathbf{q}$$

  mit $\mathbf{p} = (P_1, \ldots, P_n)'$ und analogem $\mathbf{q}$; der Schätzer ist nicht konsistent, da $\text{Cov}\{P_t, u_{t2}\} \neq 0$.

- Die IV-Schätzung von β_2 aus der Angebotsfunktion mit Y als Hilfsvariable liefert

  $$\tilde{\beta}_2 = (\mathbf{y}'\mathbf{p})^{-1}\mathbf{y}'\mathbf{q};$$

  der Schätzer ist konsistent.

- Die indirekte OLS-Schätzung oder ILS-Schätzung (nach dem Englischen *indirect least squares*) hat die OLS-Schätzer $\hat{\pi}_i$, $i = 1, 2$ von π_i aus der reduzierten Form als Basis; wir verwenden die Beziehung $\beta_2 = \pi_2/\pi_1$, um den Schätzer

  $$\hat{\beta}_2 = \frac{\hat{\pi}_2}{\hat{\pi}_1} = (\mathbf{y}'\mathbf{p})^{-1}\mathbf{y}'\mathbf{q}$$

  zu ermitteln.

- Die 2-stufige OLS-Schätzung oder 2SLS-Schätzung verwendet die OLS-Schätzung zweifach. Auf der ersten Stufe ermittelt sie mittels OLS-Anpassung die Hilfsvariable $\hat{P}$ aus der Regression von P auf Y zu $\hat{\mathbf{p}} = [(\mathbf{y}'\mathbf{y})^{-1}\mathbf{y}'\mathbf{p}]\mathbf{y}$; auf der zweiten Stufe ergibt sich durch OLS-Anpassung der Schätzer

  $$\hat{\beta}_2 = (\hat{\mathbf{p}}'\hat{\mathbf{p}})^{-1}\hat{\mathbf{p}}'\mathbf{q}$$

  aus der Regression von Q auf $\hat{P}$.

Die Frage, welche von diesen Möglichkeiten den anderen vorzuziehen ist, werden wir natürlich von den Eigenschaften der jeweils erhaltenen Schätzer abhängig machen.

Wegen der Abhängigkeiten innerhalb eines Systems von ökonomischen Variablen müssen wir damit rechnen, dass OLS-Schätzer der Strukturparameter eines Mehrgleichungs-Modells, wie wir sie im Beispiel 21.2 als erste Alternative genannt haben, im Allgemeinen weder erwartungstreu noch konsistent sind. Trotzdem können OLS-Schätzer von Strukturparametern in Mehrgleichungs-Modellen von Interesse sein.

- Da der OLS-Schätzer – zumindest in der Klasse der linearen, unverzerrten Schätzer – minimale Varianz hat, kann er trotz der fehlenden Erwartungstreue günstig sein.
- Die OLS-Schätzung ist tendenziell robuster gegen nicht erfüllte Voraussetzungen als andere Verfahren.

Eine wichtige Rolle spielt die OLS-Schätzung in allen Verfahren zum Schätzen der Parameter von simultanen Mehrgleichungs-Modellen, soweit es sich um lineare Gleichungen handelt. Die OLS-Schätzer der Parameter von rekursiven Mehrgleichungs-Modellen sind asymptotisch unverzerrt und können auch bei endlichem n weitgehend unverzerrt sein.

21.3.1 Zur Notation

Die zu schätzende (i-te) Gleichung der Strukturform ist

$$\mathbf{y}_i = \mathbf{X}_i\boldsymbol{\beta}_i + \mathbf{u}_i \tag{21.3.1}$$

mit Weißem Rauschen als Störgrößen u_i mit Varianz σ_i^2. Die $(n \times k)$-Matrix

$$\mathbf{X}_i = [\,\mathbf{Y}_i \quad \mathbf{Z}_i\,]$$

enthält $m_i - 1$ endogene Variable, die Spalten der $[n \times (m_i - 1)]$-Matrix $\mathbf{Y}_i$, und K_i exogene oder vorherbestimmte Variable, die Spalten der $(n \times K_i)$-Matrix $\mathbf{Z}_i$. Wir können daher die i-te Gleichung schreiben als

$$\mathbf{y}_i = \mathbf{Y}_i\boldsymbol{\alpha}_i + \mathbf{Z}_i\boldsymbol{\gamma}_i + \mathbf{u}_i$$

mit den Strukturparametern

$$\boldsymbol{\beta}_i = \begin{bmatrix} \boldsymbol{\alpha}_i \\ \boldsymbol{\gamma}_i \end{bmatrix}.$$

Die reduzierte Form unseres gesamten Modells lautet

$$\mathbf{Y} = \mathbf{Z}\boldsymbol{\Pi}' + \mathbf{V}$$

mit der $(m \times K)$-Matrix $\boldsymbol{\Pi}$ der Parameter der reduzierten Form und der Matrix $\mathbf{V}$, die in der i-ten Spalte die Störgrößen zur Gleichung der Variablen Y_i enthält. Die Matrizen $\mathbf{Y}$ bzw. $\mathbf{Z}$ partitionieren wir in

$$\mathbf{Y} = [\mathbf{y}_i \quad \mathbf{Y}_i \quad \mathbf{Y}_i^*],$$
$$\mathbf{Z} = [\mathbf{Z}_i \quad \mathbf{Z}_i^*];$$

die Matrizen $\mathbf{Y}_i^*$ bzw. $\mathbf{Z}_i^*$ enthalten als Spalten jene Variablen, die aus der i-ten Gleichung ausgeschlossen sind. Damit schreiben wir die Gleichung der reduzierten Form unseres Modells für die Variable Y_i als

$$\mathbf{Y}_i = \mathbf{Z}(\mathbf{\Pi}')_i + \mathbf{V}_i, \tag{21.3.2}$$

wobei die Matrix $(\mathbf{\Pi}')_i$ bzw. $\mathbf{V}_i$ die der Variablen Y_i entsprechenden Spalten aus $\mathbf{\Pi}'$ bzw. $\mathbf{V}$ enthält.

21.4 Die 2SLS-Schätzung

Dieses Schätzverfahren liefert Schätzer der Strukturparameter einer einzelnen Gleichung. Wir gehen davon aus, dass die Koeffizienten der i-ten Gleichung (21.3.1) geschätzt werden sollen. Die Matrix der exogenen oder vorherbestimmten Variablen erfüllt die Bedingung

$$\text{plim}\frac{1}{n}\mathbf{Z}'\mathbf{u}_i = 0,$$

so dass wir die Variablen aus $\mathbf{Z}$ als Instrumente zur Generierung von Hilfsvariablen für jene endogenen Variablen verwenden können, die als Regressoren in der i-ten Gleichung enthalten sind. Die 2SLS-Schätzung ist ein Verfahren, das auf einer IV-Schätzung basiert, wie das im vierten Fall des Beispiels 21.2 illustriert ist.

Die Matrix der Hilfsvariablen der i-ten Gleichung $\mathbf{y}_i = \mathbf{X}_i\boldsymbol{\beta}_i + \mathbf{u}_i$ unseres Modells bezeichnen wir mit $\hat{\mathbf{Y}}_i$. Für die Regressoren $\mathbf{X}_i = [\mathbf{Y}_i \quad \mathbf{Z}_i]$ der i-ten Gleichung schreiben wir $\hat{\mathbf{X}}_i$, wenn wir $\mathbf{Y}_i$ durch $\hat{\mathbf{Y}}_i$ ersetzt haben, und wir erhalten dafür

$$\hat{\mathbf{X}}_i = \mathbf{Z}(\mathbf{Z}'\mathbf{Z})^{-1}\mathbf{Z}'\mathbf{X}_i$$

oder

$$\hat{\mathbf{X}}_i = \left(\mathbf{Z}(\hat{\mathbf{\Pi}}')_i \quad \mathbf{Z}_i\right).$$

Der zweistufige Kleinste-Quadrate- oder **2SLS-Schätzer** ist definiert als

$$\begin{aligned}\tilde{\mathbf{b}}_i &= (\hat{\mathbf{X}}_i'\hat{\mathbf{X}}_i)^{-1}\hat{\mathbf{X}}_i'\mathbf{y}_i \\ &= [\mathbf{X}_i'\mathbf{Z}(\mathbf{Z}'\mathbf{Z})^{-1}\mathbf{Z}'\mathbf{X}_i]^{-1}\mathbf{X}_i'\mathbf{Z}(\mathbf{Z}'\mathbf{Z})^{-1}\mathbf{Z}'\mathbf{y}_i.\end{aligned} \tag{21.4.1}$$

Das Verfahren wurde von Theil (1958) vorgeschlagen.

21.4.1 Das 2SLS-Schätzverfahren

Die 2SLS-Schätzung der Parameter $\boldsymbol{\beta}_i$ aus $\mathbf{y}_i = \mathbf{X}_i\boldsymbol{\beta}_i + \mathbf{u}_i$ mit $\mathbf{X}_i = (\mathbf{Y}_i\ \mathbf{Z}_i)$ erfolgt in folgenden zwei Schritten:

1. Berechnen von $\hat{\mathbf{Y}}_i$ mit Hilfe der OLS-Schätzung der Regressionskoeffizienten der reduzierten Form
$$\mathbf{Y}_i = \mathbf{Z}(\mathbf{\Pi}')_i + \mathbf{V}_i.$$
2. Berechnen der Schätzer $\tilde{\mathbf{b}}_i$ durch OLS-Anpassung von $\mathbf{y}_i = \hat{\mathbf{X}}_i\boldsymbol{\beta}_i + \mathbf{u}_i$ mit $\hat{\mathbf{X}}_i = (\hat{\mathbf{Y}}_i\ \mathbf{Z}_i)$.

Der Name 2SLS-Schätzung kommt daher, dass auf beiden Stufen des Schätzverfahrens die OLS-Schätzung zur Anwendung kommt.

Beispiel 21.3 Ein Marktmodell für Schweinefleisch

Merrill und Fox (1971) geben Daten zu folgenden Variablen für 1922 bis 1941 an, die den Markt für Schweinefleisch beschreiben: P (Einzelhandels-Preis, US-Cents pro Pfund), Q (Konsum von Schweinefleisch pro Kopf), Y (Verfügbares Einkommen, USD pro Kopf) und Z (ein exogener Produktions-Faktor). Unser Modell umfasst die Gleichungen

$$Q = \alpha_1 + \alpha_2 P + \alpha_3 Y + u_1 \quad \text{(Nachfragefunktion)},$$
$$Q = \beta_1 + \beta_2 P + \beta_3 Z + u_2 \quad \text{(Angebotsfunktion)}.$$

Die endogenen Variablen sind Q und P; vorherbestimmt sind Y und Z. Beide Gleichungen sind sowohl nach der Abzähl- als auch nach der Rang-Bedingung exakt identifiziert. Im ersten Schritt generieren wir die Hilfsvariablen, indem wir jede der beiden endogenen Variablen auf die vorherbestimmten Variablen Y und Z regressieren. Wir erhalten für die Hilfsvariablen $\hat{Q}$ und $\hat{P}$ die Beziehungen $\hat{Q} = 11.2 + 0.008\,Y + 0.728\,Z$ mit t-Statistiken 1.41 und 11.2 und einem $R^2 = 0.98$ sowie $\hat{P} = 16.1 + 0.046\,Y - 0.236\,Z$ mit t-Statistiken 6.50 und 2.96 und einem $R^2 = 0.73$.

Tabelle 21.2

Geschätzte Parameter und t-Statistiken, ermittelt mittels 2SLS-, ILS- und OLS-Anpassung, für Nachfrage- und Angebots-Funktion des Marktes für Schweinefleisch.

	Nachfragefunktion			Angebotsfunktion		
	1	P	Y	1	P	Z
2SLS	60.88	−3.088	0.149	8.32	0.177	0.770
t-Statistik	5.88	3.49	3.67	1.17	1.22	10.16
ILS	60.89	−3.088	0.149	8.32	0.177	0.770
OLS	56.96	−1.410	0.080	15.35	−0.030	0.744

Die Schätzer der Strukturparameter und die entsprechenden Werte der t-Statistik zeigt die Tabelle 21.2. Für die Nachfragefunktion liefert die zweite Stufe des Schätzverfahrens die Beziehung

$$\hat{Q} = 60.88 - 3.088\,P + 0.149\,Y$$

mit t-Statistiken 3.49 und 3.67; die Angebotsfunktion, normiert so, dass der Koeffizient von P den Wert Eins hat, ergibt sich zu $\hat{P} = -46.32 + 5.641\,Q - 4.343\,Z$ mit t-Statistiken 6.50 und 6.65. Normieren wir so, dass die Gleichung die Menge Q darstellt, so ergibt sich

$$\hat{Q} = 8.32 + 0.177\,P + 0.770\,Z$$

mit t-Statistiken von 1.22 und 10.16. Ermitteln wir die ILS-Schätzer, so erhalten wir für die Nachfragefunktion

$$\hat{Q} = 60.89 - 3.088\,P + 0.149\,Y$$

und für die Angebotsfunktion

$$\hat{Q} = 8.32 + 0.177\,P + 0.770\,Y\,.$$

Die 2SLS- und ISL-Schätzer stimmen also in hohem Ausmaß überein. Dagegen liefert das gleichungsweise OLS-Anpassen deutlich andere Beziehungen: Für die Nachfragefunktion ergibt sich $\hat{Q} = 56.96 - 1.410\,P + 0.080\,Y$ und für die Angebotsfunktion $\hat{Q} = 15.35 - 0.030\,P + 0.744\,Y$.

21.4.2 Eigenschaften der 2SLS-Schätzer

Voraussetzung für die Konsistenz der 2SLS-Schätzer $\tilde{\boldsymbol{\beta}}_i$ ist es, dass die i-te Gleichung identifizierbar ist. Das bedeutet nach der Abzähl-Bedingung, dass die Anzahl der aus der Gleichung ausgeschlossenen, exogenen oder vorherbestimmten Variablen $(K - K_i)$ mindestens so groß ist wie die um Eins verminderte Zahl der enthaltenen, endogenen Variablen $(m_i - 1)$. Mit anderen Worten, die Anzahl der als Instrumente in Frage kommenden exogenen oder vorherbestimmten Variablen muss genauso groß oder größer sein wie die Anzahl der endogenen Variablen, die wir durch Hilfsvariable ersetzen müssen.

Die 2SLS-Schätzer $\tilde{\boldsymbol{\beta}}_i$ sind (unter allgemeinen Bedingungen)

- konsistent, es gilt für sie also $\operatorname{plim} \tilde{\boldsymbol{\beta}}_i = \boldsymbol{\beta}_i$, und
- asymptotisch normalverteilt; für endliches n gilt also

$$\tilde{\boldsymbol{\beta}}_i \mathrel{\dot{\sim}} N\left(\boldsymbol{\beta}_i, \tilde{\sigma}_i^2 (\hat{\mathbf{X}}_i'\hat{\mathbf{X}}_i)^{-1}\right).$$

Der Schätzer der Varianz der Störgrößen

$$\tilde{\sigma}_i^2 = \frac{1}{n - (m_i - 1 + K_i)}\, \tilde{\mathbf{e}}_i'\tilde{\mathbf{e}}_i$$

verwendet die 2SLS-Residuen $\tilde{\mathbf{e}}_i = \mathbf{y}_i - \mathbf{X}_i\tilde{\boldsymbol{\beta}}_i$.

21.4.3 2SLS- und LIML-Schätzer

Die LIML-Schätzung erfordert wesentlich umfangreichere Berechnungen als die 2SLS-Schätzung. Damit ist auch zu erklären, dass die 2SLS-Schätzung die ältere LIML-Schätzung aus der ökonometrischen Praxis weitgehend verdrängt hat. Ein Vergleich der Eigenschaften der mit diesen Methoden erhaltenen Schätzer zeigt große Ähnlichkeiten:

- Beide Verfahren liefern konsistente und asymptotisch effiziente Schätzer.
- Die Schätzer der Parameter einer Gleichung stimmen überein, wenn die Gleichung exakt identifiziert ist.
- Die asymptotischen Varianzen und Kovarianzen der Schätzer stimmen überein, nicht aber ihre Standardfehler, da die Schätzungen der Varianz der Störgrößen verschieden sind.

21.5 Die 3SLS-Schätzung

Für die Beobachtungen der Periode t können wir das simultane Mehrgleichungs-Modell schreiben als

$$\mathbf{A}\mathbf{y}_t = \mathbf{\Gamma}\mathbf{z}_t + \mathbf{u}_t\,; \qquad (21.5.1)$$

$\mathbf{y}_t$ enthält die Beobachtungen der endogenen Variablen, $\mathbf{z}_t$ jene der exogenen oder vorherbestimmten Variablen; die Komponenten von $\mathbf{u}_t$ sind Weißes Rauschen mit Varianzen σ_i^2 und kontemporären Kovarianzen $\sigma_{ij} \neq 0$ für $i \neq j$. Die kontemporären Kovarianzen haben zur Folge, dass die Schätzung der Parameter zur i-ten Gleichung effizienter sein wird, wenn dabei die Information berücksichtigt wird, die in allen anderen Gleichungen zu den Parametern der i-ten Gleichung enthalten ist. Schätzmethoden, die alle Parameter des Mehrgleichungs-Modells simultan schätzen, nennen wir Schätzmethoden bei voller Information, im Englischen *full information* Schätzmethoden. Ein wichtiger Repräsentant dieser Verfahren ist der 3SLS-Schätzer. Er ist eine Erweiterung des 2SLS-Schätzers im Sinn der FGLS-Schätzung; siehe zum Vergleich die SUR-Schätzer in Abschnitt 21.1.

Die m Gleichungen unseres Modells können wir schreiben als

$$\begin{bmatrix} \mathbf{y}_1 \\ \mathbf{y}_2 \\ \vdots \\ \mathbf{y}_m \end{bmatrix} = \begin{bmatrix} \mathbf{X}_1 & \mathbf{0} & \dots & \mathbf{0} \\ \mathbf{0} & \mathbf{X}_2 & \dots & \mathbf{0} \\ \vdots & \vdots & \ddots & \vdots \\ \mathbf{0} & \mathbf{0} & \dots & \mathbf{X}_m \end{bmatrix} \begin{bmatrix} \boldsymbol{\beta}_1 \\ \boldsymbol{\beta}_2 \\ \vdots \\ \boldsymbol{\beta}_m \end{bmatrix} + \begin{bmatrix} \mathbf{u}_1 \\ \mathbf{u}_2 \\ \vdots \\ \mathbf{u}_m \end{bmatrix}$$

oder

$$\bar{\mathbf{y}} = \bar{\mathbf{X}}\bar{\boldsymbol{\beta}} + \bar{\mathbf{u}}$$

mit $\mathrm{Var}\{\bar{\mathbf{u}}\} = \mathbf{\Sigma} \otimes \mathbf{I}_n$.

Der GLS-Schätzer $\bar{\mathbf{b}}_G$ für $\bar{\boldsymbol{\beta}}$ ergibt sich zu

$$\bar{\mathbf{b}}_G = [\bar{\mathbf{X}}'(\mathbf{\Sigma}^{-1} \otimes \mathbf{I}_n)\bar{\mathbf{X}}]^{-1}\bar{\mathbf{X}}'(\mathbf{\Sigma}^{-1} \otimes \mathbf{I}_n)\bar{\mathbf{y}}\,. \qquad (21.5.2)$$

Er berücksichtigt allerdings nicht, dass wir endogene Variable als Regressoren verwenden, und dass $\mathbf{\Sigma}$ unbekannt ist.

Eine Modifikation des Schätzverfahrens, die diesen beiden Fakten Rechnung trägt, ist die FGLS-Schätzung. Sie wurde von Zellner und Theil (1962) vorgeschlagen. Es handelt sich um ein dreistufiges Verfahren, das 3SLS-Schätzung genannt wird und in folgenden Schritten die Schätzer der Parameter aller Gleichungen simultan ermittelt:

- Berechnen für jede Gleichung ($i = 1, \ldots, m$)
  1. der Hilfsvariablen
  $$\hat{\mathbf{X}}_i = \mathbf{Z}(\mathbf{Z}'\mathbf{Z})^{-1}\mathbf{Z}'\mathbf{X}_i = \mathbf{P}_Z\mathbf{X}_i\,,$$
  2. der 2SLS-Schätzer $\tilde{\mathbf{b}}_i$ und
  3. der 2SLS-Residuen
  $$\tilde{\mathbf{e}}_i = \mathbf{y}_i - \mathbf{X}_i\tilde{\mathbf{b}}_i\,;$$
- Berechnen von $\tilde{\mathbf{\Sigma}}$ mit den Schätzern
  $$\tilde{\sigma}_{ij} = \frac{1}{n}\tilde{\mathbf{e}}_i'\tilde{\mathbf{e}}_j$$
  für $i, j = 1, \ldots, m$;
- Ermitteln der 3SLS-Schätzer
  $$\tilde{\mathbf{b}}_G = [\bar{\mathbf{X}}'(\tilde{\mathbf{\Sigma}}^{-1} \otimes \mathbf{P}_Z)\bar{\mathbf{X}}]^{-1}\bar{\mathbf{X}}'(\tilde{\mathbf{\Sigma}}^{-1} \otimes \mathbf{P}_Z)\bar{\mathbf{y}}\,, \qquad (21.5.3)$$
  als FGLS-Schätzer für $\bar{\boldsymbol{\beta}}$ entsprechend (21.5.2).

21.5.1 Eigenschaften des 3SLS-Schätzers

Eine Voraussetzung für die Konsistenz der 3SLS-Schätzer ist die Identifizierbarkeit aller Gleichungen. Sind alle Gleichungen identifizierbar, so gelten unter dieser allgemein erfüllten Regularitätsbedingungen folgende Eigenschaften:

- die 3SLS-Schätzer sind konsistent und
- sie sind asymptotisch normalverteilt mit
- der asymptotischen Kovarianzmatrix

$$\mathrm{Var}\{\tilde{\mathbf{\Sigma}}_G\} = [\bar{\mathbf{X}}'(\tilde{\mathbf{\Sigma}}^{-1} \otimes \mathbf{P}_Z)\bar{\mathbf{X}}]^{-1}\,.$$

Es gibt zwei Situationen, in denen die 3SLS-Schätzer und die 2SLS-Schätzer übereinstimmen:

- Alle Gleichungen sind exakt identifiziert.
- Die Kovarianzmatrix $\mathbf{\Sigma}$ ist diagonal; die Störgrößen der einzelnen Gleichungen sind kontemporär unkorreliert.

Beispiel 21.4 **Ein Marktmodell, Fortsetzung**

Die 2SLS-Residuen der Nachfragefunktion und der Angebotsfunktion zeigen Varianzen von 6.37 und 48.87; der Korrelationskoeffizient beträgt −0.593. Es bietet sich daher an, ein simultanes Schätzverfahren anzuwenden. Das Ergebnis der 3SLS-Anpassung zeigt die Tabelle 21.3 im unteren Teil.

Tabelle 21.3

Geschätzte Parameter und *t*-Statistiken, ermittelt mittels 2SLS- und 3SLS-Anpassung, für Nachfrage- und Angebots-Funktion des Marktes für Schweinefleisch.

	Nachfragefunktion			Angebotsfunktion		
	1	P	Y	1	P	Z
2SLS	60.88	−3.088	0.149	8.32	0.177	0.770
t-Statistik	5.88	3.49	3.67	1.17	1.22	10.16
3SLS	60.88	−3.088	0.149	8.32	0.177	0.770
t-Statistik	6.37	3.79	3.98	1.27	1.32	11.02

Dass die 3SLS-Schätzer gut mit den 2SLS-Schätzern übereinstimmen, überrascht nicht besonders; beide Schätzer sind konsistente Schätzer. Die durchwegs größeren *t*-Statistiken weisen auf die höhere Effizienz der 3SLS-Schätzer hin.

21.6 Weitere Schätzer bei voller Information

Es sollen zwei weitere Verfahren erwähnt werden, die Iterative 3SLS-Schätzung als eine Modifikation der 3SLS-Schätzung und die FIML-Schätzung.

21.6.1 Die Iterative 3SLS-Schätzung

Als Ergebnis der 3SLS-Schätzung erhalten wir Schätzer der Strukturparameter, also der Matrizen $\mathbf{A}$ und $\mathbf{\Gamma}$ aus Gleichung (21.5.1). Die Hilfsvariablen $\hat{\mathbf{X}}$ ergeben sich aus der reduzierten Form unseres Modells, das durch die Parameter $\mathbf{\Pi}$ charakterisiert ist, die im ersten Schritt des 3SLS-Verfahrens geschätzt werden. Als Ergebnis der 3SLS-Schätzung stehen uns die Strukturparameter $\tilde{\mathbf{b}}_G$ und damit Schätzer $\tilde{\mathbf{A}}$ und $\tilde{\mathbf{\Gamma}}$ zur Verfügung. Damit können wir bestimmen:

- für die Matrix $\mathbf{\Pi}$ den Schätzer

$$\tilde{\mathbf{\Pi}} = \tilde{\mathbf{A}}^{-1}\tilde{\mathbf{\Gamma}},$$

  dessen Elemente im Allgemeinen von den Schätzern der ersten Stufe der 3SLS-Schätzung verschieden sein werden, die zum Ermitteln der Hilfsvariablen verwendet wurden, und

- einen Schätzer von $\mathbf{\Sigma}$ mit Hilfe der 3SLS-Residuen.

Diese Größen können wir als Basis einer neuerlichen Durchführung der 3SLS-Schätzung verwenden. Dieses neuerliche Durchführen mit jeweils verbesserten Schätzern $\tilde{\mathbf{\Pi}}$ und $\tilde{\mathbf{\Sigma}}$ läuft auf ein Iteratives 3SLS-Schätzverfahren hinaus.

Die Iterative 3SLS-Schätzung verfährt in folgenden Schritten:

1. Äußere Iteration: Der Schritt 1 der 3SLS-Schätzung wird wiederholt mit $\tilde{\mathbf{\Pi}}$ zur Berechnung der Hilfsvariablen $\hat{\mathbf{X}}$.
2. Innere Iteration: Die Schritte 2 und 3 der 3SLS-Schätzung werden wiederholt mit $\tilde{\mathbf{\Sigma}}$ aus 3SLS-Residuen.

21.6.2 Die FIML-Schätzung

Ist die Wahrscheinlichkeitsverteilung der Störgrößen unseres simultanen Mehrgleichungs-Modells bekannt, so können wir die Likelihood-Funktion benützen, um ML-Schätzer der Modellparameter zu schätzen. Die Maximum-Likelihood-Schätzer bei voller Information oder FIML-Schätzer nach dem Englischen *full information maximum likelihood* gehen von normalverteilten Störgrößen aus und liefern Schätzer der Strukturparameter $\mathbf{A}$ und $\mathbf{\Gamma}$. Das Maximieren der Likelihood-Funktion in Bezug auf die Elemente von $\mathbf{A}$ und $\mathbf{\Gamma}$ ist ein nichtlineares Optimierungsproblem, das durch Anwenden von numerischen Verfahren zu lösen ist.

Die FIML-Schätzer sind

- konsistent,
- asymptotisch normalverteilt,
- asymptotisch effizient und
- asymptotisch äquivalent den (iterativen) 3SLS-Schätzern.

21.7 Vergleich der Schätzverfahren

Für die Anwenderin oder den Anwender, der oder die glücklich die Arbeit des Spezifizierens eines Mehrgleichungs-Modells hinter sich gebracht haben, erhebt sich die Frage, welches aus der großen Zahl von Schätzverfahren nun am besten anzuwenden wäre. Eine allgemein gültige Aussage zu dieser Frage gibt es offensichtlich nicht; sonst würden die weniger geeigneten Verfahren wahrscheinlich weder in der Literatur diskutiert werden noch die zu ihrer Anwendung benötigte Software geschrieben und gekauft werden. Auch theoretische Untersuchungen zum Vergleich der verschiedenen Schätzverfahren gibt es kaum; die beim Vergleich der Verfahren in Betracht zu ziehenden Möglichkeiten sind komplex und zumindest in der nötigen Allgemeinheit nicht formal zu behandeln. Das gilt insbesondere für die Eigenschaften der Schätzer bei endlichem

Umfang der verfügbaren Daten. Hinweise auf die relative Qualität der unterschiedlichen Methoden geben Schätzer, die am gleichen Datensatz errechnet werden. Ein beliebig detailliertes Bild können Monte-Carlo-Simulationen vermitteln, in denen die zu analysierenden Daten, das spezifizierte Modell und die anzuwendenden Kriterien gezielt gewählt werden können. Solche Simulations-Studien liefern typischerweise eine Rangfolge der Verfahren, die beim Anwenden bestimmter Kriterien erhalten werden. So hat Cragg (1967) herausgefunden, dass nach Kriterien wie (i) die Wurzel aus der mittleren quadratischen Abweichung (RMSE) und (ii) Bias

- die FIML-Schätzung der 2SLS-Schätzung meist vorzuziehen ist, solange das Modell korrekt spezifiziert ist;
- die 2SLS-Schätzung meist der FIML-Schätzung vorzuziehen ist, wenn eine Missspezifikation von der Form besteht, dass (i) ein relevanter Regressor nicht berücksichtigt ist oder (ii) Multikollinearität vorliegt.

Natürlich hängen derartige Ergebnisse von vielen Faktoren ab, wie der Anzahl der verfügbaren Beobachtungen, der Dimension des Modells hinsichtlich der Anzahl der Gleichungen und der exogenen oder vorherbestimmten Variablen, von der Natur der Beobachtungen, vom Zutreffen von Annahmen und so weiter. Das diagnostische Überprüfen von Ergebnissen und das Formulieren und Überprüfen von Alternativen ist bei der Analyse von Mehrgleichungs-Modellen noch wichtiger als bei Eingleichungs-Modellen.

21.A Aufgaben

21.A.1 Empirische Anwendungen

1. Der Datensatz `DatS11` enthält die Variablen INVxx (Investitionen), VALxx (Marktwert des Unternehmens am Ende der Vorperiode), CAPxx (Anlagenwert des Unternehmens am Ende der Vorperiode) von vier US-amerikanischen Unternehmen für die Jahre 1935 bis 1954; für „xx" stehen Abkürzungen der Firmennamen. Die Daten sind Teil des Datensatzes von Grunfeld (1958).
   (a) Schätzen Sie die Koeffizienten des Modells
   $$\text{INV} = \beta_0 + \beta_1 \text{VAL} + \beta_2 \text{CAP} + u$$
   mittels OLS-Anpassung für jedes der vier Unternehmen.
   (b) Schätzen Sie die Koeffizienten der Gleichungen für die vier Unternehmen gemeinsam unter Verwendung der GLS-Schätzung; bestimmen Sie zu dieser multivariaten Regression das Bestimmtheitsmaß (21.1.5).
   (c) Wiederholen Sie die Aufgabe (b) für nur drei Unternehmen (ohne US Steel) und diskutieren Sie die Unterschiede zu den Ergebnissen. Bestimmen Sie auch zu diesem Modell das Bestimmtheitsmaß (21.1.5).

2. Klein's Modell 1 umfasst folgende sechs Gleichungen:

$$
\begin{aligned}
C_t &= \alpha_1 + \alpha_2 P_t + \alpha_3 P_{t-1} + \alpha_4 (W_t^p + W_t^g) + u_{t1} \quad \text{(Konsum)}\\
I_t &= \beta_1 + \beta_2 P_t + \beta_3 P_{t-1} + \beta_4 K_{t-1} + u_{t2} \quad \text{(Investitionen)}\\
W_t^p &= \gamma_1 + \gamma_2 X_t + \gamma_3 X_{t-1} + \gamma_4 t + u_{t3} \quad \text{(Private Löhne und Gehälter)}\\
X_t &= C_t + I_t + G_t\\
K_t &= I_t + K_{t-1}\\
P_t &= X_t - W_t^p - T_t
\end{aligned}
$$

Die verwendeten Variablen sind C (Ausgaben für Konsum), P (Gewinne), W^p (Private Löhne und Gehälter), W^g (Öffentliche Löhne und Gehälter), I (Investitionen), $K(-1)$ (Kapitalbestand des Vorjahres), X (Private Produktion), G (Ausgaben der Öffentlichen Hand ohne Löhne und Gehälter), T (Steuern) und t [Zeit (Trend)]. Der Datensatz `DatS09` enthält die entsprechenden Daten für die Jahre 1920 bis 1941. Endogene Variable sind C, P, W^p, I, X, K, Y.

(a) Überprüfen Sie die Identifizierbarkeit der Gleichungen mittels Rang- und Ordnungsbedingung.

(b) Schätzen Sie die Parameter der Strukturgleichungen mittels (i) indirekter OLS-Schätzung, (ii) 2SLS-Schätzung, (iii) 3SLS-Schätzung, (iv) iterativer 3SLS-Schätzung und (v) FIML-Schätzung. Vergleichen Sie die Ergebnisse und geben Sie die Vor- und Nachteile der Verfahren an.

21.A.2 Allgemeine Aufgaben und Probleme

1. Zeigen Sie, dass sich aus dem Bestimmtheitsmaß R_I^2 nach (21.1.5) für $m = 1$ das Bestimmtheitsmaß R^2 nach (5.3.1) ergibt.

21.E Hinweise zu `EViews`: Mehrgleichungs-Modelle: Schätzverfahren

`EViews` unterstützt die Analyse von Mehrgleichungs-Modellen durch

- das Konzept des System-Objekts, mit dessen Hilfe Mehrgleichungs-Modelle definiert werden können, und
- durch die Verfügbarkeit einer großen Zahl von Schätzverfahren, die auf System-Objekte angewendet werden können.

`EViews` bietet sowohl für SUR-Modelle als auch für simultane Mehrgleichungs-Modelle die passenden Verfahren an.

- Modell-Spezifikation: Zum Spezifizieren eines Mehrgleichungs-Modells muss durch Anklicken von `System` in `Objects/New Object` ein Objekt vom Typ `System` generiert werden, das die Definition jeder einzelnen Modellgleichungen enthält; benötigt das anzuwendende Schätzverfahren Instrumente, so sind diese ebenfalls im System-Eingabefenster aufzulisten. Die Liste wird gekennzeichnet durch ein vorgestelltes `inst`. Die Gleichungen werden in ihrer Strukturform eingegeben; die Koeffizienten sind Elemente des Vektors `c`.

- Schätzen der Parameter: Das Schätzen erfolgt in folgenden Schritten:
  1. Auswahl der Schätzmethode im Eingabefenster `System estimation`.
  2. Wahl der Iterationsoptionen.
- Im Eingabefenster `System estimation` können als Schätzverfahren verlangt werden:
  1. OLS-Schätzung: Schätzt Einzelgleichungen unter Berücksichtigung von *cross equation* Restriktionen.
  2. Gewichtete OLS-Schätzung (*equation weighted regression*): Schätzt Einzelgleichungen unter Berücksichtigung von *cross equation* Heteroskedastizität.
  3. SUR-Schätzung: Berücksichtigt *cross equation* Heteroskedastizität und kontemporäre Korrelation.
  4. (Gewichtete) 2SLS-Schätzung.
  5. 3SLS-Schätzung.
  6. FIML-Schätzung.

VAR-Prozesse und VEC-Modelle

22

ÜBERBLICK

Die Bedeutung von Modellen für nicht-stationäre Zeitreihen ist aus dem Kapitel 19 deutlich geworden: In diesem Kapitel wurde der Begriff der Kointegration eingeführt, und im Zusammenhang mit nicht-stationären Prozessen wurden dynamische Modelle, darunter Fehlerkorrektur-Modelle, diskutiert. In Verallgemeinerung des univariaten, dynamischen Eingleichungs-Modells führen wir das dynamische Modell für einen Vektor von Variablen ein. Die einfachste und am meisten verwendete Form ist das Vektor-autoregressive oder VAR-Modell: Die Beziehungen zwischen den Komponenten eines VAR-Modells sind die Modellgleichungen des dynamischen Mehrgleichungs-Modells.

VAR-Modelle sind ein ausgezeichnetes Instrument, dynamische Beziehungen zwischen ökonomischen Größen zu spezifizieren, ohne dass über ihre Natur als endogene oder exogene Variable und über strukturelle Abhängigkeiten explizite Annahmen getroffen werden müssen. Von besonderem Interesse ist der Fall, dass nicht-stationäre Variablen Gegenstand unserer Analyse sind. Falls diese Variablen $I(1)$-integriert sind, können zwischen ihnen kointegrierende Beziehungen existieren, die stationär sind und Gleichgewichts-Beziehungen darstellen. Das Repräsentations-Theorem von Granger gibt Bedingungen an, unter denen solche kointegrierenden Beziehungen existieren, und zeigt auch, wie sie in Abhängigkeit von einem Datensatz definiert werden können. Wie im univariaten Fall können wir das VAR-Modell in der Form eines Fehlerkorrektur-Modells darstellen, das dann Vektor-Fehlerkorrektur- oder kurz VEC-Modell genannt wird. Als Teil des Verfahrens zum Schätzen der Parameter eines VEC-Modells ist die Entscheidung über die Anzahl der kointegrierenden Beziehungen, den so genannten Kointegrations-Rang, zu treffen. Ein dafür vorgeschlagenes Verfahren ist die R3-Methode (nach *reduced rank regression*) von Johansen, die auch Johansen-Test genannt wird.

Der Abschnitt 22.1 ist der Einführung der Begriffe und der Notation um das VAR-Modell gewidmet. In Abschnitt 22.2 werden nicht-stationäre Zeitreihen als Komponenten eines VAR-Modells zugelassen und der Begriff der Kointegration in diesem Kontext diskutiert. Das Repräsentations-Theorem von Granger leitet über zum VEC-Modell, das Gegenstand des Abschnitts 22.3 ist. Dieser Abschnitt befasst sich auch mit Verfahren zum Schätzen eines VEC-Modells und dabei mit dem Johansen-Test.

22.1 Vektor-autoregressive Prozesse

Den traditionellen Ansatz der Ökonometrie, ökonomische Prozesse in Form von strukturellen Mehrgleichungs-Modellen darzustellen und mittels der in Kapitel 21 behandelten Verfahren zu analysieren, kann man mit folgendem Argument in Frage stellen. Das Spezifizieren eines Mehrgleichungs-Modells erfordert es festzulegen, welche Variable endogen und welche exogen sind, und die Identifizierbarkeit der Gleichungen ist nur gegeben, wenn geeignete Restriktionen definiert werden. Sims (1980) argumentiert, dass die ökonomische Theorie mit diesen Aufgaben oft überfordert ist. Eine alternative Vorgangsweise ist das Spezifizieren eines Vektor-autoregressiven Modells.

Beispiel 22.1 **Einkommen und Konsum**

Das Einkommen Y und der Konsum C stehen in einer wechselseitigen Abhängigkeit, die durch das folgende Modell beschrieben sei:

$$Y_t = \mu_1 + \pi_{11} Y_{t-1} + \pi_{12} C_{t-1} + u_{1t} ,$$
$$C_t = \mu_2 + \pi_{21} C_{t-1} + \pi_{22} Y_{t-1} + u_{2t} .$$

Wenn wir die Vektorvariable $\mathbf{y}_t = (Y_t, C_t)'$ einführen, können wir die beiden Gleichungen schreiben als

$$\mathbf{y}_t = \boldsymbol{\mu} + \boldsymbol{\Pi}\mathbf{y}_{t-1} + \mathbf{u}_t , \qquad (22.1.1)$$

wobei die Koeffizienten-Matrizen $\boldsymbol{\mu}$ und $\boldsymbol{\Pi}$ die entsprechenden Parameter aus den beiden Gleichungen beinhalten. Mit dieser Modellierung haben wir keine Festlegung getroffen, welche Variable endogen oder exogen ist; auch werden keine Restriktionen für die Elemente der Koeffizienten-Matrizen definiert.

Das Modell (22.1.1) nennen wir ein Vektor-autoregressives, kurz ein **VAR-Modell** oder auch multivariates autoregressives Modell. Wir können es als Erweiterung des dynamischen Modells oder AR(1)-Modells aus Abschnitt 13.4,

$$Y_t = \varphi Y_{t-1} + u_t ,$$

sehen, in dem – im allgemeinen Fall – die Variable Y_t durch den m-Vektor $\mathbf{y}_t = (Y_{1t}, \ldots, Y_{mt})'$ ersetzt wurde. Die Ordnung des VAR-Modells (22.1.1) hat in Analogie zum AR(1)-Modell den Wert Eins und wir bezeichnen das Modell (22.1.1) demnach als VAR(1)-Modell.

Das VAR-Modell können wir auch als dynamische Version eines simultanen Mehrgleichungs-Modells verstehen. Enthält der Vektor $\mathbf{z}$ nur um eine Periode verzögerte endogene Variable, so können wir das Mehrgleichungs-Modell

$$\mathbf{A}\mathbf{y}_t = \boldsymbol{\Gamma}\mathbf{z}_t + \mathbf{u}_t = \boldsymbol{\Gamma}_1\mathbf{y}_{t-1} + \boldsymbol{\Gamma}_2\mathbf{z}_t + \mathbf{u}_t$$

schreiben als

$$\mathbf{y}_t = \boldsymbol{\Pi}\mathbf{y}_{t-1} + \boldsymbol{\mu}_t + \mathbf{v}_t$$

mit $\boldsymbol{\Pi} = \mathbf{A}^{-1}\boldsymbol{\Gamma}_1$, $\boldsymbol{\mu}_t = \mathbf{A}^{-1}\boldsymbol{\Gamma}_2\mathbf{z}_t$, $\mathbf{v}_t = A^{-1}\mathbf{u}_t$. Dass $\boldsymbol{\mu}_t$ von Regressoren abhängt, ist nur scheinbar eine Einschränkung des zu demonstrierenden Sachverhalts: Das Erweitern des Vektors $\mathbf{y}$ um die in $\boldsymbol{\mu}_t$ enthaltenen Regressoren erlaubt es uns, das Modell in eines von der Form (22.1.1) mit konstantem $\boldsymbol{\mu}$ umzuformen.

Das VAR(1)-Modell (22.1.1) stellt jede Komponente von $\mathbf{y}$ als Linearkombination von verzögerten Variablen dar; das Modell für die erste Komponente von $\mathbf{y}$, das Einkommen Y, enthält die andere Komponente von $\mathbf{y}$, den Konsum C, nur als verzögerte Größe. Wenn wir nun voraussetzen, dass die Störgrößen möglicherweise kontemporär, aber nicht intertemporär korreliert sind, können wir die Koeffizienten jeder Gleichung mittels OLS-Anpassung schätzen und erhalten BLU-Schätzer. Das gilt zumindest, wenn die Komponenten von $\mathbf{y}$ stationäre Zeitreihen sind.

Beispiel 22.2 Einkommen und Konsum, Fortsetzung

Wir verwenden die Zeitreihen PYR (reales Verfügbares Einkommen der Haushalte) und PCR (realer Privater Konsums) aus der AWM-Datenbasis, um das Modell (22.1.1) zu schätzen. Y und C stehen für jährliche Zuwachsraten. Das Ergebnis der OLS-Anpassung zeigt die Tabelle 22.1.

Tabelle 22.1

Geschätzte Parameter und t-Statistiken, adjustiertes Bestimmtheitsmaß $\bar{R}^2$ und AIC der beiden Gleichungen des Modells $\mathbf{y}_t = \boldsymbol{\mu} + \Pi \mathbf{y}_{t-1} + \mathbf{u}_t$, ermittelt durch gleichungsweise OLS-Anpassung.

Gleichung		μ	Y_{-1}	C_{-1}	$\bar{R}^2$	AIC
Y	Parameter	0.000	0.794	0.130	0.81	−6.99
	t-Statistik	0.239	11.01	1.59		
C	Parameter	0.003	0.101	0.781	0.79	−6.82
	t-Statistik	2.61	1.48	10.11		

Wenn wir davon ausgehen, dass die Störgrößen unseres Modells einer Normalverteilung folgen, dann können wir die logarithmierte Likelihood-Funktion und die daraus abgeleiteten Informationskriterien errechnen, die beispielsweise zur Entscheidung über die Ordnung des VAR-Modells herangezogen werden. Für das in der Tabelle 22.1 beschriebene Modell ergibt sich das Informationskriterium von Akaike zu AIC $= -14.49$; für das um $\mathbf{y}_{t-2}$ erweiterte VAR(2)-Modell ergibt sich für AIC der etwas größere Wert -14.43, so dass beim Entscheiden auf Basis des AIC das VAR(1)-Modell vorgezogen wird.

Es liegt nahe, die Gleichung für die zweite Komponente von $\mathbf{y}$, für den Konsum C, mit der Konsumfunktion zu vergleichen, die wir in früheren Kapiteln erhalten haben. Für jährliche Zuwachsraten haben wir erhalten – siehe etwa Beispiel 2.3 – $\hat{C} = 0.011 + 0.747Y$ mit $\bar{R}^2 = 0.71$ und AIC $= -6.78$. Das Modell für den Konsum aus dem VAR(1)-Modell ist entsprechend den angeführten beiden Kriterien der Konsumfunktion vorzuziehen.

Neben der großen Allgemeinheit und der einfachen Möglichkeit, das Modell zu schätzen, können als weitere Vorteile des VAR-Modells angeführt werden:

- Wie oben angesprochen erfordert die Spezifikation des Modells keine Unterscheidung von endogen und exogenen Variablen, was insofern der Realität von ökonomischen Systemen entspricht, als tatsächlich alle ökonomischen Variablen durch dynamische Prozesse generiert werden und eine Abgrenzung zwischen endogenen und exogenen Variablen immer willkürlich sein wird.
- VAR-Modelle erlauben das Berücksichtigen von Nicht-Stationarität und Kointegration, und wir werden im Weiteren auf der Basis von VAR-Modellen spezifizierte Fehlerkorrektur-Modelle behandeln.

Für die ökonometrische Praxis ist es wesentlich, dass VAR-Modelle eine tendenziell bessere Prognosequalität als Mehrgleichungs-Modelle haben; auch erlauben sie in einfacher Weise das Analysieren der Dynamik von zufälligen Impulsen, die auf das System wirken.

Ein Problem, das den VAR-Modellen anhaftet, ist, dass die Anzahl der zu schätzenden Parameter mit wachsender Dimension m von $\mathbf{y}$ und Ordnung p rasch sehr groß werden kann. Bei einem 2-komponentigen $\mathbf{y}$ und Spezifikation eines VAR(2)-Modells sind acht Komponenten der $\mathbf{\Pi}$-Matrizen zu schätzen. Bei einem 4-komponentigen $\mathbf{y}$ umfasst das VAR(2)-Modell bereits 16 Parameter. Die Ordnung der VAR-Modelle wird im Allgemeinen eher größer angenommen, um zu vermeiden, dass nicht berücksichtigte Variable Autokorrelation der Störgrößen induzieren. Die Anzahl der zu schätzenden Parameter ist jedenfalls durch die Anzahl der verfügbaren Beobachtungen beschränkt.

Das allgemeine VAR(p)-Modell enthält $p > 1$ verzögerte Vektoren von $\mathbf{y}_t$, wobei wir für $\mathbf{y}$ durch einen m-komponentigen Vektor zulassen:

$$\mathbf{y}_t = \mathbf{\Pi}_1 \mathbf{y}_{t-1} + \ldots + \mathbf{\Pi}_p \mathbf{y}_{t-p} + \mathbf{u}_t \,; \tag{22.1.2}$$

der Vektor der Störgrößen $\mathbf{u}_t$ hat die Kovarianzmatrix $\mathbf{\Sigma}$, die beliebige kontemporäre Abhängigkeit erlaubt; wir gehen aber davon aus, dass keine intertemporäre Abhängigkeit der Störgrößen besteht. Die Matrizen $\mathbf{\Pi}_i$, $i = 1, \ldots, p$ und $\mathbf{\Sigma}$ haben die Ordnung $m \times m$. Mit dem Lag-Operator können wir den VAR(p)-Prozess schreiben als

$$\mathbf{\Pi}(L)\mathbf{y}_t = \mathbf{u}_t$$

mit dem Matrix-Polynom $\mathbf{\Pi}(L) = I_m - \mathbf{\Pi}_1 L + \ldots - \mathbf{\Pi}_p L^p$.

22.2 Kointegration

Im Fall einer univariaten Variablen Y haben wir in Abschnitt 13.2 die Stationarität eines AR-Prozesses behandelt. Der AR(1)-Prozess $y_t = \varphi y_{t-1} + u_t$ heißt stationär, wenn für die Wurzel des Charakteristischen Polynoms

$$1 - \varphi z = 0$$

gilt: $|z| > 1$, und als Konsequenz $|\varphi| < 1$. Gilt hingegen $z = 1$, so liegt Nicht-Stationarität vor: die Prozess-Variable ist integriert, und wir werden einen stochastischen Trend beobachten. Zwischen zwei oder mehreren nicht-stationären Variablen mit gleicher Ordnung der Integration können wir eine kointegrierende Beziehung finden.

In Analogie zum univariaten Fall sagen wir, der VAR(p)-Prozess (22.1.2) ist stationär, wenn für alle Wurzeln des Charakteristischen Polynoms

$$\det \mathbf{\Pi}(z) = 0 \tag{22.2.1}$$

gilt: $|z_i| > 1$; unter $\det \mathbf{\Pi}(z)$, auch geschrieben als $|\mathbf{\Pi}(z)|$, verstehen wir die Determinante von $\mathbf{\Pi}(z)$. Sind die Matrizen $\mathbf{\Pi}_i$ von der Ordnung $m \times m$, so hat die Gleichung (22.2.1) mp Wurzeln. Gilt hingegen, dass $z = 1$ eine (eventuell auch mehrfache) Wurzel von $|\mathbf{\Pi}(z)| = 0$ ist, und ist – anders gesagt – die Matrix $\mathbf{\Pi}(1)$ singulär, so ist $z = 1$ eine Lösung der Gleichung (22.2.1) und der VAR-Prozess ist nicht-stationär.

22.2.1 2-komponentiger VAR(1)-Prozess

Die Konsequenzen dieser Nicht-Stationarität wollen wir zuerst für einen VAR(1)-Prozess und einen 2-komponentigen Vektor $\mathbf{y}$ untersuchen. Wir gehen vom Charakteristischen Polynom zur Matrix

$$\mathbf{\Pi}(z) = \mathbf{I} - \mathbf{\Pi} z$$

aus. Das Polynom hat zwei Wurzeln, und wir unterscheiden drei Fälle:

(A) Haben beide Wurzeln von $|\mathbf{\Pi}(z)| = 0$ den Wert Eins, so sind beide Variablen von $\mathbf{y}$ integriert; es gibt zwischen ihnen keine kointegrierende Beziehung.

(B) Hat genau eine der beiden Wurzeln von $|\mathbf{\Pi}(z)| = 0$ den Wert Eins, so sind die Variablen kointegriert.

(C) Hat keine der Wurzeln von $|\mathbf{\Pi}(z)| = 0$ den Wert Eins, so sind beide Variablen stationär und es gibt natürlich auch keine kointegrierende Beziehung.

Das soll an folgendem Beispiel illustriert werden.

Beispiel 22.3 **Ein 2-komponentiger Prozess**

Die Komponenten unseres Prozesses sind definiert zu

$$X_t + \alpha Y_t = u_{1t}\,, \quad u_{1t} = \varrho_1 u_{1,t-1} + \varepsilon_{1t}\,, \tag{22.2.2}$$
$$X_t + \beta Y_t = u_{2t}\,, \quad u_{2t} = \varrho_2 u_{2,t-1} + \varepsilon_{2t}\,; \tag{22.2.3}$$

es gilt $\alpha \neq \beta$, und ε_{1t} und ε_{2t} sind unabhängige Prozesse von Weißem Rauschen mit Varianzen σ_1^2 und σ_2^2. Die reduzierten Formen für X und Y sind

$$X_t = -\frac{\beta}{\alpha - \beta} u_{1t} + \frac{\alpha}{\alpha - \beta} u_{2t}\,,$$
$$Y_t = \frac{1}{\alpha - \beta} u_{1t} - \frac{1}{\alpha - \beta} u_{2t}\,.$$

Als VAR(1)-Modell geschrieben finden wir für unser Modell die Gleichungen

$$X_t = (\varrho_1 - \alpha\delta)X_{t-1} - \alpha\beta\delta Y_{t-1} + v_{1t}\,,$$
$$Y_t = \delta X_{t-1} + (\varrho_1 + \beta\delta)Y_{t-1} + v_{2t}\,;$$

dabei ist $\delta = (\varrho_1 - \varrho_2)/(\alpha - \beta)$; v_1 und v_2 sind Linearkombinationen der ε_1 und ε_2. Für das Charakteristische Polynom erhalten wir

$$\det \mathbf{\Pi}(z) = 1 - z(\varrho_1 + \varrho_2) + z^2\varrho_1\varrho_2 = 0\,.$$

Seine Wurzeln sind $z_1 = 1/\varrho_1$ und $z_2 = 1/\varrho_2$.

Nehmen wir nun an, die Autokorrelation ϱ_1 hat den Wert Eins, so dass $u_1 \sim I(1)$; für ϱ_2 gelte $|\varrho_2| < 1$, so dass $u_2 \sim I(0)$. Das Charakteristische Polynom hat die Wurzeln $z_1 = 1$ und $z_2 = 1/\varrho_2 > 1$. Dann sehen wir aus der reduzierten Form, dass auch X und Y nicht-stationär sind: $X \sim I(1)$ und $Y \sim I(1)$. Da X und Y integriert von der Ordnung Eins sind, stellt die Gleichung (22.2.3) eine kointegrierende Beziehung zwischen X und Y dar, da für u_2 ja gilt: $u_2 \sim I(0)$. Es liegt also der Fall (B) von den oben genannten Fällen vor.

Gilt für beide Autokorrelationen: $|\varrho_1| < 1$ und $|\varrho_2| < 1$, so sind u_1 und u_2 stationäre, also $I(0)$-Prozesse, und auch X und Y sind stationäre Prozesse; das zeigt die reduzierte Form. Die Frage nach einer kointegrierenden Beziehung zwischen X und Y stellt sich nicht. Das Charakteristische Polynom hat keine Wurzel, die den Wert Eins hat: $z_1 = 1/\varrho_1 > 1$ und $z_2 = 1/\varrho_2 > 1$.

Gilt für beide Autokorrelationen: $\varrho_1 = \varrho_2 = 1$, so sind u_1 und u_2 nicht-stationär, also $I(1)$-Prozesse; X und Y sind ebenfalls $I(1)$-Prozesse, und es gibt zwischen ihnen keine kointegrierende Beziehung. Das Charakteristische Polynom hat die Wurzeln $z_1 = z_2 = 1$. Es liegt also der Fall (A) vor.

Im Fall eines m-Vektors $\mathbf{y}$ kann mehr als eine kointegrierende Beziehungen vorhanden sein: Existieren $m - r$ Wurzeln des Charakteristischen Polynoms mit dem Wert Eins, so bestehen r kointegrierende Beziehungen.

22.2.2 Granger's Repräsentations-Theorem

Das Polynom

$$\mathbf{\Pi}(L) = \mathbf{I}_m - \mathbf{\Pi}_1 L + \ldots - \mathbf{\Pi}_p L^p$$

des VAR(p)-Prozesses können wir – siehe Abschnitt 17.5 – darstellen als

$$\mathbf{\Pi}(L) = \mathbf{\Pi}(1)L + (1 - L)\mathbf{\Psi}(L)\,, \tag{22.2.4}$$

wobei $\mathbf{\Psi}(L)$ ein Matrix-Polynom der Ordnung $p - 1$ in L ist. Davon machen wir Gebrauch, wenn wir das VAR-Modell als Modell für erste Differenzen schreiben wollen.

Beispiel 22.4 **Ein 2-komponentiger Prozess, Fortsetzung**

Mit dem Vektor $\mathbf{y}$ der Prozess-Variablen schreiben wir das VAR(1)-Modell als $\mathbf{y}_t = \mathbf{\Pi y}_{t-1} + \boldsymbol{\mu} + \mathbf{u}_t$. Anwendung von Gleichung (22.2.4) gibt

$$\mathbf{\Pi}(L) = \mathbf{\Pi}(1)L + (1-L)\mathbf{I}$$

und mit $\mathbf{\Pi}(1) = \mathbf{I} - \mathbf{\Pi}$ das Modell

$$\Delta\mathbf{y}_t = (\mathbf{\Pi} - \mathbf{I})\mathbf{y}_{t-1} + \boldsymbol{\mu} + \mathbf{u}_t\,.$$

Für das Modell aus Beispiel 22.3 ergeben sich im Fall $\varrho_1 = 1$ die Gleichungen

$$\begin{aligned}\Delta X_t &= -\alpha\delta X_{t-1} - \alpha\beta\delta Y_{t-1} + v_{1t}\,,\\ \Delta Y_t &= \delta X_{t-1} + \beta\delta Y_{t-1} + v_{2t}\,;\end{aligned}$$

das ergibt sich am einfachsten durch Umformen der Gleichungen (22.2.2) und (22.2.3).

Allgemein schreiben wir das VAR(1)-Modell für den m-Vektor $\mathbf{y}$ als

$$\Delta\mathbf{y}_t = -\mathbf{\Pi}(1)\mathbf{y}_{t-1} + \boldsymbol{\mu} + \mathbf{u}_t\,. \tag{22.2.5}$$

Wir unterscheiden folgende Fälle:

(A) Für den Rang von $\mathbf{\Pi}(1)$ gilt $r[\mathbf{\Pi}(1)] = 0$: Dann finden wir

$$\Delta\mathbf{y}_t = \boldsymbol{\mu} + \mathbf{u}_t\,;$$

$\mathbf{y}_t$ ist ein m-dimensionaler *random walk* und jede seiner Komponenten ist $I(1)$-integriert. Es gibt keine kointegrierende Beziehung.

(B) Für den Rang von $\mathbf{\Pi}(1)$ gilt $r[\mathbf{\Pi}(1)] = r < m$: Dann hat die Determinate $|\mathbf{\Pi}(z)| = 0$ eine $(m-r)$-fache Wurzel mit dem Wert Eins; wir können $(m \times r)$-Matrizen $\mathbf{H}$ und $\mathbf{J}$ vom Rang r finden, so dass

$$\mathbf{\Pi}(1) = \mathbf{HJ}'\,. \tag{22.2.6}$$

In standardisierter Form hat $\mathbf{J}$ die Zahlen Eins in der Hauptdiagonale. Die kointegrierenden Beziehungen sind durch $\mathbf{J}$ bestimmt; die Spalten von $\mathbf{J}$ in der standardisierten Form sind die entsprechenden kointegrierenden Vektoren.

(C) Für den Rang von $\mathbf{\Pi}(1)$ gilt $r[\mathbf{\Pi}(1)] = m$: $\mathbf{\Pi}(1)$ ist nicht-singulär, der VAR(1)-Prozess ist stationär, $\mathbf{y}_t$ ist $I(0)$-integriert.

Zur Illustration gehen wir nochmals zum Beispiel 22.4 zurück.

Beispiel 22.5

Ein 2-komponentiger Prozess, Fortsetzung

Die Matrix $\mathbf{\Pi}(1) = \mathbf{I} - \mathbf{\Pi}$ für das Modell aus Beispiel 22.4 ergibt sich, wenn wir wieder $\varrho_1 = 1$ setzen, zu

$$\mathbf{I} - \mathbf{\Pi} = \begin{pmatrix} \alpha\delta & \alpha\beta\delta \\ -\delta & -\beta\delta \end{pmatrix} = \begin{pmatrix} \alpha \\ -1 \end{pmatrix} (\delta \quad \beta\delta) .$$

Wir können also $\mathbf{I} - \mathbf{\Pi}$ als das Produkt zweier (2×1)-Matrizen schreiben, die wir entsprechend (22.2.6) $\mathbf{H}$ und $\mathbf{J}$ bezeichnen. Die standardisierte Form von $\mathbf{J}$ ist die Matrix $\mathbf{J} = (1, \beta)'$. Multiplizieren wir $\mathbf{J}'$ mit $\mathbf{y}_{t-1}$, so erhalten wir $X_{t-1} + \beta Y_{t-1}$, die kointegrierende Beziehung (22.2.3).

Für den 2-komponentigen VAR(1)-Prozess mit $r[\mathbf{\Pi}(1)] = 1$ schreiben wir im allgemeinen Fall

$$\mathbf{\Pi}(1) = \mathbf{H}\mathbf{J}' = \begin{pmatrix} h_{11} \\ h_{21} \end{pmatrix} (1 \quad j_{21})$$

mit der Matrix $\mathbf{J}$ in standardisierter Form. Sie enthält den kointegrierenden Vektor. Bei einem m-komponentigen VAR(1)-Prozess können mehr als eine kointegrierenden Beziehung gefunden werden, die dann nicht eindeutig bestimmt sein müssen: Eine Linearkombination aus kointegrierenden Beziehungen ist wieder eine kointegrierenden Beziehung. Insbesondere ist es dann oft schwierig, eine ökonomisch sinnvolle Interpretation dieser verschiedenen Beziehungen anzugeben.

Das **Repräsentations-Theorem von Granger** (Engle und Granger, 1987) besagt: Der VAR(1)-Prozess in der Darstellung $\Delta\mathbf{y}_t = -\mathbf{\Pi}(1)\mathbf{y}_{t-1} + \boldsymbol{\mu} + \mathbf{u}_t$ erfülle die Bedingung

$$\mathbf{\Pi}(1) = \mathbf{H}\mathbf{J}' .$$

Dann gilt

(1) $\Delta\mathbf{y}_t$ ist stationär.

(2) $\mathbf{J}'\mathbf{y}_t$ ist stationär; jede der r Spalten von $\mathbf{J}$ definiert eine kointegrierende Beziehung. Wir nennen r den Kointegrations-Rang und die Elemente von $\mathbf{H}$ die Adaptionsparameter.

Ersetzen von $\mathbf{\Pi}(1)$ durch $\mathbf{H}\mathbf{J}'$ liefert

$$\Delta\mathbf{y}_t = -\mathbf{H}\mathbf{J}'\mathbf{y}_{t-1} + \boldsymbol{\mu} + \mathbf{u}_t , \qquad (22.2.7)$$

die Darstellung des VAR(1)-Prozesses als Vektor-Fehlerkorrektur- oder kurz VEC-Modell.

Aus dem Representations-Theorem von Granger folgt weiter, dass $\mathbf{y}_t$ aus $m - r$ linear unabhängigen deterministischen Trends und aus r unabhängigen stochastischen Trends zusammengesetzt ist. Es wird davon ausgegangen, dass alle Komponenten von $\mathbf{y}_t$ $I(1)$-integriert sind.

22.3 Das Vektor-Fehlerkorrektur-Modell

Die Darstellung des VAR(1)-Modells als Vektor-Fehlerkorrektur-Modell oder VEC(1)-Modell

$$\Delta \mathbf{y}_t = -\mathbf{H}\mathbf{J}'\mathbf{y}_{t-1} + \boldsymbol{\mu} + \mathbf{u}_t$$

beschreibt die Änderungen $\Delta\mathbf{y}$ als Funktion der r Gleichgewichts-Beziehungen $\mathbf{J}'\mathbf{y}$ und des Interzept-Vektors $\boldsymbol{\mu}$. Sind die Gleichgewichts-Beziehungen in der Periode $t-1$ exakt erfüllt, so haben alle Komponenten von $\mathbf{J}'\mathbf{y}_{t-1}$ den Wert Null. Andernfalls repräsentieren sie die Abweichungen vom Gleichgewicht. Diese werden in der Periode t teilweise korrigiert werden, wie das negative Vorzeichen des Korrekturterms anzeigt. Die Adaptionsparameter, die Elemente aus $\mathbf{H}$, geben den Anteil der Korrektur an und sind ein Maß für die Geschwindigkeit, mit der eine solche Korrektur vorgenommen wird.

Modifikationen des VEC(1)-Modells sehen vor, dass (a) die Prozess-Variablen keine deterministischen Trends haben ($\boldsymbol{\mu} = 0$) oder sogar quadratische Trends aufweisen ($\boldsymbol{\mu} + \boldsymbol{\beta}t$), und dass (b) die kointegrierenden Beziehungen um einen Interzept-Vektor oder um einen linearen Trend erweitert sind, so dass im allgemeinen Fall der Korrekturterm die Form $-\mathbf{H}(\mathbf{J}'\mathbf{y}_{t-1} + \boldsymbol{\alpha} + \boldsymbol{\delta}t)$ hat.

Alle Überlegungen zum Vektor-Fehlerkorrektur-Modell und seiner Interpretation entsprechen dem im Kapitel 19 für den univariaten Fall Gesagten. Das Representations-Theorem von Granger und die Überlegungen dieses Abschnitts gelten auch für den VAR(p)-Prozess

$$\boldsymbol{\Pi}(L)\mathbf{y}_t = \boldsymbol{\mu} + \mathbf{u}_t\,,$$

der wegen $\boldsymbol{\Pi}(L) = \boldsymbol{\Pi}(1)L + (1-L)\boldsymbol{\Psi}(L)$ als VEC(p)-Modell

$$\Delta\mathbf{y}_t = -\boldsymbol{\Psi}_1\Delta\mathbf{y}_{t-1} - \ldots - \boldsymbol{\Psi}_{p-1}\Delta\mathbf{y}_{t-p+1} - \boldsymbol{\Pi}(1)\mathbf{y}_{t-1} + \boldsymbol{\mu} + \mathbf{u}_t$$

geschrieben werden kann, wobei wiederum gilt

$$\boldsymbol{\Pi}(1) = \mathbf{H}\mathbf{J}'\,.$$

Auch hier sind die Spalten von $\mathbf{J}$ die kointegrierenden Vektoren, die die kointegrierenden Beziehungen zwischen den Komponenten von $\mathbf{y}$ definieren.

22.3.1 Schätzen des VEC-Modells

Voraussetzung ist, dass alle Komponenten von $\mathbf{y}_t$ integriert von der Ordnung 1 sind: $\mathbf{y}_t \sim I(1)$. Zum Schätzen der Parameter sind folgende Schritte auszuführen:

1. Spezifikation von Interzepten und deterministischen Trends
   - in den Komponenten von $\mathbf{y}_t$ und
   - in den kointegrierenden Beziehungen.
2. Wahl des Kointegrations-Ranges, das ist die Anzahl der kointegrierenden Beziehungen: Dazu dient die R3-Methode von Johansen (1991).
3. Schätzen der kointegrierenden Beziehungen und Standardisieren.
4. Schätzen des VEC-Modells.

Die ersten beiden Schritte werden im folgenden Abschnitt über Johansen's R3-Methode behandelt. Wie für ein VAR-Modell gilt auch für das VEC-Modell, dass die Summanden der rechten Seite jeder Modell-Komponente nur verzögerte Größen enthalten und somit die Voraussetzung der Exogenität erfüllt ist. Das Schätzen des VEC-Modells ist daher vergleichbar mit dem Anpassen einer multivariaten Regression, wie sie in Abschnitt 21.1 behandelt wurde.

22.3.2 Johansen's R3-Methode

Die *reduced rank regression*- oder R3-Methode von Johansen (1991), auch Johansen's Test genannt, ist ein iteratives Verfahren zum Festlegen der Anzahl der kointegrierenden Beziehungen, des Kointegrations-Ranges r. Die Idee des Verfahrens ist es, die Matrix $\mathbf{\Pi}(1)$ in ihrer nicht restringierten Form zu schätzen und dann zu testen, ob Restriktionen, die einer Reduktion des Ranges entsprechen, als unzutreffend verworfen werden können.

Es stehen zwei Testverfahren zur Verfügung. Beide basieren auf dem Likelihood-Quotienten-Test und gehen davon aus, dass die Störgrößen $\mathbf{u}_t$ der Normalverteilung folgen.

Wir wollen die Nullhypothese

$$H_r\colon \lambda_i = 0\,, \quad i = r+1, \ldots, m$$

überprüfen, wonach der Kointegrations-Rang den Wert r hat. Die Teststatistiken $\hat{\lambda}_i$ sind die Eigenwerte der Matrix

$$\mathbf{Y}_1'\mathbf{Y}_1 - \mathbf{Y}_1'\Delta\mathbf{Y}(\Delta\mathbf{Y}'\Delta\mathbf{Y})^{-1}\Delta\mathbf{Y}'\mathbf{Y}_1\,.$$

Dabei ist $\mathbf{Y}_1$ die $(n \times m)$-Matrix der verzögerten Beobachtungen $\mathbf{y}_{t-1}$ und $\Delta\mathbf{Y}$ die $(n \times m)$-Matrix der Differenzen $\Delta\mathbf{y}_t$ der beobachteten Werte von $\mathbf{y}$. Die beiden Testverfahren sind definiert wie folgt:

- Der Spur-Test (*Trace*-Test) testet

  $$H_j\colon \text{Der Rang von } \mathbf{\Pi}(1) \text{ ist } j$$

  gegen

  $$H_m\colon \text{Der Rang von } \mathbf{\Pi}(1) \text{ ist } m\,,$$

  beginnend bei $j = 0$ für alle Werte j, bis zum ersten Mal die Nullhypothese verworfen wird: Dieser Wert wird als Kointegrations-Rang r genommen. Die LR-Teststatistik lautet

  $$T_j^s = -2[\log L_j - \log L_m] = -n \sum_{i=j+1}^{m} \log(1 - \hat{\lambda}_i)\,.$$

  Dabei steht „s" für Spur, da die Summe gleich der Spur einer Matrix aus der log-Likelihood-Funktion des VEC(p)-Modells ist; daher der Name der Teststatistik, die auch als *Trace*-Statistik bezeichnet wird.

- Der Max-Test testet

  $$H_j\colon \text{Der Rang von } \mathbf{\Pi}(1) \text{ ist } j$$

  gegen

$$H_{j+1}: \text{Der Rang von } \mathbf{\Pi}(1) \text{ ist } j+1\,,$$

beginnend bei $j = 0$ für alle Werte j, bis zum ersten Mal die Nullhypothese verworfen wird: Dieser Wert wird als Kointegrations-Rang r genommen. Die LR-Teststatistik lautet

$$T_j^m = -2[\log L_j - \log L_{j+1}] = -n \log(1 - \hat{\lambda}_{j+1})\,.$$

Dabei steht „m" für Maximum; daher der Name der Teststatistik, die man auch als Max-Statistik bezeichnet.

Wie die Verteilung der Teststatistik des τ-Tests von Dickey-Fuller von der t-Verteilung abweicht (vergleiche Abschnitt 13.5), so weicht auch die Verteilung von T_j^s und T_j^m von der Chi-Quadrat-Verteilung ab. Für beide Test-Statistiken stehen kritische Schranken, die aus Simulationen ermittelt wurden, in eigenen Tabellen zur Verfügung.

Beispiel 22.6

Einkommen und Konsum, Fortsetzung

Wir verwenden die Zeitreihen PYR (reales Verfügbares Einkommen der Haushalte) und PCR (realer Privater Konsums) aus der AWM-Datenbasis, um ein VEC-Modell zu schätzen. Y und C stehen für logarithmierte Werte der Beobachtungen. Johansen's Test legt den Integrations-Rang $r = 1$, ein Interzept in der kointegrierenden Beziehung und ein VAR-Modell ohne deterministischen Trend für den Vektor der Beobachtungen nahe. Die kointegrierende Beziehung ergibt sich zu $C = 1.71\,Y + 9.94$; die t-Statistik zu Y hat einen Wert von 22.30. Das Ergebnis der Schätzung des VEC-Modells zeigt die Tabelle 22.2.

Tabelle 22.2

Geschätzte Parameter und t-Statistiken sowie $\bar{R}^2$ und AIC des VEC-Modells $\Delta \mathbf{y}_t = -\mathbf{H}(\mathbf{J}'\mathbf{y}_{t-1} + \boldsymbol{\alpha}) + \boldsymbol{\Psi}\Delta\mathbf{y}_{t-1} + \mathbf{u}_t$.

Gleichung		Koint.B.	Y_{-1}	C_{-1}	$\bar{R}^2$	AIC
Y	Parameter	0.027	0.157	0.061	0.15	−7.47
	t-Statistik	5.09	1.44	0.52		
C	Parameter	0.043	0.262	−0.170	0.15	−7.57
	t-Statistik	8.56	2.53	1.51		

Die erklärten Größen dieses VEC-Modells sind die jährlichen Zuwachsraten von Y und C, also die gleichen Größen wie in Beispiel 22.2. Der Wert des Informationskriteriums von Akaike ist daher ein geeignetes Kriterium zum Vergleich des VAR-Modells aus Beispiel 22.2 mit dem hier geschätzen VEC-Modell. Für das in der Tabelle 22.2 beschriebene Modell ergibt sich das Informationskriterium von

Akaike zu AIC $= -15.48$, also ein deutlich kleinerer Wert als die -14.49 für das VAR(1)-Modell in Beispiel 22.2. Der Vergleich der AIC-Werte für das Modell für den Konsum aus dem VAR(1)-Modell (-6.99) fällt deutlich zugunsten des VEC(1)-Modells aus.

22.A Aufgaben

22.A.1 Empirische Anwendungen

1. Schätzen Sie ein VAR-Modell für die ersten Differenzen ΔCR und ΔYDR aus `DatS01`; verwenden Sie (i) ein VAR(1)-Modell und (ii) ein VAR(2)-Modell.
2. Der Datensatz `DatS12` enthält vierteljährliche Zeitreihen GDP (Brutto-Inlandsprodukt, Y), M3 (Geldmenge M3, M), RSBN (langfristiger Zinssatz, R) und R3M (kurzfristiger Zinssatz, 3); die Reihen GDP und M3 sind saisonbereinigt.
   (a) Schätzen Sie ein VAR-Modell für die Jahresdifferenzen von $\log(M)$ und $\log(Y)$.
   (b) Führen Sie Johansen's Test für die Datenreihen $\log(M)$ und $\log(Y)$ durch.
   (c) Schätzen Sie ein VEC-Modell für die Variablen $\log(M)$ und $\log(Y)$.
3. Untersuchen Sie für den Datensatz `DatS12` den 4-komponentigen Vektor mit den Variablen $\log(M)$, $\log(Y)$, R, 3:
   (a) Schätzen Sie ein VAR-Modell für die Jahresdifferenzen von $\log(M)$, $\log(Y)$, R, und R3.
   (b) Führen Sie Johansen's Test für die Datenreihen $\log(M)$, $\log(Y)$, R und 3 durch.
   (c) Schätzen Sie ein VEC-Modell für $\log(M)$, $\log(Y)$, R und 3.

22.A.2 Allgemeine Aufgaben und Probleme

1. Zeigen Sie, dass das Mehrgleichungs-Modell $\mathbf{A}\mathbf{y}_t = \mathbf{\Gamma}\mathbf{z}_t + \mathbf{u}_t$, das als vorherbestimmte Variable nur um eine Periode verzögerte endogene Variable enthält, in ein Modell (22.1.1) mit konstantem $\boldsymbol{\mu}$ umgeformt werden kann.
2. Zeigen Sie, dass $z_1 = 1/\varrho_1$ und $z_2 = 1/\varrho_2$ die Wurzeln des Charakteristischen Polynoms zum VAR(1)-Modell aus Beispiel 22.3 sind.
3. Zeigen Sie, dass der Rang der Matrix $\mathbf{\Psi}(1)$ zum Modell aus Beispiel 22.3 den Wert Eins hat, wenn $\varrho_2 = 1$.
4. Zeigen Sie, dass die Gleichungen (22.2.5) für das VAR(1)-Modell aus Beispiel 22.3 die in Beispiel 22.4 angegebene Form haben.

22.E Hinweise zu EViews: Schätzen des VAR- und des VEC-Modells

EViews unterstützt das Schätzen der Parameter von VAR- und VEC-Modellen.

- Um die Parameter eines VAR-Modells zu schätzen, sind folgende Schritte auszuführen:
  - Zum Spezifizieren eines VAR-Modells muss durch Anklicken von `System` in `Objects/New Object` ein Objekt vom Typ `VAR` generiert werden.
  - Im Eingabe-Fenster `Unrestricted Vector Autoregression` sind
    * die endogenen (und exogenen) Variablen und
    * die zu berücksichtigenden Lag-Intervalle als Paare

    einzugeben.
  - Das Output-Fenster enthält
    * je Gleichung die geschätzten Koeffizienten, ihre Standardfehler und t-Werte, das Bestimmtheitsmaß R^2 sowie diverse diagnostische Statistiken (AIC, BIC);
    * für das gesamte Modell: die Informationskriterien AIC und BIC;
    * die Residuen sind abrufbar.
  - Ebenso kann die Impuls-Response Funktion abgerufen werden, d.h. die Darstellung des Effektes einer Störung auf die Entwicklung der endogenen Variablen.
- Um die Parameter eines VEC-Modells zu schätzen, sind folgende Schritte auszuführen:
  - Zur Spezifikation von Interzept und deterministischen Trends in den Variablen des VAR-Modells und in den kointegrierenden Beziehungen sowie zum Ausführen des Kointegration-Tests wird eine Gruppe definiert und die Schaltfläche `View` angeklickt. Beim Aufruf von `Cointegration Test ...` können die verschiedenen, in Frage kommenden Spezifikationen überprüft werden.
  - Zum Spezifizieren des VAR-Modells muss durch Anklicken von `System` in `Objects/New Object` ein Objekt vom Typ `VAR` generiert werden.
  - Im Eingabe-Fenster `Unrestricted Vector Autoregression` sind
    * die endogenen (und exogenen) Variablen und
    * die zu berücksichtigenden Lag-Intervalle als Paare

    einzugeben.
  - In `View` kann auch von diesem Eingabe-Fenster das Programm `Cointegration Test ...` aufgerufen werden.
  - Das Output-Fenster enthält zusätzlich zu den Informationen zum VAR-Modell die Angaben zu der oder den kointegrierenden Beziehungen.

Anhang

ÜBERBLICK

Das Area-Wide-Modell

A

ÜBERBLICK

Das Area-Wide-Modell, im Folgenden kurz als AW-Modell bezeichnet, wird von seinen Autoren Gabriel Fagan, Jerome Henry und Ricardo Mestre im Working Paper Nr. 42 (2001) der Working Paper Series der Europäischen Zentralbank (EZB) dargestellt. Es kann von der Website der EZB kostenfrei abgerufen werden (http://www.ecb.int/pub/wp/ecbwp042.pdf). Als Verwendungszweck des Modells werden folgende vier Fragestellungen angegeben:

(a) *the assessment of economic conditions in the area,*

(b) *microeconomic forecasting,*

(c) *policy analysis, and*

(d) *deepening the understanding of the functioning of euro area economy.*

A.1 Das Modell

Das AW-Modell beschreibt die makroökonomischen Prozesse der zwölf Staaten der Euro-Zone als einheitlichen Wirtschaftsraum. In einer Übersicht (*Box I*) werden 17 Gleichungen angegeben, davon acht Verhaltensgleichungen und neun definitorische Identitäten. Das Modell gliedert sich in drei Teile:

- Gleichungen, die die Produktionsfunktion und die Faktornachfrage betreffen,
- Gleichungen zur aggregierten Nachfrage und
- monetäre Elemente des Modells.

Hinweise:

- Bei den im Folgenden dargestellten Gleichungen werden Zuwachsraten durch die Funktion $\delta(.)$ charakterisiert. Beispielsweise steht PCR für die realen Ausgaben für privaten Konsum; die Zuwachsrate des privaten Konsums wird geschrieben als

$$\delta(\text{PCR}) = \frac{\text{PCR} - \text{PCR}_{-1}}{\text{PCR}} \doteq \log(\text{PCR}) - \log(\text{PCR})_{-1} = \Delta \log(\text{PCR})\,.$$

- Der Parameter β des Kapitalbestandes in der Cobb-Douglas-Produktionsfunktion

$$\text{YPOT} = \text{TFTKSR}^{\beta}\text{LNN}^{1-\beta}$$

wurde außerhalb des AW-Modells geschätzt; sein Wert beträgt $\beta = 0.41$.

- Die Abschreibungsrate (*depreciation rate of the capital stock*) δ wurde ebenfalls außerhalb des AW-Modells geschätzt; ihr Wert beträgt $\delta = 0.01$.

Die Bedeutung der Variablen gibt die folgende Tabelle A.2 wieder.

A **Aggregierte Nachfrage:** Das Modell enthält zur Beschreibung der aggregierten Nachfrage die folgenden drei Verhaltensgleichungen.

1. **Konsumgleichung:** Sie ist spezifiziert als

$$\begin{aligned}\delta(\text{PCR}) = &\beta_1\delta(\text{PYR}) \\ &+ \beta_2[\log(\text{PCR}) - \mu_1 - \mu_2\log(\text{PYR}) - \mu_3\log(\text{WLN}/\text{PCD})]_{-1}\end{aligned} \qquad (\text{A.1.1})$$

2. **Exportgleichung:** Sie beschreibt die Zuwachsraten der Marktanteile $\text{XTR}^s = \text{XTR}/\text{YWRX}$ als Funktion des relativen Deflators $\text{XTR}^s = \text{XTD}/\text{YWDX}$

$$\begin{aligned}\delta(\text{XTR}^s) =&\beta_1 + \beta_2\delta(\text{XTR}^s)_{-7} + \beta_3\delta(\text{XTD}^s)_{-1} \\ &+ \beta_4\delta(\text{XTD}^s)_{-3} + \beta_5\log(\text{XTR}^s)_{-1} + \beta_6\log(\text{XTD}^s)_{-1} + \beta_7\text{TIME}\end{aligned} \tag{A.1.2}$$

3. **Importgleichung:** Sie ist spezifiziert als

$$\begin{aligned}\delta(\text{MTR}) =&\beta_1 + \beta_2\delta(\text{FDD}) \\ &+ \beta_3[\log(\text{MTR}/\text{FDD}) - \mu_1\log(\text{MTD}/\text{YED}) - \mu_2\text{TIME}]\end{aligned} \tag{A.1.3}$$

B **Faktornachfrage:** Unter den Gleichungen, die die Faktornachfrage betreffen, enthält das Modell die folgenden drei Verhaltensgleichungen.

1. **Investitionsgleichung:** Sie beschreibt den Anteil ITR^s der Investitionen am GDP ($\text{ITR}^s = \text{ITR}/\text{YER}$):

$$\begin{aligned}\delta(\text{ITR}^s) =&\beta_1\delta(\text{ITR}^s)_{-1} + \beta_2 D^{89.4} \\ &+ \beta_3\left[\beta\frac{\text{YER}}{\text{KSR}} - (\text{STRQ} + \delta + 0.01)\right]_{-1}\end{aligned} \tag{A.1.4}$$

2. **Arbeitskräftenachfrage:** Die gesamte Beschäftigung ist spezifiziert als Funktion der Größen $\text{YERA} = \log(\text{YER}) - \log(\text{TFT})/(1-\beta)$ und $\text{WRNA} = \log(\text{WRN}/\text{YFD}) - \log(\text{TFT})/(1-\beta)$ zu

$$\begin{aligned}\delta(\text{LNN}) =&\beta_1\delta(\text{LNT}) + \beta_2 D^{84.1} + \beta_3 D^{87.2} + \beta_4\delta(\text{YERA}) \\ &+ (1-\beta_1-\beta_4)\delta(\text{YERA})_{-1} + \beta_5\delta(\text{WRNA}) + \beta_6\delta(\text{WRNA})_{-1} \\ &+ \beta_7\left[\log(\text{LNN}) - \{\log(\text{YER}) - \beta\log(\text{KSR}_{-1}) - \log(\text{TFT})\}\frac{1}{1-\beta}\right]_{-1}\end{aligned} \tag{A.1.5}$$

3. **Wage Rate Gleichung:** Sie ist spezifiziert als

$$\begin{aligned}\delta(\text{WRN}/\text{PCD}/\text{LPROD}) =& \beta_1\delta(\text{WRN}/\text{PCD}/\text{LPROD})_{-4} \\ &+ \beta_2\Delta[\delta(\text{PCD})] + \beta_3\Delta[\delta(\text{PCD})]_{-1} + \beta_4\Delta[\delta(\text{PCD})]_{-2} + \beta_5\Delta[\delta(\text{PCD})]_{-3} \\ &+ \beta_6\Delta[\delta(\text{LPROD})] + \beta_7\Delta[\delta(\text{LPROD})]_{-1} + \ldots + \beta_{10}\Delta[\delta(\text{LPROD})]_{-4} \\ &+ \beta_{11}\log(\text{URX}/\text{URT})_{-1} + \beta_{12}I^{81.1} + \beta_{13}I^{84.2} + \beta_{14}I^{98.1} \\ &+ \beta_{14}\log[(1-\beta)\text{YFD}/\text{ULT}]_{-1}\end{aligned} \tag{A.1.6}$$

C **Geldnachfrage:** Schließlich gibt es eine Gleichung, die die Geldnachfrage beschreibt.

$$\begin{aligned}\delta(\text{M3R}) =&\beta_1 + \beta_2\Delta[\delta(\text{YER})] + \beta_3[(\Delta\text{STN} + \Delta\text{STN}_{-1})/2] \\ &+ \beta_4\Delta\text{LTN}_{-1} + \beta_5[(\Delta\text{INF} + \Delta\text{INF}_{-1})/2] \\ &+ \beta_6[\text{M3R} - (\mu_1\text{YER} + \mu_2(\text{LTN} - \text{STN}) + \mu_3\text{INF}]_{-2} + \beta_7 D^{86}\end{aligned} \tag{A.1.7}$$

Eine genauere Übersicht über die einzelnen Verhaltensgleichungen und ihren theoretischen Hintergrund geben Fagan *et al.* (2001) im oben erwähnten ECB Working Paper Nr. 42. In diesem Working Paper werden auch die verwendeten Identitäten beschrieben.

A.2 Die Daten

Neben der Spezifikation des AW-Modells beschreibt das ECB Working Paper Nr. 42 auch die so genannte *AWM-database*, im Weiteren AWM-Datenbasis genannt. Sie wird auf der Homepage der Europäischen Zentralbank (http://www.ecb.int/) zur Verfügung gestellt. Die Daten sind vierteljährlich, saisonbereinigt und decken den Zeitraum 1970:1 bis 2002:4 ab. Die Daten sind Aggregate über die entsprechenden Variablen oder über die Logarithmen der Variablen der zwölf Staaten der Eurozone. Die Gewichte, mit denen die Werte der einzelnen Staaten in die Aggregate eingehen, sind meist die GDP-Werte zu Marktpreisen des Jahres 1995.

Tabelle A.1

Gewichte zum Berechnen aggregierter Werte aus den Werten der einzelnen Staaten.

Staat	Gewicht
Belgien	0.036
Deutschland	0.283
Finnland	0.017
Frankreich	0.201
Griechenland	0.025
Irland	0.015
Italien	0.195
Luxemburg	0.003
Niederlande	0.060
Österreich	0.030
Portugal	0.024
Spanien	0.111

Das ECB Working Paper Nr. 42 enthält einen Anhang, der eine ausführliche Darstellung des Verfahrens zum Aggregieren der Daten der einzelnen Staaten zu den Daten der AWM-Datenbasis gibt. Dabei werden auch die spezifischen Datenprobleme der einzelnen Staaten behandelt, etwa das Problem der Deutschen Wiedervereinigung. Ebenso werden die Verfahren angegeben, die zum Saisonbereinigen verwendet wurden.

Tabelle A.2

Einige Variable des AW-Modells. Bei Variablen mit einem „(X)" nach der Kurzbezeichnung handelt es sich um exogene Variable. Variablen, deren Kurzbezeichnung mit „R" endet, sind reale Größen.

Variable	Beschreibung
FDD	*Total Demand*
INF	*GDP Deflator Inflation Rate*
ITR	*Gross Investment, real*
KSR	*Whole-Economy Capital Stock, real*
LNN	*Total Employment*
LNT	*Trend Employment*
LPROD	*Labour Productivity*
LTN	*Long-Term Interest Rate*
M3R	*M3*
MTD	*Imports of Goods and Services Deflator*
MTR	*Imports of Goods and Services, real*
PCD	*Private Consumption Deflator*
PCR	*Real Private Consumption*
PYR	*Household's Real Disposable Income*
STN(X)	*Short-Term Interest Rate*
STRQ	*Short-Term Quarterly Interest Rate*
TFT(X)	*Trend Total Factor Productivity*
ULT	*Trend Unit Labour Costs*
URT(X)	*Trend Unemployment*
URX	*Unemployment*
WLN	*Wealth, Nominal*
WRN	*Wage Rate*
TFT(X)	*Trend Total Factor Productivity*
XTD	*Exports of Goods and Services Deflator*
XTR	*Exports of Goods and Services, real*
YED	*GDP deflator*
YER	*GDP, real*
YFD	*GDP at Factor Costs Deflator*
YPOT	*Potential Output*
YWDX	*World Demand Deflator, Composite Indicator*
YWRX	*World Demand, Composite Indicator, real*

Datensätze

B

ÜBERBLICK

Zu den Datensätzen, die im Text des Buches und in den Aufgaben verwendet werden, geben die folgenden Tabellen die wesentlichen Charakteristika, vor allem die enthaltenen Variablen und ihre Bezeichnungen, den Beobachtungsbereich und einen Hinweis auf die Quelle. Die Daten selbst stehen auf der Companion Website zum Buch zur Verfügung.

B.1 DatS01: Einkommen und Konsum

Dieser Datensatz enthält die Datenreihen

CR	Privater Konsum (in Preisen von 1995, Mrd EUR)
YDR	Verfügbares Einkommen der privaten Haushalte (in Preisen von 1995, Mrd EUR)
PC	Konsumdeflator (Basis 1995)
Mp	Privates Geldvermögen (Mrd EUR)

für Österreich und die Jahre 1976 bis 2001. Die Daten wurden von der Bundesanstalt Statistik Austria publiziert und sind teilweise Schätzungen des Österreichischen Instituts für Wirtschaftsforschung.

B.2 DatS02: Okunsches Gesetz

Dieser Datensatz enthält die Datenreihen

BIP	Brutto-Inlandsprodukt, Preise von 1983 in Mrd S
UR	die Arbeitslosenrate in %

für Österreich und die Jahre 1964 bis 1995. Die Daten stammen aus der Datenbank der Bundesanstalt Statistik Austria.

B.3 DatS03: Investitionen

Dieser Datensatz enthält die Datenreihen

YEAR	Beobachtungsperiode
GNP	GNP, nominell
INV	Investitionen, nominell
PC	Verbraucherpreisindex
R	Zinssatz (Jahresdurchschnitt des Diskontsatzes an der New York Federal Reserve Bank)

für USA und die Jahre 1968 bis 1982. Aus dem *Economic Report of the President: 1983*, Washington: US Government Printing Office. Auch in Greene (2003), Datensatz F3.1.

B.4 DatS04: Konsumausgaben (Quartalsdaten)

Dieser Datensatz enthält die Datenreihen

OBS	Quartal der Beobachtung
CR	Privater Konsum (in Preisen von 1983)
YDR	Verfügbares Einkommen (in Preisen von 1983)
P	Preisindex (Basis 1983)
M1	Geldmenge M1
M3	Geldmenge M3

für Österreich und die Quartale 1976:1 bis 1995:2. Die Daten stammen aus der Datenbank der Bundesanstalt Statistik Austria.

B.5 DatS05: Benzinmarkt

Dieser Datensatz enthält die Datenreihen

YEAR	Beobachtungsperiode
G	US-Benzinkonsum (real)
PG	Preisindex für Benzin
Y	Verfügbares Einkommen (pro Kopf)
PNC	Preisindex für neue KFZ
PUC	Preisindex für gebrauchte KFZ
PPT	Preisindex für öffentlichen Transport
PD	Preisindex für dauerhafte Konsumgüter
PN	Preisindex für nicht-dauerhafte Konsumgüter
PS	Preisindex für Dienstleistungen
POP	Gesamte US-Population

für USA und die Jahre 1960 bis 1995. Aus dem *Economic Report of the President, 1996*, Washington: US Government Printing Office. Auch in Greene (2003), Datensatz F2.2.

B.6 DatS06: Engelkurve

Dieser Datensatz enthält die Datenreihen (24 Beobachtungen)

OBS	Nummer der Beobachtung
EXTOTAL	Gesamte Haushaltsausgaben
NCHILD	Durchschnittliche Anzahl der Kinder im Haushalt
NFAM	Anzahl der Haushalte in der Gruppe
EXFOOD	Ausgaben des Haushaltes für Ernährung

aus Stewart & Gill (1998).

B.7 DatS07: Kreditkarten

Dieser Datensatz enthält die Datenreihen

AEXP	Durchschnittliche monatliche Ausgaben per Kreditkarte
AGE	Alter (in Jahren plus 12-tel des Jahres)
INC	Einkommen (in 10.000 USD)
OWR	Dummy für Wohnbesitz (1: Eigentümer, 0: Mieter)

für 100 Personen aus den USA. Aus Greene (2003), Datensatz F9.1.

B.8 DatS08: Einkommen und Ausgaben für Konsum

Dieser Datensatz enthält die Datenreihen

YEAR	Beobachtungsperiode
Quarter	Quartal
CR	Privater Konsum, real
YDR	Persönlich verfügbares Einkommen, real
PC	Konsumdeflator (Basis 1990)
Mp	Privates Geldvermögen, real
CGR	Öffentlicher Konsum, real
XPR	Exporte von Gütern und Dienstleistungen, real
TR	Direkte Steuern
PRODY	Produktivität (pro Kopf, Basis 1990)

für UK und die Quartale 1963:1 bis 1995:2. Daten aus der Datenbank des *Office of National Statistics* (ONS) nach Stewart & Gill (1998).

B.9 DatS09: Klein's Modell 1

Dieser Datensatz enthält die Datenreihen

CONSUM	Privater Konsum (C)
PROFIT	Gewinne (P)
WAGEPR	Private Löhne und Gehälter (W^p)
INVEST	Investitionen (I)
PRODUCT	Gesamte private Produktion (X)
WAGEGOV	Öffentliche Löhne und Gehälter (W^g)
CAPITAL(-1)	Kapitalbestand am Ende der Beobachtungsperiode ($K(-1)$)
GOVEXP	Ausgaben der öffentlichen Hand (G)
TAXES	Steuern (T)

für die USA und die Jahre von 1920 bis 1941. Nach Klein (1950); auch in Greene (2003), Datensatz F15.1.

B.10 DatS10: Angebot und Nachfrage nach Schweinefleisch

Dieser Datensatz enthält die Datenreihen

Q	Konsum von Schweinefleisch (pro Kopf)
P	Einzelhandels-Preis von Schweinefleisch
Y	Persönlich verfügbares Einkommen (USD, pro Kopf)
Z	Exogene Determinate der Fleisch-Produktion

nach Merrill & Fox (1971). Auch in Maddala (2001).

B.11 DatS11: Grunfeld's Investitions-Daten

Dieser Datensatz enthält die Datenreihen

OBS	Jahr der Beobachtung
INVxx	Brutto-Investitionen
CAPxx	Kapitalbestand
VALxx	Firmenwert

für vier US-amerikanische Unternehmen und die Jahre 1935 bis 1954; „xx“ steht für: GM (General Motors), CH (Chrysler), GE (General Electric), US (US Steel). Nach Grunfeld and Griliches (1960). Auch in Green, Datensatz F13.1.

B.12 DatS12: Finanzmarkt

Dieser Datensatz enthält die Datenreihen

GDP	Brutto-Inlandsprodukt, saisonbereinigt
M3	Geldmenge M3, saisonbereinigt
RSBN	langfristiger Zinssatz
R3M	kurzfristiger Zinssatz

für Österreich und die Quartale 1976:1 bis 1998:4.

Wahrscheinlichkeits-verteilungen

C

ÜBERBLICK

Aufbauend auf der Einführung in die Statistik im Umfang etwa des im ersten Studienabschnitt des Studiums an der Wirtschaftsuniversität Wien gebrachten Stoffes werden in diesem Anhang die multivariate Normalverteilung und einige Verteilungen behandelt, die von der Normalverteilung abgeleitet sind und im Rahmen der Methoden der Ökonometrie große Bedeutung haben.

C.1 Die Normalverteilung

Die Dichtefunktion der normalverteilten Zufallsvariablen X ist

$$f(x) = \frac{1}{\sigma\sqrt{2\pi}} \exp\left\{ -\frac{1}{2}\frac{(x-\mu)^2}{\sigma^2} \right\}, \quad -\infty < x < \infty ,$$

wobei μ der Erwartungswert oder Mittelwert von X,

$$\mathrm{E}\{X\} = \int_{-\infty}^{\infty} x f(x)\, dx = \mu ,$$

und σ^2 die Varianz $\mathrm{Var}\{X\} = \mathrm{E}\{(x-\mu)^2\} = \sigma^2$ sind. Wir schreiben kurz $X \sim N(\mu, \sigma^2)$. Gilt $\mu = 0$ und $\sigma^2 = 1$, so spricht man von der standardisierten Normalverteilung.

Eine n-dimensionale Zufallsvariable bzw. ein Zufallsvektor ist ein n-dimensionaler Vektor, dessen Komponenten Zufallsvariable sind. Die Dichte des normalverteilten, n-dimensionalen Zufallsvektors $\mathbf{x} = (X_1, \ldots, X_n)'$, die *multivariate Normalverteilung*, ist

$$f(\mathbf{x}) = (2\pi)^{n/2} |\boldsymbol{\Sigma}|^{1/2} \exp\left\{ -\frac{1}{2} (\mathbf{x}-\boldsymbol{\mu})' \boldsymbol{\Sigma}^{-1} (\mathbf{x}-\boldsymbol{\mu}) \right\},$$

wobei der n-Vektor $\boldsymbol{\mu} = \mathrm{E}\{\mathbf{x}\}$ der Vektor der Mittelwerte und die $(n \times n)$-Matrix $\boldsymbol{\Sigma} = \mathrm{Var}\{\mathbf{x}\}$ die Kovarianzmatrix ist; $\boldsymbol{\Sigma}$ ist eine positiv definite Matrix, so dass ihre Inverse $\boldsymbol{\Sigma}^{-1}$ existiert. Wir schreiben $\mathbf{x} \sim N(\boldsymbol{\mu}, \boldsymbol{\Sigma})$.

Ist $\boldsymbol{\Sigma}$ eine Diagonalmatrix, so können wir ihre Determinante als Produkt ihrer Diagonalelemente, der Varianzen σ_i^2, schreiben:

$$|\boldsymbol{\Sigma}| = \sigma_1^2 \ldots \sigma_n^2 ,$$

und die multivariate Dichte kann als Produkt der n Dichten ihrer Komponenten geschrieben werden:

$$f(\mathbf{x}) = \prod_{i=1}^{n} \frac{1}{\sigma_i\sqrt{2\pi}} \exp\left\{ -\frac{1}{2}\frac{(x_i-\mu_i)^2}{\sigma_i^2} \right\}.$$

Für die Normalverteilung folgt aus der Diagonalität der Kovarianzmatrix (alle Kovarianzen haben den Wert Null) die stochastische Unabhängigkeit der X_i, $i = 1, \ldots, n$.

C.2 Die Chi-Quadrat-, t- und F-Verteilung

Alle drei Verteilungen sind eng mit der Normalverteilung verwandt.

C.2.1 Die Chi-Quadrat-Verteilung

Für den n-Vektor $\mathbf{x} = (X_1, \ldots, X_n)'$ gelte $\mathbf{x} \sim N(\mathbf{0}, \mathbf{I})$, d.h. für die Komponenten von $\mathbf{x}$ gilt $X_i \sim N(0,1)$, $i = 1, \ldots, n$, und sie sind unabhängig. Dann folgt die Summe der Quadrate der X_i der *Chi-Quadrat-Verteilung mit n Freiheitsgraden*:

$$T = \sum_i X_i^2 \sim \chi^2(n);$$

Für die Momente von T gilt

$$\mathrm{E}\{T\} = n$$
$$\mathrm{Var}\{T\} = 2n$$

Eigenschaften der Chi-Quadrat-Verteilung:

(A1) Der n-Vektor $\mathbf{x}$ folge der Verteilung $N(\boldsymbol{\mu}, \boldsymbol{\Sigma})$; dann gilt

$$(\mathbf{x} - \boldsymbol{\mu})'\boldsymbol{\Sigma}^{-1}(\mathbf{x} - \boldsymbol{\mu}) \sim \chi^2(n);$$

die quadratische Form $(\mathbf{x} - \boldsymbol{\mu})'\boldsymbol{\Sigma}^{-1}(\mathbf{x} - \boldsymbol{\mu})$ ist Chi-Quadrat-verteilt mit n Freiheitsgraden. Das ergibt sich, wenn man zu $\boldsymbol{\Sigma}$ eine Matrix $\mathbf{P}$ konstruiert, für die $\boldsymbol{\Sigma}^{-1} = \mathbf{P}'\mathbf{P}$ gilt. Dann ergibt sich $\mathbf{P}(\mathbf{x} - \boldsymbol{\mu}) \sim N(\mathbf{0}, \mathbf{I})$, und die obige Aussage ist unmittelbar anwendbar.

(A2) Der n-Vektor $\mathbf{x}$ folge der Verteilung $N(\mathbf{0}, \mathbf{I})$ und die Matrix $\mathbf{A}$ sei symmetrisch und idempotent mit $r(\mathbf{A}) = r$; dann gilt für die Verteilung der quadratische Form

$$\mathbf{x}'\mathbf{A}\mathbf{x} \sim \chi^2(r).$$

Die Matrix $\mathbf{A}$ hat einen r-fachen Eigenwert 1 und einen $(n-r)$-fachen Eigenwert Null: Mit der orthognormalen Matrix $\mathbf{C}$ der Eigenvektoren ergibt sich $\mathbf{C}'\mathbf{A}\mathbf{C} = \boldsymbol{\Lambda} = \mathrm{diag}(1, \ldots, 1, 0, \ldots, 0)$. Beachte, dass $\mathbf{C}'\mathbf{x} \sim N(\mathbf{0}, \mathbf{I})$.

(A3) Der n-Vektor $\mathbf{x}$ folge der Verteilung $\mathbf{x} \sim N(\mathbf{0}, \mathbf{I})$ und $\mathbf{A}$ und $\mathbf{B}$ seien idempotente Matrizen mit $r(\mathbf{A}) = r$, $r(\mathbf{B}) = s$ und $\mathbf{AB} = \mathbf{0}$; dann gilt für die Verteilung der quadratischen Formen

$$\mathbf{x}'\mathbf{A}\mathbf{x} \sim \chi^2(r),$$
$$\mathbf{x}'\mathbf{B}\mathbf{x} \sim \chi^2(s),$$

und die quadratischen Formen sind unabhängig.

(A4) Das **Cochran'sche Theorem** ist eine Verallgemeinerung der Eigenschaft (A3): Folge der n-Vektor $\mathbf{x}$ der Verteilung $N(\mathbf{0}, \mathbf{I})$, und die Summe der Quadrate $\mathbf{x}'\mathbf{x}$ sei zerlegbar in k quadratische Formen $Q_i = \mathbf{x}'\mathbf{A}_i\mathbf{x}$ mit $r(\mathbf{A}_i) = r_i$:

$$\sum_{i=1}^{k} \mathbf{x}'\mathbf{A}_i\mathbf{x} = \mathbf{x}'\mathbf{I}\mathbf{x};$$

dann folgen aus jeder der drei Bedingungen die beiden anderen:

(a) $\sum r_i = n$;

(b) $Q_i \sim \chi^2(r_i)$ für $i = 1, \ldots, k$;

(c) jedes Q_i ist unabhängig von den übrigen Q_j.

(A5) Der n-Vektor $\mathbf{x}$ folge der Verteilung $N(\mathbf{0}, \mathbf{I})$; dann gilt, dass $\mathbf{x}'\mathbf{A}\mathbf{x}$ und $\mathbf{B}\mathbf{x}$ unabhängig sind, wenn $\mathbf{A}$ idempotent und für $\mathbf{A}$ und die $m \times n$-Matrix $\mathbf{B}$ gilt: $\mathbf{BA} = \mathbf{0}$.

C.2.2 Die t-Verteilung

Es seien $X \sim N(0, 1)$ und $Y^2 \sim \chi^2(r)$, und es seien X und $Y = \sqrt{Y^2}$ unabhängig. Dann folgt die Zufallsvariable

$$T = \frac{X}{\sqrt{Y/r}}$$

der *Student'schen t-Verteilung mit r Freiheitsgraden*: $T \sim t(r)$

Eine Eigenschaft der t-Verteilung:

(A6) Der n-Vektor $\mathbf{x}$ folge der Verteilung $N(\mathbf{0}, \mathbf{I})$. Seien die Zufallsvariablen Y und Z definiert zu $Y = \mathbf{B}\mathbf{x} \sim N(0, 1)$ und $Z = \mathbf{x}'\mathbf{A}\mathbf{x} \sim \chi^2(r)$, wobei $\mathbf{BA} = \mathbf{0}$ (Y und Z sind unabhängig); dann gilt

$$\frac{Y}{\sqrt{Z/r}} \sim t(r) .$$

C.2.3 Die F-Verteilung

Es seien $X \sim \chi^2(r)$ und $Y \sim \chi^2(s)$ Chi-Quadrat-verteilt und unabhängig. Dann gilt

$$\frac{X/r}{Y/s} \sim F(r, s) .$$

Eine Eigenschaft der F-Verteilung:

(A7) Der n-Vektor $\mathbf{x}$ folge der Verteilung $N(\mathbf{0}, \mathbf{I})$; seien $\mathbf{x}'\mathbf{A}\mathbf{x} \sim \chi^2(r)$ und $\mathbf{x}'\mathbf{B}\mathbf{x} \sim \chi^2(s)$ unabhängige quadratische Formen [$\mathbf{A}$ und $\mathbf{B}$ sind idempotent mit $r(\mathbf{A}) = r$, $r(\mathbf{B}) = s$ und $\mathbf{AB} = \mathbf{0}$, vergl. (A4) Cochran'sches Theorem]; dann gilt:

$$\frac{\mathbf{x}'\mathbf{A}\mathbf{x}/r}{\mathbf{x}'\mathbf{B}\mathbf{x}/s} \sim F(r, s) .$$

Statistik

D

ÜBERBLICK

Der Anhang gibt eine Übersicht über wichtige Definitionen und Eigenschaften aus dem Bereich der Statistik, von denen in der Ökonometrie Gebrauch gemacht wird. Nach einer Zusammenfassung von Begriffen aus der deskriptiven Statistik werden Schätzfunktionen und ihre Eigenschaften behandelt. Ein eigener Abschnitt ist der asymptotischen Statistik gewidmet, die in der typischen Einführung in die Statistik für Wirtschaftswissenschaftler über den zentralen Grenzwertsatz kaum hinausgeht.

D.1 Deskriptive Statistik

Unter einer Stichprobe verstehen wir eine Realisation einer Menge $\{X_i, i = 1, \ldots, n\}$ von identisch und unabhängig verteilten Zufallsvariablen; X_i kann uni- oder multivariat sein; in Fall einer Stichprobe von k-dimensionalen Zufallsvariablen können wir die i-te Beobachtung schreiben als $\mathbf{x}_i = (X_i^{(1)}, \ldots, X_i^{(k)})'$. Die Wahrscheinlichkeitsverteilung von X_i, $i = 1, \ldots, n$ ist gegeben durch die Dichtefunktion $f(x, \boldsymbol{\theta})$ mit einem m-komponentigen Parametervektor ($m \geq 1$).

Die folgenden Stichproben-Momente sind für univariate Zufallsvariablen definiert. Die Definitionen können in analoger Weise auf den Fall von multivariaten Zufallsvariablen erweitert werden. Um klarzustellen, dass es sich um empirische Momente handelt, sprechen wir von Stichproben-Mittelwert, Stichproben-Standardabweichung etc. Wenn aus dem Zusammenhang keine Unklarheit darüber besteht, dass es sich um Stichproben-Momente handelt, sprechen wir kurz von Mittelwert, Standardabweichung, etc.

- Stichproben-Mittelwert, kurz **Mittelwert**

$$\bar{X} = \frac{1}{n}\sum_{i=1}^{n} X_i = \boldsymbol{\iota}'\mathbf{x},$$

wobei $\mathbf{x} = (X_1, \ldots, X_n)'$ und $\boldsymbol{\iota} = (1, \ldots, 1)'$ ein n-komponentiger Vektor ist. Im multivariaten Fall schreiben wir für die i-te Komponente des Vektors der Mittelwerte

$$\bar{X}_i = \frac{1}{n}\sum_{i=1}^{n} X_i^{(i)} = \boldsymbol{\iota}'\mathbf{x}_i ;$$

der Vektor der Mittelwerte ist $\bar{\mathbf{x}} = \boldsymbol{\iota}'\mathbf{X}$, wobei $\mathbf{X} = (\mathbf{x}_1, \ldots, \mathbf{x}_k)$ eine $(n \times k)$-Matrix ist.

- (Stichproben-)**Standardabweichung** $s = \sqrt{s^2}$, wobei die (Stichproben-)Varianz s^2 definiert ist als

$$s^2 = \frac{1}{n-1}\sum_{i=1}^{n}(X_i - \bar{X})^2$$

- **Schiefe**

$$g_1 = \frac{1}{(n-1)s_x^3}\sum_{i=1}^{n}(X_i - \bar{X})^3$$

Für eine symmetrische Wahrscheinlichkeitsverteilung erwarten wir für die Schiefe einen Wert von Null.

- **Kurtosis** oder Wölbung

$$g_2 = \frac{1}{(n-1)s_x^4}\sum_{i=1}^{n}(X_i - \bar{X})^4$$

Für eine normalverteilte Zufallsvariable erwarten wir für die Kurtosis den Wert 3.

- **Kovarianz** zwischen den Komponenten $X_i^{(r)}$ und $X_i^{(s)}$

$$s_{rs} = \frac{1}{(n-1)}\sum_{i=1}^{n}(X_i^{(r)} - \bar{X}_r)(X_i^{(r)} - \bar{X}_r)\,,$$

wobei $\bar{X}_r$ und $\bar{X}_s$ die Mittelwerte der $X_i^{(r)}$ und $X_i^{(s)}$ sind. Die Kovarianzmatrix von der Ordnung $k \times k$ schreiben wir als

$$\mathbf{S} = (s_{rs})\ .$$

- **Korrelation** zwischen den Komponenten $X_i^{(r)}$ und $X_i^{(s)}$

$$r_{rs} = \frac{s_{rs}}{s_r s_s}\,,$$

wobei s_r und s_s die Standardabweichungen der $X_i^{(r)}$ und $X_i^{(s)}$ sind. Die $(x \times k)$-Matrix der Korrelationen schreiben wir als

$$\mathbf{R} = (r_{rs})\ .$$

Diese und andere Schätzfunktionen, d.s. Funktionen der beobachteten Stichprobenwerte, werden wir mit dem Stichprobenumfang n indizieren, wenn wir uns für das asymptotische Verhalten interessieren.

D.2 Schätzfunktionen und ihre Eigenschaften

Die Wahrscheinlichkeitsverteilung der Zufallsvariablen X sei durch die Dichtefunktion $f(x, \boldsymbol{\theta})$ beschrieben. Für den im Allgemeinen unbekannten (m-Vektor der) Parameter $\boldsymbol{\theta}$ liefert uns die Schätzfunktion

$$\hat{\boldsymbol{\theta}}_n = f(X_1, \ldots, X_n)$$

auf Basis der Stichprobe $X_1, \ldots, X_n$ einen Schätzwert von $\boldsymbol{\theta}$. Eine **Schätzfunktion** ist also ein Algorithmus, der uns angibt, wie wir aus den Daten einer Stichprobe zu einem zahlenmäßigen Wert des Parameters kommen.

Schätzfunktionen können nach unterschiedlichen Prinzipien konstruiert werden, und wir unterscheiden beispielsweise

- OLS-Schätzer, die nach dem Prinzip der kleinsten Quadrate hergeleitet werden,
- ML-Schätzer, die sich aus dem Maximieren der Likelihood-Funktion ergeben, und
- IV-Schätzer, die so genannten Hilfsvariablen- oder Instrumentvariablen-Schätzer.

Alle drei spielen im Rahmen der Ökonometrie eine wesentliche Rolle. Die ML-Schätzer werden im Abschnitt D.3 behandelt.

Wichtiger als die Konstruktion einer Schätzfunktion sind ihre Eigenschaften. Oft stehen mehrere Schätzfunktionen für einen Parameter zur Auswahl, etwa der Mittelwert und der Median zum Schätzen des Erwartungswertes. Die Eigenschaften der Schätzfunktion werden uns helfen, die am besten geeignete auszuwählen. Dabei unterscheiden wir

- Eigenschaften bei endlichem Stichprobenumfang und
- asymptotische Eigenschaften.

D.2.1 Eigenschaften bei endlichem Stichprobenumfang

D.2.1.1 Erwartungstreue Schätzfunktion

Wir nennen eine Schätzfunktion $\hat{\theta}$ erwartungstreu oder unverzerrt, wenn ihr Erwartungswert gleich dem Parameter θ ist:

$$\mathrm{E}\{\hat{\theta}\} = \theta\,.$$

Die Verzerrung oder den **Bias** (vom Englischen *bias*) definieren wir als

$$\mathrm{Bias}\{\hat{\theta}|\theta\} = \mathrm{E}\{\hat{\theta} - \theta\}\,.$$

Der Bias einer erwartungstreuen Schätzfunktion ist somit Null. Im Fall eines m-Vektors $\hat{\boldsymbol{\theta}}$ ist auch der Bias ein m-Vektor.

D.2.1.2 Relativ effiziente, erwartungstreue Schätzfunktion

Eine erwartungstreue Schätzfunktion $\hat{\theta}_1$ nennen wir effizienter als eine erwartungstreue Schätzfunktion $\hat{\theta}_2$, wenn

$$\mathrm{Var}\{\hat{\theta}_1\} < \mathrm{Var}\{\hat{\theta}_2\}\,.$$

Die **relative Effizienz** von $\hat{\theta}_1$ gegenüber $\hat{\theta}_2$ ist

$$\mathrm{RE}(\hat{\theta}_1, \hat{\theta}_2) = \frac{\mathrm{Var}\{\hat{\theta}_2\}}{\mathrm{Var}\{\hat{\theta}_1\}}\,.$$

Im Fall von m-Vektoren $\hat{\boldsymbol{\theta}}_1$ und $\hat{\boldsymbol{\theta}}_1$ ist die relative Effizienz definiert als eine positiv definite Matrix

$$\mathrm{Var}\{\hat{\boldsymbol{\theta}}_2\} - \mathrm{Var}\{\hat{\boldsymbol{\theta}}_1\}\,.$$

Bei nicht erwartungstreuen Schätzfunktionen wird man in den Vergleich des Streuungsverhaltens nicht nur die Varianz, sondern auch den Bias einbeziehen. Ein entsprechendes Kriterium ist der **Mittlere Quadratische Fehler** (MSE, *mean squared error*)

$$\mathrm{MSE}(\hat{\theta}) = \mathrm{E}\{\hat{\theta} - \theta\} = \mathrm{Var}\{\hat{\theta}\} + \mathrm{Bias}\{\hat{\theta}|\theta\}\,.$$

D.2.1.3 Beste erwartungstreue Schätzfunktion

Unter allgemeinen Bedingungen kann gezeigt werden, dass für die Varianz einer erwartungstreuen Schätzfunktion eine untere Schranke existiert, die so genannte **Cramér-Rao**-sche Schranke $[I(\theta)]^{-1}$, wobei die Fisher'sche Information I definiert ist zu

$$I(\theta) = \text{-}E\left\{\frac{\partial^2 \ln L(\theta|\mathbf{x})}{\partial\theta^2}\right\} = E\left\{\left[\frac{\partial \ln L(\theta|\mathbf{x})}{\partial\theta}\right]^2\right\};$$

dabei ist L die **Likelihood-Funktion** des Parameters θ bei einem n-Vektor $\mathbf{x}$ von Stichprobenwerten; sie ist die gemeinsame Dichte der $X_1, \ldots, X_n$, interpretiert als Funktion des unbekannten Parameters θ:

$$f(x_1, \ldots, x_n|\theta) = \prod_{i=1}^{n} f(x_i|\theta) = L(\theta|x).$$

Da also bei erwartungstreuen Schätzfunktionen eine untere Schranke der Varianz existiert, gibt es unter den für das Schätzen von θ in Frage kommenden eine **beste erwartungstreue Schätzfunktion.**

Die Klasse der linearen Schätzer

$$\hat{\theta} = \mathbf{C}\mathbf{x}$$

ist für den Ökonometer von besonderem Interesse, das für sie die OLS-Schätzer eine zentrale Rolle spielen. Unter einem **BLUE-Schätzer** verstehen wir eine beste, lineare, erwartungstreue Schätzfunktion (*best linear unbiased estimator*). OLS-Schätzer sind BLUE-Schätzer.

D.2.2 Asymptotische Eigenschaften

Sie sind aus zwei Gründen für das Bewerten von Schätzfunktionen wesentlich:

- Sie charakterisieren das Verhalten der Schätzfunktion für wachsenden Stichprobenumfang ($n \to \infty$).
- Sie geben Hinweise über das Verhalten der Schätzfunktion im Fall, dass die Eigenschaften bei endlichem Stichprobenumfang nicht ermittelt werden können.

D.2.2.1 Stochastische Konvergenz

Es handelt sich um eine Erweiterung des Begriffs der **Konvergenz reeller Zahlenfolgen** $\{a_n\}$ auf Zufallsvariablen. Wir sagen, die Zahlenfolge $\{a_n\}$ konvergiert gegen den Grenzwert a, wenn zu jedem δ ein $N(\delta)$ existiert, so dass für alle $n > N(\delta)$

$$|a_n - a| < \delta.$$

Beispiel 1: $\{a_n\} = \{3 + \frac{1}{n}\}$ konvergiert gegen $a = 3$: zu jedem δ existiert ein $N(\delta)$, so dass für alle $n > N(\delta)$: $|a_n - 3| = \frac{1}{n} < \delta$.

Mit Hilfe dieses Konvergenzbegriffs können wir definieren: Die Schätzfunktion $\hat{\theta}_n$ heißt **asymptotisch erwartungstreu**, wenn

$$\lim_{n\to\infty} \mathrm{E}\{\hat{\theta}_n\} = \theta.$$

Die Folge $\{X_n\}$ besteht aus den Zufallsvariablen $X_1, \ldots, X_n, \ldots$. Dabei können wir uns für zwei verschiedene Arten der stochastischen Konvergenz interessieren:

- Die **Konvergenz einer Folge von Zufallsvariablen** $\{X_n\}$ gibt Auskunft darüber, ob es eine fixe Zahl (oder eine Zufallsvariable) c gibt, gegen die diese Folge strebt. Wenn es ein solches c gibt, so sagen wir, die Folge der $\{X_n\}$ konvergiere in Wahrscheinlichkeit gegen die Zahl c.

Beispiel 2: Die Folge der Stichproben-Mittelwerte einer wachsenden Zahl von Beobachtungen einer Zufallsvariablen konvergiert in Wahrscheinlichkeit gegen den Erwartungswert dieser Zufallsvariablen.

- Die **Konvergenz einer Folge von Verteilungen** ist die Antwort auf die Frage, ob es eine Verteilung F gibt, gegen die die Folge der Verteilungen $\{F_n\}$ der $\{X_n\}$ strebt. Wenn es eine solche Verteilung F gibt, dann sagen wir, X_n konvergiere in Verteilung gegen die Zufallsvariable X, die nach dieser Grenzverteilung F verteilt ist.

Beispiel 3: Die Student'sche t-Verteilung $t(n)$ mit n Freiheitsgraden konvergiert in Verteilung gegen die Standard-Normalverteilung.

In der Ökonometrie sind oft Aussagen für den Fall möglich, dass die Zahl n der Beobachtungen sehr groß ist („$n \to \infty$“), während analoge Aussagen für eine endliche Zahl von Beobachtungen gar nicht oder nur unter großen Schwierigkeiten abgeleitet werden können. Beim Herleiten solcher „asymptotisch“ gültiger Aussagen wird von den oben eingeführten stochastischen Konvergenzbegriffen Gebrauch gemacht.

Die Grenzübergänge gelten im Folgenden stets für $n \to \infty$.

D.2.2.2 Konvergenz in Wahrscheinlichkeit

Folge von Zufallsvariablen $\{X_n\}$ **konvergiert in Wahrscheinlichkeit** oder **konvergiert schwach** gegen die fixe Zahl c, wenn für jedes $\delta > 0$ gilt:

$$\lim_{n\to\infty} P\{|X_n - c| > \delta\} = 0\,.$$

Wir schreiben:

$$\operatorname{plim} X_n = c \quad \text{oder} \quad a_n \xrightarrow{p} c\,;$$

„plim“ steht für *probability limit* und heißt plim-Operator.

Beispiel 4: Die Zufallsvariable X_n nimmt 0 und n an mit

$$P\{X_n = 0\} = 1 - \frac{1}{n}\,, \quad P\{X_n = n\} = \frac{1}{n}\,.$$

Für $n > \delta$ gilt

$$P\{X_n > \delta\} = \frac{1}{n}\,;$$

es folgt

$$\lim_{n\to\infty} P\{X_n > \delta\} = \lim_{n\to\infty} \frac{1}{n} = 0$$

oder $\operatorname{plim} X_n = 0$.

D.2.2.3 Konvergenz im quadratischen Mittel

Für X_n aus der Folge $\{X_n\}$ mit $\mathrm{E}\{X_n\} = \mu_n$ und $\mathrm{Var}\{X_n\} = \sigma_n^2$ gelte $\lim \mu_n = c$ und $\lim \sigma_n^2 = 0$; dann **konvergiert** $\{X_n\}$ **im quadratischen Mittel** gegen c.

Die Richtigkeit der Aussage kann mittels der Tschebyscheff'schen Ungleichung gezeigt werden:

$$P(|X_n - \mu_n| > \delta) \leq \frac{\sigma_n^2}{n\delta^2} \to 0\,;$$

Grenzübergang auf beiden Seiten zeigt, dass die linke Seite gegen Null geht.

Die Konvergenz im quadratischen Mittel impliziert schwache Konvergenz (aber nicht umgekehrt!)

Beispiel 5: Die Folge der Stichproben-Mittelwerte $\{\bar{X}_n\}$, $n = 1, 2, \ldots$, von $X_1, \ldots, X_n$ mit $\mathrm{E}\{X_i\} = \mu$ und $\mathrm{Var}\{X_i\} = \sigma^2$, $i = 1, \ldots, n$ konvergiert in Wahrscheinlichkeit gegen μ: $\lim \mathrm{Var}\{\bar{X}_n\} = \lim \sigma^2/n = 0$.

D.2.2.4 Konsistenz

Sei $\hat{\theta}_n$ Schätzfunktion eines Parameters θ; gilt $\operatorname{plim} \hat{\theta}_n = \theta$, so heißt $\hat{\theta}_n$ **konsistenter Schätzer** von θ.

Konsistenz oder Schwache Konvergenz bedeutet, dass die Dichtefunktion von $\hat{\theta}_n$ für $n \to \infty$ in θ kollabiert. Das heißt aber nicht, dass $\hat{\theta}_n$ notwendigerweise asymptotisch erwartungstreu ist und dass die Varianz von $\hat{\theta}_n$ notwendigerweise mit wachsendem n gegen Null geht. Wie schon oben gesagt, ist Konvergenz im quadratischen Mittel eine notwendige, aber keine hinreichende Bedingung für Konsistenz.

Beispiel 3, Fortsetzung: Die Zufallsvariable X_n nimmt 0 und n an mit

$$P\{X_n = 0\} = 1 - \frac{1}{n}\,, \quad P\{X_n = n\} = \frac{1}{n}\,.$$

Für den Erwartungswert von X_n erhalten wir

$$\mathrm{E}\{X_n\} = 0(1 - 1/n) + n(1/n) = 1$$

für alle n; dieser Wert ist verschieden von $\operatorname{plim} X_n = 0$. Für die Varianz erhalten wir

$$\mathrm{Var}\{X_n\} = (0-1)^2(1 - 1/n) + (n-1)^2(1/n) = n - 1\,;$$

die Varianz von X_n geht mit $n \to \infty$ nicht gegen Null. Extreme Werte von X_n sind aber für großes n so unwahrscheinlich, dass es für $\operatorname{plim} X_n = 0$ reicht.

Zum Feststellen der Konsistenz ist das Kriterium der Konvergenz im quadratischen Mittel und daraus abgeleitete Kriterien einfacher anzuwenden als die Definition der schwachen Konvergenz selbst.

D.2.2.5 Rechenregeln für stochastische Grenzwerte

Für beliebige Folgen $\{X_n\}$, $\{Y_n\}$ gilt:

(a) $\operatorname{plim}(X_n \pm Y_n) = \operatorname{plim} X_n \pm \operatorname{plim} Y_n$

(b) $\operatorname{plim}(X_n . Y_n) = \operatorname{plim} X_n . \operatorname{plim} Y_n$

(c) $\operatorname{plim}(X_n/Y_n) = \operatorname{plim} X_n / \operatorname{plim} Y_n$, wenn $\operatorname{plim} Y_n \neq 0$

(d) **Slutsky's Theorem**: Für $\operatorname{plim} X_n = c$ und eine stetige, von n unabhängige Funktion g gilt

$$\operatorname{plim}[g(X_n)] = g(\operatorname{plim} X_n)\,.$$

Die Zufallsvariablen X_n und Y_n (mit entsprechendem c) können auch Zufallsvektoren oder Zufallsmatrizen sein.

Zwei Schwache Gesetze der Großen Zahlen:

- **Kintschin's Theorem:** Die X_n aus der Folge $\{X_n\}$ seien IID mit $\mathrm{E}\{X_n\} = \mu$; dann gilt: $\operatorname{plim} \bar{X}_n = \mu$.
- **Tschebischeff's Theorem:** Für X_n aus der Folge $\{X_n\}$ gelte $\mathrm{E}\{X_n\} = \mu_n$, $\mathrm{Var}\{X_n\} = \sigma_n^2$, $\lim \mu_n = \mu$ und $\lim \sigma_n^2 = 0$; dann gilt: $\operatorname{plim} X_n = \mu$.

D.2.2.6 Konvergenz in Verteilung

X_n aus der Folge von Zufallsvariable $\{X_n\}$ habe die Verteilung F_n; sei $\lim F_n(x) = F(x)$ für alle x, in denen F stetig ist; dann sagt man, X_n **konvergiert in Verteilung** gegen X ($X_n \xrightarrow{d} X$); F heißt **Grenzverteilung**.

Die X_n (mit entsprechenden F_n und X) können auch Zufallsvektoren oder Zufallsmatrizen sein.

Beispiele 6:

(a) Die Grenzverteilung der standardisierten Stichproben-Mittelwerte

$$\frac{\bar{X}_n - \mu}{\sigma}\sqrt{n}$$

der Stichprobenwerte $X_1, \ldots, X_n$ mit $\mathrm{E}\{X_i\} = \mu$ und $\mathrm{Var}\{X_i\} = \sigma^2$, $i = 1, \ldots, n$ ist die $N(0,1)$-Verteilung. Diese Aussage ist eine einfache Form des Zentralen Grenzwertsatzes (siehe unten).

(b) Seien X_i, $i = 1, \ldots, n$ unabhängig und nach $N(0, \sigma^2)$ verteilt;

$$T_{n-1} = \frac{\bar{X}_n}{s_n}\sqrt{n}$$

mit $s_n^2 = \sum (X_i - \bar{X}_n)^2/(n-1)$ ist verteilt nach der t-Verteilung mit $n-1$ Freiheitsgraden, $\mathrm{E}\{T_{n-1}\} = 0$ und $\mathrm{Var}\{T_{n-1}\} = (n-1)/(n-3)$; es folgt

$$T_{n-1} \xrightarrow{d} Z \sim N(0,1)\,.$$

(c) Der Mittelwert von beliebig, aber identisch verteilten, unabhängigen Zufallsvariablen X_i folgt asymptotisch einer Normalverteilung.

D.2.2.7 Rechenregeln für Grenzverteilungen

Für beliebige Folgen $\{X_n\}$, $\{Y_n\}$ von Zufallsvariablen gilt:

1. Aus $X_n \xrightarrow{d} X$ und $\operatorname{plim} Y_n = c$ folgt
   (a) $X_n + Y_n \xrightarrow{d} X + c$,
   (b) $X_n . Y_n \xrightarrow{d} X.c$,
   (c) $X_n / Y_n \xrightarrow{d} X/c$, wenn $c \neq 0$.
2. Aus $X_n \xrightarrow{d} X$ und $\operatorname{plim}(X_n - Y_n) = 0$ folgt $Y_n \xrightarrow{d} X$.
3. Aus $X_n \xrightarrow{d} X$ und stetigem, von n unabhängigem g folgt: $g(X_n) \xrightarrow{d} g(X)$.

D.2.2.8 Grenzwertsätze

Die folgenden Grenzwertsätze erlauben uns, für großes n eine näherungsweise gültige Verteilung von Schätzfunktionen anzugeben. Auf dieser Basis ist ein Vergleich der asymptotischen Varianzen von Schätzfunktionen analog dem Konzept der Effizienz möglich.

1. **Zentraler Grenzwertsatz (Lindeberg-Levy):** Für X_n aus der Folge $\{X_n\}$ von Zufallsvariablen gelte $\mathrm{E}\{X_n\} = \mu$ und $\mathrm{Var}\{X_n\} = \sigma^2$; für $\bar{X}_n = (\sum_i X_i)/n$ gilt unter allgemeinen Bedingungen

   $$\sqrt{n}(\bar{X}_n - \mu) \xrightarrow{d} N(0, \sigma^2).$$

   Wir sagen auch, $N(\mu, \sigma^2)$ ist die **asymptotische Verteilung**,

   $$\bar{X}_n \overset{a}{\sim} N\left(\mu, \frac{\sigma^2}{n}\right),$$

   die wir bei großem, aber endlichem n als näherungsweise gültige Verteilung von $\bar{X}_n$ verwenden.

2. **Zentraler Grenzwertsatz (Lindeberg-Feller):** Für X_n aus der Folge $\{X_n\}$ von Zufallsvariablen gelte $\mathrm{E}\{X_n\} = \mu$ und $\mathrm{Var}\{X_n\} = \sigma_n^2$; für $\bar{X}_n = (\sum_i X_i)/n$ gilt unter allgemeinen Bedingungen

   $$\sqrt{n}(\bar{X}_n - \mu_n) \xrightarrow{d} N(0, \bar{\sigma}^2)$$

   mit

   $$\bar{\sigma}^2 = \lim_{n\to\infty} \frac{1}{n} \sum_{i=1}^{n} \sigma_i^2 .$$

3. **Cramér's Theorem:** Für die Folge $\{\mathbf{A}_n\}$ von Zufallsmatrizen gelte $\operatorname{plim} \mathbf{A}_n = \mathbf{A}$, für die Folge $\{\mathbf{b}_n\}$ von Zufallsvektoren gelte $\mathbf{b}_n \xrightarrow{d} \mathbf{b} \sim N(\mathbf{0}, \mathbf{Q})$; dann gilt: $\mathbf{A}_n \mathbf{b}_n \xrightarrow{d} \mathbf{A}\mathbf{b} \sim N(\mathbf{0}, \mathbf{A}\mathbf{Q}\mathbf{A}')$.

D.2.2.9 Asymptotische Normalität

Wir gehen davon aus, dass $\boldsymbol{\theta}$ ein m-Vektor von Parametern ist.

Sei $\hat{\boldsymbol{\theta}}_n$ eine Schätzfunktion für $\boldsymbol{\theta}$. Wenn die Grenzverteilung von $\sqrt{n}(\hat{\boldsymbol{\theta}}_n - \boldsymbol{\theta})$ die Normalverteilung mit Erwartungswerten Null und der Kovarianzmatrix $\mathbf{V}$ ist, also

$$\sqrt{n}(\hat{\boldsymbol{\theta}}_n - \boldsymbol{\theta}) \overset{d}{\rightarrow} N(\mathbf{0}, \mathbf{V}),$$

so sagen wir, die Schätzfunktion $\hat{\boldsymbol{\theta}}_n$ ist **asymptotisch normalverteilt**,

$$\hat{\boldsymbol{\theta}}_n \overset{a}{\sim} N\left(\boldsymbol{\theta}, \frac{1}{n}\mathbf{V}\right);$$

$\mathbf{V}/n$ ist die **asymptotische Kovarianzmatrix** von $\hat{\boldsymbol{\theta}}_n$.

Eine asymptotisch normalverteilte Schätzfunktion $\hat{\boldsymbol{\theta}}_n$ heißt **asymptotisch effizient**, wenn die Differenz zwischen der Kovarianzmatrix jeder anderen asymptotisch normalverteilten und konsistenten Schätzfunktion $\hat{\boldsymbol{\theta}}_n^*$ und jener von $\hat{\boldsymbol{\theta}}_n$ nicht-negativ definit ist.

D.3 ML-Schätzer und asymptotische Tests

Die Stichprobe $X_1, \ldots, X_n$ vom Umfang n schreiben wir als n-Vektor $\mathbf{x} = (X_1, \ldots, X_n)'$. Die Dichte jedes X_i sei $p(x; \boldsymbol{\theta})$, wobei der m-Vektor $\boldsymbol{\theta}$ die Parameter enthält.

D.3.1 Definition des ML-Schätzers

Die **Likelihood-Funktion** $L(\theta; \mathbf{x}) \propto p(\mathbf{x}; \boldsymbol{\theta})$, auch kurz $L(\boldsymbol{\theta})$ oder L, ist – stetiges X vorausgesetzt – proportional der Dichte $p(\mathbf{x}; \boldsymbol{\theta})$. Sie ist – für die beobachteten X_i – eine Funktion der Parameter $\boldsymbol{\theta}$. Das **ML-Prinzip** definiert als Schätzer $\tilde{\theta}$ jenen Vektor, für den $L(\boldsymbol{\theta}; \mathbf{x})$ hinsichtlich $\boldsymbol{\theta}$ maximal ist:

$$\tilde{\boldsymbol{\theta}} = \arg\max_{\boldsymbol{\theta}} L(\boldsymbol{\theta}, \mathbf{x}),$$

ergibt sich als Lösung der Likelihood-Gleichung

$$\frac{\partial \log L}{\partial \boldsymbol{\theta}} = \mathbf{D} \log L(\tilde{\boldsymbol{\theta}}) = \mathbf{0}$$

mit dem Differential-Operator

$$\mathbf{D} = \left(\frac{\partial}{\partial \theta_1}, \ldots, \frac{\partial}{\partial \theta_m}\right)'.$$

Den Vektor $\tilde{\boldsymbol{\theta}}$ nennen wir **Maximum Likelihood** (ML-) **Schätzer**. Für $\tilde{\boldsymbol{\theta}}$ ist die Wahrscheinlichkeit für das Realisieren von $\mathbf{x}$ am größten. Wir charakterisieren ML-Schätzer durch die über das $\boldsymbol{\theta}$ gesetzte Tilde-Zeichen.

D.3.2 Eigenschaften des ML-Schätzers

Der ML-Schätzer $\tilde{\boldsymbol{\theta}}$ hat folgende wichtige Eigenschaften:

(a) $\tilde{\boldsymbol{\theta}}$ ist konsistent:

$$\operatorname{plim} \tilde{\boldsymbol{\theta}} = \boldsymbol{\theta}$$

(b) $\tilde{\boldsymbol{\theta}}$ ist asymptotisch normalverteilt:

$$\tilde{\boldsymbol{\theta}} \xrightarrow{d} N[\boldsymbol{\theta}, \mathbf{I}^{-1}(\boldsymbol{\theta})]$$

(c) $\tilde{\boldsymbol{\theta}}$ ist asymptotisch effizient, d.h. die Varianz von $\tilde{\boldsymbol{\theta}}$ erreicht asymptotisch die Cramér-Rao-Schranke $\mathbf{I}^{-1}(\boldsymbol{\theta})$, die minimale Varianz, die ein konsistenter Schätzer erreichen kann. Die Matrix $\mathbf{I}(\boldsymbol{\theta})$ ist die Fisher'sche Informationsmatrix (siehe Abschnitt D.2).

(d) Der ML-Schätzer einer stetigen Funktion $g(\boldsymbol{\theta})$ von $\boldsymbol{\theta}$ ist $g(\tilde{\boldsymbol{\theta}})$.

Beachte! $\tilde{\boldsymbol{\theta}}$ ist nicht notwendigerweise erwartungstreu.

Die Bedeutung des ML-Schätzers ergibt sich aus diesen Eigenschaften, insbesondere aus (b), (c) und (d). Die Eigenschaft (c) wird auch als asymptotische Effizienz des ML-Schätzers bezeichnet; für jeden Schätzers $\hat{\boldsymbol{\theta}}$ gilt

$$\operatorname{eff}\{\hat{\boldsymbol{\theta}}\} = \frac{[I(\boldsymbol{\theta})]^{-1}}{\operatorname{Var}\{\hat{\boldsymbol{\theta}}\}} \leq 1\,;$$

der Quotient ist stets kleiner als Eins.

D.3.3 Berechnung des ML-Schätzers

Den ML-Schätzer

$$\tilde{\boldsymbol{\theta}} = \arg\max_{\theta} L(\boldsymbol{\theta}, x)$$

erhalten wir als Lösung von

$$\frac{\partial \log L}{\partial \boldsymbol{\theta}} = \mathbf{D} \log L(\tilde{\boldsymbol{\theta}}) = \mathbf{0}\,.$$

Das Entwickeln von $\mathbf{D} \log L(\tilde{\boldsymbol{\theta}})$ in eine Taylorreihe ergibt

$$\mathbf{D} \log L(\tilde{\boldsymbol{\theta}}) \doteq \mathbf{D} \log L(\boldsymbol{\theta}_0) + \mathbf{D}^2 \log L(\boldsymbol{\theta}_0)(\tilde{\boldsymbol{\theta}} - \boldsymbol{\theta}_0)$$

mit

$$\mathbf{D}^2 = \frac{\partial^2}{\partial \boldsymbol{\theta}\, \partial \boldsymbol{\theta}'} = \left(\frac{\partial^2}{\partial \theta_i\, \partial \theta_j}\right).$$

Damit kann der ML-Schätzer iterativ berechnet werden aus

$$\tilde{\boldsymbol{\theta}}^{(i)} \doteq \tilde{\boldsymbol{\theta}}^{(i-1)} - [\mathbf{D}^2 \log L(\tilde{\boldsymbol{\theta}}^{(i-1)})]^{-1} \mathbf{D} \log L(\tilde{\boldsymbol{\theta}}^{(i-1)})$$

oder Varianten davon, indem für $[\mathbf{D}^2 \log L(\tilde{\boldsymbol{\theta}}^{(i-1)})]^{-1}$ eine der folgenden Substitutionen benützt wird:

- $[\mathbf{D}^2 \log L(\boldsymbol{\theta}_0)]^{-1}$,
- $-\mathbf{I}^{-1}(\boldsymbol{\theta})$.

Zur praktischen Berechnung benützt man

$$\mathbf{I}(\boldsymbol{\theta}) = \mathrm{E}\{(\mathbf{D}\log L)(\mathbf{D}\log L)'\}\,.$$

Das direkte Berechnen von

$$\mathbf{I}(\boldsymbol{\theta})]^{-1} = [-\mathrm{E}\{\mathbf{D}^2 \log L(\boldsymbol{\theta})\}]^{-1}$$

ist im Allgemeinen schon deshalb nicht möglich, weil $\mathbf{I}(\boldsymbol{\theta})$ eine Funktion des unbekannten $\boldsymbol{\theta}$ ist. Folgende Alternativen können somit angewendet werden:

(a) Falls $\mathrm{E}\{\mathbf{D}^2 \log L(\boldsymbol{\theta})\}$ hergeleitet werden kann:

$$[\mathbf{I}(\tilde{\boldsymbol{\theta}})]^{-1} = [-\mathrm{E}\{\mathbf{D}^2 \log L(\tilde{\boldsymbol{\theta}})\}]^{-1}\,. \tag{D.3.1}$$

(b) Näherungsweise können wir setzen

$$[\hat{\mathbf{I}}(\tilde{\boldsymbol{\theta}})]^{-1} = [-\mathbf{D}^2 \log L(\tilde{\boldsymbol{\theta}})]^{-1} \tag{D.3.2}$$

(c) oder

$$\begin{aligned}[\hat{\hat{\mathbf{I}}}(\tilde{\boldsymbol{\theta}})]^{-1} &= [(\mathbf{D}\log L(\tilde{\boldsymbol{\theta}}))(\mathbf{D}\log L(\tilde{\boldsymbol{\theta}}))']^{-1} \\ &= [\hat{\mathbf{G}}'\hat{\mathbf{G}}]^{-1} = [\sum_{i=1}^{n} \hat{\mathbf{g}}_i \hat{\mathbf{g}}_i{}']^{-1}\,,\end{aligned} \tag{D.3.3}$$

wobei von $-\mathrm{E}\{\mathbf{D}^2 \log L(\boldsymbol{\theta})\} = \mathrm{E}\{(\mathbf{D}\log L(\boldsymbol{\theta}))(\mathbf{D}\log L(\boldsymbol{\theta}))'\}$ Gebrauch gemacht wird; es sind definiert

$$\hat{\mathbf{g}}_i = \mathbf{D}\log p(x_i|\boldsymbol{\theta})|_{\tilde{\boldsymbol{\theta}}}$$

und $\hat{\mathbf{G}} = (\hat{\mathbf{g}}_1, \ldots, \hat{\mathbf{g}}_n)'$. Der m-Vektor der Ableitungen

$$\mathbf{g} = \mathbf{D}\log L(\boldsymbol{\theta}) = \sum_{i=1}^{n} \mathbf{D}\log p(x_i|\boldsymbol{\theta})$$

heißt auch der Score-Vektor. Der Schätzer (D.3.3) wird nach den Autoren auch BHHH-Schätzer genannt, nachdem er von Berndt *et al.* (1974) vorgeschlagen wurde.

Als näherungsweise Verteilung von $\tilde{\boldsymbol{\theta}}$ verwenden wir

$$\tilde{\boldsymbol{\theta}} \overset{a}{\sim} N(\boldsymbol{\theta}, n^{-1}\mathbf{Q}^{-1})\,,$$

wobei $\mathbf{Q}$ für die Matrix der Grenzwerte ($n \to \infty$) von $n^{-1}\mathbf{I}(\boldsymbol{\theta})$ steht. In Anwendungen setzen wir für $n^{-1}\mathbf{Q}^{-1} \doteq [\mathbf{I}(\boldsymbol{\theta})]^{-1}$ einen der Schätzer (D.3.3) oder (D.3.2).

D.3.4 Restringierter ML-Schätzer

Es seien g lineare Restriktionen $\mathbf{H}\theta = \mathbf{h}$ vom Schätzer zu erfüllen.

Der restringierte ML-Schätzer $\tilde{\boldsymbol{\theta}}_R$ ergibt sich durch Minimieren von

$$\Phi = \log L(\boldsymbol{\theta}) - \boldsymbol{\lambda}'(\mathbf{H}\boldsymbol{\theta} - \mathbf{h})$$

mit den Lagrange-Multiplikatoren $\boldsymbol{\lambda}$.

Die restringierten ML-Gleichungen lauten:

$$\frac{\partial \Phi}{\partial \boldsymbol{\theta}} = \mathbf{D} \log L(\boldsymbol{\theta}) = \mathbf{0}\,,$$
$$\frac{\partial \Phi}{\partial \boldsymbol{\lambda}} = -(\mathbf{H}\boldsymbol{\theta} - \mathbf{h}) = \mathbf{0}\,.$$

Unter geeigneten Regularitätsbedingungen gilt

$$\sqrt{n}(\tilde{\boldsymbol{\theta}}_R - \boldsymbol{\theta}) \xrightarrow{d} \mathbf{PZ} \sim N(\mathbf{0}, \mathbf{P})$$

mit $\mathbf{P} = \mathbf{Q}^{-1} - \mathbf{Q}^{-1}\mathbf{H}'[\mathbf{H}\mathbf{Q}^{-1}\mathbf{H}']^{-1}\mathbf{H}\mathbf{Q}^{-1}$ und $\mathbf{PQP} = \mathbf{P}$; $\mathbf{Q}$ ist wiederum die Matrix der Grenzwerte $(n \to \infty)$ von $n^{-1}\mathbf{I}(\boldsymbol{\theta})$; siehe Abschnitt D.3.3.

Der Schätzer kann für nichtlineare Restriktionen verallgemeinert werden.

D.3.5 Tests auf Basis des ML-Schätzers

Es soll H_0: $\mathbf{H}\boldsymbol{\theta} = \mathbf{h}$ gegen H_1: $\mathbf{H}\boldsymbol{\theta} \neq \mathbf{h}$ getestet werden. Dazu können wir eines von drei Test-Verfahren benützen:

- **Wald-Test:** Aus

$$\sqrt{n}(\tilde{\boldsymbol{\theta}} - \boldsymbol{\theta}) \xrightarrow{d} \mathbf{Q}^{-1}\mathbf{Z} \sim N(\mathbf{0}, \mathbf{Q}^{-1})$$

folgt unter H_0

$$\sqrt{n}(\mathbf{H}\tilde{\boldsymbol{\theta}} - \mathbf{h}) \xrightarrow{d} \mathbf{H}\mathbf{Q}^{-1}\mathbf{Z} \sim N(\mathbf{0}, \mathbf{H}\mathbf{Q}^{-1}\mathbf{H}')$$

oder

$$(\mathbf{H}\tilde{\boldsymbol{\theta}} - \mathbf{h})'[\mathbf{H}(n^{-1}\mathbf{Q}^{-1})\mathbf{H}']^{-1}(\mathbf{H}\tilde{\boldsymbol{\theta}} - \mathbf{h}) \overset{a}{\sim} \chi^2(g)\,.$$

Für die Teststatistik W des Wald-Tests gilt somit

$$\mathrm{W} = (\mathbf{H}\tilde{\boldsymbol{\theta}} - \mathbf{h})'[\mathbf{H}\mathbf{I}(\boldsymbol{\theta})^{-1}\mathbf{H}']^{-1}(\mathbf{H}\tilde{\boldsymbol{\theta}} - \mathbf{h}) \overset{a}{\sim} \chi^2(g)\,.$$

- **Likelihood-Quotienten-Test:** Die Teststatistik ist definiert als

$$\begin{aligned}\mathrm{LR} &= -2\log\lambda = 2\log L(\tilde{\boldsymbol{\theta}}) - 2\log L(\tilde{\boldsymbol{\theta}}_R)\\ &\doteq (\tilde{\boldsymbol{\theta}}_R - \tilde{\boldsymbol{\theta}})'[-\mathbf{D}^2 \log L(\tilde{\boldsymbol{\theta}})](\tilde{\boldsymbol{\theta}}_R - \tilde{\boldsymbol{\theta}})\end{aligned}$$

durch Taylorreihen-Entwicklung von $\log L(\tilde{\boldsymbol{\theta}}_R)$ an der Stelle $\tilde{\boldsymbol{\theta}}$.

Wegen $\sqrt{n}(\tilde{\boldsymbol{\theta}}_R - \tilde{\boldsymbol{\theta}}) \xrightarrow{d} (\mathbf{Q}^{-1} - \mathbf{P})\mathbf{Z} \sim N[\mathbf{0}, (\mathbf{Q}^{-1} - \mathbf{P})\mathbf{Q}(\mathbf{Q}^{-1} - \mathbf{P})] = N(\mathbf{0}, \mathbf{Q}^{-1} - \mathbf{P})$ ergibt sich für die Teststatistik

$$\mathrm{LR} = n(\tilde{\boldsymbol{\theta}} - \tilde{\boldsymbol{\theta}}_R)'\mathbf{Q}(\tilde{\boldsymbol{\theta}} - \tilde{\boldsymbol{\theta}}_R) \overset{a}{\sim} \chi^2(g)\,.$$

Der Test heißt im Englischen *likelihood-ratio test*; daher kommt das Kürzel LR für seine Teststatistik.

- **Lagrange-Multiplier- (LM-)Test** oder Score-Test: Die Teststatistik ist definiert als

$$\mathrm{LM} = \mathbf{D}\log L(\tilde{\boldsymbol{\theta}}_R)'\mathbf{I}(\tilde{\boldsymbol{\theta}}_R)^{-1}\mathbf{D}\log L(\tilde{\boldsymbol{\theta}}_R)\,.$$

Durch Taylorreihen-Entwicklung von $\log L(\tilde{\boldsymbol{\theta}}_R)$ an der Stelle $\tilde{\boldsymbol{\theta}}$ kann man zeigen, dass $\mathrm{LM}\overset{as}{\simeq}\mathrm{LR}$; daraus folgt

$$\mathrm{LM} \overset{a}{\sim} \chi^2(g)\,.$$

In der Abbildung D.1 sind die Funktion $\log L$ und die Nebenbedingung in der Form $g(\beta) = (H\beta - h)$ über β aufgetragen. Aus der Darstellung erkennt man, dass die Statistik W des Wald-Tests nur vom nicht-restringierten Schätzer $\tilde{\beta}$, die Statistik LM des LM-Tests nur vom restringierten Schätzer $\tilde{\beta}_R$ abhängt, während die Statistik LR des Likelihood-Ratio-Tests von beiden Schätzern bestimmt wird. Da das Ermitteln von restringierten Schätzern im Allgemeinen einfacher als das von nicht-restringierten Schätzern ist, sind LM-Tests in der Ökonometrie häufig anzutreffen.

Abbildung D.1

Likelihood-Funktion und Teststatistiken.

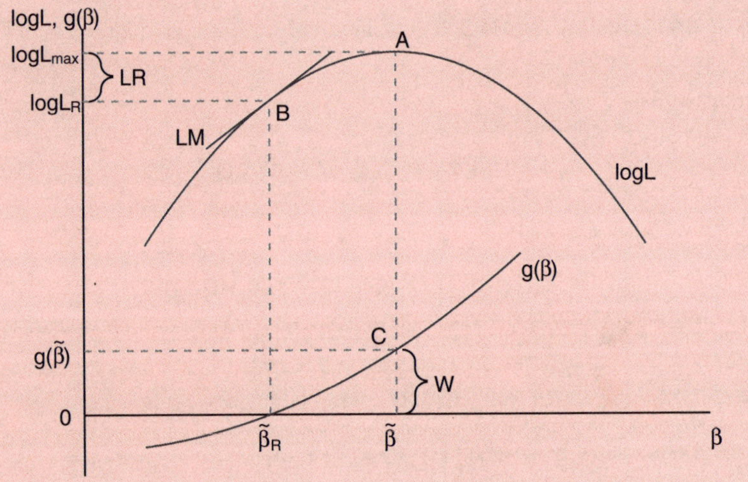

Matrixalgebra

E

ÜBERBLICK

Das lineare Regressionsmodell steht im Zentrum der meisten ökonometrischen Analysen. Dementsprechend groß ist die Bedeutung der Matrixalgebra, die sich zur mathematischen und rechnerischen Behandlung von linearen Modellen vorzüglich eignet. In diesem Anhang sind die in der Ökonometrie gebräuchlichen Teile der Matrixalgebra zusammengestellt. Damit soll das „Sich Erinnern" und Nachschlagen erleichtert werden, wobei bei der Zusammenstellung davon ausgegangen wurde, dass der Leser mit dem Stoff vertraut war oder ist. Für das Einarbeiten in die entsprechenden Begriffe und Resultate empfiehlt sich die einschlägige Fachliteratur: Einführungen wie das Buch von Hackl und Katzenbeisser (1995) behandeln einen Großteil des in der Ökonometrie benötigten Instrumentariums der Matrixalgebra; ein fundiertes Einarbeiten ermöglichen beispielsweise das klassische Werk von Hadley (1973), und direkten Bezug zur ökonometrischen Notation nimmt Dhrymes (1984).

E.1 Matrizen, Vektoren und elementare Operationen

Eine **Matrix** ist ein rechteckiges Feld von $n \times m$ **Elementen**, die in n Zeilen und m Spalten angeordnet sind. Die Elemente a_{ij} der Matrix

$$\mathbf{A} = \begin{pmatrix} a_{11} & \dots & a_{1m} \\ \vdots & & \vdots \\ a_{n1} & \dots & a_{nm} \end{pmatrix} = (a_{ij})$$

können reelle oder komplexe Zahlen, aber auch Funktionen sein. Man sagt, $\mathbf{A}$ hat die **Ordnung** $n \times m$, bzw. $\mathbf{A}$ ist eine $n \times m$-Matrix. Durch Vertauschen der Zeilen und Spalten der Matrix $\mathbf{A}$ erhalten wir die transponierte $\mathbf{A}'$ von $\mathbf{A}$, deren (i, j)-tes Element a_{ji} ist; die Matrix wird um die Hauptdiagonale gespiegelt. Für eine quadratische Matrix gilt $n = m$; wir sprechen auch von einer n-Matrix. Gilt für eine Matrix die Beziehung $\mathbf{A} = \mathbf{A}'$, so ist sie eine symmetrische Matrix (und natürlich auch quadratisch). Eine spezielle symmetrische Matrix ist die Diagonalmatrix $\mathbf{D}$, für deren Nichtdiagonal-Elemente $(i \neq j;\ i, j = 1, \dots, n)$ $d_{ij} = 0$ gilt; wir können daher auch schreiben: $\mathbf{D} = \text{diag}[d_{11}, \dots, d_{nn}]$. Die Einheitsmatrix $\mathbf{I}_n = \text{diag}[1, \dots, 1]$ (oder $\mathbf{I}$) hat nur Einsen als Diagonalelemente.

Eine $n \times 1$-Matrix nennen wir einen n-(Spalten)**Vektor**; analog heißt eine $1 \times m$-Matrix ein m-Zeilenvektor. Die Komponenten x_i des Vektors $\mathbf{x} = (x_1, \dots, x_n)' = (x_i)$ werden nur einfach indiziert.

Andere gebräuchliche Matrizen sind die Nullmatrix $\mathbf{O}$ (sie hat als Elemente nur Nullen) und die **Dreiecksmatrizen**: eine obere Dreiecksmatrix ist quadratisch $(n = m)$ und es gilt für sie, dass $a_{ij} = 0$, $(i > j,\ i, j = 1, \dots, n)$; die Elemente unter der Hauptdiagonale sind Null. Analog ist die untere Dreiecksmatrix definiert.

E.2 Das Rechnen mit Matrizen

Zwei Matrizen $\mathbf{A}$ und $\mathbf{B}$ nennen wir **gleich**, wenn sie gleiche Ordnung $(n \times m)$ haben und wenn gilt

$$a_{ij} = b_{ij} \quad \text{für } i = 1, \dots, n;\ j = 1, \dots, m\,.$$

Analog verwenden wir die Notation $\mathbf{A} \geq \mathbf{B}$, $\mathbf{A} > \mathbf{B}$, $\mathbf{A} < \mathbf{B}$ und $\mathbf{A} \leq \mathbf{B}$.**Addition** von Matrizen: $\mathbf{A}$ und $\mathbf{B}$ seien $n \times m$-Matrizen; dann ist die Summe $\mathbf{C} = \mathbf{A} + \mathbf{B}$ eine Matrix gleicher Ordnung, für deren (i,j)-tes Element gilt: $c_{ij} = a_{ij} + b_{ij}$; die Addition von Matrizen wird elementweise ausgeführt.

Skalare Multiplikation einer Matrix: $\mathbf{A}$ sei eine $n \times m$-Matrix, k eine reelle Zahl; dann ist $\mathbf{B} = k\mathbf{A}$ eine Matrix gleicher Ordnung, für deren (i,j)-tes Element gilt: $b_{ij} = ka_{ij}$; auch die skalare Multiplikation von Matrizen wird elementweise ausgeführt.

Multiplikation von Matrizen: $\mathbf{A}$ sei eine $n \times m$-Matrix, $\mathbf{B}$ eine $m \times l$-Matrix; dann ist die Produktmatrix $\mathbf{A} \cdot \mathbf{B} = \mathbf{C}$ eine $n \times l$-Matrix, für deren (i,j)-tes Elemente gilt

$$c_{ij} = \sum_{k=1}^{m} a_{ik} b_{kj} \,.$$

Voraussetzung der Matrixmultiplikation ist die Gleichheit der Spaltenzahl des ersten Faktors mit der Zeilenzahl des zweiten Faktors.

Zur Beachtung: Im Gegensatz zur Multiplikation von reellen Zahlen gilt für die Multiplikation von Matrizen im Allgemeinen:

- $\mathbf{AB} \neq \mathbf{BA}$
- Aus $\mathbf{AB} = \mathbf{0}$ folgt nicht $\mathbf{A} = \mathbf{0}$ oder $\mathbf{B} = \mathbf{0}$.
- Aus $\mathbf{AB} = \mathbf{AC}$ folgt nicht $\mathbf{B} = \mathbf{C}$.

Einige **Eigenschaften der elementaren Rechenoperationen:**

(A1) $(\mathbf{A}')' = \mathbf{A}$

(A2) $(\mathbf{A} + \mathbf{B})' = \mathbf{A}' + \mathbf{B}'$

(A3) $(k\mathbf{A})' = k\mathbf{A}'$

(A4) $\mathbf{A}' = \mathbf{A}$, wenn $\mathbf{A}$ symmetrisch ist

(A5) $\mathbf{A}(\mathbf{BC}) = (\mathbf{AB})\mathbf{C}$

(A6) $\mathbf{A}(\mathbf{B} + \mathbf{C}) = \mathbf{AB} + \mathbf{BC}$

(A7) $(\mathbf{A} + \mathbf{B})\mathbf{C} = \mathbf{AC} + \mathbf{BC}$

(A8) $\mathbf{A}(k\mathbf{B}) = k(\mathbf{AB}) = (k\mathbf{A})\mathbf{B}$

(A9) $(\mathbf{AB})' = \mathbf{B}'\mathbf{A}'$

(A10) $\mathbf{D}_1\mathbf{D}_2 = \mathbf{D}_2\mathbf{D}_1$, wenn $\mathbf{D}_1$ und $\mathbf{D}_2$ Diagonalmatrizen sind

(A11) $\mathbf{A}'\mathbf{A} = \mathbf{0}$ impliziert $\mathbf{A} = \mathbf{0}$

E.3 Inneres Produkt und Norm

Die Matrixmultiplikation auf Vektoren angewendet nennen wir das **innere** oder **skalare Produkt** der Vektoren: Das innere Produkt der n-Vektoren $\mathbf{x}$ und $\mathbf{y}$ ist die reelle Zahl

$$\mathbf{x}'\mathbf{y} = \sum_{i=1}^{n} x_i y_i .$$

Die **Norm** des Vektors $\mathbf{x}$ ist die reelle Zahl $\|\mathbf{x}\| = \sqrt{\mathbf{x}'\mathbf{x}} = \sqrt{\Sigma x_i^2}$.

Einige **Eigenschaften des inneren Produktes und der Norm:**

(B1) $\mathbf{x}'\mathbf{y} = \mathbf{y}'\mathbf{x}$

(B2) $\mathbf{x}'(\mathbf{y} + \mathbf{z}) = \mathbf{x}'\mathbf{y} + \mathbf{x}'\mathbf{z}$

(B3) $\mathbf{x}'\mathbf{x} \geq 0$

(B4) $\|\mathbf{x}\| = 0$ impliziert $\mathbf{x} = \mathbf{0}$

(B5) $\|\mathbf{x} + \mathbf{y}\| \leq \|\mathbf{x}\| + \|\mathbf{y}\|$

(B6) $\mathbf{x}'\mathbf{y} = \|\mathbf{x}\| \cdot \|\mathbf{y}\| \cdot \cos\varphi$, wobei φ der von $\mathbf{x}$ und $\mathbf{y}$ eingeschlossene Winkel ist

(B7) $|\,\mathbf{x}'\mathbf{y}\,| \leq \|\mathbf{x}\| \cdot \|\mathbf{y}\|$ **(Cauchy-Schwarz'sche Ungleichung)**

Unter einer **orthogonalen Matrix** verstehen wir eine Matrix, deren Spaltenvektoren paarweise orthogonal sind; eine **orthonormale Matrix** hat paarweise orthonormale Spaltenvektoren; d.h. die Norm dieser Vektoren hat den Wert 1.

E.4 Linear unabhängige Vektoren

Die Linearkombination $\sum_{i=1}^{k} c_i \mathbf{x}^{(i)} = \mathbf{z}$ der n-Vektoren $\mathbf{x}_i$, die sich durch Multiplikation mit den Skalaren $c_1, \ldots, c_k$ und Summation ergibt, ist ebenfalls ein n-Vektor; es kann natürlich der Fall eintreten, dass $\mathbf{z}$ ein Nullvektor ist. So ist

$$c_1 \begin{pmatrix} 1 \\ 2 \end{pmatrix} + c_2 \begin{pmatrix} 2 \\ 4 \end{pmatrix} = \begin{pmatrix} c_1 + 2c_2 \\ 2c_1 + 4c_2 \end{pmatrix} = \begin{pmatrix} 0 \\ 0 \end{pmatrix},$$

wenn etwa $c_1 = 2$ und $c_2 = -1$. Es gilt aber

$$c_1 \begin{pmatrix} 1 \\ 0 \end{pmatrix} + c_2 \begin{pmatrix} 0 \\ 1 \end{pmatrix} = \begin{pmatrix} 0 \\ 0 \end{pmatrix}$$

nur dann, wenn $c_1 = c_2 = 0$.

Die Vektoren $\mathbf{x}^{(1)}, \ldots, \mathbf{x}^{(k)}$ heißen **linear abhängig** (l.a.), wenn es Skalare $c_1, \ldots, c_k$ gibt, die nicht alle Null sind, so dass

$$\sum_{i=1}^{k} c_i \mathbf{x}^{(i)} = \mathbf{0}.$$

Andernfalls heißen die Vektoren **linear unabhängig** (l.u.).

Einige **Eigenschaften der linearen Unabhängigkeit:**

(C1) $\mathbf{x}^{(1)}, \ldots, \mathbf{k}^{(k)}$ sind linear abhängig, wenn zumindest einer der Vektoren als Linearkombination der übrigen darstellbar ist.

(C2) Eine Menge von k n-Vektoren mit $k > n$ ist linear abhängig.

(C3) Eine Teilmenge von linear unabhängigen Vektoren ist linear unabhängig.

E.5 Skalare Kenngrößen von Matrizen: Rang und Spur

Der **Rang** $\mathrm{r}(\mathbf{A})$ der $n \times m$-Matrix $\mathbf{A}$ ist die größte Anzahl linear unabhängiger Spaltenvektoren von $\mathbf{A}$. Der Rang einer Matrix $\mathbf{A}$ heißt **voll**, wenn $\mathrm{r}(\mathbf{A}) = \min(n, m)$. Eine quadratische Matrix mit vollem Rang heißt **regulär** oder **nicht-singulär**.

Einige **Eigenschaften des Ranges einer Matrix:**

(D1) Die größte Zahl linear unabhängiger Zeilenvektoren von $\mathbf{A}$ ist gleich der größten Zahl linear unabhängiger Spaltenvektoren, d.h. der Zeilenrang von $\mathbf{A}$ ist gleich dem Spaltenrang von $\mathbf{A}$.

(D2) Hat $\mathbf{A}$ die Ordnung $(n \times m)$, so gilt $\mathrm{r}(\mathbf{A}) \leq \min(n, m)$.

(D3) Der Rang der Einheitsmatrix $\mathbf{I}_n$ ist $\mathrm{r}(\mathbf{I}_n) = n$.

(D4) Für das Produkt $\mathbf{AB}$ gilt $\mathrm{r}(\mathbf{AB}) \leq \min[\mathrm{r}(\mathbf{A}), \mathrm{r}(\mathbf{B})]$.

(D5) $\mathrm{r}(\mathbf{AB}) = \mathrm{r}(\mathbf{B})$, wenn $\mathbf{A}$ quadratisch und nicht-singulär ist.

Die **Spur** $\mathrm{Sp}(\mathbf{A})$ einer $n \times n$-Matrix $\mathbf{A}$ ist die Summe ihrer Hauptdiagonalelemente:

$$\mathrm{Sp}(A) = \sum_{i=1}^{n} a_{ii} \,.$$

Einige **Eigenschaften des Spur einer Matrix:**

(E1) $\mathrm{Sp}(\mathbf{A} + \mathbf{B}) = \mathrm{Sp}(\mathbf{A}) + \mathrm{Sp}(\mathbf{B})$

(E2) $\mathrm{Sp}(k\mathbf{A}) = k\mathrm{Sp}(\mathbf{A})$

(E3) $\mathrm{Sp}(\mathbf{A}') = \mathrm{Sp}(\mathbf{A})$

(E4) $\mathrm{Sp}(\mathbf{AB}) = \mathrm{Sp}(\mathbf{BA})$

E.6 Idempotente Matrizen

Eine Matrix $\mathbf{A}$ heißt **idempotent**, wenn $\mathbf{A}^2 = \mathbf{A}$. Eine Matrix $\mathbf{A}$ heißt **nilpotent** der Ordnung p, wenn p die kleinste Zahl ist, für die gilt: $\mathbf{A}^p = \mathbf{0}$.

Aus $\mathbf{I}^2 = \mathbf{I}$ und $\mathbf{0}^2 = \mathbf{0}$ sieht man, dass die Einheits- und die Nullmatrix idempotente Matrizen sind. Ein wichtigeres Beispiel einer idempotenten Matrix ist die $n \times n$-Matrix

$$\mathbf{M}^0 = \mathbf{I} - \frac{1}{n}\boldsymbol{\iota\iota}' \,,$$

wobei $\boldsymbol{\iota} = (1, \ldots, 1)'$ der Einsvektor ist. Mit ihrer Hilfe erhalten wir die Abweichungen vom Mittelwert: Sei $\mathbf{X}$ die $n \times k$-Matrix der Beobachtungen x_{ij}, so enthält $\mathbf{M}^0\mathbf{X}$ die Abweichungen der x_{ij} von ihren Mittelwerten $\bar{x}_j$:

$$\mathbf{M}^0\mathbf{X} = \mathbf{X} - \boldsymbol{\iota}\left(\frac{1}{n}\boldsymbol{\iota}'\mathbf{X}\right) = \begin{pmatrix} x_{11} & \ldots & x_{1k} \\ \vdots & \ldots & \vdots \\ x_{n1} & \ldots & x_{nk} \end{pmatrix} - \begin{pmatrix} 1 \\ \vdots \\ 1 \end{pmatrix} (\bar{x}_1 \ldots \bar{x}_k)$$

$$= \begin{pmatrix} x_{11} - \bar{x}_1 & \ldots & x_{1k} - \bar{x}_k \\ \vdots & \ldots & \vdots \\ x_{n1} - \bar{x}_1 & \ldots & x_{nk} - \bar{x}_k \end{pmatrix}$$

Eine **Eigenschaft idempotenter Matrizen:**

(F1) Ist $\mathbf{A}$ idempotent, so gilt: $\mathrm{r}(\mathbf{A}) = \mathrm{Sp}(\mathbf{A})$.

Man überzeugt sich leicht, dass $\mathrm{Sp}(\mathbf{M}^0) = n - 1$, wenn $\mathbf{M}^0$ die Ordnung $n \times n$ hat.

E.7 Invertieren einer Matrix

Die **Inverse** $\mathbf{A}^{-1}$ einer $n \times n$-Matrix $\mathbf{A}$ ist, falls sie existiert, eine $n \times n$-Matrix, für die gilt

$$\mathbf{A} \cdot \mathbf{A}^{-1} = \mathbf{A}^{-1} \cdot \mathbf{A} = \mathbf{I}_n \,.$$

Einige **Eigenschaften der inversen Matrix:**

(G1) $(k\mathbf{A})^{-1} = \frac{1}{k}\mathbf{A}^{-1}$

(G2) $(\mathbf{A}')^{-1} = (\mathbf{A}^{-1})'$

(G3) $(\mathbf{AB})^{-1} = \mathbf{B}^{-1}\mathbf{A}^{-1}$

(G4) $\mathbf{A}$ ist genau dann invertierbar, wenn sie nicht-singulär ist.

(G5) $\mathbf{A}^{-1}$ ist symmetrisch, wenn $\mathbf{A}$ symmetrisch ist.

(G6) Die Inverse einer orthonormalen Matrix $\mathbf{C}$ ist die zu $\mathbf{C}$ transponierte Matrix $\mathbf{C}'$: $\mathbf{C}'\mathbf{C} = \mathbf{C}\mathbf{C}' = \mathbf{I}$.

E.8 Das Kronecker-Produkt

Das **Kronecker-Produkt** einer $(n \times m)$-Matrix $\mathbf{A}$ mit einer $(p \times q)$-Matrix $\mathbf{B}$,

$$\mathbf{A} = \begin{pmatrix} a_{11} & \dots & a_{1m} \\ \vdots & \dots & \vdots \\ a_{n1} & \dots & a_{nm} \end{pmatrix}, \; \mathbf{B} = \begin{pmatrix} b_{11} & \dots & b_{1q} \\ \vdots & \dots & \vdots \\ b_{p1} & \dots & b_{pq} \end{pmatrix},$$

ist die Matrix

$$\mathbf{A} \otimes \mathbf{B} = \begin{pmatrix} a_{11}\mathbf{B} & \dots & a_{1m}\mathbf{B} \\ \vdots & \dots & \vdots \\ a_{n1}\mathbf{B} & \dots & a_{nm}\mathbf{B} \end{pmatrix} = \begin{pmatrix} a_{11}b_{11} & \dots & a_{1m}b_{1q} \\ \vdots & \dots & \vdots \\ a_{n1}b_{p1} & \dots & a_{nm}b_{pq} \end{pmatrix}$$

von der Ordnung $np \times mq$.

Eigenschaften: Die Matrizen $\mathbf{A}_1$ und $\mathbf{A}_2$ seien von der Ordnung $n \times m$, die Matrizen $\mathbf{B}_1$ und $\mathbf{B}_2$ von der Ordnung $p \times q$. Dann gelten folgende Aussagen:

1. $\mathbf{A}_1 \otimes \mathbf{B}_1 + \mathbf{A}_2 \otimes \mathbf{B}_1 = (\mathbf{A}_1 + \mathbf{A}_2) \otimes \mathbf{B}_1$
   $\mathbf{A}_1 \otimes \mathbf{B}_1 + \mathbf{A}_1 \otimes \mathbf{B}_2 = \mathbf{A}_1 \otimes (\mathbf{B}_1 + \mathbf{B}_2)$
2. $k(\mathbf{A}_1 \otimes \mathbf{B}_1) = k\mathbf{A}_1 \otimes \mathbf{B}_1 = \mathbf{A}_1 \otimes (k\mathbf{B}_1)$
3. $(\mathbf{A}_1 \otimes \mathbf{B}_1)(\mathbf{A}_2' \otimes \mathbf{B}_2') = \mathbf{A}_1\mathbf{A}_2' \otimes \mathbf{B}_1\mathbf{B}_2'$
4. $\mathrm{Sp}(\mathbf{A}_1 \otimes \mathbf{B}_1) = \mathrm{Sp}(\mathbf{A}_1)\mathrm{Sp}(\mathbf{B}_1)$
5. $(\mathbf{A}_1 \otimes \mathbf{B}_1)^{-1} = \mathbf{A}_1^{-1} \otimes \mathbf{B}_1^{-1}$, wenn $m = n$, $p = q$ und $\mathbf{A}_1$,$\mathbf{B}_1$ invertierbar

E.9 Differenzieren von Ausdrücken in Vektoren und Matrizen

Beim Differenzieren von Ausdrücken in Vektoren und Matrizen interessieren die folgenden Fälle:

- Das Differenzieren einer Funktion mehrerer Veränderlicher $f(x_1, \ldots, x_n) = f(\mathbf{x})$ nach den Komponenten des Vektors x; dieser so genannte **Gradient** ist definiert zu

  $$\frac{\partial f}{\partial \mathbf{x}} = \begin{pmatrix} \frac{\partial f}{\partial x_1} \\ \vdots \\ \frac{\partial f}{\partial x_n} \end{pmatrix}.$$

  Analog ist definiert

  $$\frac{\partial f}{\partial \mathbf{x}'} = \begin{pmatrix} \frac{\partial f}{\partial x_1} & \cdots & \frac{\partial f}{\partial x_n} \end{pmatrix}.$$

  Die Matrix der zweiten Ableitungen, die Hesse'sche Matrix, ist

  $$\frac{\partial^2 f}{\partial \mathbf{x} \partial \mathbf{x}'} = \begin{pmatrix} \frac{\partial^2 f}{\partial x_1^2} & \cdots & \frac{\partial^2 f}{\partial x_1 \partial x_n} \\ \vdots & \cdots & \vdots \\ \frac{\partial^2 f}{\partial x_n \partial x_1} & \cdots & \frac{\partial^2 f}{\partial^2 x_n} \end{pmatrix}.$$

  Die Hesse'sche Matrix ist symmetrisch, wenn die zweiten Ableitungen von f stetige Funktionen der x_i sind.

- Das Differenzieren eines inneren Produkts $\mathbf{a}'\mathbf{x}$ nach den Komponenten $\mathbf{x}$ ergibt sich in Anwendung des Gesagten zu

  $$\frac{\partial \mathbf{a}'\mathbf{x}}{\partial \mathbf{x}} = \mathbf{a}.$$

- Differenzieren der quadratischen Form $\mathbf{x}'\mathbf{A}\mathbf{x} = \sum_i \sum_j a_{ij} x_i x_j$ ergibt

  $$\frac{\partial \mathbf{x}'\mathbf{A}\mathbf{x}}{\partial \mathbf{x}} = (\mathbf{A} + \mathbf{A}')\mathbf{x}.$$

  Gilt $\mathbf{A} = \mathbf{A}'$, so ergibt sich

  $$\frac{\partial \mathbf{x}'\mathbf{A}\mathbf{x}}{\partial \mathbf{x}} = 2\mathbf{A}\mathbf{x}.$$

  Für die zweiten Ableitungen ergibt sich

  $$\frac{\partial^2 \mathbf{x}'\mathbf{A}\mathbf{x}}{\partial \mathbf{x} \partial \mathbf{x}'} = \mathbf{A} + \mathbf{A}'.$$

Einführung in EViews

F

ÜBERBLICK

F.1 Einleitung

EViews ist ein Produkt von Quantitative Micro Software, einem Softwareanbieter, der in Irvine, Kalifornien, beheimatet ist. Es ist aus dem Programmpaket MicroTSP hervorgegangen, ein Paket zur Analyse von Zeitreihen, das seit 1981 auf dem Markt ist. Seine heutige Form hat EViews vor allem durch die Mitwirkung namhafter Ökonometer und Ökonomen bekommen. Seine Anwendungsbereiche sind *„scientific data analysis and evaluation, financial analysis, macroeconomic forecasting, simulation, sales forecasting, and cost analysis“*.EViews ist als Anwender-Software für die MS Windows-Umgebung konzipiert. Daten können aus Textdateien oder Excel- oder Lotus-Spreadsheets importiert oder über die Tastatur eingegeben werden. Maus- und Fenster-Technik ebenso wie die graphischen Möglichkeiten eines modernen PC werden sowohl zum Steuern der Analyseschritte als auch zum Darstellen der Ergebnisse intensiv genutzt. Alternativ können die Operationen durch entsprechende Befehle aufgerufen und Sequenzen solcher auch als Programme gespeichert und ausgeführt werden.

Erste Schritte in EViews, zu denen diese Einführung eine Hilfe gibt, beinhalten

- den Aufruf von EViews,
- das Einlesen von Daten,
- das Durchführen einer typischen Analyse und das Lesen der Ergebnisse.

Schließlich werden in dieser Einführung die für das Verstehen der Arbeitsweise wichtigen Konzepte wie Workfile, Objekte, Fenstertechnik und Funktionen behandelt.

Nach dem Aufruf von EViews durch Anklicken des Programm-Ikons erscheint das **Hauptfenster**, das von oben nach unten (1) das Hauptmenü (*main menu*), (2) das Befehlsfenster (*command window*), (3) die Statuszeile (*status line*) und (4) den Arbeitsbereich (*work area*) enthält.

F.1.1 Das Hauptmenü

Das Hauptmenü umfaßt die in der folgenden Liste angeführten Menüpunkte, zu denen der jeweilige Funktionsbereich kurz umrissen ist.

File	Dateioperationen
Edit	Bearbeitungsoperationen
Objects	Befehle zum Erstellen und Bearbeiten von EViews-Objekten
View	Ansichtsoptionen
Procs	Prozeduren zum Ändern von Ansichten der Daten oder der Daten selbst
Quick	Abkürzungen für einige EViews-Operationen
Options	Anpassungen von Optionen und Einstellungen von EViews
Window	Umschalten zwischen und Anordnen der Fenster
Help	Online-Hilfesystem

Achtung! Die Menüs Objects, View und Procs verändern ihre Inhalte je nachdem, welches Fenster (Befehlsfenster, Workfile-Fenster, Series-Fenster, ...) aktiv ist.

F.1.2 Das Befehlsfenster

Das Befehlsfenster befindet sich direkt unterhalb des Hauptmenüs. Die meisten Operationen in `EViews` können entweder durch Anklicken eines Menüpunktes oder durch Eintippen eines Befehles in das Befehlsfenster ausgeführt werden. Sobald man die Taste ENTER drückt, wird der eingetippte Befehl ausgeführt. Während das Verwenden der Menüs den Vorteil hat, dass auch umfangreiche Befehle durch nur wenige Mausklicks eingegeben werden können, hat das Eintippen von Befehlen in das Befehlsfenster den Vorteil, dass man die Befehle, die im Befehlsfenster als Liste erhalten bleiben, dokumentiert hat und auch im Nachhinein verfolgen kann, was `EViews` getan hat.

Wenn eine Befehlsfolge mehr Zeilen umfasst, als in das Befehlsfenster passen, erscheint auf der rechten Seite des Fensters eine Bildlaufleiste (*scrollbar*), mit der man den sichtbaren Ausschnitt des Befehlsfensters verschieben kann. Man kann die Größe des Befehlsfensters verändern, indem man den Mauszeiger zum unteren Rand des Befehlsfensters bewegt, so dass der Mauszeiger zu einem Doppelpfeil wird, die linke Maustaste drückt, und den Rand des Befehlsfensters nach oben oder unten verschiebt.

Der aktuelle Inhalt des Befehlsfensters kann in einer Textdatei abgespeichert werden. Dazu muss das Befehlsfenster aktiv sein. Dies erreicht man, indem man mit der Maus in das Befehlsfenster klickt. Dann kann man mittels des Menüpunktes `File/Save As` ... den Inhalt abspeichern.

F.1.3 Die Statuszeile

In der Statuszeile werden von `EViews` bestimmte Informationen bereitgestellt. Im rechten Teil der Statuszeile steht unter anderem das aktuelle Default-Verzeichnis, das beim Öffnen und Speichern von Dateien vorgeschlagen wird.

F.1.4 Der Arbeitsbereich

Der Arbeitsbereich enthält die Objekt-Fenster, die von `EViews` erzeugt werden. Man kann zwischen diesen Fenstern wechseln, indem man das Window-Menü verwendet oder indem man auf die Titelleiste des Fensters klickt, das man aktivieren und damit in den Vordergrund bringen will. Fenster können verschoben werden, indem man auf die Titelleiste klickt und die Maus bei gedrückter linker Maustaste bewegt.

F.2 Workfile

Ein zentrales Konzept ist für `EViews` das Objekt. Ein Objekt ist eine Einheit, in der zusammengehörende Informationen zusammengefasst sind. Zum Beispiel sind die Beobachtungen einer Zeitreihe in einem Series-Objekt, mehrere Zeitreihen zu einem Group-Objekt zusammengefasst. Die meisten Verarbeitungen in `EViews` betreffen Objekte.

Ein Workfile ist ein „Container“ von verschiedenen Objekten, mit dessen Hilfe man die zu analysierenden Daten und Arbeitsergebnisse organisieren, abspeichern und weitergeben kann. Eine weitere Art eines solchen „Containers“ ist das Group-Objekt. Workfiles haben beim Arbeiten mit `EViews` eine ganz wesentliche Bedeutung. In diesem Abschnitt werden das Arbeiten mit Workfiles und ihre wichtigsten Eigenschaften behandelt.

F.2.1 Erstellen eines Workfiles

Der erste Schritt bei der Durchführung eines Projektes mit `EViews` ist das Erstellen eines neuen Workfiles oder das Laden eines existierenden Workfiles. Mit dem Menüpunkt

`File/New/Workfile...`

kann man ein neues Workfile erstellen. Bei Anwahl dieses Menüpunktes erscheint ein Dialogfenster, in dem man den Workfile-Bereich (*workfile range*), d.h. die Beobachtungsfrequenz (*workfile frequency*) und den Zeitbereich (*start date* und *end date*) für das Workfile, eingibt. Als Beobachtungsfrequenz können Jahres-, Halbjahres-, Quartals-, Monats-, Wochen- und Tagesdaten verwendet werden; für Querschnittsdaten oder irreguläre Beobachtungen gibt man „irregular" ein. Entsprechend der Beobachtungsfrequenz wird das Startdatum und das Enddatum, bei Querschnittsdaten eine Startnummer und eine Endnummer eingegeben. Den Zeitbereich des Workfiles kann man (z.B. mit dem Menüpunkt `Procs/Change Workfile Range...`) später ändern.

Klickt man im Dialogfenster zum Festlegen des Beobachtungsbereiches auf `OK`, erscheint im Arbeitsbereich ein neues Workfile-Fenster mit dem Titel `Workfile: UNTITLED`. Das neue Workfile enthält die Objekte `c` und `resid` (siehe unten). Im oberen Teil des Workfile-Fensters findet man neben dem Wort `Range` den Zeitbereich, den man vorher eingeben hat. `Sample` gibt jenen Bereich der Daten an, der für aktuelle Analysen verwendet wird.

F.2.1.1 Datumsformate

Damit `EViews` Datumseingaben erkennen kann, müssen diese in einem bestimmten Format erfolgen:

Beob.-Frequenz	Format	Beispiel
`annual`	`JJJJ, JJ`	1965, 65 für 1965
`quarterly`	`JJJJ/Q`	1972/2 für 2. Quartal 1972
`monthly`	`JJJJ/MM`	1976/11 für November 1976
`weekly`	`MM/TT/JJJJ`	2/17/1987 für 17. Februar 1987
`daily`	`MM/TT/JJJJ`	6/21/2005 für 21. Juni 2005

Bei `weekly` bestimmt das eingegebene Datum den ersten Tag der Woche. Der 17. Februar 1987 in obigem Beispiel ist ein Dienstag; es wird davon ausgegangen, dass die Wochen von Dienstag bis zum nachfolgenden Montag gehen.

Anstelle des Trennzeichens „/" kann in den Datumsformaten auch „:" verwendet werden. Im Menüpunkt `Options/Frequency conversion - Dates...` kann man das Datumsformat von der amerikanischen Darstellung `MM/TT/JJJJ` auf das Datumsformat `TT/MM/JJJJ` umstellen.

F.2.1.2 Speichern des Workfiles

Mit dem Menüpunkt

`File/Save As...`

kann man das Workfile speichern, wobei Dateiname und -pfad festzulegen sind. Anstelle `UNTITLED` werden künftig in der Titelleiste des Workfile-Fensters Dateiname und -pfad angegeben.

F.2.1.3 Workfile buttons

Unmittelbar unter der Titelleiste des Workfile-Fensters befindet sich eine Befehlsleiste (*menu bar*) mit Schaltflächen (*buttons*), die Abkürzungen zu diversen `EViews`-Befehlen anbieten. Die buttons `View`, `Procs` und `Objects` enthalten die gleichnamigen Menüs.

F.2.2 Import von Daten

Daten können aus ASCII-Text-, Lotus- oder Excel-Dateien importiert oder über die Tastatur eingegeben werden.

F.2.2.1 Importieren von Daten aus einer Datei

Über den Menüpunkt

`File/Import/Read Text-Lotus-Excel`

können Daten aus Text-, Lotus- oder Excel-Dateien importiert werden. Nach Anklicken des Menüpunktes erscheint ein Dateiauswahldialog. Hier wählt man die zu importierende Datei aus und klickt auf `Offnen`. Es erscheint ein weiteres Dialogfeld, in dem man angibt, wie die Daten in der Datei formatiert sind. Für die in den Übungen verwendeten Datensätze sollten die Standardeinstellungen passen. Man muss nur noch die Anzahl der Datenreihen eingeben. Diese kann man im unteren Teil des Dialogfensters abzählen. Näheres zu den umfangreichen Möglichkeiten des Datenimports findet man im `Help System` unter `Data Import and Export`.

F.2.2.2 Eingabe über die Tastatur, Editieren der Daten

Dazu verwendet man den Menüpunkt

`Objects/New Object...`,

wählt den Typ `Series`, gibt einen Namen für die Zeitreihe ein und klickt auf `OK` (alternativ kann man auch im Befehlsfenster den Befehl `series`, gefolgt vom Namen der zu erstellenden Reihe, eingeben). Dann klickt man im Workfile-Fenster doppelt auf die soeben erstellte Reihe, um das Series-Fenster zu öffnen. In diesem Fenster klickt man auf `Edit+/-`, um den Editiermodus einzuschalten, und kann dann die Werte für die einzelnen Beobachtungen eintragen. Schließlich klickt man auf `Edit+/-`, um den Editiermodus wieder zu verlassen.

F.2.3 Beobachtungsbereich des Workfiles verändern

Mit dem Menüpunkt

`Procs/Change workfile Range...`

kann man den Workfile-Bereich des Workfiles verändern, etwa wenn man nachträglich weitere Daten hinzufügen möchte, die über den ursprünglich vorhandenen Zeitbereich hinausgehen.

F.2.4 Sortieren

Mit dem Menüpunkt

`Procs/Sort Series...`

kann man die Daten des Workfiles sortieren. Im Dialogfenster ist jene Zeitreihe (`series`) als Sortierkriterium (`sort key`) einzugeben, nach dessen Werten aufsteigend (oder absteigend) alle Beobachtungen sortiert werden sollen. Man kann auch mehrere Zeitreihen als Sortierkriterien angeben; Beobachtungen mit gleichen Werten für das erste Sortierkriterium werden nach den Werten des zweiten Sortierkriteriums sortiert etc.

F.2.5 Sample

Der Begriff `Sample` bedeutet jenen Teil der Daten, der für die Analyse verwendet wird. Der Sample-Bereich kann eine Teilmenge des Workfile-Bereichs sein. Damit kann man zum Beispiel erreichen, dass für die Schätzung von Parametern nur ein Teil der Daten verwendet wird, und der Rest der Daten zur Modellevaluation zur Verfügung steht. Bei der Spezifikation des Workfiles wird der Sample-Bereich identisch mit dem Workfile-Bereich festgelegt. Mit den Menüpunkten

`Quick/Sample...` oder `Proc/Sample...`

kann der Sample-Bereich geändert werden. Dabei ist es möglich, mehrere Teilbereiche anzugeben. Zum Beispiel bedeutet ein Sample-Bereich mit den Jahren 1961-1978 und 1981-1995, dass zwei Jahre von der Analyse ausgeschlossen werden. Man kann aber auch eine Bedingung angeben, so dass nur Beobachtungen verwendet werden, die einen bestimmten Wert in einer Datenreihe aufweisen.

Wenn man mehrere verschiedene Sample-Bereiche hat, zwischen denen man häufig hin- und herwechselt, kann man für jeden dieser Sample-Bereiche ein Sample-Objekt anlegen. Man braucht dann nur mehr den Namen des Sample-Objektes angeben und nicht noch die einzelnen Zeitbereiche und/oder Bedingungen.

F.2.6 Series-Objekt

`EViews` organisiert die Zeit- oder Datenreihen in so genannten Series-Objekten. Series-Objekte werden entweder beim Import von Daten oder mit den Menüpunkten

`Quick/Generate Series...` oder `Proc/Generate Series...`

erzeugt. Bei letzterer Methode hat man die Möglichkeit, einen arithmentischen Ausdruck anzugeben, mittels dem die Werte für die neue Datenreihe aus anderen, schon bestehenden Datenreihen berechnet werden. Damit ist es beispielsweise möglich, eine Datenreihe zu transformieren, etwa eine logarithmische Datentransformation der Variablen BIB mit dem Ausdruck LOG(BIP) vorzunehmen, oder aus nominellen Größen (KONSUM) reale Größen (KONSUMR=KONSUM/CPI) zu generieren. Dem Menüpunkt entspricht das Anklicken der Schaltfläche `genr` im Workfile-Fenster und der Befehl `genr` im Befehlsfenster.

Durch Doppelklick auf den Namen der Datenreihe im Workfile-Fenster kann man eine Datenreihe in einem eigenen Fenster öffnen. In diesem Fenster hat man über die Schaltfläche `View` die Möglichkeit, die Datenreihe in verschiedenen Grafiken darzustellen und ein Reihe von Statistiken für die Datenreihe anzuzeigen. Durch Klicken auf die Schaltfläche `Edit+/-` kann man den Editiermodus ein- und ausschalten. Im Editiermodus kann man die Werte der einzelnen Beobachtungen editieren (siehe auch den Abschnitt F.2.2 „Eingabe über die Tastatur").

Eine spezielle Art von Datenreihen sind Dummy-Datenreihen. Dies sind Datenreihen, deren Werte aus 0 und 1 bzw. −1 bestehen und die dazu dienen, den Effekt bestimmter singulärer Ereignisse zu modellieren. Beispielsweise kann man den Effekt der Vorziehkäufe, die durch die 1978 in Österreich eingeführten Luxussteuer ausgelöst wurden, mit einer Datenreihe modellieren, die im Jahr 1977 den Wert −1, in allen anderen Jahren den Wert 0 hat. In ähnlicher Weise werden saisonale Dummies (Zeitreihen mit Quartalswerten, die in einem bestimmten Quartal den Wert 1 haben und sonst 0) verwendet. Zum Erzeugen einer saisonale Dummy-Datenreihe gibt es die Funktion `@seas(n)`; der Befehl

```
genr q1=@seas(1)
```

erzeugt eine Datenreihe `q1`, die im ersten Quartal eines jeden Jahres den Wert 1 hat und sonst 0.

F.2.7 Group-Objekt

Mit dem Group-Objekt kann man mehrere Datenreihen zu einer Gruppe zusammenfassen, um z.B. gemeinsame Grafiken zu erzeugen oder Statistiken anzuzeigen. Eine Möglichkeit, ein Group-Objekt zu erzeugen, besteht darin, dass man im Workfile-Fenster die betreffenden Datenreihen selektiert (indem man bei gedrückter STRG-Taste nacheinander die Datenreihen anklickt) und dann mit der rechten Maustaste auf einen der selektierten Namen klickt. Es erscheint dann ein Auswahlmenü, in dem man `Open Group` anklickt. Die Reihenfolge des Selektierens bestimmt die Reihenfolge der Anzeige im Group-Fenster.

In diesem Group-Fenster kann man über die Schaltfläche `View` die Datenreihen als Grafik(en) darstellen oder verschiedene Statistiken für die Datenreihen anzeigen (z.B. `View/Correlations` zur Anzeige der Korrelationsmatrix). Durch Klicken auf die Schaltfläche `Edit+/-` kann man den Editiermodus ein- und ausschalten. Im Editiermodus kann man die Werte der einzelnen Beobachtungen editieren und auch weitere Datenreihen zu der Gruppe hinzufügen.

F.2.8 Ausdrücke

An allen Stellen, wo eine Datenreihe mit ihrem Variablennamen angesprochen wird (z.B. bei der Least-Squares-Schätzung), kann anstatt der Datenreihe auch ein Ausdruck verwendet werden. Zum Beispiel kann man, anstatt eine neue Datenreihe zu erzeugen, um ein Modell mit transformierten Daten zu schätzen, den Transformationsausdruck in der Schätzgleichung verwenden.

F.2.9 Grafiken

Im Series-Fenster und im Group-Fenster können durch Anklicken der Schlatfläche `View` und Auswahl des gewünschten Menüpunktes Datenreihen in Form verschiedener Grafiken dargestellt werden. Das Angebot an verfügbaren Graphiken hängt davon ab, wie viele Datenreihen das Fenster enthält.

Wenn eine Grafik angezeigt wird, kann durch Doppelklick ein Optionendialog aufgerufen werden, in dem die Darstellung der Grafik bearbeitet werden kann. Durch Doppelklicken auf einzelne Elemente (Legende, Achsenbeschriftung...) einer Grafik werden jeweils eigene Dialoge aufgerufen, mit deren Hilfe diese Elemente verändert werden können.

Mit der Schaltfläche `Freeze` kann eine angezeigte Grafik in ein Grafik-Objekt umgewandelt werden. Dieses „Einfrieren" hat zur Folge, dass die Grafik erhalten bleibt, auch wenn die zugrunde liegenden Daten verändert werden. Beispielsweise kann man mit einer solchen Grafik die Residuen einer Regressionsbeziehung dokumentieren, während die Residuen und damit die Datenreihe `resid` bei der Schätzung eines modifizierten Modells verändert werden.

F.3 Modellschätzung in EViews

Die Schätzung der Parameter eines Regressionsmodells erfolgt über den Menüpunkt

`Quick/Estimate Equation...`

Bei Aufruf dieses Menüpunktes erscheint ein Dialogfenster `Equation Specification`, in dem man die Modellgleichung spezifiziert und die Schätzmethode und den Sample-Bereich auswählt, für den die Schätzung durchgeführt werden soll. Alternativ erreicht man dieses Dialogfenster von einem Group-Fenster über den Menüpunkt

`Proc/Make Equation...`

Auch der Menüpunkt `Procs`, der auch im Workfile-Fenster zur Verfügung steht, erlaubt das Aufrufen der Programme zur Schätzung der Parameter. Allerdings gelangt man zuerst in ein Auswahlfenster, in dem die Art des Objektes festzulegen ist, das analysiert werden soll, hier `Equation`; nach Bestätigung der Auswahl gelangt man in das oben erwähnte Dialogfenster.

F.3.1 Das Dialogfenster Equation Specification

Die Modellgleichung kann (a) als eine Gleichung oder (b) als Liste der abhängigen, dann der unabhängigen Variablen eingegeben werden, wobei für das Interzept ein „C" steht. Beispielsweise kann das Modell $Y_t = a + bX_{2t} + cX_{3t}$ spezifizieren als

```
Y=C(1)+C(2)*X2+C(3)*X3
```

oder als

```
Y C X2 X3.
```

Hierbei entspricht C(1) dem Parameter a, `C(2)` dem Parameter b und `C(3)` dem Parameter `c`; `Y`, `X2` und `X3` stehen für die entsprechenden Datenreihen. Die Parameter `C(1)`, `C(2)`, `C(3)` usw. sind in `EViews` bereits vordefiniert (sie werden *coefficents* genannt). An Stelle einzelner Datenreihen können auch Ausdrücke eingegeben werden, die Datenreihen enthalten (`Log(X1)` oder `X1-X2` oder `D(X1)` etc.).

Achtung! `C` ist in `EViews` ein reserviertes Wort, das als Name nicht zur Verfügung steht.

Im Dialogfenster gibt es den Bereich `Estimation Settings`, in dem die Schätzmethode festgelegt wird. Nach Klicken auf den kleinen nach unten zeigenden Pfeil im Feld *Method:* kann man die gewünschte Methode aus einer Liste auswählen. Die Methode der kleinsten Quadrate (`LS - Least Squares`) ist voreingestellt. Der Sample-Bereich, der in diesem Dialog eingegeben wird, ist nur in dieser einen Schätzung wirksam und verändert nicht den für das Workfile eingestellten Sample-Bereich. Man kann also in der Schätzung bequem einen vom Workfile abweichenden Sample-Bereich verwenden.

F.3.2 Das Output-Fenster zur Modellschätzung

Nachdem man im Dialogfenster `Equation Specification` auf `OK` geklickt hat, erscheint das Output-Fenster mit den Ergebnissen der Schätzung. Es enthält folgende Informationen:

- die abhängige Variable
- die Schätzmethode
- Datum und die Uhrzeit der Schätzung
- den Sample-Bereich, für den die Schätzung durchgeführt wurde

- die Zahl der Beobachtungen, die für die Schätzung verwendet wurden (Beobachtungen, für die die Werte einer oder mehrerer Datenreihen fehlen, werden nicht für die Schätzung verwendet)
- für jede unabhängige Variable eine Zeile mit dem Namen der Variablen, dem Schätzwert, der Standardabweichung, der t-Statistik und dem zugehörigen p-Wert der t-Statistik
- den Wert des Bestimmtheitsmaßes R^2 und des adjustierten Bestimmtheitsmaßes
- die geschätzte Standardabweichung des Störterms
- die Summe der quadrierten Residuen
- den Wert der logarithmierten Likelihood-Funktion
- den Wert der Durbin-Watson-Statistik, ein Test auf serielle Korrelation erster Ordnung in den Residuen
- Mittelwert und Standardabweichung der abhängigen Variablen
- den Wert des Akaike-Informationskriteriums und des Schwartz-Kriteriums, die beide insbesondere zur Entscheidung zwischen zwei oder mehreren Modellvarianten verwendet werden können
- den Wert der F-Statistik für den Test der Nullhypothese, dass alle Regressionskoeffizienten (außer dem Interzept) Null sind (ANOVA-Test)
- den p-Wert der F-Statistik

Diese Inhalte sind Teile des Equation-Objektes, das durch die Modellschätzung erzeugt wurde. Klickt man im Output-Fenster auf die Schaltfläche `Name`, kann man dem Equation-Objekt einen Namen geben, unter dem es im Workfile abrufbar ist. Durch Klicken auf die Schaltfläche `View` hat man die Möglichkeit, Schätzergebnisse oder Teile davon auf verschiedene Arten darzustellen (z.B. Grafiken von Gegenüberstellungen der Prognosen und der beobachteten Werte der abhängigen Variablen oder verschiedene Darstellungen der Residuen), die Kovarianzmatrix der Parameter anzuzeigen oder verschiedene Tests zum Überprüfen der Modellspezifikation durchzuführen. Über die Schaltfläche `Procs` kann man das Modell neu schätzen (mit anderen Regressoren oder für einen anderen Zeitbereich), eine Datenreihe mit Prognosen oder eine Datenreihe mit den Residuen erstellen.

F.3.3 Rechnen mit Schätzergebnissen

Die Schätzung der Modellparameter ist meist nicht der Endpunkt der Analyse. Oft sollen nach der Schätzung noch verschiedene Tests durchgeführt werden. Wenn ein solcher Test nicht schon in `EViews` vorprogrammiert und abrufbar ist, wird man möglicherweise im Output-Fenster angezeigte Ergebnisse in einen Taschenrechner eintippen, um zu den gewünschten Werten zu kommen. `EViews` bietet jedoch auch die Möglichkeit, in Ausdrücken direkt auf solche Schätzergebnisse zuzugreifen und hat außerdem viele Verteilungsfunktionen eingebaut, die zum Ermitteln von p-Werten benötigt werden.

Beispielsweise könnte das Durchführen eines F-Tests auf das Zutreffen einer Restriktion für die Parameter folgendermaßen aussehen:

1. Schätzung der Modelle (a) mit Berücksichtigung der Restriktion und (b) ohne diese Restriktion; die beiden Equation-Objekte werden als EQA und EQB benannt
2. Berechnung der F-Statistik
   `scalar F = (EQA.@ssr-EQB.@ssr)/(EQB.@ssr)*(EQB.@regobs-EQB.@ncoef)/2`
3. Berechnung des entsprechenden p-Wertes
   `scalar p = 1-@cfdist(F,2,EQB.@regobs-EQB.@ncoef)`

Mit `EQA.@ssr` kann auf die Summe der quadrierten Residuen des Equation-Objekts `EQA` zugegriffen werden. `EQB.@regobs` und `EQB.@ncoef` sind die Anzahl der Beobachtungen und der Parameter in `EQB`. Die Funktion `@cfdist(x,f1,f2)` liefert den Wert der Verteilungsfunktion der F-Verteilung mit `f1` und `f2` Freiheitsgraden an der Stelle `x`. Mit dem Befehl `scalar F = ...` wird das Ergebnis des entsprechenden Ausdrucks dem Skalar `F` zugewiesen; der Wert eines Skalars (oder das Ergebnis eines Ausdruck) kann mit `show` angezeigt werden.

F.4 Funktionen

F.4.1 Einige Funktionen zu Equation-Objekten

Mit diesen Funktionen kann auf die Ergebnisse einer Schätzung zugegriffen werden:

`@r2`	Bestimmtheitsmaß R^2
`@rbar2`	adjustiertes Bestimmtheitsmaß
`@se`	Standardabweichung der Residuen
`@ssr`	Summe der quadrierten Residuen
`@regobs`	Anzahl der Beobachtungen
`@ncoef`	Anzahl der geschätzten Parameter
`@coefs(i)`	Schätzwert des i-ten Parameters
`@stderrs(i)`	Standardabweichung des i-ten Parameters
`@tstats(i)`	t-Statistik des i-ten Parameters
`@cov(i,j)`	Kovarianz der Parameter i und j

F.4.2 Weitere Funktionen

Diese Funktionen können in allgemeinen Ausdrücken verwendet werden:

`@log(x)`	natürlicher Logarithmus von x
`@sqr(x)`	Quadratwurzel aus x
`x(-n)`	Lag-Operator, liefert x_{t-n}
`d(x)`	erste Differenz einer Datenreihe $x : d(x_t) = x_t - x_{t-1}$
`dlog(x)`	erste Differenz des Logarithmus einer Datenreihe:
	$\texttt{dlog}(\texttt{x}_\texttt{t}) = \log(\texttt{x}_\texttt{t}) - \log(\texttt{x}_{\texttt{t}-1}) = \log(\texttt{x}_\texttt{t}/\texttt{x}_{\texttt{t}-1})$
`@seas(n)`	Funktion zur Erzeugung von *seasonal dummies*
`@sum(x)`	Summe der Beobachtungen der Datenreihe x
`@smsq(x)`	Summe der Quadrate der Beobachtungen der Datenreihe x

F.4.3 Funktionen zu Wahrscheinlichkeitsverteilungen

EViews enthält Funktionen zu Wahrscheinlichkeitsverteilungen, u.a. zur Normal-, Gleich-, t-, Chi-Quadrat- und F-Verteilung. Für jede dieser Verteilungen stehen die Verteilungsfunktion, die Dichtefunktion und die Quantilsfunktion zur Verfügung und kann ein Zufallszahlengenerator aufgerufen werden. Die Art der Funktion wird durch ein Präfix bestimmt:

Art der Funktion	Präfix
Verteilungsfunktion	`@c`
Dichtefunktion	`@d`
Quantilsfunktion	`@q`
Zufallszahlengenerator	`@r`

Die Namen der Verteilungen sind:

`norm`	Normalverteilung
`unif`	Gleichverteilung
`tdist`	t-Verteilung
`chisq`	Chi-Quadrat-Verteilung
`fdist`	F-Verteilung

Je nach Art der Funktion und Verteilung sind entsprechende Argumente anzugeben. Für `@c` und `@d` ist das erste Argument die Stelle, an der die Funktion ausgewertet werden soll. Für `@q` ist das erste Argument die Wahrscheinlichkeit. Die Gleichverteilung benötigt die Intervallgrenzen. Für t- und Chi-Quadrat-Verteilung ist die Zahl der Freiheitsgrade anzugeben. Bei der F-Verteilung sind zwei Freiheitsgrade anzugeben.

Beispiele:

`@dnorm(x)`	Wert der Dichtefunktion der Normalverteilung an der Stelle x
`@cfdist(x,v1,v2)`	Wert der Verteilungsfunktion der F-Verteilung mit $v1$ und $v2$ Freiheitsgraden an der Stelle x
`@qtdist(p,v)`	p-Quantil der t-Verteilung mit v Freiheitsgraden

Tabellen

Die modernen ökonometrischen Programmpakete stellen zu den meisten Teststatistiken auch p-Werte zur Verfügung, so dass der Anwender zumindest von den gängigen Wahrscheinlichkeits-Verteilungen wie Normal-, t- und F-Verteilung kaum mehr Tabellen in die Hand nimmt. Dazu bieten diese Programmpakete auch die Möglichkeit, Perzentile und Wahrscheinlichkeiten der gängigen Wahrscheinlichkeits-Verteilungen berechnen zu lassen. Daher beschränkt sich das Angebot an Tabellen in diesem Buch auf einige wenige Verteilungen.

Tabelle G.1

Untere (d_L) und Obere Schranken (d_U) der kritischen Werte des Durbin-Watson-Tests für $\alpha = 0.05$; k ist die Anzahl der Regressoren einschließlich Interzept. Nach Durbin & Watson (1951).

	$k=2$		$k=3$		$k=4$		$k=6$		$k=10$	
n	d_L	d_U	d_L	d_U	d_L	d_U	d_L	d_U	d_L	d_U
15	1.08	1.36	0.95	1.54	0.81	1.75	0.56	2.22	0.17	3.22
16	1.11	1.37	0.98	1.54	0.86	1.73	0.61	2.16	0.22	3.09
17	1.13	1.38	1.01	1.54	0.90	1.71	0.66	2.10	0.27	2.97
18	1.16	1.39	1.05	1.53	0.93	1.70	0.71	2.06	0.32	2.87
19	1.18	1.40	1.07	1.54	0.97	1.68	0.75	2.02	0.37	2.78
20	1.20	1.41	1.10	1.54	1.00	1.68	0.79	1.99	0.42	2.70
22	1.24	1.43	1.15	1.54	1.05	1.66	0.86	1.94	0.50	2.57
24	1.27	1.45	1.19	1.55	1.10	1.66	0.92	1.90	0.58	2.46
26	1.30	1.46	1.22	1.55	1.14	1.65	0.98	1.87	0.66	2.38
28	1.33	1.48	1.25	1.56	1.18	1.65	1.03	1.85	0.72	2.31
30	1.35	1.49	1.28	1.57	1.21	1.65	1.07	1.83	0.78	2.25
35	1.40	1.52	1.34	1.58	1.28	1.65	1.16	1.80	0.91	2.14
40	1.44	1.54	1.39	1.60	1.34	1.66	1.23	1.79	1.01	2.07
50	1.50	1.58	1.46	1.63	1.42	1.67	1.33	1.77	1.16	1.99
75	1.58	1.65	1.57	1.68	1.54	1.71	1.45	1.77	1.37	1.90
100	1.65	1.69	1.63	1.71	1.60	1.74	1.57	1.78	1.48	1.87
200	1.76	1.78	1.75	1.79	1.74	1.80	1.72	1.82	1.67	1.86

Tabelle G.2

Perzentile der Verteilungen von Dickey-Fuller's τ-Statistik für zwei Werte von n. Nach Fuller (1976).

n		Perzentile für $p =$ 0.01	0.05	0.10
25	τ	−2.66	−1.95	−1.60
	τ_μ	−3.75	−3.00	−2.63
	τ_τ	−4.38	−3.60	−3.24
50	τ	−2.62	−1.95	−1.61
	τ_μ	−3.58	−2.93	−2.60
	τ_τ	−4.15	−3.50	−3.18
100	τ	−2.60	−1.95	−1.61
	τ_μ	−3.51	−2.89	−2.58
	τ_τ	−4.04	−3.45	−3.15
∞	τ	−2.58	−1.95	−1.62
	τ_μ	−3.43	−2.86	−2.57
	τ_τ	−3.96	−3.41	−3.12
	N(0,1)	−2.33	−1.65	−1.28

Tabelle G.3

Perzentile der Verteilungen von Dickey-Fuller's Φ-Statistiken. Nach Fuller (1976).

n		Perzentile für $p =$ 0.90	0.95	0.99
25	Φ_1	4.12	5.18	7.88
	Φ_2	4.67	5.68	8.21
	Φ_3	5.91	7.24	10.61
50	Φ_1	3.94	4.86	7.06
	Φ_2	4.31	5.13	7.02
	Φ_3	5.61	6.73	9.31
100	Φ_1	3.86	4.71	6.70
	Φ_2	4.16	4.88	6.50
	Φ_3	5.47	6.49	8.73
∞	Φ_1	3.78	4.59	6.43
	Φ_2	4.03	4.68	6.09
	Φ_3	5.34	6.25	8.27

Literatur

Die in diesem Verzeichnis angegebene Literatur ist in zwei Bereichen aufgelistet. Einerseits soll dem Bedarf an vertiefender oder weiterführender Literatur Rechnung getragen werden; dieser Bedarf kann (i) die ökonometrischen Verfahren betreffen, aber auch (ii) die Grundlagen in Mathematik und Statistik. Andererseits sind die im Buch zitierten Publikationen, meist Aufsätze aus statistischen oder ökonometrischen Zeitschriften, aufgelistet. Da die im zweiten Bereich zitierten Texte fast durchwegs in englischer Sprache verfasst sind, werden auch bei der vertiefenden oder weiterführenden Literatur englischsprachige Texte einbezogen.

Vertiefende oder weiterführende Literatur

Ökonometrische Literatur

Charemza, W.W. and Deadman, D.F. (1992). *New Directions in Econometric Practice.* Cheltenham: Elgar.

Eckey, H.F., Kosfeld, R. und Dreger, C. (2001). *Ökonometrie, 2. Auflage.* Wiesbaden: Gabler.

Frohn, J. (1995). *Grundausbildung in Ökonometrie, 2. Auflage.* Berlin: de Gruyter.

Greene, W.H. (2003). *Econometric Analysis, 5th Edition.* Upper Saddle River (NJ): Prentice Hall.

Maddala, G.S. (2001). *Introduction to Econometrics, 3rd Edition.* New York: McGraw-Hill.

Stewart, J., and Gill, L. (1998). *Econometrics. 2nd Edition.* New York: Philip Allan.

von Auer, L. (2003). *Ökonometrie, 2. Auflage.* Berlin: Springer.

Literatur zur Ökonomie

O. Blanchard (2000). *Macroeconomics. 2nd Edition.* London: Prentice Hall.

O. Blanchard und G. Illing (2004). *Makroökonomie. 3., aktualisierte Auflage.* München: Pearson Studium.

Literatur zu den formalen Grundlagen

P.J. Dhrymes (1984). *Mathematics for Econometrics. 2nd Edition.* Berlin: Springer-Verlag.

P. Hackl und W. Katzenbeisser (1995). *Mathematik für Sozial- und Wirtschaftswissenschaften. 8. Auflage.* München: Oldenbourg.

P. Hackl und W. Katzenbeisser (2000). *Statistik für Sozial- und Wirtschaftswissenschaften. 11. Auflage.* München: Oldenbourg.

G. Hadley (1973). *Linear Algebra.* Reading (Mass.): Addison-Wesley.

AW-Modell

Gabriel Fagan, Jérôme Henry and Ricardo Mestre (2001). *An area-wide model (AWM) for the euro area.* ECB Working Paper No. 42, http://www.ecb.int/pub/wp/ecbwp042.pdf (3760 kB).

Zitierte Texte

Berndt, E., Hall, B., Hall R., and Hausman, J. (1974). „Estimation and Inference in Nonlinear Structural Models", *Annals of Economic and Social Measurement*, **3/4**, 653-665.

Box, G.E.P. and Jenkins, G.M. (1976). *Time Series Analysis: Forecasting and Control, Revised Edition.* Holden-Day.

Box, G.E.P. and Pierce, D.A. (1970). „Distribution of Residual Autocorrelations in Autoregressive Integrated Moving Average Time Series Models". *Journal of the American Statistical Association*, **65**, 1509-1526.

Breusch, T.S. and Pagan, A.R. (1979). „A Simple Test for Heteroskedasticity and Random Coefficient Variation", *Econometrica*, **47**, 1287-1294.

Brown, B., Durbin, J. and Ewans, J. (1975). „Techniques for Testing the Constancy of Regression Relationships Over Time", *Journal of the Royal Statistical Society, Series B*, **37**, 149-172.

Cagan, P.D. (1956). „The Monetary Dynamics of Hyperinflation", pp. 25-117 in M. Friedman (ed.), *Studies in the Quantity Theory of Money*, Chicago: University of Chicago Press.

Cragg, J. (1967). „On the Relative Small-Sample Properties of Several Structural Equation Estimators", *Econometrica*, **35**, 89-110.

Dickey, D. and Fuller, W. (1979). „Distribution of the Estimators for Autoregressive Time Series with a Unit Root". *Journal of the American Statistical Association*, **74**, 427-431.

Dickey, D. and Fuller, W. (1981). „Likelihood Ratio Statistics for Autoregressive Time Series with a Unit Root". *Econometrica*, **49**, 1057-1072.

Durbin, J. and Watson, G.S. (1950). „Testing for Serial Correlation in Least Squares Regression, I" *Biometrika*, **37**, 409-428.

Durbin, J. and Watson, G.S. (1951). „Testing for Serial Correlation in Least Squares Regression, II" *Biometrika*, **38**, 159-178.

Engle, R.F. and Granger, C.W.J. (1987). „Co-integration and Error Correction: Representation, Estimation, and Testing", *Econometrica*, **55**, 251-276.

Fuller, W. (1976). *Introduction to Statistical Time Series*. New York: J. Wiley.

Glejser, H. (1969). „A New Test for Heteroscedasticity", *Journal of the American Statistical Association*, **64**, 316-323.

Goldfeld, S. and Quandt, R. (1965). „Some Tests for Heteroscedasticity", *Journal of the American Statistical Association*, **60**, 539-547.

Granger, C.W.J. (1981). „Some Properties of Time Series Data and Their Use in Econometric Model Specification", *Journal of Econometrics*, **16**, 121-130.

Granger, C.W.J. and Newbold, P. (1974). „Spurious Regression in Econometrics", *Journal of Econometrics*, **2**, 111-120.

Grunfeld, Y. and Griliches, Z. (1960). „Is Aggregation Necessarily Bad?" *Review of Economics and Statistics*, **42**, 1-13.

Harvey, A.C. (1980). „On Comparing Regression Models in Levels and First Differences", *International Economic Review*, **21**, 707-720.

Jarque, C. and Bera, A. (1980). „Efficient Tests for Normality, Heteroscedasticity, and Serial Independence of Regression Residuals“, *Economic Letters*, **6**, 255-259.

Johansen, S. (1991). „Estimation and Hypothesis Testing of Cointegration Vectors in Gaussian Vector Autoregressive Models“, *Econometrica*, **59**, 1551-1580.

Klein, L. (1950). *Economic Fluctuations in the United States 1921-1941*. New York: John Wiley & Sons.

MacKinnon, J.G. (1991). „Critical Values for Cointegration Tests“, Chapter 13 in *Long-run Economic Relationships: Readings in Cointegration*, R.F. Engle and C.W.J. Granger (Eds.), Oxford University Press.

Nerlove, M. (1972). „Lags in Economic Behavior“, *Econometrica*, **40**, 221-251.

Newey, W. and West, K. (1987). „A Simple Positive Semi-Definite, Heteroskedasticity and Autocorrelation Consistent Covariance Matrix“, *Econometrica*, **55**, 703-708.

Perron, P. (1988). „Trends and Random Walks in Macroeconomic Time Series: Further Evidence from a New Approach“, *Journal of Economic Dynamics and Control*, **12**, 297-332.

Ramsey, J.B. (1969). „Tests for Specification Errors in Classical Linear Least Squares Regression Analysis“, *Journal of the Royal Statistical Society, Series B*, **31**, 350-371.

Schwert, G.W. (1989). „Tests for Unit Roots: A Monte Carlo Investigation “, *Journal of Business and Economic Statistics*, **7**, 147-159.

Sims, C. (1980). „Macroeconomics and Reality“, *Econometrica*, **48**, 1-48.

Theil, H. (1958). *Economic Forecasts and Policy*. Amsterdam: North Holland.

White, H. (1980). „A Heteroskedasticity-Consistent Covariance Matrix and a Direct Test for Heteroskedasticity“, *Econometrica*, **48**, 817-838.

Zellner, A. and Theil, H. (1962). „Three Stage Least Squares: Simultaneous Estimation of Simultaneous Equations“, *Econometrica*, **30**, 63-68.

Register

F

G

H

I

J

K

L

M

N

O

P

Q

R

S

T

U

V

W

Z